马同学图解®

微积分（上）

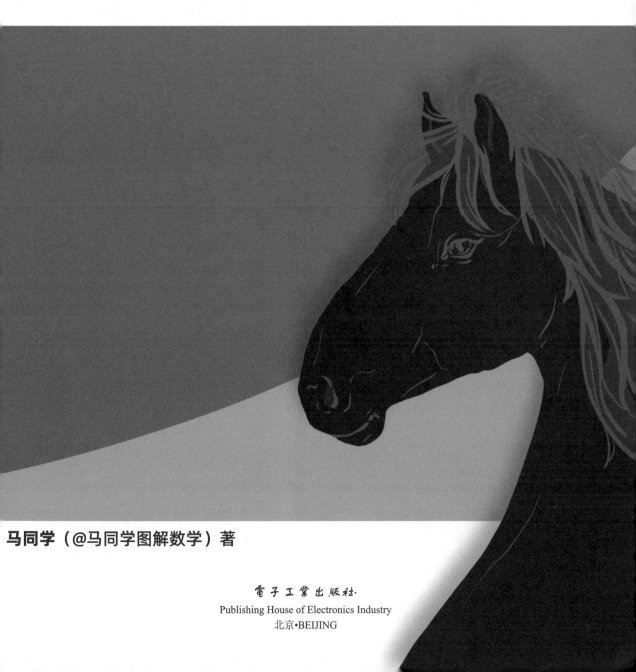

马同学（@马同学图解数学）著

電子工業出版社
Publishing House of Electronics Industry
北京•BEIJING

内 容 简 介

本书通过图解的形式，在逻辑上穿针引线，讲解了大学公共课程“高等数学（微积分）”中与单变量函数相关的知识点，也就是经典《高等数学》（上册）教材中的绝大多数知识点。这些知识点是相关专业的在校学生及考研人士必须掌握的，也是相关从业人员深造所应了解的。

本书围绕“线性近似”，讲解了极限、导数、微分、中值定理、洛必达法则、泰勒公式、极值、最值、定积分、牛顿-莱布尼茨公式、微分方程求解等知识，逻辑上层层递进，再辅以精心挑选的例题、生活案例等，大大降低了学习者的学习门槛。

图书在版编目（CIP）数据

微积分. 上/马同学著. —北京：电子工业出版社，2024.1
ISBN 978-7-121-46547-5

Ⅰ. ①微… Ⅱ. ①马… Ⅲ. ①微积分 Ⅳ. ①O172

中国国家版本馆 CIP 数据核字（2023）第 221640 号

责任编辑：张月萍
印　　刷：河北迅捷佳彩印刷有限公司
装　　订：河北迅捷佳彩印刷有限公司
出版发行：电子工业出版社
　　　　　北京市海淀区万寿路 173 信箱　　邮编：100036
开　　本：787×1092　1/16　印张：20.75　字数：551 千字
版　　次：2024 年 1 月第 1 版
印　　次：2024 年 1 月第 2 次印刷
定　　价：139.00 元

凡所购买电子工业出版社图书有缺损问题，请向购买书店调换。若书店售缺，请与本社发行部联系，联系及邮购电话：（010）88254888，88258888。

质量投诉请发邮件至 zlts@phei.com.cn，盗版侵权举报请发邮件至 dbqq@phei.com.cn。

本书咨询联系方式：faq@phei.com.cn。

前言

创作严肃但又通俗易懂的数学书，是马同学品牌创立的初衷。“月缺不改光，剑折不改刚”，七年的筚路蓝缕，本书是我们交出的第二份答卷，第一份是《马同学图解线性代数》。

2016 年，我们成立了成都十年灯教育科技有限公司，公司名字取意为“桃李春风一杯酒，寒窗苦读十年灯”，希望可以帮助到更多的莘莘学子。

莘莘学子需要什么样的帮助呢？和中学不一样，学子进入大学之后，在数学学习上没有那么多补习班可报，大学老师也不会耳提面命，学习真正成为自己的事情；目标也更加多样化，考试分数不再是唯一的目标，获得深造机会、找到称心的工作等也是重要的学习目标。在这样的背景下，学子们希望找到可以自学的教材。

市面上没有可以自学的教材吗？肯定有。毕竟本书讲解的是 300 年前就有的数学内容，这么长的时间足够产生各种经典教材，这些教材像耸立的灯塔一样照亮了人们数学朝圣之旅的前进道路。那么，本书提供了什么价值呢？简单来说，就是继承经典教材的内容，借助现代的手段和理念，更好地满足如今学子们的学习需要。

经典教材肯定不是一蹴而就完成的。从蒙昧时代开始，各种数学概念经过毕达哥拉斯、阿基米德、笛卡儿、牛顿、欧拉、柯西、魏尔斯特拉斯、黎曼等数学大家的雕琢，又在各位教育大师的手中条分缕析，最终被编撰成一本本经典之作。这本身就是一场薪火相传的接力赛，一个没有终点的无限游戏。有志者都可以踏上这条赛道，其中就有我们。所以说，本书是站在巨人的肩膀上，以过往的经典教材的内容为基础，加入自己的特色而形成的。

- 特色之一，运用迭代的思维。我们相信好的书不是写出来的，而是改出来的，比如《红楼梦》就曾经“披阅十载，增删五次”。所以，本书中的内容一开始就在“马同学”网站、“马同学图解数学”微信公众号以及知乎“马同学”、B 站“马同学图解数学”这些渠道上发布。撰写本书时，其中免费的内容已经有很多人阅读过；而完整的付费版本也已经售卖了上万份。在这个过程中，我们收到了大量的肯定及批评建议，根据这些或正面、或负面的反馈，我们进行了数次大的改版，本书最终才得以付梓印刷。
- 特色之二，尽量详细。因为本书针对的是自学者，我们希望读者可以在没有老师讲解的情况下读懂内容，所以本书中涉及的知识点、证明过程、习题讲解，我们都尽量做到不跳步骤、阐明逻辑、交叉引用。
- 特色之三，海量图解。本书总共有三百多页，其中包含了五百多幅精心制作的图解图片。这些图片的制作十分用心，其中很多幅图片的制作时间都在半天以上，真正起到了“图解”的应有之义。

- 特色之四，讲解视频。我们还为本书中的一些难以理解的知识点精心制作了讲解视频，可在对应的章节扫码观看，也可直接到 B 站“马同学图解数学”的“微积分”合集中查看，并且视频还在不断迭代、增加中。根据大家的反馈，这些视频提供了不一样的学习体验，是对本书内容很好的补充。
- 特色之五，逻辑清晰而完整。举一个例子，本书是以“线性近似”为线索的，讲到“曲率”的时候也一以贯之采用了和其他教材非常不一样的视角来引入，相信大家读到时能感受到逻辑的流动。
- 特色之六，生活实例。比如本书讲解中值定理时，我们通过击剑运动、区间测速等来类比，这样可使大家更直观地理解知识点。

诸如此类，难以一一列举，希望本书能成为大家学习路上的良师益友。

读者对象

本书不是一本数学科普书，而是一本硬核的数学教材，所以它是为脚踏实地、希望精进自己的人准备的。

根据我们的调查，本书在线内容的读者组成很广泛：在校大学生、考研人士、人工智能方向的学习者、图形图像工程师、量化交易师，以及其他希望提升数学能力的学习者等，所以我们相信本书的服务人群也是与此大体相似的。

这里需要说明一下图书中的内容和在线内容的区别。有一些读者喜欢油墨印刷的书香味，喜欢把书本握在手中的充实感，那么本书就是为这类读者准备的；纸质图书中的内容并不是简单的在线内容的复制，针对图书这种载体进行了精心的编排。在线内容也有自己的特色，有更多的动图、互动、视频等内容，二者的学习体验不太一样。

勘误和支持

由于作者水平有限，书中难免会出现一些错误或不准确的地方，恳请广大读者批评指正。

我们在微信公众号“马同学图解数学”中特意添加了一个新的菜单入口，专门用于展示书中的 bug。

读者若在阅读本书的过程中产生了疑问或者发现了 bug，欢迎到微信公众号的后台留言，我们会尽快回复。

致谢

感谢微信公众号“马同学图解数学”的读者们，你们的鼓励、购买、建议和意见是对我们最大的支持。

感谢成都道然科技有限责任公司的姚新军老师，他对本书提出了很多非常专业的意见和建议，让我觉得他是非常可靠的合作伙伴。

感谢“百词斩”对我们的支持，没有你们不计回报的投资，我们很难走到今天。

特别致谢

本书是马同学团队集体创作的成果，所以在这里我们先感谢团队内的每一位成员。我们一起见证了数学内容创作的艰难，每个人都做出了各自的卓越贡献。集腋成裘、聚沙成塔，今天我们交出了团队的第二份答卷。

在此还要感谢每一位团队成员的家人。团队的种种困难，各位家人一定会有切身感受，但无数双手为我们保驾护航，最终我们一起战胜了困难，谢谢！

谨以此书献给我们的家人，我们的读者，以及热爱数学的朋友们！

马同学团队

目录

第 1 章　引言

1.1　开普勒第二定律

自古以来，人们都渴望揭示星空的秘密，似乎做到这一点，就可以从神的手中接过权杖（如图 1.1 所示）。

图 1.1　从仰望星空开始，人类就距揭示宇宙奥秘只有一步之遥了。——刘慈欣《朝闻道》

丹麦天文学家第谷（如图 1.2 所示）持续观察行星运转二十多年，临死时把观察数据交给了他的助手——德国天文学家、数学家开普勒（如图 1.3 所示）。①

① 第谷似乎没有书面文件说明开普勒可以使用这些数据，所以后面还扯了些官司出来。

图 1.2 第谷·布拉赫（1546—1601）

图 1.3 约翰内斯·开普勒（1571—1630）

开普勒继承数据后，就以“日心说”为假设，花了好几年的时间，日算夜算，归纳总结出了开普勒三定律，成功地预测了一个个天文现象，达到了天文学发展的一个小高峰。其中开普勒第二定律说的是，在相等的时间内，太阳和运动着的行星的连线所扫过的面积都是相等的。比如在图 1.4 中，地球“经过 AB 花费的时间 = 经过 CD 花费的时间 = 经过 EF 花费的时间”，从而有 $S_{AB}=S_{CD}=S_{EF}$。

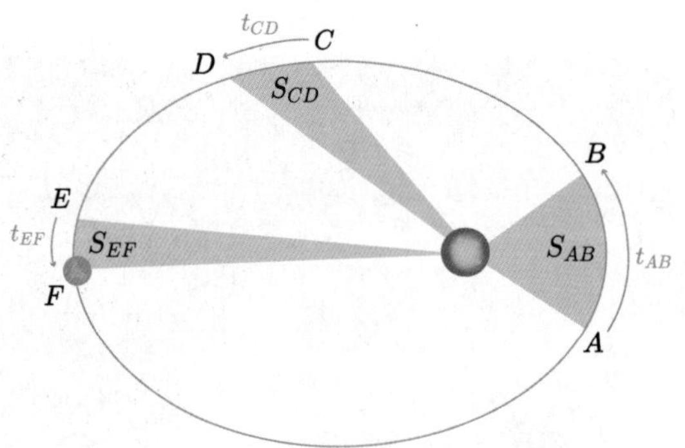

图 1.4 $t_{AB}=t_{CD}=t_{EF}$，且 $S_{AB}=S_{CD}=S_{EF}$

运用开普勒第二定律时，要求不规则图形的面积，这就提出了一个在数学上不好回答的问题。

1.2 线性近似的思想

计算复杂的面积，我们需要化繁为简。古希腊数学家阿基米德在这方面颇有研究，阿基米德的画像如图 1.5 所示。

图 1.5 古希腊数学家阿基米德（公元前 287—公元前 212）

他在计算圆的面积时，就是用简单的、好计算的内接正多边形去逼近，从而得到答案，如图 1.6 所示。

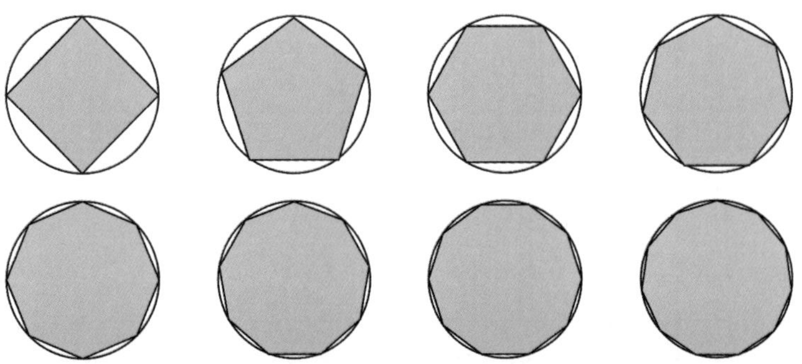

图 1.6 随着边数增多，内接正多边形越来越接近圆

多边形是由直线构成的，圆是曲线，所以这种思想称为线性近似，或称为以直代曲。

1.3 古典微积分

“线性近似”的思想还可用在更一般的复杂图形上，比如微积分的主要研究对象：曲边梯形。这是一种由某曲线、曲线的两侧边界以及 x 轴围成的图形，如图 1.7 所示。

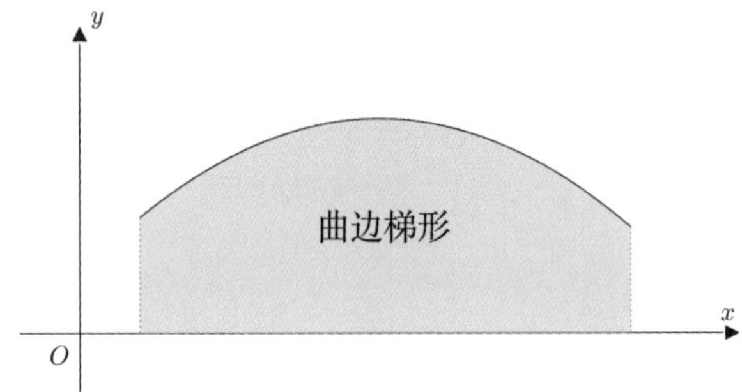

图 1.7 由某曲线、曲线的两侧边界以及 x 轴围成的曲边梯形

根据“线性近似”的思想，可以用一些矩形来逼近曲边梯形，如图 1.8 所示。

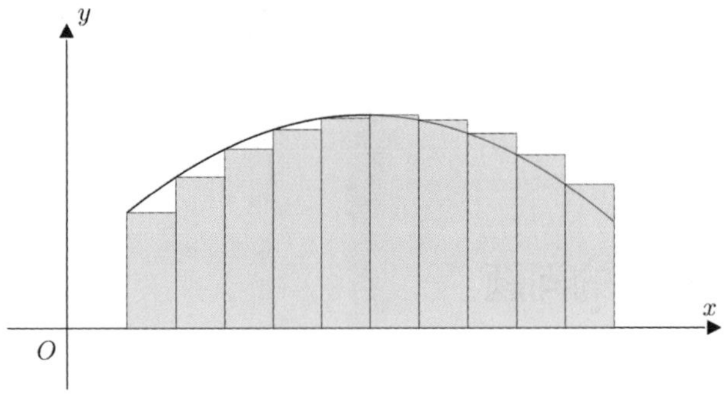

图 1.8 用矩形来逼近曲边梯形

矩形越多，逼近效果就越好，如图 1.9 所示。这种通过矩形来逼近曲边梯形，最终算出曲边梯形的面积的方法，就是最初的微积分，本书称之为古典微积分。

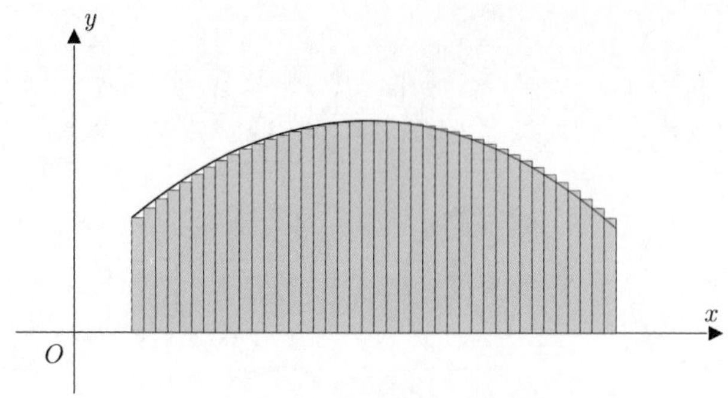

图 1.9 用更多的矩形来逼近曲边梯形

不断增加矩形，即不断缩小矩形，最终得到的小矩形在古典微积分中被称为微分，如图 1.10 所示。

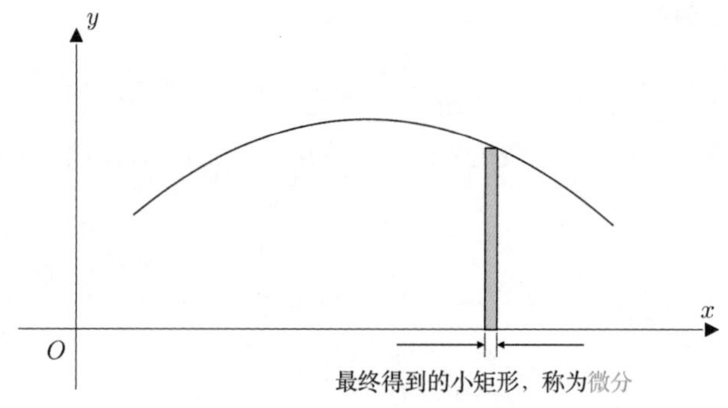

图 1.10 古典微积分中的微分

将无数微小矩形的面积相加，从而算出曲边梯形的面积，如图 1.11 所示，这就是古典微积分中的积分。

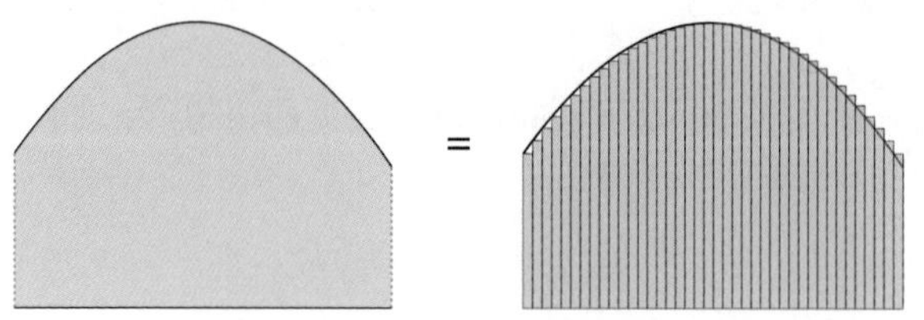

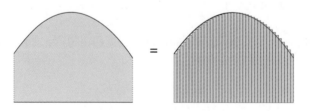

图 1.11 古典微积分中的积分

1.4 古典微积分的问题

在古典微积分发明的年代，有一位微积分发展史上的著名“大反派”，这就是贝克莱主教，如图 1.12 所示。

图 1.12 英裔爱尔兰哲学家，爱尔兰科克郡克洛因镇主教，乔治 · 贝克莱（1685—1753）

他提出了著名的质疑，到底什么是“最终得到的小矩形”[①]，如图 1.13 所示。

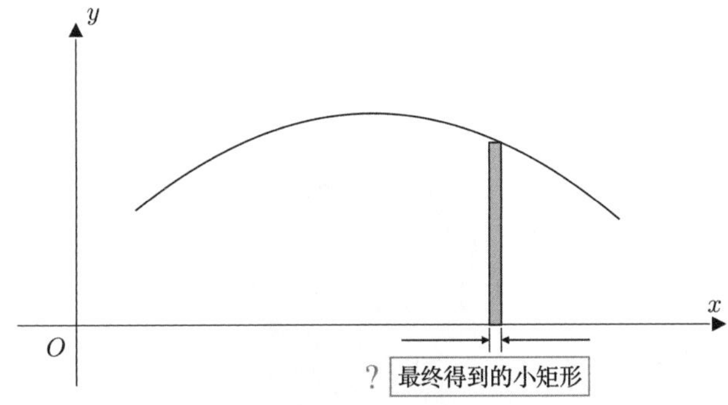

图 1.13 贝克莱主教的质疑，什么是“最终得到的小矩形”

这是因为“最终得到的小矩形”这个说法经不起推敲，仔细想想是存在矛盾的：

- “最终得到的小矩形”的面积肯定不能为 0，否则无穷多个 0 相加仍然为 0。
- “最终得到的小矩形”的面积必须是最小的，否则相加后得到的面积始终会和曲面梯形的面积有一些误差。
- 假设“最终得到的小矩形”的宽为 a，那么很显然宽为 $\frac{a}{2}$ 的矩形更小，所以“最终得到的小矩形”的面积不可能是最小的。

本书将尝试从解决古典微积分中的问题开始，逐步介绍更严谨的微积分是什么样子的。

① 贝克莱作为一个主教，用数学的思维来攻击数学，这明明是被神学耽误了的数学家啊。

第 2 章　函数与极限

2.1　柯西的数列极限

古典微积分存在一些问题，比如，不清楚到底什么是“最终得到的小矩形”。解决方案就是要将微积分严格化、数学化，其中登场的第一位“大神”，就是本节要介绍的柯西，如图 2.1 所示。

图 2.1　法国数学家，奥古斯丁 · 路易 · 柯西（1789—1857）

柯西在微积分上的主要贡献是，引入了数列来表示矩形逼近曲边梯形这一过程，下面来看看其中的细节。

2.1.1　用数列来表示矩形逼近曲边梯形这一过程

为了方便计算，下面通过一个简单的曲边梯形来讲解，也就是函数 $y = x^2$、左右边界 $x = 0$ 和 $x = 3$，以及 x 轴围成的曲边梯形，如图 2.2 所示。①

① 为了方便演示，图 2.2 中所示的 x、y 坐标不是等比例的。除此之外，本书中的很多图都不是等比例的，后面不再进行特别说明。

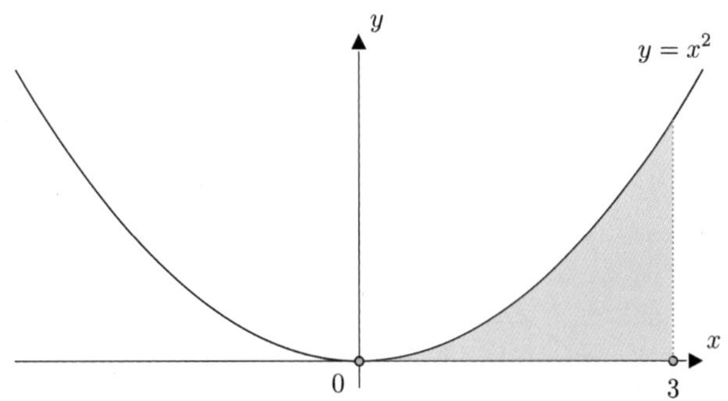

图 2.2　$y = x^2$、$x = 0$ 和 $x = 3$，以及 $y = 0$ 围成的曲边梯形

该曲边梯形的面积 A 当然也可以通过一系列矩形的面积来逼近，如图 2.3 所示。

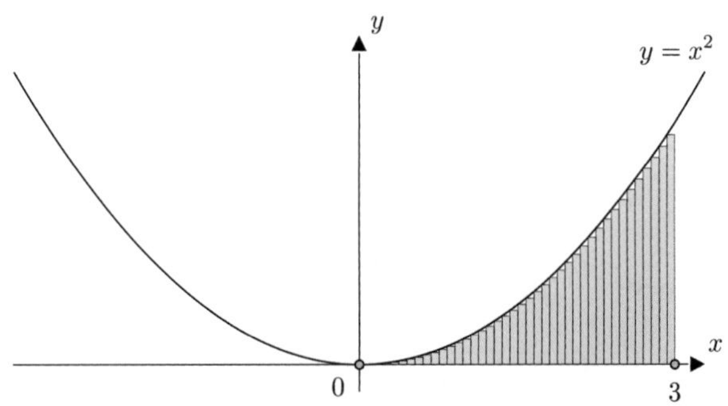

图 2.3　通过一系列矩形来逼近曲边梯形的面积 A

下面就来尝试计算这一系列矩形面积的和。先将 $x = 0$ 和 $x = 3$ 之间的线段 4 等分，也就是在 $x = 0$ 和 $x = 3$ 之间插入如下 3 个点，如图 2.4 所示。

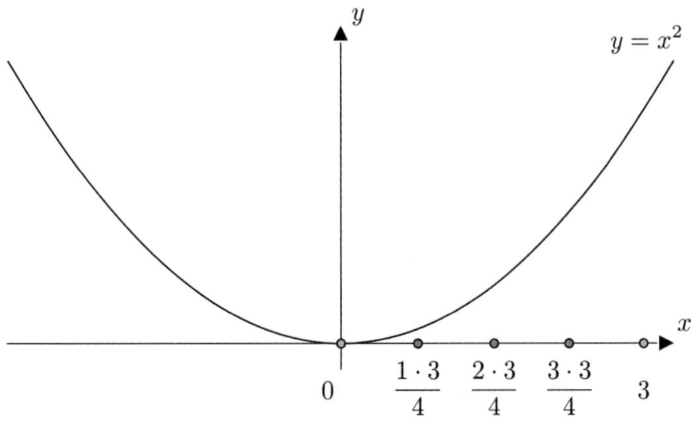

图 2.4　将 $x = 0$ 和 $x = 3$ 之间的线段 4 等分

以每一份线段为底，很显然每一份线段的长度为 $\dfrac{3}{4}$；再以每一份线段的左侧端点的函数值为高[①]，可以得到 4 个矩形，每个矩形的面积如图 2.5 所示。

① 以右侧端点的函数值为高也可以，在之后的章节中会进行讨论。

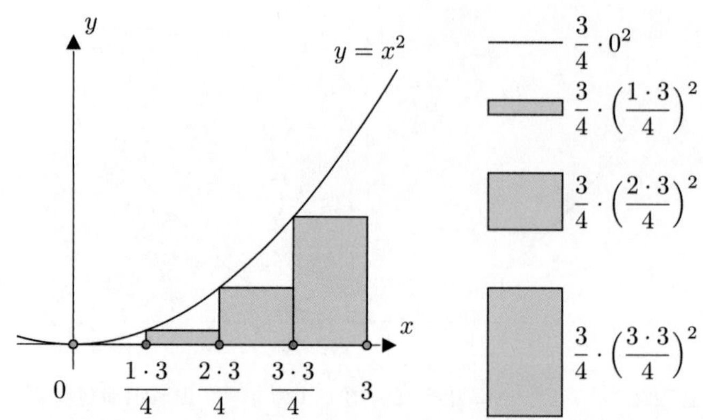

图 2.5 以每份线段的长度为底、线段左端点的函数值为高的 4 个矩形的面积

所以 4 个矩形的面积之和 A_4 为：

$$\begin{aligned} A_4 &= \frac{3}{4} \cdot 0^2 + \frac{3}{4} \cdot \left(\frac{1 \cdot 3}{4}\right)^2 + \frac{3}{4} \cdot \left(\frac{2 \cdot 3}{4}\right)^2 + \frac{3}{4} \cdot \left(\frac{3 \cdot 3}{4}\right)^2 \\ &= \left(\frac{3}{4}\right)^3 \cdot 1^2 + \left(\frac{3}{4}\right)^3 \cdot 2^2 + \left(\frac{3}{4}\right)^3 \cdot 3^2 = \left(\frac{3}{4}\right)^3 \cdot (1^2 + 2^2 + 3^2) \end{aligned}$$

用相同的方法将 $x=0$ 和 $x=3$ 之间的线段 n 等分，那么得到的 n 个矩形的面积和 A_n 为：

$$\begin{aligned} A_n &= \frac{3}{n} \cdot 0^2 + \frac{3}{n} \cdot \left(\frac{1 \cdot 3}{n}\right)^2 + \frac{3}{n} \cdot \left(\frac{2 \cdot 3}{n}\right)^2 + \cdots + \frac{3}{n} \cdot \left(\frac{(n-1) \cdot 3}{n}\right)^2 \\ &= \left(\frac{3}{n}\right)^3 \cdot \left(1^2 + 2^2 + \cdots + (n-1)^2\right) \end{aligned} \tag{2-1}$$

用不同个数的矩形来逼近曲边梯形，可根据式 (2-1) 中给出的 A_n 分别算出对应的矩形面积和。可以看到，矩形越多，矩形面积和越大，越接近曲边梯形的面积：

$$\begin{aligned} &A_5 \approx 6.48, \quad A_8 \approx 7.38, \quad A_{11} \approx 7.81, \quad A_{14} \approx 8.06, \\ &A_{27} \approx 8.51, \quad A_{45} \approx 8.70, \quad A_{89} \approx 8.85, \quad A_{114} \approx 8.88 \end{aligned}$$

然后柯西说了，可以用数列来表示这个逼近过程，这里先介绍一下数列的定义。

定义 1. 如果按照某一法则，对每个 $n \in \mathbb{Z}^{+}$①，对应着一个确定的实数 a_n，这些实数 a_n 按照下标 n 从小到大排列得到一个序列，这个序列就叫作数列（*Number sequence*），也可以简记为数列 $\{a_n\}$：

$$\{a_n\} = \{a_1, a_2, a_3, \cdots, a_n, \cdots\}$$

其中的每一个数叫作数列的项（*Term*），第 n 项 a_n 叫作数列的通项（*General term*）。关于这里的定义，有两点需要额外说明：

- $\{a_n\}$ 和无序集合的符号很类似，故在本书中一般会用“数列 $\{a_n\}$”加以强调，或可根据上下文进行判断。
- 在有的教材中还区分了有限项数列和无限项数列，其中用 $\{a_i\}_{i=1}^{n}$ 表示有限项数列，$i=1$ 表示起始项为 a_1，$i=n$ 表示最后一项为 a_n；用 $\{a_i\}_{i=1}^{\infty}$ 表示无限项数列。在本书中只涉及无限项数列，可认为本书中提到的数列 $\{a_n\}$ 即为 $\{a_i\}_{i=1}^{\infty}$。

① 定义中的符号 $\mathbb{Z}^{+}$ 代表的是正整数。

如果将不同个数的矩形的面积和放到一个数列中：

$$\{A_n\} = \{A_1, A_2, A_3, \cdots, A_n, \cdots\}$$

其中，通项 $A_n = \left(\frac{3}{n}\right)^3 \cdot \left(1^2 + 2^2 + \cdots + (n-1)^2\right)$，那么在柯西的眼中，上述数列 $\{A_n\}$ 就表示了用矩形来逼近曲边梯形的这一过程。

2.1.2 柯西的数列极限

将数列 $\{A_n\}$ 绘制到坐标系中，其中横轴为矩形个数 n，纵轴为矩形面积和 A_n。可以看到，随着 n 增大，A_n 也不断增大，但也不会无限增大，最终会趋于一个定值，也就是曲边梯形的面积 A[①]，如图 2.6 所示。

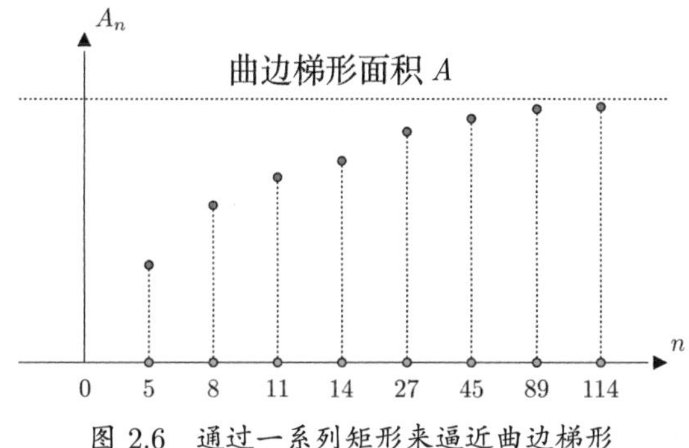

图 2.6 通过一系列矩形来逼近曲边梯形

柯西就说该数列 $\{A_n\}$ 是有极限的，可记作：

$$\underbrace{\lim_{n\to\infty}}_{n\text{ 趋于无限大时}} \underbrace{A_n}_{\text{此数列（用通项表示）}} \underbrace{=}_{\text{等于}} \underbrace{A}_{\text{曲边梯形的面积}}$$

上述极限也就是柯西定义的数列极限。

定义 2. *若某数列无限趋于某实数，与该实数的差可以任意小，则该确定的实数称为此数列的极限。*

这里需要解释一下，不少人可能会觉得无论是哪一个 A_n，都和曲边梯形的面积 A 存在误差，所以最终的极限 $\lim\limits_{n\to\infty} A_n$ 是和曲边梯形的面积 A 存在误差的，如图 2.7 所示。

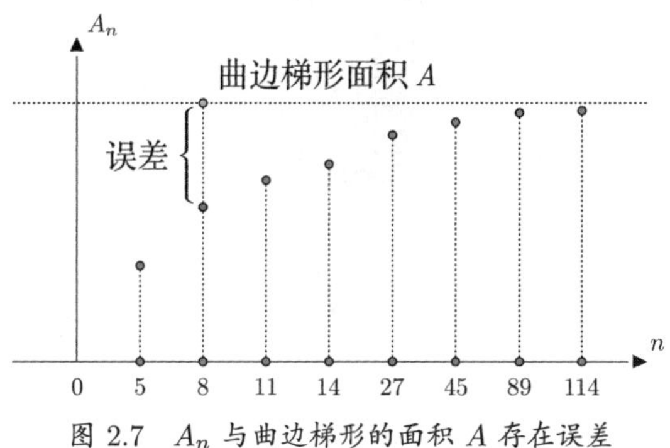

图 2.7 A_n 与曲边梯形的面积 A 存在误差

① 具体的计算在后面的内容中进行讨论。

这是图像带来的误导，因为在图中预先给出了代表曲边梯形的面积 A 的虚线，所以才产生了这样一个错觉。实际上，代表曲边梯形的面积 A 的虚线就是根据 $\lim\limits_{n\to\infty} A_n$ 给出的，或者可认为下面这个等式就是曲边梯形面积 A 的定义式[①]：

$$A = \lim_{n\to\infty} A_n$$

所以，$\lim\limits_{n\to\infty} A_n$ 和 A 两者根本就是一回事，因此不存在误差。

2.1.3 无穷大符号

上面出现了 ∞ 符号，它表示无穷大，这里包含了两种无穷大[②]，如图 2.8 所示：

- 一种是正无穷大，意思是比所有正数都大，用 $+\infty$ 表示。
- 一种是负无穷大，意思是比所有负数都小，用 $-\infty$ 表示。

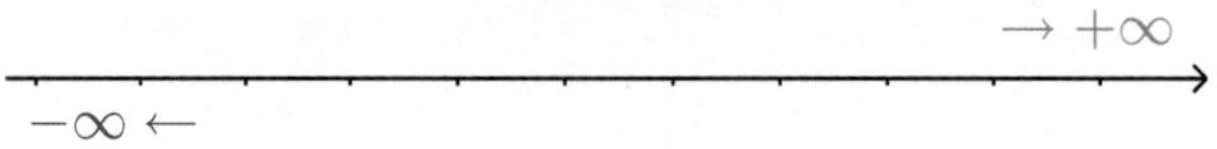

$\to +\infty$

$-\infty \leftarrow$

图 2.8 正无穷大 $+\infty$ 与负无穷大 $-\infty$

关于无穷大的符号可以总结如下[③]：

$$\begin{cases} \text{无穷大：} & \infty \\ \text{正无穷大：} & +\infty \\ \text{负无穷大：} & -\infty \end{cases}$$

特别地，在数列极限 $A = \lim\limits_{n\to\infty} A_n$ 中出现的 ∞ 符号，因为 $n \in \mathbb{Z}^+$，即为正整数，所以这里的 ∞ 实际指的就是正无穷大。

2.1.4 阿基里斯悖论

古希腊哲学家芝诺（如图 2.9 所示），提出了一个著名的悖论，就是接下来要介绍的阿基里斯悖论。这个困扰数学家、哲学家多年的悖论，终于可以用数列的极限来解决了。

图 2.9 古希腊哲学家芝诺，盛年约在公元前 464—公元前 461 年

① 这种说法没什么太大问题，只是还不够严格，在后面的章节中还会重新讨论。

② 严格定义见本书后面的定义 16、定义 17 及定义 18。

③ 这些符号符合同济大学数学系编写的《高等数学（上册）》（第七版）中的相关规定，和美式教材，比如普林斯顿大学的《微积分读本》不太一样，请读者自行甄别。

先介绍一下什么是阿基里斯悖论。在希腊传说中，阿基里斯是跑得最快的人。一天他正在散步，忽然发现在他前面 9 米远的地方有一只大乌龟正在慢慢地向前爬。

乌龟说："阿基里斯，谁说你跑得最快？你连我都追不上！"

阿基里斯回答说："胡说！我的速度比你快何止百倍！就算是你的 10 倍，我也马上就可以超过你！"

乌龟说："就照你说的，我们来试一试吧！当你跑到我现在这个地方时，我已经向前爬了 0.9 米。当你再向前跑过 0.9 米时，我又爬到前面去了。每次你追到我刚刚经过的地方，我都又向前爬了一段距离。你只能离我越来越近，却永远也追不上我！"

阿基里斯说："哎呀! 我明明知道能追上你，可你说得好像也有道理，这是怎么回事呢?"阿基里斯悖论也可以用图 2.10 来表示。

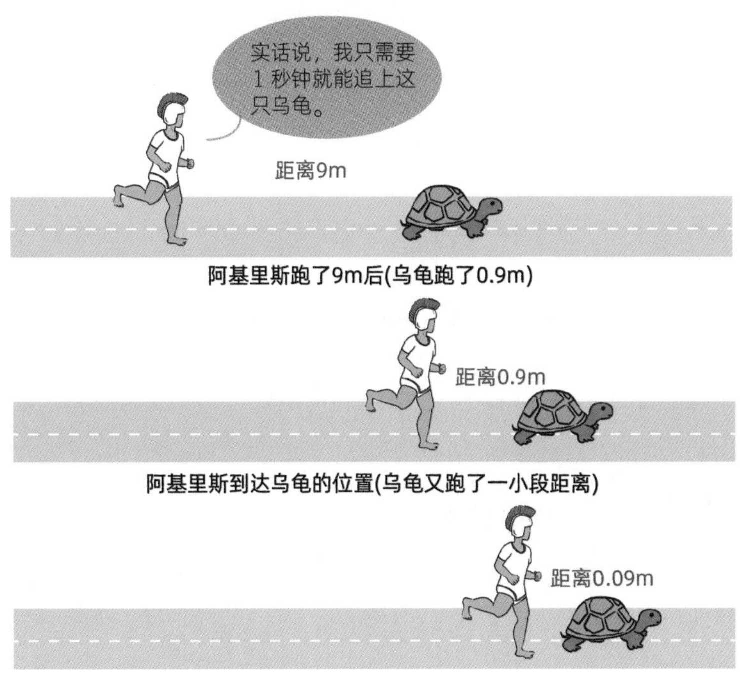

图 2.10 阿基里斯悖论

下面来看看怎么解决该悖论。不妨令阿基里斯步行的速度为 10m/s，乌龟爬行的速度为 1m/s，并且在比赛之前，阿基里斯让乌龟先爬 9m。在这种条件下，阿基里斯到达乌龟所在的第一个位置所需时间为 0.9s，此时乌龟又爬了 0.9m，计算过程如下：

$$9\text{m} \div 10\text{m/s} = 0.9\text{s}, \quad 0.9\text{s} \times 1\text{m/s} = 0.9\text{m}$$

阿基里斯到达第二个位置所需时间为 0.99s，而乌龟又爬了 0.09m，计算过程如下：

$$0.9\text{s} + 0.9\text{m} \div 10\text{m/s} = 0.99\text{s}, \quad 0.09\text{s} \times 1\text{m/s} = 0.09\text{m}$$

阿基里斯到达第三个位置所需时间为 $0.99\text{s} + 0.09\text{m} \div 10\text{m/s} = 0.999\text{s}$
上述过程如图 2.11 所示。

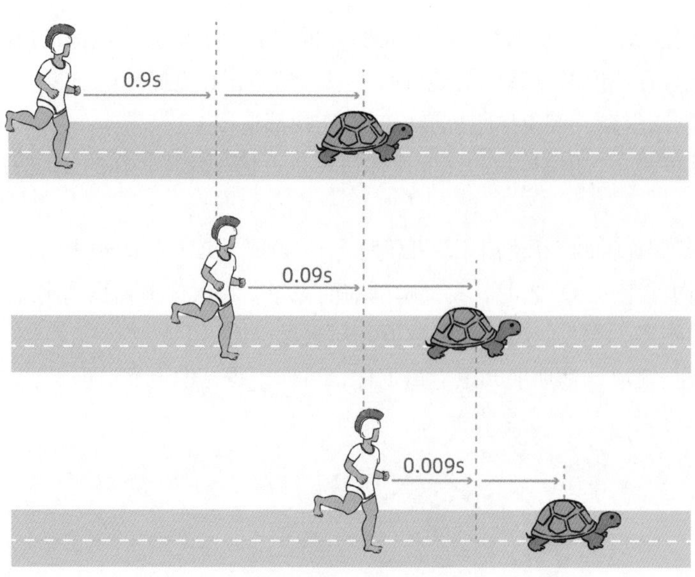

图 2.11　阿基里斯到达各个位置的时间

这些数字按其先后，可以构成数列 $\{a_n\} = \{0.9, 0.99, 0.999, \cdots\}$。根据柯西的数列极限，容易知道 $\lim\limits_{n\to\infty} a_n = 1$，所以 1s 之后就可以追上。

如果看了上面的数学分析还不太理解，这里可以再解释一下。在这里，乌龟将有限长的距离切为无限份，然后说这无限份的距离需要无限的时间才能通过，也就是永远追不上。实际上，乌龟将“有限长的距离”偷换为了“无限份的距离”，这就是在诡辩了。

2.1.5　古典微积分问题的解决

本节讲解的柯西的数列极限，明确了用数列来表示矩形面积和逼近曲边梯形的面积，并且说清楚了计算曲边梯形面积的整个过程：

$$\begin{matrix}\text{选择用矩形和}\\\text{来逼近曲边梯形}\end{matrix} \longrightarrow \text{算出矩形的面积和的通项 } A_n \longrightarrow \begin{matrix}\text{求出 } \lim\limits_{n\to\infty} A_n = A\\\text{从而得到曲边梯形的面积 } A\end{matrix}$$

这里没有讲到“最终得到的小矩形”，如图 2.12 所示，所以实际上解决了古典微积分中的这个问题。这种微积分在本书中被称为极限微积分，随着后人的完善它逐渐取代了古典微积分。

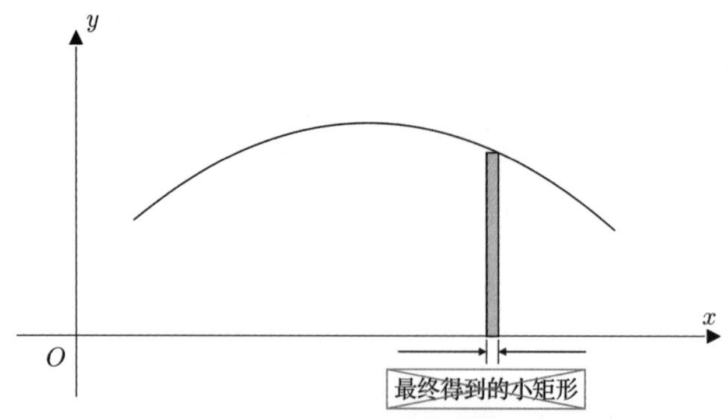

图 2.12　极限微积分中没有“最终得到的小矩形”

2.2 魏尔斯特拉斯的数列极限

前面介绍了，在古典微积分中提出了用矩形面积和逼近曲边梯形的面积，而柯西明确了用数列来表示逼近过程，但如何求出极限还是没有讲清楚：

$$\underbrace{\begin{array}{c}\text{选择用矩形面积和}\\\text{来逼近曲边梯形}\end{array}}_{\text{古典微积分}} \longrightarrow \underbrace{\text{算出矩形面积和的通项 } A_n}_{\text{柯西}} \longrightarrow \underbrace{\begin{array}{c}\text{求出 } \lim\limits_{n\to\infty} A_n = A\\\text{从而得到曲边梯形的面积 } A\end{array}}_{?}$$

比如上一节求出了 n 个矩形的面积和 A_n，如图 2.13 所示，但 $\lim\limits_{n\to\infty} A_n$ 还是算不出来。

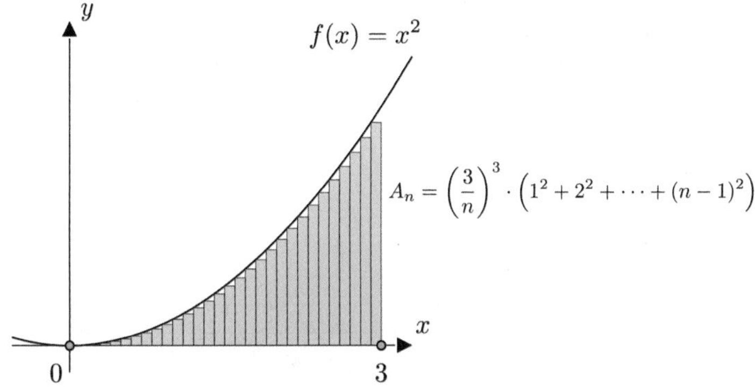

图 2.13 n 个矩形的面积和 A_n

之所以求不出来，是因为柯西的数列极限定义（定义 2）在具体问题上没有什么指导意义。比如数列 $\{a_n\}=\left\{\frac{(-1)^n}{n}\right\}$，如图 2.14 所示，看起来围绕着 $y=0$ 上下浮动，那么到底算不算“无限趋于 0”呢？算不算“与 0 的差可以任意小”呢？这在柯西的定义里并没有交代。

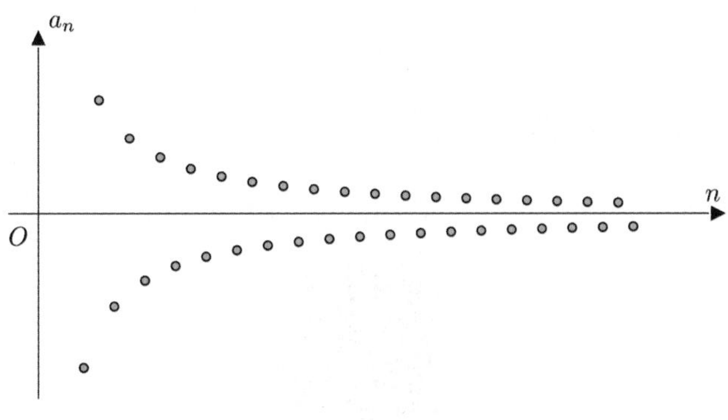

图 2.14 $\{a_n\}=\left\{\frac{(-1)^n}{n}\right\}$ 的图像

再比如常数数列 $\{a_n\}=\{1\}$，如图 2.15 所示，一直和 $y=1$ 的误差都为 0，那么它算不算“无限趋于 1”呢？

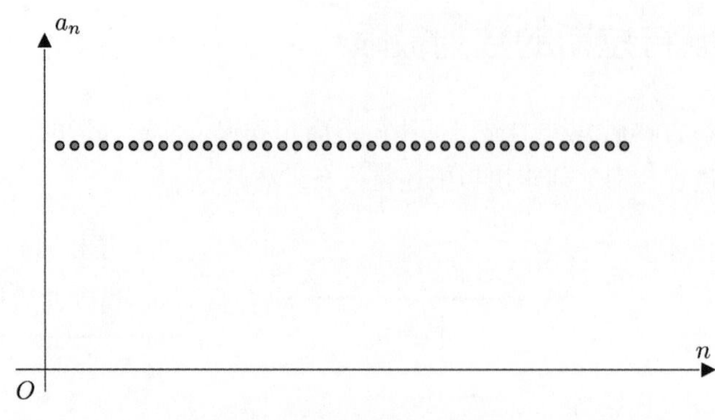

图 2.15 $\{a_n\}=1$ 的图像

还比如数列 $\{a_n\}=\left\{\dfrac{\sin(n^2)}{n}\right\}$，如图 2.16 所示，看起来仿佛围绕着 $y=0$ 上下浮动，但是又不敢那么肯定，因为看上去好像有时会远离。要用柯西的定义去证明它的极限就比较困难。

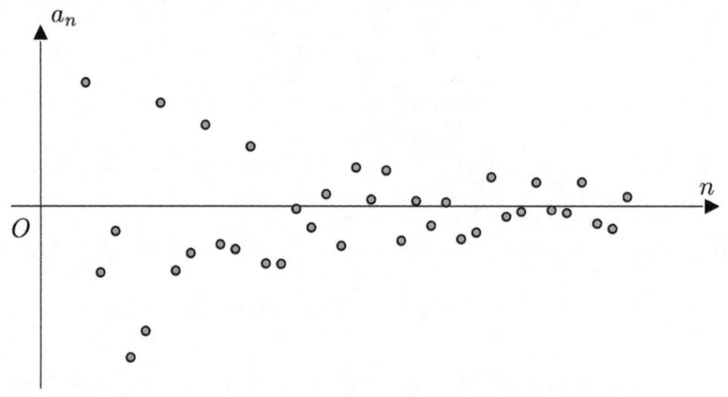

图 2.16 $\{a_n\}=\left\{\dfrac{\sin(n^2)}{n}\right\}$ 的图像

所以我们需要一个更好的数列极限的定义，这就是本节要讨论的问题。

2.2.1 魏尔斯特拉斯的数列极限介绍

用微信扫描图 2.17 所示的二维码，可观看本节的讲解视频。

图 2.17 手机扫码观看本节的讲解视频

在解决柯西数列极限问题的路上，数学家们来回拉锯了一百多年，直到被誉为“现代分析之父”（这里的“分析”大概就是“数学严格化”的意思）的魏尔斯特拉斯（见图 2.18）登场。魏尔斯特拉斯最终完成了这个任务，给出了数列极限的定义。①

① 也就是同济大学数学系编写的《高等数学（上册）》（第七版）中给出的数列极限的定义。

图 2.18 德国数学家，卡尔·特奥多尔·威廉·魏尔斯特拉斯（1815—1897）

首先还是要站在巨人的肩膀上，从柯西的数列极限的定义（定义 2）出发。该定义说的就是，随着 n 增大，数列 $\{a_n\}$ 不断逼近某一实数，也就是图 2.19 中所示的黑色虚线，那么该实数就是极限 L。

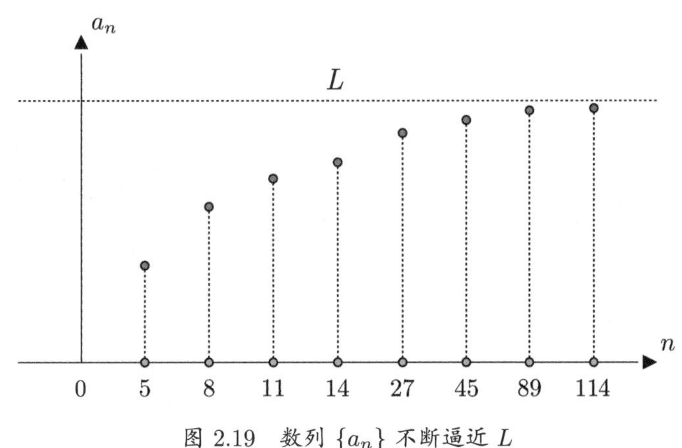

图 2.19 数列 $\{a_n\}$ 不断逼近 L

上述说法是没有问题的，但不严谨，下面来看看应该怎么改进。让我们以数列 $\{a_n\} = \left\{\frac{(-1)^n}{n}\right\}$ 为例讲述一下改进的思路，其图像如图 2.14 所示。想象有甲、乙两位同学在讨论该数列 $\{a_n\}$ 的极限：

- 甲说："我敢断言，该数列 $\{a_n\}$ 的极限为 0。"
- 乙说："我不信，你凭什么这么说啊？"
- 甲说："因为随着 n 的增大，数列 $\{a_n\}$ 可以无限接近于横轴，也就是无限接近于 0，你想多接近就有多接近。"
- 乙说："无限接近？接近到 0.6 可以吗？"
- 甲说："当然可以，让我们以 0 为中心，2 倍 0.6 为高，作一个绿色的矩形区域。可以看到，除了第一个点，其他的点都在绿色区域内。这说明从第二个点开始，所有的点与 0 的距离都小于 0.6，这些点可以用红色标出。"（如图 2.20 所示。）

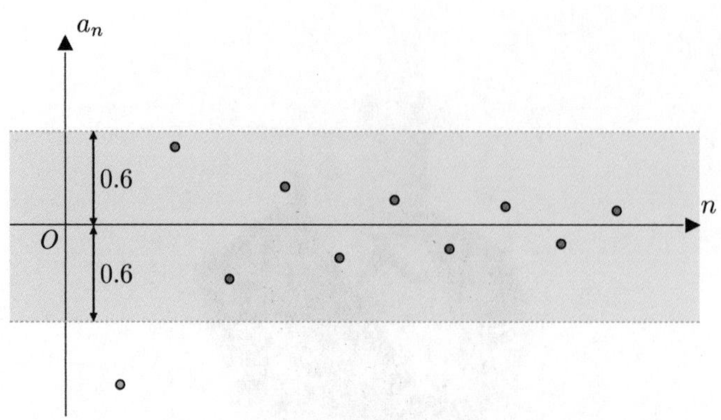

图 2.20 从第二个点开始（红色的点）与 0 的距离都小于 0.6

- 乙说：“嗯，看来 0.6 是可以的，那 0.3 可以吗？”
- 甲说：“当然可以，让我们以 0 为中心，2 倍 0.3 为高，作一个绿色的矩形区域。可以看到，除了第一、第二、第三个点，其他点都在绿色区域内。这说明从第四个点开始，所有的点与 0 的距离都小于 0.3。”（如图 2.21 所示。）

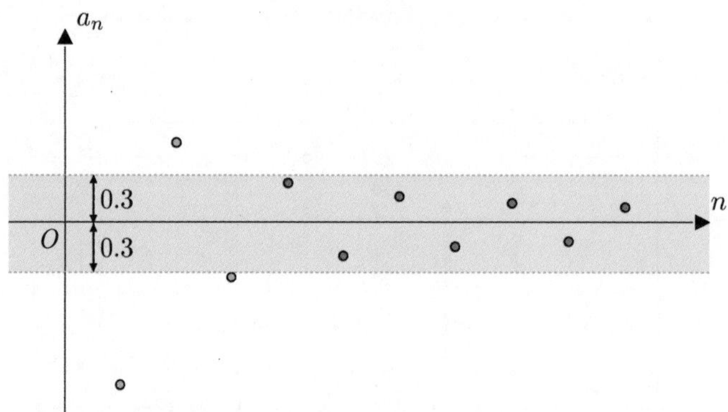

图 2.21 从第四个点开始（红色的点）与 0 的距离都小于 0.3

- 乙说：“嗯，看来 0.3 也是可以的，那 0.2、0.1 可以吗？”
- 甲说：“当然可以，无论你给出多小的距离，我都可以告诉你从哪一项开始能满足要求，也就是说，数列与 0 的距离可以任意小，所以说其极限为 0。”（如图 2.22 所示。）

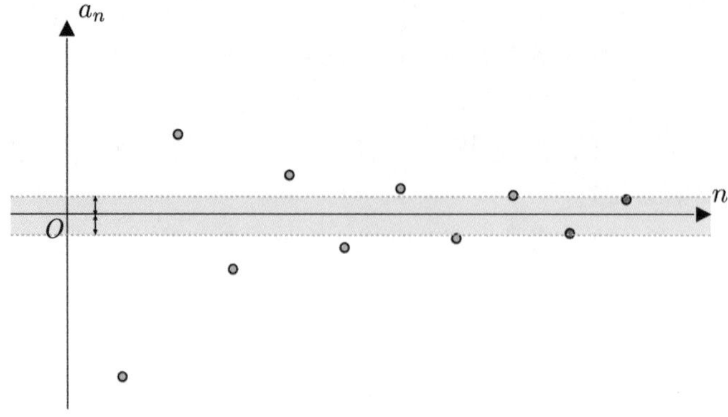

图 2.22 从某个点开始（红色的点）与 0 的距离都小于任意给出的距离

因此在乙同学的不断质疑下，通过甲同学的不断验证，最后证明了该数列的极限为 0。这就是数列极限定义的思路，下面来看看数学家给出的严格定义是什么样子的。

定义 3. 对于数列 $\{a_n\}$，如果存在实数 L，对于任意给定的正实数 ϵ（不论它多么小），总存在正整数 N，使得对所有的 $n>N$ 时，有：

$$|a_n - L| < \epsilon, \quad L \in \mathbb{R}$$

那么就称 L 是数列 $\{a_n\}$ 的极限，或者称数列 $\{a_n\}$ 收敛于 L，记作：

$$\lim_{n\to\infty} a_n = L \quad 或 \quad a_n \to L(n\to\infty)$$

若不存在这样的常数 L，就说数列 $\{a_n\}$ 没有极限，或说数列 $\{a_n\}$ 是发散的，也可以说 $\lim\limits_{n\to\infty} a_n$ 不存在。

该定义晦涩难懂，其实就说了以下两个意思。

- 猜测：根据数列 $\{a_n\}$ 的特点，猜测极限为某实数 L。
- 验证：对于猜测肯定会有一些怀疑，所以要想办法去验证上述猜测的正确性。

下面借助例子来进一步讲解这两个意思。

2.2.1.1 猜测

先说猜测，对应定义中的“如果存在实数 L”。因为这里没有说明如何求出 L，所以只能根据数列 $\{a_n\}$ 的特点，猜测极限为某实数 L。[①]

比如图 2.23 所示的是某数列 $\{a_n\}$ 的图像，图中的三条黑色虚线都可以是我们的猜测对象。但根据数列 $\{a_n\}$ 的特点，最有可能的还是中间那条黑色虚线，所以合理猜测该虚线为极限 L。

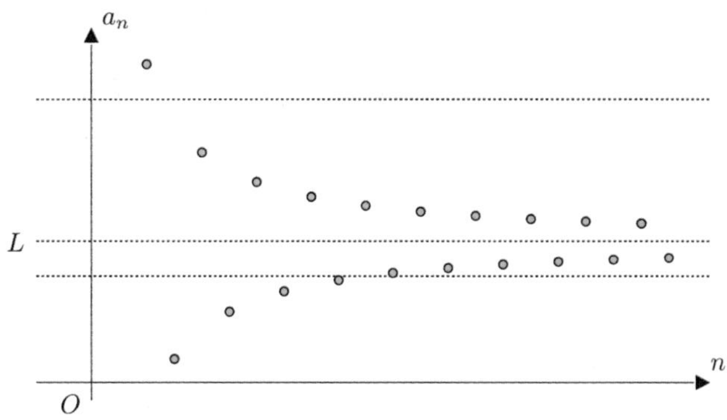

图 2.23 合理猜测中间的黑色虚线为极限 L

2.2.1.2 验证

然后再说验证，对应定义中的“对于任意给定的正实数 ϵ（不论它多么小），总存在正整数 N，使得对所有的 $n>N$ 时，有 $|a_n - L| < \epsilon$”。这里有好几层意思，需要一一讲解。首先可以随便给出一个正实数 ϵ，以 L 为中心作一个区间，也就是图 2.24 中的绿色区域。可以看到，前三个点在绿色区间外，之后的点都在绿色区间内，在绿色区域内的点让我们用红色来表示。

① 具体怎么猜测，在后面的章节中会有更详细的阐述。

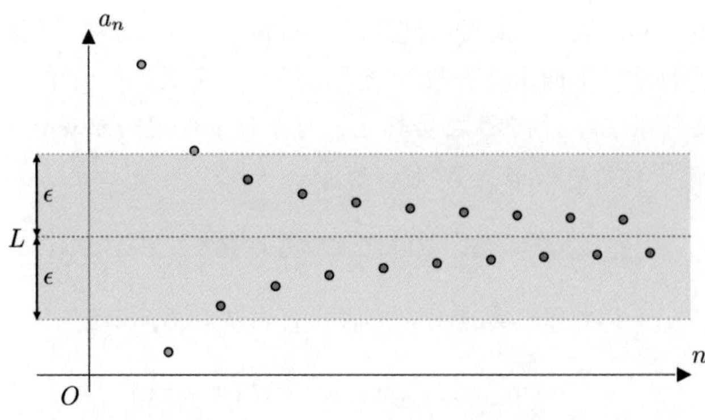

图 2.24 以 L 为中心作绿色区间，从第四个点开始（红色的点）都在该区间内

如果用符号语言来表述图 2.24 的话，那就是令 $N=3$，当 $n>N$ 时，始终有 $|a_n-L|<\epsilon$，如图 2.25 所示。

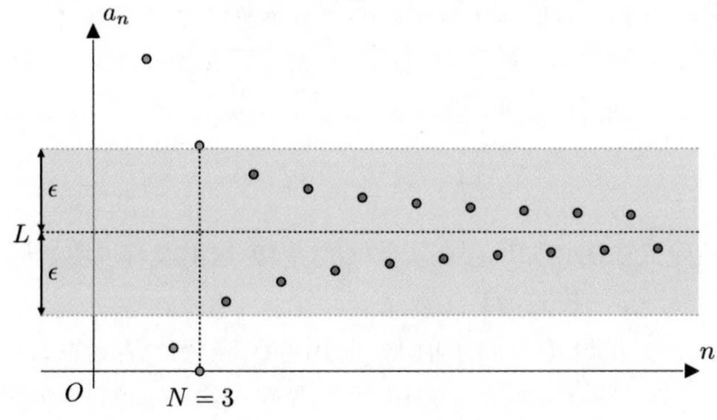

图 2.25 令 $N=3$，当 $n>N$ 时，始终有 $|a_n-L|<\epsilon$

无论如何缩小绿色区域，始终只有有限个点在此区间外。也就是说，如果总能找到合适的 N，使得当 $n>N$ 时，都有 $|a_n-L|<\epsilon$，如图 2.26 所示。

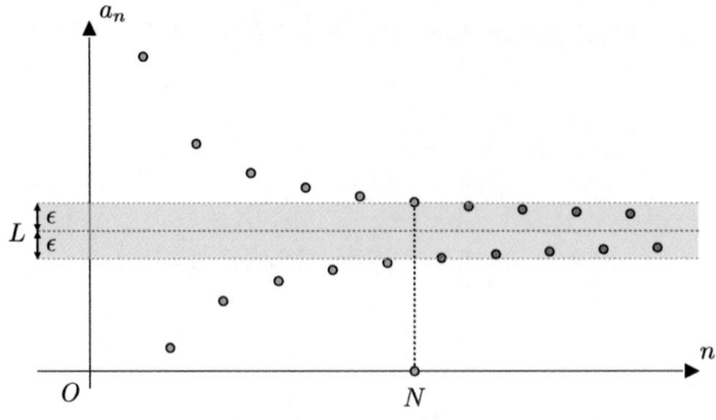

图 2.26 不论 ϵ 多小，总能找到合适的 N，当 $n>N$ 时，始终有 $|a_n-L|<\epsilon$

那么根据本节介绍的数列极限的定义，此时就说明我们猜测的 L 是该数列 $\{a_n\}$ 的极限，记作：

$$\lim_{n\to\infty} a_n = L \quad \text{或} \quad a_n \to L(n\to\infty)$$

2.2.1.3 猜测错误、极限不存在

如果对极限 L 的猜测是错误的，比如猜测图 2.27 中所示的黑色虚线为 L，可以看到，当 ϵ 足够大时，除了有限个点，其余的点都在绿色区域内。

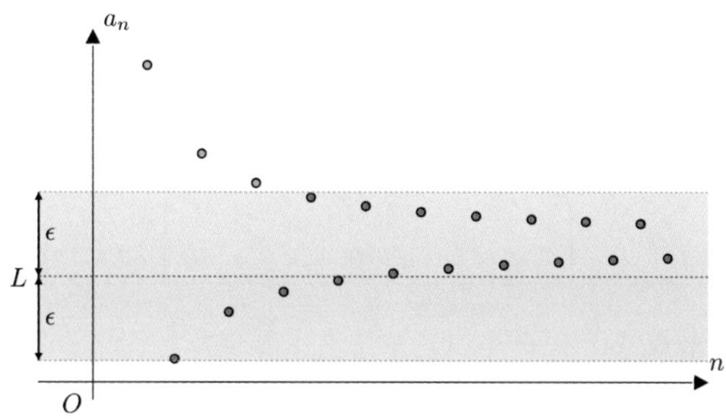

图 2.27 当 ϵ 足够大时，除了有限个点，其余的点都在绿色区域内

但随着 ϵ 的缩小，会有无数个点在绿色区域外。也就是说，找不到合适的 N，使得当 $n > N$ 时始终有 $|a_n - L| < \epsilon$，如图 2.28 所示。

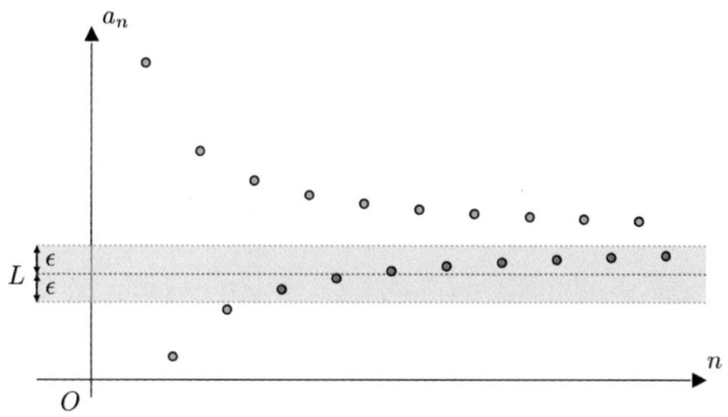

图 2.28 随着 ϵ 的缩小，会有无数个点在绿色区域外

这里需要强调的是，验证的关键在于，是否有无数个点在区间外，比如图 2.28 所示的情况。再比如图 2.29 所示的情况，当正实数 ϵ 足够小时有无数个点在区间内，但更重要的是，还有无数个点在区间外，这说明该猜测是错误的。

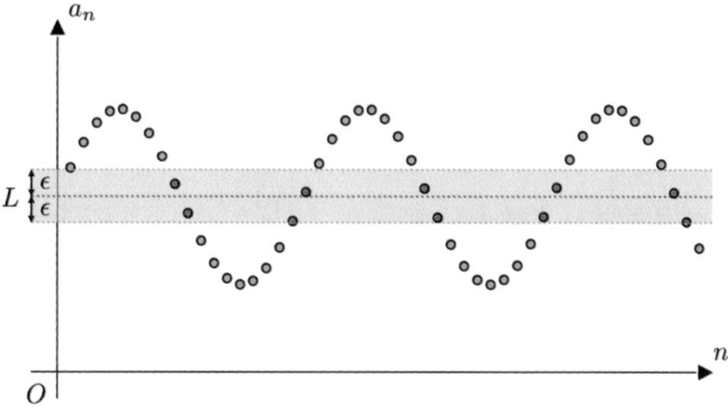

图 2.29 当正实数 ϵ 足够小时，始终有无数个点在区间外

再仔细观察一下图 2.29，可发现该数列 $\{a_n\}$ 没有任何趋向，所以怎么猜测都是错误的，其极限 L 并不存在。

2.2.2 数列极限的另外一种定义

如果引入如下两个逻辑符号：

逻辑符号	含义	解释
$\forall$	任意	对应英文 Any
$\exists$	存在	对应英文 Exist

来更简洁地表达如下的意思：

逻辑符号	含义
$\forall\epsilon > 0$	对任意的正数 ϵ
$\exists N \in \mathbb{Z}^+$	存在正整数 N
$\forall n > N$	所有的 $n > N$

那么上面的数列极限定义（定义 3）可以改写如下：

定义 4. 对于数列 $\{a_n\}$，如果 $\forall\epsilon > 0$，$\exists N \in \mathbb{Z}^+$，$\forall n > N$，有：

$$|a_n - L| < \epsilon, \quad L \in \mathbb{R}$$

那么就称 L 是数列 $\{a_n\}$ 的极限，或者称数列 $\{a_n\}$ 收敛于 L，记作：

$$\lim_{n\to\infty} a_n = L \quad 或 \quad a_n \to L(n \to \infty)$$

若不存在这样的常数 L，就说数列 $\{a_n\}$ 没有极限，或说数列 $\{a_n\}$ 是发散的，也可以说 $\lim\limits_{n\to\infty} a_n$ 不存在。

例 1. 设 $\mathbf{P}$ 代表全人类，请解释下面两句话的意思：

（1）$\forall A \in \mathbf{P}$，$\exists B \in \mathbf{P}$，B 是 A 的父亲。

（2）$\exists A \in \mathbf{P}$，$\forall B \in \mathbf{P}$，B 是 A 的父亲。

解.（1）的意思是“对于任意一个人 A，都存在一个人 B，B 是 A 的父亲”；（2）的意思是“存在一个人 A，对于任意一个人 B，B 是 A 的父亲”。

下面就用修改后的定义（定义 4）来实践一下如何求出某数列的极限。

例 2. 已知数列 $\{a_n\} = \left\{\frac{1}{n}\right\}$，请求出 $\lim\limits_{n\to\infty} a_n$。

解.（1）猜测。可以尝试写出数列的前 n 项 $\left\{1, \frac{1}{2}, \frac{1}{3}, \frac{1}{4}, \cdots, \frac{1}{n}\right\}$，观察到其图像是不断逼近于 x 轴的，也就是不断逼近于 0 的，如图 2.30 所示。所以可合理猜测数列 $\{a_n\}$ 的极限为 0，也就是假设 $L = 0$。

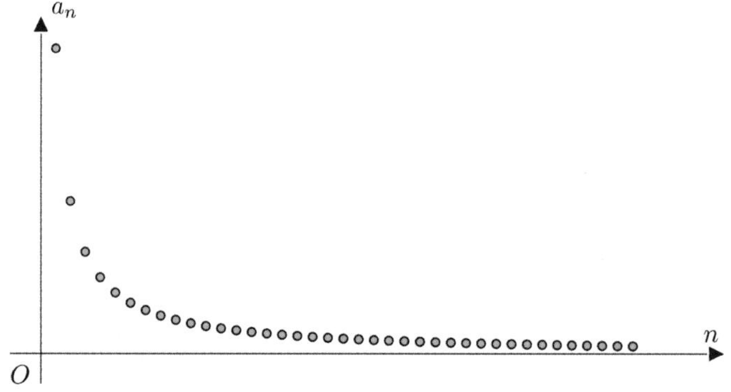

图 2.30 随着 n 的增大，数列 $\{a_n\}=\left\{\frac{1}{n}\right\}$ 不断逼近于 0

（2）验证 $\epsilon=0.3$ 时的情况。假设此时定义 4 中用于验证的不等式 $|a_n-L|<\epsilon$ 成立，那么有：

$$|a_n-L|=|a_n-0|=\frac{1}{n}<\epsilon=0.3 \implies n>\frac{1}{\epsilon}\approx 3.33$$

所以可合理假设 $N=4$（因为 n 是自然数，所以进行了取整），那么当 $n>N=4$ 时始终有 $|a_n-L|<\epsilon=0.3$。画出图来就是，从第 5 个点开始其余点就都在绿色区间内了[①]，如图 2.31 所示。

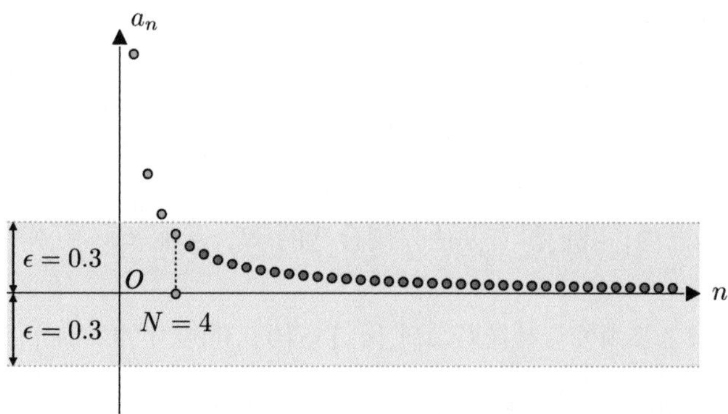

图 2.31 $n>N=4$ 时始终有 $|a_n-L|<\epsilon=0.3$

上面的结论如果换成更简练的符号语言就是，$\epsilon=0.3$ 时，令 $N=4$，$\forall n>N$，有 $|a_n-0|<\epsilon$。

（3）验证 $\epsilon=0.18$ 时的情况。假设此时定义 4 中用于验证的不等式 $|a_n-L|<\epsilon$ 成立，那么有：

$$|a_n-L|=|a_n-0|=\frac{1}{n}<\epsilon=0.18 \implies n>\frac{1}{\epsilon}\approx 5.56$$

所以可合理假设 $N=6$（因为 n 是自然数，所以进行了取整），那么当 $n>N=6$ 时始终有 $|a_n-0|<\epsilon=0.18$。画出图来就是，从第 7 个点开始其余点就都在绿色区间内了，如图 2.32 所示。

① 虽然第 4 个点也在区间内，不过不重要，多一个、少一个对结果没有影响。

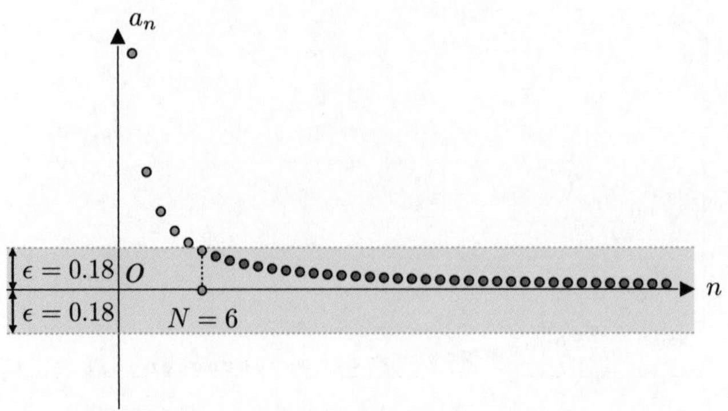

图 2.32 $n > N = 6$ 时始终有 $|a_n - L| < \epsilon = 0.18$

上面的结论如果换成更简练的符号语言就是，$\epsilon = 0.18$ 时，令 $N = 6, \forall n > N$，有 $|a_n - 0| < \epsilon$。

（4）验证 ϵ 为任意正数时的情况。假设此时定义 4 中用于验证的不等式 $|a_n - L| < \epsilon$ 成立，那么有：

$$|a_n - L| = |a_n - 0| = \frac{1}{n} < \epsilon \implies n > \frac{1}{\epsilon}$$

所以合理假设 $N = \left\lceil \frac{1}{\epsilon} \right\rceil$①，那么当 $n > N$ 时始终有 $|a_n - 0| < \epsilon$。用更简练的符号语言来表示就是，令 $N = \left\lceil \frac{1}{\epsilon} \right\rceil$，$\forall n > N$，有 $|a_n - 0| < \epsilon$，所以根据定义 4 有 $\lim\limits_{n \to \infty} a_n = 0$。

顺便说一下，如果我们假设 $L = 1$ 会发生什么情况。验证 ϵ 为任意正数时的情况，假设此时定义 4 中用于验证的不等式 $|a_n - L| < \epsilon$ 成立，那么有：

$$|a_n - L| = |a_n - 1| = \left|\frac{1}{n} - 1\right| < \epsilon \implies -\epsilon < \frac{1}{n} - 1 < \epsilon \implies \frac{1}{1 - \epsilon} > n > \frac{1}{1 + \epsilon}$$

所以 n 会在一个区间之内，我们没有办法找到合适的 N，从而 $L = 1$ 不可能是数列 $\{a_n\}$ 的极限。

例 3. 之前讲解阿基里斯悖论时提到数列 $\{a_n\} = \{0.9, 0.99, 0.999, \cdots\}$，请证明 $\lim\limits_{n \to \infty} a_n = 1$。

证明. 本题要求证明 $L = 1$，就不用猜测了。写出数列通项 $a_n = 1 - \frac{1}{10^n}$，设定义 4 中用于验证的不等式 $|a_n - L| < \epsilon$ 成立，那么有：

$$|a_n - L| = |a_n - 1| = \left|1 - \frac{1}{10^n} - 1\right| = \frac{1}{10^n} < \epsilon \implies n > \lg \frac{1}{\epsilon}$$

若令 $N = \left\lceil \lg \frac{1}{\epsilon} \right\rceil$，那么当 $n > N$ 时始终有 $|a_n - 1| < \epsilon$，所以 $\lim\limits_{n \to \infty} a_n = 1$。 ■

2.3 数列极限的性质

上一节学习了数列极限的定义，本节来推导其相关性质，这样可以更好地理解定义 4，也方便之后的学习。

---

① $\left\lceil \frac{1}{\epsilon} \right\rceil$ 符号的意思是向上取整，也就是 $\left\lceil \frac{1}{\epsilon} \right\rceil$ 为正好大于 $\frac{1}{\epsilon}$ 的整数。

2.3.1 数列极限的唯一性

定理 1 (数列极限的唯一性). 如果数列 $\{a_n\}$ 收敛，那么它的极限唯一。

证明. 用反证法。假设同时有 $\lim\limits_{n\to\infty} a_n = L_1$ 和 $\lim\limits_{n\to\infty} a_n = L_2$，且 $L_1 < L_2$。取 $\epsilon = \dfrac{L_2 - L_1}{2}$，因为 $\lim\limits_{n\to\infty} a_n = L_1$，根据定义 4，故 $\exists N_1 \in \mathbb{Z}^+$，当 $n > N_1$ 时始终有：

$$|a_n - L_1| < \frac{L_2 - L_1}{2} \implies a_n - L_1 < \frac{L_2 - L_1}{2}$$
$$\implies a_n < L_1 + \frac{L_2 - L_1}{2} \implies a_n < \frac{L_1 + L_2}{2}$$

同理，因为 $\lim\limits_{n\to\infty} a_n = L_2$，根据定义 4，故 $\exists N_2 \in \mathbb{Z}^+$，当 $n > N_2$ 时始终有：

$$|a_n - L_2| < \frac{L_2 - L_1}{2} \implies a_n - L_2 > -\frac{L_2 - L_1}{2}$$
$$\implies a_n > L_2 - \frac{L_2 - L_1}{2} \implies a_n > \frac{L_1 + L_2}{2}$$

取 $N = \max(N_1, N_2)$[①]，那么当 $n > N$ 时有：

$$a_n < \frac{L_1 + L_2}{2}, \quad a_n > \frac{L_1 + L_2}{2}$$

这显然是矛盾的，所以假设不成立，本定理证明完毕。 ■

数列极限的唯一性（定理 1）的几何意义很清晰，如图 2.33 所示，一旦证明 $\lim\limits_{n\to\infty} a_n = L$，则其他黑色虚线就不可能是极限了。

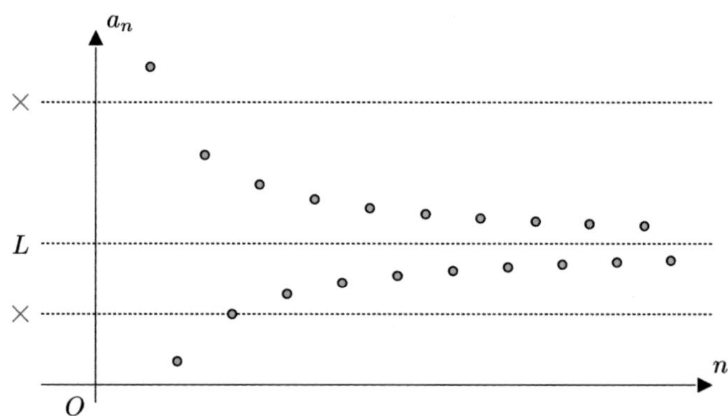

图 2.33　若中间的黑色虚线为 L，则其他黑色虚线就不可能是极限

借助数列极限的唯一性可判断数列 $\{(-1)^n\}$ 是发散的。如图 2.34 所示，数列 $\{(-1)^n\}$ 不断取得 1 和 -1。

若数列 $\{(-1)^n\}$ 存在极限 L，根据数列极限的唯一性，该极限 L 必是唯一确定的。若取 $\epsilon = 0.3$，由 ϵ 和 L 决定的区间也是唯一确定的。该区间宽 0.6，无论如何都不能同时覆盖上下的点，如图 2.35 所示。此时必有无限个点在区间外，所以数列 $\{a_n\}$ 是发散的。

---

① 该式子表示 N 是 N_1 和 N_2 中最大的那个数。

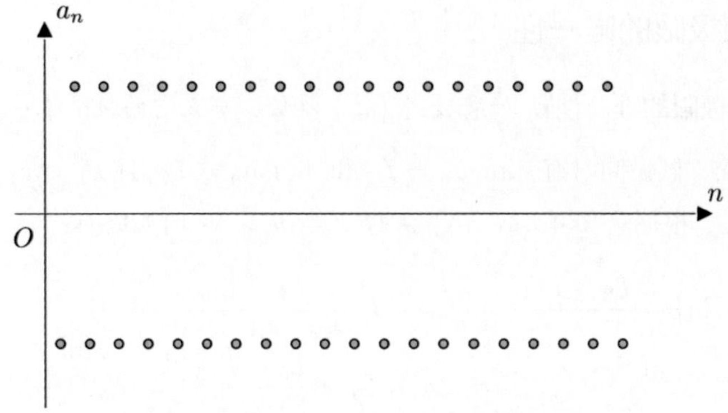

图 2.34 数列 $\{(-1)^n\}$ 不断取得 1 和 -1

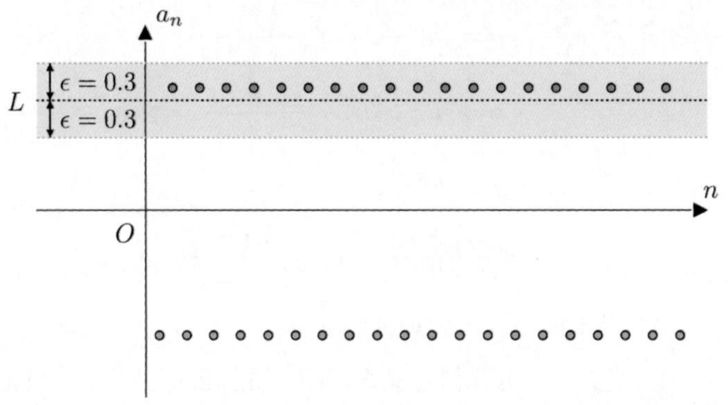

图 2.35 唯一确定的、宽为 0.6 的绿色区间不可能同时覆盖上下的点

2.3.2 收敛数列的有界性

定义 5. 对于数列 $\{a_n\}$：

- 如果 $\forall n \in \mathbb{Z}^+$，有 $a_n \leqslant A$，则称该数列有上界（*Bounded above*），且称 A 为该数列的上界。
- 如果 $\forall n \in \mathbb{Z}^+$，有 $a_n \geqslant B$，则称该数列有下界（*Bounded below*），且称 B 为该数列的下界。
- 如果 $\forall n \in \mathbb{Z}^+$，有 $|a_n| \leqslant M$，则称该数列有界（*Bounded*），且称 M 为该数列的界。

比如数列 $\{-n\}$ 有 $-n < 0$，故 0 是该数列的一个上界，但没有下界，如图 2.36 所示；数列 $\{n\}$ 有 $n > 0$，故 0 是该数列的一个下界，但没有上界，如图 2.37 所示。这两个数列都不是有界数列。

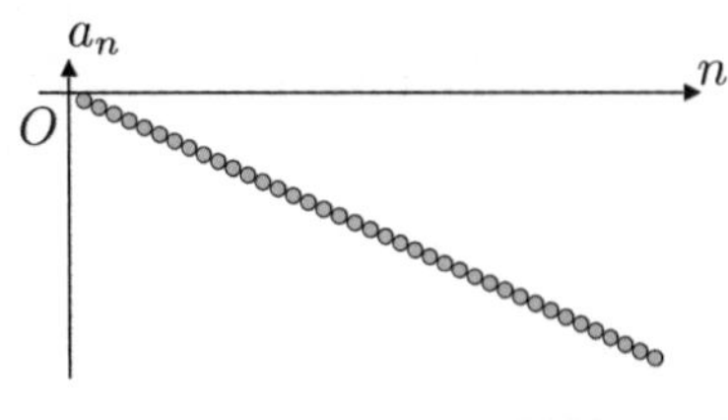

图 2.36 数列 $\{-n\}$ 有上界，无下界

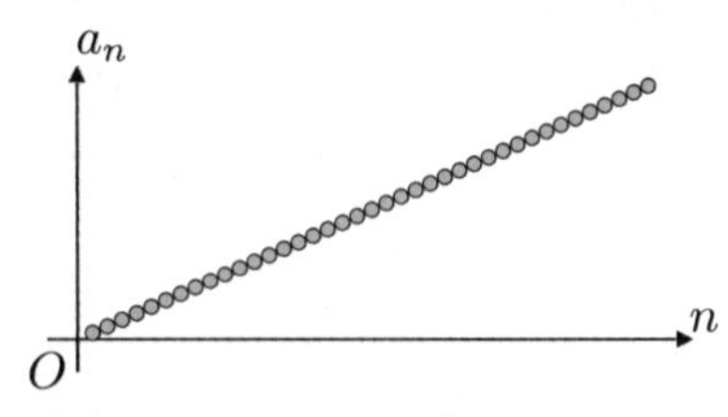

图 2.37 数列 $\{n\}$ 有下界，无上界

而对于数列 $\left\{\frac{1}{n}\right\}$ 有 $\left|\frac{1}{n}\right| < 1.2$，故该数列在 -1.2 和 1.2 之间，所以该数列有界，如图 2.38 所示。

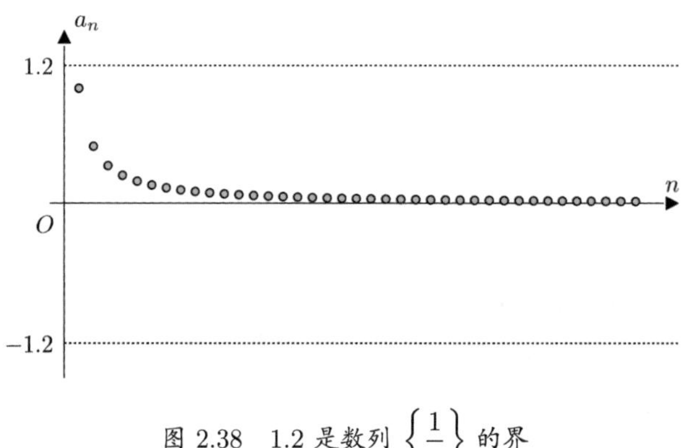

图 2.38　1.2 是数列 $\left\{\frac{1}{n}\right\}$ 的界

例 4. 有界数列的界是否唯一？

解. 不唯一。比如对于上面提到的数列 $\left\{\frac{1}{n}\right\}$，1 也是该数列的界，如图 2.39 所示。

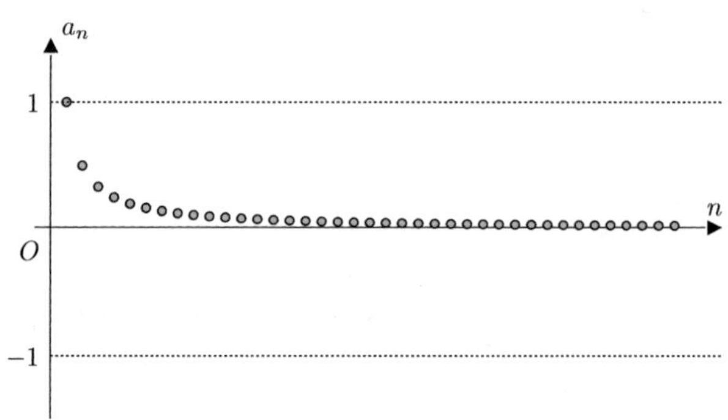

图 2.39　1 是数列 $\left\{\frac{1}{n}\right\}$ 的界

实际上，所有大于 1 的实数都是该数列的界，所以不仅不唯一，还有无穷多个界。

定理 2 (收敛数列的有界性). 如果数列 $\{a_n\}$ 收敛，那么数列 $\{a_n\}$ 一定有界。

证明. 因为数列 $\{a_n\}$ 收敛，设 $\lim\limits_{n\to\infty} a_n = L$，根据定义 4，对于 $\epsilon = 1$，那么 $\exists N \in \mathbb{Z}^+$，当 $n > N$ 时始终有 $|a_n - L| < \epsilon = 1$，于是有：

$$|a_n| = |a_n - L + L| \leqslant |a_n - L| + |L| < 1 + |L|$$

取 $M = \max(|a_1|, |a_2|, \cdots, |a_N|, 1 + |L|)$，那么数列 $\{a_n\}$ 中的一切项 a_n 都满足不等式 $|a_n| \leqslant M$，这就证明了数列 $\{a_n\}$ 一定有界。 ■

举例说明一下，通过例 2 和例 4 可知，数列 $\left\{\frac{1}{n}\right\}$ 的极限为 0 且有界，这正符合收敛数列的有界性（定理 2）。

根据收敛数列的有界性，不是有界数列肯定不存在极限。比如图 2.40 中的数列 $\{n\}$ 及图 2.41 中的数列 $\{n^2\}$。

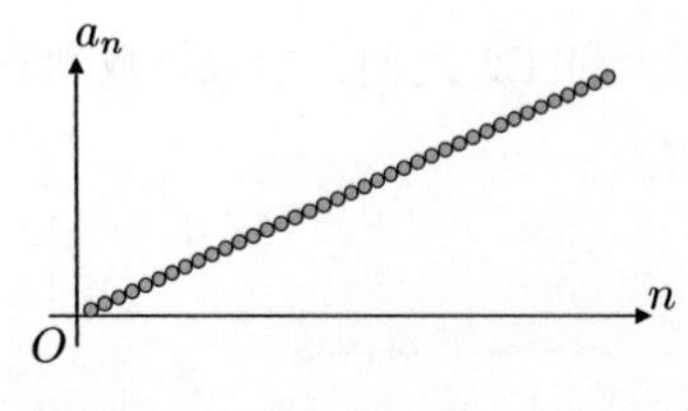

图 2.40 数列 $\{n\}$ 无界，所以发散

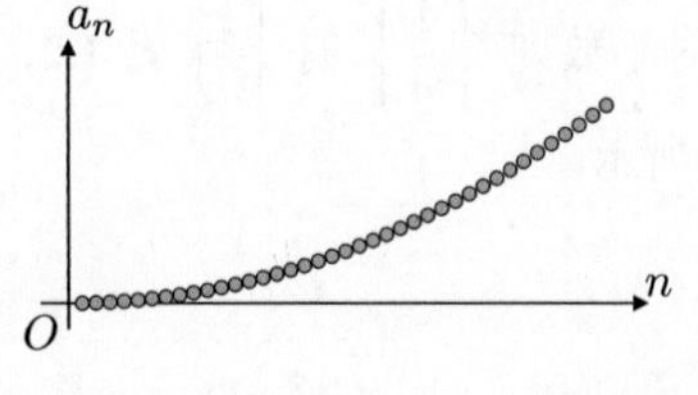

图 2.41 数列 $\{n^2\}$ 无界，所以发散

收敛数列的有界性反过来是不成立的，比如图 2.34 中的数列 $\{(-1)^n\}$ 有界但发散。

2.3.3 收敛数列的保号性

定理 3 (收敛数列的保号性). 如果 $\lim\limits_{n\to\infty} a_n = L$，且 $L > 0$（或 $L < 0$），那么 $\exists N \in \mathbb{Z}^+$，$\forall n > N$ 时有 $a_n > 0$（或 $a_n < 0$）。

证明. 就 $L > 0$ 的情况进行证明。根据定义 4 可知，因为 $\lim\limits_{n\to\infty} a_n = L$，所以对于 $\epsilon = \dfrac{L}{2} > 0$ 时，$\exists N \in \mathbb{Z}^+$，$\forall n > N$ 时有：

$$|a_n - L| < \frac{L}{2} \implies a_n - L > -\frac{L}{2} \implies a_n > \frac{L}{2} > 0$$ ■

收敛数列的保号性（定理 3）说的是，若 $\lim\limits_{n\to\infty} a_n = L > 0$，则从某项开始，$a_n$ 都是大于 0 的，如图 2.42 中的红点所示。

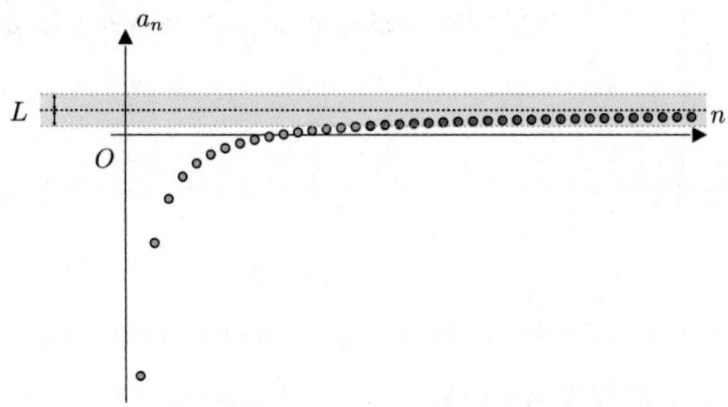

图 2.42 若 $L > 0$，则从某项开始，a_n 都是大于 0 的，如图中的红点所示

或若 $\lim\limits_{n\to\infty} a_n = L < 0$，则从某项开始，$a_n$ 都是小于 0 的，如图 2.43 中的红点所示。

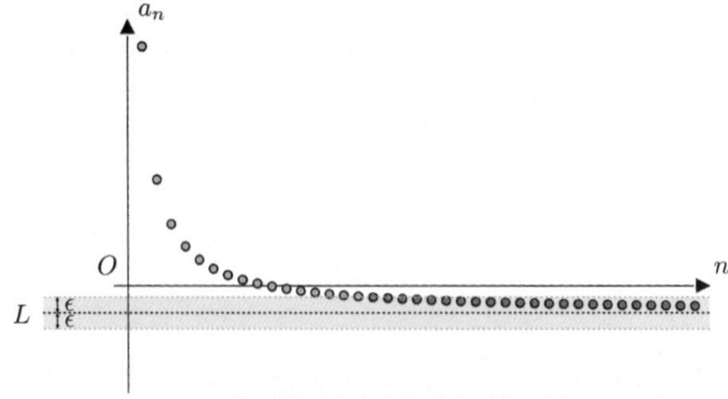

图 2.43 若 $L < 0$，则从某项开始，a_n 都是小于 0 的，如图中的红点所示

定理 4. 如果数列 $\{a_n\}$ 从某项起有 $a_n \geqslant 0$（或 $a_n \leqslant 0$），且 $\lim\limits_{n\to\infty} a_n = L$，那么 $L \geqslant 0$（或 $L \leqslant 0$）。

证明.（1）设数列 $\{a_n\}$ 从第 N_1 项起，即 $\forall n > N_1$ 时有 $a_n \geqslant 0$，现用反证法进行证明。

（2）如果 $\lim\limits_{n\to\infty} a_n = L < 0$，则由收敛数列的保号性可知，$\exists N_2 \in \mathbb{Z}^+$，$\forall n > N_2$ 时有 $a_n < 0$。

（3）取 $N = \max(N_1, N_2)$，则 $\forall n > N$ 时，根据（1）有 $a_n \geqslant 0$，根据（2）有 $a_n < 0$，两者矛盾。所以（2）中的假设是错误的，因此 $L \geqslant 0$。 ■

比如数列 $a_n = \left\{\dfrac{1}{n}\right\}$ 的所有项都大于 0，如图 2.30 所示。根据定理 4 可知，该数列的极限不可能小于 0，确实在例 2 中证明了 $\lim\limits_{n\to\infty} \dfrac{1}{n} = 0$。

2.3.4 收敛数列的子数列

定义 6. 在数列 $\{a_n\}$ 中任意抽取无限多项并保持这些项在原数列中的顺序，这样得到的一个数列称为原数列 $\{a_n\}$ 的子数列，或简称为子列。

比如图 2.44 所示的是数列 $\left\{\dfrac{1}{n}\right\}$，在其中随意抽取无限项并保持顺序，就可得到该数列的子数列，如图 2.45 所示。

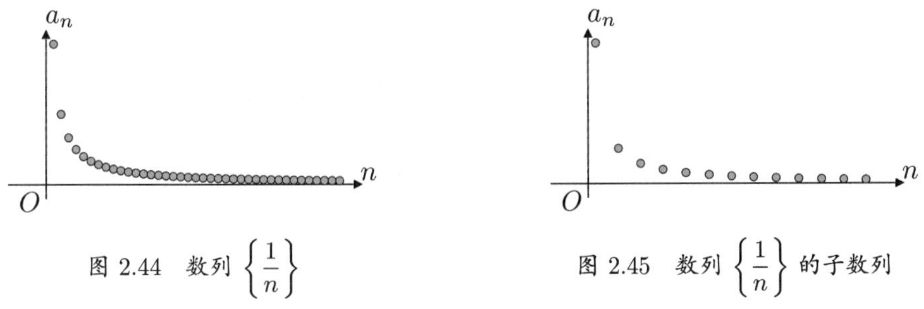

图 2.44　数列 $\left\{\dfrac{1}{n}\right\}$　　　图 2.45　数列 $\left\{\dfrac{1}{n}\right\}$ 的子数列

例 5. 从数列 $\left\{\dfrac{1}{n}\right\}$ 中抽取数据项组成 $\left\{1, \dfrac{1}{2}, \dfrac{1}{13}, \dfrac{1}{7}, \cdots, \dfrac{1}{2022}\right\}$，请问这是子数列吗？

解. 不是。首先这不是数列，数列一定要有无限项；其次相比于数列 $\left\{\dfrac{1}{n}\right\}$，$\dfrac{1}{13}$ 和 $\dfrac{1}{7}$ 顺序反了。

定理 5. 若某数列 $\{a_n\}$ 收敛于 L，则其任一子数列也收敛，且极限也为 L。

证明. 设数列 $\{a_m\}$ 为数列 $\{a_n\}$ 的任一子数列。由于 $\lim\limits_{n\to\infty} a_n = L$，根据定义 4 可知，有 $\forall \epsilon > 0$ 时，$\exists N \in \mathbb{Z}^+$，当 $n > N$ 时有 $|a_n - L| < \epsilon$。当 $m > N, n > N$ 时，$\{a_m\}$ 是 $\{a_n\}$ 的一部分，所以必然也有 $|a_m - L| < \epsilon$，所以有 $\lim\limits_{m\to\infty} a_m = L$。 ■

举例说明一下定理 5，比如从图 2.44 和图 2.45 可以看出，数列 $\left\{\dfrac{1}{n}\right\}$ 和其子数列都不断逼近 0，所以不难想象它们的极限都为 0。

例 6. 请证明数列 $\{(-1)^n\}$ 发散。

证明. 从图 2.34 可看出[①]，数列 $\{(-1)^n\}$ 有两个子数列 $\{1\}$ 和 $\{-1\}$，这两个子数列的极限分别为 1 和 -1，并不相等。根据定理 5，所以数列 $\{(-1)^n\}$ 是发散的。 ■

2.4 趋于无穷的函数极限

到目前为止，我们还是没有办法求出下述极限：

$$\lim_{n\to\infty} A_n = \lim_{n\to\infty}\left(\frac{3}{n}\right)^3 \cdot \left(1^2+2^2+\cdots+(n-1)^2\right) =?$$

因为函数是数学中被研究最多的对象，如果可以定义函数的极限，那么对我们的目标会大有裨益。本节就来尝试将数列极限扩展为趋于无穷的函数极限。

2.4.1 趋于无穷、正无穷、负无穷的函数极限

在例 2 中证明了数列 $\{a_n\}=\left\{\frac{1}{n}\right\}$ 的极限为 $\lim\limits_{n\to\infty} a_n = 0$，该数列可被视作以正整数为自变量的函数：

$$\{a_n\}=\left\{\frac{1}{n}\right\}, n\in\mathbb{Z}^+ \longrightarrow f(x)=\frac{1}{x}, x\in\mathbb{Z}^+$$

因此该数列的极限也可以改写如下，改写后的极限也称为函数的极限：

$$\lim_{n\to\infty} a_n = 0, n\in\mathbb{Z}^+ \longrightarrow \lim_{x\to\infty} f(x)=0, x\in\mathbb{Z}^+$$

如果把自变量由正整数推广到实数：

$$f(x)=\frac{1}{x}, x\in\mathbb{Z}^+ \longrightarrow f(x)=\frac{1}{x}, x\in\mathbb{R}$$

图像就从图 2.30 所示的离散的点变为了图 2.46 所示的连续的曲线。[②] 此时自变量 x 趋于正无穷以及负无穷。

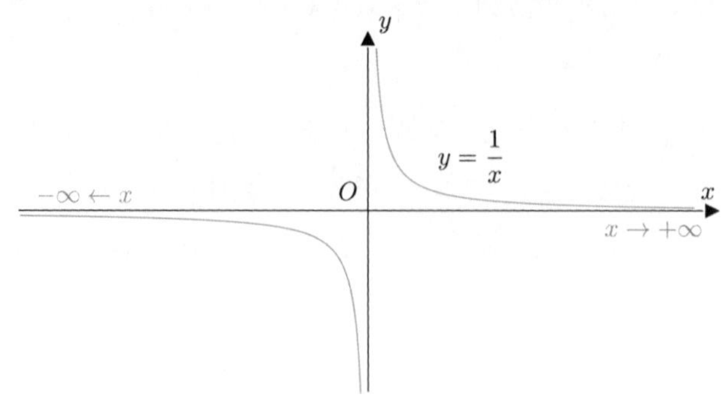

图 2.46 自变量 x 趋于正无穷，以及负无穷

① 这里通过观察图形来进行证明，并不严谨，但结论是正确的。

② 作图时，因为纵坐标是 y 轴，所以将函数表示为了 $y=\frac{1}{x}$，这和 $f(x)=\frac{1}{x}$ 是同样的意思。

容易看出，x 趋于正无穷和负无穷时，$f(x)$ 的极限都为 0，记作：

$$\lim_{x\to-\infty} f(x) = \lim_{x\to+\infty} f(x) = 0, \quad x \in \mathbb{R}$$

此时，在数学上称 x 趋于无穷时 $f(x)$ 的极限为 0，记作：

$$\lim_{x\to-\infty} f(x) = \lim_{x\to+\infty} f(x) = 0 \iff \lim_{x\to\infty} f(x) = 0, \quad x \in \mathbb{R}$$

但是，之前的数列极限的定义（定义 4）需要修改一下才能适应现在的情况。

定义 7. 设函数 $f(x)$ 当 $|x|$ 大于某正数时有定义。如果 $\forall\epsilon > 0$，$\exists X > 0$，$\forall|x| > X$，有：

$$|f(x) - L| < \epsilon, \quad L \in \mathbb{R}$$

那么就称 L 是函数 $f(x)$ 当 $x \to \infty$ 时的极限，或者称当 $x \to \infty$ 时函数 $f(x)$ 收敛于 L，记作：

$$\lim_{x\to\infty} f(x) = L \quad 或 \quad f(x) \to L(x \to \infty)$$

若不存在这样的常数 L，就说当 $x \to \infty$ 时函数 $f(x)$ 没有极限，或说当 $x \to \infty$ 时函数 $f(x)$ 是发散的，也可以说 $\lim\limits_{x\to\infty} f(x)$ 不存在。

定义 7 和数列极限的定义（定义 4）大同小异。

- 相同之处为，都是先猜测极限 L，然后去验证。
- 不同之处如下表所示。

数列极限	$x \to \infty$ 的函数极限
数列 $\{a_n\}$	函数 $f(x)$ 当 $\lvert x\rvert$ 大于某正数时有定义
$\exists N \in \mathbb{Z}^+$	$\exists X > 0$
$\forall n > N$	$\forall\lvert x\rvert > X$

下面以某函数 $f(x)$ 为例来解释定义 7，该函数的图像如图 2.47 所示。

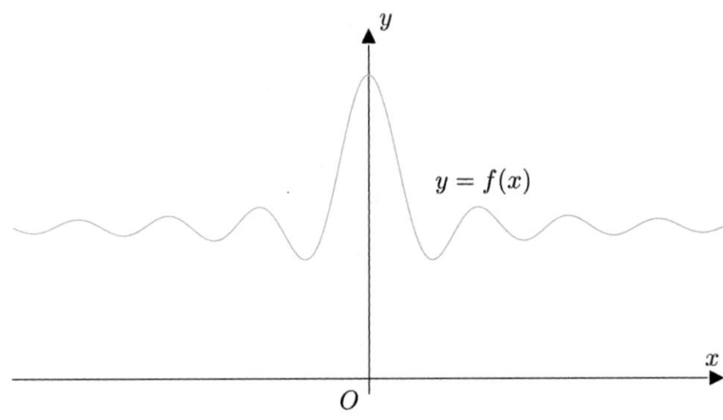

图 2.47 某函数 $f(x)$ 的图像

定义 7 中说，"当 $|x|$ 大于某正数时有定义"，也就是说，两侧有定义即可，中间部分有没有定义是无所谓的，如图 2.48 所示。本书为了讲解方便，一般默认函数 $f(x)$ 的定义域为自然定义域。①

① 也就是 x 所有可能的取值范围。

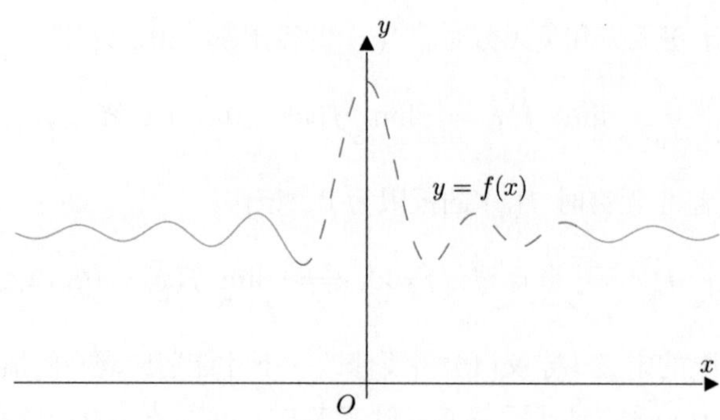

图 2.48 函数 $f(x)$ 在两侧有定义即可，中间部分有没有定义无所谓

如图 2.49 所示，函数 $f(x)$ 围绕其中的黑色虚线上下波动，所以可合理猜测该黑色虚线为 $x \to \infty$ 时该函数的极限 L。

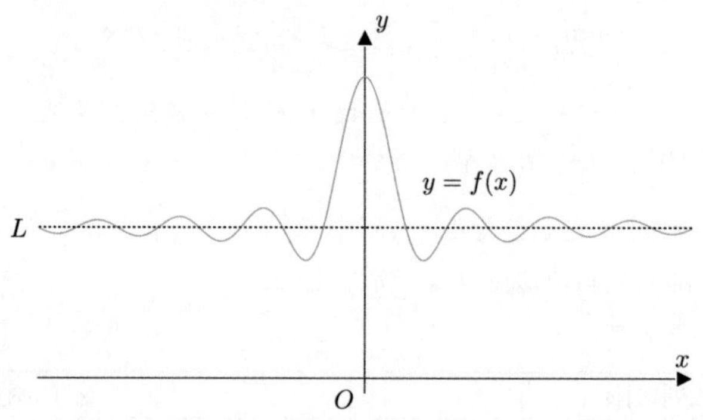

图 2.49 猜测函数 $f(x)$ 的极限 L 为该黑色虚线

随便给一个 $\epsilon > 0$，以 L 为中心作一个区间，也就是图 2.50 中的绿色区域。可以找到 $X>0$，在 $-X$ 的左侧及 X 的右侧，函数 $f(x)$ 的图像都在绿色区域内，让我们用红色来表示。

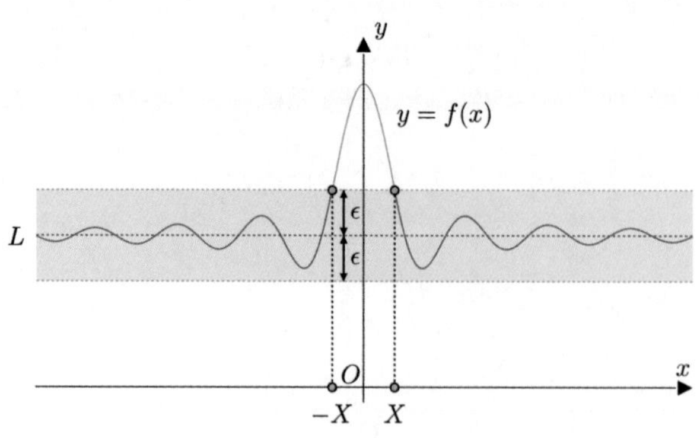

图 2.50 $\exists X > 0$，$\forall |x| > X$，有 $|f(x) - L| < \epsilon$

不断缩小 ϵ，总 $\exists X > 0$，在 $-X$ 的左侧及 X 的右侧，函数 $f(x)$ 的图像都在绿色区域内，如图 2.51 所示。

上述用符号语言表示为，$\forall \epsilon > 0$，$\exists X > 0$，$\forall |x| > X$ 时有 $|f(x) - L| < \epsilon$。根据定义 7，所以有 $\lim\limits_{x\to\infty} f(x) = L$。

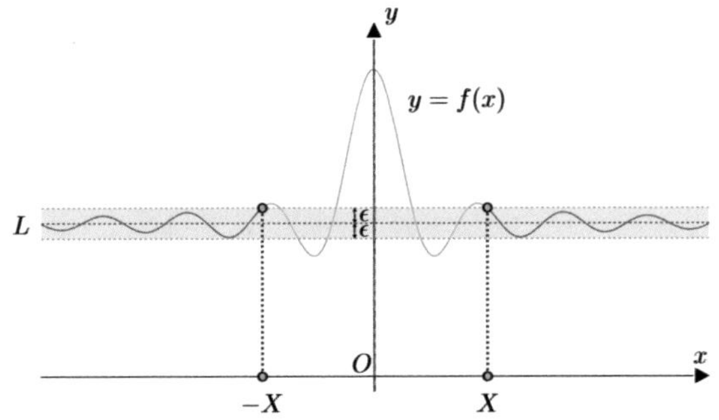

图 2.51 不论 ϵ 多小，$\exists X>0$，$\forall |x|>X$，有 $|f(x)-L|<\epsilon$

例 7. 请求出 $\lim\limits_{x\to\infty}\dfrac{1}{x-1}$。

解.（1）猜测。观察图 2.52 可知，x 不断增大以及 x 不断减小时，函数 $f(x)$ 是不断逼近于 x 轴的，也就是不断逼近于 0。所以可合理猜测函数 $f(x)$ 在 $x\to\infty$ 的极限为 0，也就是假设 $L=0$。

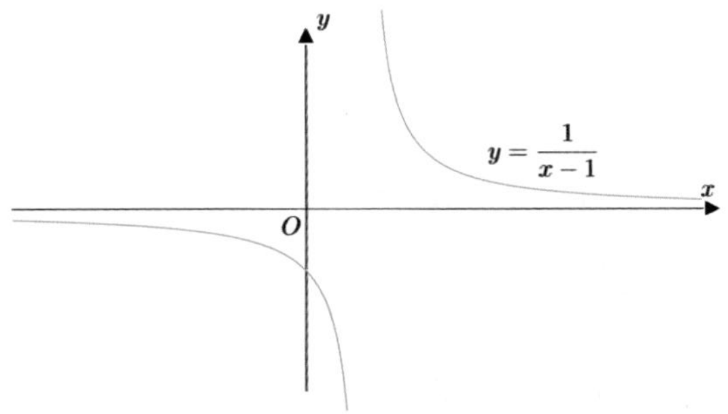

图 2.52 函数 $f(x)=\dfrac{1}{x-1}$ 的图像

（2）验证 $\epsilon=\dfrac{2}{3}$ 时的情况。假设此时定义 7 中用于验证的不等式 $|f(x)-L|<\epsilon$ 成立，那么有：

$$|f(x)-L|=\left|\frac{1}{x-1}-0\right|<\epsilon \implies -\epsilon<\frac{1}{x-1}<\epsilon \implies x<1-\frac{1}{\epsilon} \quad \text{或} \quad x>1+\frac{1}{\epsilon}$$
$$\implies x<-0.5 \quad \text{或} \quad x>2.5$$

取 $X=\max(|-0.5|,|2.5|)=2.5$，那么当 $|x|>X$ 时始终有 $|f(x)-0|<\epsilon=\dfrac{2}{3}$。也就是说，在 -2.5 的左侧以及 2.5 的右侧，函数 $f(x)$ 都在绿色区域内，如图 2.53 所示。

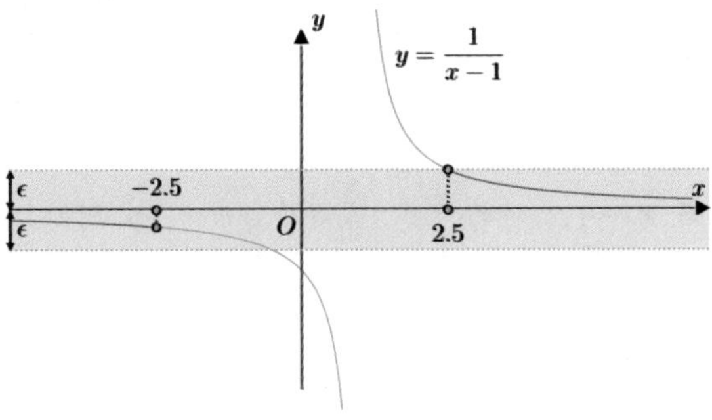

图 2.53 $\epsilon=\dfrac{2}{3}$ 时，令 $X=2.5$，$\forall |x|>X$ 有 $|f(x)-0|<\epsilon$

上面的结论换成更简练的符号语言就是，$\epsilon=\dfrac{2}{3}$ 时，令 $X=2.5$，$\forall|x|>X$ 有 $|f(x)-0|<\epsilon$。

（3）验证 ϵ 为任意正数时的情况，假设此时定义 7 中用于验证的不等式 $|f(x)-L|<\epsilon$ 成立，那么有：

$$|f(x)-L|=\left|\frac{1}{x-1}-0\right|<\epsilon \implies x<1-\frac{1}{\epsilon} \quad 或 \quad x>1+\frac{1}{\epsilon}$$

所以令 $X=\max\left(\left|1-\dfrac{1}{\epsilon}\right|,\left|1+\dfrac{1}{\epsilon}\right|\right)$，那么当 $|x|>X$ 时始终有 $|f(x)-0|<\epsilon$。用更简练的符号语言来表示，令 $X=\max\left(\left|1-\dfrac{1}{\epsilon}\right|,\left|1+\dfrac{1}{\epsilon}\right|\right)$，$\forall|x|>X$ 时有 $|f(x)-0|<\epsilon$，所以根据定义 7，有 $\lim\limits_{x\to\infty}\dfrac{1}{x-1}=0$。

例 8. 请求出 $\lim\limits_{x\to\infty}\dfrac{1}{x}$。

解.（1）$\dfrac{1}{x}$ 的图像如图 2.54 所示，对比图 2.52 可知，$\dfrac{1}{x}$ 可由 $\dfrac{1}{x-1}$ 向左横移得到，这种横移不会改变 $x\to\infty$ 时的极限，所以根据例 7 有 $\lim\limits_{x\to\infty}\dfrac{1}{x}=0$。

（2）也可通过定义 7 来证明，该定义要求 $\forall\epsilon>0$，$\exists X>0$，$\forall|x|>X$ 时有 $\left|\dfrac{1}{x}-0\right|<\epsilon$。这里需要证明 $\exists X>0$，根据其中的不等式可推出：

$$\left|\frac{1}{x}-0\right|=\left|\frac{1}{x}\right|<\epsilon \implies |x|>\frac{1}{\epsilon}$$

所以令 $X=\dfrac{1}{\epsilon}$，则 $\forall|x|>X$ 时有 $\left|\dfrac{1}{x}-0\right|<\epsilon$，所以 $\lim\limits_{x\to\infty}\dfrac{1}{x}=0$。

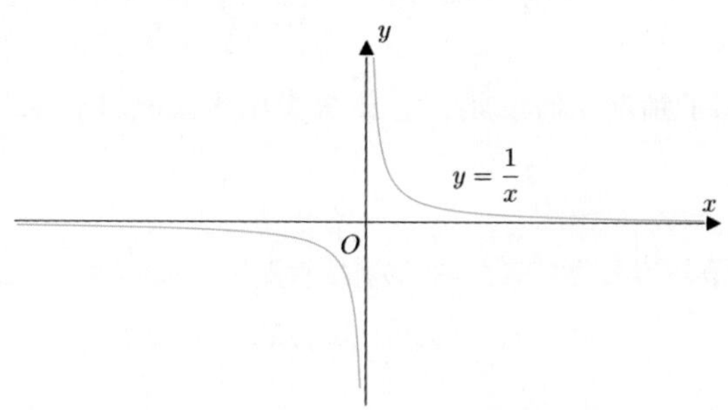

图 2.54 函数 $f(x)=\dfrac{1}{x}$ 的图像

除了趋于无穷的函数极限外，也就是除了定义 7 外，还有两种关于无穷的函数极限。

定义 8. 设函数 $f(x)$ 当 x 大于某数时有定义。如果 $\forall\epsilon>0$，$\exists X>0$，$\forall x>X$，有：

$$|f(x)-L|<\epsilon,\quad L\in\mathbb{R}$$

那么就称 L 是函数 $f(x)$ 当 $x\to+\infty$ 时的极限，或者称当 $x\to+\infty$ 时函数 $f(x)$ 收敛于 L，记作：

$$\lim_{x\to+\infty}f(x)=L \quad 或 \quad f(x)\to L(x\to+\infty)$$

若不存在这样的常数 L，就说当 $x\to+\infty$ 时函数 $f(x)$ 没有极限，或说当 $x\to+\infty$ 时函数 $f(x)$ 是发散的，也可以说 $\lim\limits_{x\to+\infty}f(x)$ 不存在。

定义 8 中称为趋于正无穷的函数极限，其几何意义是，随着 x 的增大，$f(x)$ 不断逼近黑色虚线 L_2，参见图 2.55。

定义 9. 设函数 $f(x)$ 当 x 小于某数时有定义。如果 $\forall\epsilon>0$，$\exists X>0$，$\forall x<-X$，有：

$$|f(x)-L|<\epsilon,\quad L\in\mathbb{R}$$

那么就称 L 是函数 $f(x)$ 当 $x\to-\infty$ 时的极限，或者称当 $x\to-\infty$ 时函数 $f(x)$ 收敛于 L，记作：

$$\lim_{x\to-\infty}f(x)=L\quad 或\quad f(x)\to L(x\to-\infty)$$

若不存在这样的常数 L，就说当 $x\to-\infty$ 时函数 $f(x)$ 没有极限，或说当 $x\to-\infty$ 时函数 $f(x)$ 是发散的，也可以说 $\lim\limits_{x\to-\infty}f(x)$ 不存在。

定义 9 中称为趋于负无穷的函数极限，其几何意义是，随着 x 的减小，$f(x)$ 不断逼近黑色虚线 L_1，也参见图 2.55。

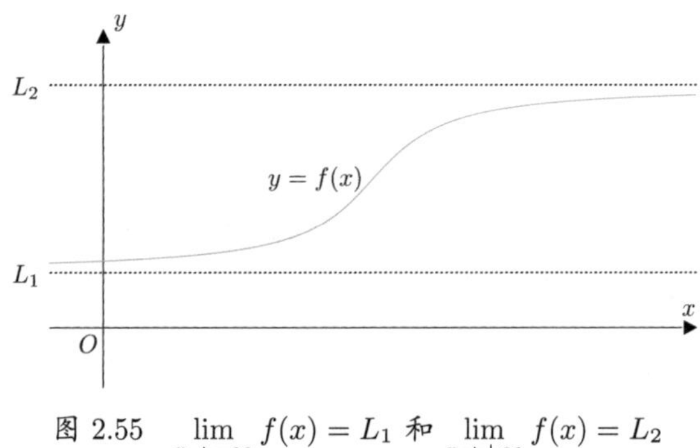

图 2.55 $\lim\limits_{x\to-\infty}f(x)=L_1$ 和 $\lim\limits_{x\to+\infty}f(x)=L_2$

趋于无穷的函数极限（定义 7）、趋于正无穷的函数极限（定义 8）、趋于负无穷的函数极限（定义 9）几乎一样，它们的区别如下表所示。

$x\to\infty$ **的函数极限**	$x\to+\infty$ **的函数极限**	$x\to-\infty$ **的函数极限**
$\|x\|$ 大于某正数时有定义	x 大于某数时有定义	x 小于某数时有定义
$\forall\|x\|>X$	$\forall x>X$	$\forall x<-X$

下面以某函数 $f(x)$ 为例简略解释趋于正无穷的函数极限（定义 8）。该函数的图像如图 2.56 所示，定义 8 中说，“当 x 大于某数时有定义”，从图像上看即右侧有定义即可，左侧有没有定义是无所谓的。

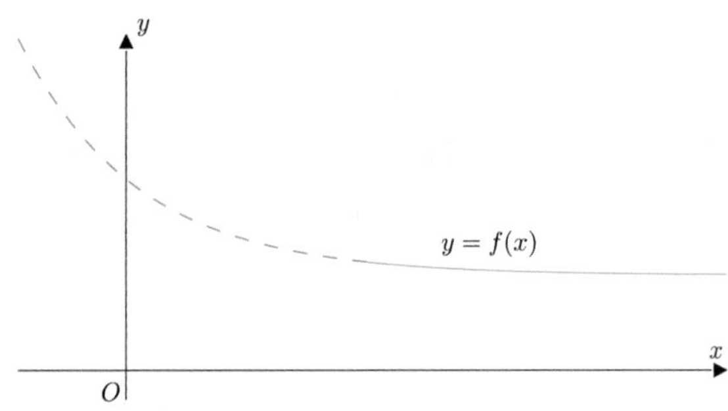

图 2.56 函数 $f(x)$ 在右侧有定义即可，左侧部分有没有定义无所谓

合理猜测图 2.57 中的黑色虚线为函数 $f(x)$ 的极限 L。任意给定 $\epsilon>0$，不论 ϵ 多小，以 L 为中心作一绿色区域，总能找到 $X>0$，在 X 的右侧，函数 $f(x)$ 的图像都在绿色区域内。根据定义 8，此时有 $\lim\limits_{x\to+\infty} f(x)=L$。

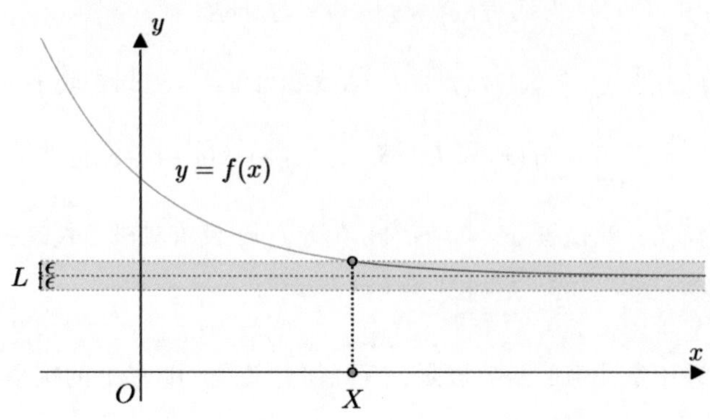

图 2.57 不论 ϵ 多小，$\exists X>0$，$\forall x>X$，有 $|f(x)-L|<\epsilon$

2.4.2 无穷极限存在的充要条件

定理 6. 函数 $f(x)$ 趋于无穷的函数极限存在的充要条件为趋于正无穷的函数极限以及趋于负无穷的函数极限都存在且相等，即：

$$\lim_{x\to-\infty} f(x)=\lim_{x\to+\infty} f(x)=L \iff \lim_{x\to\infty} f(x)=L$$

证明.（1）证明充分性。已知 $\lim\limits_{x\to-\infty} f(x)=\lim\limits_{x\to+\infty} f(x)=L$，那么：

- 根据定义 8 有 $\forall\epsilon>0$，$\exists X_1>0$，$\forall x>X_1$，有 $|f(x)-L|<\epsilon$。
- 根据定义 9 有 $\forall\epsilon>0$，$\exists X_2>0$，$\forall x<-X_2$，有 $|f(x)-L|<\epsilon$。

取 $X=\max(X_1,X_2)$，那么有 $\forall\epsilon>0$，$\exists X>0$，$\forall|x|>X$，有 $|f(x)-L|<\epsilon$，根据定义 7，所以有：

$$\lim_{x\to-\infty} f(x)=\lim_{x\to+\infty} f(x)=L \implies \lim_{x\to\infty} f(x)=L$$

（2）证明必要性。已知 $\lim\limits_{x\to\infty} f(x)=L$，根据定义 7，此时有 $\forall\epsilon>0$，$\exists X>0$，$\forall|x|>X$，有 $|f(x)-L|<\epsilon$，所以有：

- $\forall\epsilon>0$，$\exists X>0$，$\forall x>X$，有 $|f(x)-L|<\epsilon$，根据定义 8，有 $\lim\limits_{x\to+\infty} f(x)=L$。
- $\forall\epsilon>0$，$\exists X>0$，$\forall x<-X$，有 $|f(x)-L|<\epsilon$，根据定义 9，有 $\lim\limits_{x\to-\infty} f(x)=L$。

所以有 $\lim\limits_{x\to\infty} f(x)=L \implies \lim\limits_{x\to-\infty} f(x)=\lim\limits_{x\to+\infty} f(x)=L$。 ■

比如函数 $f(x)=\dfrac{1}{x-1}$，在例 7 中证明过 $\lim\limits_{x\to\infty} f(x)=0$，从图 2.52 中容易看出 $\lim\limits_{x\to-\infty} f(x)=\lim\limits_{x\to+\infty} f(x)=0$；而图 2.55 中的函数 $f(x)$，其 $\lim\limits_{x\to-\infty} f(x)\neq\lim\limits_{x\to+\infty} f(x)=L_2$，所以 $\lim\limits_{x\to\infty} f(x)$ 是不存在的。

2.5 一般的函数极限

到目前为止我们学习了数列极限、趋于无穷的函数极限，其实已经可以开始讨论如何求出下述极限了：

$$\lim_{n\to\infty} A_n = \lim_{n\to\infty}\left(\frac{3}{n}\right)^3 \cdot \left(1^2 + 2^2 + \cdots + (n-1)^2\right) = ?$$

不过还是先介绍本书中的最后一种极限，也就是一般的函数极限，然后一并解决这些极限的计算问题。

2.5.1 飞矢不动

让我们从“飞矢不动”悖论谈起，该悖论源于芝诺观察了射出的箭后，同他的学生进行了如下对话。

- 芝诺问他的学生：“一支射出的箭是动的还是不动的？”
- 学生：“那还用说，当然是动的。”
- 芝诺：“确实如此，在每个人的眼里它都是动的。可这支箭在每一个瞬间都有它的位置吗？”
- 学生：“有的，老师。”
- 芝诺：“在这一瞬间，它占据的空间和它的体积一样吗？”
- 学生：“有确定的位置，又占据着和自身体积一样大小的空间。”
- 芝诺：“那么，在这一瞬间，这支箭是动的，还是不动的？”
- 学生：“不动的，老师。”
- 芝诺：“这一瞬间是不动的，那么其他瞬间呢？”
- 学生：“也是不动的，老师。”
- 芝诺：“所以，射出去的箭是不动的？”

也就是说，上面一顿狂聊后，得到的结论是：在某个确定的时刻，箭的瞬时速度为 0，如图 2.58 所示。

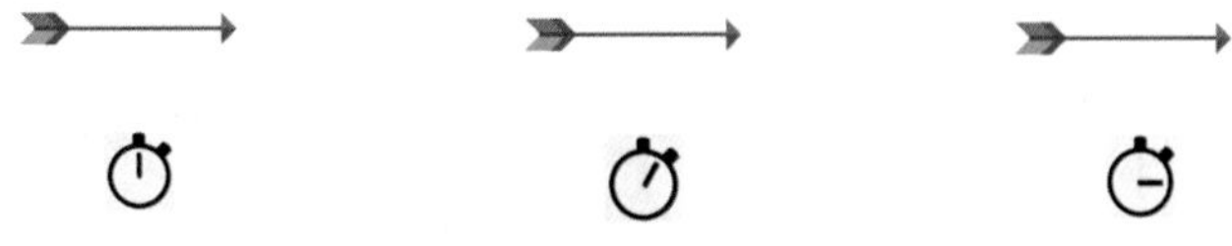

图 2.58 在每个时刻，箭的瞬时速度都为 0

这件事情显然太诡异了，我们来看看现代物理是怎样回答这个问题的。

例 9. 假设飞箭射出后位移 s 与时间 t 的函数如下①，请求出飞箭在 $t=2$ 时刻的瞬时速度 v。

$$s = f(t) = 2.1t - 0.1t^2, \quad t \in \mathbb{R}^+ \cup \{0\}$$

解.（1）计算平均速度。在时间-位移坐标系中，即在 ts 坐标系中，作函数 $f(t)$ 的图像，如图 2.59 所示。

① $\mathbb{R}^+ \cup \{0\}$ 的意思是非负实数。

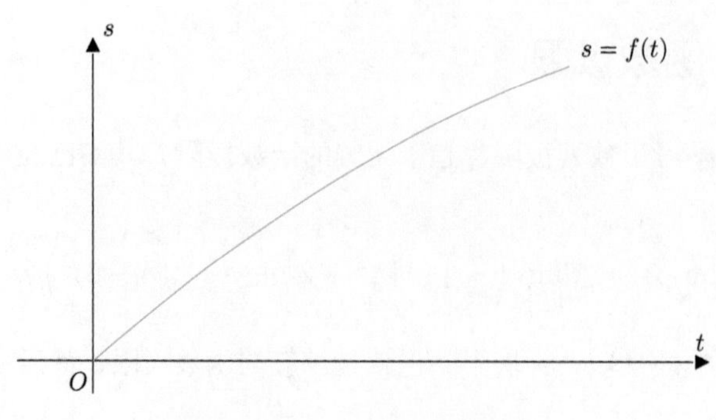

图 2.59　函数 $f(t)$ 的图像

根据高中物理知识可知，若要计算时刻 $t=2$ 及稍后时刻 $t=2+h, h>0$ 之间的平均速度 $\overline{v}$，就需知道经过该区间花费的时间 Δt 及发生的位移 Δs，如图 2.60 所示。

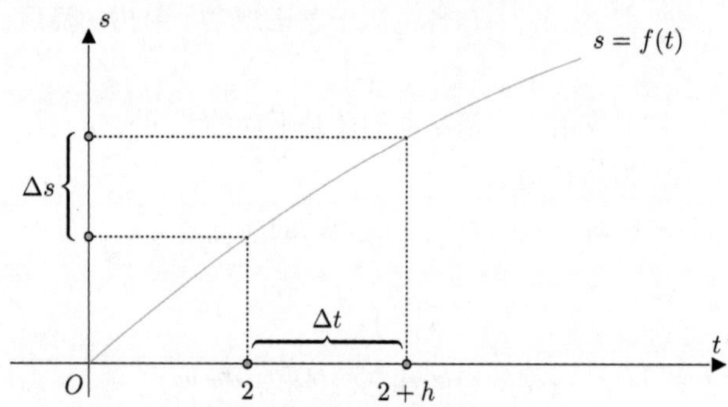

图 2.60　经过某区间对应的时间 Δt 及位移 Δs

容易算出 $[2,2+h]$ 之间的平均速度为：

$$\begin{aligned}\overline{v}=\frac{\Delta s}{\Delta t}&=\frac{f(2+h)-f(2)}{2+h-2}\\&=\frac{[2.1\times(2+h)-0.1\times(2+h)^2]-[2.1\times 2-0.1\times(2)^2]}{h}=\frac{1.7h-0.1h^2}{h}\end{aligned}$$

（2）计算瞬时速度的思路。不断缩小 h，求出的 $\overline{v}$ 就是更小区间的平均速度，如图 2.61 所示。

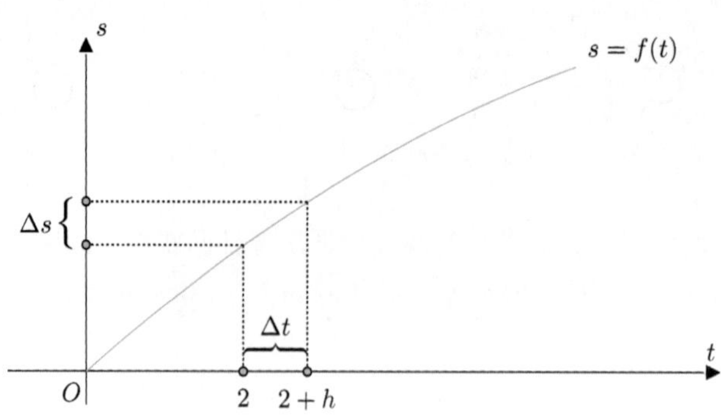

图 2.61　不断地缩小 h，求出更小区间的平均速度 $\overline{v}$

当 h 为 0 时该区间缩小为点，是不是就求出了 $t=2$ 时刻的瞬时速度了？可惜这样做是不允许的：

$$\left.\begin{aligned} \overline{v} = \frac{1.7h - 0.1h^2}{h} \\ h = 0 \end{aligned}\right\} \xrightarrow[\text{分母不能为0}]{\text{右侧的式子是非法的}} \overline{v} = \frac{1.7 \cdot 0 - 0.1 \cdot 0^2}{0}$$

不过不断缩小 h 确实可以发现一些规律，就是相应的平均速度 $\overline{v}$ 在不断逼近 1.7：

h	1	0.1	0.01	0.001	0.0001	0.00001
$\overline{v} = \dfrac{\Delta s}{\Delta t}$	1.6	1.69	1.699	1.6999	1.69999	1.699999

数学家说，当 h 缩到不能缩时，或说当 h 无限趋于 0 时，得到的就是 $t = 2$ 时刻的瞬时速度 v，记作：

$$v = \lim_{h \to 0} \overline{v} = \lim_{h \to 0} \frac{1.7h - 0.1h^2}{h} = 1.7$$

上面的瞬时速度 1.7 是通过列表猜测出来的，后面会对其进行验证。

2.5.2 邻域、去心邻域以及一般的函数极限

用微信扫描图 2.62 所示的二维码，可观看本节的讲解视频。

图 2.62 手机扫码观看本节的讲解视频

例 9 中的平均速度 $\overline{v}$ 是关于 h 的函数：

$$\overline{v} = f(h) = \frac{1.7h - 0.1h^2}{h}$$

出于习惯，我们还是以 x 为自变量，所以上述函数可以改写为：

$$f(x) = \frac{1.7x - 0.1x^2}{x}$$

其图像如图 2.63 所示，在 $x = 0$ 点该函数是没有定义的，所以用空心点来表示。

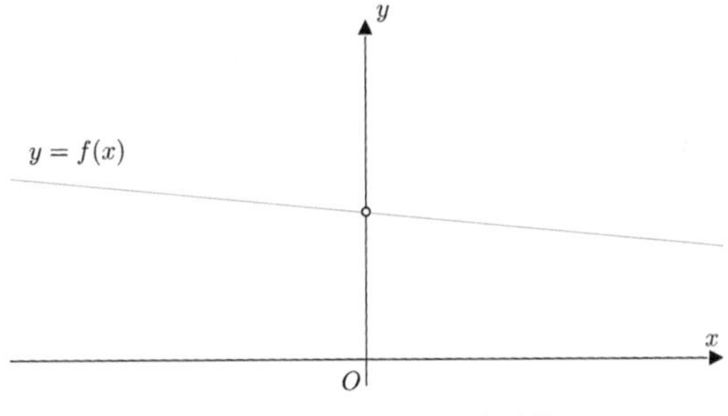

图 2.63 函数 $f(x)$ 的图像

我们面临的问题是，在 $x = 0$ 点该函数没有定义，但又想知道 x 无限趋于 0 点时的极限值，这就需要下面将介绍的一般的函数极限了。介绍之前先引入两个概念。

定义 10. 以 x_0 为中心、半径为 δ（$\delta>0$）的开区间 $(x_0-\delta,x_0+\delta)$ 称为点 x_0 的邻域，记作 $U(x_0,\delta)$。如果不关心半径 δ，也可以简记作 $U(x_0)$。

比如图 2.64 所示的就是某邻域 $U(x_0,\delta)$。

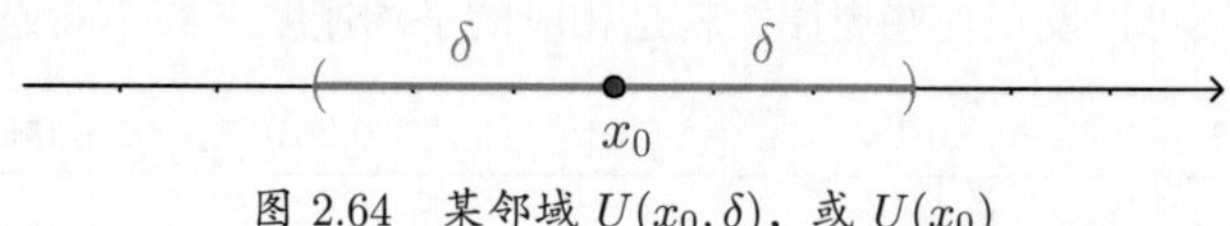

图 2.64　某邻域 $U(x_0,\delta)$，或 $U(x_0)$

定义 11. 在邻域 $U(x_0,\delta)$ 中去掉中心 x_0 后所得的区间 $(x_0-\delta,x_0)\cup(x_0,x_0+\delta)$ 称为点 x_0 的去心邻域，记作 $\mathring{U}(x_0,\delta)$。如果不关心半径 δ，也可以简记作 $\mathring{U}(x_0)$。

比如图 2.65 所示的就是某去心邻域 $\mathring{U}(x_0,\delta)$，因为不包括 x_0 点，所以用空心点来表示。

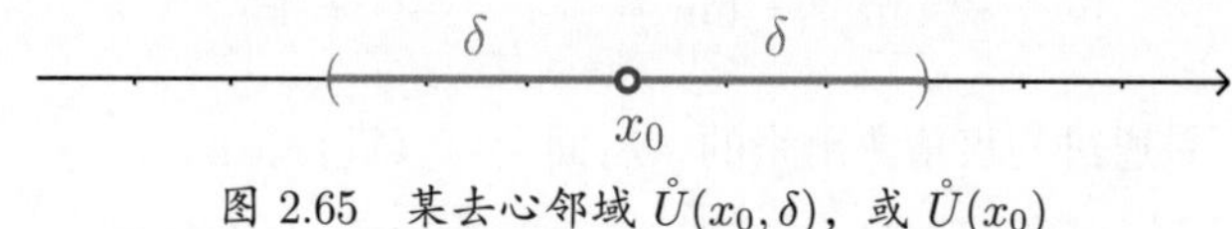

图 2.65　某去心邻域 $\mathring{U}(x_0,\delta)$，或 $\mathring{U}(x_0)$

定义 12. 设函数 $f(x)$ 在 $\mathring{U}(x_0)$ 上有定义。如果 $\forall\epsilon>0$，$\exists\delta>0$，$\forall x\in\mathring{U}(x_0,\delta)$，有：

$$|f(x)-L|<\epsilon$$

那么就称 L 是函数 $f(x)$ 当 $x\to x_0$ 时的极限，或者称当 $x\to x_0$ 时函数 $f(x)$ 收敛于 L，记作：

$$\lim_{x\to x_0}f(x)=L\quad 或\quad f(x)\to L(x\to x_0)$$

若不存在这样的常数 L，就说当 $x\to x_0$ 时函数 $f(x)$ 没有极限，或说当 $x\to x_0$ 时函数 $f(x)$ 是发散的，也可以说 $\lim\limits_{x\to x_0}f(x)$ 不存在。

定义 12 和数列极限的定义（定义 4）、趋于无穷的函数极限定义（定义 7）大同小异。

- 相同之处为，都是先猜测极限 L，然后去验证。
- 不同之处如下表所示。

数列的极限	无穷函数的极限	一般函数的极限
数列 $\{a_n\}$	$f(x)$ 当 $\|x\|$ 大于某正数时有定义	$f(x)$ 在 $\mathring{U}(x_0)$ 上有定义
$\exists N\in\mathbb{Z}^+$	$\exists X>0$	$\exists\delta>0$
$\forall n>N$	$\forall\|x\|>X$	$\forall x\in\mathring{U}(x_0,\delta)$

下面以某函数 $f(x)$ 为例来解释定义 12，该函数的图像如图 2.66 所示。

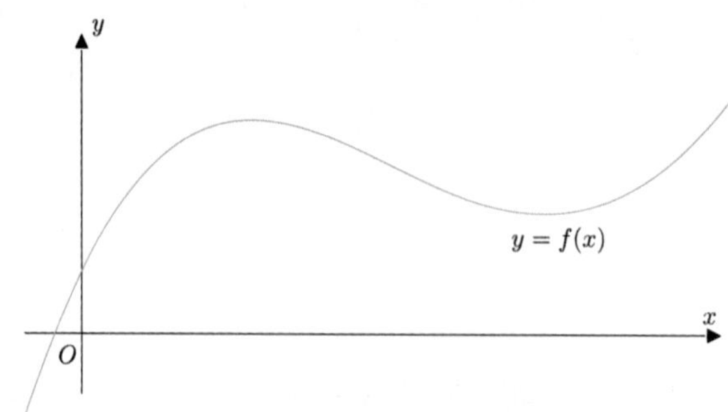

图 2.66　某函数 $f(x)$ 的图像

定义 12 中说“在 $\mathring{U}(x_0)$ 上有定义”，这有两层意思：

- 在 x_0 点附近有定义即可，没说附近有多大，所以在图 2.67 中，我们在 x_0 点附近随便圈定了一个范围。
- 在去心邻域 $\mathring{U}(x_0)$ 上有定义，即不关心在 x_0 点是否有定义，所以在图 2.67 中我们用空心点来表示。

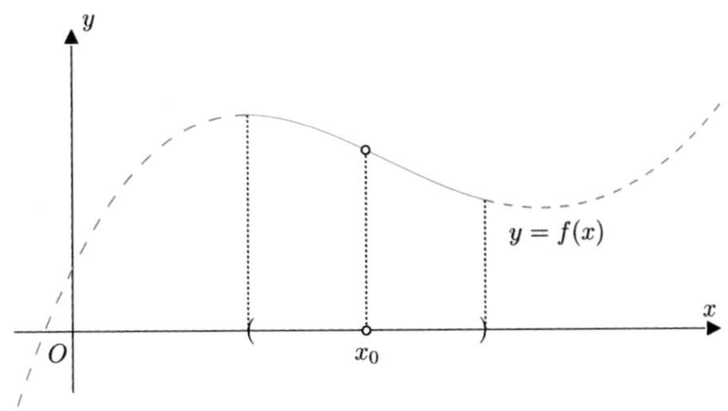

图 2.67 函数 $f(x)$ 在 $\mathring{U}(x_0)$ 上有定义

为了讲解方便，默认 $f(x)$ 的定义域为自然定义域。但为了强调去心邻域，x_0 点依然用空心点来表示。如图 2.68 所示，越靠近 x_0 点，函数 $f(x)$ 越接近其中的黑色虚线，所以可合理猜测该黑色虚线为 $x \to x_0$ 时该函数的极限 L。

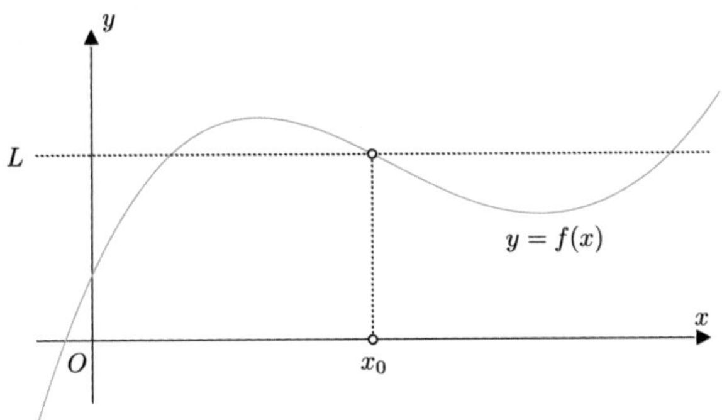

图 2.68 猜测函数 $f(x)$ 的极限 L 为该黑色虚线

随便给一个 $\epsilon > 0$，以 L 为中心作一个区间，也就是图 2.69 中的绿色区域。可以找到 $\delta > 0$，使得在 $x \in \mathring{U}(x_0, \delta)$ 时，函数 $f(x)$ 的图像都在绿色区域内，让我们用红色来表示。

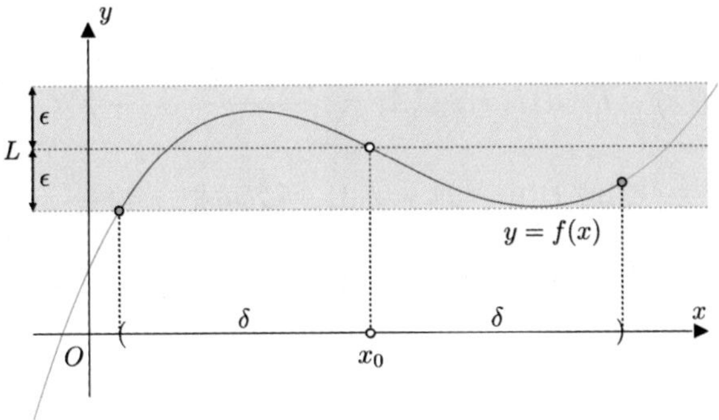

图 2.69 $\exists\delta > 0$，$\forall x \in \mathring{U}(x_0, \delta)$，有 $|f(x) - L| < \epsilon$

不断缩小 ϵ，总 $\exists\delta>0$，使得在 $x\in\mathring{U}(x_0,\delta)$ 时，函数 $f(x)$ 的图像都在绿色区域内，如图 2.70 所示。

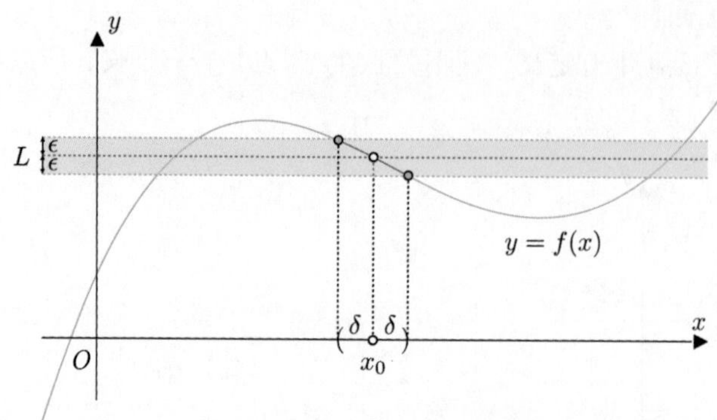

图 2.70 不论 ϵ 多小，$\exists\delta>0$，$\forall x\in\mathring{U}(x_0,\delta)$，有 $|f(x)-L|<\epsilon$

上述用符号语言表示为，$\forall\epsilon>0$，$\exists\delta>0$，$\forall x\in\mathring{U}(x_0,\delta)$ 时有 $|f(x)-L|<\epsilon$。根据定义 12，所以有 $\lim\limits_{x\to x_0}f(x)=L$。

例 10. 已知 $f(x)=\dfrac{1.7x-0.1x^2}{x}$，请求出 $\lim\limits_{x\to 0}f(x)$。

解.（1）猜测。这里的函数 $f(x)$ 就是例 9 中求出的平均速度函数，其在 $x=0$ 点没有定义，如图 2.71 所示。在例 9 中还通过计算猜测其极限为 1.7，即假设 $L=1.7$。

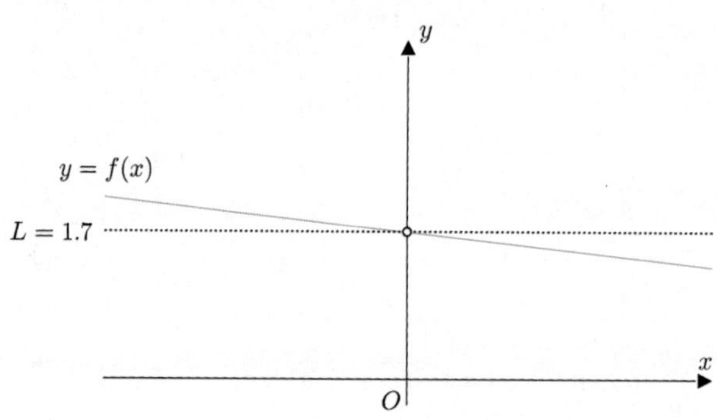

图 2.71 猜测函数 $f(x)$ 的极限 $L=1.7$

（2）验证 $\epsilon=0.3$ 时的情况。假设定义 12 中用于验证的不等式 $|f(x)-L|<\epsilon$ 成立，那么有：

$$|f(x)-L|=|f(x)-1.7|=\left|\frac{1.7x-0.1x^2}{x}-1.7\right|<\epsilon$$

因为 $f(x)$ 的定义域为去心邻域 $\mathring{U}(0)$，即 $x\neq 0$，所以可把 x 约去：

$$\left|\frac{1.7x-0.1x^2}{x}-1.7\right|=|1.7-0.1x-1.7|=|0.1x|<\epsilon,\quad x\neq 0$$

代入 $\epsilon=0.3$，可得：

$$|0.1x|<\epsilon\implies|x|<10\epsilon\implies|x|<3,x\neq 0\implies -3<x<3,x\neq 0\quad\text{或}\quad x\in\mathring{U}(0,3)$$

也就是说，取 $\delta=3$，当 $x\in\mathring{U}(0,\delta)$ 时，始终有 $|f(x)-1.7|<\epsilon=0.3$。也就是说，在 -3 和 3 之间且 $x\neq 0$ 时，函数 $f(x)$ 的图像都在绿色区域内，如图 2.72 所示。

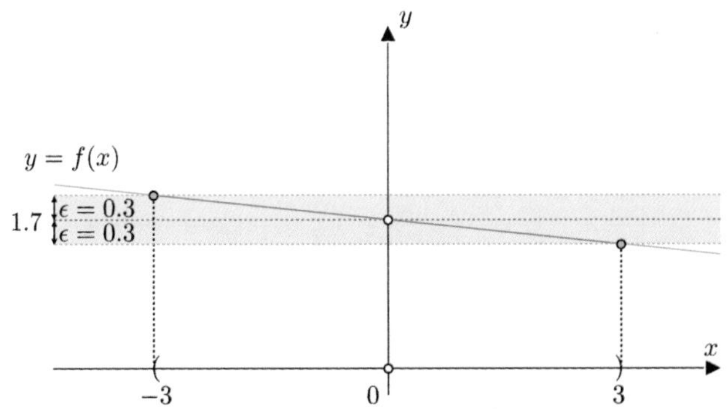

图 2.72 $\epsilon=0.3$ 时，令 $\delta=3$，$\forall x\in\mathring{U}(0,\delta)$，有 $|f(x)-1.7|<\epsilon$

上面的结论用更简练的符号语言来表示就是，$\epsilon=0.3$ 时，令 $\delta=3$，$\forall x\in\mathring{U}(0,\delta)$，有 $|f(x)-1.7|<\epsilon$。

（3）验证 ϵ 为任意正数时的情况。假设定义 12 中用于验证的不等式 $|f(x)-L|<\epsilon$ 成立，那么有：

$$|f(x)-L|=\left|\frac{1.7x-0.1x^2}{x}-1.7\right|<\epsilon\implies x\in\mathring{U}(0,10\epsilon)$$

所以令 $\delta=10\epsilon$，当 $x\in\mathring{U}(0,\delta)$ 时，始终有 $|f(x)-1.7|<\epsilon$。用更简练的符号语言来表示，令 $\delta=10\epsilon$，$\forall x\in\mathring{U}(0,\delta)$，有 $|f(x)-1.7|<\epsilon$，所以根据定义 12，有 $\lim\limits_{x\to 0}f(x)=1.7$。

2.5.3 单侧极限

在本书中还有最后两种极限需要介绍，它们是左极限和右极限，这两种极限也可以统称为单侧极限。

定义 13. 设函数 $f(x)$ 在 (a,x_0) 上有定义，其中 $a<x_0$。如果 $\forall\epsilon>0$，$\exists\delta>0$，$\forall x\in(x_0-\delta,x_0)$，有：

$$|f(x)-L|<\epsilon$$

那么就称 L 是函数 $f(x)$ 当 $x\to x_0^-$ 时的左极限，或者称当 $x\to x_0^-$ 时函数 $f(x)$ 收敛于 L，记作：

$$\lim_{x\to x_0^-}f(x)=L\quad 或\quad f(x)\to L(x\to x_0^-)$$

若不存在这样的常数 L，就说当 $x\to x_0^-$ 时函数 $f(x)$ 没有极限，或说当 $x\to x_0^-$ 时函数 $f(x)$ 是发散的，也可以说 $\lim\limits_{x\to x_0^-}f(x)$ 不存在。

左极限的几何意义是，x 从左侧趋近 x_0 时，函数 $f(x)$ 会不断逼近黑色虚线 L_1，如图 2.73 所示。

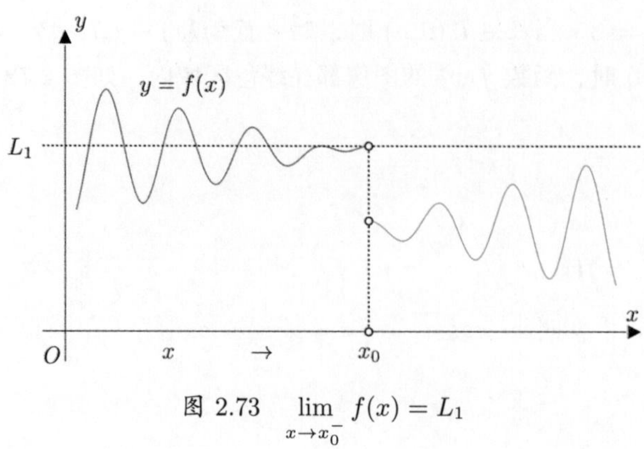

图 2.73 $\lim\limits_{x\to x_0^-} f(x) = L_1$

定义 14. 设函数 $f(x)$ 在 (x_0, b) 上有定义，其中 $x_0 < b$。如果 $\forall\epsilon > 0$，$\exists\delta > 0$，$\forall x \in (x_0, x_0+\delta)$，有：

$$|f(x) - L| < \epsilon$$

那么就称 L 是函数 $f(x)$ 当 $x \to x_0^+$ 时的右极限，或者称当 $x \to x_0^+$ 时函数 $f(x)$收敛于 L，记作：

$$\lim_{x\to x_0^+} f(x) = L \quad 或 \quad f(x) \to L(x \to x_0^+)$$

若不存在这样的常数 L，就说当 $x \to x_0^+$ 时函数 $f(x)$ 没有极限，或说当 $x \to x_0^+$ 时函数 $f(x)$ 是发散的，也可以说 $\lim\limits_{x\to x_0^+} f(x)$ 不存在。

右极限的几何意义是，x 从右侧趋近 x_0 时，函数 $f(x)$ 会不断逼近黑色虚线 L_2，如图 2.74 所示。

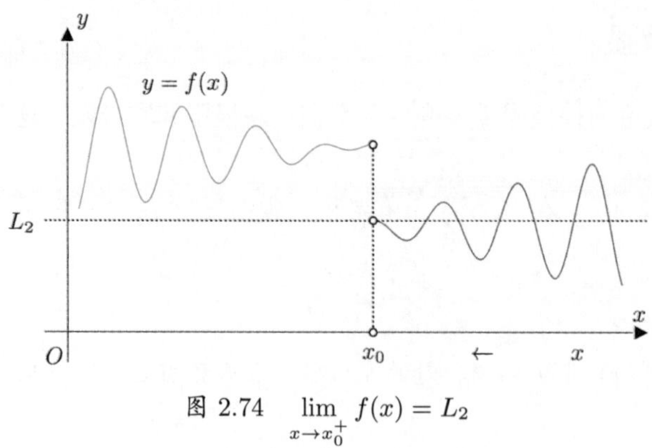

图 2.74 $\lim\limits_{x\to x_0^+} f(x) = L_2$

一般的函数极限（定义 12）、左极限（定义 13）、右极限（定义 14）几乎一样，区别如下表所示。

一般的函数极限	左极限	右极限
$f(x)$ 在 $\mathring{U}(x_0)$ 上有定义 $\forall x \in \mathring{U}(x_0, \delta)$	$f(x)$ 在 (a, x_0) 上有定义 $\forall x \in (x_0-\delta, x_0)$	$f(x)$ 在 (x_0, b) 上有定义 $\forall x \in (x_0, x_0+\delta)$

2.5.4 极限存在的充要条件

定理 7. 函数 $f(x)$ 一般的函数极限存在的充要条件为左极限及右极限都存在且相等，即：

$$\lim_{x\to x_0^-} f(x) = \lim_{x\to x_0^+} f(x) = L \iff \lim_{x\to x_0} f(x) = L$$

证明.（1）证明充分性。已知 $\lim\limits_{x\to x_0^-} f(x) = \lim\limits_{x\to x_0^+} f(x) = L$，那么：

- 根据定义 13 有 $\forall\epsilon > 0$，$\exists\delta_1 > 0$，$\forall x \in (x_0 - \delta_1, x_0)$，有 $|f(x) - L| < \epsilon$。
- 根据定义 14 有 $\forall\epsilon > 0$，$\exists\delta_2 > 0$，$\forall x \in (x_0, x_0 + \delta_2)$，有 $|f(x) - L| < \epsilon$。

取 $\delta = \min(\delta_1, \delta_2)$，那么有 $\forall\epsilon > 0$，$\exists\delta > 0$，$\forall x \in \mathring{U}(x_0, \delta)$，有 $|f(x) - L| < \epsilon$，根据定义 12，所以有：

$$\lim_{x\to x_0^-} f(x) = \lim_{x\to x_0^+} f(x) = L \implies \lim_{x\to x_0} f(x) = L$$

（2）证明必要性。已知 $\lim\limits_{x\to x_0} f(x) = L$，根据定义 12，此时有 $\forall\epsilon > 0, \exists\delta > 0, \forall x \in \mathring{U}(x_0, \delta)$，有 $|f(x) - L| < \epsilon$，所以有：

- $\forall\epsilon > 0$，$\exists\delta > 0$，$\forall x \in (x_0 - \delta, x_0)$，有 $|f(x) - L| < \epsilon$，根据定义 13 有 $\lim\limits_{x\to x_0^-} f(x) = L$。
- $\forall\epsilon > 0$，$\exists\delta > 0$，$\forall x \in (x_0, x_0 + \delta)$，根据定义 14 有 $\lim\limits_{x\to x_0^+} f(x) = L$。

所以有 $\lim\limits_{x\to x_0} f(x) = L \implies \lim\limits_{x\to x_0^-} f(x) = \lim\limits_{x\to x_0^+} f(x)$。 ■

比如在图 2.75 中，函数 $f(x)$ 在 x_0 点的左极限为 L_1，右极限为 L_2，两者并不相等。根据定理 7，因此 $x \to x_0$ 时的极限是不存在的。

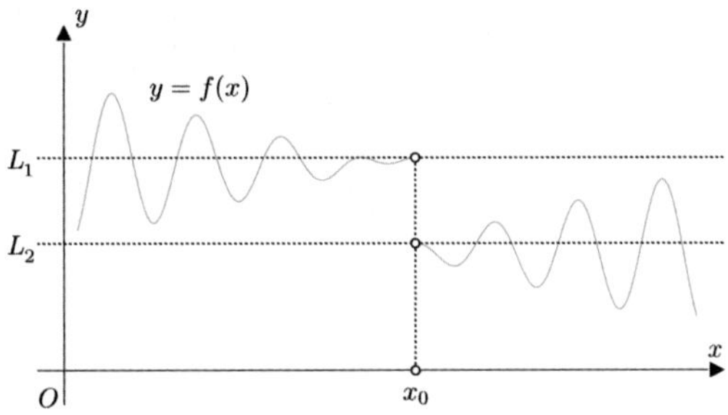

图 2.75　$\lim\limits_{x\to x_0^-} f(x) = L_1$，$\lim\limits_{x\to x_0^+} f(x) = L_2$，$\lim\limits_{x\to x_0} f(x)$ 不存在

而在图 2.76 中，函数 $f(x)$ 在 x_0 点的左右极限都为 L，根据定理 7，因此 $x \to x_0$ 时的极限也为 L。

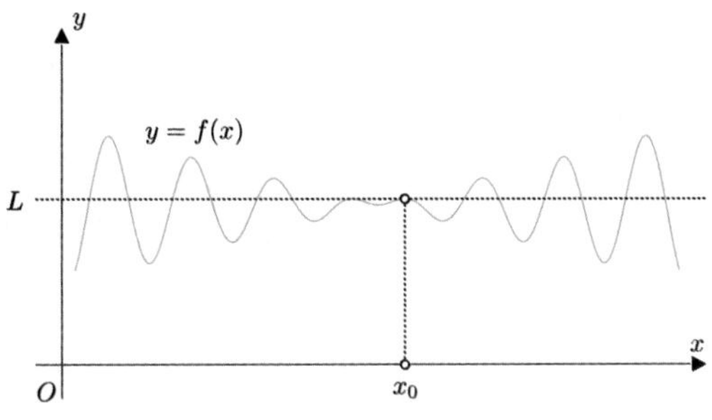

图 2.76　$\lim\limits_{x\to x_0^-} f(x) = \lim\limits_{x\to x_0^+} f(x) = \lim\limits_{x\to x_0} f(x) = L$

定理 8.（1）$\lim\limits_{x\to x_0} c=c, c\in\mathbb{R}$，（2）$\lim\limits_{x\to x_0} x=x_0$，（3）$\lim\limits_{x\to x_0}(-x)=-x_0$。

证明.（1）证明 $\lim\limits_{x\to x_0} c=c, c\in\mathbb{R}$。令 $f(x)=c$（这是常数函数），$\forall\epsilon>0$，任取 $\delta>0$，$\forall x\in\mathring{U}(x_0,\delta)$ 时，有 $|f(x)-c|=|c-c|=0<\epsilon$，根据定义 12，所以 $\lim\limits_{x\to x_0} c=c$。

（2）证明 $\lim\limits_{x\to x_0} x=x_0$。令 $f(x)=x$，$\forall\epsilon>0$，取 $\delta=\epsilon$，$\forall x\in\mathring{U}(x_0,\delta)$ 时，有：

$$x\in\mathring{U}(x_0,\delta)\implies|x-x_0|<\delta=\epsilon\implies|f(x)-x_0|<\epsilon$$

根据定义 12，所以 $\lim\limits_{x\to x_0} x=x_0$。

（3）证明 $\lim\limits_{x\to x_0}(-x)=-x_0$。令 $f(x)=-x$，$\forall\epsilon>0$，取 $\delta=\epsilon$，$\forall x\in\mathring{U}(x_0,\delta)$ 时，有

$$x\in\mathring{U}(x_0,\delta)\implies|x-x_0|=|-x+x_0|=|-x-(-x_0)|<\delta=\epsilon\implies|f(x)-(-x_0)|<\epsilon$$

根据定义 12，所以 $\lim\limits_{x\to x_0}(-x)=-x_0$。 ■

结合上定理 7，根据定理 8 可推出：

$$\lim_{x\to x_0} c=\lim_{x\to x_0^-} c=\lim_{x\to x_0^+} c=c$$

$$\lim_{x\to x_0} x=\lim_{x\to x_0^-} x=\lim_{x\to x_0^+} x=x_0$$

$$\lim_{x\to x_0}(-x)=\lim_{x\to x_0^-}(-x)=\lim_{x\to x_0^+}(-x)=-x_0$$

例 11. 请求出 $\lim\limits_{x\to 0}|x|$。

解. $|x|$ 实际上是分段函数 $|x|=\begin{cases}x, & x>0\\ -x, & x\leqslant 0\end{cases}$，其图像如图 2.77 所示。

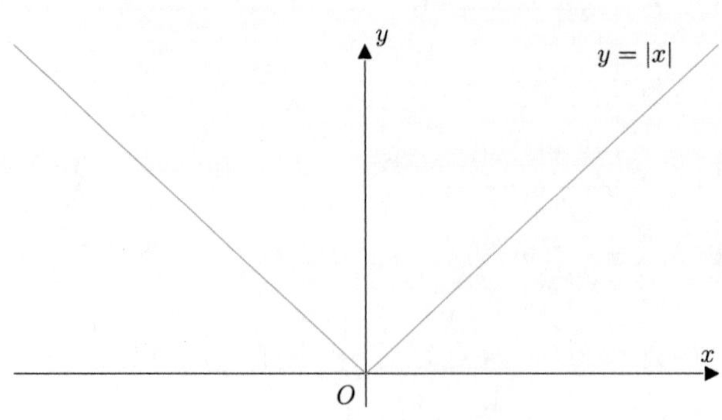

图 2.77 函数 $f(x)=|x|$ 的图像

根据定理 8，可知其左右极限为：

$$\lim_{x\to 0^-}|x|=\lim_{x\to 0^-}(-x)=0,\quad \lim_{x\to 0^+}|x|=\lim_{x\to 0^+}x=0$$

根据定理 7，所以有 $\lim\limits_{x\to 0}|x|=\lim\limits_{x\to 0^-}|x|=\lim\limits_{x\to 0^+}|x|=0$。

2.5.5 小结

至此，我们学习了七种极限，也是本书中要学习的所有极限了。其中函数极限看上去有六种[①]，其实区别不大，后面很多性质对所有的函数极限都成立，所以有时也会用 $\lim f(x)$ 来指代函数极限：

数列极限	$\lim\limits_{n\to\infty} a_n = L$	
函数极限	$\lim\limits_{x\to\infty} f(x) = L,\quad \lim\limits_{x\to x_0} f(x) = L$ $\lim\limits_{x\to+\infty} f(x) = L,\quad \lim\limits_{x\to x_0^+} f(x) = L$ $\lim\limits_{x\to-\infty} f(x) = L,\quad \lim\limits_{x\to x_0^-} f(x) = L$	$\lim f(x) = L$

2.6 无穷小

至此，本书要学习的数列极限、趋于无穷的函数极限、一般的函数极限等各种极限都已介绍完毕，后面要学习这些极限的性质和计算了。为了方便之后的讲解，先说明一下这些极限的共性，也就是“局部”。

2.6.1 极限和局部

对于不同的极限，“局部”的内涵是不一样的，这里先以定义域为例来解释一下。对于数列极限，数列 $\{a_n\}$ 在“局部”有定义指从 N 开始有定义，如图 2.78 所示。

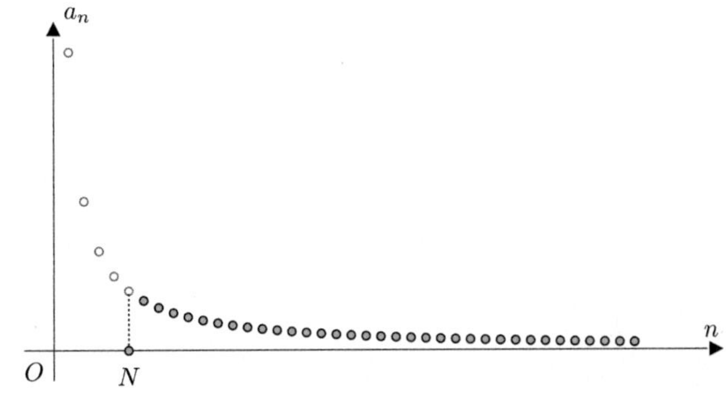

图 2.78 $n\to\infty$ 时，数列 $\{a_n\}$ 在“局部”有定义指从 N 开始有定义

而对于趋于无穷的函数极限，函数 $f(x)$ 在“局部”有定义指在 $-X$ 左侧、X 右侧有定义，如图 2.79 所示。

① 虽然数列极限也是一种特殊的函数极限，不过一般还是分开表示。

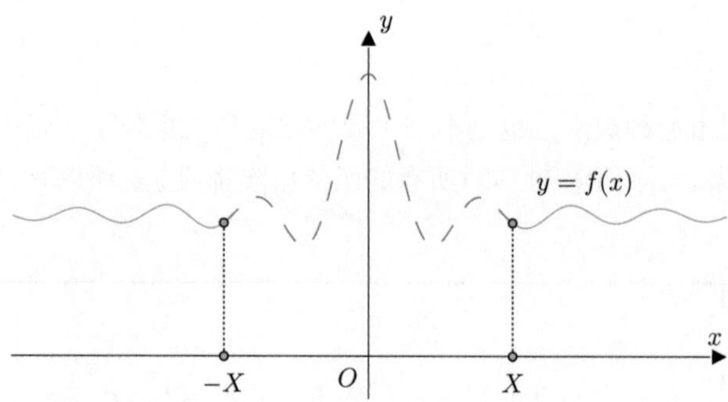

图 2.79 $x\to\infty$ 时，函数 $f(x)$ 在“局部”有定义指在 $-X$ 左侧、X 右侧有定义

再比如一般函数的极限，函数 $f(x)$ 在“局部”有定义指在某去心邻域 $\mathring{U}(x_0)$ 有定义，如图 2.80 所示。

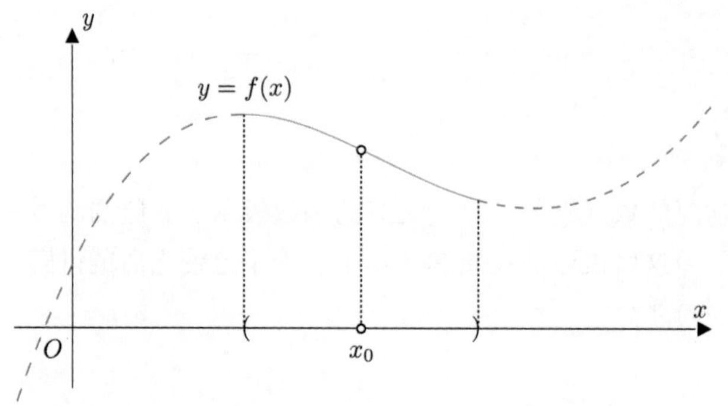

图 2.80 $x\to x_0$ 时，函数 $f(x)$ 在“局部”有定义指在某去心邻域 $\mathring{U}(x_0)$ 有定义

再举一类例子，对于数列极限，数列 $\{a_n\}$“局部”在绿色区域内，指从 N 开始在绿色区域内，如图 2.81 所示。

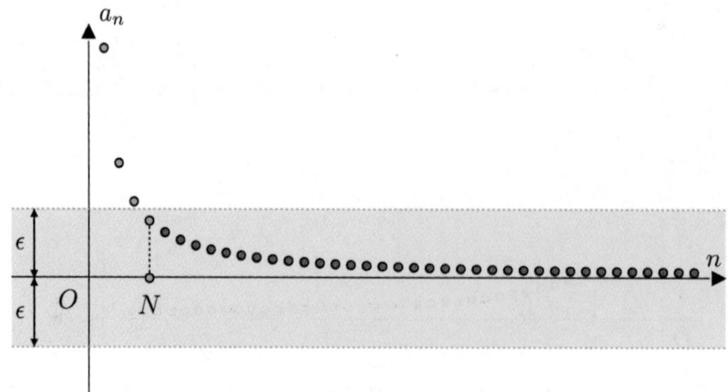

图 2.81 $n\to\infty$ 时，数列 $\{a_n\}$“局部”在绿色区域内，指从 N 开始在绿色区域内

而对于左极限，函数 $f(x)$“局部”在绿色区域内，指 $(x_0-\delta,x_0)$ 在绿色区域内，如图 2.82 所示。

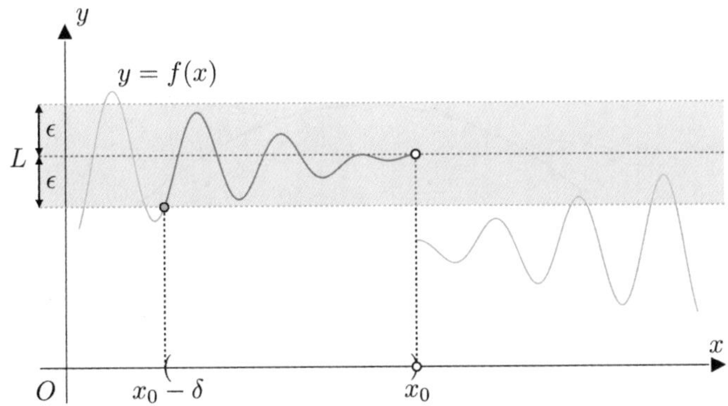

图 2.82 $x \to x_0^-$ 时，函数 $f(x)$ “局部”在绿色区域内，指 $(x_0-\delta, x_0)$ 在绿色区域内

2.6.2 无穷小的定义和意义

定义 15. 对于数列 $\{a_n\}$，如果 $\lim\limits_{n\to\infty} a_n = 0$，则称数列 $\{a_n\}$ 为 $n \to \infty$ 时的无穷小；对于函数 $f(x)$，如果满足 $\lim f(x) = 0$，则称函数 $f(x)$ 为此自变量变化过程（指 $x \to x_0$，$x \to \infty$ 等）的无穷小。

举例说明一下定义 15，比如：

- 在例 2 中证明过 $\lim\limits_{n\to\infty} \dfrac{1}{n} = 0$，故数列 $\left\{\dfrac{1}{n}\right\}$ 为 $n \to \infty$ 时的无穷小，其图像如图 2.30 所示。
- 在例 7 中求过 $\lim\limits_{x\to\infty} \dfrac{1}{x-1} = 0$，故函数 $f(x) = \dfrac{1}{x-1}$ 为 $x \to \infty$ 时的无穷小，其图像如图 2.52 所示。

极限 $\lim f(x)$ 的值可以为各种实数，为什么特别定义 $\lim f(x) = 0$ 为无穷小呢？这里尝试解释一下。

之前解释过，曲边梯形的面积是无数小矩形面积之和，如图 1.11 所示。下面按照该解释来计算曲边梯形的面积。设某曲边梯形由直线 $x=a$、$x=b$、$y=0$ 及函数 $y=f(x)$ 围成，如图 2.83 所示。

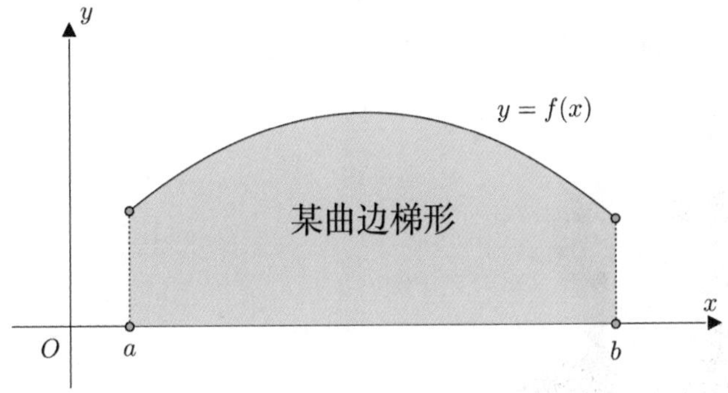

图 2.83 由直线 $x=a$、$x=b$、$y=0$ 及函数 $y=f(x)$ 围成的某曲边梯形

将闭区间 $[a,b]$ 均分为 n 份，各区间的宽度都为 $\dfrac{b-a}{n}$，并标记各个分割点，如图 2.84 所示。

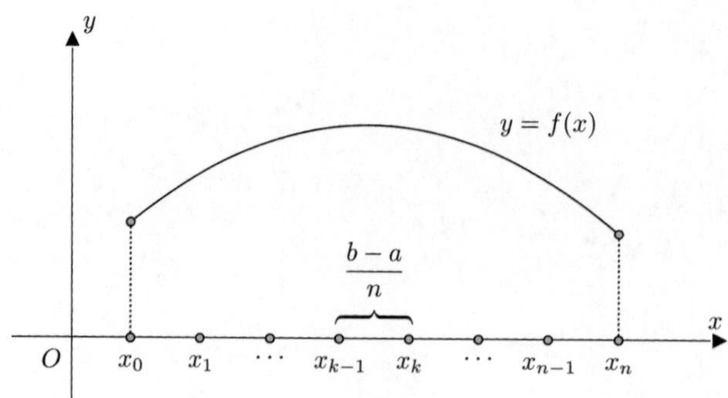

图 2.84 将闭区间 $[a,b]$ 均分为 n 份，各区间宽 $\frac{b-a}{n}$

如图 2.85 所示，第 k 个小矩形的高为 $f(x_{k-1})$，底为 $\frac{b-a}{n}$，所以其面积 s_k 为 $f(x_{k-1})\frac{b-a}{n}$。显然，s_k 是 $n \to \infty$ 时的无穷小。

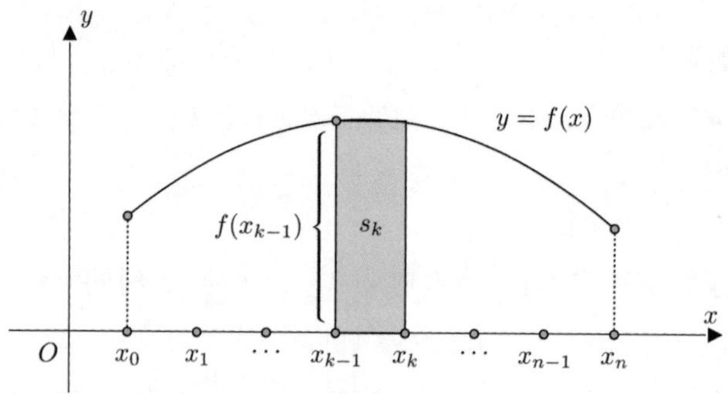

图 2.85 第 k 个小矩形的面积为 $s_k = f(x_{k-1})\frac{b-a}{n}$，有 $\lim\limits_{n\to\infty} s_k = 0$

第 k 个小矩形只是这些小矩形的代表，所以可知，这些小矩形的面积都是 $n \to \infty$ 时的无穷小。而曲边梯形面积是这些小矩形面积之和，也就是说，曲边梯形面积是一系列无穷小之和：

$$\text{曲边梯形面积} = \lim_{n\to\infty} \sum \text{小矩形面积} = \lim_{n\to\infty} \sum \text{无穷小}$$

所以无穷小对于微积分有特殊的意义，欧拉（见图 2.86）显然也认同这一点。他写过一本微积分的奠基之作，书名即为《无穷小分析引论》（见图 2.87）。

图 2.86 瑞士数学家，莱昂哈德·欧拉（1707—1783）

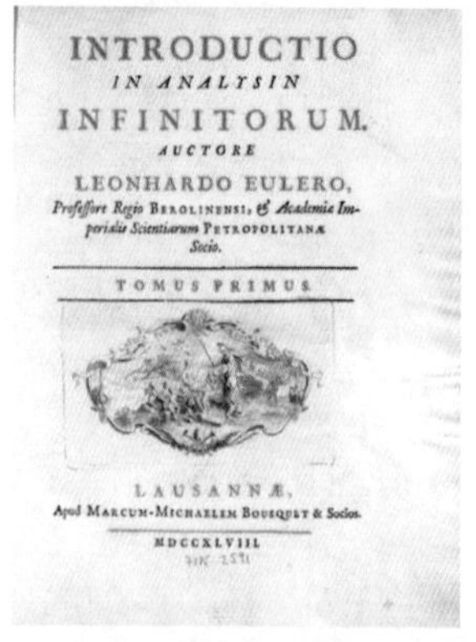

INTRODUCTIO
IN ANALYSIN
INFINITORUM.
AUCTORE
LEONHARDO EULERO,
Professore Regio Berolinensi, & Academiae Imperialis Scientiarum Petropolitanae Socio.
TOMUS PRIMUS.
LAUSANNÆ,
Apud Marcum-Michaelem Bousquet & Socios.
MDCCXLVIII.

图 2.87 《无穷小分析引论》

2.6.3 极限与无穷小

定理 9. 极限 $\lim f(x)=L$ 存在的充要条件为：

$$f(x)=L+\alpha \iff \lim f(x)=L$$

其中 α 为自变量的同一变化过程[①] 的无穷小，即有 $\lim\alpha=0$。

证明. 下面以 $x\to x_0$ 这一自变量变化过程为例来证明一下。

（1）证明充分性。已知 $f(x)=L+\alpha$，可推出 $|f(x)-L|=|\alpha|$；因为 $\lim\limits_{x\to x_0}\alpha=0$，根据定义 12 可推出，$\forall\epsilon>0$，$\exists\delta>0$，$\forall x\in\mathring{U}(x_0,\delta)$，有 $|\alpha|<\epsilon$。综合起来有：

$$\left.\begin{aligned}|f(x)-L|=|\alpha|\\|\alpha|<\epsilon\end{aligned}\right\}\implies|f(x)-L|<\epsilon\implies\lim_{x\to x_0}f(x)=L$$

（2）证明必要性。已知 $\lim\limits_{x\to x_0}f(x)=L$，根据定义 12 可推出，$\forall\epsilon>0,\exists\delta>0,\forall x\in\mathring{U}(x_0,\delta)$，有 $|f(x)-L|<\epsilon$。设 $\alpha=f(x)-L$（即 $f(x)=L+\alpha$），所以有：

$$\left.\begin{aligned}|f(x)-L|<\epsilon\\\alpha=f(x)-L\end{aligned}\right\}\implies|\alpha|<\epsilon\implies\lim_{x\to x_0}\alpha=0$$ ■

定理 9 对于数列极限也适用，这里以某数列 $\{a_n\}$ 为例，从几何角度再解释一下该定理。设有 $\lim\limits_{n\to\infty}a_n=L$，其中某点 a_n 与 L 的差值为 a_n-L，如图 2.88 所示。可观察出，a_n-L 随着 n 的增大会无限趋近于 0，即 a_n-L 为 $n\to\infty$ 时的无穷小。令 $\alpha=a_n-L$，所以有 $a_n=L+\alpha$，这就是定理 9 的充分性。

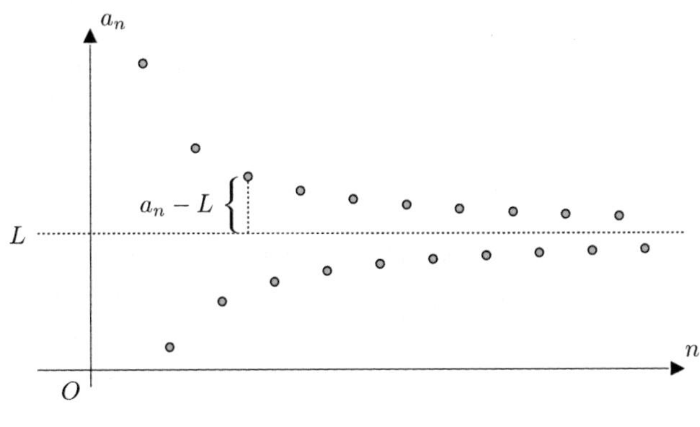

图 2.88 $\lim\limits_{n\to\infty}(a_n-L)=0\implies\lim\limits_{n\to\infty}a_n=L$

定理 9 也有重大的代数意义，注意该定理的式子两侧，一侧没有极限符号，一侧有极限符号：

$$\underbrace{f(x)=L+\alpha}_{\text{没有极限符号}}\iff\underbrace{\lim f(x)=L}_{\text{有极限符号}}$$

---

① 自变量的同一变化过程，指的是 $f(x)$ 与 α 都取同一种极限。比如 $\lim\limits_{x\to\infty}f(x)=L$，那么 $\lim\limits_{x\to\infty}\alpha=0$；再比如 $\lim\limits_{x\to x_0^-}f(x)=L$，那么 $\lim\limits_{x\to x_0^-}\alpha=0$。

也就是说，定理 9 可以帮助我们脱去极限符号，方便运算，这在后面的证明题、计算题中会看到。

2.7 无穷大

2.7.1 正无穷大、负无穷大和无穷大的定义

在之前的学习中已经提到过 $+\infty$、$-\infty$ 以及 ∞ 了，但只进行了大概的描述，本节就来给出它们在各种自变量变化过程下的严格定义。先看看 $x \to x_0$ 时：

定义 16. 设函数 $f(x)$ 在 $\mathring{U}(x_0)$ 上有定义。如果 $\forall M > 0$，$\exists \delta > 0$，$\forall x \in \mathring{U}(x_0, \delta)$，有 $f(x) > M$，那么就称函数 $f(x)$ 是 $x \to x_0$ 时的正无穷大。可记作 $\lim\limits_{x \to x_0} f(x) = +\infty$。

定义 17. 设函数 $f(x)$ 在 $\mathring{U}(x_0)$ 上有定义。如果 $\forall M > 0$，$\exists \delta > 0$，$\forall x \in \mathring{U}(x_0, \delta)$，有 $f(x) < -M$，那么就称函数 $f(x)$ 是 $x \to x_0$ 时的负无穷大。可记作 $\lim\limits_{x \to x_0} f(x) = -\infty$。

定义 18. 设函数 $f(x)$ 在 $\mathring{U}(x_0)$ 上有定义。如果 $\forall M > 0$，$\exists \delta > 0$，$\forall x \in \mathring{U}(x_0, \delta)$，有 $|f(x)| > M$，那么就称函数 $f(x)$ 是 $x \to x_0$ 时的无穷大。可记作 $\lim\limits_{x \to x_0} f(x) = \infty$。

上述三个定义和 $x \to x_0$ 时的函数极限的定义（定义 4）非常相似，又有一些区别，如下表所示。

$x \to x_0$ 的函数极限	$x \to x_0$ 的正无穷大	$x \to x_0$ 的负无穷大	$x \to x_0$ 的无穷大
$\forall \epsilon > 0$	$\forall M > 0$	$\forall M > 0$	$\forall M > 0$
$\lvert f(x) - L\rvert < \epsilon$	$f(x) > M$	$f(x) < -M$	$\lvert f(x)\rvert > M$

2.7.1.1 正无穷大

下面分别图解一下这三个定义，首先是定义 16。该定义说的是，在 $x \to x_0$ 时，若函数值 $f(x)$ 比任意正数 M 都大，则函数 $f(x)$ 就是 $x \to x_0$ 时的正无穷大。

以图 2.89 中的函数 $f(x)$ 为例，随便给出某正数 M，以 0 为中心建立一个区域，也就是图 2.89 中的绿色区域。可找到 $\delta > 0$，使得在 $x \in \mathring{U}(x_0, \delta)$ 时，函数 $f(x)$ 的图像都在绿色区域的上方，也就是有 $f(x) > M$，让我们用红色来表示。并且不断增大 M，总 $\exists \delta > 0$，使得在 $x \in \mathring{U}(x_0, \delta)$ 时，函数 $f(x)$ 的图像都在绿色区域的上方，也就是有 $f(x) > M$，那么该函数 $f(x)$ 就是 $x \to x_0$ 的正无穷大。

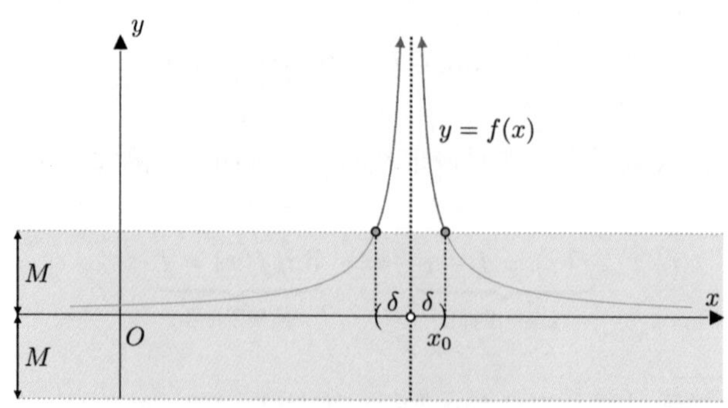

图 2.89 不论 M 多大，$\exists \delta > 0$，$\forall x \in \mathring{U}(x_0, \delta)$，有 $f(x) > M$

需要强调的是，虽然 $x \to x_0$ 时的正无穷大记作 $\lim\limits_{x \to x_0} f(x) = +\infty$，但其不趋于任何常数，所以 $x \to x_0$ 时的极限不存在：

$$\lim_{x \to x_0} f(x) = +\infty \implies f(x) \text{ 在 } x \to x_0 \text{ 时极限不存在}$$

除了这里的 $\lim\limits_{x \to x_0} f(x) = +\infty$，还可以定义如下的正无穷大：

$$\lim_{n \to \infty} a_n = +\infty, \quad \lim_{x \to \infty} f(x) = +\infty, \quad \lim_{x \to -\infty} f(x) = +\infty$$

$$\lim_{x \to +\infty} f(x) = +\infty, \quad \lim_{x \to x_0^-} f(x) = +\infty, \quad \lim_{x \to x_0^+} f(x) = +\infty$$

只需要将对应的极限定义中的“$\forall \epsilon > 0$”修改为“$\forall M > 0$”，“$|f(x) - L| < \epsilon$”修改为“$f(x) > M$”。

2.7.1.2 负无穷大

然后是定义 17。该定义说的是，在 $x \to x_0$ 时，若函数值 $f(x)$ 比任意负数 $-M$ 都小，则函数 $f(x)$ 就是 $x \to x_0$ 时的负无穷大。

以图 2.90 中的函数 $f(x)$ 为例，随便给出某正数 M，以 0 为中心建立一个区域，也就是图 2.90 中的绿色区域。可找到 $\delta > 0$，使得在 $x \in \mathring{U}(x_0, \delta)$ 时，函数 $f(x)$ 的图像都在绿色区域的下方，也就是有 $f(x) < -M$，让我们用红色来表示。并且不断增大 M，总 $\exists \delta > 0$，使得在 $x \in \mathring{U}(x_0, \delta)$ 时，函数 $f(x)$ 的图像都在绿色区域的下方，也就是有 $f(x) < -M$，那么该函数 $f(x)$ 就是 $x \to x_0$ 的负无穷大。

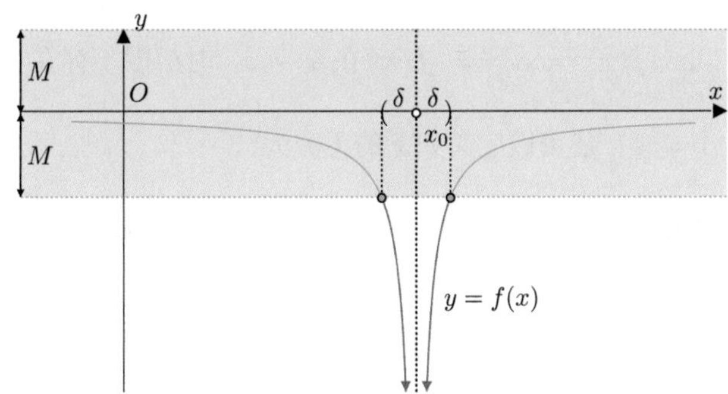

图 2.90　不论 M 多大，$\exists \delta > 0$，$\forall x \in \mathring{U}(x_0, \delta)$，有 $f(x) < -M$

同样，$\lim\limits_{x \to x_0} f(x) = -\infty$ 意味着 $x \to x_0$ 时的极限不存在：

$$\lim_{x \to x_0} f(x) = -\infty \implies f(x) \text{ 在 } x \to x_0 \text{ 时极限不存在}$$

除了这里的 $\lim\limits_{x \to x_0} f(x) = -\infty$，还可以定义如下的负无穷大：

$$\lim_{n \to \infty} a_n = -\infty, \quad \lim_{x \to \infty} f(x) = -\infty, \quad \lim_{x \to -\infty} f(x) = -\infty$$

$$\lim_{x \to +\infty} f(x) = -\infty, \quad \lim_{x \to x_0^-} f(x) = -\infty, \quad \lim_{x \to x_0^+} f(x) = -\infty$$

只需要将对应的极限定义中的“$\forall \epsilon > 0$”修改为“$\forall M > 0$”，“$|f(x) - L| < \epsilon$”修改为“$f(x) < -M$”。

2.7.1.3 无穷大

最后是定义 18。该定义说的是，在 $x \to x_0$ 时，若函数绝对值 $|f(x)|$ 比任意正数 M 都大，则函数 $f(x)$ 就是 $x \to x_0$ 时的无穷大。

以图 2.91 中的函数 $f(x)$ 为例，随便给出某正数 M，以 0 为中心建立一个区域，也就是图 2.91 中的绿色区域。可找到 $\delta > 0$，使得在 $x \in \mathring{U}(x_0, \delta)$ 时，函数 $f(x)$ 的图像都在绿色区域外，也就是有 $|f(x)| > M$，让我们用红色来表示。并且不断增大 M，总 $\exists \delta > 0$，使得在 $x \in \mathring{U}(x_0, \delta)$ 时，函数 $f(x)$ 的图像都在绿色区域外，也就是有 $|f(x)| > M$，那么该函数 $f(x)$ 就是 $x \to x_0$ 的无穷大。之前介绍的正无穷大、负无穷大都是无穷大的特殊情况。

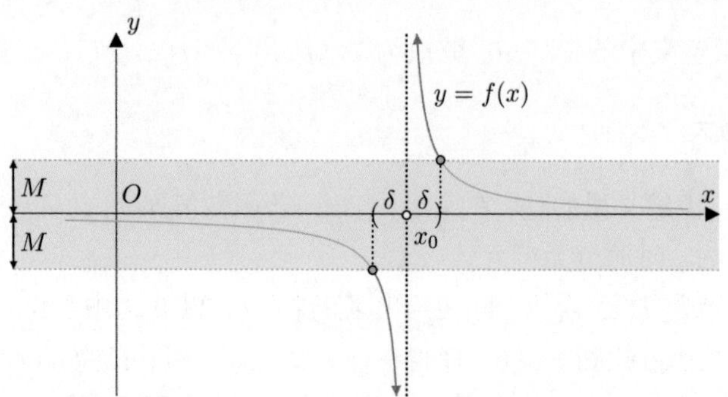

图 2.91 不论 M 多大，$\exists \delta > 0$，$\forall x \in \mathring{U}(x_0, \delta)$，有 $|f(x)| > M$

同样，$\lim\limits_{x \to x_0} f(x) = \infty$ 也意味着 $x \to x_0$ 时的极限不存在：

$$\lim_{x \to x_0} f(x) = \infty \implies f(x) \text{ 在 } x \to x_0 \text{ 时极限不存在}$$

除了这里的 $\lim\limits_{x \to x_0} f(x) = \infty$，还可以定义如下的无穷大：

$$\lim_{n \to \infty} a_n = \infty, \quad \lim_{x \to \infty} f(x) = \infty, \quad \lim_{x \to -\infty} f(x) = \infty$$

$$\lim_{x \to +\infty} f(x) = \infty, \quad \lim_{x \to x_0^-} f(x) = \infty, \quad \lim_{x \to x_0^+} f(x) = \infty$$

只需要将对应的极限定义中的“$\forall \epsilon > 0$”修改为“$\forall M > 0$”，“$|f(x) - L| < \epsilon$”修改为“$|f(x)| > M$”。

2.7.2 无穷小与无穷大

定理 10. 在自变量的同一变化过程中：

- 若 $f(x)$ 为无穷小，且在相应的局部有 $f(x) \neq 0$，则 $\dfrac{1}{f(x)}$ 为无穷大。该结论也记作 $\dfrac{1}{0} = \infty$。
- 若 $f(x)$ 为无穷大，则 $\dfrac{1}{f(x)}$ 为无穷小。该结论也记作 $\dfrac{1}{\infty} = 0$。

证明. 下面以 $x \to x_0$ 为例来证明一下，其他的自变量变化过程（如 $n \to \infty$、$x \to x_0^+$ 等）可以此类推。

（1）设 $\lim\limits_{x\to x_0} f(x)=0$，且在相应的局部有 $f(x)\neq 0$。$\forall M>0$，根据定义 4，令 $\epsilon=\dfrac{1}{M}$，$\exists\delta_1>0$，$\forall x\in \mathring{U}(x_0,\delta_1)$ 时有：

$$|f(x)|<\epsilon=\frac{1}{M}$$

根据条件“在相应的局部有 $f(x)\neq 0$”，可假设 $\delta_2>0$ 时有 $f(x)\neq 0, x\in \mathring{U}(x_0,\delta_2)$，令 $\delta=\min(\delta_1,\delta_2)$，则 $\forall x\in \mathring{U}(x_0,\delta)$ 时有：

$$|f(x)|<\epsilon=\frac{1}{M} \implies \left|\frac{1}{f(x)}\right|>M$$

根据定义 18，所以 $\dfrac{1}{f(x)}$ 为 $x\to x_0$ 时的无穷大。

（2）设 $\lim\limits_{x\to x_0} f(x)=\infty$。$\forall\epsilon>0$，根据定义 18，令 $M=\dfrac{1}{\epsilon}$，$\exists\delta>0$，$\forall x\in \mathring{U}(x_0,\delta)$ 时有：

$$|f(x)|>M=\frac{1}{\epsilon} \implies \left|\frac{1}{f(x)}\right|<\epsilon$$

即 $\lim\limits_{x\to x_0}\dfrac{1}{f(x)}=0$，根据定义 15，所以 $\dfrac{1}{f(x)}$ 为 $x\to x_0$ 时的无穷小。 ■

比如在例 2 中证明过数列 $\{a_n\}=\left\{\dfrac{1}{n}\right\}$ 为 $n\to\infty$ 时的无穷小，且 $a_n\neq 0$，如图 2.92 所示。根据定理 10，所以说 $\left\{\dfrac{1}{a_n}\right\}=\{n\}$ 为 $n\to\infty$ 时的无穷大，如图 2.93 所示。

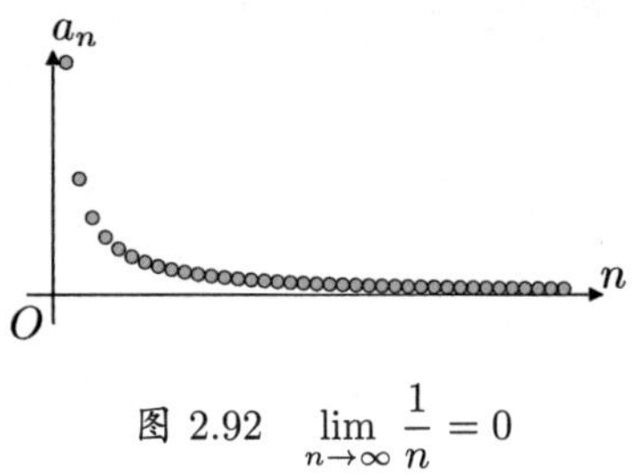

图 2.92 $\lim\limits_{n\to\infty}\dfrac{1}{n}=0$

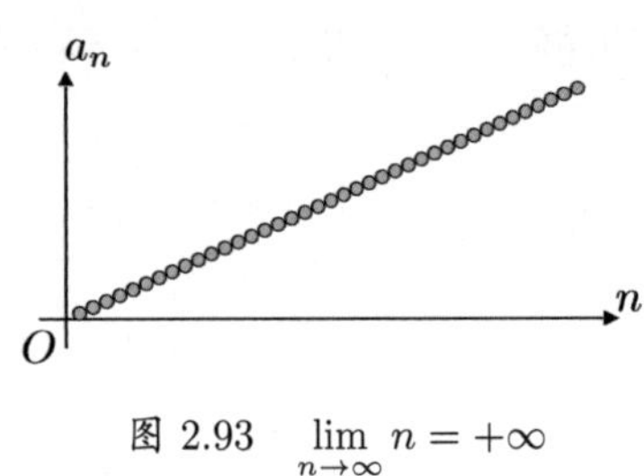

图 2.93 $\lim\limits_{n\to\infty} n=+\infty$

例 12. 对于函数 $f(x)=x^2$，已知 $\lim\limits_{x\to 0} f(x)=0$，请问 $\dfrac{1}{f(x)}$ 是 $x\to 0$ 时的无穷大吗？

解. 虽然函数 $f(x)=x^2$ 在 $x=0$ 时有 $f(x)=0$，如图 2.94 所示，但其在去心邻域 $\mathring{U}(0)$ 中不为 0。

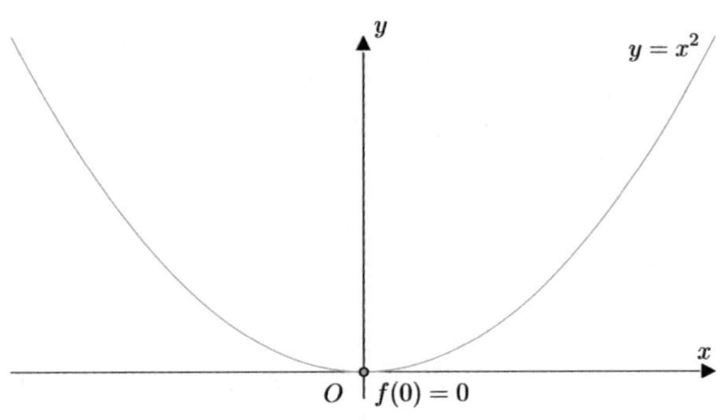

图 2.94 函数 $f(x)=x^2$ 的图像，有 $f(0)=0$

满足定理 10 中的“在相应的局部有 $f(x) \neq 0$”，所以 $\dfrac{1}{f(x)} = \dfrac{1}{x^2}$ 是 $x \to 0$ 时的无穷大，如图 2.95 所示。

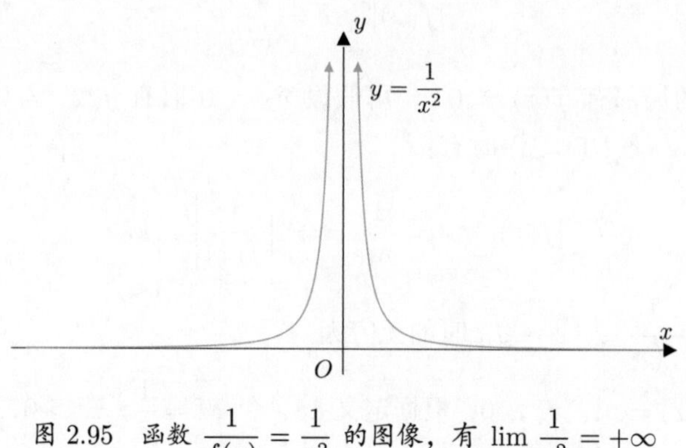

图 2.95 函数 $\dfrac{1}{f(x)} = \dfrac{1}{x^2}$ 的图像，有 $\lim\limits_{x\to 0} \dfrac{1}{x^2} = +\infty$

且由于在 $x \to x_0$ 的过程中，$f(x)$ 都是大于 0 的，这说明 $\dfrac{1}{f(x)} = \dfrac{1}{x^2}$ 在 $x \to x_0$ 的过程中都是大于 0 的，因此还可以知道，$\dfrac{1}{f(x)} = \dfrac{1}{x^2}$ 是 $x \to 0$ 时的正无穷大，这从图 2.95 中也可以看出。

例 13. 对于函数 $f(x) = \dfrac{\sin x}{x}$，已知 $\lim\limits_{x\to\infty} f(x) = 0$，请问 $\dfrac{1}{f(x)}$ 是 $x \to \infty$ 时的无穷大吗？

解. 由于 $\sin x$ 的周期性，在 $x \to \infty$ 的过程中，不断有 $f(x) = 0$，在图 2.96 中用蓝、红点表示。这样就无法找到 $X > 0$，使得当 $\forall |x| > X$ 时始终有 $f(x) \neq 0$。比如随便找一个 X，在 $-X$ 的左侧，以及 X 的右侧，不断有 $f(x) = 0$，在图 2.96 中用红点表示。

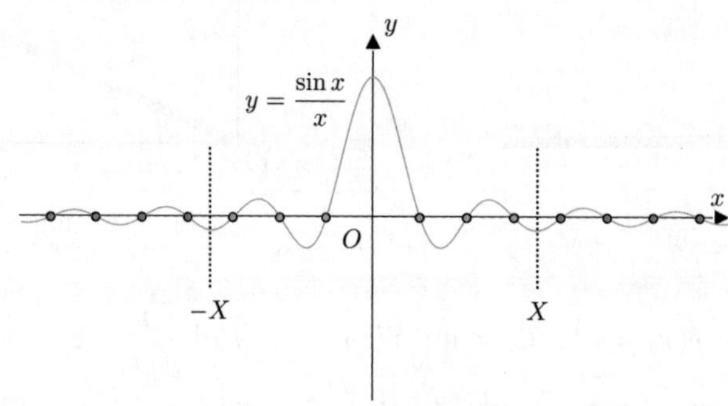

图 2.96 $x \to \infty$ 时不断有 $f(x) = 0$。因此 $\forall X > 0$，$x < -X$ 或 $x > X$ 时不断有 $f(x) = 0$

所以也就无法找到 $X > 0$，使得当 $\forall |x| > X$ 时 $\dfrac{1}{f(x)}$ 始终有定义，这样就无法满足定义 18 中对定义域的要求，因此 $\dfrac{1}{f(x)}$ 不是 $x \to \infty$ 时的无穷大。

2.8 极限的性质

之前学习了数列极限的唯一性（定理 1）、收敛数列的有界性（定理 2）以及收敛数列的保号性（定理 3），实际上，这三个定理对各种极限都成立，本节就来学习一下。

2.8.1 极限的唯一性

定理 11 (极限的唯一性). 如果有 $\lim f(x)=L$，那么该极限 L 唯一。

证明. 定理 11 的证明因不同的极限大同小异，这里以 $\lim\limits_{x\to x_0} f(x)=L$ 为例来证明。用反证法，假设同时有 $\lim\limits_{x\to x_0} f(x)=L_1$ 和 $\lim\limits_{x\to x_0} f(x)=L_2$，且 $L_1<L_2$。取 $\epsilon=\dfrac{L_2-L_1}{2}$，因为 $\lim\limits_{x\to x_0} f(x)=L_1$，根据定义 12，故 $\exists\delta_1>0$，$\forall x\in\mathring{U}(x_0,\delta_1)$ 时有：

$$\begin{aligned}|f(x)-L_1|<\frac{L_2-L_1}{2}&\implies f(x)-L_1<\frac{L_2-L_1}{2}\\&\implies f(x)<L_1+\frac{L_2-L_1}{2}\implies f(x)<\frac{L_1+L_2}{2}\end{aligned}$$

同理，因为 $\lim\limits_{x\to x_0} f(x)=L_2$，根据定义 12，故 $\exists\delta_2>0$，$\forall x\in\mathring{U}(x_0,\delta_2)$ 时有：

$$\begin{aligned}|f(x)-L_2|<\frac{L_2-L_1}{2}&\implies f(x)-L_2>-\frac{L_2-L_1}{2}\\&\implies f(x)>L_2-\frac{L_2-L_1}{2}\implies f(x)>\frac{L_1+L_2}{2}\end{aligned}$$

取 $\delta=\min(\delta_1,\delta_2)$，那么 $\forall x\in\mathring{U}(x_0,\delta)$ 时有：

$$f(x)<\frac{L_1+L_2}{2},\quad f(x)>\frac{L_1+L_2}{2}$$

这显然是矛盾的，所以假设不成立，本定理证明完毕。 ■

极限的唯一性（定理 11）的几何意义很清晰，比如图 2.97 中所示的函数 $f(x)$，其左极限为 $\lim\limits_{x\to x_0^-} f(x)=L_1$，无限逼近黑色虚线 L_1；其右极限为 $\lim\limits_{x\to x_0^+} f(x)=L_2$，无限逼近黑色虚线 L_2。这两个极限都是唯一确定的。

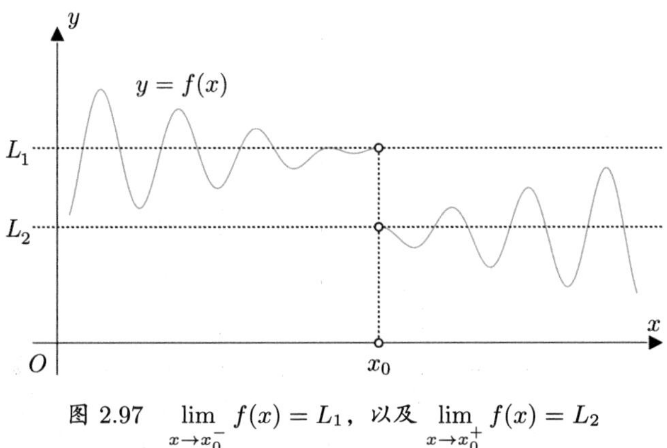

图 2.97 $\lim\limits_{x\to x_0^-} f(x)=L_1$，以及 $\lim\limits_{x\to x_0^+} f(x)=L_2$

2.8.2 极限的局部有界性

定理 12 (极限的局部有界性). 如果有 $\lim f(x)=L$，那么函数 $f(x)$ 在相应的局部是有界的。

证明. 定理 12 的证明因不同的极限大同小异，这里以 $\lim_{x\to x_0} f(x)=L$ 为例来证明一下，此时根据定义 12，取 $\epsilon=1$，$\exists\delta>0$，$\forall x\in \mathring{U}(x_0,\delta)$ 时，有：

$$\left.\begin{array}{r}|f(x)-L|<1\\ |f(x)|=|f(x)-L+L|\end{array}\right\}\implies |f(x)|\leqslant|f(x)-L|+|L|<1+|L|$$

取 $M=1+|L|$，那么 $\forall x\in \mathring{U}(x_0,\delta)$ 时，有 $|f(x)|<M$，也就是说，此时 $f(x)$ 有界。因为限定了 $x\in \mathring{U}(x_0,\delta)$，所以称为局部有界。■

极限的局部有界性（定理 12）的几何意义很清晰，比如图 2.98 中有 $\lim_{x\to x_0} f(x)=L$，那么在某去心邻域 $\mathring{U}(x_0)$ 内，函数 $f(x)$ 是在某绿色区域内的，即此时 $f(x)$ 是有界的，这就是“相应的局部是有界的”。

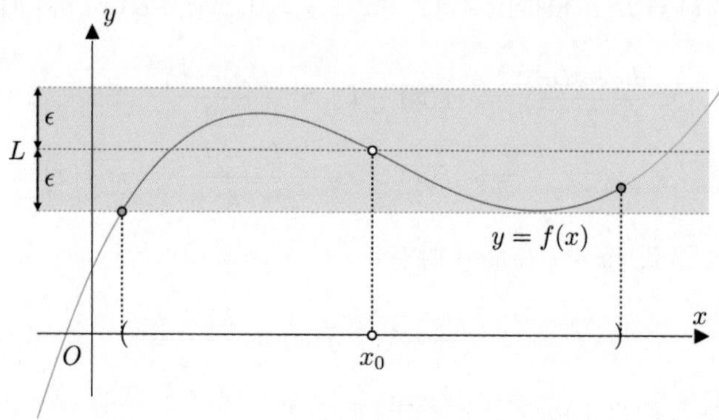

图 2.98 在 $\mathring{U}(x_0)$ 内，函数 $f(x)$ 是有界的

再比如图 2.99 中有 $\lim_{x\to\infty} f(x)=L$，那么在某 $-X$ 的左边、X 的右边，函数 $f(x)$ 是在某绿色区域内的，这也就意味着此时 $f(x)$ 是有界的，这也是“相应的局部是有界的”。

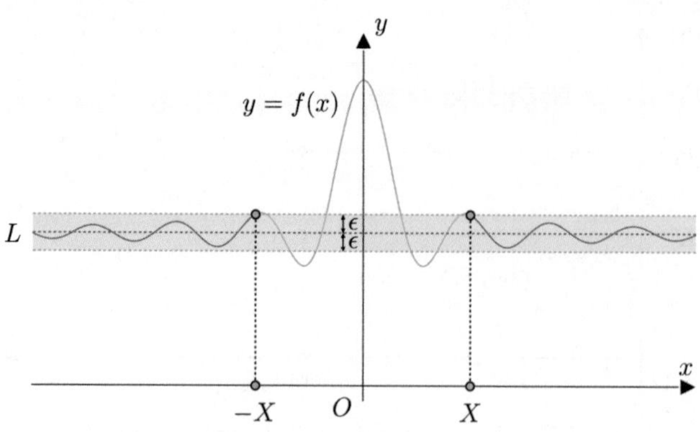

图 2.99 在 $-X$ 的左边、X 的右边，函数 $f(x)$ 是有界的

2.8.3 极限的局部保号性

定理 13 (极限的局部保号性). 如果 $\lim f(x)=L$，且 $L>0$（或 $L<0$），那么在相应的局部始终有 $f(x)>0$（或 $f(x)<0$）。

证明. 定理 13 的证明因不同的极限大同小异，这里以 $\lim\limits_{x \to x_0} f(x) = L > 0$ 为例来证明一下。此时根据定义 12，取 $\epsilon = \frac{L}{2}$，$\exists \delta > 0$，$\forall x \in \mathring{U}(x_0, \delta)$ 时有：

$$|f(x) - L| < \frac{L}{2} \implies f(x) - L > -\frac{L}{2} \implies f(x) > \frac{L}{2} > 0$$ ■

极限的局部保号性（定理 13）的几何意义很清晰，比如图 2.100 中有 $\lim\limits_{x \to x_0} f(x) = L > 0$，在某去心邻域 $\mathring{U}(x_0)$ 内，函数 $f(x)$ 是在某大于 0 的绿色区域内的，也就是此时有 $f(x) > 0$。

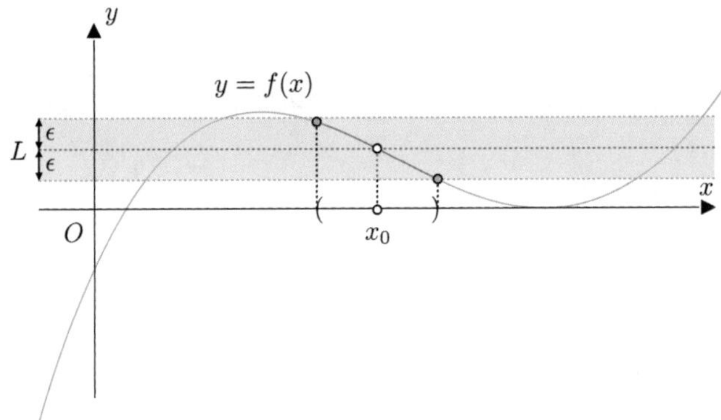

图 2.100 在 $\mathring{U}(x_0)$ 内，函数 $f(x) > 0$

或者比如图 2.101 中有 $\lim\limits_{x \to \infty} f(x) = L < 0$，在某 $-X$ 的左边、X 的右边，函数 $f(x)$ 是在某小于 0 的绿色区域内的，也就是此时有 $f(x) < 0$。

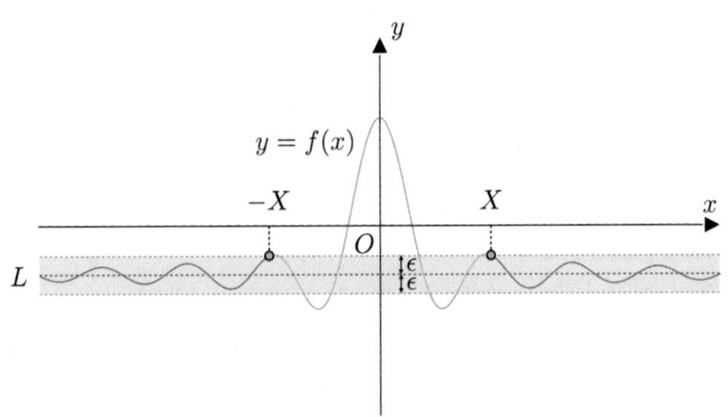

图 2.101 在 $-X$ 的左边、X 的右边，函数 $f(x) < 0$

定理 14 (局部保号性的推论 1). 如果 $\lim f(x) = L$（$L \neq 0$），则在相应的局部始终有 $|f(x)| > \frac{|L|}{2}$。

仔细观察定理 13 的证明，就可以得到定理 14。也可以通过图像来理解一下，比如图 2.102 中有 $\lim\limits_{x \to x_0} f(x) = L > 0$，只要取 $\epsilon = \frac{L}{2}$，那么绿色区域的下沿就是 $\frac{L}{2}$，此时在 $\mathring{U}(x_0)$ 内，有 $f(x) > \frac{L}{2}$。

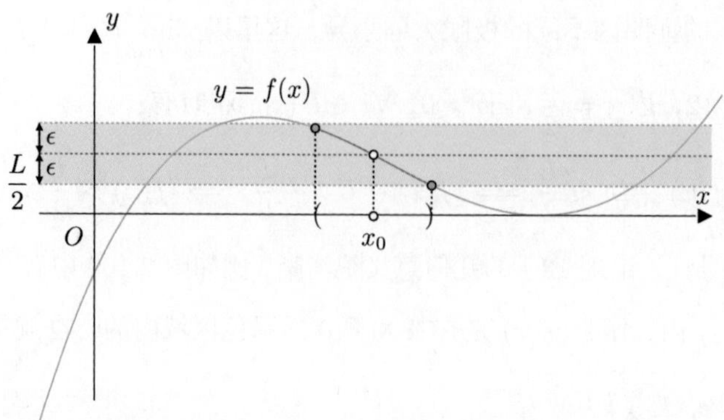

图 2.102 在 $\mathring{U}(x_0)$ 内，函数 $f(x) > \dfrac{L}{2}$

或者比如图 2.103 中有 $\lim\limits_{x \to x_0} f(x) = L < 0$，只要取 $\epsilon = -\dfrac{L}{2}$，那么绿色区域的上沿就是 $\dfrac{L}{2}$，此时在 $\mathring{U}(x_0)$ 内，有 $f(x) < \dfrac{L}{2}$。综合图 2.102、图 2.103，那么就有 $|f(x)| > \dfrac{|L|}{2}$。

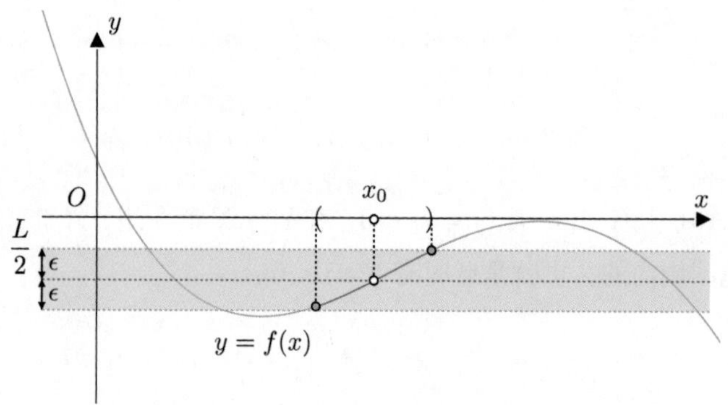

图 2.103 在 $\mathring{U}(x_0)$ 内，函数 $f(x) < \dfrac{L}{2}$

定理 15 (局部保号性的推论 2). 如果 $\lim f(x) = L$，且在相应的局部始终有 $f(x) \geqslant 0$（或 $f(x) \leqslant 0$），那么 $L \geqslant 0$（或 $L \leqslant 0$）。

证明. 定理 15 的证明因不同的极限大同小异，这里以 $\lim\limits_{x \to x_0} f(x) = L$ 且 $f(x) \geqslant 0, x \in \mathring{U}(x_0, \delta_1)$ 为例进行证明。

（1）用反证法，如果 $\lim\limits_{x \to x_0} f(x) = L < 0$，则由定理 13 可知，$\exists \delta_2 > 0$，$\forall x \in \mathring{U}(x_0, \delta_2)$ 时有 $f(x) < 0$。

（2）取 $\delta = \min(\delta_1, \delta_2)$，则 $\forall x \in \mathring{U}(x_0, \delta)$ 时，根据条件有 $f(x) \geqslant 0$，根据（1）有 $f(x) < 0$，两者矛盾。所以（1）中的假设是错误的，因此 $L \geqslant 0$。 ■

局部保号性的推论 2（定理 15）的几何意义很清晰，比如图 2.104 是函数 $f(x) = \dfrac{1}{x-1}$ 的图像。容易看出其在 $x \to -\infty$ 的局部，即在 $-X$ 的左侧始终有 $f(x) < 0$，此时的极限为 $\lim\limits_{x \to -\infty} f(x) = 0$；也容易看出其在 $x \to +\infty$ 的局部，即在 X 的右侧始终有 $f(x) > 0$，此时的极限为 $\lim\limits_{x \to +\infty} f(x) = 0$，证明见例 7。

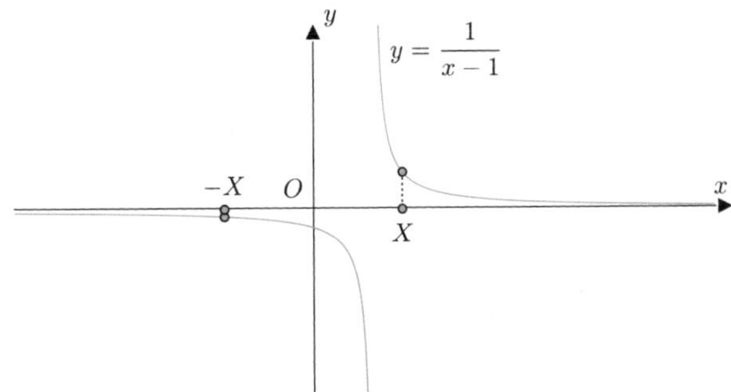

图 2.104 对于函数 $f(x) = \dfrac{1}{x-1}$，$x < -X$ 时始终有 $f(x) < 0$，$x > X$ 时始终有 $f(x) > 0$

2.9 海涅定理

本节难以用静态图片来解释，大家可通过手机扫图 2.105 所示的二维码观看讲解视频，以获得更好的学习体验。

图 2.105 扫码观看视频讲解

本节介绍一个极限存在的充要条件：海涅定理。该定理对于各种极限都成立（之前证明过的定理 5 也可看作海涅定理的一种情况），下面给出 $x \to x_0$ 的版本。

定理 16 (海涅定理). 对函数 $f(x)$ 定义域内的任意且满足 $\lim\limits_{n\to\infty} x_n = x_0$，$x_n \neq x_0, n \in \mathbb{Z}^+$ 的数列 $\{x_n\}$，有 $\lim\limits_{n\to\infty} f(x_n) = L \iff \lim\limits_{x\to x_0} f(x) = L$。

证明. （1）必要性。已知 $\lim\limits_{x\to x_0} f(x) = L$，根据定义 12，$\forall\epsilon > 0$，$\exists\delta > 0$，$\forall x \in \mathring{U}(x_0, \delta)$ 时有 $|f(x) - L| < \epsilon$。又已知 $\lim\limits_{n\to\infty} x_n = x_0$，根据定义 4，$\exists N \in \mathbb{Z}^+$, $\forall n > N$ 时有 $|x_n - x_0| < \delta$。结合上 $x_n \neq x_0, n \in \mathbb{Z}^+$，故 $\forall n > N$ 时，有：

$$\left.\begin{aligned} |x_n - x_0| < \delta \\ x_n \neq x_0, n \in \mathbb{Z}^+ \end{aligned}\right\} \implies x_n \in \mathring{U}(x_0, \delta)$$

从而 $\forall n > N$ 时，有 $|f(x_n) - L| < \epsilon$，即 $\lim\limits_{n\to\infty} f(x_n) = L = \lim\limits_{x\to x_0} f(x)$。

（2）充分性。已知函数 $f(x)$ 定义域内的任意且满足 $\lim\limits_{n\to\infty} x_n = x_0$，$x_n \neq x_0, n \in \mathbb{Z}^+$ 的数列 $\{x_n\}$，还满足 $\lim\limits_{n\to\infty} f(x_n) = L$。

用反证法，假设此时有 $\lim\limits_{x\to x_0} f(x) \neq L$，根据定义 12，$\exists\epsilon > 0$，给定 $\delta > 0$，$\exists x_1 \in \mathring{U}(x_0, \delta)$ 使得 $|f(x_1) - L| \geqslant \epsilon$；$\exists x_2 \in \mathring{U}(x_0, x_1)$，使得 $|f(x_2) - L| \geqslant \epsilon$；$\exists x_3 \in \mathring{U}(x_0, x_2)$，使得 $|f(x_3) - L| \geqslant \epsilon$，以此类推得到 $x_4, \cdots, x_n, \cdots$。由 $x_1, x_2, x_3, \cdots, x_n, \cdots$ 组成的数列 $\{x_n\}$ 满足 $\lim\limits_{n\to\infty} x_n = x_0$ 以及：

$$x_n \neq x_0, \quad |f(x_n) - L| \geqslant \epsilon, \quad n \in \mathbb{Z}^+$$

所以当 $n \to \infty$ 时，数列 $\{f(x_n)\}$ 的极限不为 L，即 $\lim_{n\to\infty} f(x_n) \neq L$，与条件矛盾，因此 $\lim_{x\to x_0} f(x) = L$。■

2.9.1 海涅定理的几何意义

海涅定理（定理 16）看似复杂，下面结合几何来理解一下。[①] 首先是必要性，若已知 $\lim_{x\to x_0} f(x) = L$，则：

- 选择某数列 $\{x_n\}$，满足 $\lim_{n\to\infty} x_n = x_0$ 且 $x_n \neq x_0$，即图 2.106 左图中 x 轴上的蓝点。
- 数列 $\{x_n\}$ 对应的函数值可以构成数列 $\{f(x_n)\}$，有 $\lim_{n\to\infty} f(x_n) = L$，参见图 2.106 的右图。

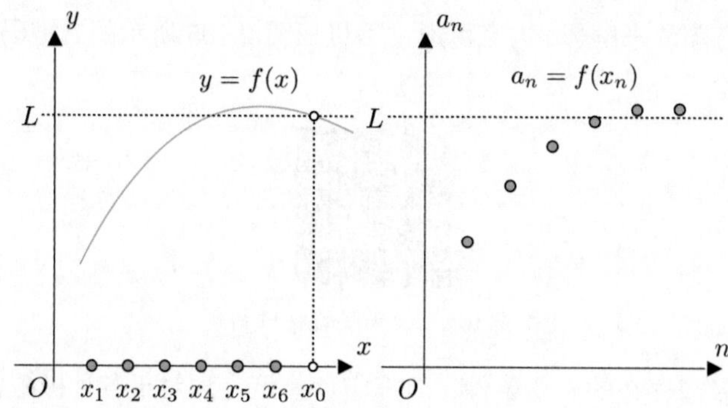

图 2.106 左图 x 轴上的蓝点为数列 $\{x_n\}$，满足 $\lim_{n\to\infty} x_n = x_0$ 且 $x_n \neq x_0$，以及 $\lim_{n\to\infty} f(x_n) = L$

或像图 2.107 左图中的数列 $\{x_n\}$，满足 $\lim_{n\to\infty} x_n = x_0$ 且 $x_n \neq x_0$，也有 $\lim_{n\to\infty} f(x_n) = L$，见图 2.107 的右图。

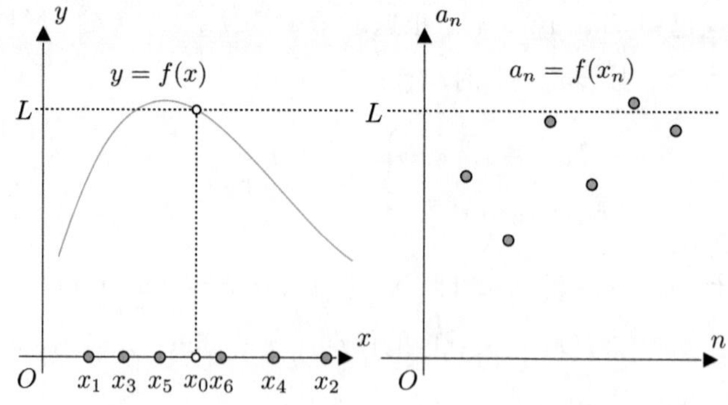

图 2.107 左图 x 轴上的蓝点为数列 $\{x_n\}$，满足 $\lim_{n\to\infty} x_n = x_0$ 且 $x_n \neq x_0$，以及 $\lim_{n\to\infty} f(x_n) = L$

而海涅定理的充分性说的是，若如上抽点组成的所有数列 $\{f(x_n)\}$ 的极限都是 L，那么

① 静态图片可能没法很好地展现其中的几何意义，大家可以扫描图 2.105 所示的二维码观看讲解视频，获得更好的阅读体验。

$\lim\limits_{x \to x_0} f(x) = L$。

2.9.2 $x_n \neq x_0$

海涅定理中提到 $x_n \neq x_0$，这是一个很重要的条件，本节通过一个例子来解释一下。比如分段函数 $f(x) = \begin{cases} 2, x = 2 \\ 1, x \neq 2 \end{cases}$，如图 2.108 所示，很显然有 $\lim\limits_{x \to 2} f(x) = 1$。

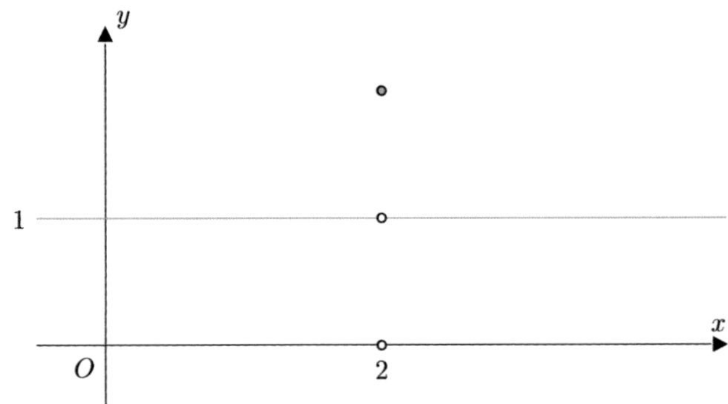

图 2.108 分段函数 $f(x)$ 的图像，有 $\lim\limits_{x \to 2} f(x) = 1$

如果：

- 选择某数列 $\{x_n\}$，满足 $\lim\limits_{n \to \infty} x_n = 2$ 且 $x_n \neq 2$，即图 2.109 中左图 x 轴上的蓝点。
- 数列 $\{x_n\}$ 对应的函数值构成数列 $\{f(x_n)\}$，根据海涅定理有 $\lim\limits_{n \to \infty} f(x_n) = 1$，参见图 2.109 的右图。

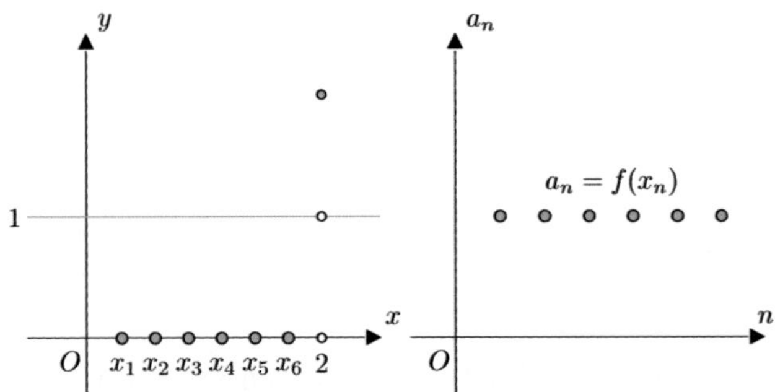

图 2.109 左图 x 轴上的蓝点为数列 $\{x_n\}$，满足 $\lim\limits_{n \to \infty} x_n = 2$ 且 $x_n \neq 2$，以及 $\lim\limits_{n \to \infty} f(x_n) = 1$

但如果像下面这样不满足 $x_n \neq x_0$ 的话，就不能运用海涅定理了：

- 选择数列 $\{x_n\} = \{2\}$，有 $\lim\limits_{n \to \infty} x_n = 2$ 但 $x_n = 2$[①]，此时不满足海涅定理中要求的 $x_n \neq x_0$。
- 数列 $\{x_n\}$ 的函数值构成数列 $\{f(x_n)\} = \{2\}$，有 $\lim\limits_{n \to \infty} f(x_n) = 2 \neq \lim\limits_{x \to 2} f(x)$，参见图 2.110 的右图。

---

① 在图 2.110 的左图中无法画出该数列，全部重叠在了 $x = 2$ 这个点。

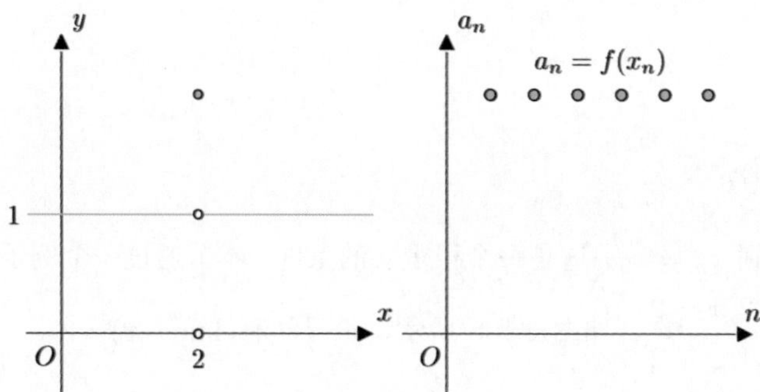

图 2.110 数列 $\{x_n\} = \{2\}$，有 $\lim\limits_{n\to\infty} x_n = 2$ 但 $x_n = 2$，不能运用海涅定理

2.9.3 海涅定理的例题

例 14. 请证明 $\lim\limits_{x\to 0}\sin\dfrac{1}{x}$ 不存在。

解. 设函数 $f(x) = \sin\dfrac{1}{x}$，其图像参见图 2.111。可见该函数在 $x = 0$ 点没有定义，在 $\mathring{U}(0)$ 内函数曲线剧烈震荡，看上去似乎 $x \to 0$ 时的极限不存在。

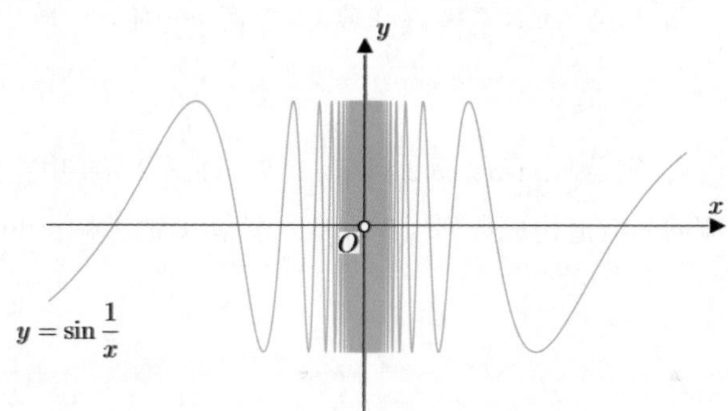

图 2.111 函数 $f(x) = \sin\dfrac{1}{x}$ 的图像，在 $x = 0$ 点没有定义，在 $\mathring{U}(0)$ 内剧烈震荡

下面用海涅定理来证明 $x \to 0$ 时的极限确实不存在，也就是 $\lim\limits_{x\to 0} f(x) = \lim\limits_{x\to 0}\sin\dfrac{1}{x}$ 不存在。

对于数列 $\{x_n\} = \left\{\dfrac{1}{2n\pi - \dfrac{\pi}{2}}\right\}$，其满足 $\lim\limits_{n\to\infty} x_n = 0$ 且 $x_n \neq 0$，也就是图 2.112 中 x 轴上的绿点；其对应的函数值组成了数列 $\{f(x_n)\}$，也就是图 2.112 中函数 $y = \sin\dfrac{1}{x}$ 曲线上的绿点。

对于数列 $\{y_n\} = \left\{\dfrac{1}{2n\pi + \dfrac{\pi}{2}}\right\}$，满足 $\lim\limits_{n\to\infty} y_n = 0$ 且 $y_n \neq 0$，也就是图 2.113 中 x 轴上的红点；其对应的函数值组成了数列 $\{f(y_n)\}$，也就是图 2.113 中函数 $y = \sin\dfrac{1}{x}$ 曲线上的红点。

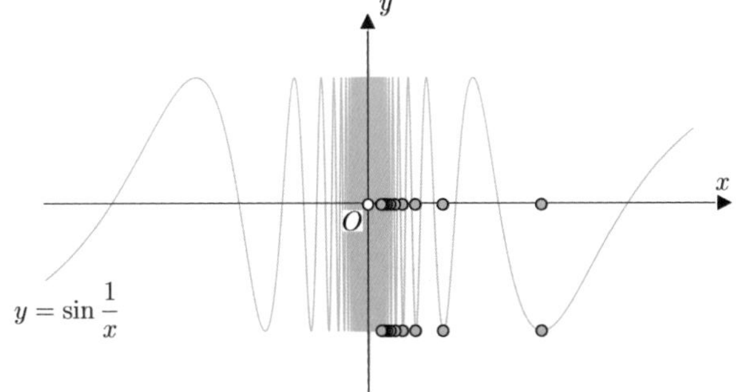

图 2.112 数列 $\{x_n\} = \left\{\dfrac{1}{2n\pi - \dfrac{\pi}{2}}\right\}$ 及数列 $\{f(x_n)\}$ 的图像

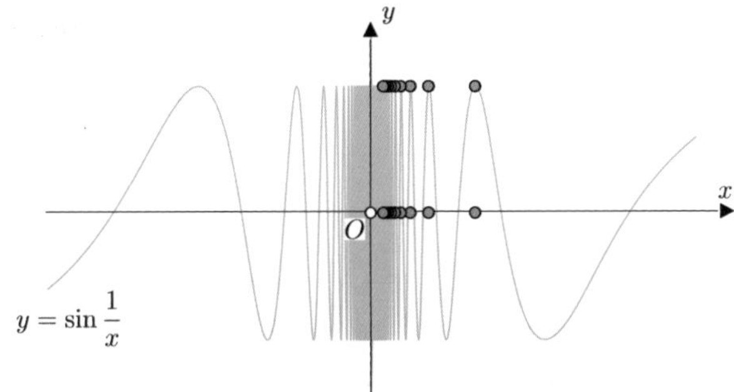

图 2.113 数列 $\{y_n\} = \left\{\dfrac{1}{2n\pi + \dfrac{\pi}{2}}\right\}$ 及数列 $\{f(y_n)\}$ 的图像

显然函数 $y = \sin\dfrac{1}{x}$ 曲线上的绿点与红点不相等，从而 $\lim\limits_{n\to\infty} f(x_n) \neq \lim\limits_{n\to\infty} f(y_n)$，如图 2.114 所示。

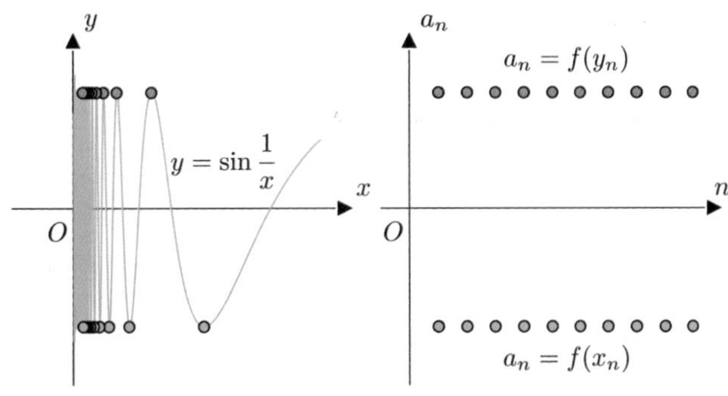

图 2.114 $\lim\limits_{n\to\infty} f(x_n) \neq \lim\limits_{n\to\infty} f(y_n)$

综上，运用海涅定理可得：

$$\left.\begin{array}{r}\lim\limits_{n\to\infty} x_n = 0, x_n \neq 0 \\ \lim\limits_{n\to\infty} y_n = 0, y_n \neq 0 \\ \lim\limits_{n\to\infty} f(x_n) \neq \lim\limits_{n\to\infty} f(y_n)\end{array}\right\} \implies \lim_{x\to 0} f(x) = \lim_{x\to 0}\sin\frac{1}{x} \text{ 不存在}$$

除了例 14 中 $x \to x_0$ 的情况，海涅定理对各种自变量变化过程都有效，这里再举一个 $x \to +\infty$ 的例子。

例 15. 请证明 $\lim\limits_{x\to+\infty} \sin x$ 不存在。

解. 对于数列 $\{x_n\} = \left\{2n\pi + \dfrac{\pi}{2}\right\}$，有 $\lim\limits_{n\to\infty} x_n = +\infty$，即图 2.115 中 x 轴上的绿点；其对应的函数值 $f(x_n)$ 都是 $\sin x$ 的波峰上的点，即图 2.115 中函数 $y = \sin x$ 曲线上的绿点，所以有 $\lim\limits_{n\to\infty} \{f(x_n)\} = 1$。

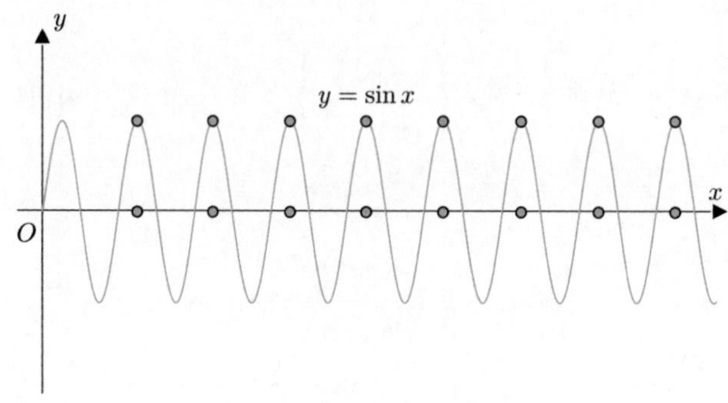

图 2.115 数列 $\{x_n\} = \left\{2n\pi + \dfrac{\pi}{2}\right\}$ 及数列 $\{f(x_n)\}$ 的图像

而对于数列 $\{y_n\} = \left\{2n\pi - \dfrac{\pi}{2}\right\}$，有 $\lim\limits_{n\to\infty} y_n = +\infty$，即图 2.116 中 x 轴上的红点；其对应的函数值 $f(y_n)$ 都是 $\sin x$ 的波谷上的点，即图 2.116 中函数 $y = \sin x$ 曲线上的红点，所以有 $\lim\limits_{n\to\infty} \{f(y_n)\} = -1$。

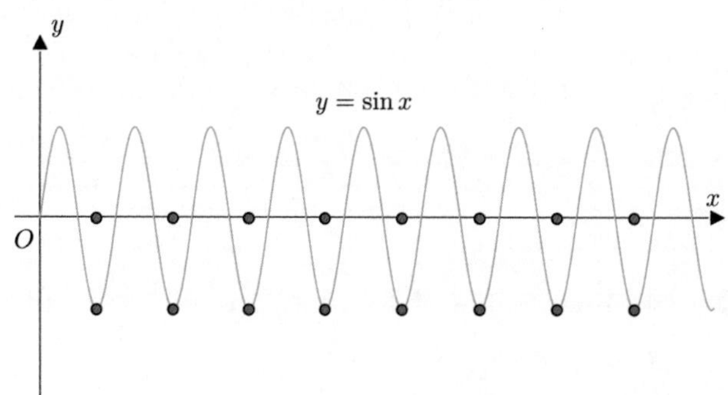

图 2.116 数列 $\{y_n\} = \left\{2n\pi - \dfrac{\pi}{2}\right\}$ 及数列 $\{f(y_n)\}$ 的图像

综上，$\lim\limits_{n\to\infty} \{f(x_n)\} \neq \lim\limits_{n\to\infty} \{f(y_n)\}$，根据海涅定理，所以 $\lim\limits_{x\to+\infty} \sin x$ 不存在。

2.10 极限的运算法则

2.10.1 无穷小的运算法则

下面来介绍极限的运算法则，正如普通的四则运算法则，需要先定义 0 的运算法则：

$$0 + 0 = 0, \quad 0 + c = c, \quad 0 \times c = 0, \quad c \in \mathbb{R}$$

无穷小就是极限运算中的 0，所以要先定义无穷小的运算法则。

定理 17. 两个无穷小之和是无穷小。

证明. 定理 17 的证明因不同的极限大同小异，这里以 $x \to x_0$ 为例来证明。假设有 $\lim\limits_{x\to x_0}\alpha(x)=0$ 及 $\lim\limits_{x\to x_0}\beta(x)=0$，可得 $\forall\dfrac{\epsilon}{2}>0$，$\exists\delta_1>0$，$\forall x\in\mathring{U}(x_0,\delta_1)$ 时有 $|\alpha(x)|<\dfrac{\epsilon}{2}$；以及 $\exists\delta_2>0$，$\forall x\in\mathring{U}(x_0,\delta_2)$ 时有 $|\beta(x)|<\dfrac{\epsilon}{2}$。取 $\delta=\min\{\delta_1,\delta_2\}$，则 $\forall x\in\mathring{U}(x_0,\delta)$ 时有：

$$\left.\begin{aligned}|\alpha(x)|<\frac{\epsilon}{2}\\|\beta(x)|<\frac{\epsilon}{2}\end{aligned}\right\}\implies|\alpha(x)+\beta(x)|\leqslant|\alpha(x)|+|\beta(x)|<\epsilon$$

即 $\lim\limits_{x\to x_0}(\alpha(x)+\beta(x))=0$。 ■

定理 17 与普通运算中的 $0+0=0$ 类似，举例说明一下。比如有 $\lim\limits_{x\to0}x^2=0$ 和 $\lim\limits_{x\to0}(-x)=0$，那么根据定理 17 可知 $\lim\limits_{x\to0}(x^2-x)=0$，如图 2.117 所示。

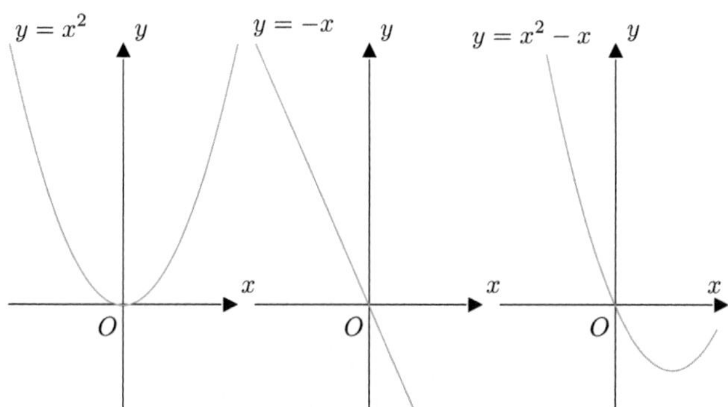

图 2.117 $\lim\limits_{x\to0}x^2=0$，$\lim\limits_{x\to0}(-x)=0$，所以 $\lim\limits_{x\to0}(x^2-x)=0$

通过定理 17 还可以得到推论：有限个无穷小之和是无穷小。

定理 18. 有界函数与无穷小的乘积是无穷小。

证明. 定理 18 的证明因不同的极限大同小异，这里以 $x\to x_0$ 为例来证明一下。假设函数 $f(x)$ 在 $\mathring{U}(x_0,\delta_1)$ 内有界，以及 $\lim\limits_{x\to x_0}\alpha(x)=0$。可得 $\exists M>0$，$\forall x\in\mathring{U}(x_0,\delta_1)$ 时有 $|f(x)|\leqslant M$；以及 $\forall\epsilon>0$，$\exists\delta_2>0$，$\forall x\in\mathring{U}(x_0,\delta_2)$ 时有 $|\alpha(x)|<\dfrac{\epsilon}{M}$。取 $\delta=\min\{\delta_1,\delta_2\}$，所以 $\forall x\in\mathring{U}(x_0,\delta)$ 时有：

$$\left.\begin{aligned}|f(x)|\leqslant M\\|\alpha(x)|<\frac{\epsilon}{M}\end{aligned}\right\}\implies|f(x)\alpha(x)|=|f(x)|\cdot|\alpha(x)|<M\cdot\frac{\epsilon}{M}=\epsilon$$

即 $\lim\limits_{x\to x_0}f(x)\alpha(x)=0$。 ■

定理 18 与普通运算中的 $0\times c=0$ 类似，举例说明一下。比如已知 $\lim\limits_{x\to0}x^2=0$；又知 $\sin\dfrac{1}{x}$ 是去心邻域 $\mathring{U}(0)$ 内的有界函数，那么根据定理 18 可知 $\lim\limits_{x\to0}x^2\sin\dfrac{1}{x}=0$，如图 2.118 所示。

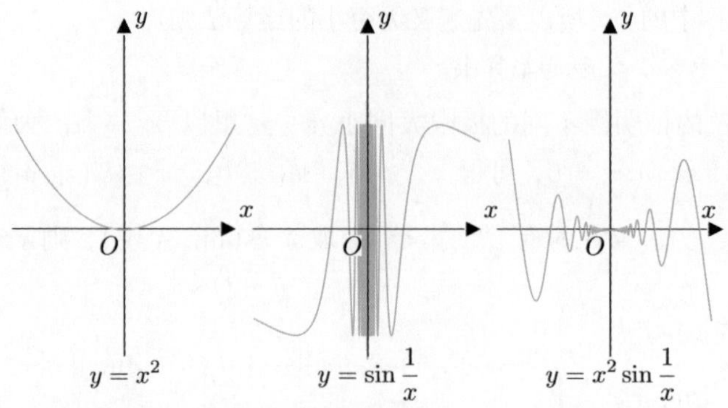

图 2.118 $\lim\limits_{x\to 0} x^2 = 0$，$\sin\dfrac{1}{x}$ 在 $\mathring{U}(0)$ 内有界，所以 $\lim\limits_{x\to 0} x^2\sin\dfrac{1}{x} = 0$

通过定理 18 还可以得到以下有用的推论：

- 常数与无穷小的乘积是无穷小，因为常数函数是有界函数。
- 有限个无穷小的乘积是无穷小，因为无穷小也是有界函数。

例 16. 请求出 $\lim\limits_{x\to\infty}\dfrac{\sin x}{x}$。

解. 例 8 中求出了 $\lim\limits_{x\to\infty}\dfrac{1}{x} = 0$；而 $\sin x$ 是有界函数，根据定理 18，所以 $\lim\limits_{x\to\infty}\dfrac{\sin x}{x} = 0$，如图 2.119 所示。

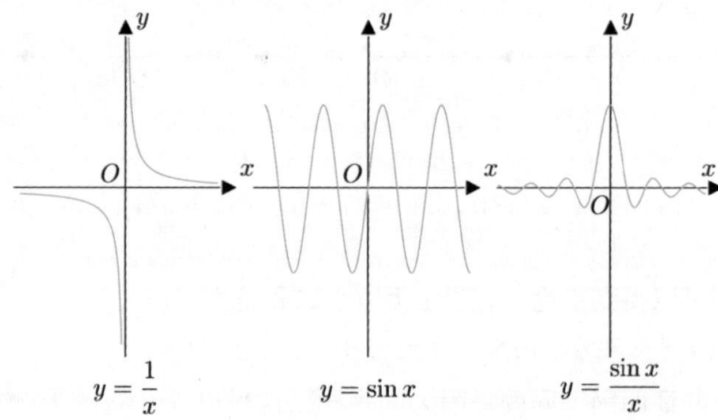

图 2.119 $\lim\limits_{x\to\infty}\dfrac{1}{x} = 0$，$\sin x$ 是有界函数，所以 $\lim\limits_{x\to\infty}\dfrac{\sin x}{x} = 0$

2.10.2 极限的各种运算法则

定理 19. 如果 $\lim f(x) = A$，$\lim g(x) = B$，那么：

（1）$\lim[f(x) \pm g(x)] = \lim f(x) \pm \lim g(x) = A \pm B$。

（2）$\lim[f(x) \cdot g(x)] = \lim f(x) \cdot \lim g(x) = A \cdot B$。

（3）若又有 $B \neq 0$，则 $\lim\dfrac{f(x)}{g(x)} = \dfrac{\lim f(x)}{\lim g(x)} = \dfrac{A}{B}$。

证明. 已知 $\lim f(x) = A, \lim g(x) = B$，根据定理 9 可知：

$$\lim f(x) = A \iff f(x) = A + \alpha, \quad \lim g(x) = B \iff g(x) = B + \beta$$

其中 α，β 为无穷小，下面来分别证明。

（1）证明 $\lim[f(x)\pm g(x)]=\lim f(x)\pm\lim g(x)=A\pm B$。根据上面得到的结论有：

$$f(x)\pm g(x)=(A+\alpha)\pm(B+\beta)=(A\pm B)+(\alpha\pm\beta)$$

根据定理 17，所以 $\alpha\pm\beta$ 为无穷小。根据定理 9，所以有：

$$f(x)\pm g(x)=(A\pm B)+(\alpha\pm\beta)\iff\lim[f(x)\pm g(x)]=A\pm B=\lim f(x)\pm\lim g(x)$$

（2）证明 $\lim[f(x)\cdot g(x)]=\lim f(x)\cdot\lim g(x)=A\cdot B$。根据上面得到的结论有：

$$f(x)\cdot g(x)=(A+\alpha)\cdot(B+\beta)=A\cdot B+A\cdot\beta+B\cdot\alpha+\alpha\cdot\beta$$

令 $\gamma=A\cdot\beta+B\cdot\alpha+\alpha\cdot\beta$，根据定理 17 和定理 18，所以 γ 为无穷小。根据定理 9，所以有：

$$f(x)\cdot g(x)=A\cdot B+A\cdot\beta+B\cdot\alpha+\alpha\cdot\beta=A\cdot B+\gamma\iff\lim[f(x)\cdot g(x)]=A\cdot B=\lim f(x)\cdot\lim g(x)$$

（3）证明 $B\neq 0$ 时，有 $\lim\dfrac{f(x)}{g(x)}=\dfrac{\lim f(x)}{\lim g(x)}=\dfrac{A}{B}$。设 $\gamma=\dfrac{f(x)}{g(x)}-\dfrac{A}{B}$，则：

$$\gamma=\frac{A+\alpha}{B+\beta}-\frac{A}{B}=\frac{1}{B(B+\beta)}(B\alpha-A\beta)$$

根据定理 17 和定理 18，所以上式中的 $B\alpha-A\beta$ 为无穷小。下面证上式中的 $\dfrac{1}{B(B+\beta)}$ 局部有界，这里以在 $\mathring{U}(x_0)$ 内有界为例来进行证明。由于 $\lim\limits_{x\to x_0}g(x)=B\neq 0$，根据定理 14，$\exists\delta>0$，$\forall x\in\mathring{U}(x_0,\delta)$ 时有：

$$|g(x)|>\frac{|B|}{2}\implies\left|\frac{1}{g(x)}\right|<\frac{2}{|B|}$$

所以：

$$\left|\frac{1}{B(B+\beta)}\right|=\frac{1}{|B|}\cdot\left|\frac{1}{g(x)}\right|<\frac{1}{|B|}\cdot\frac{2}{|B|}=\frac{2}{B^2}$$

这就证明了 $\dfrac{1}{B(B+\beta)}$ 在 $\mathring{U}(x_0)$ 内有界。根据定理 18，所以有：

$$\gamma=\underbrace{\frac{1}{B(B+\beta)}}_{\text{有界函数}}\underbrace{(B\alpha-A\beta)}_{\text{无穷小}}\text{ 是无穷小}$$

所以 $\gamma=\dfrac{f(x)}{g(x)}-\dfrac{A}{B}\implies\dfrac{f(x)}{g(x)}=\dfrac{A}{B}+\gamma\implies\lim\dfrac{f(x)}{g(x)}=\dfrac{A}{B}=\dfrac{\lim f(x)}{\lim g(x)}$。 ■

例 17. 已知 $\lim[f(x)+g(x)]=L$，则下列说法正确的是：

（A）$\lim f(x)$，$\lim g(x)$ 可能都不存在；（B）$\lim f(x)$，$\lim g(x)$ 可能只有一个存在。

解. A 选项正确。比如下面两个函数：

$$f(x)=\begin{cases}-x+1,x\leqslant 0\\-x-1,x>0\end{cases},\quad g(x)=-f(x)$$

它们的图像如图 2.120 所示，可看出 $\lim\limits_{x\to0}[f(x)+g(x)]=\lim\limits_{x\to0}0=0$，但 $\lim\limits_{x\to0}f(x),\lim\limits_{x\to0}g(x)$ 都不存在。

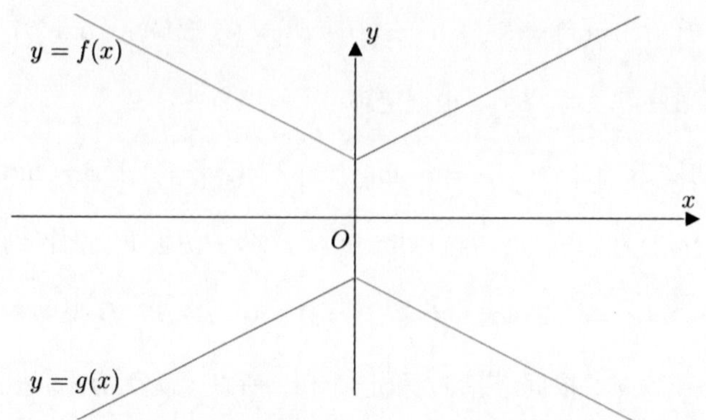

图 2.120 函数 $f(x)$ 的图像是绿色曲线，函数 $g(x)$ 的图像是红色曲线

该选项说明了根据定理 19 有"$\lim f(x),\lim g(x)$ 存在 $\Longrightarrow$ $\lim[f(x)+g(x)]$ 存在"，但反过来不一定成立。

（2）B 选项错误。假设 $f(x)$ 极限存在，即 $\lim f(x)=B$ 那么：

$$\lim[f(x)+g(x)]-\lim f(x)=L-B=\lim[f(x)+g(x)-f(x)]=\lim g(x)$$

即 $\lim f(x)$ 及 $\lim g(x)$ 或者都存在，或者都不存在，不会出现只有一个存在的情况。

定理 20. 设有数列 $\{x_n\}$ 和 $\{y_n\}$，如果 $\lim\limits_{n\to\infty}x_n=A$，$\lim\limits_{n\to\infty}y_n=B$，那么：

（1）$\lim\limits_{n\to\infty}(x_n\pm y_n)=\lim\limits_{n\to\infty}x_n\pm\lim\limits_{n\to\infty}y_n=A\pm B$；

（2）$\lim\limits_{n\to\infty}(x_n\cdot y_n)=\lim\limits_{n\to\infty}x_n\cdot\lim\limits_{n\to\infty}y_n=A\cdot B$；

（3）当 $y_n\neq0$（$n=1,2,\cdots$），且 $B\neq0$，则 $\lim\limits_{n\to\infty}\dfrac{x_n}{y_n}=\dfrac{\lim\limits_{n\to\infty}x_n}{\lim\limits_{n\to\infty}y_n}=\dfrac{A}{B}$。

定理 20 和上面的定理 19 几乎完全一样，就是（3）有些微区别，这主要是为了保证数学的严格性，因为数列 $\left\{\dfrac{x_n}{y_n}\right\}$ 中的 $n=1,2,\cdots$，所以需要保证 $y_n\neq0$（$n=1,2,\cdots$）。

定理 21 (极限运算法则的推论).（1）如果 $\lim f(x)$ 存在，则 $\lim[cf(x)]=c\lim f(x),c\in\mathbb{R}$；

（2）如果 $\lim f(x)$ 存在，则 $\lim[f(x)]^n=[\lim f(x)]^n$；

（3）如果在相应的局部有 $f(x)\geqslant g(x)$，且 $\lim f(x)=A$、$\lim g(x)=B$，则 $A\geqslant B$。

证明.（1）根据定理 19，以及常数函数的极限 $\lim c=c$，可以推出：

$$\lim[cf(x)]=\lim c\cdot\lim f(x)=c\lim f(x),\quad c\in\mathbb{R}$$

（2）根据定理 19，有：

$$\lim[f(x)]^n=\lim[f(x)\cdot f(x)\cdot\cdots\cdot f(x)]=\lim f(x)\cdot\lim f(x)\cdot\cdots\cdot\lim f(x)=[\lim f(x)]^n$$

（3）令 $h(x)=f(x)-g(x)$，所以在相应的局部有 $h(x)\geqslant0$。根据定理 19 以及定理 15，所以有：

$$\lim h(x)=\lim[f(x)-g(x)]=\lim f(x)-\lim g(x)=A-B\geqslant 0\implies A\geqslant B$$ ■

例 18. 请求出 $\lim\limits_{x\to 1}(2x-1)$。

解. 根据定理 19 以及定理 8 有 $\lim\limits_{x\to 1}(2x-1)=\lim\limits_{x\to 1}2x-\lim\limits_{x\to 1}1=2\lim\limits_{x\to 1}x-1=2\times 1-1=1$。

例 19. 请求出 $\lim\limits_{x\to 2}\dfrac{x^3-1}{x^2-5x+3}$。

解. 根据定理 19 以及定理 8 有：

$$\begin{aligned}\lim_{x\to 2}\frac{x^3-1}{x^2-5x+3}&=\frac{\lim\limits_{x\to 2}(x^3-1)}{\lim\limits_{x\to 2}(x^2-5x+3)}=\frac{\lim\limits_{x\to 2}x^3-\lim\limits_{x\to 2}1}{\lim\limits_{x\to 2}x^2-\lim\limits_{x\to 2}5x+\lim\limits_{x\to 2}3}\\&=\frac{(\lim\limits_{x\to 2}x)^3-1}{(\lim\limits_{x\to 2}x)^2-5\lim\limits_{x\to 2}x+3}=\frac{(2)^3-1}{(2)^2-5\times 2+3}=-\frac{7}{3}\end{aligned}$$

例 20. 请求出 $\lim\limits_{x\to 3}\dfrac{x-3}{x^2-9}$。

解. 注意到分母的极限为 $\lim\limits_{x\to 3}(x^2-9)=\lim\limits_{x\to 3}x^2-\lim\limits_{x\to 3}9=(\lim\limits_{x\to 3}x)^2-9=3^2-9=0$，所以不能用定理 19。尝试因式分解：

$$\lim_{x\to 3}\frac{x-3}{x^2-9}=\lim_{x\to 3}\frac{x-3}{(x+3)(x-3)}$$

因为在 $x\to 3$ 的局部，也就是 $\forall x\in\mathring{U}(3)$ 时 $(x-3)\neq 0$，所以可分子和分母同除 $(x-3)$，因此有：

$$\lim_{x\to 3}\frac{x-3}{x^2-9}=\lim_{x\to 3}\frac{x-3}{(x+3)(x-3)}=\lim_{x\to 3}\frac{1}{x+3}=\frac{\lim\limits_{x\to 3}1}{\lim\limits_{x\to 3}(x+3)}=\frac{1}{6}$$

例 21. 请求出 $\lim\limits_{n\to\infty}\sum\limits_{i=1}^{n}\dfrac{1}{n}$。

解. 计算过程如下：

$$\lim_{n\to\infty}\sum_{i=1}^{n}\frac{1}{n}=\lim_{n\to\infty}\overbrace{\left(\frac{1}{n}+\frac{1}{n}+\cdots+\frac{1}{n}\right)}^{n\text{ 个}}=\lim_{n\to\infty}1=1$$

这里需要注意的是，如下计算是错误的，这是因为定理 19 只能作用在有限多个表达式上。

$$\lim_{n\to\infty}\sum_{i=1}^{n}\frac{1}{n}=\overbrace{\lim_{n\to\infty}\frac{1}{n}+\lim_{n\to\infty}\frac{1}{n}+\cdots+\lim_{n\to\infty}\frac{1}{n}}^{\infty\text{ 个}}=0$$

例 22. 请求出 $\lim\limits_{x\to\infty}\dfrac{3x^3+4x^2+2}{7x^3+5x^2-3}$。

解. 该式的分子 $3x^3+4x^2+2$ 和分母 $7x^3+5x^2-3$ 都是 $x\to\infty$ 时的无穷大，证明略，参见图 2.121。

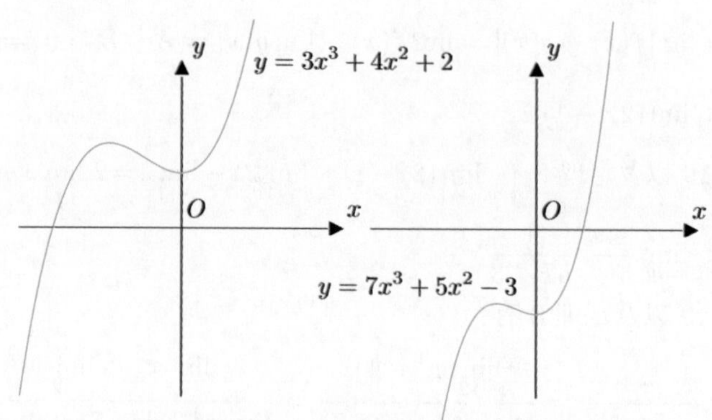

图 2.121 $\lim\limits_{x\to\infty} 3x^3 + 4x^2 + 2 = \infty$，以及 $\lim\limits_{x\to\infty} 7x^3 + 5x^2 - 3 = \infty$

即分子、分母在 $x \to \infty$ 时的极限不存在，无法运用定理 19，需另想办法。因为在 $x \to \infty$ 的过程中 $x \neq 0$，所以分母、分子同除 x^3：

$$\lim_{x\to\infty} \frac{3x^3 + 4x^2 + 2}{7x^3 + 5x^2 - 3} = \lim_{x\to\infty} \frac{3 + \dfrac{4}{x} + \dfrac{2}{x^3}}{7 + \dfrac{5}{x} - \dfrac{3}{x^3}} = \frac{\lim\limits_{x\to\infty} 3 + \lim\limits_{x\to\infty} \dfrac{4}{x} + \lim\limits_{x\to\infty} \dfrac{2}{x^3}}{\lim\limits_{x\to\infty} 7 + \lim\limits_{x\to\infty} \dfrac{5}{x} - \lim\limits_{x\to\infty} \dfrac{3}{x^3}} = \frac{3}{7}$$

其中的 $\lim\limits_{x\to\infty} \dfrac{4}{x}$、$\lim\limits_{x\to\infty} \dfrac{2}{x^3}$、$\lim\limits_{x\to\infty} \dfrac{5}{x}$ 和 $\lim\limits_{x\to\infty} \dfrac{3}{x^3}$ 都为 0，这是因为根据定理 19 以及 $\lim\limits_{x\to\infty} \dfrac{1}{x} = 0$，有：

$$\lim_{x\to\infty} \frac{a}{x^n} = a \lim_{x\to\infty} \frac{1}{x^n} = a\left(\lim_{x\to\infty} \frac{1}{x}\right)^n = 0$$

其中 a 为常数。

例 23. 请求出 $\lim\limits_{x\to\infty} \dfrac{3x^2 - 2x - 1}{2x^3 - x^2 + 5}$。

解. 该式的分子 $3x^2 - 2x - 1$ 和分母 $2x^3 - x^2 + 5$ 都是 $x \to \infty$ 时的无穷大，证明略，参见图 2.122。

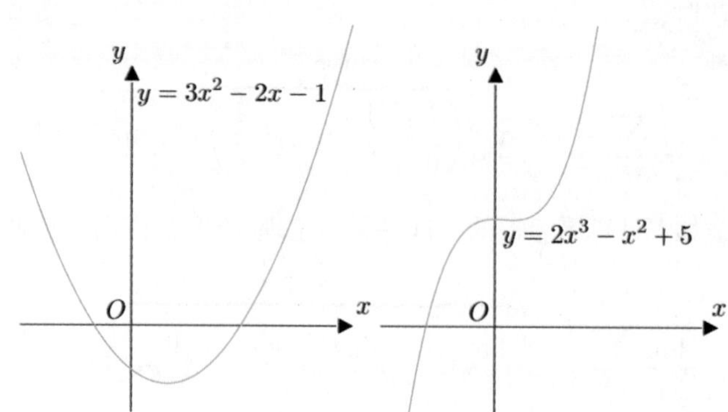

图 2.122 $\lim\limits_{x\to\infty} 3x^2 - 2x - 1 = \infty$，以及 $\lim\limits_{x\to\infty} 2x^3 - x^2 + 5 = \infty$

即分子、分母在 $x \to \infty$ 时的极限不存在，无法运用定理 19，需另想办法。因为在 $x \to \infty$ 的过程中 $x \neq 0$，所以分母、分子同除 x^3：

$$\lim_{x\to\infty}\frac{3x^2-2x-1}{2x^3-x^2+5}=\lim_{x\to\infty}\frac{\dfrac{3}{x}-\dfrac{2}{x^2}-\dfrac{1}{x^3}}{2-\dfrac{1}{x}+\dfrac{5}{x^3}}=\frac{0}{2}=0$$

例 24. 请求出 $\lim\limits_{x\to\infty}\dfrac{2x^3-x^2+5}{3x^2-2x-1}$。

解. 所求极限中的函数 $\dfrac{2x^3-x^2+5}{3x^2-2x-1}$ 是例 23 中函数的倒数，根据定理 10 可知 $\lim\limits_{x\to\infty}\dfrac{2x^3-x^2+5}{3x^2-2x-1}=\infty$。

根据例 22、例 23 及例 24，可以总结出更一般的结论。

定理 22 (有理分式趋于无穷时的极限). 若 $a_0\neq 0$，$b_0\neq 0$，n、m 都是非负整数，则：

$$\lim_{x\to\infty}\frac{a_0x^m+a_1x^{m-1}+\cdots+a_m}{b_0x^n+b_1x^{n-1}+\cdots+b_n}=\begin{cases}0, & 当\ n>m\\ \dfrac{a_0}{b_0}, & 当\ n=m\\ \infty, & 当\ n<m\end{cases}$$

2.10.3 抛物线下的面积

例 25. 在“柯西的数列极限”一节，我们求出了用于逼近曲边梯形的矩形的面积和 A_n，如图 2.123 所示。

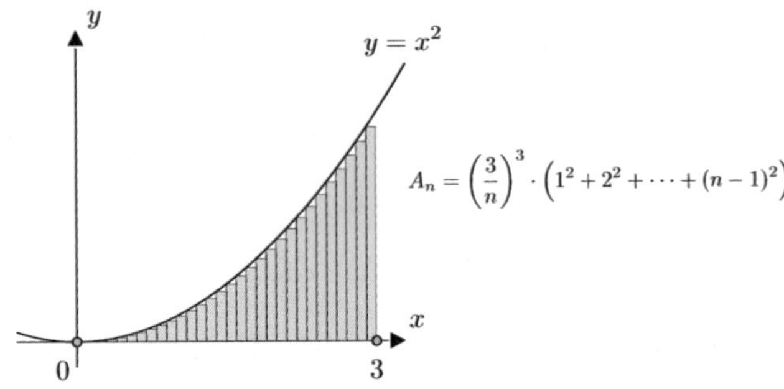

图 2.123 $y=x^2$、$x=0$ 和 $x=3$，以及 $y=0$ 围成的曲边梯形，其下的矩形面积和为 A_n

请求出 $\lim\limits_{n\to\infty}A_n$，也就是求出曲边梯形的面积。

解. 根据平方和公式 $\sum\limits_{k=1}^{n}k^2=1^2+2^2+3^2+\cdots+n^2=\dfrac{n(n+1)(2n+1)}{6}$，可得：

$$A_n=\left(\frac{3}{n}\right)^3\cdot\left(1^2+2^2+\cdots+(n-1)^2\right)=\left(\frac{3}{n}\right)^3\cdot\frac{(n-1)n(2n-1)}{6}$$

根据定理 22 可知：

$$\lim_{n\to\infty}A_n=\lim_{n\to\infty}\left[\left(\frac{3}{n}\right)^3\cdot\frac{(n-1)n(2n-1)}{6}\right]=3^3\lim_{n\to\infty}\frac{(n-1)n(2n-1)}{6n^3}=3^3\times\frac{2}{6}=9$$

经过数节的学习，我们终于求出了 $y=x^2$、$x=0$ 和 $x=3$ 及 $y=0$ 围成的曲边梯形的面积，值为 9，如图 2.124 所示。

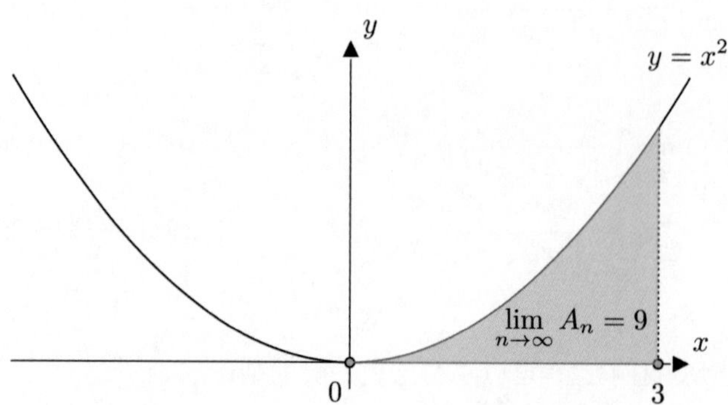

图 2.124 $y = x^2$、$x = 0$ 和 $x = 3$ 及 $y = 0$ 围成的曲边梯形的面积为 9

但这不过是一个特殊曲边梯形的面积，要找到通用的解法还有很长的路要走，微积分的大幕才刚刚拉开，本章还需要继续学习与极限相关的知识。

2.11 夹逼定理

定理 23 (函数的夹逼定理). 如果函数 $g(x), f(x), h(x)$ 满足（1）在相应的局部有 $g(x) \leqslant f(x) \leqslant h(x)$，（2）$\lim g(x) = \lim h(x) = L$，那么 $\lim f(x) = L$。

证明. 定理 23 的证明因不同的极限大同小异，这里以 $x \to x_0$ 为例来证明一下。根据：

- 在相应的局部有 $g(x) \leqslant f(x) \leqslant h(x)$，可知 $\exists\delta_1 > 0$，$\forall x \in \mathring{U}(x_0, \delta_1)$ 时有 $g(x) \leqslant f(x) \leqslant h(x)$。
- 根据 $\lim\limits_{x\to x_0} g(x) = L$，可知 $\forall\epsilon > 0$，$\exists\delta_2 > 0$，$\forall x \in \mathring{U}(x_0, \delta_2)$ 时有 $|g(x) - L| < \epsilon$。
- 根据 $\lim\limits_{x\to x_0} h(x) = L$，可知 $\forall\epsilon > 0$，$\exists\delta_3 > 0$，$\forall x \in \mathring{U}(x_0, \delta_3)$ 时有 $|h(x) - L| < \epsilon$。

取 $\delta = \min\{\delta_1, \delta_2, \delta_3\}$，则 $\forall x \in \mathring{U}(x_0, \delta)$ 时有 $|g(x) - L| < \epsilon$ 及 $|h(x) - L| < \epsilon$，从而可推出：

$$L - \epsilon < g(x) < L + \epsilon, \quad L - \epsilon < h(x) < L + \epsilon$$

由于 $\forall x \in \mathring{U}(x_0, \delta)$ 时还有 $g(x) \leqslant f(x) \leqslant h(x)$，所以根据上式可推出，$\forall x \in \mathring{U}(x_0, \delta)$ 时有：

$$L - \epsilon < g(x) \leqslant f(x) \leqslant h(x) < L + \epsilon$$

即 $|f(x) - L| < \epsilon \implies \lim\limits_{x\to x_0} f(x) = L$。 ■

举例说明一下定理 23，已知 $1 - \dfrac{x^2}{4} \leqslant f(x) \leqslant 1 + \dfrac{x^2}{4}$，容易算出：

$$\lim_{x\to 0}\left(1 - \frac{x^2}{4}\right) = 1, \quad \lim_{x\to 0}\left(1 + \frac{x^2}{4}\right) = 1$$

根据定理 23 可得 $\lim\limits_{x\to 0} f(x) = 1$。这些函数的图像如图 2.125 所示，其中函数 $f(x)$ 的图像只是示意。

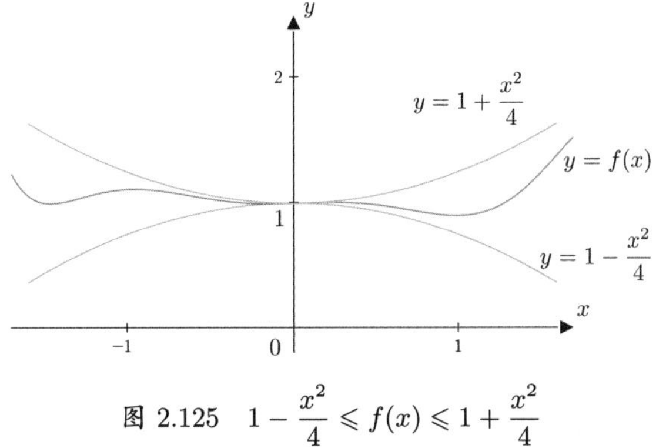

图 2.125 $1 - \frac{x^2}{4} \leqslant f(x) \leqslant 1 + \frac{x^2}{4}$

定理 24 (数列的夹逼定理). 如果数列 $\{a_n\}, \{b_n\}, \{c_n\}$ 满足（1）$\exists N \in \mathbb{Z}^+$，$\forall n > N$ 时有 $a_n \leqslant b_n \leqslant c_n$，（2）$\lim\limits_{n\to\infty} a_n = \lim\limits_{n\to\infty} c_n = L$，那么 $\lim\limits_{n\to\infty} b_n = L$。

定理 24 和定理 23 几乎没有区别，后面将这两者都统称为夹逼定理（Squeeze theorem）。

例 26. 请求出 $\lim\limits_{x\to 0} \sin x$。

解.（1）证明 $\forall x \in \mathring{U}\left(0, \frac{\pi}{2}\right)$ 时有 $-|x| < \sin x < |x|$。已知单位圆上的弧 $\overset{\frown}{AB}$，其弧长为 x，可推出其圆心角 $\angle AOB$ 为 x 弧度，如图 2.126 所示。

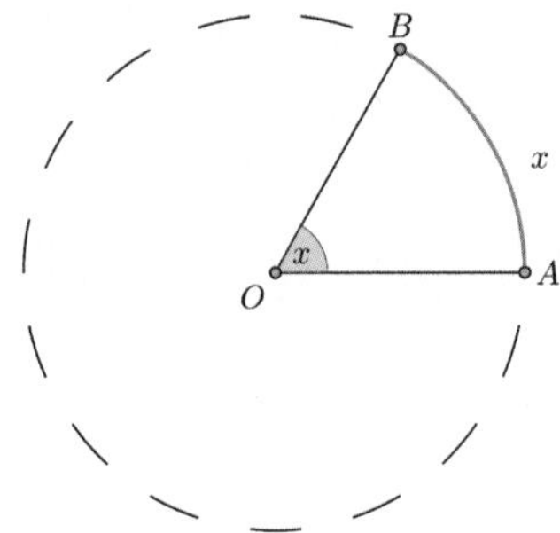

图 2.126 单位圆上的弧 $\overset{\frown}{AB}$，弧长为 x，圆心角 $\angle AOB$ 为 x 弧度

当 $x \in \left(0, \frac{\pi}{2}\right)$ 时，可以像图 2.127 一样，过 B 点作 OA 的垂线 BC。因为这是单位圆，也就是 OB 的长度为 1，所以 BC 的长度就是 $\sin x$。

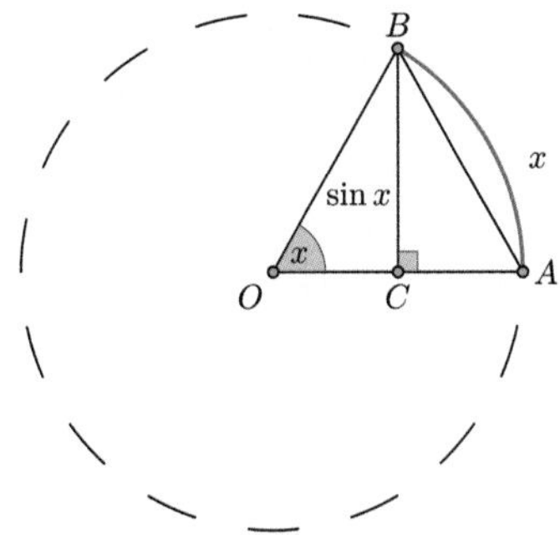

图 2.127 过 B 点作 OA 的垂线 BC，BC 的长度为 $\sin x$

由图 2.127 可知，此时 $\triangle OBA$ 的面积 < 扇形 OBA 的面积，这些面积可以分别计算如下：

$$S_{\triangle OBA} = \frac{1}{2}\text{底} \times \text{高} = \frac{1}{2} \times 1 \times \sin x = \frac{1}{2}\sin x$$

$$S_{扇形\ OBA} = \frac{1}{2}半径 \times 扇形圆心角 = \frac{1}{2} \times 1 \times x = \frac{x}{2}$$

所以可推出：

$$S_{\triangle OBA} < S_{扇形\ OBA} \implies \frac{1}{2}\sin x < \frac{x}{2} \implies \sin x < x$$

当然，在 $x \in \left(0, \frac{\pi}{2}\right)$ 时，$\sin x > 0$，所以 $\forall x \in \left(0, \frac{\pi}{2}\right)$ 时有 $0 < \sin x < x$，如图 2.128 所示。

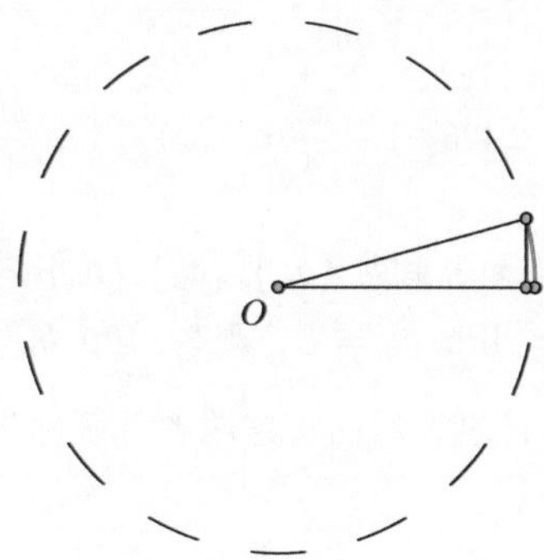

图 2.128 $\forall x \in \left(0, \frac{\pi}{2}\right)$ 时有 $0 < \sin x < x$

因为 $\forall x \in \left(0, \frac{\pi}{2}\right)$ 时有 $x > 0$，所以可推出 $\forall x \in \left(0, \frac{\pi}{2}\right)$ 时有：

$$0 < \sin x < x \implies -x < \sin x < x \implies -|x| < \sin x < |x|$$

因有 $-\sin x = \sin(-x)$，所以根据上式又可推出 $\forall x \in \left(0, \frac{\pi}{2}\right)$ 时有：

$$-x < \sin x < x \implies x > -\sin x > -x \implies x > \sin(-x) > -x$$

令 $t = -x < 0$，且 $t \in \left(-\frac{\pi}{2}, 0\right)$，上式可以改写为：

$$x > \sin(-x) > -x \implies -t > \sin t > t \implies |t| > \sin t > -|t|$$

令 $x = t$，则 $\forall x \in \left(-\frac{\pi}{2}, 0\right)$ 时有 $-|x| < \sin x < |x|$。所以综合起来，$\forall x \in \mathring{U}\left(0, \frac{\pi}{2}\right)$ 时有 $-|x| < \sin x < |x|$，如图 2.129 所示。

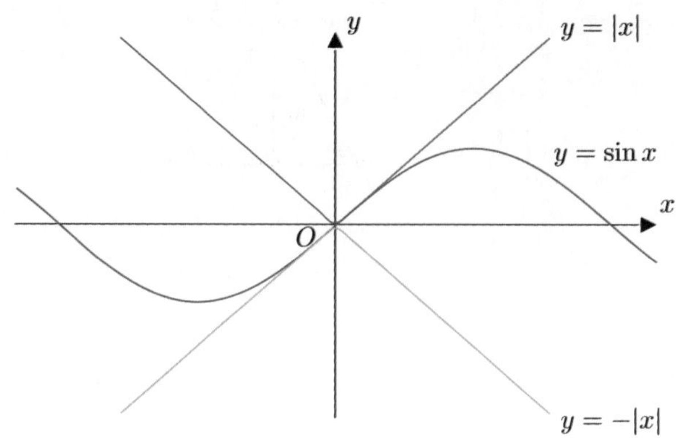

图 2.129 $\forall x \in \mathring{U}\left(0, \frac{\pi}{2}\right)$ 时有 $-|x| < \sin x < |x|$

又 $-1 \leqslant \sin x \leqslant 1$，所以当 $x \neq 0$ 时有 $-|x| < \sin x < |x|$，或写作当 $x \neq 0$ 时有 $|\sin x| < |x|$。

（2）运用夹逼定理。因为 $\forall x \in \mathring{U}\left(0, \dfrac{\pi}{2}\right)$ 时有 $-|x| < \sin x < |x|$，且 $\lim\limits_{x\to 0}(-|x|) = \lim\limits_{x\to 0}|x| = 0$[①]，所以根据定理 23 可得 $\lim\limits_{x\to 0}\sin x = 0$。

例 26 中有如下推论，其实是一回事，只是后面会用到这些不同的形式，故这里特意总结出来：

（1）$\forall x \in \mathring{U}\left(0, \dfrac{\pi}{2}\right)$ 时有 $-|x| < \sin x < |x|$。

（2）$x \neq 0$ 时有 $-|x| < \sin x < |x|$。

（3）$x \neq 0$ 时有 $|\sin x| < |x|$。

例 27. 请求出 $\lim\limits_{x\to 0}\cos x$。

解. 根据 $-1 \leqslant \cos x \leqslant 1$，以及例 26 得到的 $\forall x \in \mathring{U}\left(0, \dfrac{\pi}{2}\right)$ 时有 $-|x| < \sin x < |x|$，还有倍角公式 $1 - \cos x = 2\sin^2\dfrac{x}{2}$，可知 $\forall x \in \mathring{U}\left(0, \dfrac{\pi}{2}\right)$ 时有：

$$0 < 1 - \cos x = 2\sin^2\frac{x}{2} < 2\left(\frac{x}{2}\right)^2 = \frac{x^2}{2}$$

也就是 $\forall x \in \mathring{U}\left(0, \dfrac{\pi}{2}\right)$ 时有 $0 < 1 - \cos x < \dfrac{x^2}{2}$，如图 2.130 所示。

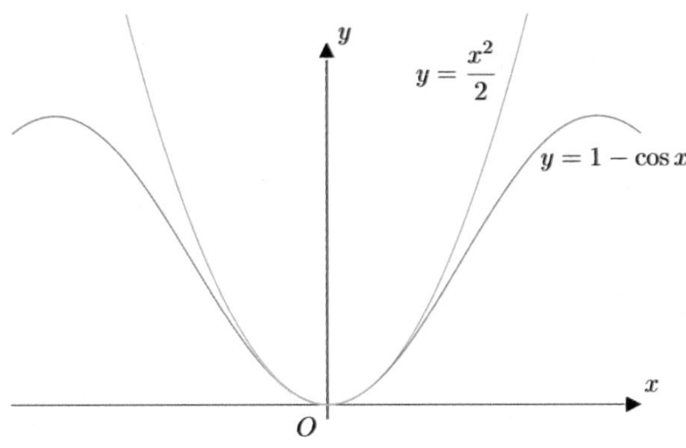

图 2.130　$\forall x \in \mathring{U}\left(0, \dfrac{\pi}{2}\right)$ 时有 $0 < 1 - \cos x < \dfrac{x^2}{2}$

因为 $\lim\limits_{x\to 0} 0 = \lim\limits_{x\to 0}\dfrac{x^2}{2} = 0$，根据夹逼定理（定理 23），所以有 $\lim\limits_{x\to 0}(1 - \cos x) = 0$，从而推出：

$$\lim_{x\to 0}(1 - \cos x) = 0 \implies \lim_{x\to 0} 1 - \lim_{x\to 0}\cos x = 0 \implies \lim_{x\to 0}\cos x = 1$$

例 28. 请求出 $\lim\limits_{x\to 0}\dfrac{\sin x}{x}$。

解.（1）证明 $\forall x \in \mathring{U}\left(0, \dfrac{\pi}{2}\right)$ 时有 $\cos x < \dfrac{\sin x}{x} < 1$。和例 26 类似：

- 作单位圆上的弧 $\overset{\frown}{AB}$，其长度为 x，对应的圆心角弧度也为 x，且 $x \in \left(0, \dfrac{\pi}{2}\right)$，如图 2.131 所示。

① $\lim\limits_{x\to 0}|x| = 0$ 在例 11 中求出。

- 作 BC 垂直于 OA，可知 BC 的长度为 $\sin x$，如图 2.131 所示。
- 作 DA 垂直于 OA，交 OB 的延长线于 D，可知 DA 的长度为 $\tan x$，如图 2.131 所示。

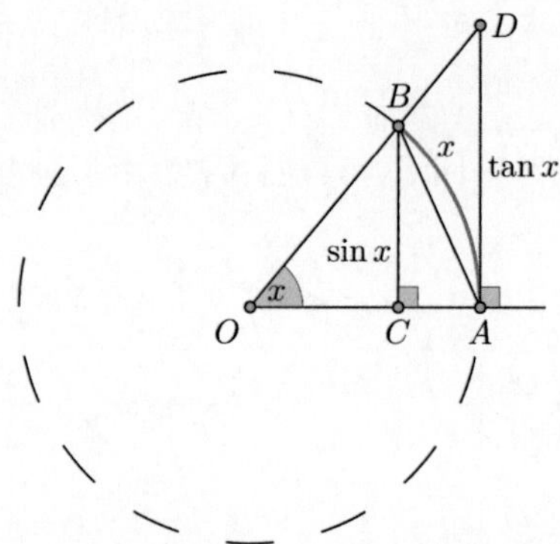

图 2.131 $\overset{\frown}{AB}$ 长为 x，$\angle AOB$ 为 x 弧度，BC 长为 $\sin x$，DA 长为 $\tan x$

由图 2.131 可知，此时 $\triangle OBA$ 的面积 $<$ 扇形 OBA 的面积 $<$ $\triangle ODA$ 的面积，这些面积可计算如下：

$$S_{\triangle OBA}=\frac{1}{2}\text{底}\times\text{高}=\frac{1}{2}\times 1\times\sin x=\frac{1}{2}\sin x$$
$$S_{\text{扇形 }OBA}=\frac{1}{2}\text{半径}\times\text{扇形圆心角}=\frac{1}{2}\times 1\times x=\frac{x}{2}$$
$$S_{\triangle ODA}=\frac{1}{2}\text{底}\times\text{高}=\frac{1}{2}\times 1\times\tan x=\frac{1}{2}\tan x$$

所以可推出：

$$S_{\triangle OBA}<S_{\text{扇形 }OBA}<S_{\triangle ODA}\implies\frac{1}{2}\sin x<\frac{x}{2}<\frac{1}{2}\tan x\implies\sin x<x<\tan x$$

同除以 $\sin x$ 可得 $\forall x\in\left(0,\frac{\pi}{2}\right)$ 时有：

$$1<\frac{x}{\sin x}<\frac{1}{\cos x}\implies\cos x<\frac{\sin x}{x}<1$$

因为当用 $-x$ 替代 x 时，$\cos x$ 和 $\frac{\sin x}{x}$ 都不变，所以上面不等式对 $\forall x\in\left(-\frac{\pi}{2},0\right)$ 也成立。因此 $\forall x\in\mathring{U}\left(0,\frac{\pi}{2}\right)$ 时有 $\cos x<\frac{\sin x}{x}<1$，如图 2.132 所示。

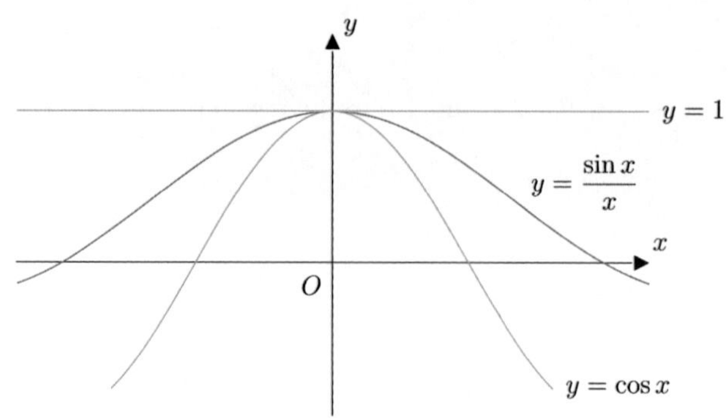

图 2.132 $\forall x\in\mathring{U}\left(0,\frac{\pi}{2}\right)$ 时有 $\cos x<\frac{\sin x}{x}<1$

（2）运用夹逼定理。因为在 $\mathring{U}\left(0,\dfrac{\pi}{2}\right)$ 内有 $\cos x<\dfrac{\sin x}{x}<1$，且 $\lim\limits_{x\to 0}\cos x=\lim\limits_{x\to 0}1=1$，所以根据定理 23 可得 $\lim\limits_{x\to 0}\dfrac{\sin x}{x}=1$。

例 29. 请求出 $\lim\limits_{x\to\infty}\dfrac{\sin x}{x}$。[①]

解. 因为 $-1\leqslant\sin x\leqslant 1$，所以有 $\begin{cases}\dfrac{1}{x}\leqslant\dfrac{\sin x}{x}\leqslant-\dfrac{1}{x} & x<0\\ -\dfrac{1}{x}\leqslant\dfrac{\sin x}{x}\leqslant\dfrac{1}{x} & x>0\end{cases}$，如图 2.133 所示。

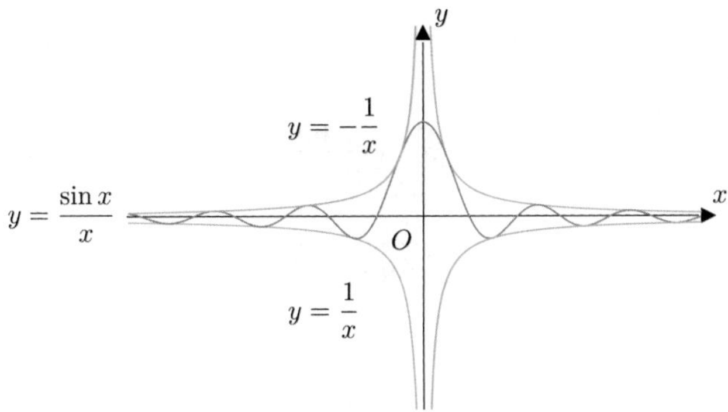

图 2.133 绿线是 $-\dfrac{1}{x}$，红线是 $\dfrac{\sin x}{x}$，蓝线是 $\dfrac{1}{x}$

因为 $\lim\limits_{x\to\infty}\dfrac{1}{x}=\lim\limits_{x\to\infty}\left(-\dfrac{1}{x}\right)=0$，根据夹逼定理（定理 23），所以有 $\lim\limits_{x\to\infty}\dfrac{\sin x}{x}=0$。

例 30. 请求出 $\lim\limits_{x\to 0}\dfrac{\tan x}{x}$。

解. 例 28 求出了 $\lim\limits_{x\to 0}\dfrac{\sin x}{x}=1$，例 27 求出了 $\lim\limits_{x\to 0}\cos x=1$，所以：

$$\begin{aligned}\lim_{x\to 0}\frac{\tan x}{x}&=\lim_{x\to 0}\left(\frac{\sin x}{x}\cdot\frac{1}{\cos x}\right)=\lim_{x\to 0}\frac{\sin x}{x}\cdot\lim_{x\to 0}\frac{1}{\cos x}\\&=\lim_{x\to 0}\frac{\sin x}{x}\cdot\frac{\lim\limits_{x\to 0}1}{\lim\limits_{x\to 0}\cos x}=1\end{aligned}$$

例 31. 请求出 $\lim\limits_{x\to 0}\dfrac{1-\cos x}{x^2}$。

解. 根据三角恒等式 $\sin^2 x+\cos^2 x=1$，所以：

$$\begin{aligned}\lim_{x\to 0}\frac{1-\cos x}{x^2}&=\lim_{x\to 0}\left(\frac{(1-\cos x)(1+\cos x)}{x^2(1+\cos x)}\right)=\lim_{x\to 0}\left(\frac{1-\cos^2 x}{x^2(1+\cos x)}\right)\\&=\lim_{x\to 0}\left(\frac{\sin^2 x}{x^2}\cdot\frac{1}{1+\cos x}\right)=\lim_{x\to 0}\left(\frac{\sin x}{x}\right)^2\cdot\lim_{x\to 0}\frac{1}{1+\cos x}=\frac{1}{2}\end{aligned}$$

例 32. 请求出 $\lim\limits_{x\to 0^+}x\left\lceil\dfrac{1}{x}\right\rceil$。[②]

---

① 该题中的极限在例 16 中运用定理 18 求解过，大家可以相互印证。

② 之前解释过，$\left\lceil\dfrac{1}{x}\right\rceil$ 符号的意思是向上取整，也就是 $\left\lceil\dfrac{1}{x}\right\rceil$ 为正好大于 $\dfrac{1}{x}$ 的整数。

解. 当 $x>0$ 时有：

$$\frac{1}{x}\leqslant\left\lceil\frac{1}{x}\right\rceil<\frac{1}{x}+1\implies 1\leqslant x\left\lceil\frac{1}{x}\right\rceil<1+x$$

又 $\lim\limits_{x\to0^+}1=1$，$\lim\limits_{x\to0^+}(1+x)=1$，根据夹逼定理（定理 23），所以有 $\lim\limits_{x\to0^+}x\left\lceil\frac{1}{x}\right\rceil=1$。

2.12 复合函数的极限

本节难以用静态图片来解释，大家可通过手机扫描图 2.134 所示的二维码观看讲解视频，以获得更好的学习体验。

图 2.134 扫码观看视频讲解

根据之前的学习可知，$\lim\limits_{x\to x_0}f(x)=L$ 意味着 $x\to x_0$ 时有 $f(x)\to L$，如图 2.135 所示。

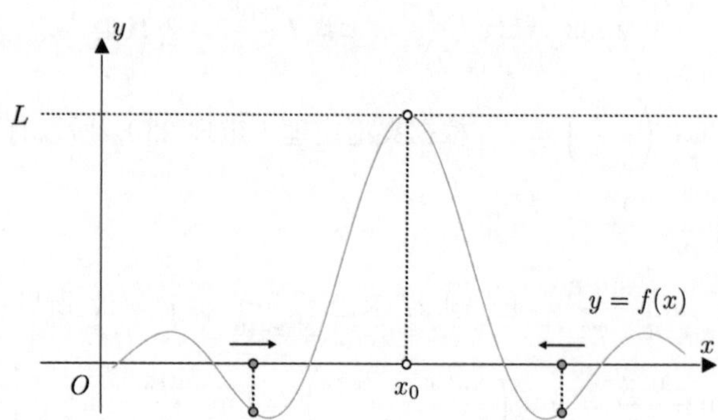

图 2.135 $x\to x_0$ 时有 $f(x)\to L$，即 x 逼近 x_0 时有 $f(x)$ 逼近 L

这里 $x\to x_0$ 指的是 x 以任意方式逼近 x_0。比如根据海涅定理（定理 16），可通过某数列 $\{x_n\}$ 逼近 x_0，即图 2.136 中 x 轴上的蓝点；其函数值组成的数列 $\{f(x_n)\}$ 会逼近 L，即图 2.136 中函数 $y=f(x)$ 曲线上的蓝点。

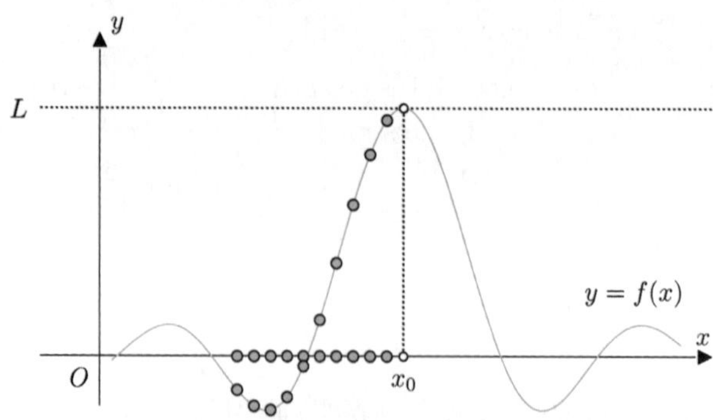

图 2.136 数列 $\{x_n\}$ 的是 x 轴上的蓝点，数列 $\{f(x_n)\}$ 是函数 $y=f(x)$ 曲线上的蓝点

或者像图 2.137 一样，x 非常曲折地逼近 x_0，其对应的 $f(x)$ 最终也会逼近 L。[①]

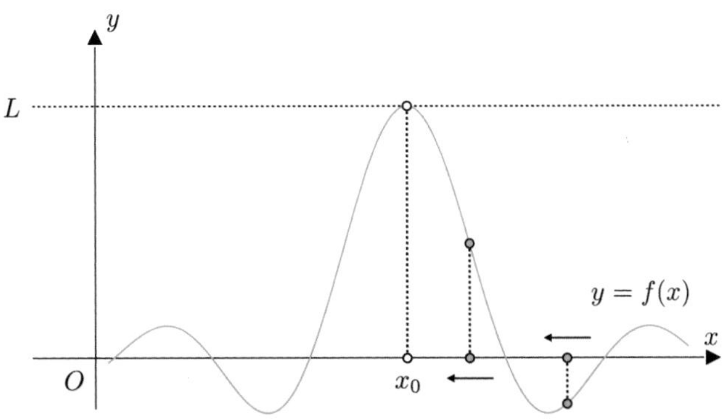

图 2.137　x 曲折逼近 x_0，$f(x)$ 最终也会逼近 L

上述“x 非常曲折地逼近 x_0”是通过复合函数来实现的，下面我们就来学习一下。

定理 25 (复合函数的极限). 设函数 $y=f[g(x)]$ 由函数 $u=g(x)$ 和函数 $y=f(u)$ 复合而成，$y=f[g(x)]$ 在 $\mathring{U}(x_0)$ 有定义，若 $\lim\limits_{x\to x_0} g(x)=u_0$ 及 $\lim\limits_{u\to u_0} f(u)=L$，且 $\exists\delta_0>0$，当 $x\in\mathring{U}(x_0,\delta_0)$ 时，有 $g(x)\neq u_0$，则 $\lim\limits_{x\to x_0} f[g(x)]=\lim\limits_{u\to u_0} f(u)=L$。

证明. 根据定义 12，由 $\lim\limits_{u\to u_0} f(u)=L$ 可得，$\forall\epsilon>0$，$\exists\eta>0$，$\forall u\in\mathring{U}(u_0,\eta)$ 时有 $|f(u)-L|<\epsilon$；由 $\lim\limits_{x\to x_0} g(x)=u_0$ 可得，对于上面的 $\eta>0$，$\exists\delta_1>0$，$\forall x\in\mathring{U}(x_0,\delta_1)$ 时有 $|g(x)-u_0|<\eta$。

由条件可知，$\exists\delta_0>0$，当 $x\in\mathring{U}(x_0,\delta_0)$ 时，有 $g(x)\neq u_0$。取 $\delta=\min(\delta_0,\delta_1)$，则 $\forall x\in\mathring{U}(x_0,\delta)$ 有 $|g(x)-u_0|<\eta$，　$g(x)\neq u_0$。即 $\forall x\in\mathring{U}(x_0,\delta)$ 有：

$$0<|g(x)-u_0|<\eta \implies g(x)\in\mathring{U}(u_0,\eta)$$

综上，从而：

$$\left.\begin{aligned}\forall x\in\mathring{U}(x_0,\delta)\text{ 时有 } g(x)\in\mathring{U}(u_0,\eta)\\ \forall u\in\mathring{U}(u_0,\eta)\text{ 时有 } |f(u)-L|<\epsilon\end{aligned}\right\}\implies \forall x\in\mathring{U}(x_0,\delta)\text{ 时有 } |f[g(x)]-L|<\epsilon$$

即 $\lim\limits_{x\to x_0} f[g(x)]=\lim\limits_{u\to u_0} f(u)=L$。 ■

定理 25 很复杂，这里将之精简一下：

$$\left.\begin{aligned}\lim_{u\to u_0} f(u)=L\\ \lim_{x\to x_0} g(x)=u_0\\ x\in\mathring{U}(x_0)\text{ 时 } y=f[g(x)]\text{ 有定义}\\ x\in\mathring{U}(x_0)\text{ 时 } g(x)\neq u_0\end{aligned}\right\}\implies \lim_{x\to x_0} f[g(x)]=\lim_{u\to u_0} f(u)=L$$

也就是说，总共有 4 个条件需要满足，下面让我们逐一解释。

① 静态图片可能没法很好地展现其中的几何意义，非常建议扫描图 2.134 中的二维码观看讲解视频，以获得更好的阅读体验。

（1）$\lim\limits_{u\to u_0} f(u)=L$，意味着 $u\to u_0$ 时有 $f(u)\to L$，即 u 逼近 u_0 时有 $f(u)$ 逼近 L。值得注意的是，$u\to u_0$ 指的是 u 以任意方式逼近 u_0，比如像图 2.138 所示，u 从左右两侧匀速逼近 u_0。

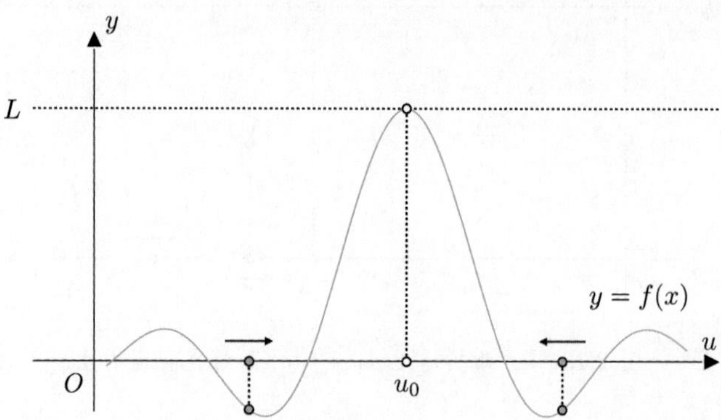

图 2.138 u 从左右两侧匀速逼近 u_0 时有 $f(u)\to L$

（2）$\lim\limits_{x\to x_0} g(x)=u_0$，意味着以 $g(x)$ 规定的方式逼近 u_0，所以最终有 $f(u)\to L$。具体的细节如下：

- 因为 $\lim\limits_{x\to x_0} g(x)=u_0$，所以在 xu 坐标系中，当 x 逼近 x_0 时，$u=g(x)$ 会逼近 u_0。
- 复合后 $u=g(x)$ 变为了 $f(u)$ 的输入，所以在 uy 坐标系中，u 会以 $g(x)$ 规定的方式逼近 u_0。
- 在 uy 坐标系中，u 以 $g(x)$ 规定的方式逼近 u_0，$f(u)$ 依然会逼近 L。

上述连锁反应可以参见图 2.139。

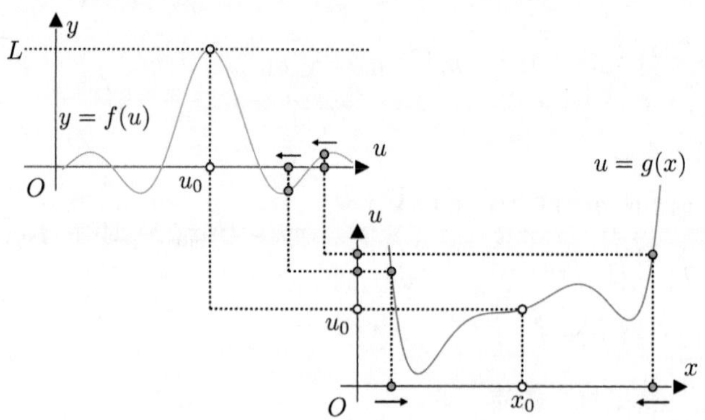

图 2.139 $x\to x_0$，使得 $u=g(x)\to u_0$，最终 $f(u)\to L$

上面的描述可能还是有点儿抽象，下面看一个具体的例子。

例 33. 请计算 $\lim\limits_{x\to 4}\dfrac{\sin(x-4)^2}{(x-4)^2}$。

解.（i）代数计算。令 $f(u)=\dfrac{\sin u}{u}$，$g(x)=(x-4)^2$，那么有 $f[g(x)]=\dfrac{\sin(x-4)^2}{(x-4)^2}$，所以本题要求解的就是复合函数的极限。根据上面的分析有①：

① 解题的时候从 $g(x)$ 开始分析会比较方便。

$$\left.\begin{array}{r}\lim\limits_{x\to4}g(x)=\lim\limits_{x\to4}(x-4)^2=0\\ \lim\limits_{u\to0}f(u)=\lim\limits_{u\to0}\dfrac{\sin u}{u}=1\\ x\in\mathring{U}(4)\text{ 时 }y=f[g(x)]\text{ 有定义}\\ x\in\mathring{U}(4)\text{ 时 }g(x)\neq0\end{array}\right\}\implies\lim_{x\to4}\frac{\sin(x-4)^2}{(x-4)^2}=\lim_{x\to4}f[g(x)]=\lim_{u\to0}\frac{\sin u}{u}=1$$

（ii）几何直观。$\lim\limits_{x\to4}f[g(x)]=\lim\limits_{x\to4}\dfrac{\sin(x-4)^2}{(x-4)^2}$ 可以这么理解：

- 在 xu 坐标系中，当 x 逼近 4 时，$u=(x-4)^2$ 会逼近 0。
- 复合后 $u=(x-4)^2$ 变为了 $f(u)$ 的输入，所以在 uy 坐标系中，u 从右侧单边逼近 0。
- 在 uy 坐标系中，u 从右侧单边逼近 0，$f(u)$ 依然会逼近 1。

上述连锁反应可以参见图 2.140。

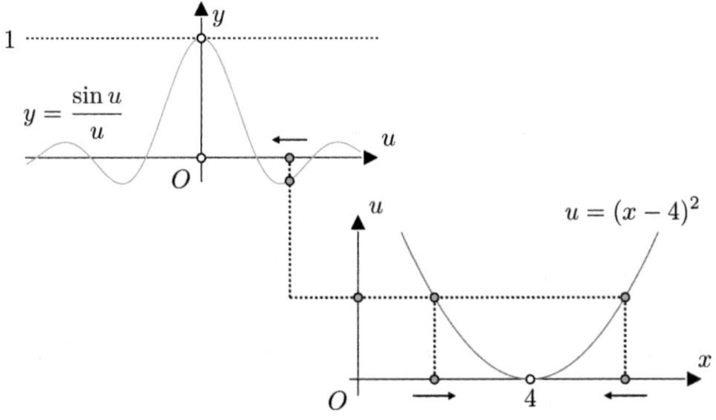

图 2.140 $x\to4$，使得 $u=(x-4)^2\to0$，最终 $f(u)\to1$

所以 $\lim\limits_{x\to4}\dfrac{\sin(x-4)^2}{(x-4)^2}=\lim\limits_{x\to4}f[g(x)]=\lim\limits_{u\to0}\dfrac{\sin u}{u}=1$。

（3）$x\in\mathring{U}(x_0)$ 时 $y=f[g(x)]$ 有定义，即定理 25 中的“$y=f[g(x)]$ 在 $\mathring{U}(x_0)$ 有定义”，其实就是定义 12 要求的“在局部有定义”，举例说明一下。比如 $f(u)=\dfrac{\sin u}{u}$ 及 $g(x)=x^2\sin\dfrac{1}{x}$，其中 $g(x)=x^2\sin\dfrac{1}{x}$ 在 0 附近剧烈震荡，不断与 x 轴相交，参见图 2.141 中的红点，找不到 $x\in\mathring{U}(0)$ 使得 $g(x)\neq0$。

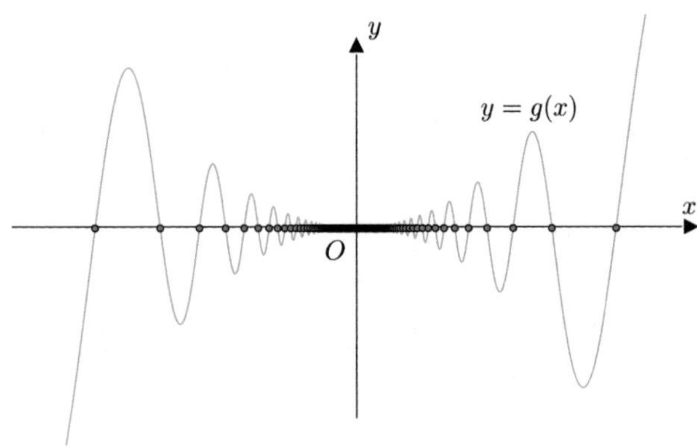

图 2.141 $g(x)=x^2\sin\dfrac{1}{x}$ 在 0 附近剧烈震荡，不断与 x 轴相交

所以 $y=f[g(x)]=\dfrac{\sin\left(x^2\sin\dfrac{1}{x}\right)}{x^2\sin\dfrac{1}{x}}$ 在 $\mathring{U}(0)$ 没有定义，从而 $\lim\limits_{x\to 0}\dfrac{\sin\left(x^2\sin\dfrac{1}{x}\right)}{x^2\sin\dfrac{1}{x}}$ 不存在。

（4）$x\in\mathring{U}(x_0)$ 时 $g(x)\neq u_0$，即定理 25 中的“$\exists\delta_0>0$，当 $x\in\mathring{U}(x_0,\delta_0)$ 时，有 $g(x)\neq u_0$”，举例说明一下。比如 $f(u)=\begin{cases}2,u=2\\1,u\neq 2\end{cases}$ 及 $g(x)=2$，对于 $\lim\limits_{x\to 1}f[g(x)]$ 可以这么理解：

- 在 xu 坐标系中，当 x 逼近 1 时，因为 $u=g(x)$ 是常数函数，所以 $u=g(x)$ 始终为 2。
- 复合后 $u=g(x)$ 的输出就变为了 $f(u)$ 的输入，所以在 uy 坐标系中，u 始终为 2。
- 在 uy 坐标系中，u 始终为 2，所以 $f(u)$ 始终为 2。

上述连锁反应可以参见图 2.142。

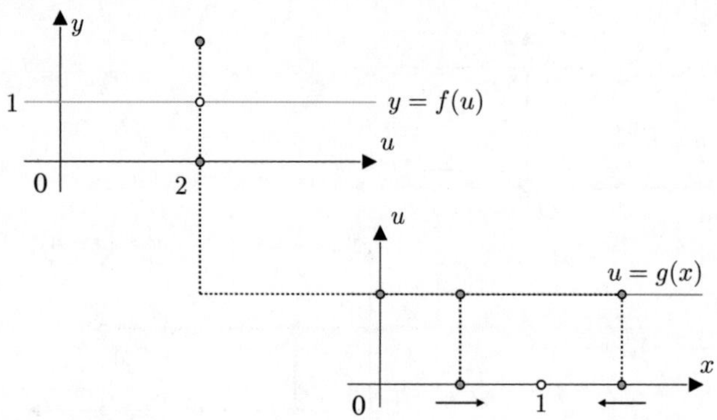

图 2.142 $x\to 1$，$u=g(x)$ 始终为 2，所以 $f(u)$ 始终为 2

所以 $\lim\limits_{x\to 1}f[g(x)]=\lim\limits_{x\to 1}f(2)=\lim\limits_{x\to 1}2=2\neq\lim\limits_{u\to 2}f(u)=1$，也就是说，此时 $\lim\limits_{x\to 1}f[g(x)]$ 存在，但和 $\lim\limits_{u\to 2}f(u)$ 不一致。运用定理 25 失败的原因在于本例中 $\forall x\in\mathring{U}(x_0)$ 时有 $g(x)=2$。

例 34. 请求出 $\lim\limits_{x\to+\infty}\dfrac{\sin\dfrac{1}{x}}{\dfrac{1}{x}}$。

解. 本题中要求的是 $x\to+\infty$ 时的极限，和定理 25 中的 $x\to x_0$ 不一样，但可参照其思路进行求解。

（1）代数计算。令 $g(x)=\dfrac{1}{x}$，$f(u)=\dfrac{\sin u}{u}$，那么有 $f[g(x)]=\dfrac{\sin\dfrac{1}{x}}{\dfrac{1}{x}}$，仿照对定理 25 的分析，有：

$$\left.\begin{array}{r}\lim\limits_{x\to+\infty}g(x)=\lim\limits_{x\to+\infty}\dfrac{1}{x}=0\\ \lim\limits_{u\to 0}f(u)=\lim\limits_{u\to 0}\dfrac{\sin u}{u}=1\\ \exists X_1>0,\forall x>X_1\text{ 时 }y=f[g(x)]\text{ 有定义}\\ \exists X_2>0,\forall x>X_2\text{ 时 }g(x)\neq 0\end{array}\right\}\Longrightarrow\lim_{x\to+\infty}\frac{\sin\dfrac{1}{x}}{\dfrac{1}{x}}=\lim_{x\to+\infty}f[g(x)]=\lim_{u\to 0}\frac{\sin u}{u}=1$$

（2）几何直观。$f[g(x)]=\dfrac{\sin\dfrac{1}{x}}{\dfrac{1}{x}}$ 可以这么理解：

- 在 xu 坐标系中，当 x 逼近 $+\infty$ 时，$u=\dfrac{1}{x}$ 会逼近 0。
- 复合后 $u=\dfrac{1}{x}$ 变为了 $f(u)$ 的输入，所以在 uy 坐标系中，u 从右侧单边逼近 0。
- 在 uy 坐标系中，u 从右侧单边逼近 0，$f(u)$ 依然会逼近 1。

上述连锁反应可以参见图 2.143。

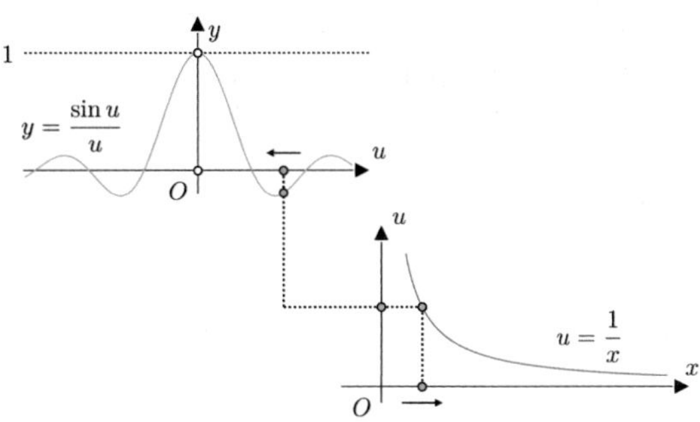

图 2.143　$x\to+\infty$，使得 $u=\dfrac{1}{x}\to 0$，最终 $f(u)\to 1$

所以，$\lim\limits_{x\to+\infty}\dfrac{\sin\dfrac{1}{x}}{\dfrac{1}{x}}=\lim\limits_{x\to+\infty}f[g(x)]=\lim\limits_{u\to 0}\dfrac{\sin u}{u}=1$。

例 35. 请求出 $\lim\limits_{n\to\infty}2^n\sin\dfrac{x}{2^n}$。

解. 当 $x=0$ 时有 $\lim\limits_{n\to\infty}2^n\sin\dfrac{x}{2^n}=\lim\limits_{n\to\infty}0=0$。当 $x\neq 0$ 时，改写 $\lim\limits_{n\to\infty}2^n\sin\dfrac{x}{2^n}=\lim\limits_{n\to\infty}\dfrac{\sin\dfrac{x}{2^n}}{\dfrac{x}{2^n}}x$，令 $g(n)=\dfrac{x}{2^n}$，$f(u)=\dfrac{\sin u}{u}$，那么有 $f[g(n)]=\dfrac{\sin\dfrac{x}{2^n}}{\dfrac{x}{2^n}}$，根据定理 25 有：

$$\left.\begin{array}{r}\lim\limits_{n\to\infty}g(n)=\lim\limits_{n\to\infty}\dfrac{x}{2^n}=0\\ \lim\limits_{u\to 0}f(u)=\lim\limits_{u\to 0}\dfrac{\sin u}{u}=1\\ \exists N_1>0,\forall n>N_1\text{ 时 }y=f[g(n)]\text{ 有定义}\\ \exists N_2>0,\forall n>N_2\text{ 时 }g(n)\neq 0\end{array}\right\}\implies\lim_{n\to\infty}\frac{\sin\dfrac{x}{2^n}}{\dfrac{x}{2^n}}=\lim_{u\to 0}\frac{\sin u}{u}=1$$

所以 $\lim\limits_{n\to\infty}2^n\sin\dfrac{x}{2^n}=\lim\limits_{n\to\infty}\dfrac{\sin\dfrac{x}{2^n}}{\dfrac{x}{2^n}}x=x$。

例 36. 请求出 $\lim\limits_{x\to 0}\dfrac{x}{\arcsin x}$。

解. $\dfrac{x}{\arcsin x}$ 可以看作由函数 $f(t)=\dfrac{\sin t}{t}$ 和 $t=\arcsin x$ 复合而成，即：

$$f(\arcsin x)=\frac{\sin(\arcsin x)}{\arcsin x}=\frac{x}{\arcsin x}$$

所以根据定理 25 有：

$$\left.\begin{array}{r}\lim\limits_{x\to 0}\arcsin x=0\\ \lim\limits_{t\to 0}f(t)=\lim\limits_{t\to 0}\dfrac{\sin t}{t}=1\\ x\in\mathring{U}(0)\text{ 时 }f(\arcsin x)=\dfrac{x}{\arcsin x}\text{ 有定义}\\ x\in\mathring{U}(0)\text{ 时 }\arcsin x\neq 0\end{array}\right\}\implies\lim_{x\to 0}\frac{x}{\arcsin x}=\lim_{t\to 0}\frac{\sin t}{t}=1$$

例 37. 请求出 $\lim\limits_{x\to 0}\dfrac{1}{\cos 2x}$。

解. 令 $h(x)=2x,g(u)=\cos u$。根据定理 25 可得 $\lim\limits_{x\to 0}g[h(x)]=\lim\limits_{x\to 0}\cos 2x=\lim\limits_{u\to 0}\cos u=1$。令 $v(x)=\cos 2x$，$f(v)=\dfrac{1}{v}$，再根据定理 25 可得 $\lim\limits_{x\to 0}f[v(x)]=\lim\limits_{x\to 0}\dfrac{1}{\cos 2x}=\lim\limits_{v\to 1}\dfrac{1}{v}=1$。

例 38. 请求出 $\lim\limits_{x\to 0}\dfrac{\sin\dfrac{1}{x}}{\dfrac{1}{x}}$。

解. 令 $g(x)=\dfrac{1}{x}$，$f(u)=\dfrac{\sin u}{u}$，因为 $\lim\limits_{x\to 0}g(x)=\lim\limits_{x\to 0}\dfrac{1}{x}=\infty$，不符合定理 25，需要寻找别的方法。改写后根据定理 18 可得 $\lim\limits_{x\to 0}\dfrac{\sin\dfrac{1}{x}}{\dfrac{1}{x}}=\lim\limits_{x\to 0}x\sin\dfrac{1}{x}=0$。

2.13 渐近线

通过极限还可以定义一些几何图形，比如本节要学习的渐近线。

2.13.1 水平渐近线

定义 19. 若 $\lim\limits_{x\to-\infty}f(x)=L$ 或 $\lim\limits_{x\to+\infty}f(x)=L$，则直线 $y=L$ 称为函数 $f(x)$ 的水平渐近线。

比如根据例 8 求出的 $\lim\limits_{x\to\infty}\dfrac{1}{x}=0$ 可得 $\lim\limits_{x\to-\infty}\dfrac{1}{x}=0$ 及 $\lim\limits_{x\to+\infty}\dfrac{1}{x}=0$。故 $y=0$（即 x 轴）是函数 $y=\dfrac{1}{x}$ 的水平渐近线。从图 2.144 可看出，$x\to-\infty$ 时 $y=\dfrac{1}{x}$ 趋近于 $y=0$，$x\to+\infty$ 时 $y=\dfrac{1}{x}$ 也趋近于 $y=0$。

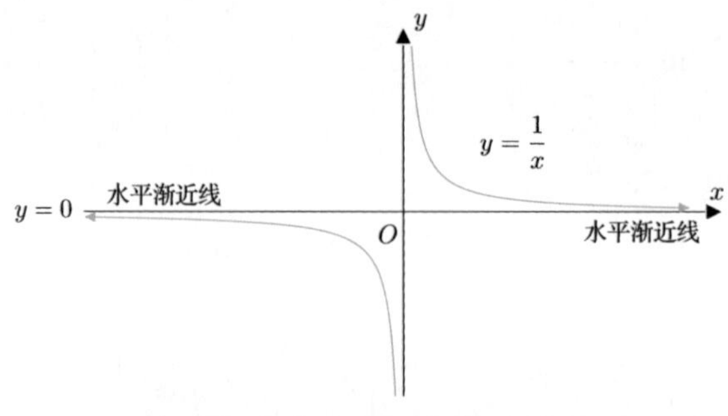

图 2.144 $y=0$ 是函数 $y=\dfrac{1}{x}$ 的水平渐近线

再比如根据例 16 求出的 $\lim\limits_{x\to\infty}\dfrac{\sin x}{x}=0$，所以 $y=0$ 是函数 $y=\dfrac{\sin x}{x}$ 的水平渐近线，如图 2.145 所示。这里可以看出，水平渐近线是可以被函数 $f(x)$ 反复穿越的。

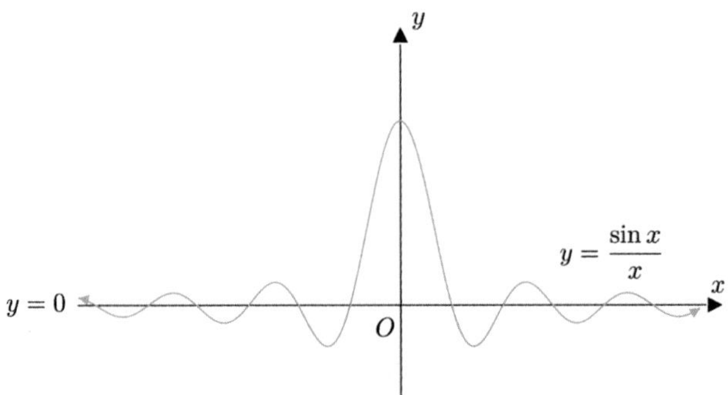

图 2.145 $y=0$ 是函数 $y=\dfrac{\sin x}{x}$ 的水平渐近线

又比如有 $\lim\limits_{x\to-\infty}\arctan x=-\dfrac{\pi}{2}$ 及 $\lim\limits_{x\to+\infty}\arctan x=\dfrac{\pi}{2}$，所以 $y=-\dfrac{\pi}{2}$ 及 $y=\dfrac{\pi}{2}$ 都是函数 $y=\arctan x$ 的水平渐近线，如图 2.146 所示。这里可以看出，函数 $f(x)$ 是可以有两根不同的水平渐近线的。

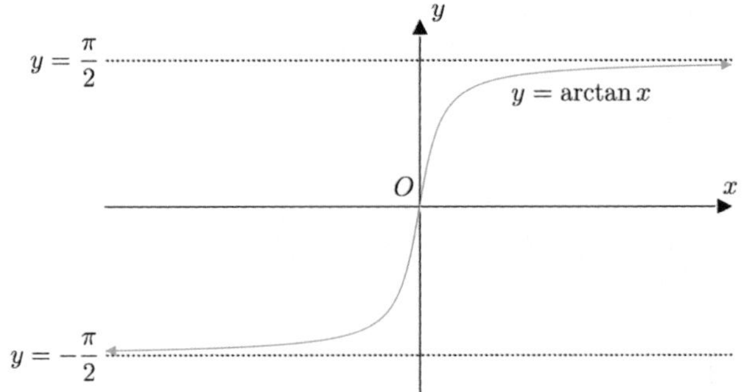

图 2.146 $y=-\dfrac{\pi}{2}$ 以及 $y=\dfrac{\pi}{2}$ 都是函数 $y=\arctan x$ 的水平渐近线

2.13.2 铅直渐近线

定义 20. 若 $\lim\limits_{x\to x_0^-}f(x)=\pm\infty$ 或 $\lim\limits_{x\to x_0^+}f(x)=\pm\infty$，则直线 $x=x_0$ 称为函数 $f(x)$ 的铅直渐近线。

比如根据例 12 求出的 $\lim\limits_{x\to0}\dfrac{1}{x^2}=+\infty$，可得 $\lim\limits_{x\to0^-}\dfrac{1}{x^2}=+\infty$ 及 $\lim\limits_{x\to0^+}\dfrac{1}{x^2}=+\infty$。所以 $x=0$（即 y 轴）是函数 $y=\dfrac{1}{x^2}$ 的铅直渐近线，如图 2.147 所示。

再比如对于函数 $y=-\dfrac{8}{x^2-4}$ 有：

$$\lim_{x\to-\infty}-\frac{8}{x^2-4}=0,\quad \lim_{x\to+\infty}-\frac{8}{x^2-4}=0,\quad \lim_{x\to-2^-}-\frac{8}{x^2-4}=-\infty$$

$$\lim_{x\to-2^+}-\frac{8}{x^2-4}=+\infty,\quad \lim_{x\to2^-}-\frac{8}{x^2-4}=+\infty,\quad \lim_{x\to2^+}-\frac{8}{x^2-4}=-\infty$$

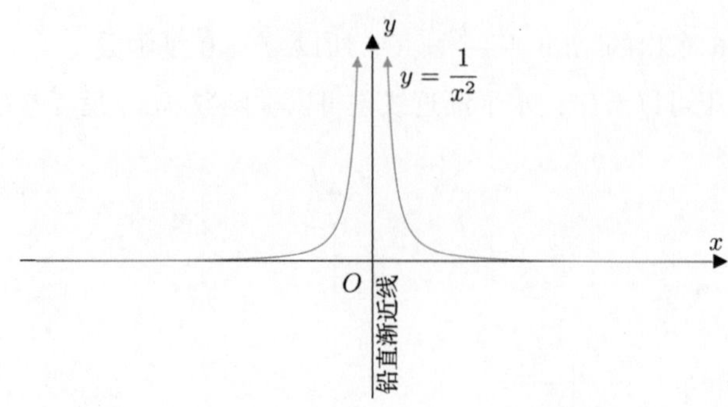

图 2.147 $x=0$ 是函数 $y=\frac{1}{x^2}$ 的铅直渐近线

所以 $y=0$ 是该函数的水平渐近线，$x=-2$ 和 $x=2$ 是该函数的铅直渐近线，如图 2.148 所示。

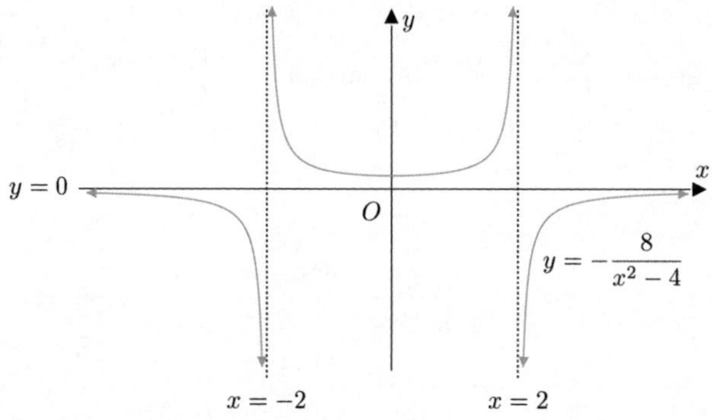

图 2.148 $y=0$ 及 $x=\pm 2$ 都是函数 $y=-\frac{8}{x^2-4}$ 的渐近线

2.13.3 斜渐近线

定义 21. 若 $\lim\limits_{x\to-\infty}[f(x)-(ax+b)]=0$ 或 $\lim\limits_{x\to+\infty}[f(x)-(ax+b)]=0$，则直线 $y=ax+b$ 称为函数 $f(x)$ 的斜渐近线。

比如对于函数 $f(x)=\frac{1}{x}+x$ 有 $\lim\limits_{x\to-\infty}[f(x)-x]=0$ 以及 $\lim\limits_{x\to+\infty}[f(x)-x]=0$，所以直线 $y=x$ 是该函数的斜渐近线，如图 2.149 所示。

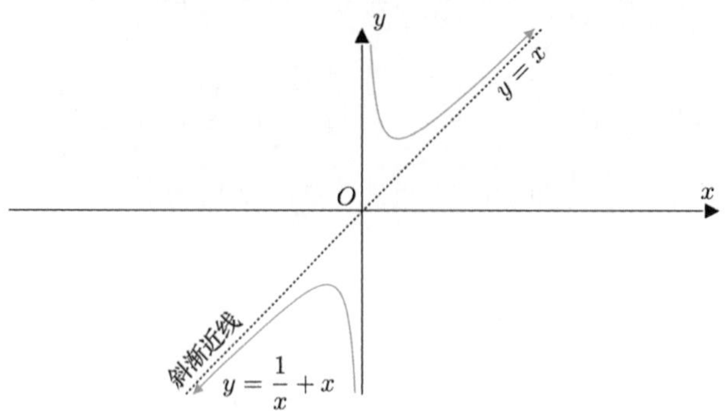

图 2.149 $y=x$ 是函数 $f(x)=\frac{1}{x}+x$ 的斜渐近线

例 39. 请求出函数 $y=\dfrac{2x^2+3}{4x+4}$ 的渐近线。

解. (1) 求水平渐近线。根据定理 22 可知，$\lim\limits_{x\to\infty}\dfrac{2x^2+3}{4x+4}=\infty$，因此该函数 $y=\dfrac{2x^2+3}{4x+4}$ 没有水平渐近线。

(2) 求铅直渐近线。因为 $\lim\limits_{x\to-1}\dfrac{4x+4}{2x^2+3}=\dfrac{\lim\limits_{x\to-1}(4x+4)}{\lim\limits_{x\to-1}(2x^2+3)}=0$，根据定理 10 可知其倒数为无穷大，即 $\lim\limits_{x\to-1}\dfrac{2x^2+3}{4x+4}=\infty$，所以直线 $x=-1$ 是该函数 $y=\dfrac{2x^2+3}{4x+4}$ 的铅直渐近线。

(3) 求 $x\to-\infty$ 时的斜渐近线。假设该函数在 $x\to-\infty$ 时的斜渐近线为 $y=a_1x+b_1$，根据定义 21 以及定理 9 可得（下面的 α 是 $x\to-\infty$ 时的无穷小）：

$$\lim_{x\to-\infty}\left[\frac{2x^2+3}{4x+4}-(a_1x+b_1)\right]=0\implies\frac{2x^2+3}{4x+4}-(a_1x+b_1)=\alpha$$
$$\implies\frac{2x^2+3}{4x+4}-a_1x=b_1+\alpha$$
$$\implies\lim_{x\to-\infty}\left(\frac{2x^2+3}{4x+4}-a_1x\right)=b_1$$

由于上述极限存在，根据极限的局部有界性（定理 12）可知 $\dfrac{2x^2+3}{4x+4}-a_1x$ 是 $x\to-\infty$ 时的有界函数。根据定理 18，所以：

$$\lim_{x\to-\infty}\left[\left(\frac{2x^2+3}{4x+4}-a_1x\right)\cdot\frac{1}{x}\right]=0\implies\lim_{x\to-\infty}\left[\left(\frac{2x^2+3}{4x+4}\right)\bigg/x\right]=a_1$$

根据定理 22 可知 $\lim\limits_{x\to-\infty}\left[\left(\dfrac{2x^2+3}{4x+4}\right)\bigg/x\right]=\dfrac{1}{2}\implies a_1=\dfrac{1}{2}$,回代 $\lim\limits_{x\to-\infty}\left(\dfrac{2x^2+3}{4x+4}-a_1x\right)=b_1$ 可得：

$$\lim_{x\to-\infty}\left(\frac{2x^2+3}{4x+4}-\frac{1}{2}x\right)=b_1\implies\lim_{x\to-\infty}\left(\frac{2x^2+3}{4x+4}-\frac{x(2x+2)}{2(2x+2)}\right)=b_1$$
$$\implies\lim_{x\to-\infty}\left(\frac{2x^2+3}{4x+4}-\frac{2x^2+2x}{4x+4}\right)=b_1$$
$$\implies\lim_{x\to-\infty}\frac{-2x+3}{4x+4}=b_1\implies b_1=-\frac{1}{2}$$

因此直线 $y=\dfrac{1}{2}x-\dfrac{1}{2}$ 是该函数 $y=\dfrac{2x^2+3}{4x+4}$ 在 $x\to-\infty$ 时的斜渐近线。

(4) 求 $x\to+\infty$ 时的斜渐近线。同样可假设该函数在 $x\to+\infty$ 时的斜渐近线为 $y=a_2x+b_2$，则：

$$\lim_{x\to+\infty}\left[\left(\frac{2x^2+3}{4x+4}\right)\bigg/x\right]=\frac{1}{2}\implies a_2=\frac{1}{2},\quad\lim_{x\to+\infty}\left(\frac{2x^2+3}{4x+4}-\frac{1}{2}x\right)=-\frac{1}{2}\implies b_2=-\frac{1}{2}$$

所以直线 $y=\dfrac{1}{2}x-\dfrac{1}{2}$ 也是该函数 $y=\dfrac{2x^2+3}{4x+4}$ 在 $x\to+\infty$ 时的斜渐近线。

(5) 作函数 $y=\dfrac{2x^2+3}{4x+4}$ 的图像，以及各渐近线，参见图 2.150。

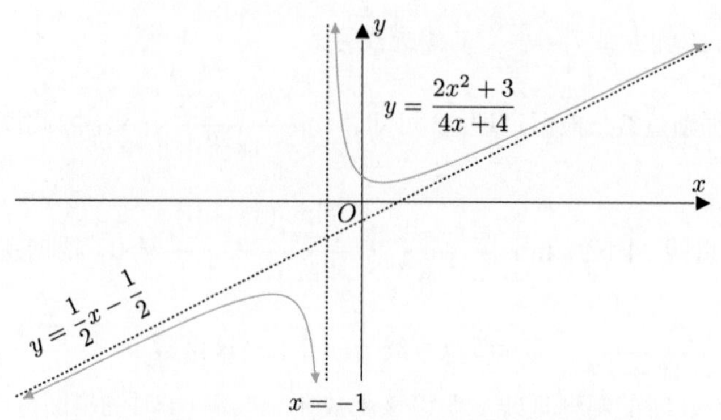

图 2.150 函数 $y=\dfrac{2x^2+3}{4x+4}$ 的图像，以及各渐近线

通过本题可总结出，如果下列极限存在：

$$\lim_{x\to\pm\infty}\frac{f(x)}{x}=a,\quad \lim_{x\to\pm\infty}[f(x)-ax]=b$$

那么直线 $y=ax+b$ 就是函数 $f(x)$ 在 $x\to\pm\infty$ 时的斜渐近线。

例 40. 请求出函数 $y=\dfrac{5x^2+8x-3}{3x^2+2}$ 的渐近线。

解.（1）求水平渐近线。根据定理 22 可知 $\lim\limits_{x\to\infty}\dfrac{5x^2+8x-3}{3x^2+2}=\dfrac{5}{3}$，因此直线 $y=\dfrac{5}{3}$ 是函数 $y=\dfrac{5x^2+8x-3}{3x^2+2}$ 的水平渐近线。

（2）求铅直渐近线。因为函数 $y=\dfrac{5x^2+8x-3}{3x^2+2}$ 的分母 $3x^2+2>2$，所以不论 x_0 是多少，分母都不是 $x\to x_0$ 时的无穷小，所以该函数也不会是 $x\to x_0$ 的无穷大，因此函数 $y=\dfrac{5x^2+8x-3}{3x^2+2}$ 没有铅直渐近线。

（3）求斜渐近线。因为 $x\to\pm\infty$ 时都有水平渐近线，也就不会有斜渐近线了。①

（4）作函数 $\dfrac{5x^2+8x-3}{3x^2+2}$ 的图像，以及各渐近线，参见图 2.151。

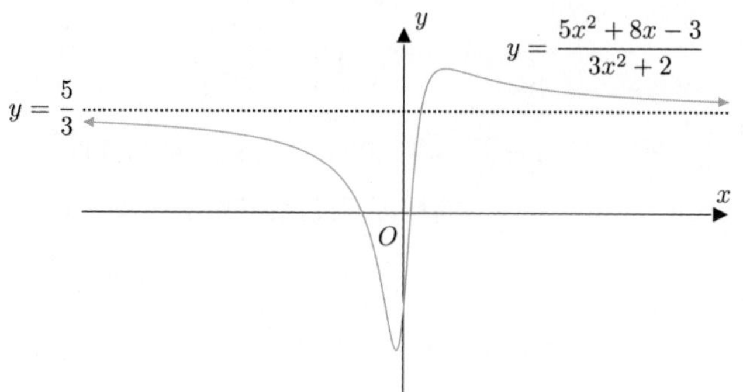

图 2.151 $y=\dfrac{5}{3}$ 是 $y=\dfrac{5x^2+8x-3}{3x^2+2}$ 的水平渐近线

① 水平渐近线和斜渐近线都趋于无穷的情况，只能居其一。

2.14 单调有界数列必有极限

本节会介绍一个重要的判断极限是否存在的准则，先介绍一下单调数列和单调函数的定义。

2.14.1 单调数列和单调函数

定义 22. 对于数列 $\{a_n\}$：

- 如果 $\forall n \in \mathbb{Z}^+$，有 $a_n \leqslant a_{n+1}$，则称该数列是单调递增的。
- 如果 $\forall n \in \mathbb{Z}^+$，有 $a_n \geqslant a_{n+1}$，则称该数列是单调递减的。
- 如果 $\forall n \in \mathbb{Z}^+$，有 $a_n < a_{n+1}$，则称该数列是严格单调递增的。
- 如果 $\forall n \in \mathbb{Z}^+$，有 $a_n > a_{n+1}$，则称该数列是严格单调递减的。

单调递增和单调递减的数列统称为单调数列，严格单调递增和严格单调递减的数列统称为严格单调数列。

比如图 2.152 所示的是单调递增数列，图 2.153 所示的是单调递减数列，这两个数列都是单调数列。

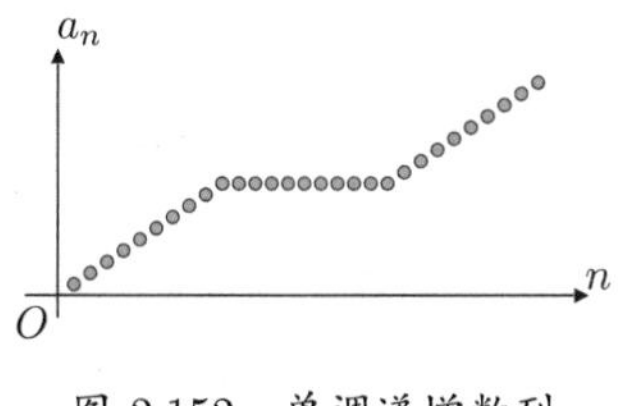

图 2.152 单调递增数列

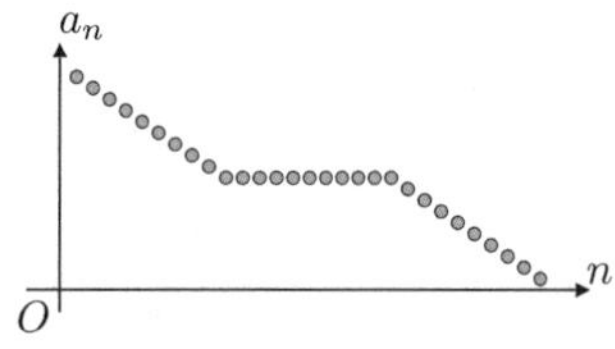

图 2.153 单调递减数列

而图 2.154 和图 2.155 所示的两个数列就是严格单调数列，当然它们也是单调数列。

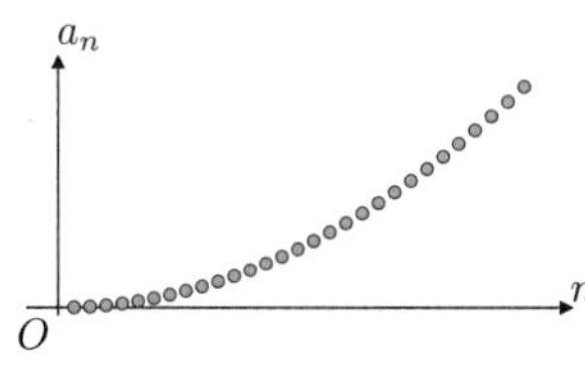

图 2.154 严格单调递增数列

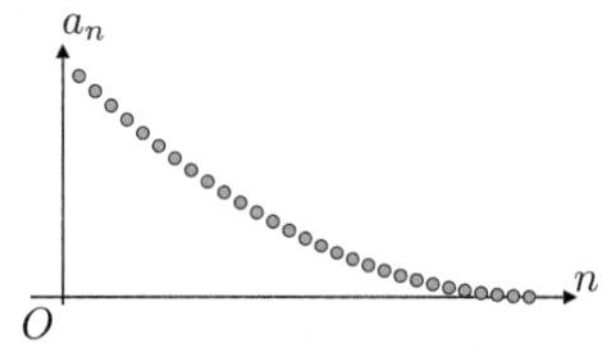

图 2.155 严格单调递减数列

定义 23. 设函数 $f(x)$ 的定义域为 D，区间 $I \subset D$，如果对于区间 I 内任意两点 x_1 和 x_2，当 $x_1 < x_2$ 时：

- 如果 $f(x_1) \leqslant f(x_2)$，则称该函数在区间 I 上是单调递增的。
- 如果 $f(x_1) \geqslant f(x_2)$，则称该函数在区间 I 上是单调递减的。
- 如果 $f(x_1) < f(x_2)$，则称该函数在区间 I 上是严格单调递增的。
- 如果 $f(x_1) > f(x_2)$，则称该函数在区间 I 上是严格单调递减的。

单调递增和单调递减的函数统称为单调函数，严格单调递增和严格单调递减的函数统称为严格单调函数。

2.14.2 单调有界准则

定理 26 (单调有界准则). 若某数列是单调且有界的，则此数列的极限必定存在，即此数列必定收敛。

不对单调有界准则（定理 26）进行证明，来看一个例子。比如数列 $a_n = \dfrac{1}{n}$ 是单调且有界的，如图 2.156 所示。

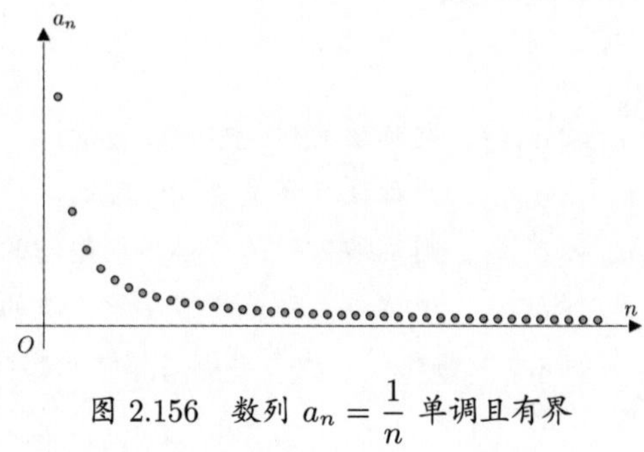

图 2.156 数列 $a_n = \dfrac{1}{n}$ 单调且有界

根据单调有界准则，所以该数列的极限是存在的。确实在例 2 中证明了 $\lim\limits_{n\to\infty}\dfrac{1}{n}=0$。

2.14.3 欧拉数 e

定理 27. 数列 $\{a_n\} = \left\{\left(1+\dfrac{1}{n}\right)^n\right\}$ 的极限存在，其极限值通常用 e 来表示：

$$\lim_{n\to\infty}\left(1+\frac{1}{n}\right)^n = \mathrm{e}$$

e 常被称作欧拉数，或称作自然底数，其值为 $e = 2.718\,281\,828\,459\,045\cdots$。

证明.（1）证明 $\{a_n\}$ 是单调数列。已知牛顿二项式：

$$(x+y)^n = \sum_{k=0}^{n}\binom{n}{k}x^{n-k}y^k = \binom{n}{0}x^ny^0 + \binom{n}{1}x^{n-1}y + \cdots + \binom{n}{n}x^0y^n$$

将 a_n 按牛顿二项式展开：

$$\begin{aligned}
a_n = \left(1+\frac{1}{n}\right)^n &= \binom{n}{0}1^n\left(\frac{1}{n}\right)^0 + \binom{n}{1}1^{n-1}\left(\frac{1}{n}\right)^1 + \cdots + \binom{n}{n}1^0\left(\frac{1}{n}\right)^n \\
&= 1 + \frac{n}{1!}\cdot\frac{1}{n} + \frac{n(n-1)}{2!}\cdot\frac{1}{n^2} + \frac{n(n-1)(n-2)}{3!}\cdot\frac{1}{n^3} + \cdots + \\
&\quad \frac{n(n-1)(n-2)\cdots(n-n+1)}{n!}\cdot\frac{1}{n^n} \\
&= 1 + 1 + \frac{1}{2!}\left(1-\frac{1}{n}\right) + \frac{1}{3!}\left(1-\frac{1}{n}\right)\left(1-\frac{2}{n}\right) + \cdots + \\
&\quad \frac{1}{n!}\left(1-\frac{1}{n}\right)\left(1-\frac{2}{n}\right)\cdots\left(1-\frac{n-1}{n}\right)
\end{aligned}$$

将 a_{n+1} 也按牛顿二项式展开，其中红色标出的是相对 a_n 多出的一项：

$$\begin{aligned}a_{n+1}&=\left(1+\frac{1}{n+1}\right)^{n+1}\\&=1+1+\frac{1}{2!}\left(1-\frac{1}{n+1}\right)+\frac{1}{3!}\left(1-\frac{1}{n+1}\right)\left(1-\frac{2}{n+1}\right)+\cdots+\\&\quad\frac{1}{n!}\left(1-\frac{1}{n+1}\right)\left(1-\frac{2}{n+1}\right)\cdots\left(1-\frac{n-1}{n+1}\right)\\&\quad+\frac{1}{(n+1)!}\left(1-\frac{1}{n+1}\right)\left(1-\frac{2}{n+1}\right)\cdots\left(1-\frac{n}{n+1}\right)\end{aligned}$$

比对 a_n 和 a_{n+1}，对应项都是 a_{n+1} 更大（至少是相等），且 a_{n+1} 还要多一项：

	a_n	a_{n+1}
1	1	1
2	1	1
3	$\frac{1}{2!}\left(1-\frac{1}{n}\right)$	$\frac{1}{2!}\left(1-\frac{1}{n+1}\right)$
4	$\frac{1}{3!}\left(1-\frac{1}{n}\right)\left(1-\frac{2}{n}\right)$	$\frac{1}{3!}\left(1-\frac{1}{n+1}\right)\left(1-\frac{2}{n+1}\right)$
⋮	⋮	⋮
n	$\frac{1}{n!}\left(1-\frac{1}{n}\right)\left(1-\frac{2}{n}\right)\cdots\left(1-\frac{n-1}{n}\right)$	$\frac{1}{n!}\left(1-\frac{1}{n+1}\right)\left(1-\frac{2}{n+1}\right)\cdots\left(1-\frac{n-1}{n+1}\right)$
$n+1$	无	$\frac{1}{(n+1)!}\left(1-\frac{1}{n+1}\right)\left(1-\frac{2}{n+1}\right)\cdots\left(1-\frac{n}{n+1}\right)$

所以 $a_n<a_{n+1}$，即 $\{a_n\}$ 是一个严格单调递增的数列。

（2）证明 $\{a_n\}$ 是有界数列。对 a_n 的展开式进行缩放：

$$\begin{aligned}a_n&=1+1+\frac{1}{2!}\left(1-\frac{1}{n}\right)+\frac{1}{3!}\left(1-\frac{1}{n}\right)\left(1-\frac{2}{n}\right)+\cdots\leqslant 1+\left(1+\frac{1}{2!}+\frac{1}{3!}+\cdots+\frac{1}{n!}\right)\\&\leqslant 1+\left(1+\frac{1}{2}+\frac{1}{2^2}+\cdots+\frac{1}{2^{n-1}}\right)=1+\frac{1-\frac{1}{2^n}}{1-\frac{1}{2}}=3-\frac{1}{2^{n-1}}<3\end{aligned}$$

因此 $\{a_n\}$ 是一个有界数列。

（3）综合（1）、（2）可知数列 $\{a_n\}=\left\{\left(1+\frac{1}{n}\right)^n\right\}$ 是单调且有界的，如图 2.157 所示。

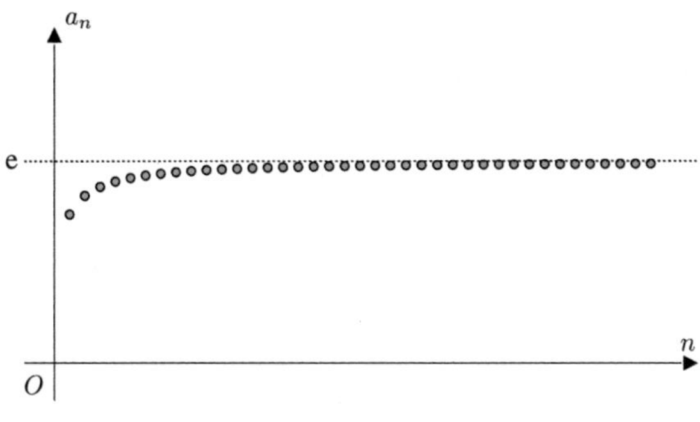

图 2.157 数列 $\{a_n\}=\left\{\left(1+\frac{1}{n}\right)^n\right\}$ 单调且有界

根据单调有界准则，所以 $\lim_{n\to\infty}\left(1+\frac{1}{n}\right)^n$ 存在。数学家用 e 来表示该极限值，即 $\lim_{n\to\infty}\left(1+\frac{1}{n}\right)^n=\mathrm{e}$。可以通过其他方法来证明 e 是无理数，以及计算出其具体的数值，这里就不赘述了。 ■

定理 28. $\lim_{x\to\infty}\left(1+\frac{1}{x}\right)^x=\mathrm{e}$。

证明.（1）证明 $x\to+\infty$ 时的情况。设 $n\leqslant x<n+1$，则：

$$\left(1+\frac{1}{n+1}\right)^n<\left(1+\frac{1}{x}\right)^x<\left(1+\frac{1}{n}\right)^{n+1}$$

因为：

$$\lim_{n\to\infty}\left(1+\frac{1}{n+1}\right)^n=\lim_{n\to\infty}\frac{\left(1+\frac{1}{n+1}\right)^{n+1}}{1+\frac{1}{n+1}}=\mathrm{e}$$

$$\lim_{n\to\infty}\left(1+\frac{1}{n}\right)^{n+1}=\lim_{n\to\infty}\left[\left(1+\frac{1}{n}\right)^n\cdot\left(1+\frac{1}{n}\right)\right]=\mathrm{e}$$

根据夹逼定理（定理 23），所以有 $\lim_{x\to+\infty}\left(1+\frac{1}{x}\right)^x=\mathrm{e}$。

（2）再证 $x\to-\infty$ 时的情况。令 $x=-(t+1)$，这种替换是满足定理 25 的，所以：

$$\begin{aligned}\lim_{x\to-\infty}\left(1+\frac{1}{x}\right)^x&=\lim_{t\to+\infty}\left(1-\frac{1}{t+1}\right)^{-(t+1)}=\lim_{t\to+\infty}\left(\frac{t}{t+1}\right)^{-(t+1)}\\&=\lim_{t\to+\infty}\left(1+\frac{1}{t}\right)^{t+1}=\lim_{t\to+\infty}\left[\left(1+\frac{1}{t}\right)^t\cdot\left(1+\frac{1}{t}\right)\right]=\mathrm{e}\end{aligned}$$

（3）所以综合（1）、（2）有 $\lim_{x\to\infty}\left(1+\frac{1}{x}\right)^x=\mathrm{e}$。 ■

和定理 27 不同，定理 28 证明的是函数 $\left(1+\frac{1}{x}\right)^x$ 在 $x\to\infty$ 时的极限为 e，如图 2.158 所示。

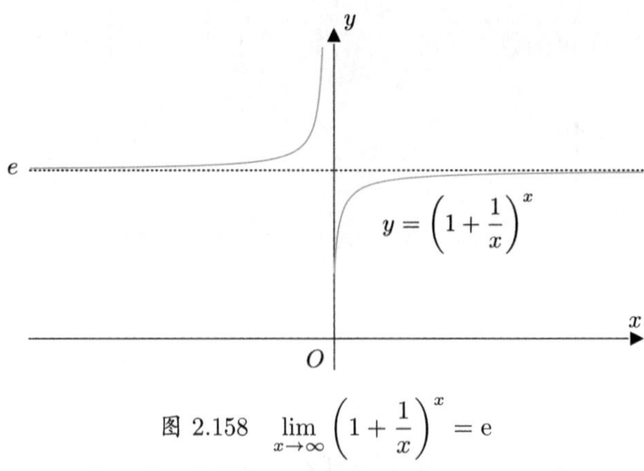

图 2.158 $\lim_{x\to\infty}\left(1+\frac{1}{x}\right)^x=\mathrm{e}$

2.14.4 欧拉数 e 的现实意义

$\lim\limits_{n\to\infty}\left(1+\dfrac{1}{n}\right)^n = \mathrm{e}$ 是有现实意义的，这里来解释一下。假设“很有钱”银行的年利息为 100%，也就是说，你现在存 1 元，一年后能拿到 2 元，其中 1 元是本金，1 元是利息，如图 2.159 所示。

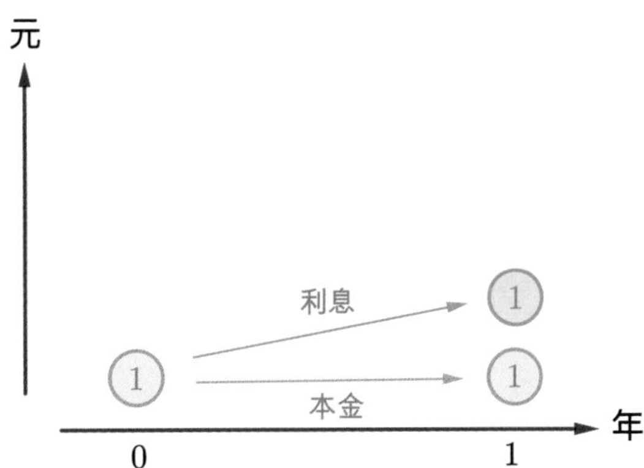

图 2.159 年利息为 100% 的情况，现在存 1 元，一年后连本带利能拿到 2 元

可以这么计算一年后拿回来的钱：$\overbrace{1}^{\text{本金}}\times\overbrace{(1+100\%)}^{\text{一年本息率}}=2$。如果银行 6 个月结一次息，在 6 个月时会得到 0.5 元的利息，然后利息又存入银行，到第 12 个月时可拿回 2.25 元，如图 2.160 所示。

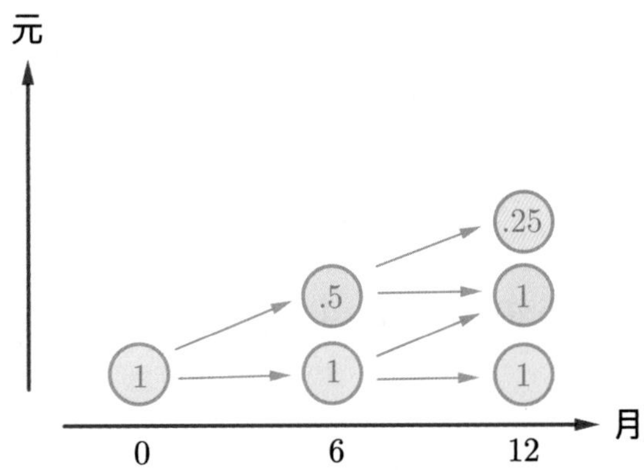

图 2.160 年利息为 100%、6 个月结息的情况，现在存 1 元，一年后连本带利能拿到 2.25 元

可以这么计算一年后拿回来的钱 $1\times\overbrace{\left(1+\dfrac{100\%}{2}\right)}^{\text{前半年本息率}}\overbrace{\left(1+\dfrac{100\%}{2}\right)}^{\text{后半年本息率}}=1\times\left(1+\dfrac{100\%}{2}\right)^2=2.25$，如果银行 4 个月结一次息，一年后可拿回差不多 2.37 元，如图 2.161 所示。

可以这么计算一年后拿回来的钱：$1\times\left(1+\dfrac{100\%}{3}\right)^3\approx 2.37$。以此类推，假如银行 $\dfrac{1}{n}$ 年就结息一次，那么一年后最终拿到手的本息为 $1\times\left(1+\dfrac{100\%}{n}\right)^n$。当然这种复利是有极限的，就是欧拉数 $1\times\lim\limits_{n\to\infty}\left(1+\dfrac{100\%}{n}\right)^n=\mathrm{e}$。

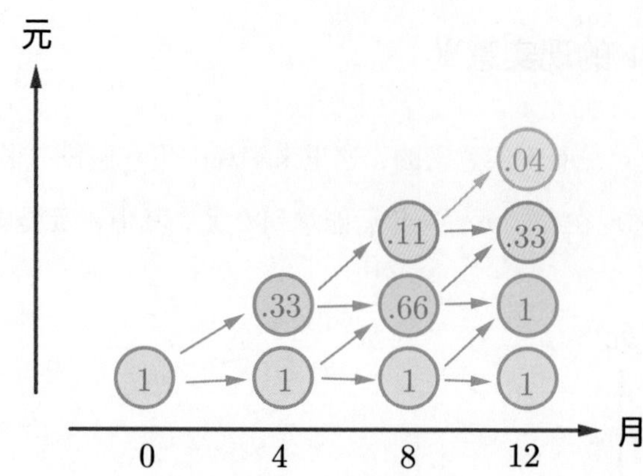

图 2.161 年利息为 100%、4 个月结息的情况，现在存 1 元，一年后连本带利能拿到 2.37 元

2.14.5 自然底数

如果要知道 x 年后，最多可以拿到多少本息，可以用指数函数 e^x 来表示，如图 2.162 所示。

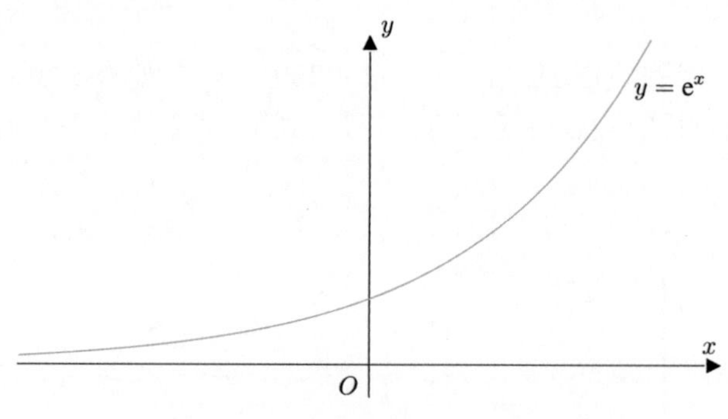

图 2.162 指数函数 e^x 的图像

这种复利计算在大自然中也屡见不鲜。比如细胞分裂，一个变两个、两个变四个，如图 2.163 所示。

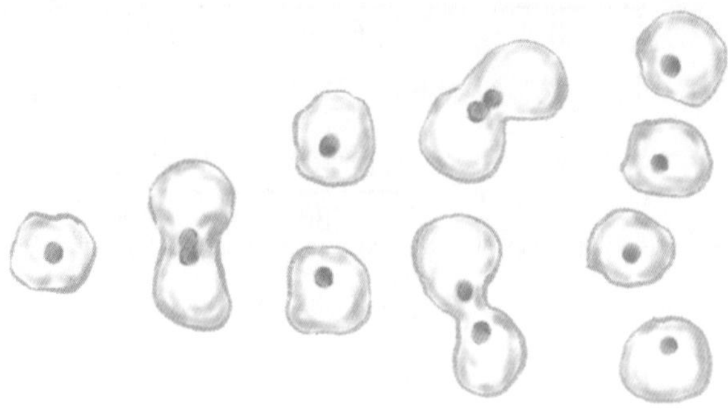

图 2.163 细胞分裂

因此指数函数 e^x 常用来描述自然中的各种增长，所以 e 也被称为自然底数。

2.14.6 欧拉数 e 的例题

例 41. 请求出 $\lim\limits_{x\to\infty}\left(1-\dfrac{1}{x}\right)^x$。

解. 根据定理 27 以及定理 25，可得 $\lim\limits_{x\to\infty}\left(1-\dfrac{1}{x}\right)^x = \lim\limits_{x\to\infty}\left[\left(1+\dfrac{1}{-x}\right)^{-x}\right]^{-1} = \dfrac{1}{\lim\limits_{x\to\infty}\left(1+\dfrac{1}{-x}\right)^{-x}} = \dfrac{1}{\mathrm{e}}$。

例 42. 请求出 $\lim\limits_{x\to 0}(1+2x)^{\frac{1}{x}}$。

解. 根据定理 27 以及定理 25，可得 $\lim\limits_{x\to 0}(1+2x)^{\frac{1}{x}} = \lim\limits_{x\to 0}\left[(1+2x)^{\frac{1}{2x}}\right]^2 = \lim\limits_{t\to\infty}\left[\left(1+\dfrac{1}{t}\right)^t\right]^2 = \mathrm{e}^2$。

2.15 无穷小的比较

学习了极限的运算法则后，会发现有一种极限最难计算，这就是无穷小和无穷小的商。比如：

- 例 20 中求出的 $\lim\limits_{x\to 3}\dfrac{x-3}{x^2-9}=\dfrac{1}{6}$。
- 例 28 中通过夹逼定理（定理 23）求出的 $\lim\limits_{x\to 0}\dfrac{\sin x}{x}=1$。
- 例 31 中求出的 $\lim\limits_{x\to 0}\dfrac{1-\cos x}{x^2}=\dfrac{1}{2}$。

实际上无穷小和无穷小的商是极限运算的重要类型，所以有必要对此多加关注。

2.15.1 具体的无穷小的比较

定义 24. 已知 α 和 β 是同一自变量的变化过程中的无穷小，且在相应的局部有 $\alpha\neq 0$，如果：

（1）$\lim\dfrac{\beta}{\alpha}=0$，则称 β 是比 α 高阶的无穷小，记作 $\beta=o(\alpha)$。

（2）$\lim\dfrac{\beta}{\alpha}=\infty$，则称 β 是比 α 低阶的无穷小。

（3）$\lim\dfrac{\beta}{\alpha}=c\neq 0$，则称 β 与 α 是同阶无穷小。

（4）$\lim\dfrac{\beta}{\alpha^k}=c\neq 0, k>0$，则称 β 是关于 α 的 k 阶的无穷小。

（5）$\lim\dfrac{\beta}{\alpha}=1$，则称 β 与 α 是等价无穷小，$\alpha\sim\beta$。

大致可以认为，无穷小的阶描述了无穷小与 0 的接近程度，来看两个例子。

比如 $\lim\limits_{x\to 0}\dfrac{3x^2}{x}=0$，根据定义 24，在 $x\to 0$ 时，$3x^2$ 是比 x 高阶的无穷小，即 $3x^2=o(x)$。从图 2.164 可看出，在 $x=0$ 点附近，$3x^2$ 比 x 更接近于 0。

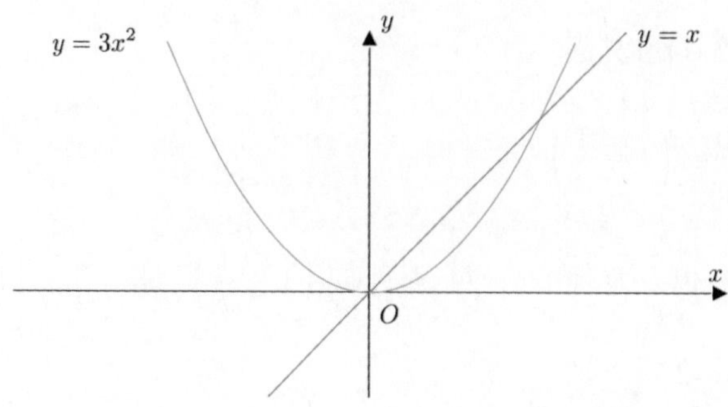

图 2.164 在 $x = 0$ 点附近，相比 x 而言，$3x^2$ 更接近于 0

又比如 $\lim\limits_{x\to 0}\dfrac{\sin x}{x} = 1$，根据定义 24，在 $x \to 0$ 时，$\sin x$ 与 x 是等价无穷小。从图 2.165 可看出，在 $x = 0$ 点附近，两者的图像非常接近。

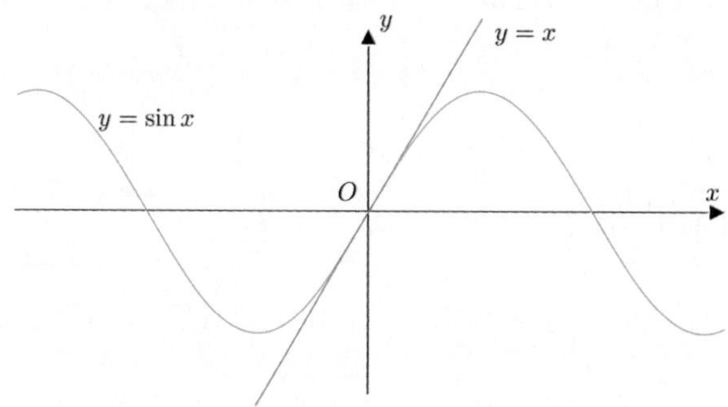

图 2.165 在 $x = 0$ 点附近，$\sin x$ 和 x 非常接近

最后来看一个例子，因为有 $\lim\limits_{x\to 0}\dfrac{1-\cos x}{x^2} = \lim\limits_{x\to 0}\dfrac{2\left(\sin\dfrac{x}{2}\right)^2}{x^2} = \dfrac{1}{2}$，所以 $1-\cos x$ 与 x^2 是 $x \to 0$ 时的同阶无穷小；$1-\cos x$ 与 x 是 $x \to 0$ 时的 2 阶无穷小；$1-\cos x$ 与 $\dfrac{1}{2}x^2$ 是 $x \to 0$ 时的等价无穷小。

2.15.2 等价无穷小

定理 29. α 与 β 为等价无穷小的充要条件是 $\beta - \alpha = o(\alpha) \iff \beta \sim \alpha$。

证明.（1）先证明充分性。已知 $\beta - \alpha = o(\alpha)$，则：

$$\lim\frac{\beta-\alpha}{\alpha} = \lim\frac{o(\alpha)}{\alpha} = 0 \implies \lim\frac{\beta-\alpha}{\alpha} = 0$$

$$\implies \lim\left(\frac{\beta}{\alpha} - 1\right) = 0 \implies \lim\frac{\beta}{\alpha} = 1 \implies \alpha \sim \beta$$

（2）再证明必要性。已知 $\alpha \sim \beta$，则：

$$\alpha \sim \beta \implies \lim\frac{\beta}{\alpha} = 1 \implies \lim\left(\frac{\beta}{\alpha} - 1\right) = 0 \implies \lim\frac{\beta-\alpha}{\alpha} = 0 \implies \beta - \alpha = o(\alpha) \quad \blacksquare$$

对于 $\sin x \sim x$，从图 2.165 可以看出，在 $x = 0$ 点附近，两者的图像非常接近。那么 $\sin x - x = o(\sin x)$ 或 $\sin x - x = o(x)$，其实就是在描述这两者非常接近，如图 2.166 所示。

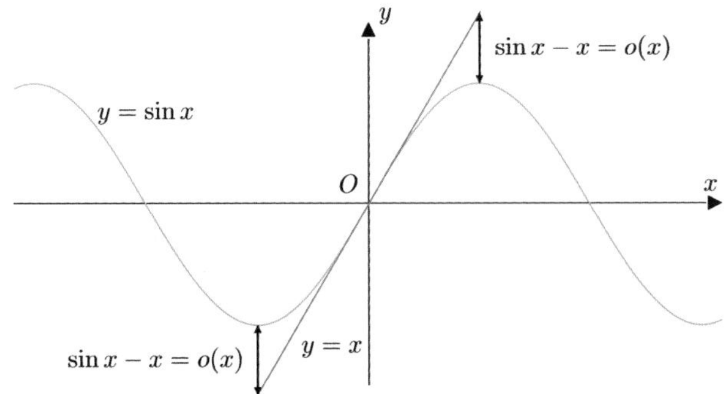

图 2.166 $\sin x$ 和 x 相差 $x \to 0$ 时的高阶无穷小，说明在 $x=0$ 点附近两者非常接近

定理 30 (等价无穷小的替换). 设 $\alpha \sim \alpha_1$，$\beta \sim \beta_1$，且 $\lim \dfrac{\alpha_1}{\beta_1}$ 存在，则 $\lim \dfrac{\alpha}{\beta} = \lim \dfrac{\alpha_1}{\beta_1}$。

证明. $\lim \dfrac{\alpha}{\beta} = \lim \left(\dfrac{\alpha}{\alpha_1} \cdot \dfrac{\alpha_1}{\beta_1} \cdot \dfrac{\beta_1}{\beta} \right) = \lim \dfrac{\alpha_1}{\beta_1}$。 ■

举例说明一下等价无穷小的替换（定理 30），比如，已知 $\sin x \sim x$，且 $x^3+3x \sim x^3+3x$①，所以：

$$\lim_{x\to0} \frac{\sin x}{x^3+3x} = \lim_{x\to0} \frac{x}{x^3+3x} = \lim_{x\to0} \frac{x}{x(x^2+3)} = \lim_{x\to0} \frac{1}{(x^2+3)} = \frac{1}{3}$$

但一定要注意使用条件，稍有不慎就会滥用，下面来看一个例子。

例 43. 请求出 $\lim\limits_{x\to0} \dfrac{\sin x - x}{x^3}$。

解.（1）正确的解法。已知三倍角公式 $\sin(3\theta) = 3\sin\theta - 4\sin^3\theta$，令 $x = 3y$，上式可以改写为：

$$\begin{aligned} L = \lim_{x\to0} \frac{\sin x - x}{x^3} &= \lim_{y\to0} \frac{\sin(3y) - 3y}{(3y)^3} = \lim_{y\to0} \frac{3\sin y - 4\sin^3 y - 3y}{27y^3} \\ &= \lim_{y\to0} \frac{3\sin y - 3y}{27y^3} - \lim_{y\to0} \frac{4\sin^3 y}{27y^3} \\ &= \frac{1}{9} \lim_{y\to0} \frac{\sin y - y}{y^3} - \frac{4}{27} = \frac{1}{9}L - \frac{4}{27} \implies L = -\frac{1}{6} \end{aligned}$$

函数 $y = \dfrac{\sin x - x}{x^3}$ 及其极限的图像如图 2.167 所示。

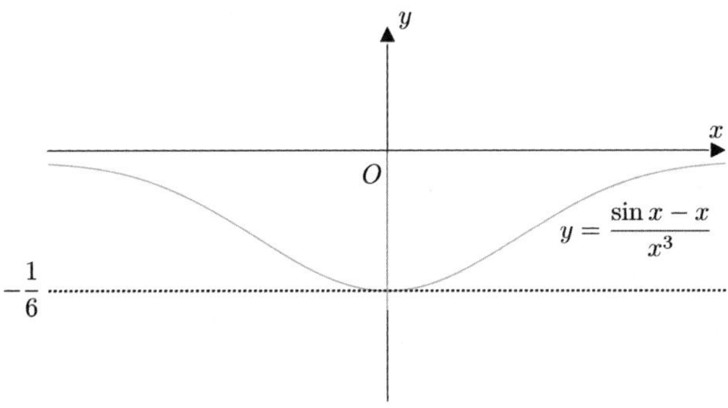

图 2.167 $\lim\limits_{x\to0} \dfrac{\sin x - x}{x^3} = -\dfrac{1}{6}$

① 函数总是自己的等价无穷小。

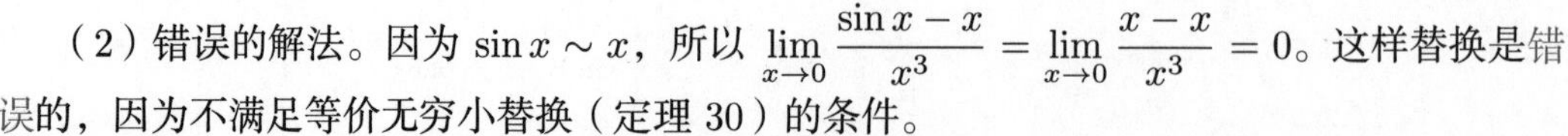

（2）错误的解法。因为 $\sin x \sim x$，所以 $\lim\limits_{x\to 0}\dfrac{\sin x - x}{x^3} = \lim\limits_{x\to 0}\dfrac{x-x}{x^3} = 0$。这样替换是错误的，因为不满足等价无穷小替换（定理 30）的条件。

因为等价无穷小的替换（定理 30）非常好用，所以我们需要知道一些常见的等价无穷小。

定理 31. 当 $x \to 0$ 时有：

（1）$\sin x \sim x$，（2）$\tan x \sim x$，（3）$\arcsin x \sim x$，（4）$\arctan x \sim x$，（5）$\ln(1+x) \sim x$，（6）$\mathrm{e}^x - 1 \sim x$，（7）$(1+x)^\alpha - 1 \sim \alpha x$，（8）$1-\cos x \sim \dfrac{1}{2}x^2$。

证明.（1）$\sin x \sim x$。因为例 28 中证明了 $\lim\limits_{x\to 0}\dfrac{\sin x}{x} = 1$；

（2）$\tan x \sim x$。因为 $\lim\limits_{x\to 0}\dfrac{\tan x}{x} = \lim\limits_{x\to 0}\dfrac{\sin x}{x\cos x} = \lim\limits_{x\to 0}\dfrac{\sin x}{x}\cdot\lim\limits_{x\to 0}\dfrac{1}{\cos x} = 1$；

（3）$\arcsin x \sim x$。令 $x = \sin t$，所以 $\lim\limits_{x\to 0}\dfrac{x}{\arcsin x} = \lim\limits_{t\to 0}\dfrac{\sin t}{t} = 1$；

（4）$\arctan x \sim x$。令 $x = \tan t$，所以 $\lim\limits_{x\to 0}\dfrac{x}{\arctan x} = \lim\limits_{t\to 0}\dfrac{\tan t}{t} = 1$；

（5）、（6）、（7）的证明在例 54、例 55 和例 56 给出；

（8）$1-\cos x \sim \dfrac{1}{2}x^2$。根据倍角公式 $\cos x = 1 - 2\sin^2\dfrac{x}{2}$ 有：

$$\lim_{x\to 0}\frac{1-\cos x}{\frac{1}{2}x^2} = \lim_{x\to 0}\frac{1-\left(1-2\sin^2\frac{x}{2}\right)}{\frac{1}{2}x^2} = \lim_{x\to 0}\frac{2\sin^2\frac{x}{2}}{2\left(\frac{x}{2}\right)^2} = \lim_{x\to 0}\left(\frac{\sin\frac{x}{2}}{\frac{x}{2}}\right)^2 = 1 \qquad \blacksquare$$

例 44. 请求出 $\lim\limits_{x\to 0}\dfrac{\tan 2x}{\sin 5x}$。

解. 根据定理 31 中的 $\tan x \sim x$ 及 $\sin x \sim x$，结合上定理 25 可得 $\tan 2x \sim 2x$ 及 $\sin 5x \sim 5x$。根据等价无穷小的替换（定理 30），所以 $\lim\limits_{x\to 0}\dfrac{\tan 2x}{\sin 5x} = \lim\limits_{x\to 0}\dfrac{2x}{5x} = \dfrac{2}{5}$。

例 45. 请求出 $\lim\limits_{x\to 0}\dfrac{(1+x^2)^{\frac{1}{3}}-1}{\cos x - 1}$。

解. 根据定理 31 中的 $(1+x)^\alpha - 1 \sim \alpha x$ 及 $1-\cos x \sim \dfrac{1}{2}x^2$，结合上定理 25 可得 $(1+x^2)^{\frac{1}{3}} - 1 \sim \dfrac{1}{3}x^2$ 及 $\cos x - 1 \sim -\dfrac{1}{2}x^2$。根据等价无穷小的替换（定理 30），所以 $\lim\limits_{x\to 0}\dfrac{(1+x^2)^{\frac{1}{3}}-1}{\cos x - 1} = \lim\limits_{x\to 0}\dfrac{\frac{1}{3}x^2}{-\frac{1}{2}x^2} = -\dfrac{2}{3}$。

例 46. 请求出 $\lim\limits_{x\to 0}\dfrac{\sin\left(x^2\sin\frac{1}{x}\right)}{x}$。

解. 按照（1）、（2）的思路，似乎应该有 $\sin\left(x^2\sin\dfrac{1}{x}\right) \sim x^2\sin\dfrac{1}{x}$，所以：

$$\lim_{x\to 0}\frac{\sin\left(x^2\sin\frac{1}{x}\right)}{x} = \lim_{x\to 0}\frac{x^2\sin\frac{1}{x}}{x} = \lim_{x\to 0}\left(x\sin\frac{1}{x}\right) = 0$$

上述结果是正确的，但在“复合函数的极限”一节中证明过 $\lim\limits_{x\to 0}\dfrac{\sin\left(x^2\sin\frac{1}{x}\right)}{x^2\sin\frac{1}{x}}$ 不存在，所

以没有 $\sin\left(x^2\sin\frac{1}{x}\right)\sim x^2\sin\frac{1}{x}$，所以过程是错误的。

正确做法是，根据例 26 中证明过的 $\forall x\in\mathring{U}(0)$ 时有 $|\sin x|<|x|$，及 $|\sin x|\leqslant 1$，故 $\forall x\in\mathring{U}(0)$ 时有：

$$\left|\frac{\sin\left(x^2\sin\frac{1}{x}\right)}{x}\right|<\left|\frac{x^2\sin\frac{1}{x}}{x}\right|=\left|x\sin\frac{1}{x}\right|\leqslant|x\cdot 1|=|x|$$

即 $\forall x\in\mathring{U}(0)$ 时有 $-|x|<\dfrac{\sin\left(x^2\sin\frac{1}{x}\right)}{x}<|x|$，运用夹逼定理（定理 23）可得 $\lim\limits_{x\to 0}\dfrac{\sin\left(x^2\sin\frac{1}{x}\right)}{x}=0$。

2.16 函数的连续性

2.16.1 连续的定义

“连续”很好理解，比如不提笔画出来的曲线就是连续的，如图 2.168 所示。其在数学中的定义如下：

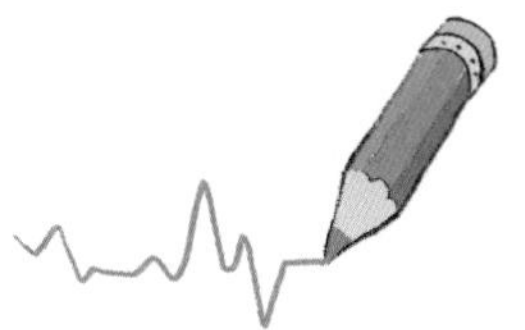

图 2.168 不提笔画出来的曲线就是连续的

定义 25. 设函数 $y=f(x)$ 在 x_0 点的某一邻域内有定义，令：

$$\Delta x=x-x_0,\quad \Delta y=f(x_0+\Delta x)-f(x_0)$$

如果 $\lim\limits_{\Delta x\to 0}\Delta y=\lim\limits_{\Delta x\to 0}[f(x_0+\Delta x)-f(x_0)]=0$，那么就称函数 $f(x)$ 在 x_0 点连续。

让我们以图 2.169 中两条曲线为例来解释为什么“连续”的定义是上面这样的。很显然，左图中的曲线在 x_0 点连续，右图中的曲线在 x_0 点不连续。[①]

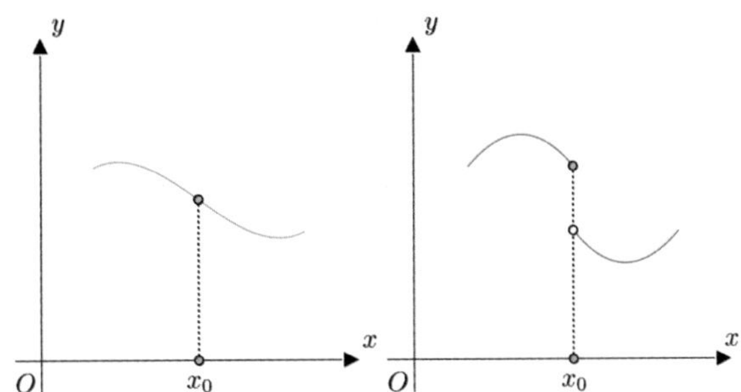

图 2.169 左图中的曲线在 x_0 点连续，右图中的曲线在 x_0 点不连续

① 值得注意的是，这两条曲线在 x_0 点都有定义，所以 x_0 用实心点来表示。

先看看图 2.169 左图中在 x_0 点连续的曲线 $y=f(x)$，其 x_0 点对应的函数值为 $y_0=f(x_0)$，x 点对应的函数值为 $y=f(x)$；x 与 x_0 之间相差 Δx，y_0 与 y 之间相差 Δy，如图 2.170 所示。

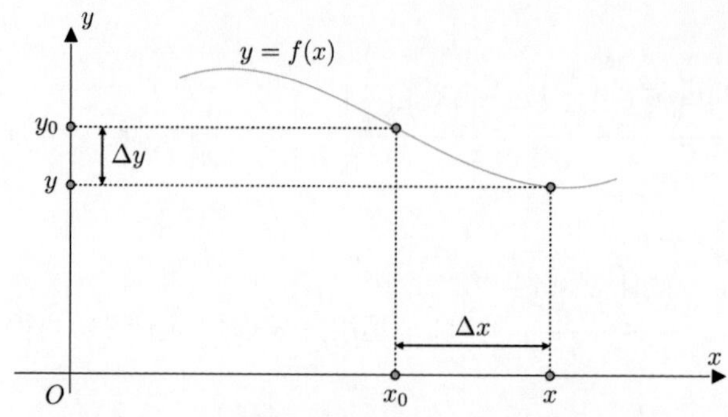

图 2.170　x 与 x_0 之间相差 Δx，y_0 与 y 之间相差 Δy

随着 $\Delta x\to 0$，会有 $\Delta y\to 0$，即 $\lim\limits_{\Delta x\to 0}\Delta y=\lim\limits_{\Delta x\to 0}[f(x_0+\Delta x)-f(x_0)]=0$，如图 2.171 所示。

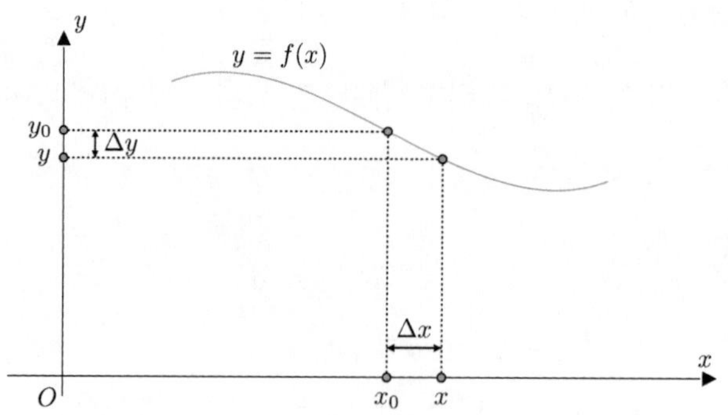

图 2.171　随着 $\Delta x\to 0$，会有 $\Delta y\to 0$

再看看图 2.169 右图中在 x_0 点不连续的曲线 $y=f(x)$，随着 $\Delta x\to 0$，并不会有 $\Delta y\to 0$，如图 2.172 所示。

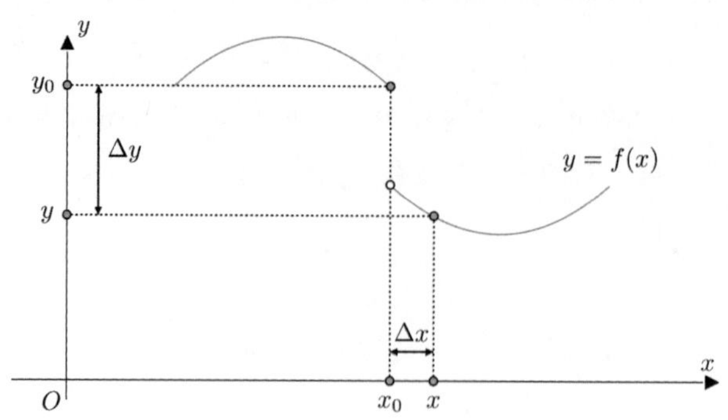

图 2.172　随着 $\Delta x\to 0$，并不会有 $\Delta y\to 0$

连续还有另外一种常用的等价定义。

定义 26. 设函数 $f(x)$ 在 x_0 点的某一邻域内有定义，若 $\lim\limits_{x\to x_0}f(x)=f(x_0)$ 就称函数 $f(x)$ 在 x_0 点连续。

证明. 因为 $\Delta x = x - x_0$，所以 $\Delta x \to 0$ 就是 $x \to x_0$，所以定义 25 可改写为：

$$\lim_{\Delta x \to 0} \Delta y = \lim_{\Delta x \to 0} [f(x_0 + \Delta x) - f(x_0)] = 0 \implies \lim_{x \to x_0} [f(x) - f(x_0)] = 0$$
$$\implies \lim_{x \to x_0} f(x) = f(x_0)$$ ■

举例说明一下定义 26。可看到，对于图 2.173 中在 x_0 点连续的曲线 $y = f(x)$，确实有 $\lim_{x \to x_0} f(x) = f(x_0)$。

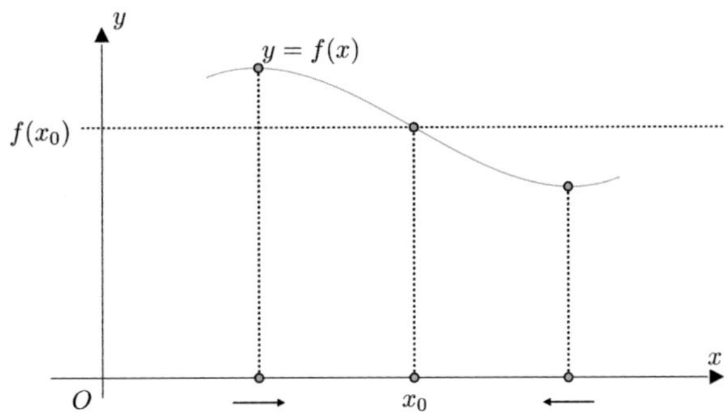

图 2.173 在 x_0 点连续的曲线，有 $\lim_{x \to x_0} f(x) = f(x_0)$

而对于图 2.174 中在 x_0 点不连续的曲线，$\lim_{x \to x_0} f(x)$ 是不存在的。

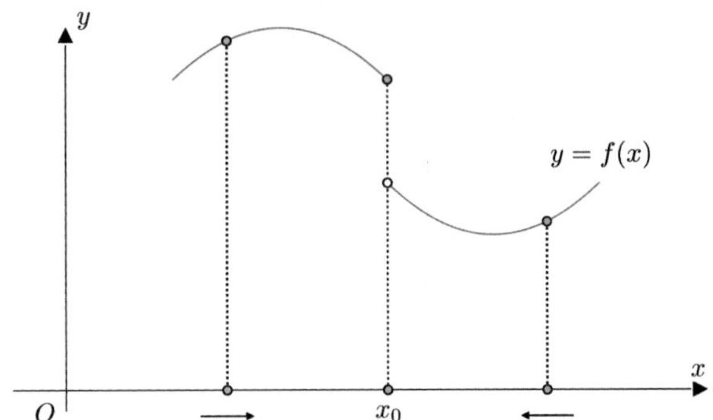

图 2.174 在 x_0 点不连续的曲线，$\lim_{x \to x_0} f(x)$ 是不存在的

或者像图 2.175 这样，在 x_0 点不连续的曲线，$\lim_{x \to x_0} f(x) = L \neq f(x_0)$。

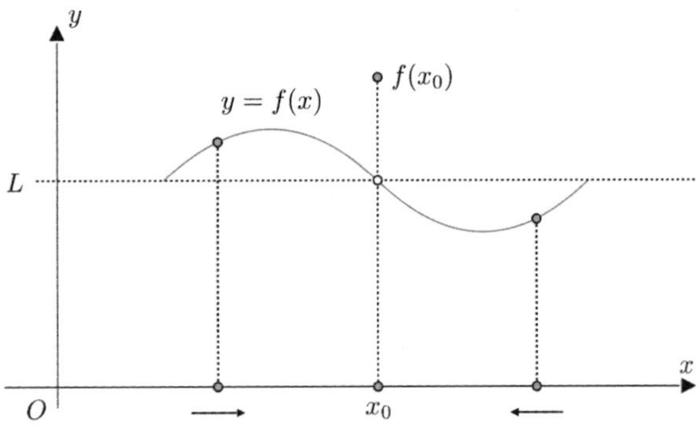

图 2.175 在 x_0 点不连续的曲线，$\lim_{x \to x_0} f(x) = L \neq f(x_0)$

2.16.2 左连续、右连续

定义 27. 如果有 $\lim\limits_{x\to x_0^-} f(x) = f(x_0)$，那么就说函数 $f(x)$ 在 x_0 点左连续；如果有 $\lim\limits_{x\to x_0^+} f(x) = f(x_0)$，那么就说函数 $f(x)$ 在 x_0 点右连续。

参见图 2.176，有 $\lim\limits_{x\to x_0^-} f(x) = f(x_0)$，所以函数 $f(x)$ 在 x_0 点是左连续的；而 $\lim\limits_{x\to x_0^+} f(x) = L \neq f(x_0)$，所以函数 $f(x)$ 在 x_0 点不是右连续的。

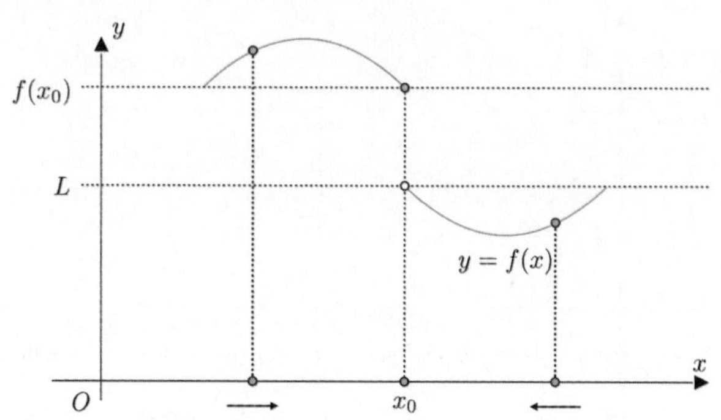

图 2.176 函数 $f(x)$ 在 x_0 点是左连续的，但不是右连续的

定理 32. 左连续且右连续是连续的充要条件，即：

$$\text{函数 } f(x) \text{ 在 } x_0 \text{ 点左连续且右连续} \iff \text{函数 } f(x) \text{ 在 } x_0 \text{ 点连续}$$

证明. 根据定义 26 以及定理 7，所以有 $\lim\limits_{x\to x_0^-} f(x) = \lim\limits_{x\to x_0^+} f(x) = f(x_0) \iff \lim\limits_{x\to x_0} f(x) = f(x_0)$。 ■

定理 32 的几何意义也可以通过图 2.173 看出。

2.16.3 连续函数

定义 28. 在区间上每一点都连续的函数，叫作在该区间上的连续函数，或者说函数在该区间连续。如果区间包括端点，那么函数在右端点连续是指左连续，在左端点连续是指右连续。

比如在定理 8 中证明了 $\lim\limits_{x\to x_0} x = x_0$，故函数 $y = x$ 在整个定义域（自然定义域）上是连续函数，如图 2.177 所示。

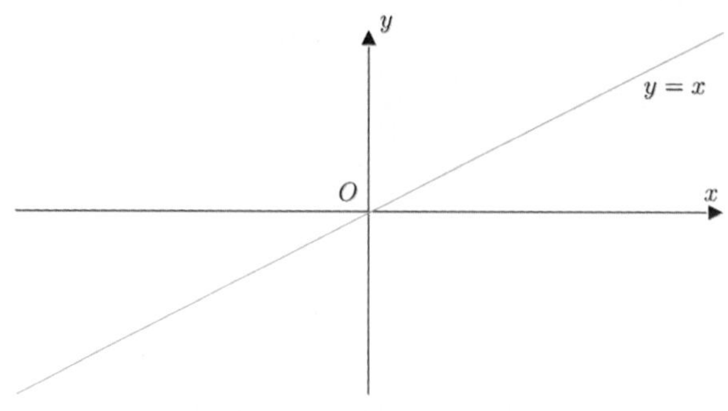

图 2.177 $y = x$ 在自然定义域内是连续函数

再比如图 2.178 中的函数 $f(x)$ 是闭区间 $[a,b]$ 上的连续函数，其在 a 点右连续，在 x_0 点（$x_0 \in (a,b)$）连续，在 b 点左连续。

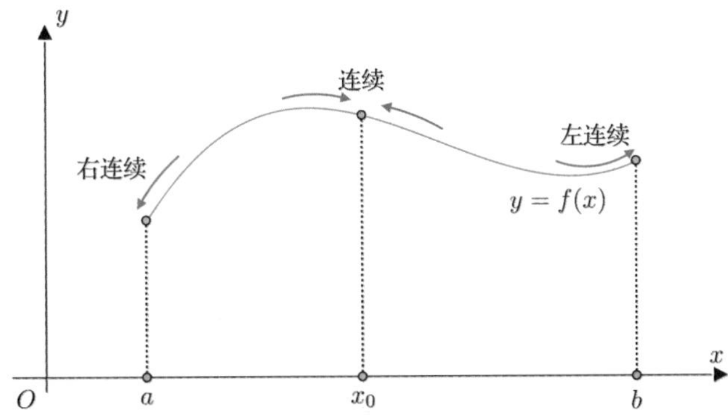

图 2.178 函数 $f(x)$ 是闭区间 $[a,b]$ 上的连续函数

例 47. 请证明函数 $y=\sin x$ 是 $(-\infty,+\infty)$ 上的连续函数。

解. 设 x 是 $(-\infty,+\infty)$ 内任意取定的一点，当 x 有增量 Δx 时，对应的函数值增量为：

$$\Delta y=\sin(x+\Delta x)-\sin x=2\sin\frac{\Delta x}{2}\cos\left(x+\frac{\Delta x}{2}\right)$$

注意到 $\left|\cos\left(x+\dfrac{\Delta x}{2}\right)\right|\leqslant 1$，所以：

$$|\Delta y|=|\sin(x+\Delta x)-\sin x|\leqslant 2\left|\sin\frac{\Delta x}{2}\right|$$

在例 26 中证明过，当 $x\neq 0$ 时有 $|\sin x|<|x|$，所以：

$$0<|\Delta y|=|\sin(x+\Delta x)-\sin x|<|\Delta x|$$

根据夹逼定理有 $\lim\limits_{\Delta x\to 0}\Delta y=0$，又根据定义 28，所以 $y=\sin x$ 是 $(-\infty,+\infty)$ 上的连续函数，如图 2.179 所示。

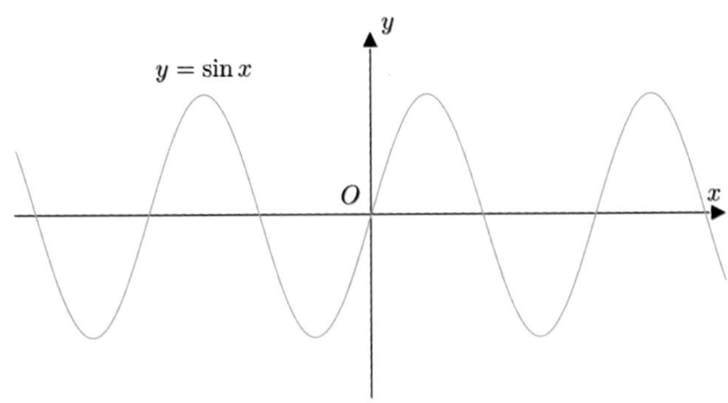

图 2.179 函数 $y=\sin x$ 是 $(-\infty,+\infty)$ 上的连续函数

例 48. 请证明函数 $y=\cos x$ 是 $(-\infty,+\infty)$ 上的连续函数。

解. 设 x 是 $(-\infty,+\infty)$ 内任意取定的一点，当 x 有增量 Δx 时，对应的函数值增量为：

$$\Delta y=\cos(x+\Delta x)-\cos x=-2\sin\frac{\Delta x}{2}\sin\left(x+\frac{\Delta x}{2}\right)$$

注意到 $\left|\sin\left(x+\dfrac{\Delta x}{2}\right)\right|\leqslant 1$，且当 $x\neq 0$ 时有 $|\sin x|<|x|$，所以：

$$0<|\Delta y|=|\cos(x+\Delta x)-\cos x|<|\Delta x|$$

根据夹逼定理有 $\lim\limits_{\Delta x\to 0}\Delta y=0$，又根据定义 28，所以 $y=\cos x$ 是 $(-\infty,+\infty)$ 上的连续函数，如图 2.180 所示。

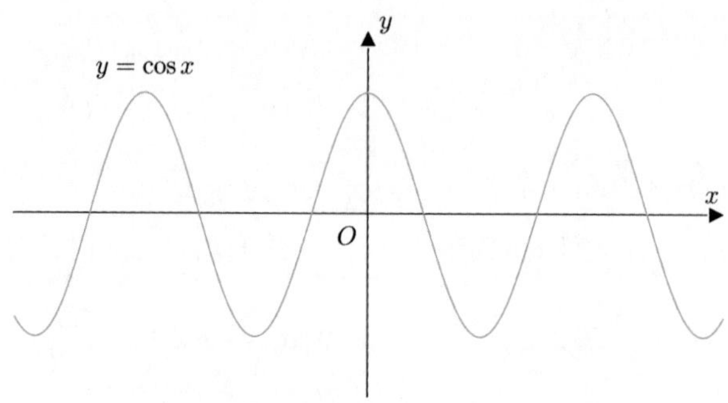

图 2.180 函数 $y=\cos x$ 是 $(-\infty,+\infty)$ 上的连续函数

例 49. 请问 $y=\dfrac{1}{x}$ 是连续函数吗？

解. 本题问得不够严格，不过你可能会在一些练习题中看到，所以这里来解析一下。

（1）$y=\dfrac{1}{x}$ 是连续函数。先看看函数 $y=\dfrac{1}{x}$ 的图像，如图 2.181 所示，看上去似乎不是连续函数。

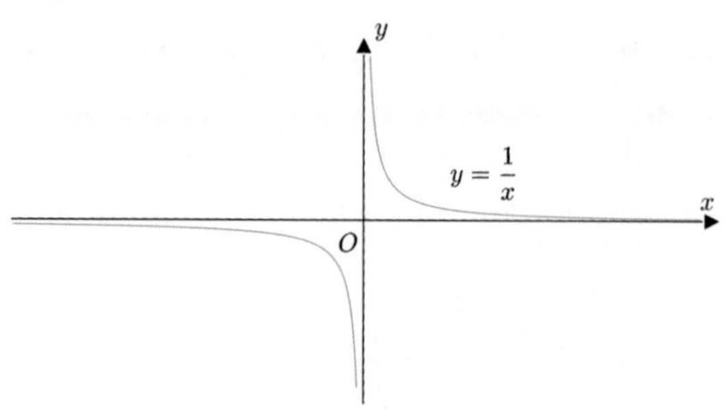

图 2.181 函数 $f(x)=\dfrac{1}{x}$ 的图像

不过题目中没说清楚问的是哪个区间上的连续函数，此时一般会认为问的是在函数 $y=\dfrac{1}{x}$ 的整个定义域中，即问的是当 $x\neq 0$ 时 $y=\dfrac{1}{x}$ 是不是连续函数。根据 $\lim\limits_{x\to x_0}x=x_0$，所以当 $x_0\neq 0$ 时有 $\lim\limits_{x\to x_0}\dfrac{1}{x}=\dfrac{1}{\lim\limits_{x\to x_0}x}=\dfrac{1}{x_0}$，所以 $y=\dfrac{1}{x}$ 是定义域上的连续函数，在很多场合也常常直接说 $y=\dfrac{1}{x}$ 是连续函数。

（2）$y=\dfrac{1}{x}$ 不是 $(-\infty,+\infty)$ 上的连续函数。因为 $x=0$ 时，$y=\dfrac{1}{x}$ 没有定义，根据定义 25，$y=\dfrac{1}{x}$ 在 0 点不是连续的，所以 $y=\dfrac{1}{x}$ 不是 $(-\infty,+\infty)$ 上的连续函数。

2.16.4 点连续

在日常生活中，“连续”指的是某线段（曲线段）连续，不管该线段（曲线段）有多短，如图 2.182 所示。

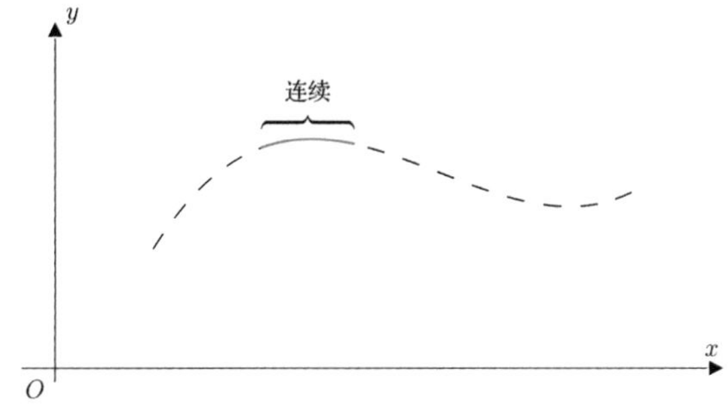

图 2.182 日常生活中，“连续”指的是某线段（曲线段）连续

但在数学中，“连续”是定义在点上的概念，下面就来构造只在一个点上连续的函数。

德国数学家狄利克雷，如图 2.183 所示，他提出了非常古怪的狄利克雷函数，专门用一个符号 $D(x)$ 来表示：

$$D(x)=\begin{cases}1, & x\ \text{为有理数}\\0, & x\ \text{为无理数}\end{cases}$$

图 2.183 约翰·彼得·古斯塔夫·勒热纳·狄利克雷（1805—1859），德国数学家

该函数古怪到刚提出时很多数学家拒绝承认这是一个合法的函数，其：

- 画不出图像。
- 处处没有极限。
- 处处不连续。
- 这是一个有界函数。

非要画图的话，可以画出图 2.184 所示的示意图，然后脑补其中的两根红、蓝直线上到处都是“洞”。

图 2.184 狄利克雷函数 $D(x)$ 的示意图

利用狄利克雷函数构造函数 $f(x)=xD(x)$，可推出：

$$\left.\begin{array}{r}\lim\limits_{x\to 0}x=0\\ D(x)\text{ 有界}\\ \text{无穷小}\times\text{有界}=\text{无穷小}\end{array}\right\}\implies \lim_{x\to 0}f(x)=\lim_{x\to 0}xD(x)=0=f(0)$$

根据定义 26，所以 $f(x)$ 在 $x=0$ 点连续；再结合上狄利克雷函数的性质可知，$f(x)$ 仅在 $x=0$ 点连续，这是一个单点连续的函数。同样的道理，如果构造 $f(x)=(x-1)(x-2)(x-3)D(x)$，那么该函数在且仅在 $x=1,2,3$ 点连续。这里不再赘述，大家可以自行思考。

2.17 函数的间断点

有连续，自然就有间断，本节就来学习一下。

定义 29. 设函数 $f(x)$ 在 $\mathring{U}(x_0)$ 有定义，如果该函数 $f(x)$ 有下列三种情形之一：

（1）在 $x=x_0$ 没有定义；

（2）虽在 $x=x_0$ 有定义，但 $\lim\limits_{x\to x_0}f(x)$ 不存在；

（3）虽在 $x=x_0$ 有定义，且 $\lim\limits_{x\to x_0}f(x)$ 存在，但 $\lim\limits_{x\to x_0}f(x)\neq f(x_0)$，那么称函数 $f(x)$ 在 x_0 点不连续，x_0 点称为函数 $f(x)$ 的不连续点或间断点。

下面来看几个间断点的例子。比如正切函数 $y=\tan x$：

- 在 $x=\dfrac{\pi}{2}$ 时没有定义。
- 例 47、例 48 证明过的 $\sin x$、$\cos x$ 是 $(-\infty,+\infty)$ 上的连续函数，所以：

$$\lim_{x\to\frac{\pi}{2}}\tan x=\lim_{x\to\frac{\pi}{2}}\frac{\sin x}{\cos x}=\lim_{x\to\frac{\pi}{2}}\sin x\cdot\lim_{x\to\frac{\pi}{2}}\frac{1}{\cos x}=\underbrace{\sin\frac{\pi}{2}}_{\text{有界函数}}\cdot\underbrace{\lim_{x\to\frac{\pi}{2}}\frac{1}{\cos x}}_{\text{无穷大}}=\infty$$

所以 $x=\dfrac{\pi}{2}$ 是函数 $y=\tan x$ 的间断点，也称为函数 $y=\tan x$ 的无穷间断点，如图 2.185 所示。

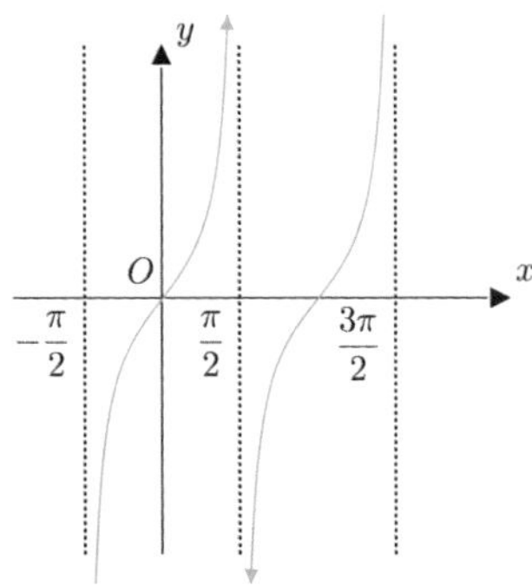

图 2.185 $x=\dfrac{\pi}{2}$ 是函数 $y=\tan x$ 的无穷间断点

又比如函数 $y=\sin\dfrac{1}{x}$：

- 在 $x=0$ 时没有定义，又例 14 中证明过 $\lim\limits_{x\to0}\sin\dfrac{1}{x}$ 是不存在的。
- 函数 $y=\sin\dfrac{1}{x}$ 在 $\mathring{U}(0)$ 来回、无限次震荡。

所以 $x=0$ 是函数 $y=\sin\dfrac{1}{x}$ 的间断点，也称为函数 $y=\sin\dfrac{1}{x}$ 的振荡间断点，如图 2.186 所示。

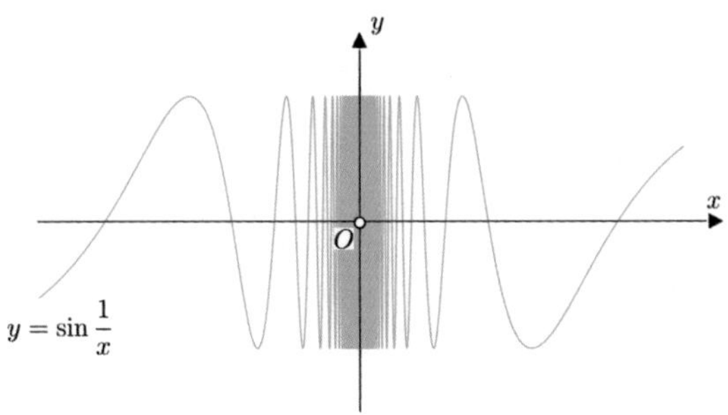

图 2.186 $x=0$ 是函数 $y=\sin\dfrac{1}{x}$ 的振荡间断点

再比如函数 $y=\dfrac{\sin x}{x}$ 在 $x=0$ 时没有定义，所以 $x=0$ 是函数 $y=\dfrac{\sin x}{x}$ 的间断点，如图 2.187 所示。不过如果在 $x=0$ 处补充定义后得到函数 $f(x)=\begin{cases}\dfrac{\sin x}{x}, & x\neq0\\ 1, & x=0\end{cases}$，那么就有 $\lim\limits_{x\to0}f(x)=1=f(0)$，即函数 $f(x)$ 在 $x=0$ 点连续，所以 $x=0$ 也称为函数 $y=\dfrac{\sin x}{x}$ 的可去间断点。

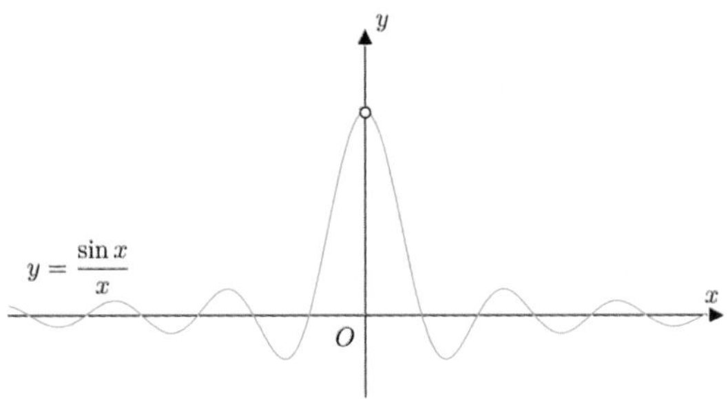

图 2.187 $x=0$ 是函数 $y=\dfrac{\sin x}{x}$ 的可去间断点

最后再来看看函数 $f(x)=\begin{cases} x-1, & x<0 \\ 0, & x=0 \\ x+1, & x>0 \end{cases}$，因为：

$$\lim_{x\to 0^-} f(x)=\lim_{x\to 0^-}(x-1)=-1,\quad \lim_{x\to 0^+} f(x)=\lim_{x\to 0^+}(x+1)=1$$

根据定理 7 可知 $\lim\limits_{x\to 0} f(x)$ 不存在，所以 $x=0$ 是函数 $y=f(x)$ 的间断点。因 $y=f(x)$ 的图像在 $x=0$ 处有跳跃，如图 2.188 所示，所以 $x=0$ 也称为函数 $y=f(x)$ 的跳跃间断点。

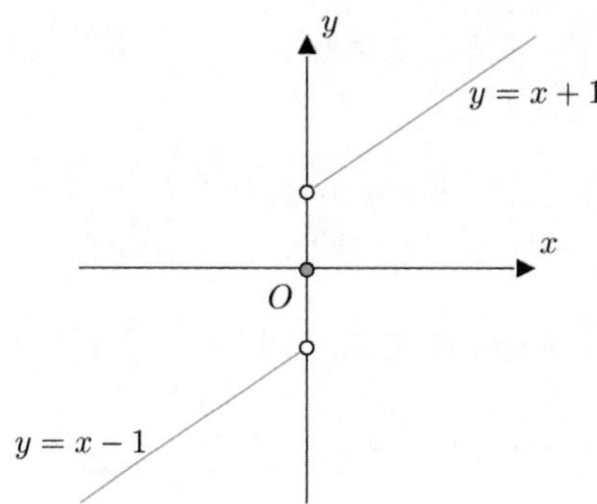

图 2.188 $x=0$ 是函数 $f(x)$ 的跳跃间断点

定义 30. 设 x_0 为函数 $f(x)$ 的间断点：

（1）如果左极限 $\lim\limits_{x\to x_0^-} f(x)$ 及右极限 $\lim\limits_{x\to x_0^+} f(x)$ 都存在，则称 x_0 为函数 $f(x)$ 的第一类间断点；（2）其余的就称为第二类间断点。

根据定义 30，下面两类间断点是第一类间断点：

- 可去间断点满足 $\lim\limits_{x\to x_0^-} f(x)=\lim\limits_{x\to x_0^+} f(x)$，参考图 2.187。
- 跳跃间断点满足 $\lim\limits_{x\to x_0^-} f(x)\neq\lim\limits_{x\to x_0^+} f(x)$，参考图 2.188。

而无穷间断点（参考图 2.185）以及振荡间断点（参考图 2.186）是第二类间断点。

例 50. 请分析函数 $f(x)=\dfrac{x^2-1}{x^2+x-2}$ 的连续性、间断点，并判断间断点的类型。

解. 改写函数 $f(x)$ 后可得 $f(x)=\dfrac{(x-1)(x+1)}{(x-1)(x+2)}$，容易知道其在 $x_0\neq 1$ 且 $x_0\neq -2$ 时有 $\lim\limits_{x\to x_0} f(x)=f(x_0)$，因此函数 $f(x)$ 是 $(-\infty,-2)\cup(-2,1)\cup(1,+\infty)$ 上的连续函数。因为函数 $f(x)$ 在 $x=1$ 或 $x=-2$ 时没有定义，所以 $x=1$ 及 $x=-2$ 是函数 $f(x)$ 的间断点。且：

- $\lim\limits_{x\to 1} f(x)=\lim\limits_{x\to 1}\dfrac{x+1}{x+2}=\dfrac{2}{3}$，所以 $x=1$ 是第一类间断点，并且是可去间断点。
- $\lim\limits_{x\to -2} f(x)=\lim\limits_{x\to -2}\dfrac{x+1}{x+2}=\infty$，所以 $x=-2$ 是第二类间断点，并且是无穷间断点。

函数 $f(x)=\dfrac{x^2-1}{x^2+x-2}$ 的图像如图 2.189 所示。

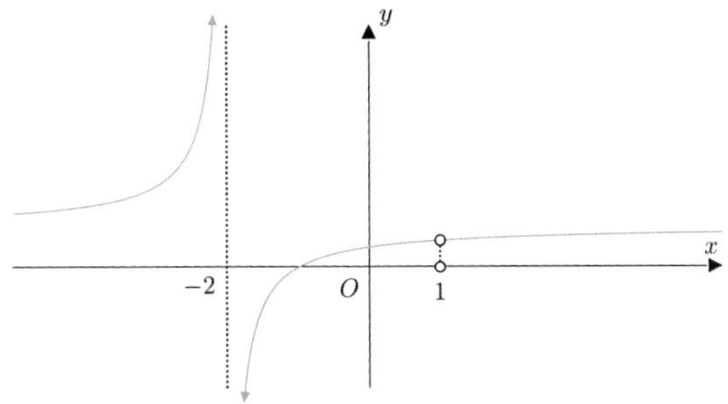

图 2.189 函数 $f(x)$ 的图像，$x = 1$ 是第一类间断点，$x = -2$ 是第二类间断点

2.18 连续函数的运算与初等函数的连续性

连续函数 $f(x)$ 的极限很好求，即 $\lim\limits_{x \to x_0} f(x) = f(x_0)$。连续函数运算后的极限往往也好求，本节就来学习一下。

2.18.1 和、差、积、商的连续性

定理 33. 设函数 $f(x)$ 和 $g(x)$ 在 x_0 点连续，则它们的和（差）$f \pm g$、积 $f \cdot g$ 以及商 $\dfrac{f}{g}$（$g(x_0) \neq 0$）都在 x_0 点连续。

证明. 设 $h = f + g$，即 $h(x) = f(x) + g(x)$，那么根据定理 19 以及定义 26 有：

$$\lim_{x \to x_0} h(x) = \lim_{x \to x_0} [f(x) + g(x)] = \lim_{x \to x_0} f(x) + \lim_{x \to x_0} g(x) = f(x_0) + g(x_0) = h(x_0)$$

所以 $h(x)$ 在 x_0 点连续。其余的情况同理可证。 ■

比如，例 47、例 48 证明过 $\sin x$、$\cos x$ 是连续函数，因 $\tan x = \dfrac{\sin x}{\cos x}$，根据定理 33，故当 $\cos x \neq 0$ 时，即 $x \neq k\pi + \dfrac{\pi}{2}, k \in \mathbb{Z}$ 时，$\tan x$ 是连续函数。或说，$\tan x$ 在自然定义域上是连续函数，如图 2.190 所示。

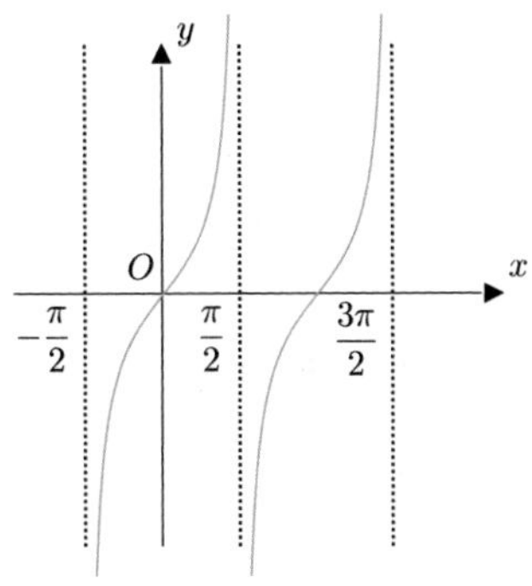

图 2.190 $\tan x$ 在自然定义域上是连续函数

例 51. 设函数 $f(x)$ 在 x_0 点连续，$g(x)$ 在 x_0 点间断，请判断两者的和、差、积、商在 x_0 点的连续性。

解.（1）两者的和、差在 x_0 点间断。设 $f(x)+g(x)$ 在 x_0 点连续，根据定理 33 可知，$g(x)=f(x)+g(x)-f(x)$ 在 x_0 点连续，与条件矛盾，所以 $f(x)+g(x)$ 在 x_0 点间断。同理可证 $f(x)-g(x)$ 在 x_0 点间断。

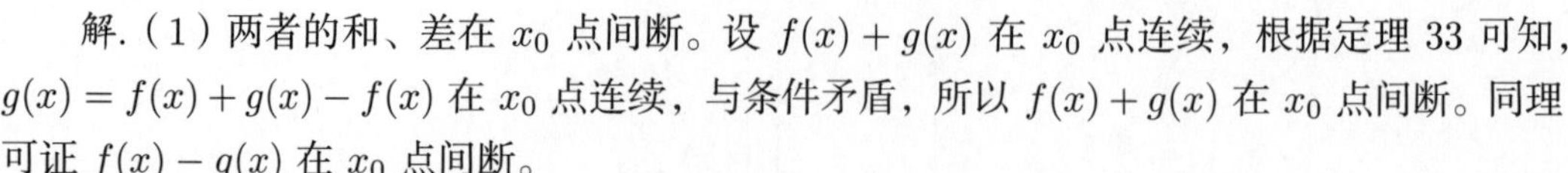

（2）两者的积、商就不一定了。比如 $f(x)=0$ 和 $g(x)=\begin{cases}1, & x\neq 0\\ -1, & x=0\end{cases}$，显然两者的乘积 $f(x)\cdot g(x)=0$ 是连续函数，其他的情况可以自己构造。

2.18.2 反函数的连续性

定理 34. 如果函数 $y=f(x)$ 在区间 I_x 上严格单调增加（或严格单调减少）且连续，那么它的反函数 $x=f^{-1}(y)$ 也在对应的区间 $I_y=\{y|y=f(x),x\in I_x\}$ 上严格单调增加（或严格单调减少）且连续。

定理 34 就不证明了，举例说明一下。定理 34 中的“严格单调增加（或严格单调减少）”可以保证反函数是存在的，比如 $y=x^2$ 在自然定义域上不是严格单调的，所以没有反函数，如图 2.191 所示。若取右半侧，即在区间 $I_x=\{x|x\geqslant 0\}$ 上的 $y=x^2$ 就是严格单调增加的，此时有反函数，如图 2.192 所示。

图 2.191 函数 $y=x^2$ 在自然定义域上没有反函数 图 2.192 函数 $y=x^2$ 在区间 $I_x=\{x|x\geqslant 0\}$ 上有反函数

函数 $y=x^2,x\in I_x$ 的反函数为 $x=\sqrt{y},y\in I_y=\{y|y=x^2,x\in I_x\}$，两者图像相同，只是前者是 x 映射为 y，见图 2.193 的左图；后者是 y 映射为 x，见图 2.193 的右图。故反函数 $x=\sqrt{y},y\in I_y$ 也是连续函数。

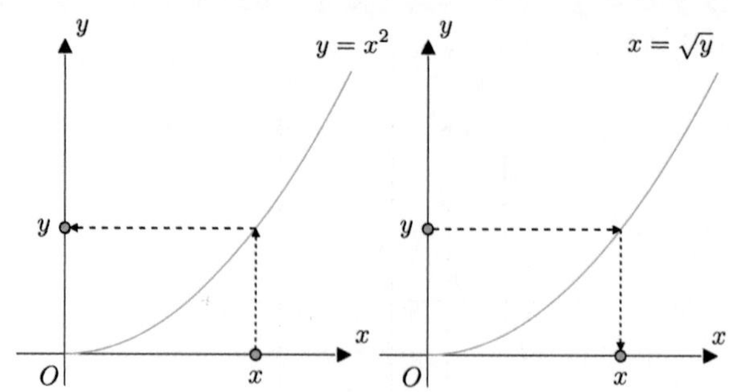

图 2.193 函数 $y=x^2,x\in I_x$ 和反函数 $x=\sqrt{y},y\in I_y$ 的图像相同，映射方向不同

反函数也可写作 $y=\sqrt{x},x\in I_y$，其图像与函数 $y=x^2,x\in I_x$ 关于 $y=x$ 对称，所以反函数 $y=\sqrt{x},x\in I_y$ 也是连续函数，如图 2.194 所示。

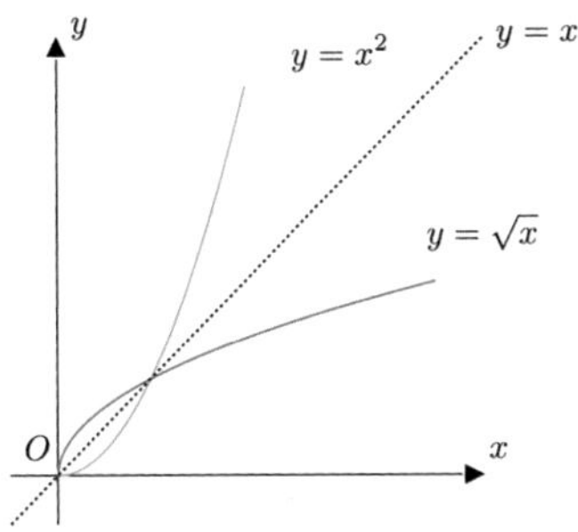

图 2.194 函数 $y=x^2, x\in I_x$ 和反函数 $y=\sqrt{x}, x\in I_y$ 的图像关于 $y=x$ 对称

2.18.3 复合函数的连续性

定理 35. 设函数 $y=f[g(x)]$ 由函数 $u=g(x)$ 和函数 $y=f(u)$ 复合而成，$y=f[g(x)]$ 在 $\mathring{U}(x_0)$ 有定义，若 $\lim\limits_{x\to x_0} g(x)=u_0$，函数 $y=f(u)$ 在 u_0 点连续，则：

$$\lim_{x\to x_0} f[g(x)]=\lim_{u\to u_0} f(u)=f(u_0) \quad 或 \quad \lim_{x\to x_0} f[g(x)]=f[\lim_{x\to x_0} g(x)]=f(u_0)$$

证明. 根据函数 $y=f(u)$ 在 u_0 点连续可知 $\lim\limits_{u\to u_0} f(u)=f(u_0)$，再根据定义 12 可得 $\forall\epsilon>0$，$\exists\eta>0$，$\forall u\in\mathring{U}(u_0,\eta)$ 时有：

$$|f(u)-f(u_0)|<\epsilon$$

很显然，$u=u_0$ 时上式也满足，所以可改写为 $\forall\epsilon>0$，$\exists\eta>0$，$\forall u\in U(u_0,\eta)$ 时有：

$$|f(u)-f(u_0)|<\epsilon$$

由 $\lim\limits_{x\to x_0} g(x)=u_0$ 可得，对于上述的 $\eta>0$，$\exists\delta>0$，$\forall x\in\mathring{U}(x_0,\delta)$ 时有：

$$|g(x)-u_0|<\eta \implies g(x)\in U(u_0,\eta)$$

综上，从而：

$$\left.\begin{matrix}\forall x\in\mathring{U}(x_0,\delta)\ 时有\ g(x)\in U(u_0,\eta)\\ \forall u\in U(u_0,\eta)\ 时有\ |f(u)-f(u_0)|<\epsilon\end{matrix}\right\} \implies \forall x\in\mathring{U}(x_0,\delta)\ 时有\ |f[g(x)]-f(u_0)|<\epsilon$$

即 $\lim\limits_{x\to x_0} f[g(x)]=\lim\limits_{u\to u_0} f(u)=f(u_0)$，也可写作 $\lim\limits_{x\to x_0} f[g(x)]=f[\lim\limits_{x\to x_0} g(x)]=f(u_0)$。 ■

定理 35 和定理 25 非常相似，只是没了 $g(x)\neq u_0$ 的限制。$g(x)\neq u_0$ 这个条件，其实就是为了规避 $f(u)$ 不是连续函数的情况，具体可以查看“复合函数的极限”一节中的解释。

例 52. 请求出 $\lim\limits_{x\to 3}\sin\dfrac{x-3}{x^2-9}$。

解. $y=\sin\dfrac{x-3}{x^2-9}$ 可以看作 $y=\sin(u)$ 和 $u=\dfrac{x-3}{x^2-9}$ 复合而成，因为：

$$\lim_{x\to 3}\frac{x-3}{x^2-9}=\lim_{x\to 3}\frac{x-3}{(x+3)(x-3)}=\lim_{x\to 3}\frac{1}{x+3}=\frac{1}{6}$$

而 $y=\sin u$ 在 $u=\dfrac{1}{6}$ 点连续，因此根据定理 35 有：

$$\lim_{x\to 3}\sin\frac{x-3}{x^2-9}=\sin\lim_{x\to 3}\frac{x-3}{x^2-9}=\sin\frac{1}{6}$$

函数 $y=\sin\dfrac{x-3}{x^2-9}$ 的图像如图 2.195 所示，$x=\pm 3$ 是该函数的间断点。①

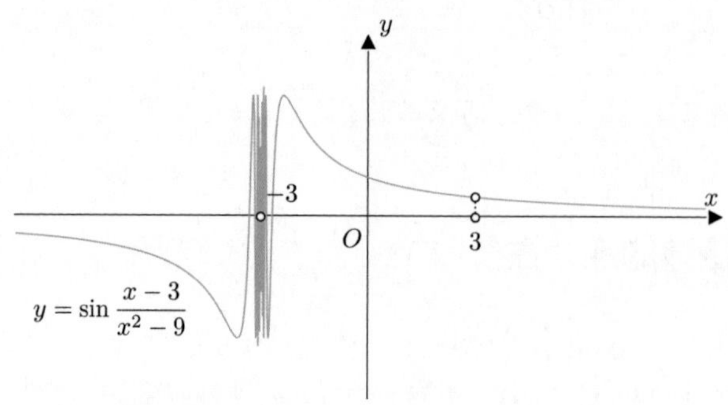

图 2.195 $x=\pm 3$ 是函数 $\sin\dfrac{x-3}{x^2-9}$ 的间断点

定理 36. 设函数 $y=f[g(x)]$ 由函数 $u=g(x)$ 和函数 $y=f(u)$ 复合而成，$y=f[g(x)]$ 在 $U(x_0)$ 有定义，若函数 $u=g(x)$ 在 x_0 点连续，且 $g(x_0)=u_0$，而函数 $y=f(u)$ 在 u_0 点连续，则函数 $y=f[g(x)]$ 在 x_0 点也连续。

证明. 根据定理 35 有 $\lim\limits_{x\to x_0}f[g(x)]=f[\lim\limits_{x\to x_0}g(x)]=f(u_0)$，因为这里给出了函数 $y=g(x)$ 在 x_0 点连续，且 $g(x_0)=u_0$，所以该式可以改写为 $\lim\limits_{x\to x_0}f[g(x)]=f[\lim\limits_{x\to x_0}g(x)]=f[\,g(x_0)\,]$，所以函数 $y=f[g(x)]$ 在 x_0 点也连续。 ■

定理 35 和定理 36 大同小异，这里进行一下比较。

	$f[g(x)]$ 的定义域	对 $g(x)$ 的要求	$\lim\limits_{x\to x_0}f[g(x)]$
定理 35	在 $\mathring{U}(x_0)$ 有定义	$\lim\limits_{x\to x_0}g(x)=u_0$	$\lim\limits_{x\to x_0}f[g(x)]=f[\lim\limits_{x\to x_0}g(x)]=f(u_0)$
定理 36	在 $U(x_0)$ 有定义	$\lim\limits_{x\to x_0}g(x)=g(x_0)$	$\lim\limits_{x\to x_0}f[g(x)]=f[\lim\limits_{x\to x_0}g(x)]=f[g(x_0)]$

再通过上表解读一下两者的异同：

- 定理 35 中 $g(x)$ 在 x_0 点的连续性未知，定理 36 中 $g(x)$ 在 x_0 点连续。
- 定理 35 中 $f[g(x)]$ 在 x_0 点的连续性未知，定理 36 中 $f[g(x)]$ 在 x_0 点连续。
- 综合定理 35 和定理 36 可知，只要 $\lim\limits_{x\to x_0}g(x)$ 存在，$\lim\limits_{x\to x_0}$ 符号就可穿透连续函数 f，即：

$$\lim_{x\to x_0}f[g(x)]=f[\lim_{x\to x_0}g(x)]$$

例 53. 请讨论函数 $y=\sin\dfrac{1}{x}$ 的连续性。

解. 函数 $y=\sin\dfrac{1}{x}$ 可以看作函数 $y=\sin(u)$ 和函数 $u=\dfrac{1}{x}$ 复合而成，因为：

- 当 $-\infty<x<0$ 时或 $0<x<+\infty$ 时，函数 $u=\dfrac{1}{x}$ 是连续的。

① 由于作图软件的原因，振荡间断点 $x=-3$ 画得有点儿凌乱。

- 当 $-\infty < u < +\infty$ 时，函数 $y = \sin(u)$ 是连续的。

所以根据定理 36 可知，在 $x \in (-\infty, 0) \cup (0, +\infty)$ 时 $y = \sin \dfrac{1}{x}$ 是连续的，如图 2.111 所示。

2.18.4 初等函数的连续性

下表中列出的函数称为基本初等函数，可以证明所有基本初等函数在自然定义域上都是连续函数。

基本初等函数	幂函数：$y = x^{\alpha}, \alpha \in \mathbb{R}$ 指数函数：$y = a^x, a > 0$ 且 $a \neq 1$ 对数函数：$y = \log_a x, a > 0$ 且 $a \neq 1$ 三角函数：$y = \sin x, y = \cos x, y = \tan x$ 等 反三角函数：$y = \arcsin x, y = \arccos x, y = \arctan x$ 等

由常数和基本初等函数经过有限次的四则运算和有限次复合构成的、且可用一个式子表示的函数称为初等函数，比如：

$$y = \sqrt{1 - x^2}, \quad y = \sin^2 x, \quad y = \ln \sin x$$

根据定理 33 以及定理 36 可知，初等函数在自然定义域上也都是连续函数。

2.18.5 极限求解的例题

例 54. 请求出 $\lim\limits_{x \to 0} \dfrac{\ln(1+x)}{x}$。

解. 根据定理 35 以及定理 28，可得 $\lim\limits_{x \to 0} \dfrac{\ln(1+x)}{x} = \lim\limits_{x \to 0} \ln(1+x)^{\frac{1}{x}} = \ln \lim\limits_{x \to 0} (1+x)^{\frac{1}{x}} = \ln \mathrm{e} = 1$。

例 55. 请求出 $\lim\limits_{x \to 0} \dfrac{\mathrm{e}^x - 1}{x}$。

解. 令 $\mathrm{e}^x - 1 = t$，则 $x = \ln(t+1)$，当 $x \to 0$ 时 $t \to 0$，结合上例 54 有 $\lim\limits_{x \to 0} \dfrac{\mathrm{e}^x - 1}{x} = \lim\limits_{t \to 0} \dfrac{t}{\ln(t+1)} = 1$。

例 56. 请求出 $\lim\limits_{x \to 0} \dfrac{(1+x)^{\alpha} - 1}{\alpha x}, \alpha \in \mathbb{R}$。

解. 令 $(1+x)^{\alpha} - 1 = t$，则 $(1+x)^{\alpha} = t + 1$，当 $x \to 0$ 时 $t \to 0$，结合上例 54 可得：

$$\begin{aligned}
\lim_{x \to 0} \frac{(1+x)^{\alpha} - 1}{\alpha x} &= \lim_{x \to 0} \left[\frac{(1+x)^{\alpha} - 1}{\alpha \ln(1+x)} \cdot \frac{\ln(1+x)}{x} \right] = \lim_{x \to 0} \frac{(1+x)^{\alpha} - 1}{\ln(1+x)^{\alpha}} \lim_{x \to 0} \frac{\ln(1+x)}{x} \\
&= \lim_{t \to 0} \frac{t}{\ln(1+t)} \lim_{x \to 0} \frac{\ln(1+x)}{x} = 1
\end{aligned}$$

例 54、例 55 和例 56 实际上证明了定理 31 中的 $\ln(1+x) \sim x, \mathrm{e}^x - 1 \sim x, (1+x)^{\alpha} - 1 \sim \alpha x$。

例 57. 请求出 $\lim\limits_{x \to 0} \mathrm{e}^{\frac{2 \sin x}{x}}$。

解. 根据定理 35 以及定理 31 中的 $\sin x \sim x$，可得 $\lim\limits_{x\to 0} \mathrm{e}^{\frac{2\sin x}{x}} = \mathrm{e}^{2\lim\limits_{x\to 0}\frac{\sin x}{x}} = \mathrm{e}^2$。

例 58. 请求出 $\lim\limits_{x\to 0}(1+2x)^{\frac{3}{\sin x}}$。

解. 根据定理 35、定理 31 中的 $\sin x \sim x$、$\ln(1+x) \sim x$ 及等价无穷小的替换（定理 30），可得：

$$\lim_{x\to 0}(1+2x)^{\frac{3}{\sin x}} = \lim_{x\to 0} \mathrm{e}^{\frac{3}{\sin x}\cdot\ln(1+2x)} = \mathrm{e}^{\lim\limits_{x\to 0}\left[\frac{3}{\sin x}\cdot\ln(1+2x)\right]} = \mathrm{e}^{\lim\limits_{x\to 0}\frac{3\cdot 2x}{x}} = \mathrm{e}^6$$

2.19 闭区间上连续函数的性质

定义 31. 如果函数 $f(x)$ 在开区间 (a,b) 上连续，在左端点 a 右连续，在右端点 b 左连续，那么函数 $f(x)$ 在闭区间 $[a,b]$ 上就是连续的。

比如图 2.196 中的函数 $f(x)$ 在闭区间 $[a,b]$ 上就是连续的。

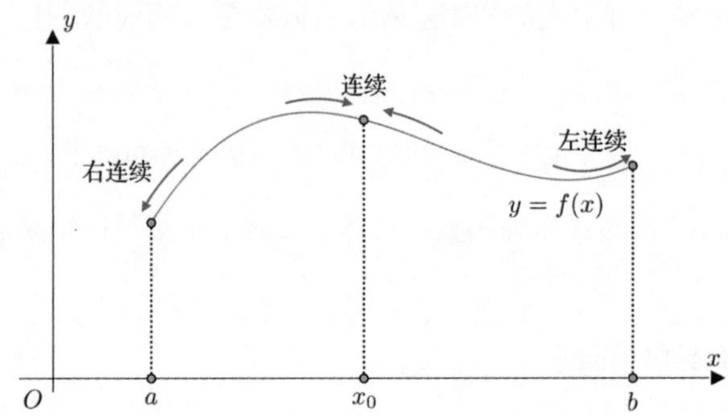

图 2.196　函数 $f(x)$ 在闭区间 $[a,b]$ 上连续，其在 a 点右连续，在 x_0 点连续，在 b 点左连续

闭区间上的连续函数有很多特殊的性质，所以这里专门用一节来对其进行讲解，先介绍几个定义。

2.19.1 最值和极值

定义 32. 设函数 $f(x)$ 在区间 I 上有定义，对于 $x_0 \in I$，$\forall x \in I$ 时有：

- $f(x_0) \geqslant f(x)$，则称 $f(x_0)$ 为函数 $f(x)$ 在区间 I 上的最大值，称 x_0 点为函数 $f(x)$ 在区间 I 上的最大值点。
- $f(x_0) \leqslant f(x)$，则称 $f(x_0)$ 为函数 $f(x)$ 在区间 I 上的最小值，称 x_0 点为函数 $f(x)$ 在区间 I 上的最小值点。

上述的 $f(x_0)$ 统称为函数 $f(x)$ 在区间 I 上的最值，x_0 统称为函数 $f(x)$ 在区间 I 上的最值点。

举例说明一下定义 32。比如在图 2.197 所示的闭区间 $[a,b]$ 上，左、右两图中的 $f(x_0)$ 都是最大值，x_0 点都是最大值点；$f(x_1)$ 都是最小值，x_1 点都是最小值点。

值得注意的是，不一定有最值、最值点。比如图 2.198 的左图所示的区间 $(a,b]$，有最小值无最大值，b 为最小值点；而在右图所示的区间 (a,b) 上，无最值。

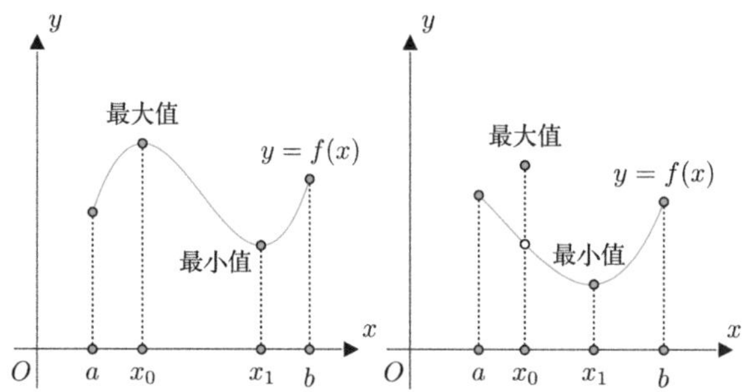

图 2.197 存在最大值和最小值的情况

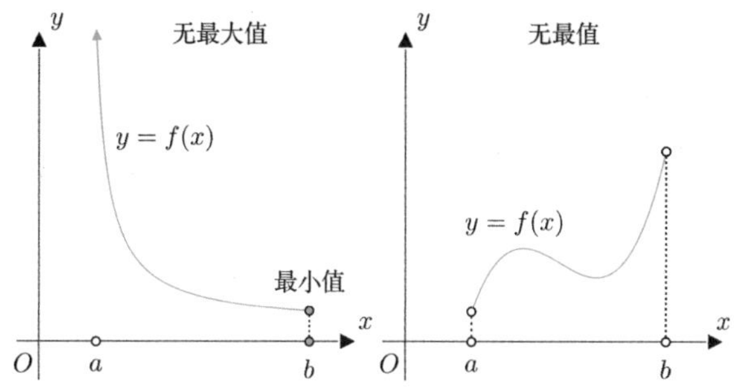

图 2.198 不一定有最值的情况

定义 33. 设函数 $f(x)$ 在某邻域 $U(x_0)$ 上有定义，如果 $\exists\delta>0$，$\forall x\in \mathring{U}(x_0,\delta)$ 时有：

- $f(x_0)>f(x)$，则称 $f(x_0)$ 为函数 $f(x)$ 的一个极大值，称 x_0 点为函数 $f(x)$ 的一个极大值点。
- $f(x_0)<f(x)$，则称 $f(x_0)$ 为函数 $f(x)$ 的一个极小值，称 x_0 点为函数 $f(x)$ 的一个极小值点。

上述的 $f(x_0)$ 统称为函数 $f(x)$ 的一个极值，x_0 统称为函数 $f(x)$ 的一个极值点。

举例说明一下定义 33，并且和定义 32 进行一下比较。在图 2.199 中，

- a 点是函数 $f(x)$ 在闭区间 $[a,b]$ 上的最小值点，x_3 点是函数 $f(x)$ 在闭区间 $[a,b]$ 上的最大值点。
- x_0、x_1、x_3、x_5 点是函数 $f(x)$ 的极大值点，x_2、x_4 是函数 $f(x)$ 的极小值点。

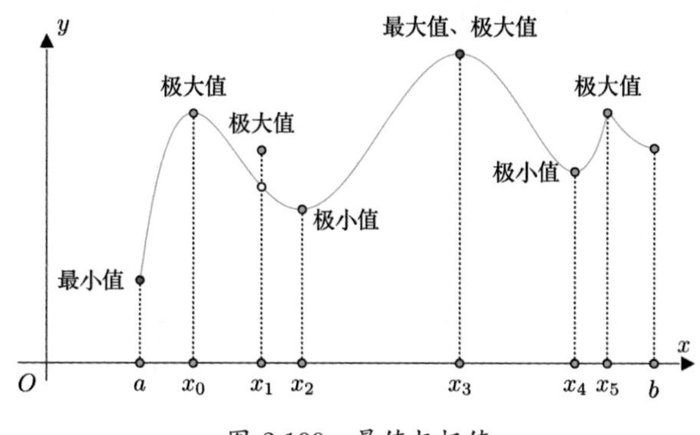

图 2.199 最值与极值

从上述例子中也可以看出，最值是区间 I 上的全局概念，而极值是邻域上的局部概念。

2.19.2 有界性与最大值最小值定理

定理 37. 在闭区间上连续的函数在该区间上有界且一定能取得它的最大值和最小值。

对定理 37 不作证明，只进行举例说明。比如图 2.200 中所示的函数 $f(x)$ 在闭区间 $[a,b]$ 上连续，可观察到其在 $[a,b]$ 上有界、有最值，ξ 点为其最小值点，b 点为其最大值点。

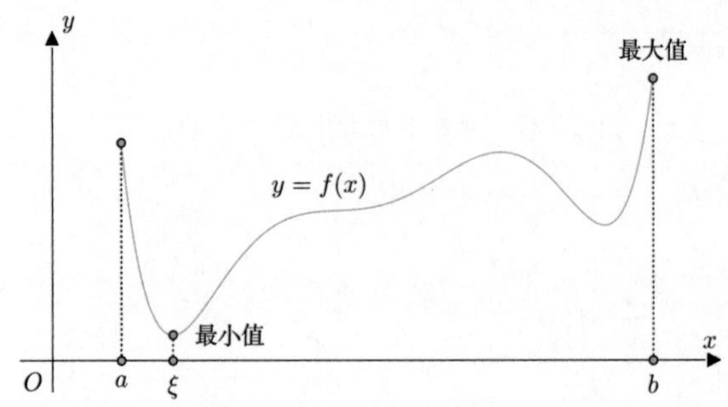

图 2.200 函数 $f(x)$ 在闭区间 $[a,b]$ 上连续，其在闭区间 $[a,b]$ 有界、有最值

而图 2.201 中的函数 $y=\dfrac{1}{x}$ 在开区间 $(0,+\infty)$ 上连续，其在开区间 $(0,+\infty)$ 上无界、无最大值和最小值。

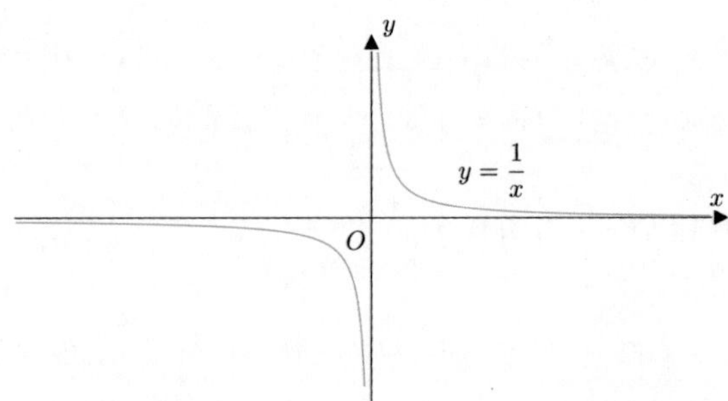

图 2.201 $y=\dfrac{1}{x}$ 在开区间 $(0,+\infty)$ 上连续，其在开区间 $(0,+\infty)$ 上无界、无最值

例 59. 函数有界，则一定能取到最大值和最小值，这种说法正确吗？

解. 错误。比如图 2.202 中所示的函数 $\sin x$ 在开区间 $\left(-\dfrac{\pi}{2},\dfrac{\pi}{2}\right)$ 有界，但无法取到端点，所以没有最值。

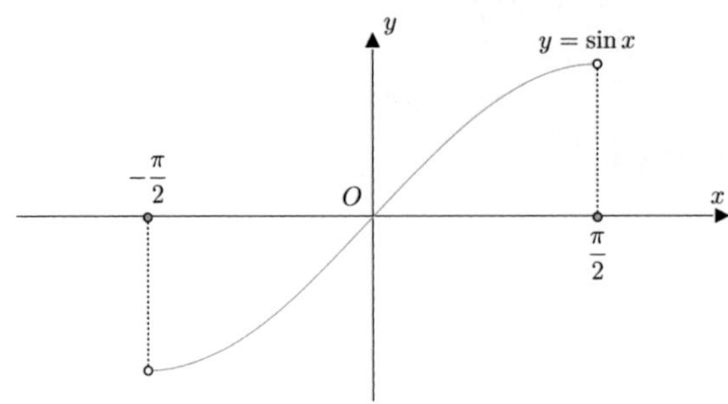

图 2.202 函数 $\sin x$ 在开区间 $\left(-\dfrac{\pi}{2},\dfrac{\pi}{2}\right)$ 有界，但无最值

2.19.3 零点定理

定理 38 (零点定理). 设函数 $f(x)$ 在闭区间 $[a,b]$ 上连续，且 $f(a)$ 与 $f(b)$ 异号（即 $f(a)\cdot f(b)<0$），则在开区间 (a,b) 内至少有一点 ξ 使得 $f(\xi)=0$。

对零点定理（定理 38）也不作证明，只进行举例说明。比如图 2.203 中所示的函数 $f(x)$ 在闭区间 $[a,b]$ 上连续，其两个端点位于 x 轴的异侧，那么该函数曲线必然与 x 轴至少有一个交点，也就是图 2.203 中的 $f(\xi)=0$。

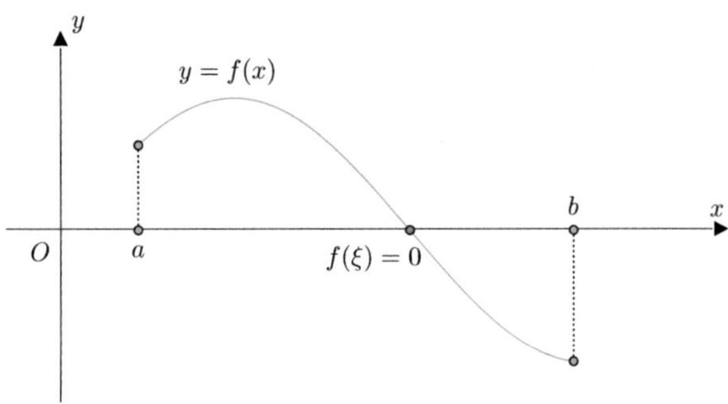

图 2.203 函数 $f(x)$ 在闭区间 $[a,b]$ 上连续，两端点位于 x 轴的异侧，$f(\xi)=0$

例 60. 证明方程 $x^3-4x^2+1=0$ 在开区间 $(0,1)$ 内至少有一个根。

证明. 函数 $f(x)=x^3-4x^2+1$ 在闭区间 $[0,1]$ 上连续，且 $f(0)=1>0$ 以及 $f(1)=-2<0$，所以根据零点定理有 $f(\xi)=0,\xi\in(0,1)$，即 $\xi^3-4\xi^2+1=0,\quad \xi\in(0,1)$，如图 2.204 所示。

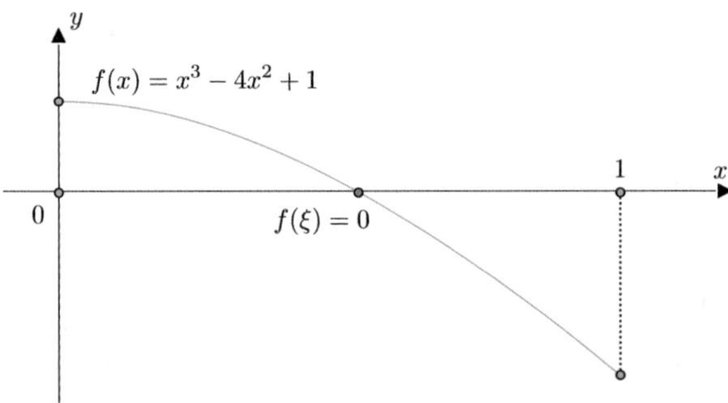

图 2.204 函数 x^3-4x^2+1 在闭区间 $[0,1]$ 上连续，两端点位于 x 轴的异侧，$f(\xi)=0$

即在开区间 $(0,1)$ 内，ξ 是方程 $x^3-4x^2+1=0$ 的根，所以该方程在开区间 $(0,1)$ 内至少有一个根。 ■

2.19.4 介值定理

定理 39 (介值定理). 设函数 $f(x)$ 在闭区间 $[a,b]$ 上连续，且在此区间的端点取不同的函数值，即：

$$f(a)=A,\quad f(b)=B,\quad A\neq B$$

则对于 A 与 B 之间的任意一个数 C,在开区间 (a,b) 内至少有一点 ξ 使得 $f(\xi)=C,\xi\in(a,b)$。

证明. 设 $g(x)=f(x)-C$，易知 $g(x)$ 在闭区间 $[a,b]$ 上连续，且 $g(a)=A-C$ 与 $g(b)=B-C$ 异号。根据零点定理（定理 38）可知，开区间 (a,b) 上至少有一点 ξ 使得：

$$g(\xi)=0 \implies f(\xi)-C=0 \implies f(\xi)=C,\quad \xi\in(a,b)$$ ■

介值定理（定理 39）说的是,对于闭区间 $[a,b]$ 上的连续函数 $f(x)$,只要 C 位于 $f(a)=A$、$f(b)=B$ 之间，那么必然有 $f(\xi)=C$，如图 2.205 所示。

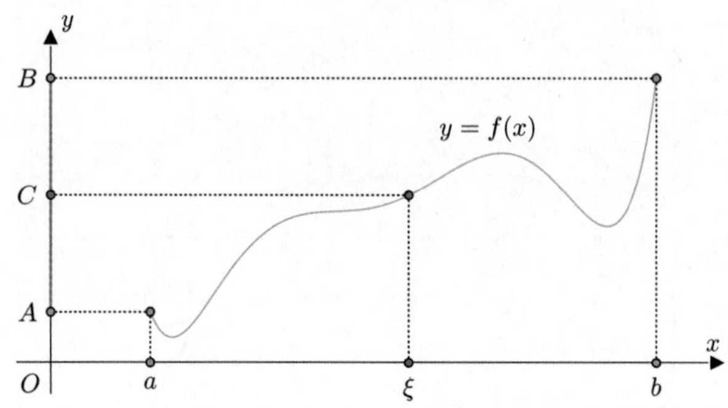

图 2.205 C 位于 $f(a)=A$、$f(b)=B$ 之间，有 $f(\xi)=C$

定理 40. 在闭区间 $[a,b]$ 上连续的函数 $f(x)$，其值域为闭区间 $[m,M]$，其中 m 和 M 依次为 $f(x)$ 在 $[a,b]$ 的最小值与最大值。

证明. 设 $m=f(x_1)$ 及 $M=f(x_2)$，其中 $m\neq M$。在 $[x_1,x_2]$（或 $[x_2,x_1]$）运用介值定理可知，$f(x)$ 可取到 (m,M) 区间的一切值，又 $m=f(x_1)$ 及 $M=f(x_2)$，所以 $y=f(x)$ 的值域为 $[m,M]$。 ■

定理 40 说的是，闭区间 $[a,b]$ 上的连续函数 $f(x)$ 的函数值会在最小值 m 和最大值 M 之间，如图 2.206 所示。

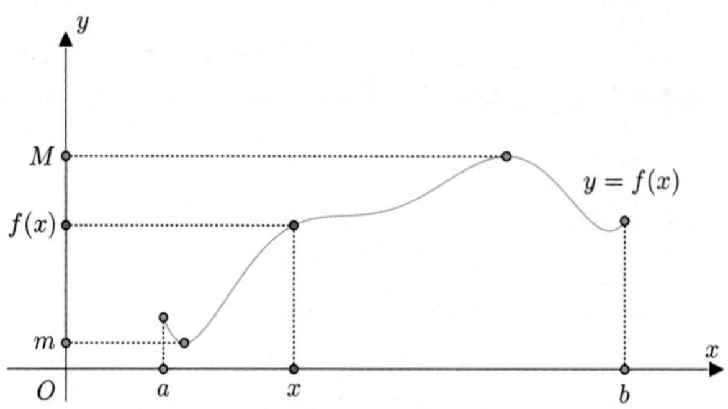

图 2.206 连续函数 $y=f(x)$ 的函数值会在最小值 m 和最大值 M 之间变化

例 61. 已知 $f(x)$ 在 $[a,b]$ 上连续，有 $a<x_1<x_2<\cdots<x_n<b(n\geqslant 3)$。请证明在 (x_1,x_n) 内至少存在一点 ξ，使得 $f(\xi)=\dfrac{f(x_1)+f(x_2)+\cdots+f(x_n)}{n}$。

证明. 根据题设可知，$f(x)$ 在 $[x_1,x_n]$ 上连续，根据定理 37 可知，$f(x)$ 在 $[x_1,x_n]$ 上必取得最小值 m 和最大值 M，即有 $m\leqslant f(x_k)\leqslant M(k=1,2,\cdots,n)$，所以可推出：

$$m \leqslant \frac{f(x_1)+f(x_2)+\cdots+f(x_n)}{n} \leqslant M$$

下面分情况讨论：（1）如果两侧都取不到等号，即：

$$m < \frac{f(x_1)+f(x_2)+\cdots+f(x_n)}{n} < M$$

那么由定理 40 可知，存在 $\xi \in (x_1, x_n)$ 使得 $f(\xi) = \dfrac{f(x_1)+f(x_2)+\cdots+f(x_n)}{n}$。

（2）假设 $m = M$，那么在 $[a,b]$ 内是一个常数函数，随便选一点就可以满足题目的要求。

（3）假设 $m \neq M$，两侧的等号不可能同时取得，假设取得左边的等号（右边的等号同理可证）：

$$\frac{f(x_1)+f(x_2)+\cdots+f(x_n)}{n} = m$$

因为 m 为最小值，所以必然有 $f(x_1) = f(x_2) = \cdots = f(x_n) = m$，随便取 $x_k, k = 2, \cdots, n-1$ 中的一点作为 ξ 即可满足题目要求。 ■

2.19.5 通过极限求出圆的面积

本章讲述的是“函数与极限”，至此所有的知识点都已经学完了。下面是额外的视频内容，主要讲述如何通过极限求出圆的面积，下面先通过文字阐述一下思路：

- 通过内接正 n 边形去逼近圆，计算出 $n \to \infty$ 时内接正 n 边形的面积，这种方法在本书一开始就讲过，参见图 1.6。具体的视频讲解请扫描图 2.207 中的二维码。
- 证明 $n \to \infty$ 时内接正 n 边形就是圆，所以 $n \to \infty$ 时内接正 n 边形的面积就是圆的面积，具体的视频讲解请扫描图 2.208 中的二维码。

图 2.207 圆的面积为什么是 πr^2

图 2.208 内接多边形的极限是圆吗

这里有一点需要解释一下。在例 25 中，我们通过计算矩形面积和 A_n 的极限得出曲边梯形的面积为 9，参见图 2.124。为什么这里还需要单独证明 $n \to \infty$ 时内接正 n 边形的面积就是圆的面积呢？这是因为：

- 后面会学到，对于曲边梯形而言，$\lim\limits_{n\to\infty} A_n$ 就是曲边梯形面积的定义。
- 而圆不一样，它的定义是“某线段围绕自己的一个端点旋转一周后，另外一个端点的轨迹就构成了圆”，所以需要证明 $n \to \infty$ 时内接正 n 边形符合圆的定义，从而才能有 $n \to \infty$ 时内接正 n 边形的面积就是圆的面积。

第 3 章　微分与导数

3.1　微分与线性近似

在例 25 中，通过用矩形逼近的方法求出了 $y=x^2$、$x=0$ 和 $x=3$，以及 $y=0$ 围成的曲边梯形面积为 9。用同样的方法也可以求出正弦函数 $y=\sin x$ 下 $[0,\pi]$ 之间的曲边梯形的面积，如图 3.1 所示。

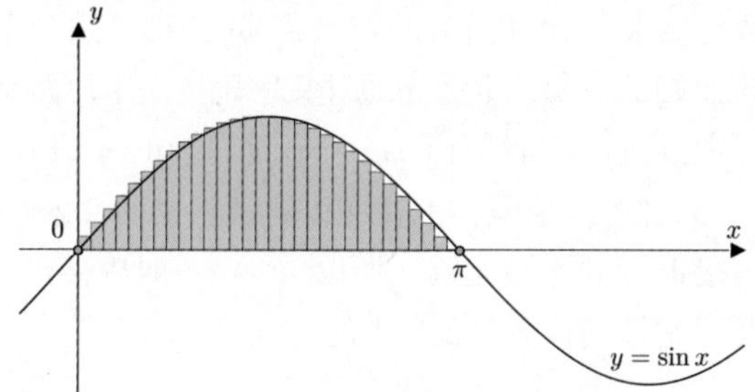

图 3.1　用矩形逼近 $y=\sin x$、$x=0$ 和 $x=\pi$，以及 $y=0$ 围成的曲边梯形

把 $[0,\pi]$ 区间 n 等分，则一系列矩形的面积和为 $A_n=\sum_{i=1}^{n}\frac{\pi}{n}\sin\frac{i\pi}{n}$，令 $x=\frac{\pi}{n}$，所以：

$$\sin\frac{x}{2}A_n=\sin\frac{x}{2}\sum_{i=1}^{n}\frac{\pi}{n}\sin\frac{i\pi}{n}=\sin\frac{x}{2}\sum_{i=1}^{n}x\sin(ix)=x\sum_{i=1}^{n}\sin\frac{x}{2}\sin(ix)$$

根据积化和差公式有 $\sin\frac{x}{2}\sin(mx)=\frac{1}{2}\left[\cos\left(\left(m-\frac{1}{2}\right)x\right)-\cos\left(\left(m+\frac{1}{2}\right)x\right)\right]$，所以上式可以化作：

$$\begin{aligned}\sin\frac{x}{2}A_n&=x\sum_{i=1}^{n}\sin\frac{x}{2}\sin(ix)=x\left(\sin\frac{x}{2}\sin x+\sin\frac{x}{2}\sin(2x)+\cdots+\sin\frac{x}{2}\sin(nx)\right)\\&=x\cdot\frac{1}{2}\Bigg[\left(\cos\frac{x}{2}-\cos\frac{3x}{2}\right)+\left(\cos\frac{3x}{2}-\cos\frac{5x}{2}\right)+\cdots+\\&\qquad\left(\cos\left(\left(n-\frac{1}{2}\right)x\right)-\cos\left(\left(n+\frac{1}{2}\right)x\right)\right)\Bigg]\\&=x\cdot\frac{1}{2}\left[\cos\frac{x}{2}-\cos\left(\left(n+\frac{1}{2}\right)x\right)\right]\end{aligned}$$

$$= x\sin\frac{nx}{2}\sin\frac{(n+1)x}{2}$$

将 $x=\frac{\pi}{n}$ 回代上式，可得：

$$\sin\frac{x}{2}A_n = x\sin\frac{nx}{2}\sin\frac{(n+1)x}{2} \implies \sin\frac{\pi}{2n}A_n = \frac{\pi}{n}\sin\frac{\pi}{2}\sin\left(\frac{n+1}{n}\cdot\frac{\pi}{2}\right)$$

$$\implies \sin\frac{\pi}{2n}A_n = \frac{\pi}{n}\sin\left(\frac{n+1}{n}\cdot\frac{\pi}{2}\right)$$

$$\implies A_n = \frac{\frac{\pi}{n}\sin\left(\frac{n+1}{n}\cdot\frac{\pi}{2}\right)}{\sin\frac{\pi}{2n}}$$

对其求极限，有：

$$\lim_{n\to\infty}A_n = \lim_{n\to\infty}\frac{\frac{\pi}{n}\sin\left(\frac{n+1}{n}\cdot\frac{\pi}{2}\right)}{\sin\frac{\pi}{2n}} = 2\lim_{n\to\infty}\frac{\frac{\pi}{2n}}{\sin\frac{\pi}{2n}}\cdot\lim_{n\to\infty}\sin\left(\frac{n+1}{n}\cdot\frac{\pi}{2}\right) = 2$$

也就是说，正弦函数 $y=\sin x$ 下 $[0,\pi]$ 之间的曲边梯形的面积为 2，如图 3.2 所示。

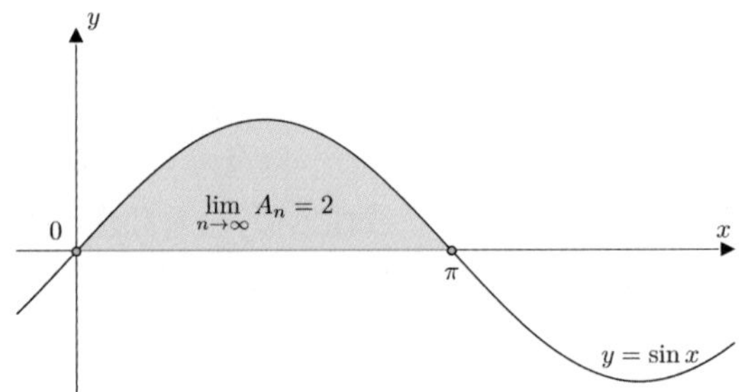

图 3.2 $y=\sin x$、$x=0$ 和 $x=\pi$，以及 $y=0$ 围成的曲边梯形面积为 2

从上面的例子可见，对于不同的函数，曲边梯形的面积计算可能非常复杂。所以从本章开始，包括之后的四章，都有一个共同的任务，就是学习曲边梯形面积的通用解法。

想找到通用解法需要先研究“线性近似”。比如，要求图 3.3 中函数 $f(x)$ 下 $[a,b]$ 之间的曲边梯形面积。

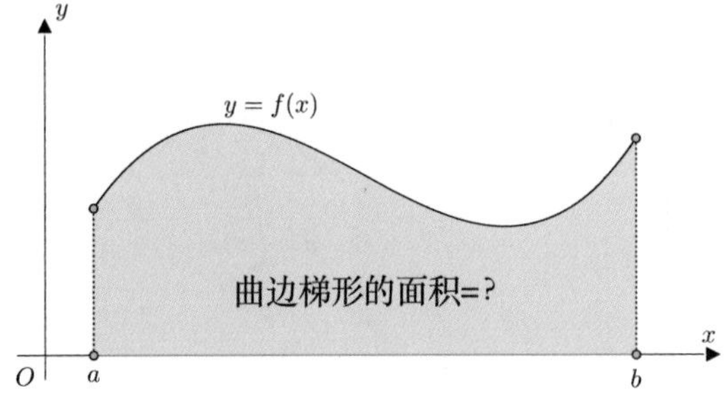

图 3.3 $y=f(x)$、$x=a$ 和 $x=b$，以及 $y=0$ 围成的曲边梯形

需要先将曲边梯形分为 n 份，如图 3.4 所示。

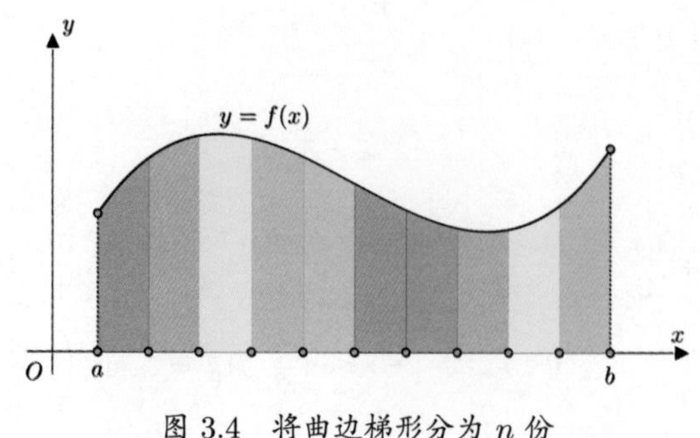

图 3.4 将曲边梯形分为 n 份

然后将每一份都用某矩形来近似，这就是曲边梯形中的“线性近似”，如图 3.5 所示。

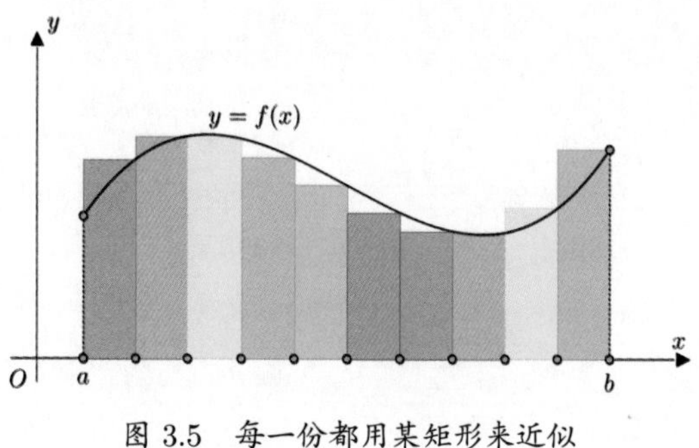

图 3.5 每一份都用某矩形来近似

上述曲边梯形是由 $y=f(x)$、$x=a$ 和 $x=b$，以及 $y=0$ 围成的，其中复杂的只有函数 $f(x)$，所以先来研究如何对函数 $f(x)$ 进行“线性近似”。单独作函数 $f(x)$ 的图像，如图 3.6 所示。

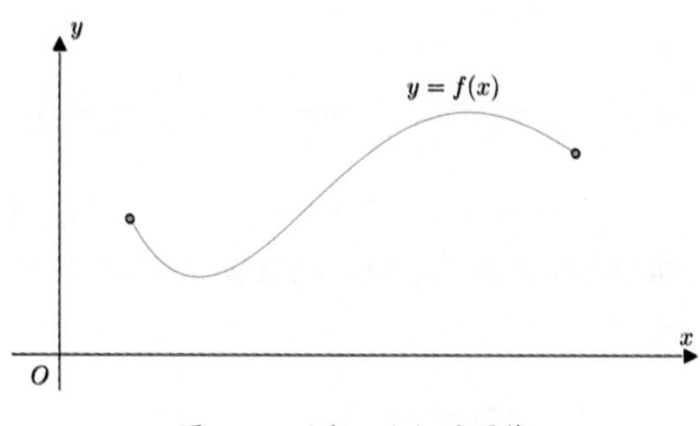

图 3.6 函数 $f(x)$ 的图像

当然不可能用一根线段来近似，也需要将该函数 $f(x)$ 分为 n 份，如图 3.7 所示。

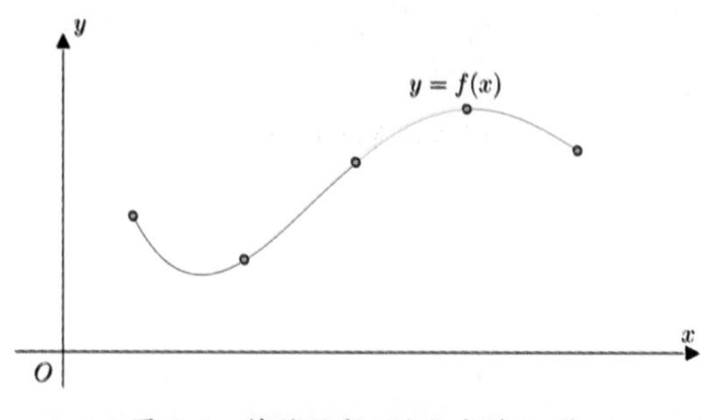

图 3.7 将该函数 $f(x)$ 分为 n 份

然后每一份都可以用一根线段来近似，这就是函数曲线的“线性近似”，如图 3.8 所示。

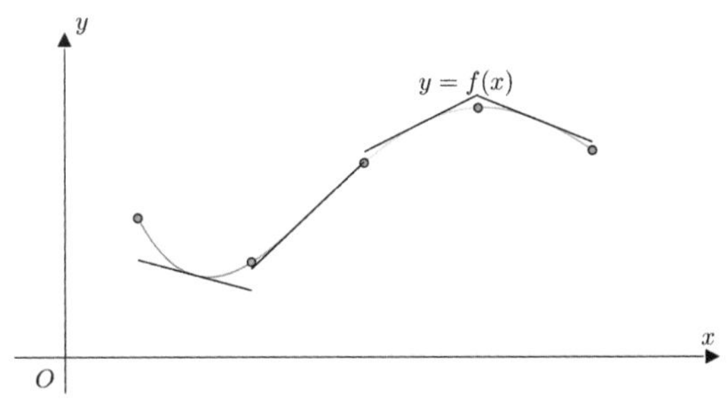

图 3.8 每一份都可以用一根线段来近似

对于某一段曲线而言，用于近似它的直线就被称为该曲线的微分，如图 3.9 所示。

微分以及微分的求解就是本章要学习的内容。从下一节开始，我们就会对其中的细节进行讨论。

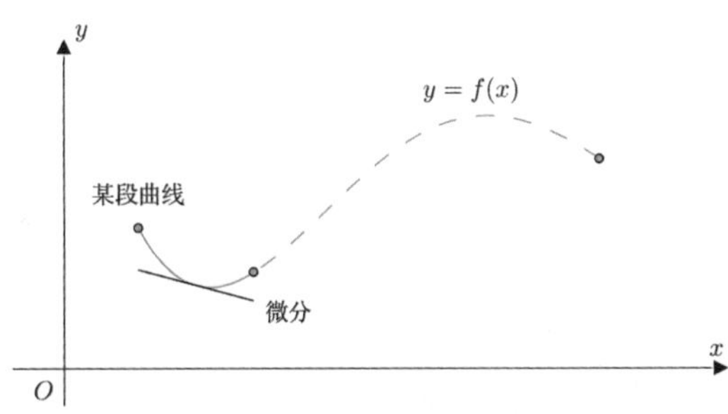

图 3.9 近似某段曲线的直线称为该曲线的微分

3.2 通过导数求出微分

上一节笼统地解释了，微分就是对局部曲线的线性近似，参见图 3.9。本节来学习一下“微分”的严格定义。

3.2.1 微分的定义

用微信扫描图 3.10 所示的二维码，可观看本节的视频讲解。

图 3.10 扫码观看本节的讲解视频

从直观上看，若某直线可近似 x_0 点附近的曲线，那么该直线就称为 x_0 点的微分，如图 3.11 所示。

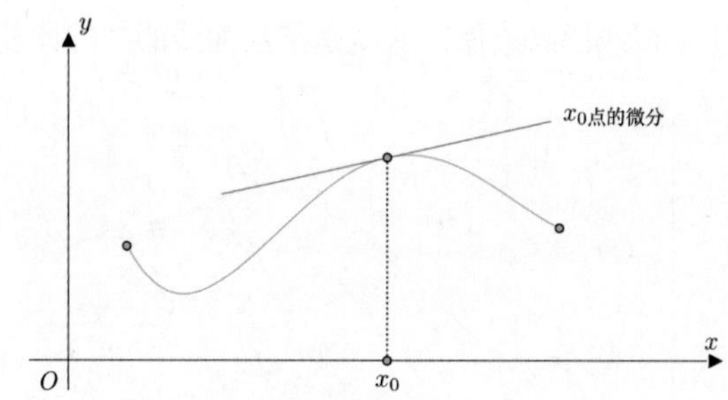

图 3.11 可近似 x_0 点附近的曲线的直线称为 x_0 点的微分

作 x_0 点的微分与曲线之间的差值，容易发现，越接近 x_0 点，该差值就越小，如图 3.12 所示。

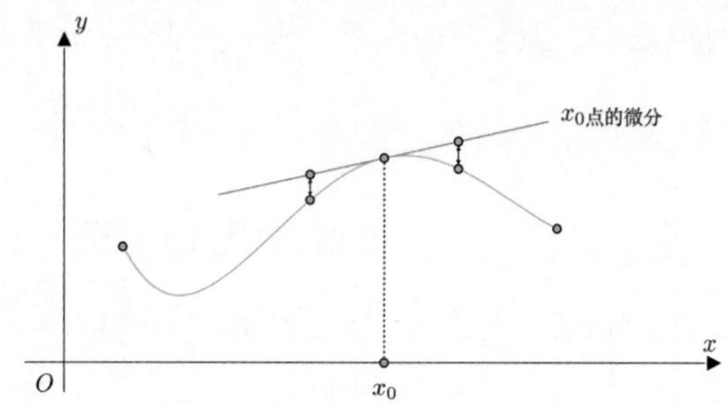

图 3.12 越接近 x_0 点，微分与曲线之间的差值就越小

或换一个角度来理解，上述条件其实说的就是，在 x_0 点附近，微分和曲线非常接近，如图 3.13 所示。

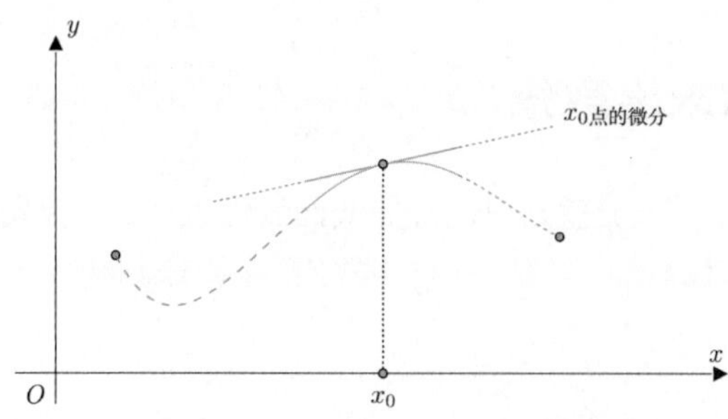

图 3.13 在 x_0 点附近微分和曲线非常接近

有了直观理解之后，下面来看看数学家给出的微分定义。

定义 34. 设函数 $y=f(x)$ 在某区间内有定义，x_0 及 $x_0+\Delta x$ 在此区间内，如果函数值增量：

$$\Delta y=f(x_0+\Delta x)-f(x_0)$$

可表示为：

$$\Delta y=A\Delta x+o(\Delta x)$$

其中 A 是不依赖于 Δx 的常数，那么称函数 $y=f(x)$ 在 x_0 点处是可微的，而 $A\Delta x$ 叫作函

数 $y=f(x)$ 在 x_0 点相应于自变量增量 Δx 的微分，记作 $\mathrm{d}y$，即：

$$\mathrm{d}y = A\Delta x$$

通常令 $\mathrm{d}x=\Delta x$，所以微分又可表示为 $\mathrm{d}y=A\mathrm{d}x$。

定义 34 看起来很复杂，但重点是其中的三个式子：

- $\Delta y=f(x_0+\Delta x)-f(x_0)$，这其实就是曲线的表达式。
- $\mathrm{d}y=A\Delta x$，这其实就是直线的表达式，也就是 x_0 点的微分的表达式。
- $\Delta y=A\Delta x+o(\Delta x)$，该式可改写为 $o(\Delta x)=\Delta y-A\Delta x$，所以该式说的是曲线和微分相差 $o(\Delta x)$。

上述三个式子及彼此的关系，如图 3.14 所示。

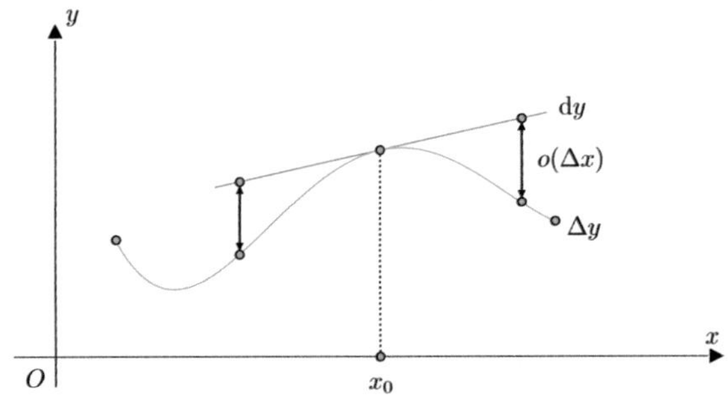

图 3.14 $\Delta y=A\Delta x+o(\Delta x)$

所以定义 34 其实说的就是：

$$\text{若 曲线} - \text{直线} = o(\Delta x) \implies \text{该直线就是曲线的微分}$$

至此，我们对定义 34 有了大致的理解。下面来详细解释上面提到的三个式子，为什么有对应的几何意义。

3.2.1.1 $\Delta y=f(x_0+\Delta x)-f(x_0)$ 是曲线的表达式

设想近似某点附近的曲线，如果建立 xy 坐标系的话，该曲线可表示为函数 $f(x)$，某点的横坐标可表示为 x_0，相应的纵坐标就是 $f(x_0)$，如图 3.15 所示。

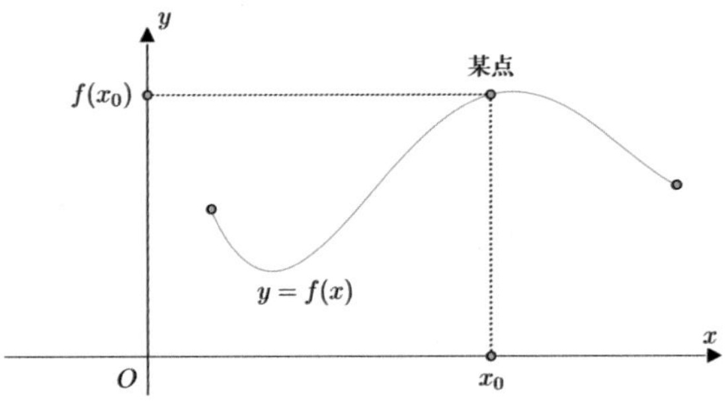

图 3.15 曲线可表示为函数 $f(x)$，某点的横坐标为 x_0、纵坐标为 $f(x_0)$

在曲线上任取一点，那么在 xy 坐标系中，该任意点的横坐标为 x，纵坐标为 $f(x)$，如图 3.16 所示。

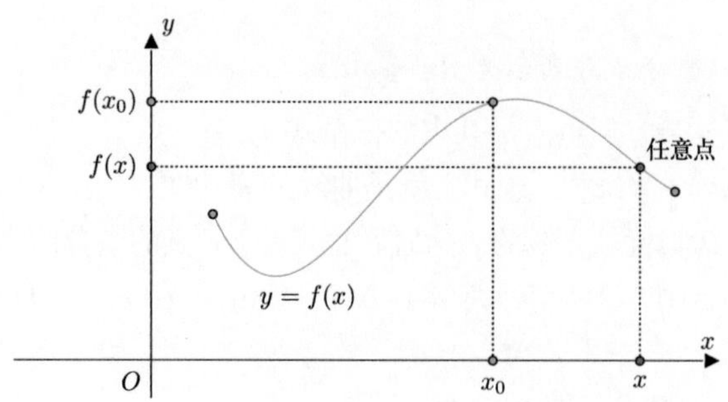

图 3.16 曲线上任意点的横坐标为 x，纵坐标为 $f(x)$

如果用 Δx 表示 x 与 x_0 的差值，那么任意点的横坐标 x 可改写为 $x_0+\Delta x$，纵坐标 $f(x)$ 可改写为 $f(x_0+\Delta x)$。而 $\Delta y = f(x_0+\Delta x) - f(x_0)$ 就是 $f(x_0+\Delta x)$ 与 $f(x_0)$ 的差值，如图 3.17 所示。

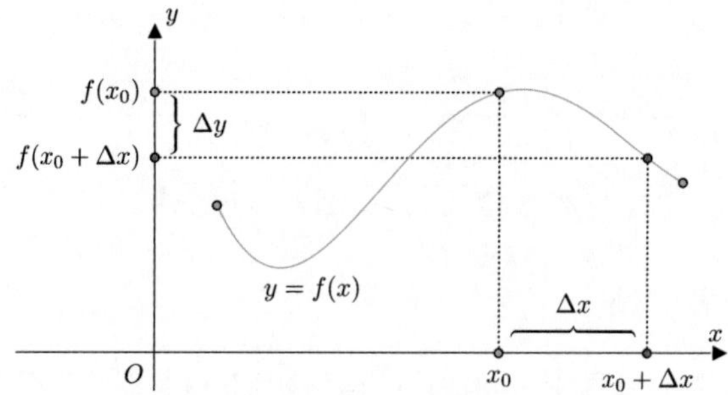

图 3.17 $\Delta x = x - x_0$，$\Delta y = f(x_0+\Delta x) - f(x_0)$ 为 $f(x_0+\Delta x)$ 与 $f(x_0)$ 的差值

如果以 $(x_0, f(x_0))$ 点为原点来建立新的坐标系，那么：

- 在新的坐标系中，任意点相对原点横移了 Δx，也就是说，其横坐标为 Δx，见图 3.18。
- 在新的坐标系中，任意点相对原点纵移了 Δy，也就是说，其纵坐标为 Δy，见图 3.18。

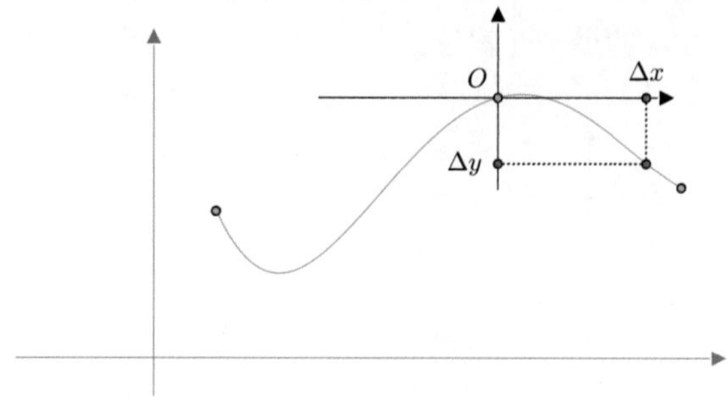

图 3.18 在新坐标系中，任意点的横坐标为 Δx，纵坐标为 Δy

因为任意点代表了整条曲线，所以在新坐标系中该曲线的自变量就是 Δx，因变量就是 Δy，因此该曲线可用函数 $\Delta y = g(\Delta x)$ 来表示，如图 3.19 所示。

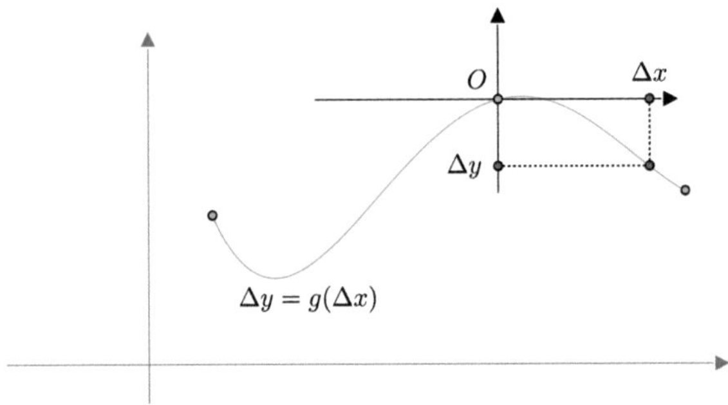

图 3.19 在新坐标系中，曲线可用函数 $\Delta y = g(\Delta x)$ 来表示

注意到 $\Delta y = f(x_0 + \Delta x) - f(x_0)$，所以该式的右侧就是 $g(\Delta x)$，即 $\Delta y = \overbrace{f(x_0 + \Delta x) - f(x_0)}^{g(\Delta x)}$。因此在新坐标系中，$\Delta y = f(x_0 + \Delta x) - f(x_0)$ 就是曲线的表达式[①]，如图 3.20 所示。

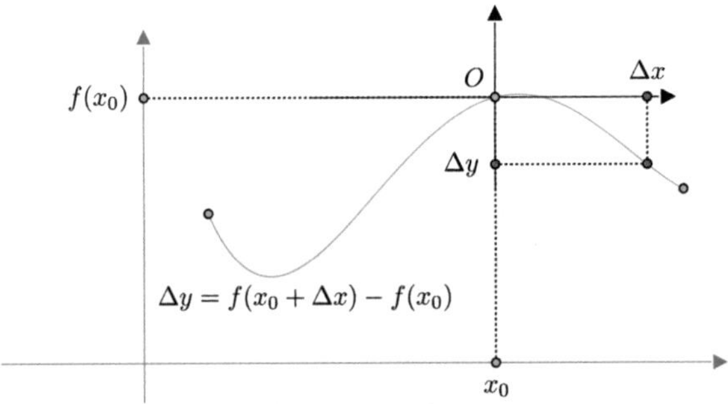

图 3.20 在新坐标系中，曲线的表达式为 $\Delta y = f(x_0 + \Delta x) - f(x_0)$

3.2.1.2 $\mathrm{d}y$ 是直线

在新坐标系中，Δx 就是自变量，所以 $\mathrm{d}y = A\Delta x$ 表示的就是在新坐标系中过新坐标原点、斜率为 A 的直线的表达式，如图 3.21 所示。

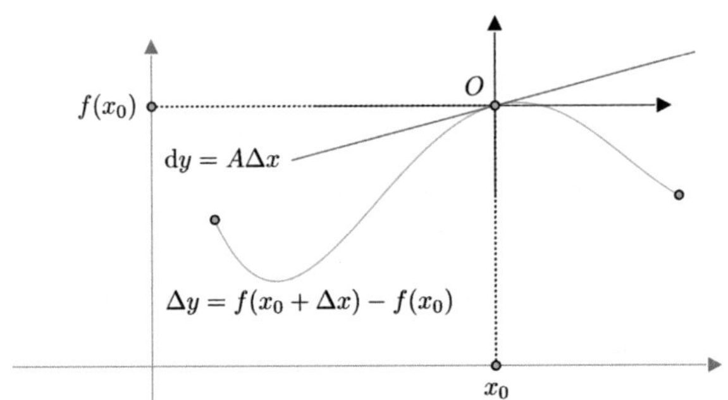

图 3.21 在新坐标系中，$\mathrm{d}y = A\Delta x$ 表示过原点、斜率为 A 的直线

3.2.1.3 相差 $o(\Delta x)$

最后一个式子 $\Delta y = A\Delta x + o(\Delta x)$ 可改写为 $o(\Delta x) = \Delta y - A\Delta x$，说的就是曲线 Δy

① 为了方便观察，在图 3.20 中重新标出原坐标系中的 x_0 点以及 $f(x_0)$ 点。

和直线 $\mathrm{d}y$ 相差高阶无穷小 $o(\Delta x)$。该差值意味着越接近 x_0 点，该差值就越小①，如图 3.22 所示。

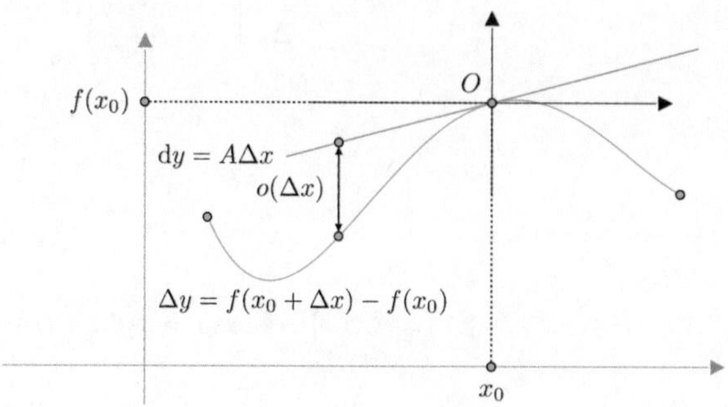

图 3.22 $o(\Delta x) = \Delta y - A\Delta x$，说的就是曲线 Δy 和直线 $\mathrm{d}y$ 相差 $o(\Delta x)$

综上，曲线 Δy 在 x_0 点的微分 $\mathrm{d}y$，就是过 x_0 点且与曲线相差 $o(\Delta x)$ 的直线。

3.2.2 导数的定义

通过上面的学习，我们知道了微分是函数 $y = f(x)$ 在 x_0 点及其附近曲线的“线性近似”，其表达式为 $\mathrm{d}y = A\mathrm{d}x$，那么 A 是多少呢？根据定义 34 有 $\Delta y = A\Delta x + o(\Delta x)$，其中 $o(\Delta x)$ 是 $x \to x_0$ 时 Δx 的高阶无穷小，所以可推出：

$$\begin{aligned}\Delta y = A\Delta x + o(\Delta x) &\implies \frac{\Delta y}{\Delta x} = A + \frac{o(\Delta x)}{\Delta x} \\ &\implies \lim_{x\to x_0}\frac{\Delta y}{\Delta x} = \lim_{x\to x_0}\left(A + \frac{o(\Delta x)}{\Delta x}\right) \\ &\implies \lim_{x\to x_0}\frac{\Delta y}{\Delta x} = \lim_{x\to x_0} A + \lim_{x\to x_0}\frac{o(\Delta x)}{\Delta x} = A\end{aligned}$$

因为 $\Delta x = x - x_0$，所以 $x \to x_0$ 就是 $\Delta x \to 0$；又因为 $\Delta y = f(x_0 + \Delta x) - f(x_0)$，所以上式可改写如下，也就是推出了 A 的计算式：

$$\lim_{x\to x_0}\frac{\Delta y}{\Delta x} = \lim_{\Delta x\to 0}\frac{\Delta y}{\Delta x} = \lim_{\Delta x\to 0}\frac{f(x_0+\Delta x) - f(x_0)}{\Delta x} = A$$

A 的计算式在数学中被称为导数，其严格定义如下。

定义 35. 设函数 $y = f(x)$ 在 x_0 点的某个邻域内有定义，当自变量 x 在 x_0 处取得增量 Δx（$x_0 + \Delta x$ 点仍在该邻域内）时，相应地，因变量取得增量 $\Delta y = f(x_0 + \Delta x) - f(x_0)$。如果 Δy 与 Δx 之比当 $\Delta x \to 0$ 时的极限存在，那么称函数 $y = f(x)$ 在 x_0 点处可导，并称这个极限为函数 $y = f(x)$ 在 x_0 点处的导数，记为 $f'(x_0)$，即：

$$f'(x_0) = \lim_{\Delta x\to 0}\frac{\Delta y}{\Delta x} = \lim_{\Delta x\to 0}\frac{f(x_0+\Delta x) - f(x_0)}{\Delta x}$$

也可记作 $y'|_{x=x_0}$，$\left.\dfrac{\mathrm{d}y}{\mathrm{d}x}\right|_{x=x_0}$，$\left.\dfrac{\mathrm{d}f(x)}{\mathrm{d}x}\right|_{x=x_0}$ 或 $\left.\dfrac{\mathrm{d}}{\mathrm{d}x}f(x)\right|_{x=x_0}$。

① 有的人可能发现了，相差其他种类的无穷小也可达到同样的效果，这个留待本节的后面再讨论。

定义 34 结合上定义 35，x_0 点的微分 $\mathrm{d}y = A\mathrm{d}x$ 可以改写为 $\mathrm{d}y = f'(x_0)\mathrm{d}x$，如图 3.23 所示。

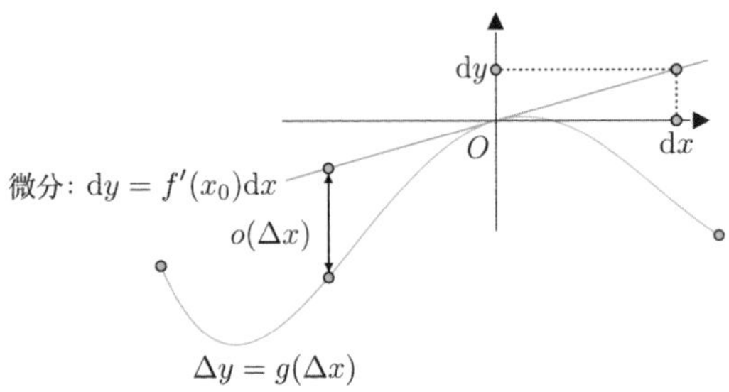

图 3.23 x_0 点的微分为 $\mathrm{d}y = f'(x_0)\mathrm{d}x$

为了方便书写，也常令 $\Delta x = h$，将定义 35 中的定义式改写为 $f'(x_0) = \lim\limits_{h\to 0}\dfrac{f(x_0+h)-f(x_0)}{h}$；或者令 $x = x_0 + \Delta x$，将定义 35 中的定义式改写为 $f'(x_0) = \lim\limits_{x\to x_0}\dfrac{f(x)-f(x_0)}{x-x_0}$。从上面介绍的几何意义可知，导数其实就是微分的斜率，因此如果微分存在，那么导数必然存在，反之亦然。所以说，**可微即可导，可导即可微**。

3.2.3 左导数、右导数

定义 36. 如下极限存在的话，则称之为函数 $f(x)$ 在 x_0 点处的左导数，记作 $f'_-(x_0)$：

$$f'_-(x_0) = \lim_{\Delta x\to 0^-}\frac{f(x_0+\Delta x)-f(x_0)}{\Delta x}$$

或如下极限存在的话，则称之为函数 $f(x)$ 在 x_0 点处的右导数，记作 $f'_+(x_0)$：

$$f'_+(x_0) = \lim_{\Delta x\to 0^+}\frac{f(x_0+\Delta x)-f(x_0)}{\Delta x}$$

举例说明一下定义 36，已知函数 $f(x)$ 以及 x_0 点，如图 3.24 所示，其中：

- 若只看函数 $f(x)$ 在 x_0 点及其左侧的曲线，可用如下的蓝色直线进行近似[①]，该直线也就是 $f(x_0)$ 点及其左侧曲线的微分，其斜率就是左导数 $f'_-(x_0)$。
- 若只看函数 $f(x)$ 在 x_0 点及其右侧的曲线，因为中间有一个“跳跃”，很显然找不到直线来近似这种“跳跃”，因此不存在右导数 $f'_+(x_0)$。

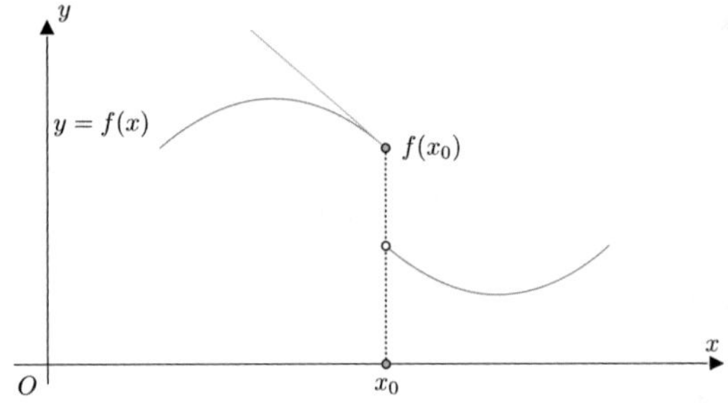

图 3.24 蓝色直线是 $f(x_0)$ 点及其左侧曲线的微分，找不到直线来近似 $f(x_0)$ 点及其右侧曲线

① 图 3.24 只画了直线的一半，是为了方便看出近似的效果。

也可能如图 3.25 中的函数 $f(x)$，蓝色的直线可近似 $f(x_0)$ 点及其左侧曲线，绿色的直线可近似 $f(x_0)$ 点及其右侧曲线，此时左导数 $f'_-(x_0)$、右导数 $f'_+(x_0)$ 都存在。

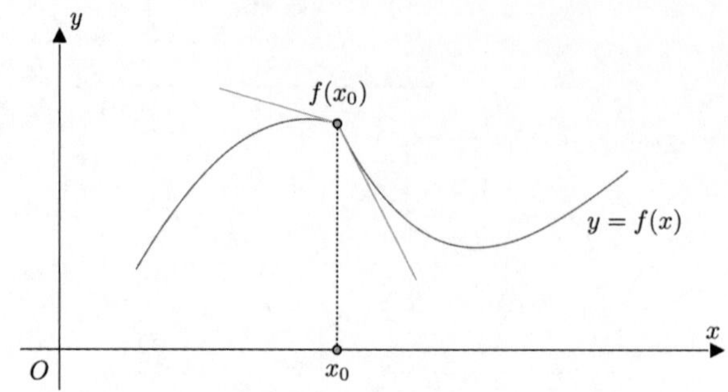

图 3.25 蓝、绿色直线分别是 $f(x_0)$ 点及其左、右侧曲线的“微分”

定理 41. 左、右导数存在且相等是可导的充要条件，即：

函数 $f(x)$ 在 x_0 点左、右导数存在且相等 $\iff$ 函数 $f(x)$ 在 x_0 点可导

证明. 函数 $f(x)$ 在 x_0 点左、右导数存在且相等，根据定理 7，可以推出函数 $f(x)$ 在 x_0 点可导；反过来也成立，即：

$$f'_-(x_0) = \lim_{\Delta x \to 0^-} \frac{f(x_0 + \Delta x) - f(x_0)}{\Delta x} = f'_+(x_0) = \lim_{\Delta x \to 0^+} \frac{f(x_0 + \Delta x) - f(x_0)}{\Delta x}$$
$$\iff f'(x_0) = \lim_{\Delta x \to 0} \frac{f(x_0 + \Delta x) - f(x_0)}{\Delta x} \qquad \blacksquare$$

下面通过几何来理解一下上述定理 41。若函数 $f(x)$ 在 x_0 点的左、右导数都存在且相等，这意味着：

- 有直线 l_1 可近似 $f(x_0)$ 点及其左侧曲线。
- 有直线 l_2 可近似 $f(x_0)$ 点及其右侧曲线。
- 这两条直线的斜率相等且都过 $f(x_0)$ 点，所以两条直线是同一条直线 l，该直线 l 近似了 $f(x_0)$ 点及其附近曲线，该直线 l 也就是函数 $f(x)$ 在 x_0 点的微分。

反过来，若某函数 $f(x)$ 在 x_0 点存在微分，如图 3.26 所示。根据前面的学习可知，该微分可近似 $f(x_0)$ 点及其附近曲线，那么一定可近似 $f(x_0)$ 点及其左、右两侧的曲线，所以左、右导数存在且相等。

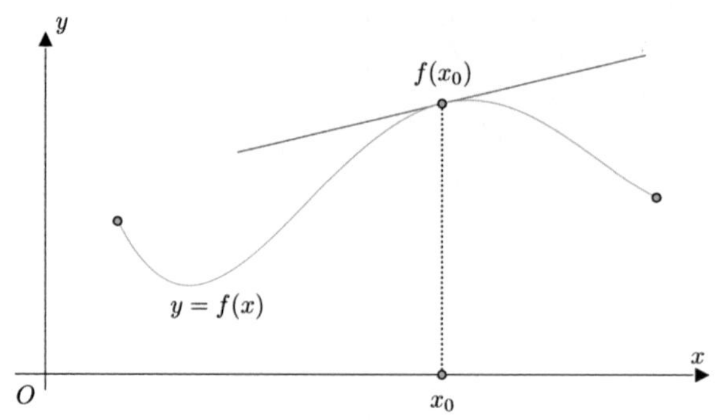

图 3.26 x_0 点的微分可以近似 $f(x_0)$ 点及其左、右两侧的曲线

3.2.4 连续与可导

定理 42. 如果函数 $y=f(x)$ 在 x_0 点可导，则可推出该函数 $y=f(x)$ 在 x_0 点连续。

证明. 已知函数 $y=f(x)$ 在 x_0 点可导，即有：

$$f'(x_0)=\lim_{\Delta x\to 0}\frac{\Delta y}{\Delta x}=\lim_{\Delta x\to 0}\frac{f(x_0+\Delta x)-f(x_0)}{\Delta x}$$

根据定理 9，可得 $\dfrac{\Delta y}{\Delta x}=f'(x_0)+\alpha$，其中 α 为 $\Delta x\to 0$ 时的无穷小。将该式左右同乘 Δx 后有：

$$\frac{\Delta y}{\Delta x}=f'(x_0)+\alpha \implies \Delta y=f'(x_0)\Delta x+\alpha\Delta x \implies \lim_{\Delta x\to 0}\Delta y=0$$

根据定义 25，所以说函数 $y=f(x)$ 在 x_0 点连续。 ■

定理 42 还是很好理解的，若：

- 函数 $f(x)$ 在 x_0 点可导，说明可找到某直线来近似 $f(x_0)$ 点及其附近曲线，如图 3.26 所示，该直线必然是连续的，所以被近似的曲线在 x_0 点必然也是连续的。
- 函数 $f(x)$ 在 x_0 点不连续，如图 3.24 所示，那么是找不到某直线来近似 $f(x_0)$ 点及其附近曲线的，此时也就不可导。
- 函数 $f(x)$ 如图 3.25 所示，虽然其在 x_0 点连续，但左、右导数不相等，所以此时不可导。

例 62. 请分析函数 $f(x)=|x|$ 在 $x=0$ 处的连续性与可导性。

解. 根据初等函数的连续性可知，$f(x)=|x|$ 在 $x=0$ 处左连续且右连续，见下面的计算。根据定理 32，所以 $f(x)=|x|$ 在 $x=0$ 处连续。

$$\lim_{x\to 0^-}f(x)=\lim_{x\to 0^-}|x|=\lim_{x\to 0^-}(-x)=0=f(0)$$

$$\lim_{x\to 0^+}f(x)=\lim_{x\to 0^+}|x|=\lim_{x\to 0^+}x=0=f(0)$$

又可以算出 $f'_-(x_0)\neq f'_+(x_0)$，见下面的计算。所以根据定理 41 可知，$f(x)=|x|$ 在 $x=0$ 处不可导。

$$f'_-(x_0)=\lim_{x\to 0^-}\frac{f(x)-f(0)}{x-0}=\lim_{x\to 0^-}\frac{|x|-0}{x-0}=\lim_{x\to 0^-}\frac{-x}{x}=-1$$

$$f'_+(x_0)=\lim_{x\to 0^+}\frac{f(x)-f(0)}{x-0}=\lim_{x\to 0^+}\frac{|x|-0}{x-0}=\lim_{x\to 0^+}\frac{x}{x}=1$$

该函数 $y=|x|$ 的图像见图 3.27，可以看到其在 $x=0$ 处是尖点，这种图像往往就意味着连续但不可导。

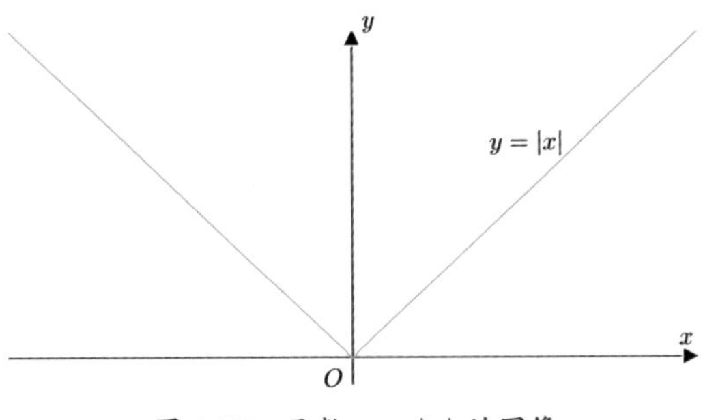

图 3.27 函数 $y=|x|$ 的图像

例 63. 请分析函数 $f(x)=|\sin x|$ 在 $x=0$ 处的连续性与可导性。

解. 根据初等函数的连续性可知，$f(x)=|\sin x|$ 在 $x=0$ 处左连续且右连续，见下面的计算。根据定理 32，所以 $f(x)=|\sin x|$ 在 $x=0$ 处连续。

$$\lim_{x\to 0^-} f(x)=\lim_{x\to 0^-}|\sin x|=\lim_{x\to 0^-}(-\sin x)=0=f(0)$$
$$\lim_{x\to 0^+} f(x)=\lim_{x\to 0^+}|\sin x|=\lim_{x\to 0^+}\sin x=0=f(0)$$

又可以算出 $f'_-(x_0)\neq f'_+(x_0)$，见下面的计算。所以根据定理 41 可知，$f(x)=|\sin x|$ 在 $x=0$ 处不可导。

$$f'_-(x_0)=\lim_{x\to 0^-}\frac{f(x)-f(0)}{x-0}=\lim_{x\to 0^-}\frac{|\sin x|-0}{x-0}=\lim_{x\to 0^-}\frac{-\sin x}{x}=-1$$
$$f'_+(x_0)=\lim_{x\to 0^+}\frac{f(x)-f(0)}{x-0}=\lim_{x\to 0^+}\frac{|\sin x|-0}{x-0}=\lim_{x\to 0^+}\frac{\sin x}{x}=1$$

该函数 $y=|\sin x|$ 的图像见图 3.28，可以看到其在 $x=0$ 处也是尖点。

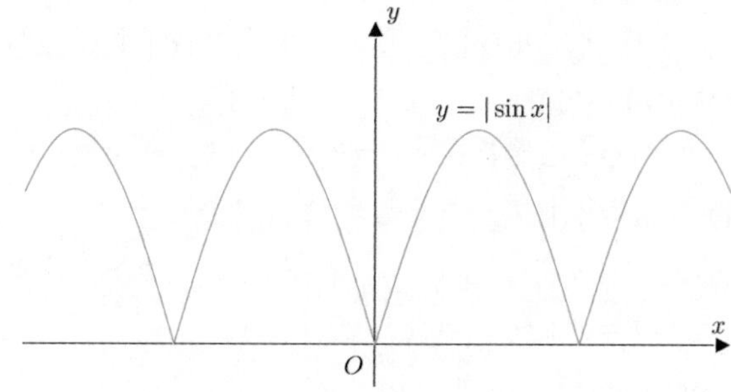

图 3.28 函数 $y=|\sin x|$ 的图像

例 64. 请分析函数 $f(x)=\begin{cases}x^2\sin\dfrac{1}{x} & x\neq 0\\ 0 & x=0\end{cases}$ 处的连续性与可导性。

解. 根据定理 18 可算出：

$$f'(0)=\lim_{x\to 0}\frac{f(x)-f(0)}{x-0}=\lim_{x\to 0}\frac{x^2\sin\frac{1}{x}}{x}=\lim_{x\to 0}x\sin\frac{1}{x}=0$$

所以 $f(x)$ 在 $x=0$ 处可导，根据定理 42，所以 $f(x)$ 在 $x=0$ 处连续。该函数 $f(x)$ 的图像见图 3.29。

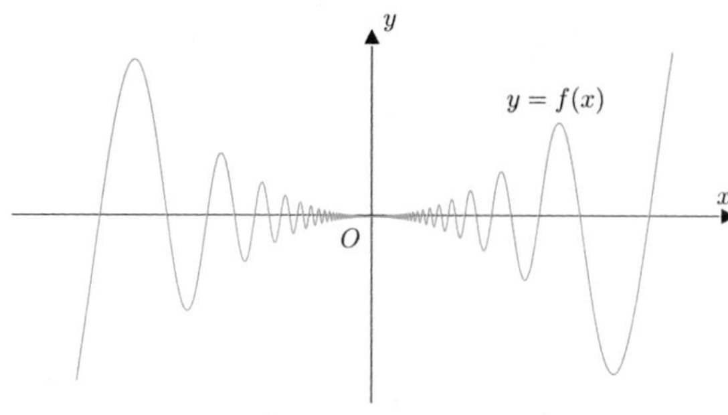

图 3.29 函数 $f(x)$ 的图像

3.2.5 微分与切线

前面学习了曲线的微分是近似该曲线的一条直线，也常称其为切线。新坐标系的原点是该切线经过的函数曲线上的点，所以该原点也被称为切点，新坐标系也被称为切点坐标系，如图 3.30 所示。

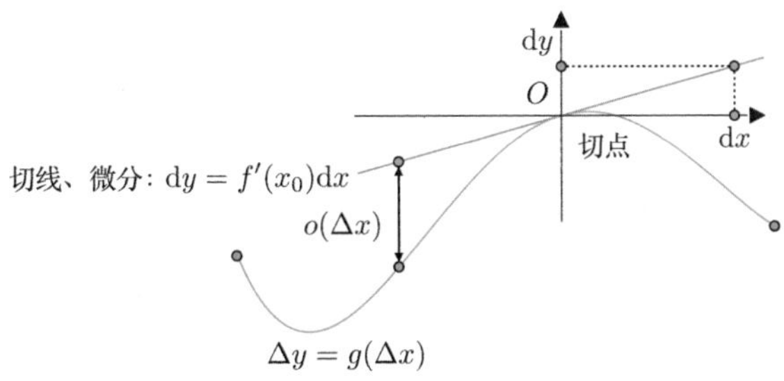

图 3.30 在切点坐标系中，微分也是切线

在原坐标系中，根据直线的点斜式方程，此时切线的函数为 $y=f'(x_0)(x-x_0)+f(x_0)$，就不符合微分定义了。所以从严格意义上讲，此时该直线就只能被称为切线，切点就是曲线上的 $f(x_0)$ 点，如图 3.31 所示。

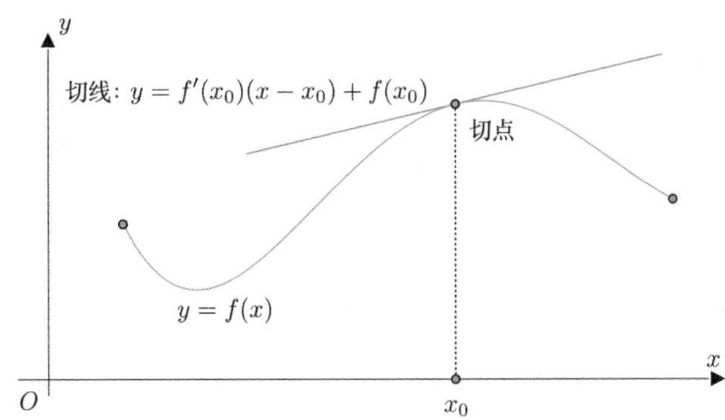

图 3.31 在原坐标系中，只有切线没有微分

除上述区别外，微分还更抽象，它更多代表了“线性近似”这个概念，后面我们还会看到更多类型的微分。

3.2.6 割线与切线

下面来解释一下为什么微分与曲线相差的是高阶无穷小 $o(\Delta x)$，而不是其他的无穷小。

除了切线（微分）之外，将其余过 $f(x_0)$ 点的直线称为曲线 $y=f(x)$ 的割线，比如图 3.32 中的直线 $y=g(x)$。可以看到，随着 Δx 的缩小，割线 $y=g(x)$ 与曲线 $y=f(x)$ 之间的差值也在缩小，并且可以证明割线 $y=g(x)$ 与曲线 $y=f(x)$ 相差 Δx 的同阶无穷小 α（参见例 65）。

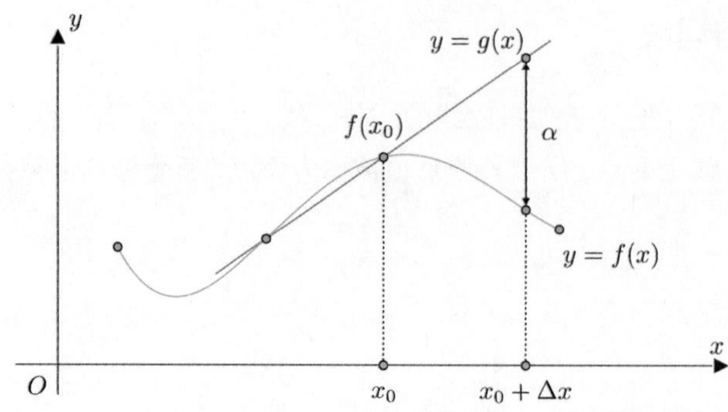

图 3.32 割线 $y = g(x)$ 与曲线 $y = f(x)$ 相差同阶无穷小 α

而切线 $y = g(x)$ 与曲线 $y = f(x)$ 相差 Δx 的高阶无穷小 $o(\Delta x)$，如图 3.33 所示。

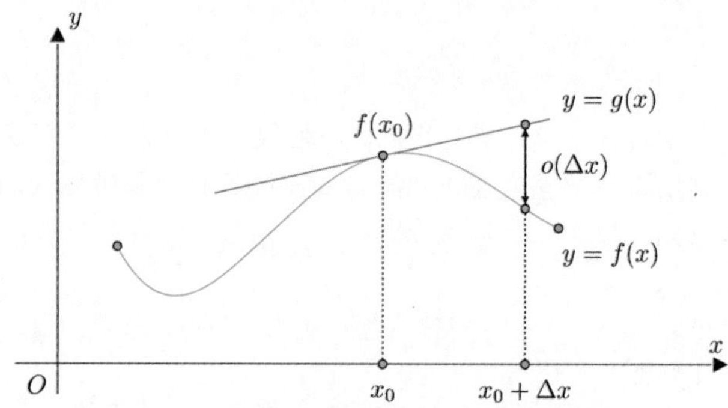

图 3.33 切线 $y = g(x)$ 与曲线 $y = f(x)$ 相差高阶无穷小 $o(\Delta x)$

也就说是，切线和曲线更接近，在数学上称为最佳线性近似，所以选择切线作为微分。

例 65. 请证明割线 $g(x)$ 与函数曲线 $f(x)$ 相差 Δx 的同阶无穷小 α。

证明. 割线和切线都是过 $(x_0, f(x_0))$ 的直线，但割线的斜率 k 不为 $f'(x_0)$，所以可假设割线 $g(x)$ 为：

$$g(x) = k(x - x_0) + f(x_0), \quad k \neq f'(x_0)$$

所以：

$$\begin{aligned}\lim_{x \to x_0} \frac{g(x) - f(x)}{\Delta x} &= \lim_{x \to x_0} \frac{k(x - x_0) + f(x_0) - f(x)}{\Delta x} = \lim_{x \to x_0} \frac{k(x - x_0) + f(x_0) - f(x)}{x - x_0} \\ &= \lim_{x \to x_0} \frac{k(x - x_0)}{x - x_0} + \lim_{x \to x_0} \frac{f(x_0) - f(x)}{x - x_0} = k - f'(x_0) \neq 0\end{aligned}$$

这就证明了割线 $g(x)$ 与函数曲线 $f(x)$ 相差 Δx 的同阶无穷小 α。 ■

3.2.7 圆周率等于 4

下面这个例子可以进一步解释割线和切线的区别。图 3.34 给出一个算法，可算出圆周率 π 等于 4。

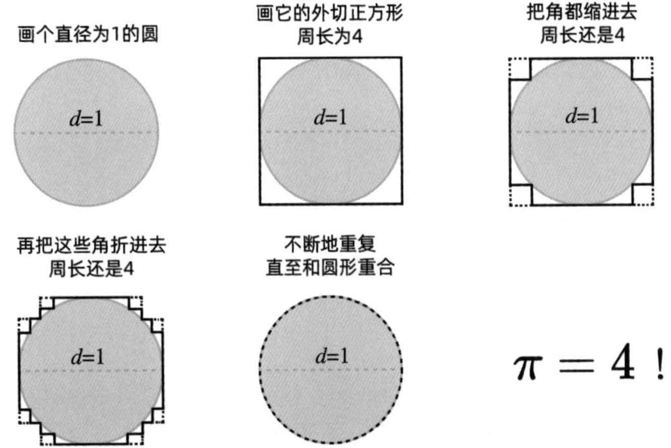

图 3.34 似乎算出圆周率 π 等于 4

上述算法肯定是错误的，按该算法进行弯折所得的圆外多边形的周长始终为 4，并没有逼近，如图 3.35 所示。

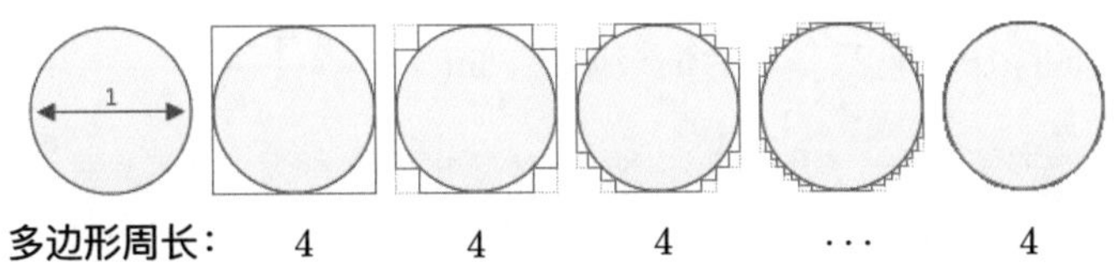

图 3.35 在弯折过程中，圆外多边形的周长始终为 4

没逼近的原因在于用了割线来近似，比如图 3.36 中的这段蓝色圆弧，就是用两段红色的割线来近似的。

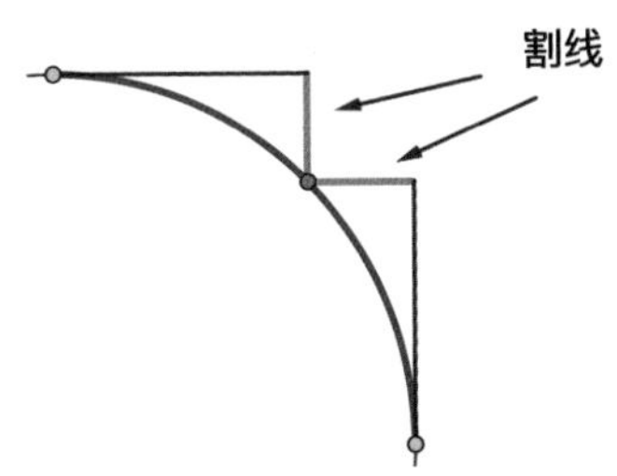

图 3.36 用两段红色的割线来近似蓝色圆弧

如果用切线来近似这段蓝色圆弧，看上去近似效果似乎就要比用割线好很多，如图 3.37 所示。

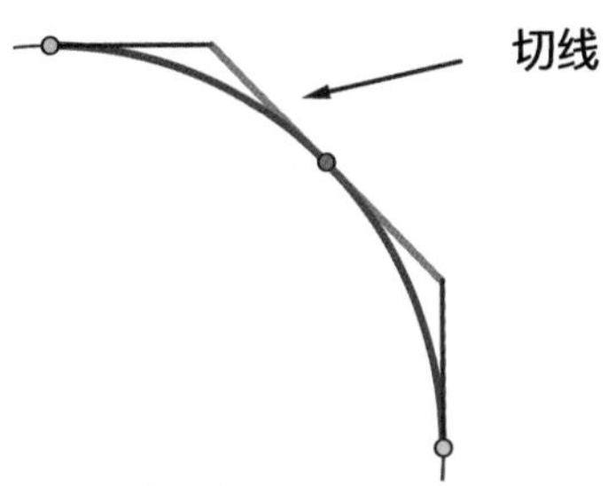

图 3.37 用切线来近似蓝色圆弧

的确，如果用切线来近似，也就是用外切正多边形来逼近圆，最终可以正确地求出圆的周长，以及算出正确的圆周率 π。其中的求解细节就不赘述了，这里只是用一个具体的例子说明割线和切线的区别。

3.2.8 微分与导数的符号

微积分的发展经历了数百年，牛顿、莱布尼茨、柯西、欧拉、魏尔斯特拉斯等各位大佬"一把屎一把尿地把它抚养成人"，这中间产生了一个问题，就是符号特别混乱。所以，我们这里需要明确一下本书中使用的符号。

（1）在本书中，我们定义 $\Delta x = x - x_0 = \mathrm{d}x$；而在有的书中说，当 Δx 非常小时才有 $\Delta x = \mathrm{d}x$，这种说法其实是错误的。

（2）在定义 35 中有：

$$f'(x_0) = \left.\frac{\mathrm{d}y}{\mathrm{d}x}\right|_{x=x_0} = \lim_{\Delta x\to 0}\frac{f(x_0+\Delta x)-f(x_0)}{\Delta x}$$

其中 $\frac{\mathrm{d}y}{\mathrm{d}x}$ 并非是真的除法，它只是对后面极限式 $\lim\limits_{\Delta x\to 0}\frac{f(x_0+\Delta x)-f(x_0)}{\Delta x}$ 的缩写。

（3）在定义 34 中有 $\mathrm{d}y = f'(x_0)\mathrm{d}x$，所以该式可以改写为 $f'(x_0) = \frac{\mathrm{d}y}{\mathrm{d}x}$。这确实是除法，但和上面（2）中描述的内涵并不一致，只是符号看着很像。这里再对比一下：

$$\text{导数：}\quad f'(x_0) = \left.\frac{\mathrm{d}y}{\mathrm{d}x}\right|_{x=x_0} = \lim_{\Delta x\to 0}\frac{f(x_0+\Delta x)-f(x_0)}{\Delta x}$$

$$\text{微分：}\quad \mathrm{d}y = f'(x_0)\mathrm{d}x \implies f'(x_0) = \frac{\mathrm{d}y}{\mathrm{d}x}$$

运用导数的定义时，我们是要去求出 $f'(x_0)$ 的；知道了 $f'(x_0)$ 后才能写出对应的微分，这是有先后顺序的。

3.3 常用的一些导函数

通过上一节的讲解可知，要得到微分，关键在于求出导数。所以本章的剩余部分会介绍各种求导法则，让我们从导函数的定义开始。

定义 37. 若函数 $y = f(x)$ 在开区间 I 内的每点处都可导，则称函数 $y = f(x)$ 在开区间 I 内可导。

此时对于任意 $x \in I$，都对应着 $f(x)$ 的一个确定的导数值，这就构成了新的函数，该函数叫作 $y = f(x)$ 的导函数，记作 y'、$f'(x)$、$\frac{\mathrm{d}y}{\mathrm{d}x}$ 或 $\frac{\mathrm{d}f(x)}{\mathrm{d}x}$，定义式为：

$$y' = \lim_{\Delta x\to 0}\frac{f(x+\Delta x)-f(x)}{\Delta x} \quad \text{或} \quad f'(x) = \lim_{h\to 0}\frac{f(x+h)-f(x)}{h}$$

举例说明一下定义 37。比如图 3.38 中下面的函数 $f(x)$ 对于任意 $x \in I$ 都有微分，将每一个给定 x 的微分的斜率记录下来，就得到了上面的导函数 $f'(x)$。

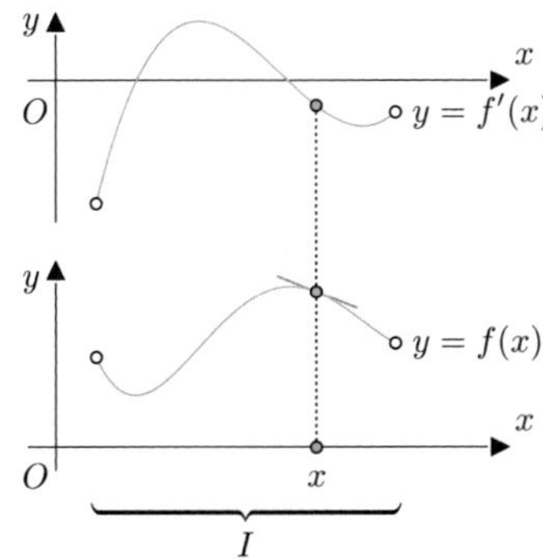

图 3.38 将每一个给定 x 的微分的斜率记录下来，就得到了导函数 $f'(x)$

例 66. 请求出 $f(x)=\sqrt{x}$ 的导函数。

解. 根据定义 37，有：

$$f'(x)=\lim_{h\to 0}\frac{f(x+h)-f(x)}{h}=\lim_{h\to 0}\frac{\sqrt{x+h}-\sqrt{x}}{h}=\lim_{h\to 0}\left(\frac{\sqrt{x+h}-\sqrt{x}}{h}\cdot\frac{\sqrt{x+h}+\sqrt{x}}{\sqrt{x+h}+\sqrt{x}}\right)$$

$$=\lim_{h\to 0}\frac{(x+h)-x}{h(\sqrt{x+h}+\sqrt{x})}=\lim_{h\to 0}\frac{1}{\sqrt{x+h}+\sqrt{x}}=\frac{1}{\sqrt{x}+\sqrt{x}}=\frac{1}{2\sqrt{x}}$$

定理 43. 对于常数函数 $f(x)=C,C\in\mathbb{R}$，其导函数为 $f'(x)=\frac{\mathrm{d}}{\mathrm{d}x}f(x)=\frac{\mathrm{d}}{\mathrm{d}x}C=0$。

证明. 已知 $f(x)=C,C\in\mathbb{R}$，则根据定义 37 有 $f'(x)=\lim_{h\to 0}\frac{f(x+h)-f(x)}{h}=\lim_{h\to 0}\frac{C-C}{h}=0$。 ■

结合图形来理解一下定理 43。常数函数 $f(x)=C,C\in\mathbb{R}$ 的图像为水平横线，如图 3.39 所示。用来近似该水平横线的微分也是水平横线，其斜率始终为 0，所以常数函数的导函数为 $f'(x)=0$。

图 3.39 函数 $f(x)=C,C\in\mathbb{R}$ 的图像

例 67. 已知 $f(x)=2$，请求出 $f'(2)$。

解. 函数 $f(x)=2$ 是常数函数，根据定理 43 可知其导函数为 $f'(x)=0$，所以 $f'(2)=0$。

定理 44. 对于幂函数 $f(x)=x^\alpha,\alpha\in\mathbb{R}$，其导函数为 $f'(x)=\frac{\mathrm{d}}{\mathrm{d}x}f(x)=\frac{\mathrm{d}}{\mathrm{d}x}(x^\alpha)=\alpha x^{\alpha-1}$。

证明. 幂函数的定义域与常数 α 有关，以下假设 x 在幂函数 $f(x)=x^\alpha$ 的定义域内且

$x \neq 0$，则：

$$\frac{f(x+h)-f(x)}{h}=\frac{(x+h)^\alpha-x^\alpha}{h}=x^{\alpha-1}\cdot\frac{\left(1+\dfrac{h}{x}\right)^\alpha-1}{\dfrac{h}{x}}$$

根据定理 31 中的 $(1+x)^\alpha-1\sim\alpha x$，所以：

$$f'(x)=\lim_{h\to0}\frac{f(x+h)-f(x)}{h}=\lim_{h\to0}x^{\alpha-1}\cdot\frac{\left(1+\dfrac{h}{x}\right)^\alpha-1}{\dfrac{h}{x}}$$

$$=\lim_{h\to0}x^{\alpha-1}\cdot\frac{\alpha\cdot\dfrac{h}{x}}{\dfrac{h}{x}}=\alpha x^{\alpha-1}$$ ■

比如对于幂函数 $y=x^3$，其导函数为 $y=3x^2$，如图 3.40 所示。

例 68. 已知 $f(x)=x^2$，请求出 $f'(1)$。

解. 函数 $f(x)=x^2$ 是幂函数，根据定理 44 可知其导函数为 $f'(x)=2x$，所以 $f'(1)=2$。

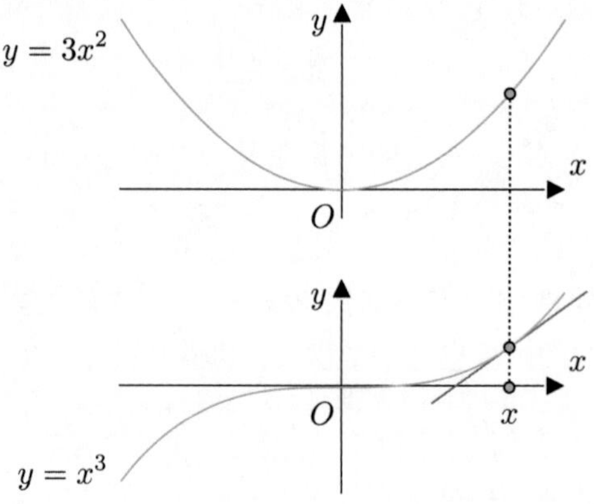

图 3.40　幂函数 $y=x^3$ 的导函数为 $y=3x^2$

定理 45. 对于三角函数，有 $(\sin x)'=\cos x$ 及 $(\cos x)'=-\sin x$。

证明. 已知 $\lim\limits_{x\to0}\dfrac{\sin x}{x}=1$ 及 $\sin\alpha-\sin\beta=2\sin\dfrac{\alpha-\beta}{2}cos\dfrac{\alpha+\beta}{2}$，令 $f(x)=\sin x$，可得：

$$f'(x)=\lim_{h\to0}\frac{f(x+h)-f(x)}{h}=\lim_{h\to0}\frac{\sin(x+h)-\sin x}{h}=\lim_{h\to0}\left[\frac{1}{h}\cdot2\sin\frac{h}{2}\cos\left(x+\frac{h}{2}\right)\right]$$

$$=\lim_{h\to0}\left[\frac{\sin\dfrac{h}{2}}{\dfrac{h}{2}}\cdot\cos\left(x+\frac{h}{2}\right)\right]=\lim_{h\to0}\frac{\sin\dfrac{h}{2}}{\dfrac{h}{2}}\cdot\lim_{h\to0}\cos\left(x+\frac{h}{2}\right)=\cos x$$

同理可证得 $(\cos x)'=-\sin x$。 ■

比如对于三角函数 $y=\sin x$，其导函数为 $y=\cos x$，如图 3.41 所示。

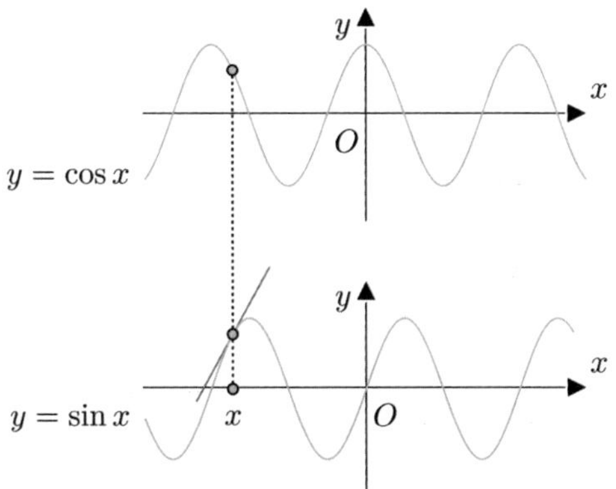

图 3.41 三角函数 $y=\sin x$ 的导函数为 $y=\cos x$

定理 46. 当 $f(x)=a^x, a>0, a\neq 1$ 时，$\dfrac{\mathrm{d}}{\mathrm{d}x}(a^x)=f'(x)=a^x\ln a$。

证明. 已知 $f(x)=a^x, a>0, a\neq 1$，以及定理 31 中的 $\mathrm{e}^x-1\sim x$，有：

$$f'(x)=\lim_{h\to 0}\frac{f(x+h)-f(x)}{h}=\lim_{h\to 0}\frac{a^{x+h}-a^x}{h}=a^x\lim_{h\to 0}\frac{a^h-1}{h}$$
$$=a^x\lim_{h\to 0}\frac{\mathrm{e}^{h\ln a}-1}{h}=a^x\lim_{h\to 0}\frac{h\ln a}{h}=a^x\ln a$$ ■

特别地，根据定理 46，对于指数函数 $y=\mathrm{e}^x$，其导函数也为 $y=\mathrm{e}^x$，如图 3.42 所示。

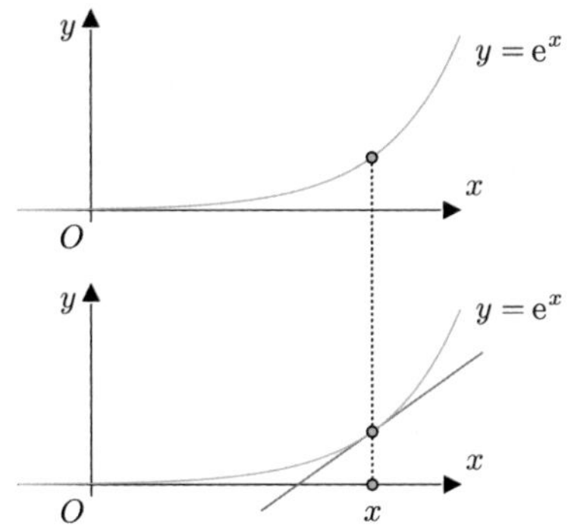

图 3.42 指数函数 $y=\mathrm{e}^x$ 的导函数也为 $y=\mathrm{e}^x$

定理 47. 当 $f(x)=\log_a x, a>0, a\neq 1$ 时，$\dfrac{\mathrm{d}}{\mathrm{d}x}(\log_a x)=f'(x)=\dfrac{1}{x\ln a}$。

证明. 已知 $f(x)=\log_a x, a>0, a\neq 1$，以及定理 31 中的 $\ln(1+x)\sim x$，有：

$$f'(x)=\lim_{h\to 0}\frac{\log_a(x+h)-\log_a x}{h}=\lim_{h\to 0}\frac{1}{h}\log_a\frac{x+h}{x}=\lim_{h\to 0}\frac{1}{x}\cdot\frac{x}{h}\log_a\left(1+\frac{h}{x}\right)$$
$$=\frac{1}{x}\lim_{h\to 0}\frac{\log_a\left(1+\frac{h}{x}\right)}{\frac{h}{x}}=\frac{1}{x}\lim_{h\to 0}\frac{\frac{\ln\left(1+\frac{h}{x}\right)}{\ln a}}{\frac{h}{x}}=\frac{1}{x}\lim_{h\to 0}\frac{\frac{h}{x}}{\frac{h}{x}\ln a}=\frac{1}{x\ln a}$$ ■

特别地，根据定理 47，对于对数函数 $y=\ln x$，其导函数为 $y=\dfrac{1}{x}$，如图 3.43 所示。

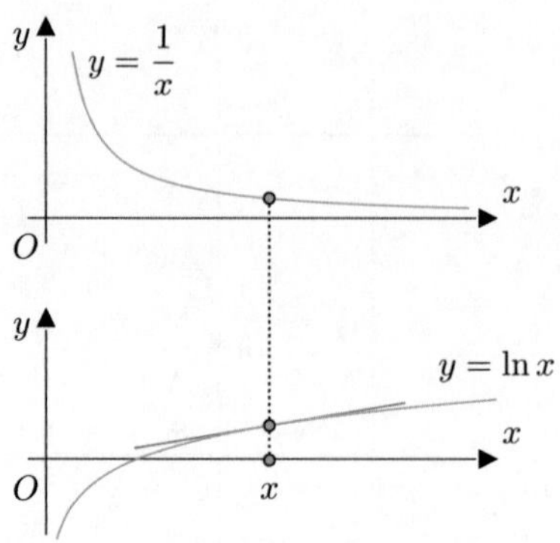

图 3.43 对数函数 $y = \ln x$ 的导函数为 $y = \dfrac{1}{x}$

3.4 函数和、差、积、商的求导法则

定理 48. 如果函数 $u = u(x)$ 以及 $v = v(x)$ 都在 x 点处可导，则有 $[u(x) \pm v(x)]' = u'(x) \pm v'(x)$。

证明. 因为函数 $u = u(x)$ 以及 $v = v(x)$ 都在 x 点处可导，根据定义 35 可得：

$$
\begin{aligned}
[u(x) \pm v(x)]' &= \lim_{\Delta x \to 0} \frac{[u(x+\Delta x) \pm v(x+\Delta x)] - [u(x) \pm v(x)]}{\Delta x} \\
&= \lim_{\Delta x \to 0} \frac{u(x+\Delta x) - u(x)}{\Delta x} \pm \lim_{\Delta x \to 0} \frac{v(x+\Delta x) - v(x)}{\Delta x} = u'(x) \pm v'(x)
\end{aligned}
$$

■

定理 49. 如果函数 $u = u(x)$ 以及 $v = v(x)$ 都在 x 点处可导，则有 $[u(x)v(x)]' = u'(x)v(x) + u(x)v'(x)$。

证明. 因为函数 $u = u(x)$ 以及 $v = v(x)$ 都在 x 点处可导，根据定义 35 可得：

$$
\begin{aligned}
[u(x)v(x)]' &= \lim_{\Delta x \to 0} \frac{u(x+\Delta x)v(x+\Delta x) - u(x)v(x)}{\Delta x} \\
&= \lim_{\Delta x \to 0} \left[\frac{u(x+\Delta x) - u(x)}{\Delta x} \cdot v(x+\Delta x) + u(x) \cdot \frac{v(x+\Delta x) - v(x)}{\Delta x} \right] \\
&= \lim_{\Delta x \to 0} \frac{u(x+\Delta x) - u(x)}{\Delta x} \cdot \lim_{\Delta x \to 0} v(x+\Delta x) + u(x) \cdot \lim_{\Delta x \to 0} \frac{v(x+\Delta x) - v(x)}{\Delta x} \\
&= u'(x)v(x) + u(x)v'(x)
\end{aligned}
$$

■

根据定理 49 可以推出，当 $f(x) = Cv(x)$（C 为常数）时，有 $f'(x) = C'v + Cv' = Cv'$。

例 69. 已知 $f(x) = 2x^3 - 3x + 2$，请求出 $f'(1)$。

解. 根据定理 48、定理 44 以及上述推论，可得：

$$
f'(x) = (2x^3)' - (3x)' + (2)' = 6x^2 - 3 \implies f'(1) = 6 \cdot (1)^2 - 3 = 3
$$

例 70. 已知 $f(x) = \sin x \cdot \cos x$，请求出 $f'(x)$。

解. 根据定理 49、定理 45，可得 $f(x)' = (\sin x)' \cdot \cos x + \sin x \cdot (\cos x)' = \cos^2 x - \sin^2 x$。

定理 50. 如果函数 $u=u(x)$ 以及 $v=v(x)$ 都在 x 点处可导，以及 $v(x)\neq 0$，则有：

$$\left[\frac{u(x)}{v(x)}\right]'=\frac{u'(x)v(x)-u(x)v'(x)}{v^2(x)}$$

证明. 因为函数 $u=u(x)$ 以及 $v=v(x)$ 都在 x 点处可导，以及 $v(x)\neq 0$，根据定义 35 可得：

$$\begin{aligned}\left[\frac{u(x)}{v(x)}\right]'&=\lim_{\Delta x\to 0}\frac{\dfrac{u(x+\Delta x)}{v(x+\Delta x)}-\dfrac{u(x)}{v(x)}}{\Delta x}\\&=\lim_{\Delta x\to 0}\frac{u(x+\Delta x)v(x)-u(x)v(x+\Delta x)}{v(x+\Delta x)v(x)\Delta x}\\&=\lim_{\Delta x\to 0}\frac{[u(x+\Delta x)-u(x)]v(x)-u(x)[v(x+\Delta x)-v(x)]}{v(x+\Delta x)v(x)\Delta x}\\&=\lim_{\Delta x\to 0}\frac{\dfrac{u(x+\Delta x)-u(x)}{\Delta x}v(x)-u(x)\dfrac{v(x+\Delta x)-v(x)}{\Delta x}}{v(x+\Delta x)v(x)}\\&=\frac{u'(x)v(x)-u(x)v'(x)}{v^2(x)}\end{aligned}$$

■

例 71. 已知 $f(x)=\dfrac{\mathrm{e}^x}{x}$，请求出 $f'(1)$。

解. 根据定理 50 以及上一节求出的初等函数的导数，可得：

$$f'(x)=\left(\frac{\mathrm{e}^x}{x}\right)'=\frac{x\cdot(\mathrm{e}^x)'-(x)'\cdot\mathrm{e}^x}{x^2}=\frac{x\mathrm{e}^x-\mathrm{e}^x}{x^2}\implies f'(1)=\frac{1\cdot\mathrm{e}^1-\mathrm{e}^1}{1^2}=0$$

例 72. 请求出 $\tan x$ 的导函数。

解. 根据定理 50、定理 45，可得：

$$(\tan x)'=\left(\frac{\sin x}{\cos x}\right)'=\frac{(\sin x)'\cos x-\sin x(\cos x)'}{\cos^2 x}=\frac{\cos^2 x+\sin^2 x}{\cos^2 x}=\frac{1}{\cos^2 x}=\sec^2 x$$

例 73. 请求出 $\cot x$ 的导函数。

解. 根据定理 50、定理 45，可得：

$$(\cot x)'=\left(\frac{\cos x}{\sin x}\right)'=\frac{(\cos x)'\sin x-\cos x(\sin x)'}{\sin^2 x}=\frac{-\sin^2 x-\cos^2 x}{\sin^2 x}=\frac{-1}{\sin^2 x}=-\csc^2 x$$

例 74. 请求出 $\sec x$ 的导函数。

解. 根据定理 50、定理 45，可得 $(\sec x)'=\left(\dfrac{1}{\cos x}\right)'=\dfrac{(1)'\cos x-1\cdot(\cos x)'}{\cos^2 x}=\dfrac{\sin x}{\cos^2 x}=\sec x\tan x$。

例 75. 请求出 $\csc x$ 的导函数。

解. 根据定理 50、定理 45，可得 $(\csc x)'=\left(\dfrac{1}{\sin x}\right)'=\dfrac{(1)'\sin x-1\cdot(\sin x)'}{\sin^2 x}=\dfrac{-\cos x}{\sin^2 x}=-\csc x\cot x$。

3.5 复合函数的导函数

3.5.1 链式法则

定理 51 (链式法则). 如果 $u=g(x)$ 在 x 点处可导，而 $y=f(u)$ 在 $u=g(x)$ 点处可导，那么复合函数 $y=f[g(x)]$ 在 x 点处可导，其导数为 $\frac{\mathrm{d}y}{\mathrm{d}x}=f'(u)g'(x)$，或写作 $\frac{\mathrm{d}y}{\mathrm{d}x}=\frac{\mathrm{d}y}{\mathrm{d}u}\cdot\frac{\mathrm{d}u}{\mathrm{d}x}$。

证明. 根据 $u=g(x)$ 在 x 点处可导，结合上定理 9，有：

$$\lim_{\Delta x\to 0}\frac{\Delta u}{\Delta x}=g'(x)\implies\frac{\Delta u}{\Delta x}=g'(x)+\alpha_1\implies\Delta u=\Big(g'(x)+\alpha_1\Big)\Delta x \tag{3-1}$$

其中 α_1 是 $\Delta x\to 0$ 时的无穷小。同样地，根据函数 $y=f(u)$ 在 u 点处可导，结合上定理 9，有：

$$\lim_{\Delta u\to 0}\frac{\Delta y}{\Delta u}=f'(u)\implies\frac{\Delta y}{\Delta u}=f'(u)+\alpha_2\implies\Delta y=\Big(f'(u)+\alpha_2\Big)\Delta u \tag{3-2}$$

其中 α_2 是 $\Delta u\to 0$ 时的无穷小。将式 (3-1) 代入式 (3-2)：

$$\Delta y=\Big(f'(u)+\alpha_2\Big)\Big(g'(x)+\alpha_1\Big)\Delta x\implies\frac{\Delta y}{\Delta x}=\Big(f'(u)+\alpha_2\Big)\Big(g'(x)+\alpha_1\Big)$$

根据式 (3-1) 可知，当 $\Delta x\to 0$ 时 $\Delta u\to 0$，从而当 $\Delta x\to 0$ 时 $\alpha_1\to 0$ 且 $\alpha_2\to 0$。所以：

$$\begin{aligned}\frac{\mathrm{d}y}{\mathrm{d}x}&=\lim_{\Delta x\to 0}\frac{\Delta y}{\Delta x}=\lim_{\Delta x\to 0}\Big[\Big(f'(u)+\alpha_2\Big)\Big(g'(x)+\alpha_1\Big)\Big]\\&=\lim_{\Delta x\to 0}\Big(f'(u)g'(x)+f'(u)\alpha_1+g'(x)\alpha_2+\alpha_1\alpha_2\Big)=f'(u)g'(x)\end{aligned}$$

■

例 76. 请求出 $y=\sqrt{1+x^2}$ 的导函数。

解. 令 $f(u)=\sqrt{u}$，$u(x)=1+x^2$，所以 $y=\sqrt{1+x^2}=f[u(x)]$，根据链式法则（定理 51）及定理 44，所以有：

$$\frac{\mathrm{d}y}{\mathrm{d}x}=\frac{\mathrm{d}f(u)}{\mathrm{d}u}\cdot\frac{\mathrm{d}u(x)}{\mathrm{d}x}=\frac{\mathrm{d}}{\mathrm{d}u}(\sqrt{u})\cdot\frac{\mathrm{d}}{\mathrm{d}x}(1+x^2)=\frac{1}{2\sqrt{u}}\cdot 2x=\frac{x}{\sqrt{1+x^2}}$$

之前解释过，导数是微分的斜率。为了更好地理解链式法则，这里介绍一下导数的另一层含义：变化率。就函数 $y=f(x)$ 而言，$x_0+\Delta x$ 相对于 x_0 增加了 Δx，对应的函数值增加了 Δy，如图 3.44 所示。两者的比值 $\frac{\Delta y}{\Delta x}$ 反映了由 Δx 导致的 Δy 的变化，也称其为平均变化率；其极限 $\lim\limits_{\Delta x\to 0}\frac{\Delta y}{\Delta x}$ 就是瞬时变化率，即导数。

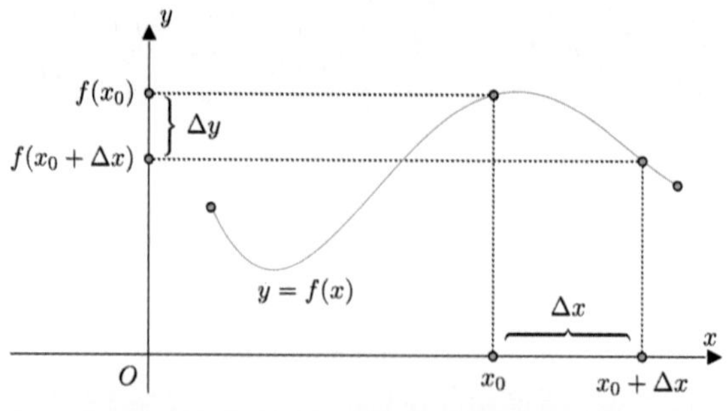

图 3.44 Δx，以及其对应的函数值增量 Δy

变化率在不同的场景下有不同的现实意义。比如将上面提到的函数 $y = f(x)$ 修改为 $s = f(t)$，s 代表位移，t 代表时间，并且将相应的符号都进行修改，如图 3.45 所示。那么 Δt 表示的就是一段时间，而 Δs 就是这段时间内的位移，所以平均变化率 $\dfrac{\Delta s}{\Delta t}$ 就是平均速度，而导数 $\lim\limits_{\Delta t \to 0} \dfrac{\Delta s}{\Delta t}$ 就是瞬时速度。

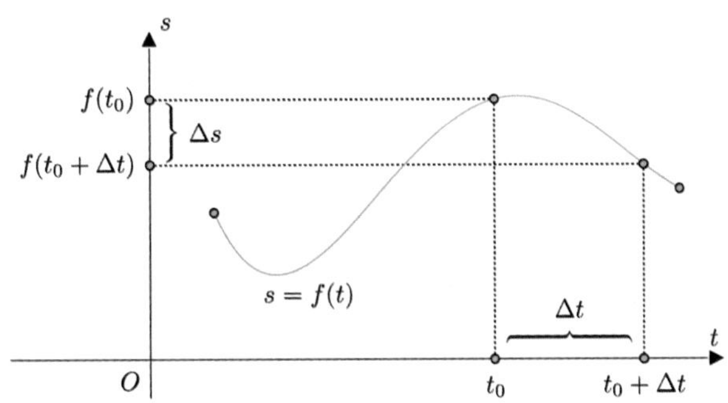

图 3.45 Δt，以及其对应的函数值增量 Δs

再比如，将上面提到的函数 $y = f(x)$ 修改为 $m = f(V)$，m 代表质量，V 代表体积。那么 ΔV 表示的就是某体积，而 Δm 表示的就是该体积对应的质量，所以导数 $\lim\limits_{\Delta V \to 0} \dfrac{\Delta m}{\Delta V}$ 就是密度。

下面借助“导数是变化率”来理解链式法则。比如函数 $f(u) = u^2$，Δu 及其对应的函数值增量 Δy 如图 3.46 所示。

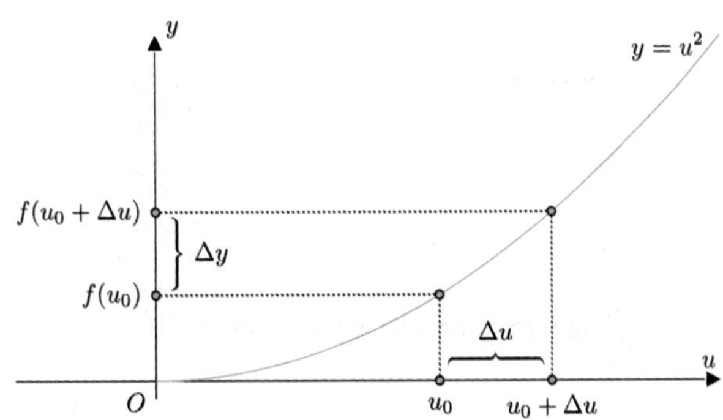

图 3.46 Δu，以及其对应的函数值增量 Δy

复合上 $u(x) = 2x$ 后，即对于 $f[u(x)] = (2x)^2$ 有：

- 在 xu 坐标系中，Δx 被放大了两倍，对应的函数值增量为 $\Delta u = 2\Delta x$，参见图 3.47。
- 复合后，Δu 变为了 $f(u)$ 的输入，上述放大作用也被传递了进去，参见图 3.47。
- 在 uy 坐标系中，Δu 对应的函数值增量为 Δy，参见图 3.47。

所以 $y = f[u(x)] = (2x)^2$ 关于 x 的变化率可以理解为，由 x 引起 u 的变化，再由 u 引起 y 的变化，两种变化率相乘就得到了最终的变化率，如下式所示，这也就是链式法则。

$$\underbrace{\frac{\mathrm{d}y}{\mathrm{d}x}}_{\text{由 } x \text{ 引起的 } y \text{ 的变化率}} = \underbrace{\frac{\mathrm{d}y}{\mathrm{d}u}}_{\text{由 } u \text{ 引起的 } y \text{ 的变化率}} \times \underbrace{\frac{\mathrm{d}u}{\mathrm{d}x}}_{\text{由 } x \text{ 引起的 } u \text{ 的变化率}} = 2u \times 2 = 4u = 8x$$

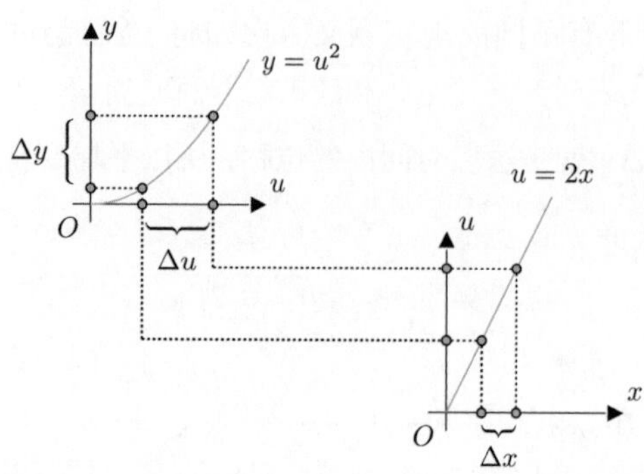

图 3.47 Δx 对应的函数值增量为 $\Delta u = 2\Delta x$，Δu 对应的函数值增量为 Δy

再通过速度来解释一下。设想我们看到电视中的某汽车在行驶，如图 3.48 所示。假设此时观察到的时间位移函数为 $s = f(t)$，那么可算出瞬时速度为 $v = \dfrac{\mathrm{d}s}{\mathrm{d}t}$。

图 3.48 电视中的某汽车在行驶

如果以二倍速播放，如图 3.49 所示，显然我们观察到的该汽车的速度也会翻倍，变为 $2v$。

图 3.49 以二倍速播放

倍速播放就是实际过了 t 时间，而电视内过了 $2t$ 时间。用数学语言来描述的话，令 $s = f(u)$，$u = 2t$，那么二倍速播放时的时间位移函数为 $s = f[u(t)] = f(2t)$。所以，此时观察到的汽车速度可计算如下，这也是链式法则。

$$\underbrace{\frac{\mathrm{d}s}{\mathrm{d}t}}_{\text{观察到的汽车速度}} = \underbrace{\frac{\mathrm{d}s}{\mathrm{d}u}}_{\text{原来的汽车速度}} \times \underbrace{\frac{\mathrm{d}u}{\mathrm{d}t}}_{\text{倍速播放}} = v \times 2 = 2v$$

例 77. 请求出 e^{x^3} 的导函数。

解. e^{x^3} 可以看作由 $f(u) = \mathrm{e}^u$ 和 $u(x) = x^3$ 复合而成，所以根据链式法则有：

$$(\mathrm{e}^{x^3})' = \frac{\mathrm{d}\mathrm{e}^u}{\mathrm{d}u} \cdot \frac{\mathrm{d}x^3}{\mathrm{d}x} = \mathrm{e}^u \cdot 3x^2 = 3x^2\mathrm{e}^{x^3}$$

例 78. 请求出 $\sin\dfrac{2x}{1+x^2}$ 的导函数。

解. $\sin\dfrac{2x}{1+x^2}$ 可以看作由 $f(u)=\sin u$ 和 $u(x)=\dfrac{2x}{1+x^2}$ 复合而成，所以根据链式法则有：

$$\begin{aligned}\left(\sin\frac{2x}{1+x^2}\right)'&=\frac{\mathrm{d}}{\mathrm{d}u}\sin u\cdot\frac{\mathrm{d}}{\mathrm{d}x}\left(\frac{2x}{1+x^2}\right)=\cos u\left(\frac{(2x)'(1+x^2)-2x(1+x^2)'}{(1+x^2)^2}\right)\\&=\cos u\cdot\frac{2(1-x^2)}{(1+x^2)^2}=\frac{2(1-x^2)}{(1+x^2)^2}\cos\frac{2x}{1+x^2}\end{aligned}$$

例 79. 请求出 $\ln\cos\mathrm{e}^x$ 的导函数。

解. $\ln\cos\mathrm{e}^x$ 可以看作由 $f(u)=\ln u$ 和 $u(x)=\cos\mathrm{e}^x$ 复合而成，其中 $\cos\mathrm{e}^x$ 又可以看作 $u=\cos v$ 和 $v=\mathrm{e}^x$ 复合而成，所以根据链式法则有：

$$(\ln\cos\mathrm{e}^x)'=\frac{\mathrm{d}\ln u}{\mathrm{d}u}\cdot\frac{\mathrm{d}\cos\mathrm{e}^x}{\mathrm{d}x}=\frac{\mathrm{d}\ln u}{\mathrm{d}u}\cdot\frac{\mathrm{d}\cos v}{\mathrm{d}v}\cdot\frac{\mathrm{d}\mathrm{e}^x}{\mathrm{d}x}=\frac{1}{u}\cdot(-\sin v)\cdot\mathrm{e}^x=-\mathrm{e}^x\tan\mathrm{e}^x$$

例 80. 请求出 $\mathrm{e}^{\sin\frac{1}{x}}$ 的导函数。

解. $\mathrm{e}^{\sin\frac{1}{x}}$ 可以看作由 $f(u)=\mathrm{e}^u$、$u(v)=\sin v$ 和 $v(x)=\dfrac{1}{x}$ 复合而成，所以根据链式法则有：

$$(\mathrm{e}^{\sin\frac{1}{x}})'=\frac{\mathrm{d}\mathrm{e}^u}{\mathrm{d}u}\cdot\frac{\mathrm{d}\sin v}{\mathrm{d}v}\cdot\frac{\mathrm{d}\frac{1}{x}}{\mathrm{d}x}=\mathrm{e}^u\cdot\cos v\cdot\left(-\frac{1}{x^2}\right)=-\frac{1}{x^2}\mathrm{e}^{\sin\frac{1}{x}}\cos\frac{1}{x}$$

3.5.2 关于链式法则的常见误解

有不少人会认为链式法则可以通过如下计算得到：

$$\frac{\mathrm{d}y}{\mathrm{d}x}=\frac{\mathrm{d}y}{\cancel{\mathrm{d}u}}\cdot\frac{\cancel{\mathrm{d}u}}{\mathrm{d}x}$$

这是一种误解，将链式法则按照定义 35 展开即可发现，因为存在 lim 符号，所以 $\mathrm{d}u$ 不能像上面一样消去：

$$\frac{\mathrm{d}y}{\mathrm{d}x}=\frac{\mathrm{d}y}{\mathrm{d}u}\cdot\frac{\mathrm{d}u}{\mathrm{d}x}=\lim_{\Delta u\to 0}\frac{\Delta y}{\Delta u}\cdot\lim_{\Delta x\to 0}\frac{\Delta u}{\Delta x}$$

微积分的曲折发展导致其中的符号不一定恰当，所以有了上述误解。若将链式法则写作 $\dfrac{\mathrm{d}y}{\mathrm{d}x}=f'(u)g'(x)$ 或可避免这样的误会。

3.6 反函数的导函数

定理 52. 如果函数 $x=f(y)$ 在区间 I_y 内严格单调、可导且 $f'(y)\neq 0$，那么它的反函数 $y=f^{-1}(x)$ 在区间 $I_x=\{x|x=f(y),y\in I_y\}$ 内也可导。且：

$$[f^{-1}(x)]'=\frac{1}{f'(y)}\quad 或\quad \frac{\mathrm{d}y}{\mathrm{d}x}=\frac{1}{\dfrac{\mathrm{d}x}{\mathrm{d}y}}$$

证明. 由于 $x=f(y)$ 在区间 I 内严格单调、可导（从而连续），根据定理 34 可知 $x=f(y)$ 的反函数 $y=f^{-1}(x)$ 存在，且 $y=f^{-1}(x)$ 在 I_x 内也严格单调且连续。任取 $x\in I_x$，给 x 以增量 Δx（$\Delta x\neq 0$，$x+\Delta x\in I_x$），由 $y=f^{-1}(x)$ 的单调性可知：

$$\Delta y=f^{-1}(x+\Delta x)-f^{-1}(x)\neq 0\implies\frac{\Delta y}{\Delta x}=\frac{1}{\dfrac{\Delta x}{\Delta y}}$$

因 $y=f^{-1}(x)$ 连续，故：

$$\lim_{\Delta x\to 0}\Delta y=0\implies\Delta x\to 0\text{ 时，}\Delta y\to 0$$

结合上条件中的 $f'(y)\neq 0$，从而 $[f^{-1}(x)]'=\lim\limits_{\Delta x\to 0}\dfrac{\Delta y}{\Delta x}=\lim\limits_{\Delta y\to 0}\dfrac{1}{\dfrac{\Delta x}{\Delta y}}=\dfrac{1}{f'(y)}$。 ■

下面通过图像来解释一下定理 52。之前学习过，函数 $x=f(y)$ 和反函数 $y=f^{-1}(x)$ 的图像完全一样，只是前者是 y 映射为 x，后者是 x 映射为 y。如图 3.50 所示，其中用箭头表示映射方向。

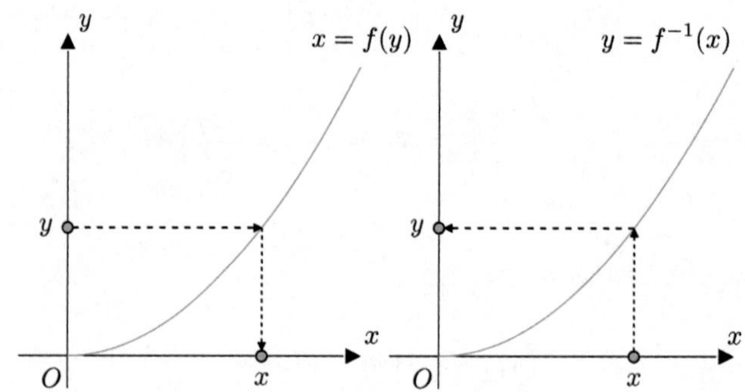

图 3.50 函数 $x=f(y)$ 和反函数 $y=f^{-1}(x)$ 的图像相同，映射方向不同

从图 3.51 中可以看出，当函数 $x=f(y)$ 存在微分时，即图 3.51 左图中的红色切线存在时，那么反函数 $y=f^{-1}(x)$ 也存在微分，也就是图 3.51 右图中的红色切线。

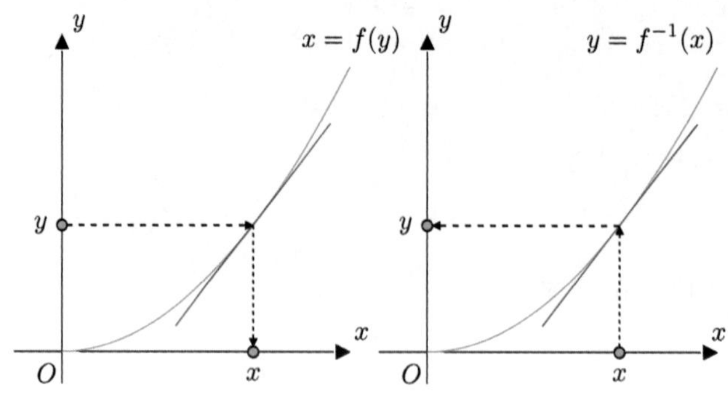

图 3.51 函数 $x=f(y)$ 存在微分的话，反函数 $y=f^{-1}(x)$ 也存在微分

之前解释了，导数就是微分的斜率，所以此时函数 $x=f(y)$ 和反函数 $y=f^{-1}(x)$ 的导数都是存在的。且可知，$f'(y)$ 等于图 3.52 左图中的 $\tan\theta_1$，而 $[f^{-1}(x)]'$ 等于图 3.52 右图中

的 $\tan\theta_2$。

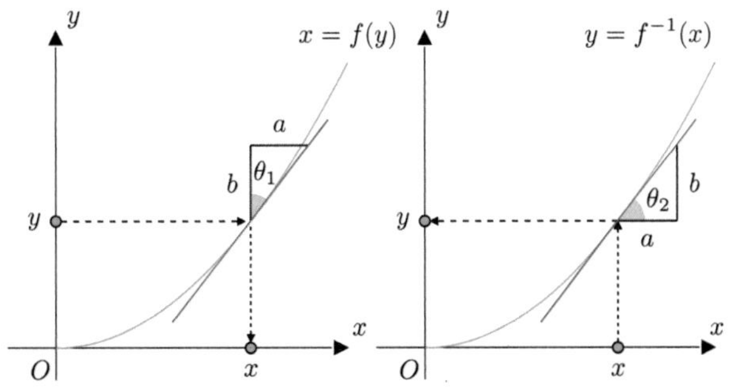

图 3.52 $f'(y)$ 是 $\tan\theta_1$，$[f^{-1}(x)]'$ 是 $\tan\theta_2$

所以有 $f'(y)=\dfrac{a}{b}$ 及 $[f^{-1}(x)]'=\dfrac{b}{a}$，两者是倒数关系，即 $[f^{-1}(x)]'=\dfrac{1}{f'(y)}$ 或 $\dfrac{\mathrm{d}y}{\mathrm{d}x}=\dfrac{1}{\dfrac{\mathrm{d}x}{\mathrm{d}y}}$。

例 81. 请求出 $f(x)=x^3$ 的反函数的导函数 $[f^{-1}(x)]'$。

解. $f(x)=x^3$ 在整个定义域内严格单调、可导，且当 $x\neq0$ 时 $f'(x)=3x^2\neq0$，根据定理 52，所以有：

$$[f^{-1}(y)]'=\frac{1}{f'(x)}=\frac{1}{3x^2},\quad x\neq0$$

但要求的是 $[f^{-1}(x)]'$，所以还需进行改写。因为 $y=x^3$，所以 $x\neq0$ 时有 $y\neq0$，从而上式可改写为：

$$[f^{-1}(y)]'=\frac{1}{3x^2}=\frac{1}{3}(x^3)^{-\frac{2}{3}},\quad x\neq0\implies[f^{-1}(y)]'=\frac{1}{3}(x^3)^{-\frac{2}{3}}=\frac{1}{3}y^{-\frac{2}{3}},\quad y\neq0$$

进行一下符号替换，即将 y 替换为 x，就可以得到：

$$[f^{-1}(y)]'=\frac{1}{3}y^{-\frac{2}{3}}\implies[f^{-1}(x)]'=\frac{1}{3}x^{-\frac{2}{3}},\quad x\neq0$$

为了帮助理解，这里将函数 $f(x)=x^3$ 及其反函数 $f^{-1}(x)=\sqrt[3]{x}$ 的图像画出来，如图 3.53 所示。

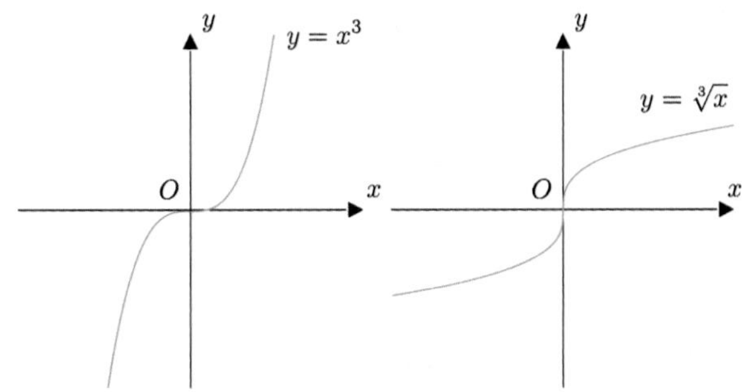

图 3.53 函数 $f(x)=x^3$ 及其反函数 $f^{-1}(x)=\sqrt[3]{x}$ 的图像

从图 3.53 可以看出：

- 函数 $f(x)=x^3$ 在整个定义域内可导。

- 反函数 $f^{-1}(x)=\sqrt[3]{x}$ 在 $x\neq 0$ 时可导。直观上解释一下，也就是近似 $x=0$ 附近曲线的直线为 $x=0$，该直线的斜率为 $+\infty$，所以此时导数不存在。

例 82. 请求出 $f(x)=\sin x$ 的反函数的导函数 $[f^{-1}(x)]'$。

解. $f(x)=\sin x$ 在区间 $\left(-\dfrac{\pi}{2},\dfrac{\pi}{2}\right)$ 内严格单调、可导且 $f'(x)=\cos x\neq 0$，根据定理 52，所以有：

$$[f^{-1}(y)]'=\frac{1}{f'(x)}=\frac{1}{\cos x},\quad x\in\left(-\frac{\pi}{2},\frac{\pi}{2}\right)$$

因为当 $x\in\left(-\dfrac{\pi}{2},\dfrac{\pi}{2}\right)$ 时 $\cos x>0$，利用三角恒等式 $\sin^2 x+\cos^2 x=1$，所以上式可改写为：

$$[f^{-1}(y)]'=\frac{1}{\cos x}=\frac{1}{\sqrt{1-\sin^2 x}},\quad x\in\left(-\frac{\pi}{2},\frac{\pi}{2}\right)$$

因为 $y=\sin x$，所以 $x\in\left(-\dfrac{\pi}{2},\dfrac{\pi}{2}\right)$ 时有 $y\in(-1,1)$，从而上式可以改写为：

$$[f^{-1}(y)]'=\frac{1}{\sqrt{1-\sin^2 x}}=\frac{1}{\sqrt{1-y^2}},\quad y\in(-1,1)$$

最终将上式中的 y 替换为 x，就可以得到：

$$[f^{-1}(y)]'=\frac{1}{\sqrt{1-y^2}}\implies[f^{-1}(x)]'=(\arcsin x)'=\frac{1}{\sqrt{1-x^2}},\ x\in(-1,1)$$

用同样的方法可以得到 $(\arccos x)'=-\dfrac{1}{\sqrt{1-x^2}},x\in(-1,1)$。

例 83. 请求出 $f(x)=\tan x$ 的反函数的导函数 $[f^{-1}(x)]'$。

解. $f(x)=\tan x$ 在区间 $\left(-\dfrac{\pi}{2},\dfrac{\pi}{2}\right)$ 内严格单调、可导且 $f'(x)=\sec^2 x\neq 0$，根据定理 52，以及 $\sec^2 x=1+\tan^2 x$，所以有：

$$[f^{-1}(y)]'=\frac{1}{f'(x)}=\frac{1}{\sec^2 x}=\frac{1}{1+\tan^2 x},\quad x\in\left(-\frac{\pi}{2},\frac{\pi}{2}\right)$$

因为 $y=\tan x$，所以 $x\in\left(-\dfrac{\pi}{2},\dfrac{\pi}{2}\right)$，有 $y\in(-\infty,+\infty)$，从而上式可以改写为：

$$[f^{-1}(y)]'=\frac{1}{1+\tan^2 x}=\frac{1}{1+y^2},\quad y\in(-\infty,+\infty)$$

最终将上式中的 y 替换为 x，就可以得到：

$$[f^{-1}(y)]'=\frac{1}{1+y^2}\implies[f^{-1}(x)]'=(\arctan x)'=\frac{1}{1+x^2},\quad x\in(-\infty,+\infty)$$

用同样的方法可以得到 $(\text{arccot}x)'=-\dfrac{1}{1+x^2},x\in(-\infty,+\infty)$。

至此我们学习了各种求导法则，同时在各节的例题中基本上求出了所有基本初等函数的导函数，在这里总结一下。

常数函数	$f(x)=C, C\in\mathbb{R}$	$f'(x)=0$
幂函数	$f(x)=x^{\alpha}, \alpha\in\mathbb{R}$	$f'(x)=\alpha x^{\alpha-1}$
三角函数	$f(x)=\sin x$ $f(x)=\cos x$ $f(x)=\tan x$ $f(x)=\cot x$	$f'(x)=\cos x$ $f'(x)=-\sin x$ $f'(x)=\sec^2 x$ $f'(x)=-\csc^2 x$
反三角函数	$f(x)=\arcsin x$ $f(x)=\arccos x$ $f(x)=\arctan x$ $f(x)=\mathrm{arccot} x$	$f'(x)=\frac{1}{\sqrt{1-x^2}}$ $f'(x)=-\frac{1}{\sqrt{1-x^2}}$ $f'(x)=\frac{1}{1+x^2}$ $f'(x)=-\frac{1}{1+x^2}$
指数函数	$f(x)=a^x, a>0, a\neq 1$ $f(x)=\mathrm{e}^x$	$f'(x)=a^x\ln a$ $f'(x)=\mathrm{e}^x$
对数函数	$f(x)=\log_a x, a>0, a\neq 1$ $f(x)=\ln x$	$f'(x)=\frac{1}{x\ln a}$ $f'(x)=\frac{1}{x}$

3.7 隐函数的导函数

3.7.1 函数、显函数和隐函数

之前大家应该都学习过函数，为了方便讲解，这里将其定义摘录如下。

定义 38. 设有两非空集合 X、Y，函数指的是 X、Y 之间的一种对应关系，该对应关系要满足两个条件：

- X 中的所有元素都有 Y 中的元素与之对应。
- X 中的元素只能有唯一的 Y 中的元素与之对应。

定义 38 可以结合图 3.54 来理解。

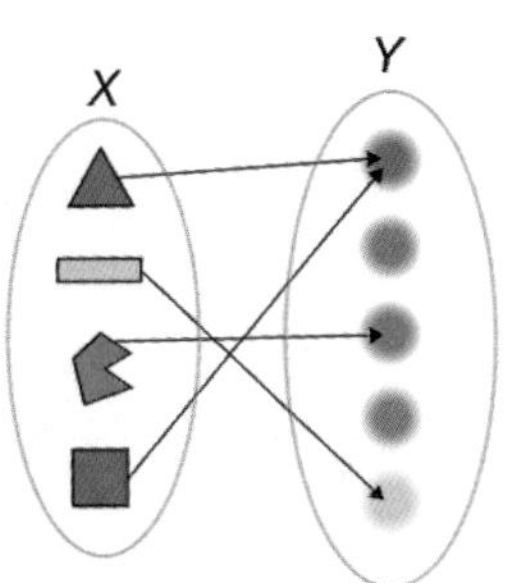

图 3.54 X 中的所有元素都有且只有唯一的 Y 中的元素与之对应

按照定义 38，可以对图 3.55 中的例子进行判断。

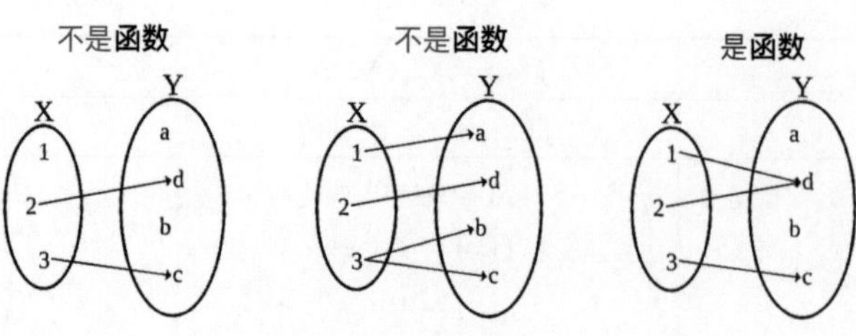

图 3.55 函数判断的例一

图 3.56 左图中所示的曲线的方程是函数，因 x_0 唯一对应 y_0；右图中的圆的方程不是函数，因 x_0 同时对应 y_0 和 y_1。

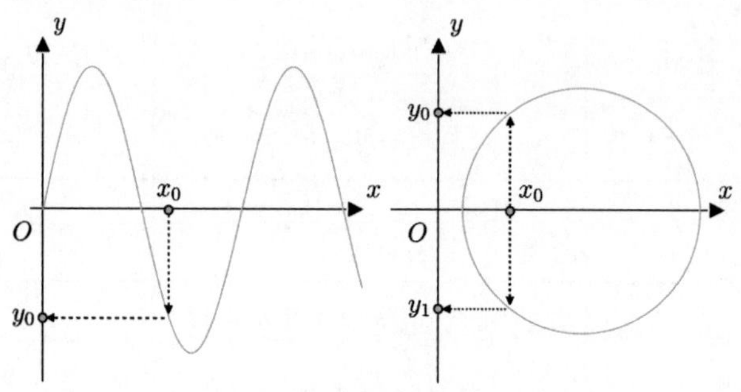

图 3.56 函数判断的例二

可以写作 $y = f(x)$ 的函数被称为显函数，其特点为，自变量 x 及因变量 y 之间的映射关系清晰明了，比如图 3.57 中的 $y = \mathrm{e}^x$ 和 $y = x^2$ 都是显函数。

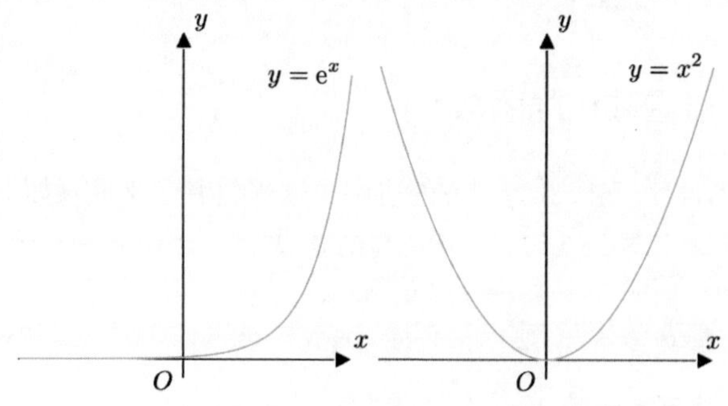

图 3.57 $y = \mathrm{e}^x$ 和 $y = x^2$ 都是显函数

根据方程 $x + y^3 - 1 = 0$ 绘制出来的曲线如图 3.58 所示，看上去是函数。

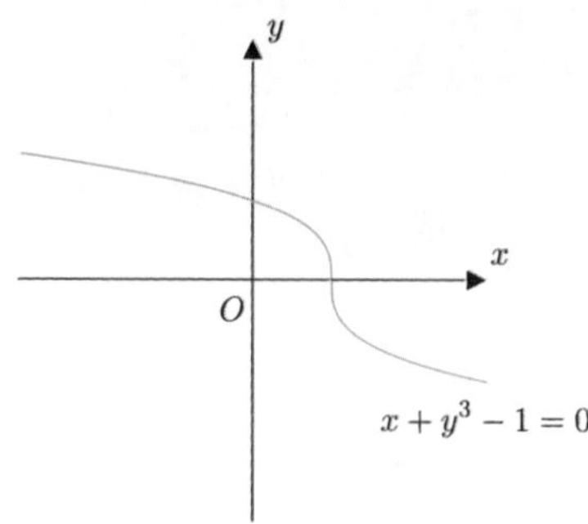

图 3.58 根据 $x + y^3 - 1 = 0$ 绘制出来的曲线看上去是函数

只是没有写成 $y=f(x)$ 的形式，所以称其为隐函数。该隐函数可以很简单地显化为显函数：

$$x+y^3-1=0 \implies y=\sqrt[3]{1-x}$$

并不是所有的隐函数都可以显化，比如 $y^5+2y-x-3x^7=0$ 就无法显化，其图像如图 3.59 所示。

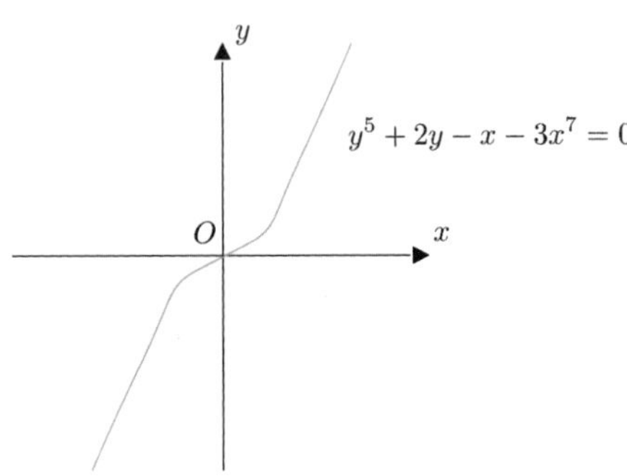

图 3.59 根据 $y^5+2y-x-3x^7=0$ 绘制出来的曲线看上去是函数

3.7.2 局部的隐函数

前面说圆的方程不是函数，因为 x_0 同时对应 y_0 和 y_1，如图 3.56 的右图所示。但如果只看其中一部分的话，如图 3.60 所示，那么在这一局部，x_0 唯一对应 y_0，也就是说，这一局部中圆的方程是函数。或说只看这一局部时，该圆的方程 $(x-1.2)^2+y^2=1$ 是隐函数。

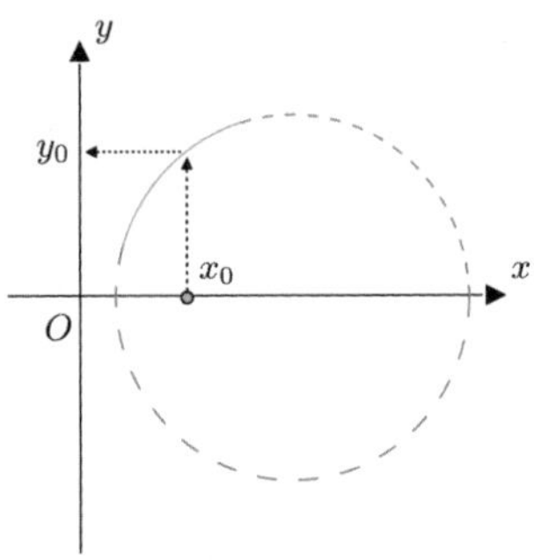

图 3.60 只看这一局部时，圆的方程 $(x-1.2)^2+y^2=1$ 是隐函数

注意，不是任意局部的圆的方程都是隐函数。就图 3.61 中的圆 $(x-1.2)^2+y^2=1$ 而言，其在 $a=(2.2,0)$ 点附近就不是隐函数。

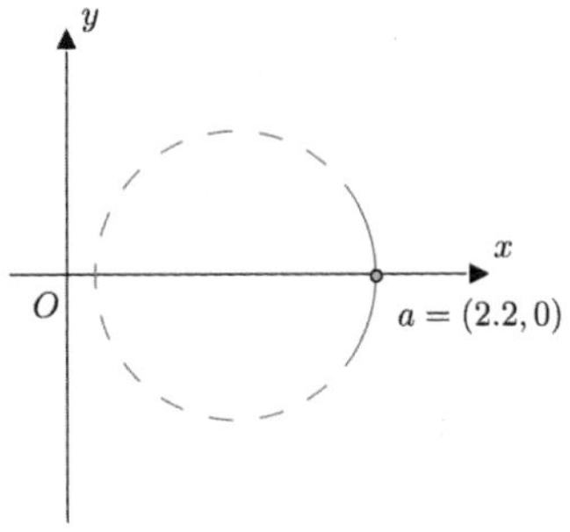

图 3.61 在 $a=(2.2,0)$ 点附近，圆的方程 $(x-1.2)^2+y^2=1$不是隐函数

数学中有隐函数存在定理，可以判断在某点附近是否存在隐函数。但该定理涉及微积分后面的知识，这里暂时没法介绍。在本书中举的例子都默认存在隐函数。

例 84. 请求出椭圆方程 $\frac{x^2}{16}+\frac{y^2}{9}=1$ 在点 $a=\left(2,\frac{3}{2}\sqrt{3}\right)$ 处的切线方程，如图 3.62 所示。

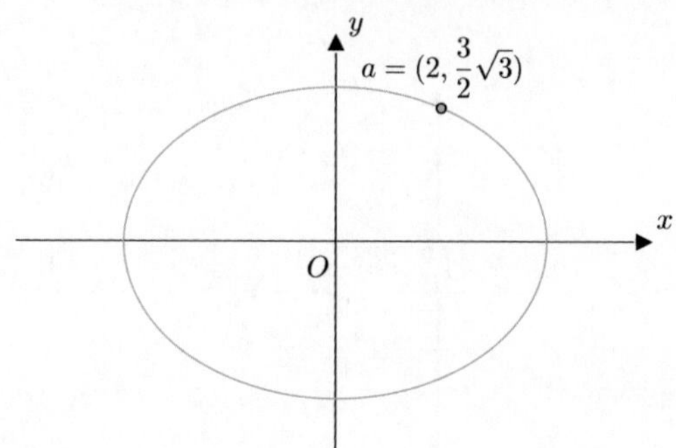

图 3.62 椭圆方程 $\frac{x^2}{16}+\frac{y^2}{9}=1$，以及 $a=\left(2,\frac{3}{2}\sqrt{3}\right)$ 点

解. 椭圆方程不是函数，但在 a 点附近存在隐函数，如图 3.63 所示，所以在 a 点附近可以假设有 $y=f(x)$。

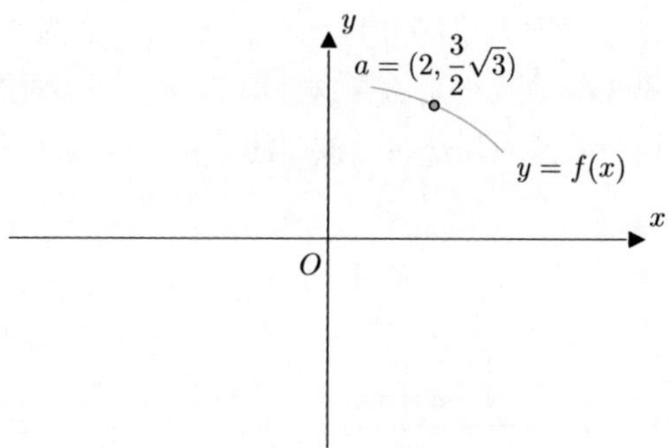

图 3.63 在 a 点附近，椭圆方程 $\frac{x^2}{16}+\frac{y^2}{9}=1$ 是隐函数

因为存在 $y=f(x)$，所以可根据定理 51，在椭圆方程两边同时求 x 的导函数：

$$\frac{\mathrm{d}}{\mathrm{d}x}\left(\frac{x^2}{16}+\frac{y^2}{9}\right)=\frac{\mathrm{d}}{\mathrm{d}x}(1) \implies \frac{\mathrm{d}}{\mathrm{d}x}\left(\frac{x^2}{16}\right)+\frac{\mathrm{d}}{\mathrm{d}x}\left(\frac{y^2}{9}\right)=0 \implies \frac{1}{16}\frac{\mathrm{d}x^2}{\mathrm{d}x}+\frac{1}{9}\frac{\mathrm{d}y^2}{\mathrm{d}y}\cdot\frac{\mathrm{d}y}{\mathrm{d}x}=0$$
$$\implies \frac{x}{8}+\frac{2y}{9}\frac{\mathrm{d}y}{\mathrm{d}x}=0 \implies \frac{\mathrm{d}y}{\mathrm{d}x}=-\frac{9x}{16y}$$

因为 $a=\left(2,\frac{3}{2}\sqrt{3}\right)$，代入上式可得：

$$\left.\begin{array}{r}\frac{\mathrm{d}y}{\mathrm{d}x}=-\frac{9x}{16y}\\ x=2,y=\frac{3}{2}\sqrt{3}\end{array}\right\} \implies \left.\frac{\mathrm{d}y}{\mathrm{d}x}\right|_{x=2}=-\frac{\sqrt{3}}{4}$$

这样就得到了 $x=2$ 时的导数，所以 a 点处的切线方程为 $y=-\frac{\sqrt{3}}{4}(x-2)+\frac{3}{2}\sqrt{3}$，如图 3.64 所示。

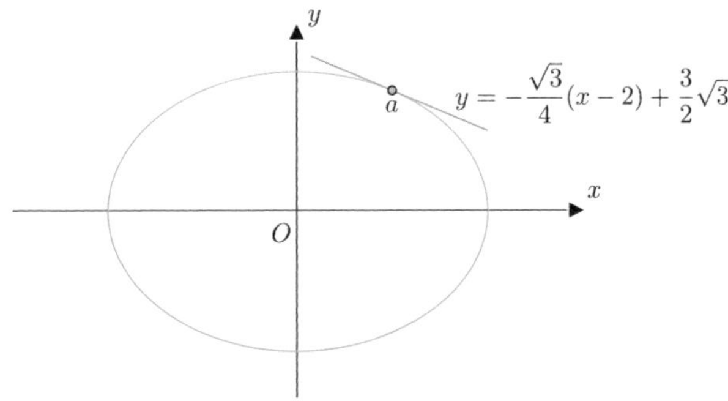

图 3.64 a 点处的切线方程为 $y=-\frac{\sqrt{3}}{4}(x-2)+\frac{3}{2}\sqrt{3}$

3.7.3 对数求导法

例 85. 请求出 $y=x^{\sin x}$ 的导函数。

解. 对该函数两边取对数，可得 $\ln y=\ln x^{\sin x}=\sin x\cdot\ln x$。在该式两边对 x 求导，因为 $y=x^{\sin x}$，根据定理 51 以及定理 49，有：

$$\begin{aligned}\frac{\mathrm{d}}{\mathrm{d}x}\ln y=\frac{\mathrm{d}}{\mathrm{d}x}(\sin x\cdot\ln x) \implies & \frac{\mathrm{d}\ln y}{\mathrm{d}y}\cdot\frac{\mathrm{d}y}{\mathrm{d}x}=(\sin x)'\ln x+\sin x(\ln x)'\\ \implies & \frac{1}{y}\frac{\mathrm{d}y}{\mathrm{d}x}=\cos x\cdot\ln x+\sin x\cdot\frac{1}{x}\\ \implies & \frac{\mathrm{d}y}{\mathrm{d}x}=y\left(\cos x\cdot\ln x+\frac{\sin x}{x}\right)\\ \implies & \frac{\mathrm{d}y}{\mathrm{d}x}=x^{\sin x}\left(\cos x\cdot\ln x+\cdot\frac{\sin x}{x}\right)\end{aligned}$$

例 85 运用的求导方法也称作对数求导法，下面再来看一道例题。

例 86. 请求出 $y=\sqrt{\frac{(x-1)(x-2)}{(x-3)(x-4)}}$ 的导函数。

解. 假设 $x>4$，对该函数两边取对数，可得：

$$\ln y=\ln\sqrt{\frac{(x-1)(x-2)}{(x-3)(x-4)}} \implies \ln y=\frac{1}{2}\Big(\ln(x-1)+\ln(x-2)-\ln(x-3)-\ln(x-4)\Big)$$

在上式两边对 x 求导，注意到 $y=\sqrt{\frac{(x-1)(x-2)}{(x-3)(x-4)}}$，根据定理 51 以及定理 48，可求出：

$$\frac{1}{y}\frac{\mathrm{d}y}{\mathrm{d}x}=\frac{1}{2}\left(\frac{1}{x-1}+\frac{1}{x-2}-\frac{1}{x-3}-\frac{1}{x-4}\right) \implies \frac{\mathrm{d}y}{\mathrm{d}x}=\frac{y}{2}\left(\frac{1}{x-1}+\frac{1}{x-2}-\frac{1}{x-3}-\frac{1}{x-4}\right)$$

当 $x<1$ 时有 $y=\sqrt{\frac{(1-x)(2-x)}{(3-x)(4-x)}}$；以及当 $2<x<3$ 时有 $y=\sqrt{\frac{(x-1)(x-2)}{(3-x)(4-x)}}$，用对数求导法可以得到和上面相同的结果。

3.8 参数方程的导函数与相关变化率

3.8.1 参数方程的导函数

定理 53. 对于参数方程 $\begin{cases} x = \varphi(t) \\ y = \psi(t) \end{cases}$，如果：

- 存在严格单调且连续的反函数 $t = \varphi^{-1}(x)$。
- 存在函数 $y = \psi(t) = \psi(\varphi^{-1}(x))$。
- $x = \varphi(t)$ 以及 $y = \psi(t)$ 可导，且 $\varphi'(t) \neq 0$，则 $\dfrac{\mathrm{d}y}{\mathrm{d}x} = \dfrac{\psi'(t)}{\varphi'(t)}$。

证明. 存在函数 $y = \psi(t) = \psi(\varphi^{-1}(x))$，说明 y 与 x 存在函数关系，故可运用定理 51。存在严格单调且连续的反函数 $t = \varphi^{-1}(x)$，$x = \varphi(t)$ 以及 $y = \psi(t)$ 可导，且 $\varphi'(t) \neq 0$，故可运用定理 52。所以：

$$\frac{\mathrm{d}y}{\mathrm{d}x} = \frac{\mathrm{d}y}{\mathrm{d}t} \cdot \frac{\mathrm{d}t}{\mathrm{d}x} = \frac{\mathrm{d}y}{\mathrm{d}t} \cdot \frac{1}{\dfrac{\mathrm{d}x}{\mathrm{d}t}} = \frac{\psi'(t)}{\varphi'(t)}$$ ■

例 87. 已知椭圆的参数方程为 $\begin{cases} x = 4\cos t \\ y = 3\sin t \end{cases}$，$0 \leqslant t \leqslant 2\pi$，请求出其在 $t = \dfrac{\pi}{3}$ 相应的点处的切线方程。

解.（1）题目中提到的其实就是椭圆 $\dfrac{x^2}{16} + \dfrac{y^2}{9} = 1$ 的参数方程，该椭圆在 $t = \dfrac{\pi}{3}$ 相应的点为：

$$a = \left(4\cos\frac{\pi}{3}, 3\sin\frac{\pi}{3}\right) = \left(2, \frac{3}{2}\sqrt{3}\right)$$

所以题目中要求的其实就是椭圆 $\dfrac{x^2}{16} + \dfrac{y^2}{9} = 1$ 在点 $a = \left(2, \dfrac{3}{2}\sqrt{3}\right)$ 处的切线方程，参见图 3.62。该切线在例 84 求解过，本题来学习另外一种解法，即如何通过参数方程来求出切线方程。

（2）题目中给出的条件是满足定理 53 要求的，所以可得椭圆参数方程的导函数为：

$$\frac{\mathrm{d}y}{\mathrm{d}x} = \frac{\mathrm{d}y}{\mathrm{d}t} \cdot \frac{\mathrm{d}t}{\mathrm{d}x} = \frac{\psi'(t)}{\varphi'(t)} = \frac{(3\sin t)'}{(4\cos t)'} = -\frac{3\cos t}{4\sin t}$$

所以该椭圆在 $t = \dfrac{\pi}{3}$ 相应的点处的导数为：

$$\left.\frac{\mathrm{d}y}{\mathrm{d}x}\right|_{t=\frac{\pi}{3}} = -\left.\frac{3\cos t}{4\sin t}\right|_{t=\frac{\pi}{3}} = -\frac{\sqrt{3}}{4}$$

所以该椭圆在 $t = \dfrac{\pi}{3}$ 相应的点处的切线方程，也就是在 $a = \left(2, \dfrac{3}{2}\sqrt{3}\right)$ 点处的切线方程为 $y = -\dfrac{\sqrt{3}}{4}(x-2) + \dfrac{3}{2}\sqrt{3}$，参见图 3.64。该结果与例 84 的结果相同。

例 88. 扔铅球是我国学校体育达标项目之一，如图 3.65 所示，其扔出后的运动在物理学中称为抛体运动。

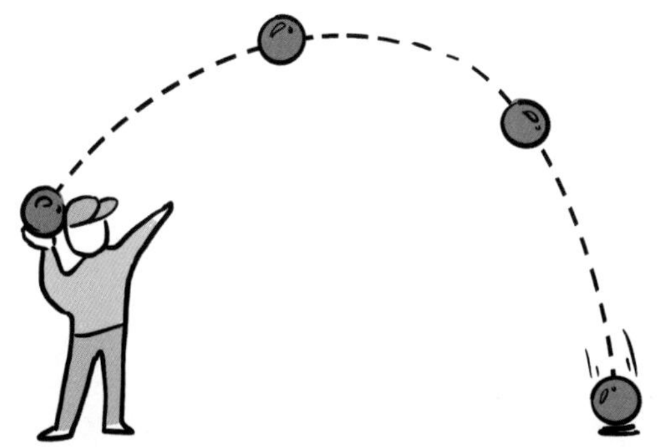

图 3.65 铅球扔出后的运动在物理学中称为抛体运动

若在 $t=0$ 时刻抛出该铅球，获得水平初速度 v_1、垂直初速度 v_2，忽略空气阻力，请计算该铅球在 t 时刻的速度。

解. 设 $t=0$ 时刻该铅球所在位置为 $(0,0)$ 点，也就是说，其所在位置为原点 O。根据条件及高中物理知识，可算出该铅球在 t 时刻的 x、y 坐标，这些坐标可组成如下的参数方程：

$$\begin{cases} x = v_1 t, & \text{水平方向匀速前进} \\ y = v_2 t - \dfrac{1}{2}gt^2, & \text{垂直方向受重力影响，} g \text{ 为重力加速度} \end{cases}$$

根据上述参数方程可绘制出该铅球的运动轨迹，如图 3.66 所示。

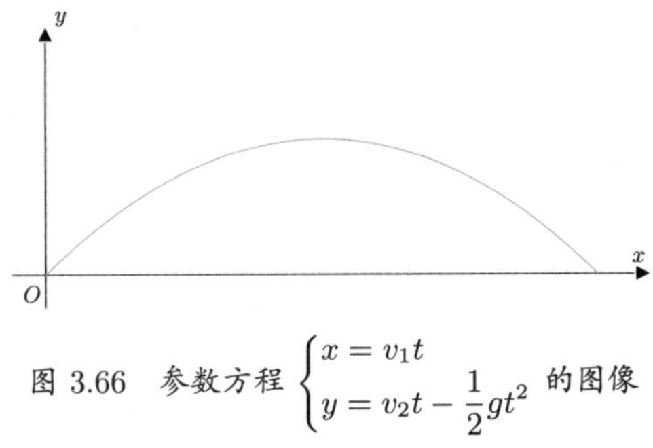

图 3.66 参数方程 $\begin{cases} x = v_1 t \\ y = v_2 t - \dfrac{1}{2}gt^2 \end{cases}$ 的图像

之前解释过，可以将导数理解为变化率，而变化率在特定的场景下可以被理解为瞬时速度，所以这里根据上述参数方程可分别求出 t 时刻的水平速度向量 $\boldsymbol{v_1}$ 和垂直速度向量 $\boldsymbol{v_2}$：

	大小	方向	向量
水平速度 $\boldsymbol{v_1}$	$\dfrac{\mathrm{d}x}{\mathrm{d}t}$	$\begin{pmatrix} 1 \\ 0 \end{pmatrix}$	$\begin{pmatrix} \dfrac{\mathrm{d}x}{\mathrm{d}t} \\ 0 \end{pmatrix}$
垂直速度 $\boldsymbol{v_2}$	$\dfrac{\mathrm{d}y}{\mathrm{d}t}$	$\begin{pmatrix} 0 \\ 1 \end{pmatrix}$	$\begin{pmatrix} 0 \\ \dfrac{\mathrm{d}y}{\mathrm{d}t} \end{pmatrix}$

根据高中物理知识可知，上述两个向量的线性组合就是要求的 t 时刻的速度向量 $\boldsymbol{v}$，即：

$$\boldsymbol{v}=\boldsymbol{v_1}+\boldsymbol{v_2}=\begin{pmatrix}\dfrac{\mathrm{d}x}{\mathrm{d}t}\\\dfrac{\mathrm{d}y}{\mathrm{d}t}\end{pmatrix}=\begin{pmatrix}v_1\\v_2-gt\end{pmatrix}$$

图 3.67 中画出了 t 时刻铅球所在的位置 $\left(v_1t,v_2t-\dfrac{1}{2}gt^2\right)$，及水平速度 $\boldsymbol{v_1}$、垂直速度 $\boldsymbol{v_2}$ 和瞬时速度 $\boldsymbol{v}$。

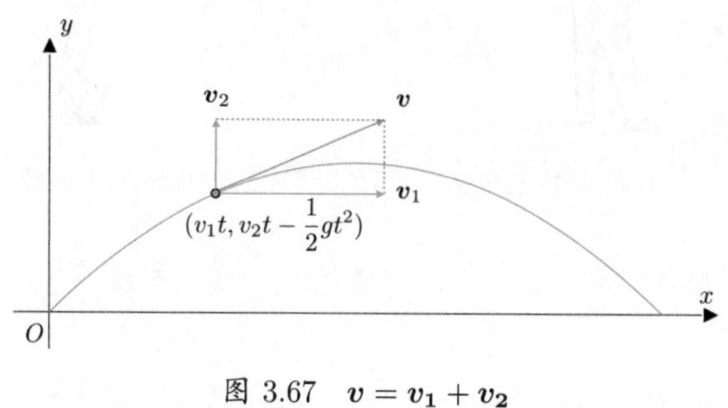

图 3.67 $\boldsymbol{v}=\boldsymbol{v_1}+\boldsymbol{v_2}$

3.8.2 相关变化率

例 89. *球形气球以 $2\mathrm{cm}^3/\mathrm{s}$ 的速率被填充空气，如图 3.68 所示，当半径为 3cm 时半径增加的速度有多快？*

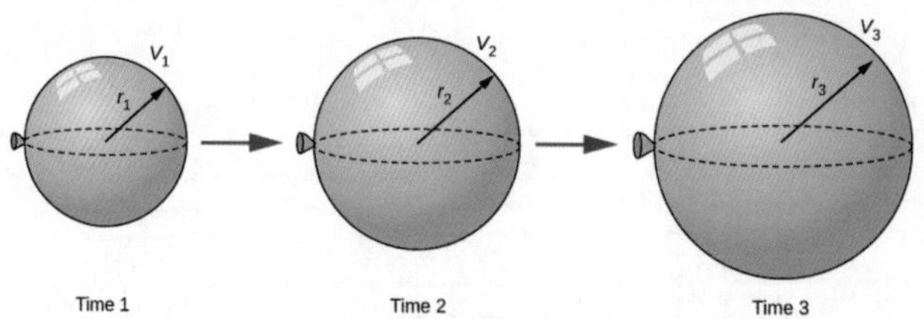

图 3.68 球形气球充气

解.（1）相关变化率。充气时，球形气球的体积和半径都会随着时间增加而同时变化，这可以看作一个与时间相关的参数方程（V 表示体积，r 表示半径）$\begin{cases}V=V(t)\\r=r(t)\end{cases}$。题目中告知了气球的体积变化率 $V'(t)=\dfrac{\mathrm{d}V}{\mathrm{d}t}$，要求的是半径变化率 $r'(t)=\dfrac{\mathrm{d}r}{\mathrm{d}t}$，这两个变化率肯定是相互关联的，所以这两者被称为相关变化率，这类问题被称为相关变化率问题。

（2）计算半径增加的速度。因球的体积公式为 $V=\dfrac{4}{3}\pi r^3$，所以代入参数方程可得：

$$\begin{cases}V=V(t)=\dfrac{4}{3}\pi[r(t)]^3\\r=r(t)\end{cases}$$

根据链式法则（定理 51），可算出气球的体积变化率为 $V'(t)=\dfrac{\mathrm{d}V}{\mathrm{d}r}\cdot\dfrac{\mathrm{d}r}{\mathrm{d}t}=4\pi[r(t)]^2r'(t)$。题

目中的条件是球形气球以 $2\text{cm}^3/\text{s}$ 的恒定速率被填充空气，要求当半径为 3cm 时半径增加的速度，即已知 $V'(t)=2\text{cm}^3/\text{s}$ 和 $r(t)=3\text{cm}$，所以：

$$\left.\begin{aligned} V'(t)=4\pi[r(t)]^2r'(t)\\ V'(t)=2\text{cm}^3/\text{s}\\ r(t)=3\text{cm}\end{aligned}\right\}\implies 2\text{cm}^3/\text{s}=(4\pi(3\text{cm})^2)\cdot r'(t)\implies r'(t)=\frac{1}{18\pi}\text{cm/s}$$

例 90. 一个长度为 10m 的梯子斜靠在垂直的墙上，若梯子下端以 3m/s 的速度离开墙壁，问当梯子下端距离墙壁 6m 时，梯子上端向下滑动的速率为多少？

解. 梯子下端滑行的速度和上端滑行的速度相关，所以这也是一道相关变化率的问题。设梯子下端距离墙壁 l m，上端距离地面 h m，如图 3.69 所示，所以有 $l^2+h^2=10^2$。

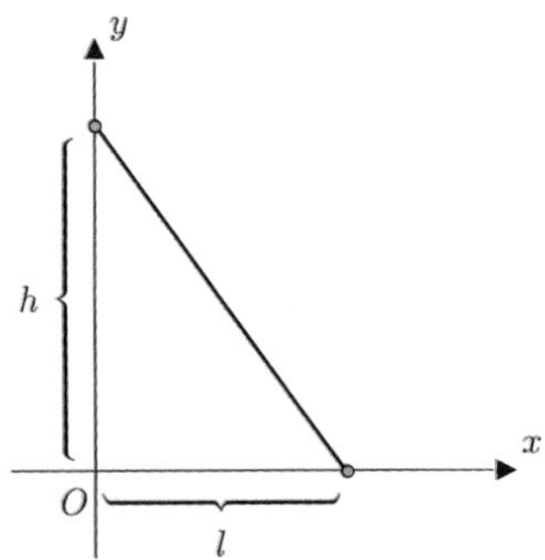

图 3.69 梯子下端距离墙壁 l m，上端距离地面 h m

因为梯子向下滑动，所以 l 和 h 都可以被视作时间 t 的函数，将上述方程两边对时间 t 求导，可得梯子上端向下滑动的速率 $\frac{\mathrm{d}h}{\mathrm{d}t}$ 为：

$$\frac{\mathrm{d}}{\mathrm{d}t}(l^2+h^2)=\frac{\mathrm{d}}{\mathrm{d}t}10^2\implies 2l\frac{\mathrm{d}l}{\mathrm{d}t}+2h\frac{\mathrm{d}h}{\mathrm{d}t}=0\implies\frac{\mathrm{d}h}{\mathrm{d}t}=-\frac{l}{h}\cdot\frac{\mathrm{d}l}{\mathrm{d}t}$$

根据题目条件可知梯子下端以 3m/s 的速度离开墙壁，即有 $\frac{\mathrm{d}l}{\mathrm{d}t}=3\text{m/s}$；又要求梯子下端距墙壁 6m 时的向下速度，即已知 $l=6\text{m}$，所以此时有：

$$\frac{\mathrm{d}h}{\mathrm{d}t}=-\frac{l}{h}\cdot\frac{\mathrm{d}l}{\mathrm{d}t}=-\frac{l}{\sqrt{100-l^2}}\cdot\frac{\mathrm{d}l}{\mathrm{d}t}=-\frac{6}{8}\cdot 3=-\frac{9}{4}\text{m/s}$$

所以此时梯子向下滑动的速度为 $\frac{9}{4}\text{m/s}$。

3.9 高阶导数

导函数 $y'=f'(x)$ 也是函数，也可以有自己的导函数，这种导函数的导函数称为二阶导数，记作：

$$(y')'=f''(x)\quad\text{或}\quad(y')'=\frac{\mathrm{d}}{\mathrm{d}x}\left(\frac{\mathrm{d}y}{\mathrm{d}x}\right)=\frac{\mathrm{d}^2y}{\mathrm{d}x^2}$$

相应地，$y'=f'(x)$ 称为一阶导数。二阶导函数的导函数就是三阶导数，记作：

$$(y'')'=f'''(x)\quad 或\quad (y'')'=\frac{\mathrm{d}^3y}{\mathrm{d}x^3}$$

更一般地，$n-1$ 阶导函数的导函数就是 n 阶导数，记作 $y^{(n)}=\dfrac{\mathrm{d}^ny}{\mathrm{d}x^n}$。二阶及以上的导函数都可以统称为高阶导函数。

例 91. 请求出 $y=ax+b$ 的二阶导数。

解. $y=ax+b\implies y'=a\implies y''=0$。

例 92. 请求出 $y=\sqrt{2x-x^2}$ 的二阶导数。

解. 首先算出一阶导数：$y'=(\sqrt{2x-x^2})'=\dfrac{(2x-x^2)'}{2\sqrt{2x-x^2}}=\dfrac{1-x}{\sqrt{2x-x^2}}$，然后计算二阶导数：

$$\begin{aligned}
y''&=\left(\frac{1-x}{\sqrt{2x-x^2}}\right)'=\frac{(1-x)'\sqrt{2x-x^2}-(1-x)(\sqrt{2x-x^2})'}{\sqrt{2x-x^2}^2}\\
&=\frac{-\sqrt{2x-x^2}-(1-x)\frac{1-x}{\sqrt{2x-x^2}}}{2x-x^2}\\
&=\frac{-2x+x^2-(1-x)^2}{(2x-x^2)\sqrt{2x-x^2}}=-\frac{1}{(2x-x^2)\sqrt{2x-x^2}}=-(2x-x^2)^{-\frac{3}{2}}
\end{aligned}$$

例 93. 请求出 $\begin{cases}x=a(t-\sin t)\\y=a(1-\cos t)\end{cases}$ 的二阶导数。

解. 首先根据定理 53 求出一阶导数：

$$\frac{\mathrm{d}y}{\mathrm{d}x}=\frac{\mathrm{d}y}{\mathrm{d}t}\Big/\frac{\mathrm{d}x}{\mathrm{d}t}=(a\sin t)/[a(1-\cos t)]=\frac{\sin t}{1-\cos t}=\cot\frac{t}{2},\quad t\neq 2n\pi,n\in\mathbb{Z}$$

这样得到了新的参数方程 $\begin{cases}\dfrac{\mathrm{d}y}{\mathrm{d}x}=\cot\dfrac{t}{2}\\x=a(t-\sin t)\end{cases}$，再根据定理 53 求出二阶导数：

$$\begin{aligned}
\frac{\mathrm{d}^2y}{\mathrm{d}x^2}&=\frac{\mathrm{d}}{\mathrm{d}x}\left(\frac{\mathrm{d}y}{\mathrm{d}x}\right)=\frac{\mathrm{d}}{\mathrm{d}t}\left(\frac{\mathrm{d}y}{\mathrm{d}x}\right)\Big/\frac{\mathrm{d}x}{\mathrm{d}t}=\frac{\mathrm{d}}{\mathrm{d}t}\left(\cot\frac{t}{2}\right)\Big/\frac{\mathrm{d}x}{\mathrm{d}t}\\
&=-\frac{1}{2\sin^2\frac{t}{2}}\cdot\frac{1}{a(1-\cos t)}=-\frac{1}{a(1-\cos t)^2},\quad t\neq 2n\pi,n\in\mathbb{Z}
\end{aligned}$$

例 94. 请求出 $y=\sin x$ 的 n 阶导数。

解. 首先求出一阶导数：$y'=(\sin x)'=\cos x=\sin(x+\frac{\pi}{2})$，然后依次计算：

$$y''=(\sin x)''=\left(\sin(x+\frac{\pi}{2})\right)'=\cos\left(x+\frac{\pi}{2}\right)=\sin\left(x+\frac{\pi}{2}+\frac{\pi}{2}\right)=\sin\left(x+2\cdot\frac{\pi}{2}\right)$$

$$y'''=(\sin x)'''=\left(\sin(x+2\cdot\frac{\pi}{2})\right)'=\cos\left(x+2\cdot\frac{\pi}{2}\right)=\sin\left(x+3\cdot\frac{\pi}{2}\right)$$

$$y^{(4)}=(\sin x)^{(4)}=\left(\sin(x+3\cdot\frac{\pi}{2})\right)'=\cos\left(x+3\cdot\frac{\pi}{2}\right)=\sin\left(x+4\cdot\frac{\pi}{2}\right)$$

以此类推，可得 $(\sin x)^{(n)} = \sin\left(x + n\cdot\frac{\pi}{2}\right)$。用同样的方法可得 $(\cos x)^{(n)} = \cos\left(x + n\cdot\frac{\pi}{2}\right)$。

例 95. 请求出 $y = \ln(1+x)$ 的 n 阶导数。

解. 可以依次计算如下：

$$y' = \frac{1}{1+x},\quad y'' = -\frac{1}{(1+x)^2},\quad y''' = \frac{1\cdot 2}{(1+x)^3},\quad y^{(4)} = -\frac{1\cdot 2\cdot 3}{(1+x)^4}$$

以此类推，可得 $y^{(n)} = [\ln(1+x)]^{(n)} = (-1)^{n-1}\frac{(n-1)!}{(1+x)^n}$。

例 96. 请求出 $u(x)\cdot v(x)$ 的 n 阶导数，其中 u、v 都有 n 阶导数。

解. 可以依次计算如下：

$$(uv)' = u'v + uv',\quad (uv)'' = u''v + 2u'v' + uv'',\quad (uv)''' = u'''v + 3u''v' + 3u'v'' + uv'''$$

通过数学归纳法可证明：

$$\begin{aligned}(uv)^{(n)} = u^{(n)}v + nu^{(n-1)}v' + \frac{n(n-1)}{2!}u^{(n-2)}v'' + \cdots +\\ \frac{n(n-1)\cdots(n-k+1)}{k!}u^{(n-k)}v^{(k)} + \cdots + uv^{(n)}\end{aligned}$$

如果规定零阶导数为函数本身，即有 $u = u^{(0)}$ 以及 $v = v^{(0)}$，那么上式可以记作 $(uv)^{(n)} = \sum_{k=0}^{n}\binom{n}{k}u^{(n-k)}v^{(k)}$，和定理 27 中介绍过的牛顿二项式类似，大家可以对比记忆。

3.10 小结

为了找到求解曲边梯形面积的通用方法，本章的任务是完成其中的第一步，就是找到可以用来近似曲线的直线，也就是微分，如图 3.70 所示。

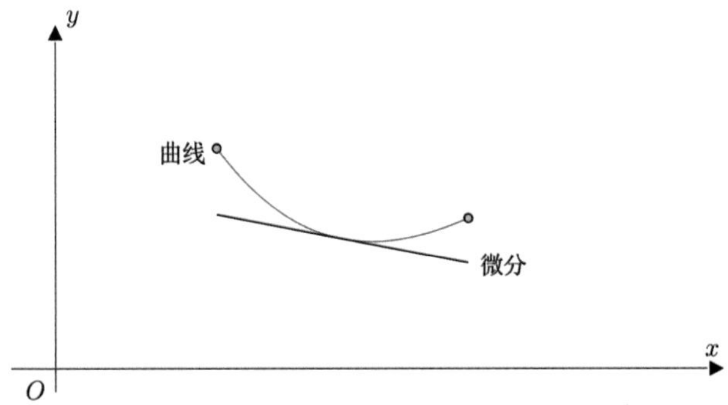

图 3.70 用来近似曲线的直线就是微分

微分的定义是 $\mathrm{d}y = A\mathrm{d}x$，在本章中介绍了，$A$ 就是导数：

$$A = \underbrace{\lim_{\Delta x\to 0}\frac{\Delta y}{\Delta x} = \lim_{\Delta x\to 0}\frac{f(x_0+\Delta x) - f(x_0)}{\Delta x}}_{\text{导数}}$$

可见导数的求解就成了求出微分的关键，所以本章接下来就介绍了各种求导法则：

- 基本初等函数的导函数
- 函数和、差、积、商的求导法则
- 链式法则
- 反函数的求导法则
- 隐函数的求导法则
- 参数方程的求导法则
- 高阶导数

下一章我们继续介绍导数的各种求解方法和应用。

第 4 章　微分中值定理与导数的应用

4.1　微分中值定理

上一章介绍了微分和导数，其中最关键的是，微分是对函数 $f(x)$ 在 x_0 点附近曲线的线性近似。这种近似在数学上可以带来很多结论，本章就来学习其中的一些。

4.1.1　费马引理和驻点

定理 54 (费马引理). 设函数 $f(x)$ 在 x_0 点处可导，且在 x_0 点处取得极值，则 $f'(x_0)=0$。

证明. 根据函数 $f(x)$ 在 x_0 点处可导，可知 $f(x)$ 在 x_0 点处的某邻域 $U(x_0)$ 内有定义；根据函数 $f(x)$ 在 x_0 点处取得极值，因此不妨假设 $\forall x\in U(x_0)$ 时有 $f(x)\leqslant f(x_0)$（若设 $f(x)\geqslant f(x_0)$ 也可类似证明）。所以对于 $x_0+\Delta x\in U(x_0)$，有 $f(x_0+\Delta x)\leqslant f(x_0)$。从而：

- $\Delta x>0$ 时有 $\dfrac{f(x_0+\Delta x)-f(x_0)}{\Delta x}\leqslant 0$
- $\Delta x<0$ 时有 $\dfrac{f(x_0+\Delta x)-f(x_0)}{\Delta x}\geqslant 0$

已知 $f'(x_0)$ 存在，根据定理 7 可知 $f'(x_0)=f'_+(x_0)=f'_-(x_0)$。又根据定理 15 有：

$$\left.\begin{aligned}f'(x_0)=f'_+(x_0)=\lim_{\Delta x\to 0^+}\frac{f(x_0+\Delta x)-f(x_0)}{\Delta x}\leqslant 0\\ f'(x_0)=f'_-(x_0)=\lim_{\Delta x\to 0^-}\frac{f(x_0+\Delta x)-f(x_0)}{\Delta x}\geqslant 0\end{aligned}\right\}\implies f'(x_0)=0$$ ■

简化一下，费马引理（定理 54）实际上说的就是：

$$\left.\begin{aligned}f(x)\text{ 在 }x_0\text{ 点处取得极值}\\ f(x)\text{ 在 }x_0\text{ 点处可导}\end{aligned}\right\}\implies f'(x_0)=0$$

所以费马引理的几何意义也很清楚了，如图 4.1 所示。可以看到，函数 $f(x)$ 在 a 点、b 点取得极值，这两点的微分都是水平的，也就是有 $f'(a)=0$ 以及 $f'(b)=0$。

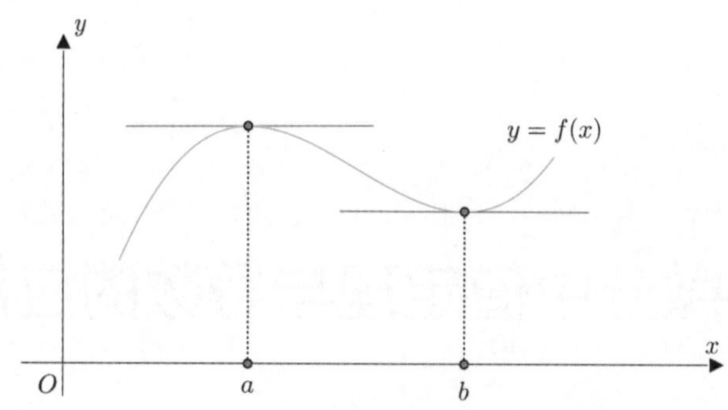

图 4.1 a 点、b 点为极值点，其微分是水平的

结合生活经验也比较好理解，极值就好比山峰顶端，山峰顶端总有一段接近于水平，哪怕只是很小的一段，如图 4.2 所示。所以用于近似山峰顶端的微分也是水平的。

图 4.2 山峰顶端总是水平的，哪怕只是很小的一段

定义 39. 对于函数 $y = f(x)$，其一阶导数为零的点称为驻点或稳定点。即若有 $f'(x_0) = \left.\frac{\mathrm{d}y}{\mathrm{d}x}\right|_{x=x_0} = 0$，那么 x_0 点称为函数 $y = f(x)$ 的驻点。

若将导数理解为速度，则 $f'(x_0) = 0$ 意味着在 x_0 点处的速度为 0，即停驻在 x_0 点，这或是“驻点”的来由。

举例说明一下定义 39。从图 4.3 中可以看出，a 点、b 点及 c 点的导数都为 0，所以它们都是函数 $f(x)$ 的驻点。其中 a 点、b 点是函数 $f(x)$ 的极值点，而 c 点不是函数 $f(x)$ 的极值点。

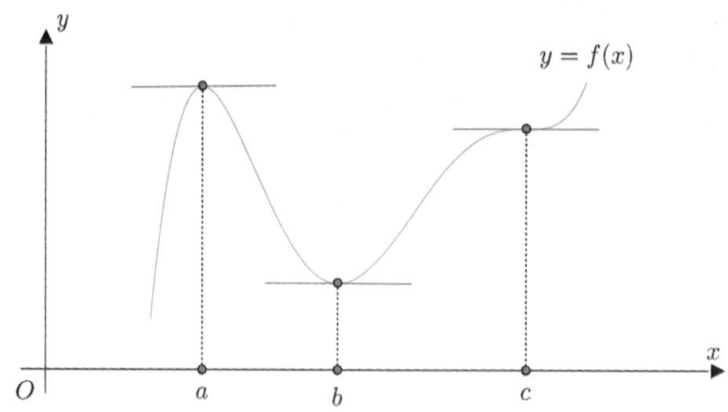

图 4.3 a 点、b 点及 c 点都为函数 $f(x)$ 的驻点

这说明费马引理不能反过来用，即，$f(x)$ 在 x_0 点处取得极值 $\not\Leftarrow f'(x_0)=0$。

4.1.2 罗尔中值定理

用微信扫图 4.4 所示的二维码，可观看本节的视频讲解。

图 4.4 扫码观看本节的讲解视频

定理 55 (罗尔中值定理). *如果函数 $f(x)$ 满足：*

- *在闭区间 $[a,b]$ 上连续*
- *在开区间 (a,b) 上可导*
- *$f(a)=f(b)$*

那么 $\exists\xi\in(a,b)$，使得 $f'(\xi)=0$。

证明. 由于 $f(x)$ 在闭区间 $[a,b]$ 上连续，根据定理 40，$f(x)$ 在 $[a,b]$ 上存在最大值 M 和最小值 m，当：

（1）$M=m$ 时，函数为常值函数 $f(x)=M$，$f'(x)$ 在 (a,b) 上处处为 0。

（2）$M>m$ 时，因 $f(a)=f(b)$，故 M 和 m 必有一个不在端点上。设 M 不在端点上，可令 $M=f(\xi),\xi\in(a,b)$。此时 M 是极大值，又 $f(x)$ 在开区间 (a,b) 上可导，根据费马引理，所以有 $f'(\xi)=0$。 ■

图 4.5 中的函数 $f(x)$ 就是满足罗尔中值定理（定理 55）的，可以看出：

- 由于 $f(a)=f(b)$，因此从图 4.5 上看，曲线的两端点在同一水平线上。
- 由于 $\exists\xi\in(a,b)$ 使得 $f'(\xi)=0$，因此 $f(x)$ 在 ξ 点处的微分是水平的，或说该微分与端点的连线平行。

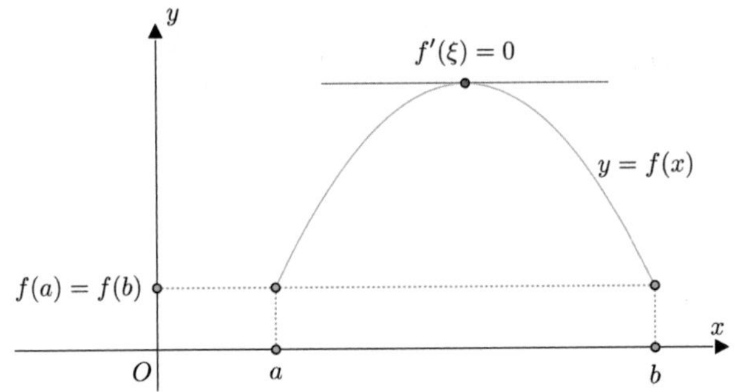

图 4.5 $f(x)$ 在 ξ 点处存在水平微分，或说该微分与端点的连线平行

再来看一下罗尔中值定理的物理意义，大家见过往返跑吧，如图 4.6 所示。

图 4.6 往返跑

如果用位移—时间图来描述往返跑的话，那么起点和终点的位移必然相同，即有 $f(a)=f(b)$，如图 4.7 所示。因为往返跑要回到起点，所以途中必定有速度为 0 的点，即有 $f'(\xi)=0$。

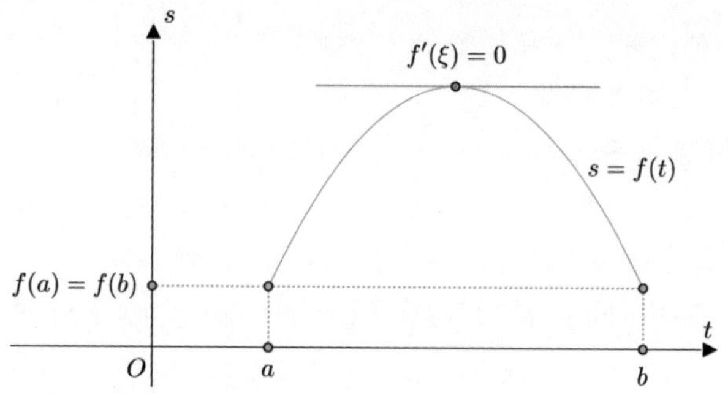

图 4.7 往返跑途中必定有速度为 0 的点，即有 $f'(\xi)=0$

或者可以想象一下击剑比赛，选手在一条直线上攻杀防御，如图 4.8 所示。

图 4.8 击剑比赛

但不论怎样，只要最后回到起点，途中必定有一个或多个速度为 0 的点，如图 4.9 所示。

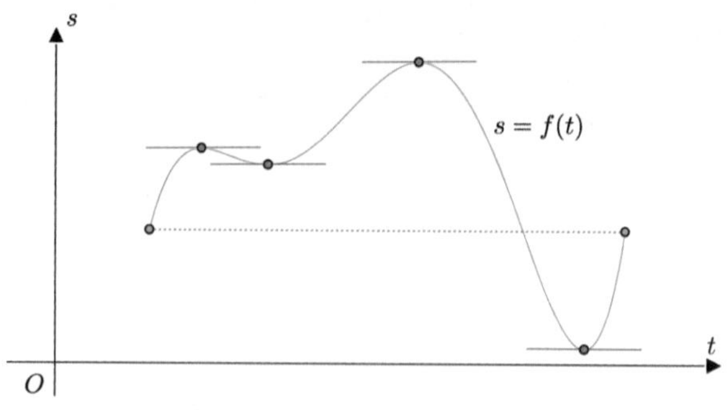

图 4.9 若选手回到起点，途中必定有速度为 0 的点

不少人会疑惑，能不能将罗尔中值定理的条件进行如下修改？[①]

“在闭区间 $[a,b]$ 上连续，在开区间 (a,b) 上可导” $\Longrightarrow$ “在闭区间 $[a,b]$ 上可导”

这样做会缩小罗尔中值定理的适用范围，下面来看一个例子，比如函数：

$$f(x)=\begin{cases}x(1-x)\sin\dfrac{1}{x(1-x)}, & x\neq 0,1\\ 0, & x=0,1\end{cases}$$

该函数刚好满足“在闭区间 $[0,1]$ 上连续，在开区间 $(0,1)$ 上可导”，其在端点 $x=0$ 和 $x=1$ 处不可导，如图 4.10 所示。该函数也可运用罗尔中值定理，即 $\exists\xi\in(0,1)$ 使得 $f'(\xi)=0$（甚至还有无穷多个）。

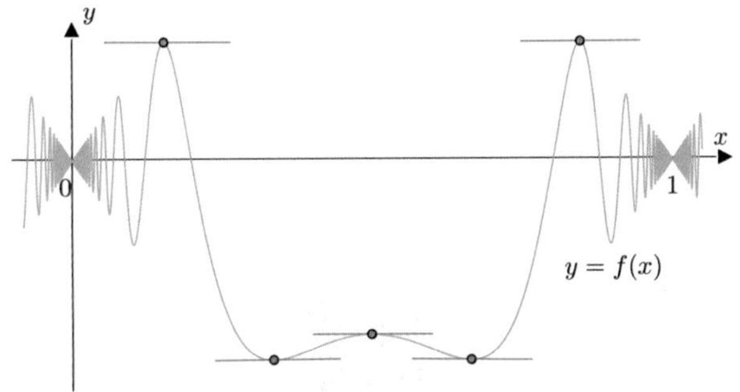

图 4.10 有无穷多个 $\xi\in(0,1)$，使得 $f'(\xi)=0$

例 97. 请问是否可以将罗尔中值定理的条件进行如下修改？

“在闭区间 $[a,b]$ 上连续，在开区间 (a,b) 上可导” $\Longrightarrow$ “在开区间 (a,b) 上可导”

解. 不可以。比如图 4.11 中的函数 $f(x)$ 就满足 $f(a)=f(b)$，在开区间 (a,b) 上可导，但在闭区间 $[a,b]$ 上不连续（a 点不连续），可以看出不存在 $\xi\in(a,b)$ 使得 $f'(\xi)=0$。

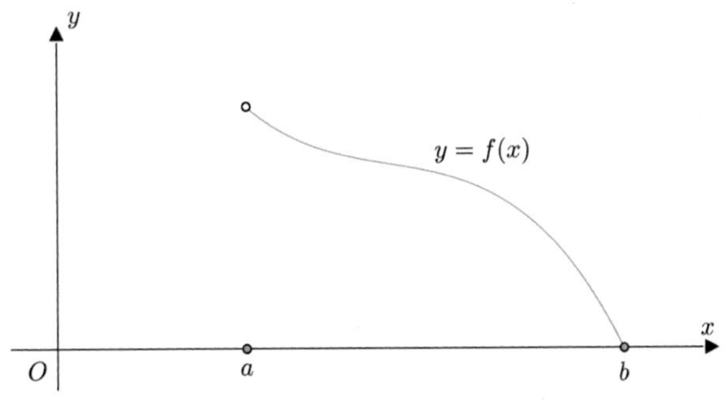

图 4.11 $f(x)$ 在闭区间 $[a,b]$ 上不连续，在开区间 (a,b) 上可导

例 98. 请问是否可以将罗尔中值定理的条件进行如下修改？

“在闭区间 $[a,b]$ 上连续，在开区间 (a,b) 上可导” $\Longrightarrow$ “在闭区间 $[a,b]$ 上连续”

① 闭区间可导，其中端点处只要求单侧可导。

解. 不可以。比如图 4.12 中的函数 $f(x)$ 就满足 $f(a)=f(b)$，在闭区间 $[a,b]$ 上连续，但在开区间 (a,b) 上不可导（c 点不可导），可以看出不存在 $\xi\in(a,b)$ 使得 $f'(\xi)=0$。

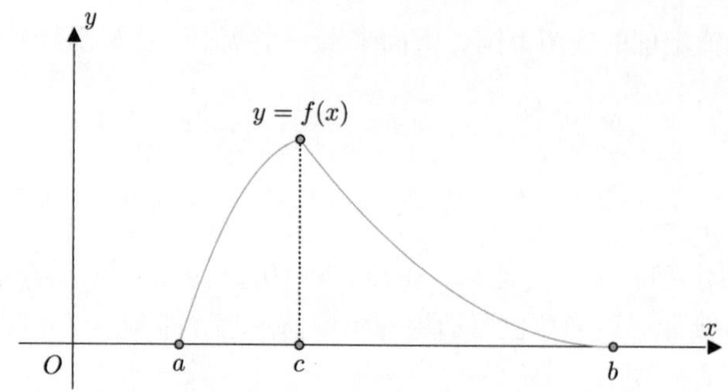

图 4.12 $f(x)$ 在闭区间 $[a,b]$ 上连续，在开区间 (a,b) 上不可导

4.1.3 拉格朗日中值定理

用微信扫图 4.13 所示的二维码，可观看本节的视频讲解。

图 4.13 扫码观看本节的讲解视频

罗尔中值定理说的是，当曲线两侧的端点相等时，曲线上存在某点的微分与端点的连线平行。从几何上看“端点相等”这个要求似乎有点儿多余，去掉该要求好像也会有类似的性质，如图 4.14 所示。

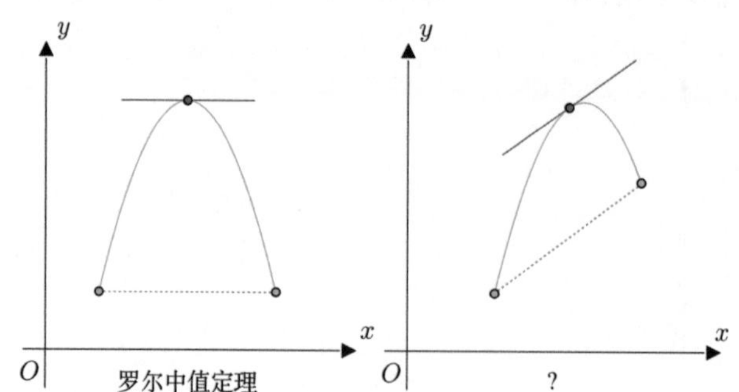

图 4.14 两侧端点相等或不相等，都有微分与端点的连线平行

去掉“端点相等”后，就得到了：

定理 56 (拉格朗日中值定理). 如果函数 $f(x)$ 满足：

- 在闭区间 $[a,b]$ 上连续
- 在开区间 (a,b) 上可导

那么 $\exists\xi\in(a,b)$，使得 $f'(\xi)=\dfrac{f(b)-f(a)}{b-a}$。

证明. 引进辅助函数 $F(x)=[f(b)-f(a)]x-f(x)(b-a)$，容易知道，$F(x)$ 满足罗尔中值定理的条件：

- 在闭区间 $[a,b]$ 上连续
- 在开区间 (a,b) 上可导
- $F(a)=F(b)=af(b)-bf(a)$

所以 $\exists\xi\in(a,b)$ 使得 $F'(\xi)=0$，即：

$$F'(x)|_{x=\xi}=f(b)-f(a)-f'(x)(b-a)|_{x=\xi}=f(b)-f(a)-f'(\xi)(b-a)=0$$

由此可得 $f'(\xi)=\dfrac{f(b)-f(a)}{b-a}$。 ■

这里解释一下上述证明中的辅助函数 $F(x)$ 是怎么得来的。首先对该定理的结论进行变形，有：

$$f'(\xi)=\frac{f(b)-f(a)}{b-a}\implies f(b)-f(a)=f'(\xi)(b-a)\implies f(b)-f(a)-f'(\xi)(b-a)=0$$

结合罗尔中值定理,我们会希望上式的左侧为某函数 $F(x)$ 的导函数,即 $\overbrace{f(b)-f(a)-f'(\xi)(b-a)}^{F'(\xi)}=0$，所以在上述证明中，我们假设 $F(x)=[f(b)-f(a)]x-f(x)(b-a)$。

拉格朗日中值定理（定理 56）在微积分中比较重要，所以有时候也直接称其为微分中值定理。下面解释一下该定理的几何意义。从图 4.15 可以看出，$\dfrac{f(b)-f(a)}{b-a}$ 是两侧端点连线的斜率。

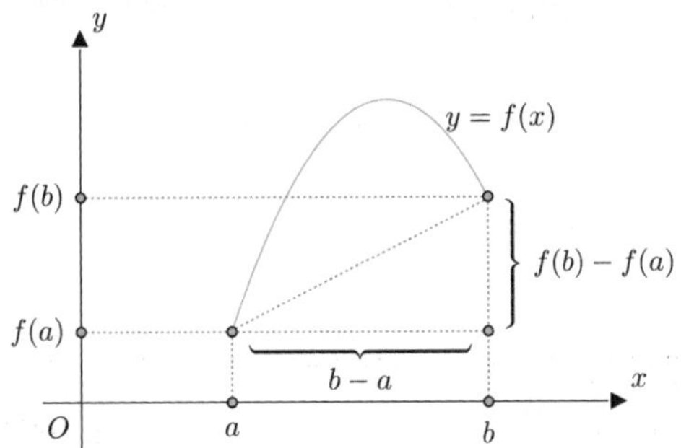

图 4.15 两侧端点连线的斜率为 $\dfrac{f(b)-f(a)}{b-a}$

所以"$\exists\xi\in(a,b)$，使得 $f'(\xi)=\dfrac{f(b)-f(a)}{b-a}$"意味着，$(a,b)$ 上存在某 ξ 点，其微分与端点的连线平行，如图 4.16 所示。

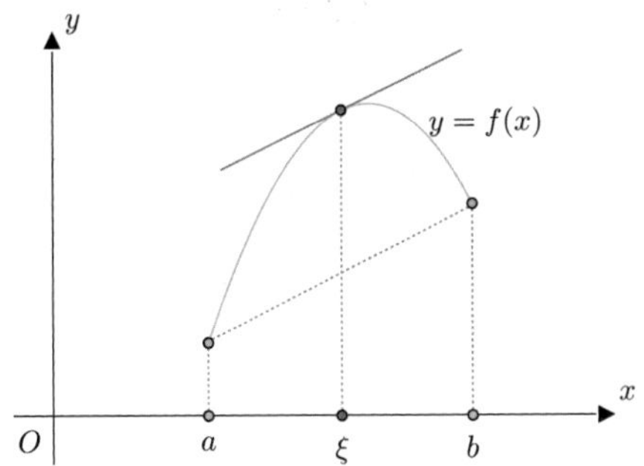

图 4.16 ξ 点的微分与端点的连线平行

也有可能存在多个点的微分与端点的连线平行，如图 4.17 所示。

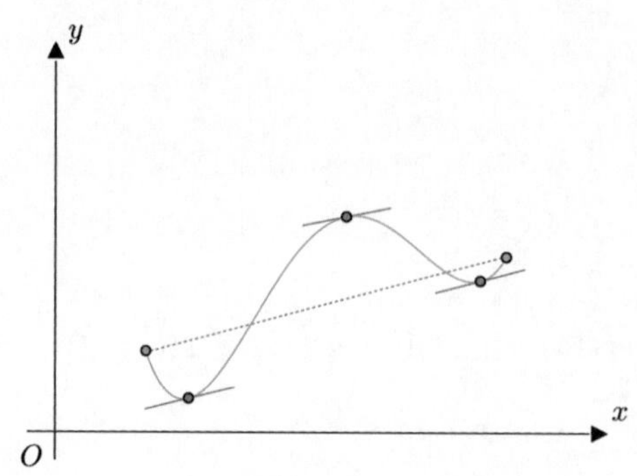

图 4.17 多个点的微分与端点的连线平行

若有 $f(a) = f(b)$，则可推出 $f'(\xi) = 0$，那么就变为了罗尔中值定理。所以说罗尔中值定理是拉格朗日中值定理的特例，如图 4.18 所示。

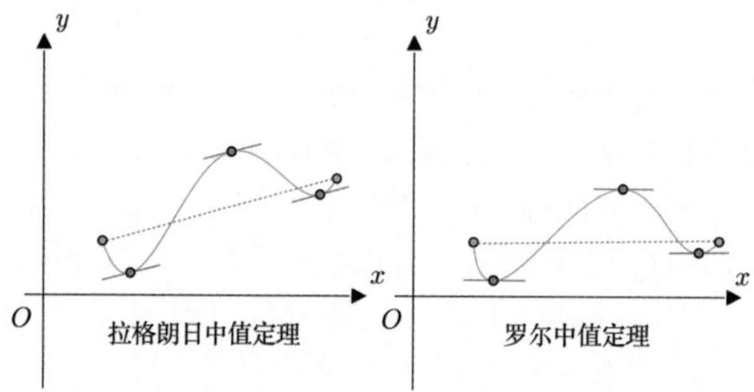

图 4.18 罗尔中值定理是拉格朗日中值定理的特例

下面再通过交通管理中的区间测速来理解一下拉格朗日中值定理，如图 4.19 所示。

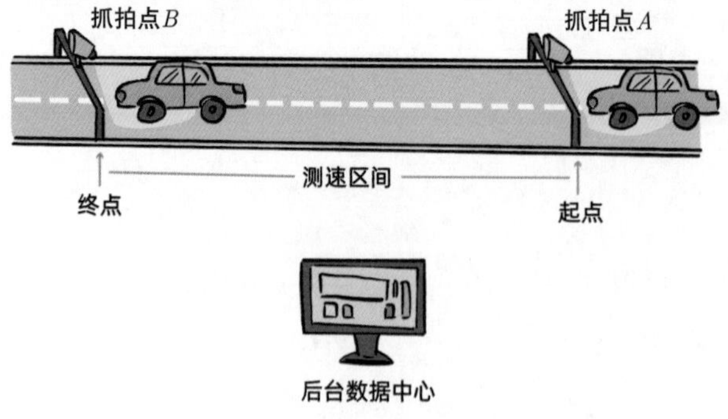

图 4.19 区间测速

假设在 A 点抓拍一次，得到 a 时间点的汽车位移 $f(a)$；在 B 点抓拍一次，得到 b 时间点的汽车位移 $f(b)$。由此可以算出其平均速度为 $\overline{v} = \dfrac{f(b) - f(a)}{b - a}$，也就是端点连线的斜率，如图 4.20 所示。

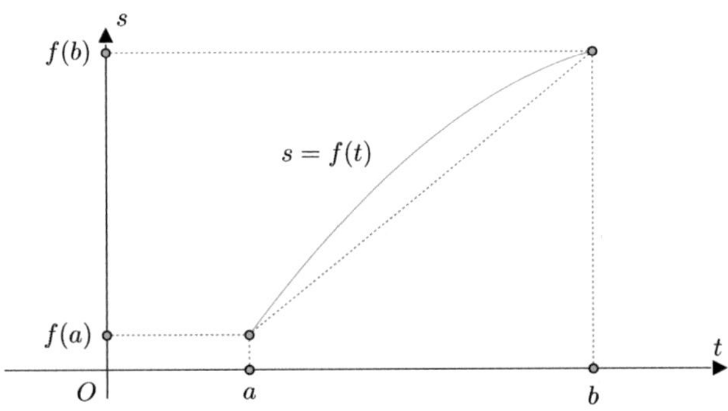

图 4.20 平均速度 $\overline{v} = \dfrac{f(b) - f(a)}{b - a}$，就是端点连线的斜率

在整个路程中的瞬时速度：

- 如果是匀速前进，那么整个路程的瞬时速度必然始终等于平均速度 $\overline{v}$。
- 如果是变速前进，那么整个路程的瞬时速度必然有大于 $\overline{v}$、等于 $\overline{v}$、小于 $\overline{v}$ 的情况。

图 4.21 是变速前进的示意图，某点微分的斜率就是当时的瞬时速度。微分为金黄色时瞬时速度大于 $\overline{v}$，为紫色时（也就是与端点连线平行时）瞬时速度等于 $\overline{v}$，为红色时瞬时速度小于 $\overline{v}$。

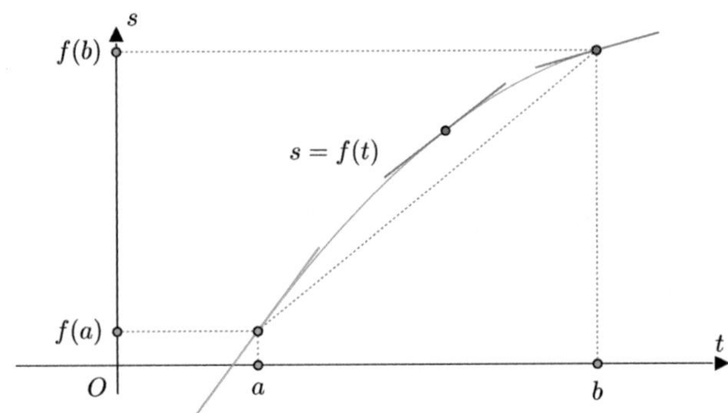

图 4.21 微分为紫色时（也就是与端点连线平行时）瞬时速度等于 $\overline{v}$

所以如果限速为 60km/h，而区间测速测出平均速度 $\overline{v}$ 为 70km/h，那么根据拉格朗日中值定理，就可以判定路程中必然至少有一个点超速。

定理 57. 设函数 $f(x)$ 满足在闭区间 $[a,b]$ 上连续，在开区间 (a,b) 上可导。若 $\forall x \in (a,b)$ 有 $f'(x) = 0$，那么 $f(x)$ 在闭区间 $[a,b]$ 上是一个常数，即 $f(x) = C, C \in \mathbb{R}, x \in [a,b]$。

证明. 在闭区间 $[a,b]$ 上任取两点 x_1, x_2（$x_1 < x_2$），根据拉格朗日中值定理，$\exists \xi \in (x_1, x_2)$ 使得：

$$f'(\xi) = \frac{f(x_2) - f(x_1)}{x_2 - x_1} = 0 \implies f(x_2) - f(x_1) = 0 \implies f(x_1) = f(x_2)$$

因为 x_1, x_2 是闭区间 $[a,b]$ 上的任意两点，所以上面的等式表明，$f(x)$ 在闭区间 $[a,b]$ 上的函数值总是相等，也就是说，$f(x)$ 在闭区间 $[a,b]$ 上是一个常数。 ■

在定理 43 中证明了常数函数的导函数为 0，定理 57 说的是反过来也成立，即有 $f(x) = C \iff f'(x) = 0$。

4.1.4 柯西中值定理

用微信扫图 4.22 所示的二维码，可观看本节的视频讲解。

图 4.22 扫码观看本节的讲解视频

罗尔中值定理和拉格朗日中值定理讨论的都是可以用函数来表示的曲线，其实不能用函数表示的曲线也有类似的性质，如图 4.23 所示。

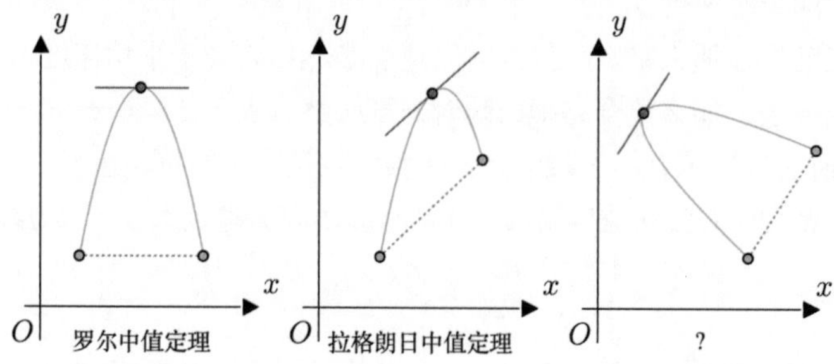

图 4.23 不能用函数表示的曲线，也存在微分与端点的连线平行的性质

曲线如果可以通过参数方程来表示，那么就得到了如下定理。

定理 58 (柯西中值定理的第一种形式). 如果函数 $f(x)$ 及 $g(x)$ 满足

- 在闭区间 $[a,b]$ 上连续
- 在开区间 (a,b) 上可导
- $g(a)\neq g(b)$

那么 $\exists\xi\in(a,b)$ 使得 $\dfrac{f(b)-f(a)}{g(b)-g(a)}g'(\xi)=f'(\xi)$。若还有 $g'(\xi)\neq 0$，则该式可改写为 $\dfrac{f(b)-f(a)}{g(b)-g(a)}=\dfrac{f'(\xi)}{g'(\xi)}$。

证明. 因为 $g(a)\neq g(b)$，所以可构造辅助函数 $F(x)=f(x)-\dfrac{f(b)-f(a)}{g(b)-g(a)}g(x)$。容易知道，$F(x)$ 满足罗尔中值定理的条件：

- 在闭区间 $[a,b]$ 上连续
- 在开区间 (a,b) 上可导
- $F(a)=F(b)=\dfrac{g(b)f(a)-g(a)f(b)}{g(b)-g(a)}$

所以 $\exists\xi\in(a,b)$ 使得 $F'(\xi)=0$，即：

$$F'(x)|_{x=\xi}=f'(x)-\frac{f(b)-f(a)}{g(b)-g(a)}g'(x)\bigg|_{x=\xi}=f'(\xi)-\frac{f(b)-f(a)}{g(b)-g(a)}g'(\xi)=0$$

由此可得 $\dfrac{f(b)-f(a)}{g(b)-g(a)}g'(\xi)=f'(\xi)$。若还有 $g'(\xi)\neq 0$，则该式可改写为 $\dfrac{f(b)-f(a)}{g(b)-g(a)}=\dfrac{f'(\xi)}{g'(\xi)}$。 ∎

要直观理解柯西中值定理（定理 58），需将 $f(x)$ 和 $g(x)$ 组成参数方程。为符合习惯，用 t 来表示自变量，即设有参数方程 $\begin{cases} x = g(t) \\ y = f(t) \end{cases}$，其对应曲线如图 4.24 所示。端点是 $t=a$ 时对应的 $[g(a), f(a)]$ 点，及 $t=b$ 对应的 $[g(b), f(b)]$ 点。显然存在某 $t=\xi$ 时对应的 $[g(\xi), f(\xi)]$ 点，其微分与端点的连线平行。

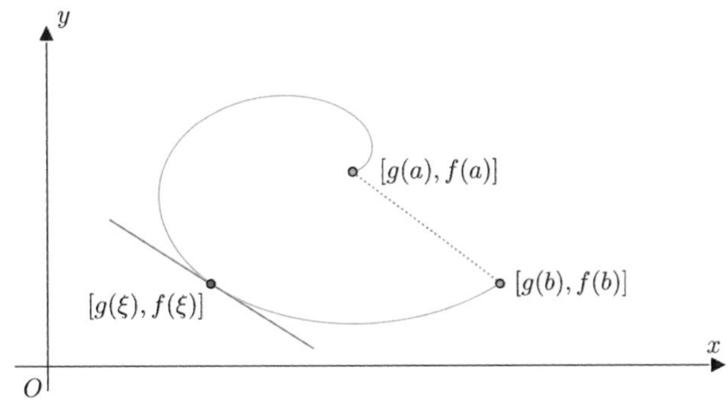

图 4.24 $[g(\xi), f(\xi)]$ 点的微分与端点的连线平行

容易知道端点连线的斜率为 $\dfrac{f(b)-f(a)}{g(b)-g(a)}$；加上例 87 中解释过 $[g(\xi), f(\xi)]$ 点的微分的斜率为 $\dfrac{f'(\xi)}{g'(\xi)}$，所以有 $\dfrac{f(b)-f(a)}{g(b)-g(a)} = \dfrac{f'(\xi)}{g'(\xi)}$。

定理 59 (柯西中值定理的第二种形式). 如果函数 $f(x)$ 及 $g(x)$ 满足

- 在闭区间 $[a,b]$ 上连续
- 在开区间 (a,b) 上可导
- $\forall x \in (a,b)$ 有 $g'(x) \neq 0$

那么 $\exists \xi \in (a,b)$，使得 $\dfrac{f(b)-f(a)}{g(b)-g(a)} = \dfrac{f'(\xi)}{g'(\xi)}$。

证明.（1）证明 $g(b)-g(a) \neq 0$。根据拉格朗日中值定理，存在一点 $c \in (a,b)$，满足：

$$\frac{g(b)-g(a)}{b-a} = g'(c) \implies g(b)-g(a) = g'(c)(b-a)$$

根据题意 $g'(c) \neq 0$，因此 $g(b)-g(a) \neq 0$。

（2）证明所需结论。构造辅助函数 $F(x) = f(x) - \dfrac{f(b)-f(a)}{g(b)-g(a)} g(x)$，容易知道，$F(x)$ 满足罗尔中值定理的条件：

- 在闭区间 $[a,b]$ 上连续
- 在开区间 (a,b) 上可导
- $F(a) = F(b) = \dfrac{g(b)f(a) - g(a)f(b)}{g(b)-g(a)}$

所以 $\exists \xi \in (a,b)$ 使得 $F'(\xi) = 0$，即：

$$F'(x)|_{x=\xi} = f'(x) - \frac{f(b)-f(a)}{g(b)-g(a)} g'(x)\bigg|_{x=\xi} = f'(\xi) - \frac{f(b)-f(a)}{g(b)-g(a)} g'(\xi) = 0$$

由此可得 $\dfrac{f(b)-f(a)}{g(b)-g(a)}=\dfrac{f'(\xi)}{g'(\xi)}$。 ■

柯西中值定理的两种形式（定理 58 和定理 59）大同小异，其中第二种形式（定理 59）也就是同济大学数学系编著的《高等数学（上册）》中的柯西中值定理。第二种形式往往不适用于参数方程，这是因为参数方程的图像大多存在转折，在转折的地方有 $g'(x)=0$，不满足使用的条件。比如上面提到的参数方程，在转折的地方就有 $g'(t_0)=0$ 及 $g'(t_1)=0$，如图 4.25 所示，因此无法套用柯西中值定理的第二种形式。

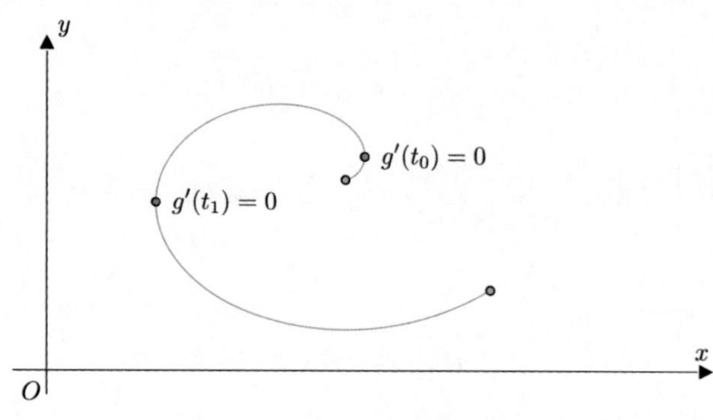

图 4.25 $g'(t_0)=0$ 以及 $g'(t_1)=0$

例 99. 下面关于柯西中值定理的证明方法正确吗？由于 $f(x),g(x)$ 在 $[a,b]$ 上都满足拉格朗日中值定理的条件，故 $\exists\xi\in(a,b)$，使得:

$$f(b)-f(a)=f'(\xi)(b-a) \quad 及 \quad g(b)-g(a)=g'(\xi)(b-a)$$

如果有 $g(a)\neq g(b)$ 以及 $g'(\xi)\neq 0$，那么上述两式相除可得 $\dfrac{f(b)-f(a)}{g(b)-g(a)}=\dfrac{f'(\xi)}{g'(\xi)}$。

解. 上述方法是错误的。因为对于函数 $f(x)$ 和 $g(x)$，拉格朗日中值定理中的 ξ 未必相同，比如：

- $f(x)=x^2$，在 $[0,1]$ 上使得拉格朗日中值定理成立的 $\xi=\dfrac{1}{2}$，如图 4.26 所示。

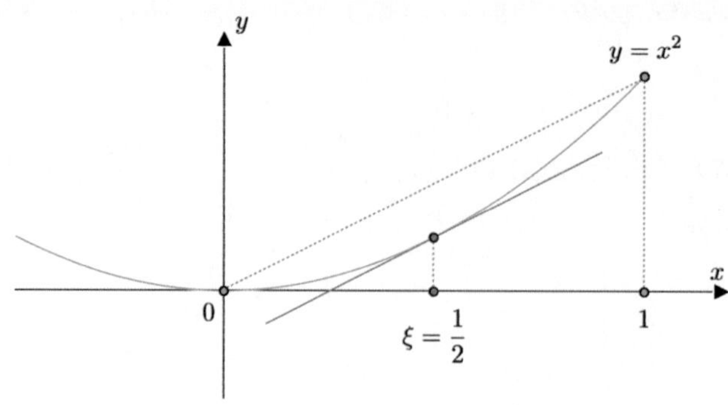

图 4.26 $f'\left(\dfrac{1}{2}\right)=\dfrac{f(1)-f(0)}{1-0}=1$

- $g(x)=x^3$，在 $[0,1]$ 上使得拉格朗日中值定理成立的 $\xi=\dfrac{\sqrt{3}}{3}$，如图 4.27 所示。

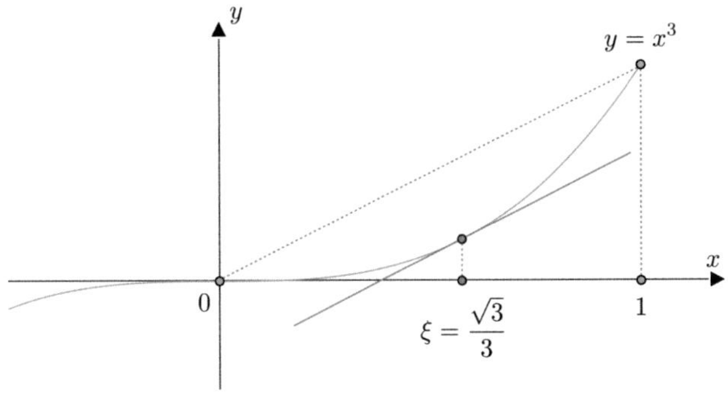

图 4.27 $g'\left(\frac{\sqrt{3}}{3}\right) = \frac{g(1)-g(0)}{1-0} = 1$

上述 ξ 是不相等的，因此无法推出 $\frac{f(b)-f(a)}{g(b)-g(a)} = \frac{f'(\xi)}{g'(\xi)}$。

顺便说一下，上述两个函数可以构成参数方程 $\begin{cases} x = t^2 \\ y = t^3 \end{cases}$，该参数方程在 $[0,1]$ 上使得柯西中值定理成立的 $\xi = \frac{2}{3}$，如图 4.28 所示。

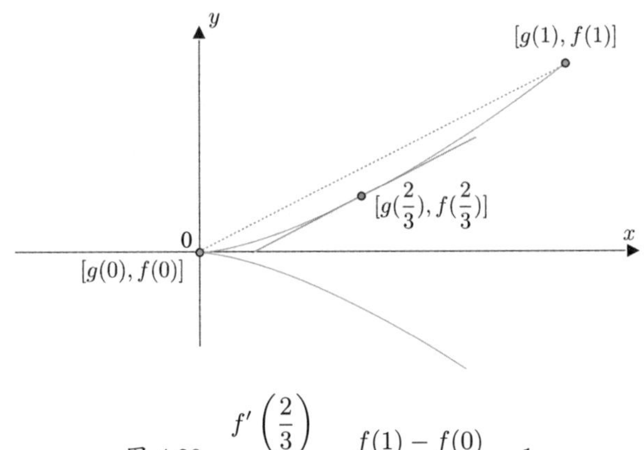

图 4.28 $\frac{f'\left(\frac{2}{3}\right)}{g'\left(\frac{2}{3}\right)} = \frac{f(1)-f(0)}{g(1)-g(0)} = 1$

罗尔中值定理、拉格朗日中值定理及柯西中值定理往往合称为三大微分中值定理。三者描述的基本上是同一个现象，就是曲线上存在某点的微分与端点的连线平行，如图 4.29 所示。

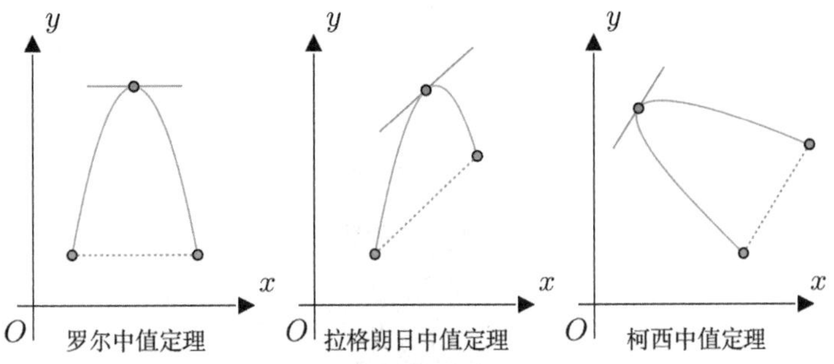

图 4.29 三大微分中值定理的异同

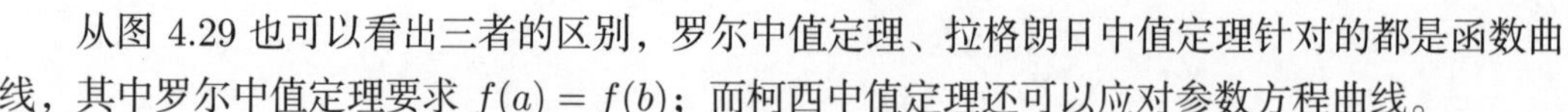

从图 4.29 也可以看出三者的区别，罗尔中值定理、拉格朗日中值定理针对的都是函数曲线，其中罗尔中值定理要求 $f(a)=f(b)$；而柯西中值定理还可以应对参数方程曲线。

4.1.5 微分中值定理的例题

例 100. 请证明方程 $x^5+x-1=0$ 只有一个正根。

证明. 设 $f(x)=x^5+x-1$，可知 $f(0)=-1<0$，$f(1)=1>0$。根据零点定理（定理 38），所以 $\exists\xi\in(0,1)$ 使得 $f(\xi)=0$。下面用反证法证明只存在一个正根，假设存在 ξ_1,ξ_2 使得 $f(\xi_1)=f(\xi_2)=0$，那么由罗尔中值定理可知，$\exists\eta\in(\xi_1,\xi_2)$ 使得 $f'(\eta)=0$，即有 $f'(\eta)=5\eta^4+1=0$。显然不存在实数 η 使得该式成立，所以假设错误，也就是说，不会有两个及以上的正根。 ■

例 101. 请证明当 $x>1$ 时，$\mathrm{e}^x>\mathrm{e}x$。

证明. 设函数 $f(x)=\mathrm{e}^x$，当 $a>1$ 时，可知 $f(x)$ 在 $[1,a]$ 上连续及在 $(1,a)$ 上可导，所以由拉格朗日中值定理可知，$\exists\xi\in(1,a)$ 使得：

$$\frac{f(a)-f(1)}{a-1}=f'(\xi)\implies f(a)-f(1)=f'(\xi)(a-1)\implies \mathrm{e}^a-\mathrm{e}=\mathrm{e}^\xi(a-1)$$

由于 $\xi>1$，所以 $\mathrm{e}^\xi>\mathrm{e}$，所以：

$$\mathrm{e}^a-\mathrm{e}=\mathrm{e}^\xi(a-1)\implies \mathrm{e}^a-\mathrm{e}>\mathrm{e}a-\mathrm{e}\implies \mathrm{e}^a>\mathrm{e}a\implies \mathrm{e}^x>\mathrm{e}x,\quad(x>1)$$ ■

例 102. 请证明若函数 $f(x)$ 在 $x=0$ 的某邻域内存在 n 阶导数，且 $f(0)=f'(0)=\cdots=f^{(n-1)}(0)=0$，则有 $\dfrac{f(x)}{x^n}=\dfrac{f^{(n)}(\theta x)}{n!}$，$0<\theta<1$。

证明. 由柯西中值定理可知，当 $x>0$ 时（$x<0$ 时也是一样的，可以自行举一反三），$\exists\xi_1\in(0,x)$ 使得：

$$\frac{f(x)}{x^n}=\frac{f(x)-f(0)}{x^n-0^n}=\frac{f'(\xi_1)}{n\xi_1^{n-1}}$$

反复运用柯西中值定理，则 $\exists\xi_2\in(0,\xi_1)$，$\exists\xi_3\in(0,\xi_2)$，$\cdots$，$\exists\xi_n\in(0,\xi_{n-1})$，使得：

$$\frac{f(x)}{x^n}=\frac{f'(\xi_1)}{n\xi_1^{n-1}}=\frac{f'(\xi_1)-f'(0)}{n\xi_1^{n-1}-0}=\frac{f''(\xi_2)-f''(0)}{n(n-1)\xi_2^{n-2}-0}=\cdots=\frac{f^{(n)}(\xi_n)}{n!}$$

因为 $\xi_n\in(0,x)$，所以 $\exists\theta\in(0,1)$，使得 $\theta x=\xi_n$，所以上式可以改写为 $\dfrac{f(x)}{x^n}=\dfrac{f^{(n)}(\theta x)}{n!}$，$0<\theta<1$。 ■

4.2 洛必达法则

用微信扫图 4.30 所示的二维码可观看本节的视频讲解。

图 4.30 扫码观看本节的讲解视频

《寻梦环游记》是 2017 年上映的一部电影，其中有一句著名台词，如图 4.31 所示。

「死亡不是生命的终点，遗忘才是!」

图 4.31 《寻梦环游记》中的著名台词

贵族青年洛必达（如图 4.32 所示），大概是深谙此理的。他本来是一位法国世袭军官，却毅然放弃了光荣的炮兵职务，投入约翰·伯努利（如图 4.33 所示）[①] 门下学习微积分。

图 4.32 洛必达侯爵（1661—1704）

图 4.33 约翰·伯努利（1667—1748）

洛必达平时就支付了高昂的学费供养经济条件不好的伯努利。后来赶上伯努利结婚缺钱，洛必达支付了 500 里弗尔[②] 购买了一系列伯努利的数学研究成果，其中就包含了洛必达法则。

1696 年洛必达将自己的研究及购买的学术文章（大部分是他的老师伯努利的）一并集结成册，出版了历史上第一本微积分教科书《阐明曲线的无穷小分析》，如图 4.34 所示。如图 4.35 所示，洛必达法则被记录在该书的第 145 页。

ANALYSE
DES
INFINIMENT PETITS,
POUR
L'INTELLIGENCE DES LIGNES COURBES.
Par Mr le Marquis De l'Hospital.
SECONDE EDITION.

A PARIS,
Chez François Montalant, Quay des Augustins.
MDCCXV.
AVEC APPROBATION ET PRIVILEGE DU ROY.

图 4.34 《阐明曲线的无穷小分析》

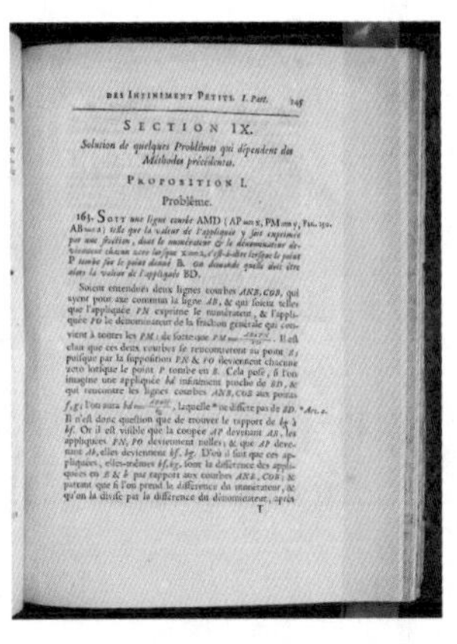

DES INFINIMENT PETITS. I. Part. 145

SECTION IX.

Solution de quelques Problêmes qui dépendent des Méthodes précédentes.

PROPOSITION I.

Problême.

图 4.35 第 145 页记录了洛必达法则的原始形式

洛必达法则实在太有用了，在一届届学生的一张张试卷中一遍遍地被用到，最终让洛必达走上了神坛，永垂不朽。以伯努利嫉妒的性格，真的是连肠子都悔青了。洛必达死后，伯

① 伯努利家族在数学、物理学中做出的贡献举足轻重，以后还会遇到。

② 按购买力，折合成现在的人民币估计为 200 万元。

努利宣称洛必达法则是他发明的，主流数学家也认可这一点，但是也认可洛必达是付了钱的，所以洛必达法则终究就这么流传了下来。

4.2.1 未定式

洛必达法则是用来求未定式极限的，这里先来介绍一下什么是未定式。

定义 40. 对于 $\lim f(x)=\lim g(x)=0$ 或 $\lim f(x)=\lim g(x)=\infty$，此时 $\lim\dfrac{f(x)}{g(x)}$ 可能存在，也可能不存在，该极限也称为未定式，或称为不定式，并分别简记为 $\dfrac{0}{0}$ 型或者 $\dfrac{\infty}{\infty}$ 型。

这里解释一下在数学中为什么要给出定义 40。一般来说，我们可以通过定理 19 来计算 $\lim\dfrac{f(x)}{g(x)}=\dfrac{\lim f(x)}{\lim g(x)}$，但当其为 $\dfrac{0}{0}$ 型或者 $\dfrac{\infty}{\infty}$ 型时该方法就行不通了。这一类极限的计算没有通用的方法，所以这一类极限的求解就成为计算上的难点，也是考试的重点，比如：

- 例 28 中求解过的 $\lim\limits_{x\to 0}\dfrac{\sin x}{x}=1$。
- 例 43 中求解过的 $\lim\limits_{x\to 0}\dfrac{\sin x-x}{x^3}=-\dfrac{1}{6}$。
- 后面例 110 中提到的 $\lim\limits_{x\to+\infty}\dfrac{x^n}{\mathrm{e}^{\lambda x}}$。

为了方便研究，所以给出了定义 40。$\dfrac{0}{0}$ 型和 $\dfrac{\infty}{\infty}$ 型只是未定式的一种，更完整的未定式可以列举如下。

	条件	未定式	简记
未定式	$\lim f(x)=0,\lim g(x)=0$	$\lim\dfrac{f(x)}{g(x)}$	$\dfrac{0}{0}$
	$\lim f(x)=\infty,\lim g(x)=\infty$	$\lim\dfrac{f(x)}{g(x)}$	$\dfrac{\infty}{\infty}$
	$\lim f(x)=0,\lim g(x)=\infty$	$\lim[f(x)\cdot g(x)]$	$0\cdot\infty$
	$\lim f(x)=\infty,\lim g(x)=\infty$	$\lim[f(x)-g(x)]$	$\infty-\infty$
	$\lim f(x)=0,\lim g(x)=0$	$\lim[f(x)^{g(x)}]$	0^0
	$\lim f(x)=\infty,\lim g(x)=0$	$\lim[f(x)^{g(x)}]$	∞^0
	$\lim f(x)=1,\lim g(x)=\infty$	$\lim[f(x)^{g(x)}]$	1^∞

除了 $\dfrac{0}{0}$ 型和 $\dfrac{\infty}{\infty}$ 型，其余的都可转为 $\dfrac{0}{0}$ 型和 $\dfrac{\infty}{\infty}$ 型。比如可以像下面这样转为 $\dfrac{0}{0}$ 型：

类型	条件	转为 $\dfrac{0}{0}$ 型
$0\cdot\infty$	$\lim f(x)=0,\lim g(x)=\infty$	$\lim[f(x)\cdot g(x)]=\lim\dfrac{f(x)}{1/g(x)}$
$\infty-\infty$	$\lim f(x)=\infty,\lim g(x)=\infty$	$\lim[f(x)-g(x)]=\lim\dfrac{1/g(x)-1/f(x)}{1/[f(x)g(x)]}$
0^0 或 ∞^0	$\lim f(x)=0$ 或 $\infty,\lim g(x)=0$	$\lim[f(x)^{g(x)}]=\mathrm{e}^{\lim\frac{g(x)}{1/\ln f(x)}}$
1^∞	$\lim f(x)=1,\lim g(x)=\infty$	$\lim[f(x)^{g(x)}]=\mathrm{e}^{\lim\frac{\ln f(x)}{1/g(x)}}$

4.2.2 洛必达法则的较弱形式和加强形式

处理未定式的神器就是本节要介绍的洛必达法则，其原始形式记录在《阐明曲线的无穷小分析》中的第 145 页，如图 4.35 所示。将其翻译为如今的数学语言，大概如下所述。

定理 60 (洛必达法则的较弱形式). 设：

（1）$f(x_0)=g(x_0)=0$；

（2）$f'(x_0)$ 及 $g'(x_0)$ 都存在，且 $g'(x_0)\neq 0$；则 $\lim\limits_{x\to x_0}\dfrac{f(x)}{g(x)}=\dfrac{f'(x_0)}{g'(x_0)}$。

证明. 根据条件以及定义 35，可得：

$$\begin{aligned}\frac{f'(x_0)}{g'(x_0)}&=\frac{\lim\limits_{x\to x_0}\dfrac{f(x)-f(x_0)}{x-x_0}}{\lim\limits_{x\to x_0}\dfrac{g(x)-g(x_0)}{x-x_0}}=\lim_{x\to x_0}\frac{\dfrac{f(x)-f(x_0)}{x-x_0}}{\dfrac{g(x)-g(x_0)}{x-x_0}}\\&=\lim_{x\to x_0}\frac{f(x)-f(x_0)}{g(x)-g(x_0)}=\lim_{x\to x_0}\frac{f(x)-0}{g(x)-0}=\lim_{x\to x_0}\frac{f(x)}{g(x)}\end{aligned}$$

■

举例说明一下。假设图 4.36 中所示的就是满足定理 60 的条件的两个函数 $f(x)$ 和 $g(x)$，因为有 $f(x_0)=g(x_0)=0$，所以两者交于 $(x_0,0)$ 点。又因为 $f'(x_0)$ 及 $g'(x_0)$ 都存在，所以这两个函数在 $x=x_0$ 点处有切线。

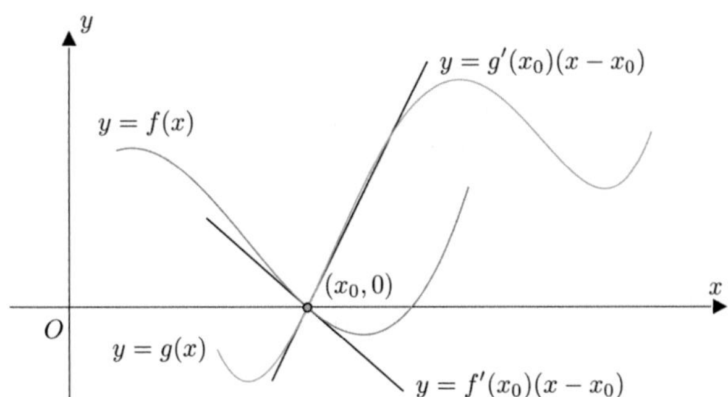

图 4.36　函数 $f(x)$ 和 $g(x)$ 在 $x=x_0$ 点处有切线

我们知道切线[①]在 $x=x_0$ 附近可以近似曲线，即在 $x=x_0$ 附近有：

$$f(x)\approx f'(x_0)(x-x_0),\quad g(x)\approx g'(x_0)(x-x_0)$$

所以，在 $x=x_0$ 附近有：

$$\frac{f(x)}{g(x)}\approx\frac{f'(x_0)(x-x_0)}{g'(x_0)(x-x_0)}=\frac{f'(x_0)}{g'(x_0)}$$

当 x 越接近 x_0 时，$\dfrac{f(x)}{g(x)}$ 越接近 $\dfrac{f'(x_0)}{g'(x_0)}$，在极限的情况下可以取到等号，即 $\lim\limits_{x\to x_0}\dfrac{f(x)}{g(x)}=\dfrac{f'(x_0)}{g'(x_0)}$。

例 103. 请求出 $\lim\limits_{x\to 0}\dfrac{\tan x}{\sin x}$。

解. 因为有：

- $\tan(0)=\sin(0)=0$

① 这里不用微分，是因为在原坐标系中而不是在切点坐标系中讨论。

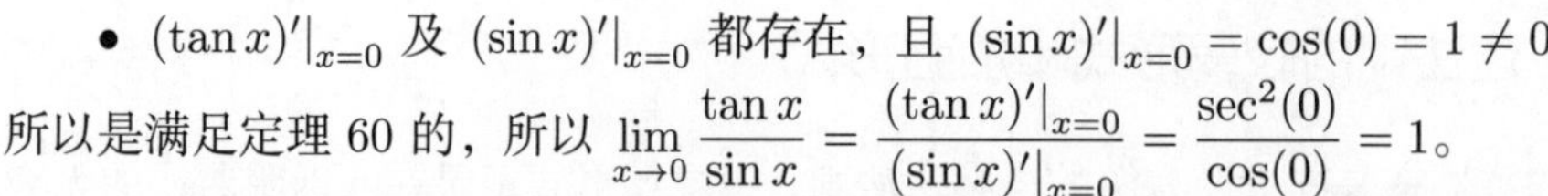

- $(\tan x)'|_{x=0}$ 及 $(\sin x)'|_{x=0}$ 都存在，且 $(\sin x)'|_{x=0}=\cos(0)=1\neq 0$

所以是满足定理 60 的，所以 $\lim\limits_{x\to 0}\dfrac{\tan x}{\sin x}=\dfrac{(\tan x)'|_{x=0}}{(\sin x)'|_{x=0}}=\dfrac{\sec^2(0)}{\cos(0)}=1$。

对于 $\lim\limits_{x\to 0}\dfrac{\sin x-x}{x^3}$，因为 $(x^3)'|_{x=0}=0$，所以没法运用定理 60。经过一代代数学家的努力，发展出了应用更广泛的洛必达法则的加强形式，通过该加强形式可以求解出该极限，请参看例 105。这也是同济大学数学系编著的《高等数学（上册）》中要求学习的形式。

定理 61 (洛必达法则的加强形式). 设：

（1）$\lim\limits_{x\to x_0}f(x)=\lim\limits_{x\to x_0}g(x)=0$；

（2）$x\in\mathring{U}(x_0)$ 时，$f'(x)$ 及 $g'(x)$ 都存在，且 $g'(x)\neq 0$；

（3）$\lim\limits_{x\to x_0}\dfrac{f'(x)}{g'(x)}$ 存在（或为无穷大）；则 $\lim\limits_{x\to x_0}\dfrac{f(x)}{g(x)}=\lim\limits_{x\to x_0}\dfrac{f'(x)}{g'(x)}$。

证明.（1）构造两个辅助函数：

$$F(x)=\begin{cases}0, & x=x_0\\ f(x), & x\in\mathring{U}(x_0)\end{cases},\quad G(x)=\begin{cases}0, & x=x_0\\ g(x), & x\in\mathring{U}(x_0)\end{cases}$$

根据条件 $\lim\limits_{x\to x_0}f(x)=\lim\limits_{x\to x_0}g(x)=0$，可推出 $F(x),G(x)$ 在 $x=x_0$ 点处连续；又根据条件，$x\in\mathring{U}(x_0)$ 时，$f'(x)$ 及 $g'(x)$ 都存在，且 $g'(x)\neq 0$，所以可推出此时 $F(x),G(x)$ 都可导，且 $G'(x)\neq 0$。

（2）运用柯西中值定理。根据（1）中的推论，所以任选 $x>x_0$ 且 $x\in\mathring{U}(x_0)$，此时有：

- $F(x),G(x)$ 在闭区间 $[x_0,x]$ 上连续
- $F(x),G(x)$ 在开区间 (x_0,x) 上可导
- $\forall x\in(x_0,x)$ 时有 $G'(x)\neq 0$

满足柯西中值定理，所以 $\exists\xi\in(x_0,x)$ 使得：

$$\frac{F(x)-F(x_0)}{G(x)-G(x_0)}=\frac{F'(\xi)}{G'(\xi)}\implies\frac{F(x)}{G(x)}=\frac{F'(\xi)}{G'(\xi)}\implies\frac{f(x)}{g(x)}=\frac{f'(\xi)}{g'(\xi)}$$

对上式两端求极限 $x\to x_0^+$（因为 $x>x_0$），注意到同时会有 $\xi\to x_0^+$，所以可得：

$$\lim_{x\to x_0^+}\frac{f(x)}{g(x)}=\lim_{x\to x_0^+}\frac{f'(\xi)}{g'(\xi)}\implies\lim_{x\to x_0^+}\frac{f(x)}{g(x)}=\lim_{\xi\to x_0^+}\frac{f'(\xi)}{g'(\xi)}$$

条件“（3）$\lim\limits_{x\to x_0}\dfrac{f'(x)}{g'(x)}$ 存在”说的是 $x\to x_0$ 时 $\dfrac{f'(x)}{g'(x)}$ 的极限存在，这意味着不论以任何方式趋于 x_0，该极限都存在且都等于 $\lim\limits_{x\to x_0}\dfrac{f'(x)}{g'(x)}$，这也包括 $\xi\to x_0^+$ 这种特殊情况，所以此时有：

$$\lim_{x\to x_0^+}\frac{f(x)}{g(x)}=\lim_{\xi\to x_0^+}\frac{f'(\xi)}{g'(\xi)}=\lim_{x\to x_0}\frac{f'(x)}{g'(x)}$$

$x<x_0$ 同理，因此 $\lim\limits_{x\to x_0}\dfrac{f(x)}{g(x)}=\lim\limits_{x\to x_0}\dfrac{f'(x)}{g'(x)}$。 ■

关于上述证明中的条件“（3）$\lim\limits_{x\to x_0}\dfrac{f'(x)}{g'(x)}$ 存在”，这里再举一个例子说明一下。

例 104. 已知 $f(x)=x^2\sin\dfrac{1}{x}$ 以及 $g(x)=x$，请求出 $\lim\limits_{x\to 0}\dfrac{f(x)}{g(x)}$。

解.（1）正确解法为，根据定理 18，可得 $\lim\limits_{x\to 0}\dfrac{f(x)}{g(x)}=\lim\limits_{x\to 0}\dfrac{x^2\sin\dfrac{1}{x}}{x}=\lim\limits_{x\to 0}x\sin\dfrac{1}{x}=0$。

（2）本题不能运用洛必达法则的加强形式，因为虽然 $f(x)$ 和 $g(x)$ 满足定理 61 的条件（1）和（2），但是不满足条件（3），也就是下述极限不存在：

$$\lim_{x\to 0}\frac{f'(x)}{g'(x)}=\lim_{x\to 0}\frac{2x\sin\dfrac{1}{x}-\cos\dfrac{1}{x}}{1}=\lim_{x\to 0}\left(2x\sin\frac{1}{x}-\cos\frac{1}{x}\right)$$

从图 4.37 中也可以看出，$2x\sin\dfrac{1}{x}-\cos\dfrac{1}{x}$ 在 $\mathring{U}(0)$ 内剧烈震荡，其 $x\to 0$ 时的极限不存在。

（3）进一步解释一下为什么不满足条件（3）就不能套用定理 61。在定理 61 的证明中我们得到了，$\exists\xi\in(x_0,x)$ 使得 $\lim\limits_{x\to x_0^+}\dfrac{f(x)}{g(x)}=\lim\limits_{\xi\to x_0^+}\dfrac{f'(\xi)}{g'(\xi)}$，套用到本题中就是：

$$\lim_{x\to 0^+}\frac{f(x)}{g(x)}=0=\lim_{\xi\to 0^+}\frac{f'(\xi)}{g'(\xi)}=\lim_{\xi\to 0^+}\left(2\xi\sin\frac{1}{\xi}-\cos\frac{1}{\xi}\right)$$

虽然 $\lim\limits_{x\to 0}\left(2x\sin\dfrac{1}{x}-\cos\dfrac{1}{x}\right)$ 不存在，但并不妨碍 $\lim\limits_{\xi\to 0^+}\left(2\xi\sin\dfrac{1}{\xi}-\cos\dfrac{1}{\xi}\right)=0$，这是因为 $\xi\to 0^+$ 只是 $x\to x_0$ 的一种特殊情况。举例说明一下，这里要明确的是 $\xi\to 0^+$ 具体是怎样的并不清楚，此处的例子只是一种可能性。比如 $\xi\to 0^+$ 是通过某数列 $\{x_n\}$ 实现的，也就是沿着图 4.37 中 x 轴上的红点趋于 0；其函数值组成的数列 $\{f(x_n)\}$ 也趋于 0，在图 4.37 中用绿点表示。

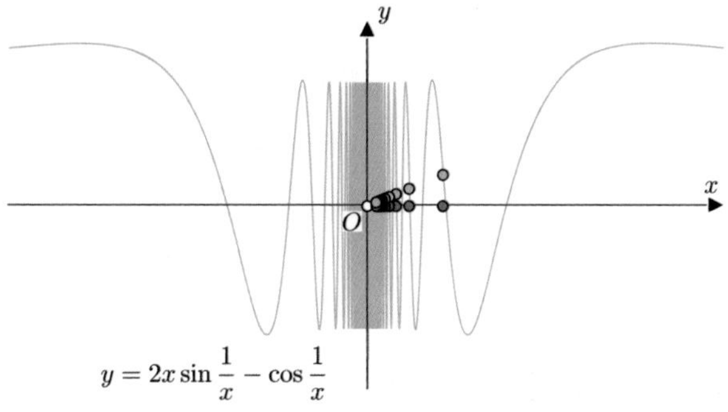

图 4.37 $\xi\to 0^+$ 沿着 x 轴上的红点趋于 0，函数值数列 $\{f(x_n)\}$ 也趋于 0

所以存在 $\exists\xi\in(0,x)$ 使得当 $\xi\to 0^+$ 时，比如通过数列 $\left\{\dfrac{2}{2n\pi+\pi}\right\}$ 趋于 0 时，有：

$$\begin{aligned}\lim_{x\to 0^+}\frac{f(x)}{g(x)}&=\lim_{\xi\to 0^+}\frac{f'(\xi)}{g'(\xi)}=\lim_{\xi\to 0^+}\left(2\xi\sin\frac{1}{\xi}-\cos\frac{1}{\xi}\right)\\&=\lim_{n\to\infty}\left[\frac{4}{2n\pi+\pi}\sin\left(n\pi+\frac{\pi}{2}\right)-\cos\left(n\pi+\frac{\pi}{2}\right)\right]=0\end{aligned}$$

但由于不满足条件 (3), 即 $\lim_{x\to 0}\dfrac{f'(x)}{g'(x)}$ 不存在, 我们又不清楚 ξ 应该怎么取, 所以没有办法套用定理 61。

例 105. 请求出 $\lim\limits_{x\to 0}\dfrac{\sin x-x}{x^3}$。

解. 分析一下可知：

- $\lim\limits_{x\to 0}(\sin x - x) = \lim\limits_{x\to 0} x^3 = 0$。
- $x \in \mathring{U}(0)$ 时，$(\sin x - x)'$ 及 $(x^3)'$ 都存在，且 $(x^3)' \neq 0$。
- 不知道 $\lim\limits_{x\to 0}\dfrac{\sin x - x}{x^3}$ 是否存在，一般的做法是先套用定理 61，再来判断。

所以根据定理 61 有：

$$\lim_{x\to 0}\frac{\sin x - x}{x^3} = \lim_{x\to 0}\frac{(\sin x - x)'}{(x^3)'} = \lim_{x\to 0}\frac{\cos x - 1}{3x^2}$$

判断一下后发现还可以继续套用定理 61，所以有：

$$\lim_{x\to 0}\frac{\cos x - 1}{3x^2} = \lim_{x\to 0}\frac{(\cos x - 1)'}{(3x^2)'} = \lim_{x\to 0}\frac{-\sin x}{6x} = \lim_{x\to 0}\frac{(-\sin x)'}{(6x)'} = \lim_{x\to 0}\frac{-\cos x}{6} = -\frac{1}{6}$$

本题在例 43 中求解过，可以看到上述解法更简单。

例 106. 如下所示，请问这样使用定理 61 来解题是否正确？

$$\lim_{x\to 0}\frac{1-\cos x}{x+x^2} = \lim_{x\to 0}\frac{(1-\cos x)'}{(x+x^2)'} = \lim_{x\to 0}\frac{\sin x}{1+2x} = \lim_{x\to 0}\frac{(\sin x)'}{(1+2x)'} = \lim_{x\to 0}\frac{\cos x}{2} = \frac{1}{2}$$

解. 错误。错在 $\lim\limits_{x\to 0}\dfrac{\sin x}{1+2x}$ 已经不是 $\dfrac{0}{0}$ 型未定式了，所以不能使用定理 61，应如下计算：

$$\lim_{x\to 0}\frac{1-\cos x}{x+x^2} = \lim_{x\to 0}\frac{(1-\cos x)'}{(x+x^2)'} = \lim_{x\to 0}\frac{\sin x}{1+2x} = \frac{\lim\limits_{x\to 0}\sin x}{\lim\limits_{x\to 0}(1+2x)} = 0$$

4.2.3 洛必达法则的更多形式

定理 61 可以处理 $\dfrac{0}{0}$ 型的未定式，下面这种形式可以处理 $\dfrac{\infty}{\infty}$ 型的未定式。

定理 62. 设：

（1）$\lim\limits_{x\to x_0} f(x) = \lim\limits_{x\to x_0} g(x) = \infty$（可以为各种无穷大）；

（2）$x \in \mathring{U}(x_0)$ 时，$f'(x)$ 及 $g'(x)$ 都存在，且 $g'(x) \neq 0$；

（3）$\lim\limits_{x\to x_0}\dfrac{f'(x)}{g'(x)}$ 存在（或为无穷大）；则 $\lim\limits_{x\to x_0}\dfrac{f(x)}{g(x)} = \lim\limits_{x\to x_0}\dfrac{f'(x)}{g'(x)}$。

除了上述 $x \to x_0$ 这种一般函数极限，对于其他种类的极限，洛必达法则也适用，如下所述。

定理 63. 设：

（1）$\lim\limits_{x\to \infty} f(x) = \lim\limits_{x\to \infty} g(x) = 0$；

（2）$\exists M \in \mathbb{R}$，$\forall |x| > M$ 时 $f'(x)$ 及 $g'(x)$ 都存在，且 $g'(x) \neq 0$；

（3）$\lim\limits_{x\to \infty}\dfrac{f'(x)}{g'(x)}$ 存在（或为无穷大）；则 $\lim\limits_{x\to \infty}\dfrac{f(x)}{g(x)} = \lim\limits_{x\to \infty}\dfrac{f'(x)}{g'(x)}$。

上述形式都不进行证明了，下面来看例题吧，其中还可见到更多的洛必达法则的形式，为了避免啰唆不再标注具体是哪种形式，统称为洛必达法则。

例 107. 请求出 $\lim\limits_{x\to 0}\dfrac{\sin ax}{\sin bx}$。

解. 根据洛必达法则有 $\lim\limits_{x\to 0}\dfrac{\sin ax}{\sin bx}=\lim\limits_{x\to 0}\dfrac{(\sin ax)'}{(\sin bx)'}=\lim\limits_{x\to 0}\dfrac{a\cos ax}{b\cos bx}=\dfrac{a}{b}$。

例 108. 请求出 $\lim\limits_{x\to+\infty}\dfrac{\frac{\pi}{2}-\arctan x}{\frac{1}{x}}$。

解. 根据洛必达法则有：

$$\lim_{x\to+\infty}\frac{\frac{\pi}{2}-\arctan x}{\frac{1}{x}}=\lim_{x\to+\infty}\frac{\left(\frac{\pi}{2}-\arctan x\right)'}{\left(\frac{1}{x}\right)'}=\lim_{x\to+\infty}\frac{-\frac{1}{1+x^2}}{-\frac{1}{x^2}}=\lim_{x\to+\infty}\frac{x^2}{1+x^2}=1$$

例 109. 请求出 $\lim\limits_{x\to 0}\dfrac{\ln(1+x)}{x}$。

解. 根据洛必达法则有 $\lim\limits_{x\to 0}\dfrac{\ln(1+x)}{x}=\lim\limits_{x\to 0}\dfrac{[\ln(1+x)]'}{(x)'}=\lim\limits_{x\to 0}\dfrac{\frac{1}{1+x}}{1}=\lim\limits_{x\to 0}\dfrac{1}{1+x}=1$。

例 110. 请求出 $\lim\limits_{x\to+\infty}\dfrac{x^n}{\mathrm{e}^{\lambda x}},n\in\mathbb{Z}^+,\lambda>0$。

解. 这是 $\dfrac{\infty}{\infty}$ 型的未定式，连续使用 n 次洛必达法则，可得：

$$\lim_{x\to+\infty}\frac{x^n}{\mathrm{e}^{\lambda x}}=\lim_{x\to+\infty}\frac{nx^{n-1}}{\lambda\mathrm{e}^{\lambda x}}=\lim_{x\to+\infty}\frac{n(n-1)x^{n-2}}{\lambda^2\mathrm{e}^{\lambda x}}=\cdots=\lim_{x\to+\infty}\frac{n!}{\lambda^n\mathrm{e}^{\lambda x}}=0$$

例 111. 请求出 $\lim\limits_{x\to 0^+}(x^\alpha\ln x),\alpha>0$。

解. 这是 $0\cdot\infty$ 型的未定式，若转为 $\dfrac{0}{0}$ 型会很难算，所以选择转为 $\dfrac{\infty}{\infty}$ 型，再运用洛必达法则：

$$\lim_{x\to 0^+}(x^\alpha\ln x)=\lim_{x\to 0^+}\frac{\ln x}{x^{-\alpha}}=\lim_{x\to 0^+}\frac{(\ln x)'}{(x^{-\alpha})'}=\lim_{x\to 0^+}\frac{x^{-1}}{-\alpha x^{-\alpha-1}}=\lim_{x\to 0^+}\frac{-x^\alpha}{\alpha}=0$$

例 112. 请求出 $\lim\limits_{x\to 0^+}x^x$。

解. 这是 0^0 型的未定式，借助对数可以转为 $0\cdot\infty$ 型，并借助例 111 的结论可得：

$$\lim_{x\to 0^+}x^x=\lim_{x\to 0^+}\mathrm{e}^{x\ln x}=\mathrm{e}^{\left(\lim\limits_{x\to 0^+}x\ln x\right)}=\mathrm{e}^0=1$$

例 113. 如下所示，请问这样使用洛必达法则解题是否正确？

$$\lim_{x\to 0}\frac{\sin x}{x}=\lim_{x\to 0}\frac{(\sin x)'}{(x)'}=\lim_{x\to 0}\frac{\cos x}{1}=1$$

解. 错误。这里有一个很隐蔽的逻辑陷阱，就是计算 $(\sin x)'$ 时需要用到 $\lim\limits_{x\to 0}\dfrac{\sin x}{x}=1$。再说具体一点就是，下面计算中标红的部分需要用到 $\lim\limits_{x\to 0}\dfrac{\sin x}{x}=1$：

$$\begin{aligned}(\sin x)'&=\lim_{h\to 0}\frac{f(x+h)-f(x)}{h}=\lim_{h\to 0}\frac{\sin(x+h)-\sin x}{h}=\lim_{h\to 0}\left[\frac{1}{h}\cdot 2\cos\left(x+\frac{h}{2}\right)\sin\frac{h}{2}\right]\\&=\lim_{h\to 0}\left[\cos\left(x+\frac{h}{2}\right)\cdot\frac{\sin\frac{h}{2}}{\frac{h}{2}}\right]=\lim_{h\to 0}\cos\left(x+\frac{h}{2}\right)\cdot\lim_{h\to 0}\frac{\sin\frac{h}{2}}{\frac{h}{2}}=\cos x\end{aligned}$$

所以不能在求 $\lim\limits_{x\to 0}\dfrac{\sin x}{x}$ 时提前使用 $(\sin x)'=\cos x$ 这个结论，否则会陷入循环论证。

4.2.4 洛必达法则的局限性

洛必达法则看起来很方便，但也不是无往不利的，下面来看一些不太适用的情况。

（1）像下面这样，靠洛必达法则一辈子都算不出来：

$$\begin{aligned}\lim_{x\to+\infty}\frac{x}{\sqrt{x^2+1}} &= \lim_{x\to+\infty}\frac{x'}{(\sqrt{x^2+1})'} = \lim_{x\to+\infty}\frac{\sqrt{x^2+1}}{x}\\ &= \lim_{x\to+\infty}\frac{(\sqrt{x^2+1})'}{x'} = \lim_{x\to+\infty}\frac{x}{\sqrt{x^2+1}}\end{aligned}$$

换种办法就可以求出来，$\lim\limits_{x\to+\infty}\dfrac{x}{\sqrt{x^2+1}} = \lim\limits_{x\to+\infty}\sqrt{\dfrac{x^2}{x^2+1}} = \lim\limits_{x\to+\infty}\sqrt{1-\dfrac{1}{x^2+1}} = 1$。

（2）而像下面这样，靠洛必达法则越算越复杂：

$$\lim_{x\to0^+}\frac{\mathrm{e}^{-\frac{1}{x}}}{x^{10}} = \lim_{x\to0^+}\frac{(\mathrm{e}^{-\frac{1}{x}})'}{(x^{10})'} = \lim_{x\to0^+}\frac{\mathrm{e}^{-\frac{1}{x}}}{10x^{11}} = \lim_{x\to0^+}\frac{(\mathrm{e}^{-\frac{1}{x}})'}{(10x^{11})'} = \lim_{x\to0^+}\frac{\mathrm{e}^{-\frac{1}{x}}}{110x^{12}}$$

也是换一种方法，令 $t=\frac{1}{x}$，然后再用洛必达法则，就可以求出来：

$$\lim_{x\to0^+}\frac{\mathrm{e}^{-\frac{1}{x}}}{x^{10}} = \lim_{t\to+\infty}\frac{\mathrm{e}^{-t}}{t^{-10}} = \lim_{t\to+\infty}\frac{t^{10}}{\mathrm{e}^t} = \lim_{t\to+\infty}\frac{(t^{10})'}{(\mathrm{e}^t)'} = \lim_{t\to+\infty}\frac{10t^9}{\mathrm{e}^t} = \cdots = \lim_{t\to+\infty}\frac{10!}{\mathrm{e}^t} = 0$$

（3）或者像下面这样，通过洛必达法则求出的极限不存在，实际上就是不满足洛必达法则中要求的"$\lim\limits_{x\to x_0}\dfrac{f'(x)}{g'(x)}$ 存在"，所以不应该使用洛必达法则：

$$\lim_{x\to\infty}\frac{x+\cos x}{x} = \lim_{x\to\infty}\frac{(x+\cos x)'}{x'} = \underbrace{\lim_{x\to\infty}(1-\sin x)}_{\text{极限不存在}}$$

还是换一种办法就可以求出来，$\lim\limits_{x\to\infty}\dfrac{x+\cos x}{x} = \lim\limits_{x\to\infty}\left(1+\dfrac{\cos x}{x}\right) = 1+\lim\limits_{x\to\infty}\dfrac{\cos x}{x} = 1$。

4.3 泰勒公式

之前学习了，函数 $f(x)$ 在 x_0 点附近的曲线可用切线 $y=f(x_0)+f'(x_0)(x-x_0)$ 来近似，如图 4.38 所示。

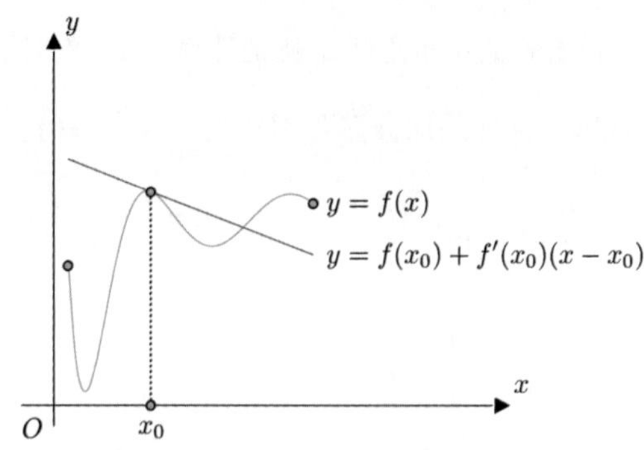

图 4.38 用切线 $y=f(x_0)+f'(x_0)(x-x_0)$ 来近似函数 $f(x)$ 在 x_0 点附近的曲线

切线是最高次数为一次的多项式函数，如果在其基础上增加一些合适的二次、三次、$\cdots$、n 次多项式，可看到近似效果更好，如图 4.39 所示。这里为了表示方便，将切线的函数记作 $g(x)$。

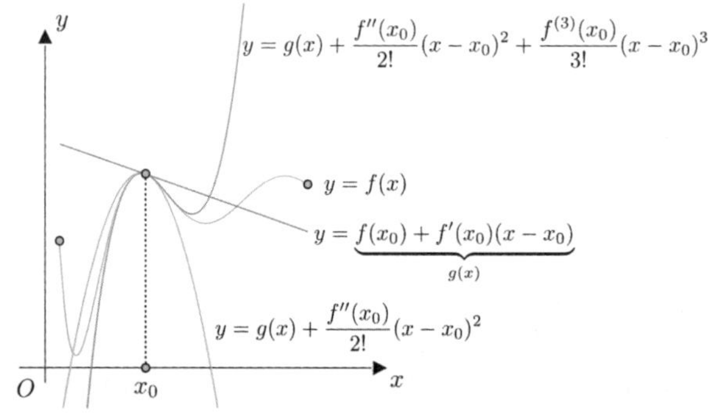

图 4.39 在切线基础上增加合适的高次多项式，近似效果更好

这种用多项式函数来逼近的方法，就是我们将要学习的泰勒公式。如此命名是因为该公式出自英国数学家泰勒之手（如图 4.40 所示），其在 1715 年出版的《增量法及其逆》中发表了此方法（如图 4.41 所示）。

图 4.40 布鲁克·泰勒（1685—1731）

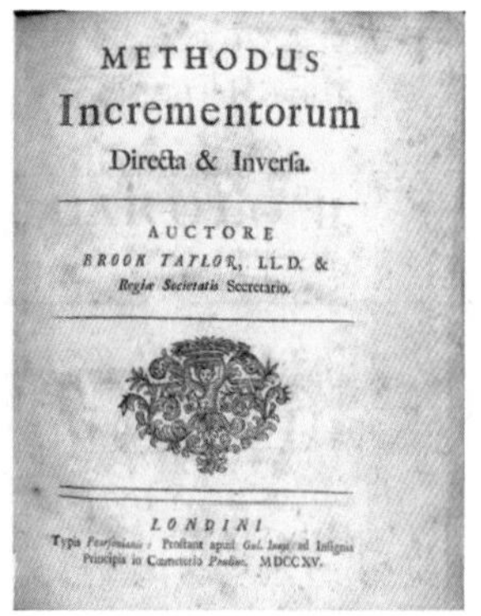

图 4.41 《增量法及其逆》

4.3.1 泰勒定理和皮亚诺余项

用微信扫图 4.42 所示的二维码可观看本节的视频讲解。

图 4.42 扫码观看本节的讲解视频

定理 64. 如果函数 $f(x)$ 在 x_0 处具有 n 阶导数，那么存在 x_0 的一个邻域，对于该邻域内的任一 x，有：

$$f(x)=f(x_0)+f'(x_0)(x-x_0)+\frac{f''(x_0)}{2!}(x-x_0)^2+\cdots+\frac{f^{(n)}(x_0)}{n!}(x-x_0)^n+R_n(x),$$

其中 $R_n(x)=o((x-x_0)^n)$。

证明. 下述证明完全没有涉及该证明产生的思路，所以不少人看了会感到困惑。为了本书的完整性还是先抄录在这里，后面会用更易懂的方式再次进行讲解。令 $p_n(x)=f(x_0)+f'(x_0)(x-x_0)+\frac{f''(x_0)}{2!}(x-x_0)^2+\cdots+\frac{f^{(n)}(x_0)}{n!}(x-x_0)^n$，代入 x_0，容易验证：

$$p_n(x_0)=f(x_0),\quad p_n'(x_0)=f'(x_0),\quad p_n''(x_0)=f''(x_0),\quad \cdots,\quad p_n^{(n)}(x_0)=f^{(n)}(x_0)$$

令 $R_n(x)=f(x)-p_n(x)$，根据上面得到的 $p_n^{(n)}(x_0)=f^{(n)}(x_0)$，所以：

$$R_n(x_0)=R_n'(x_0)=R_n''(x_0)=\cdots=R_n^{(n)}(x_0)=0$$

由于 $f(x)$ 在 x_0 处有 n 阶导数，根据定义 35，因此 $f(x)$ 必在 x_0 的某邻域内有 $n-1$ 阶导数，从而 $R_n(x)$ 也在该邻域内有 $n-1$ 阶导数，反复应用洛必达法则，可得：

$$\begin{aligned}\lim_{x\to x_0}\frac{R_n(x)}{(x-x_0)^n}&=\lim_{x\to x_0}\frac{R_n'(x)}{n(x-x_0)^{n-1}}=\lim_{x\to x_0}\frac{R_n''(x)}{n(n-1)(x-x_0)^{n-2}}=\cdots=\lim_{x\to x_0}\frac{R_n^{(n-1)}(x)}{n!(x-x_0)}\\&=\frac{1}{n!}\lim_{x\to x_0}\frac{R_n^{(n-1)}(x)-R_n^{(n-1)}(x_0)}{x-x_0}=\frac{1}{n!}R_n^{(n)}(x_0)=0\end{aligned}$$

根据定义 24，因此有 $R_n(x)=o((x-x_0)^n)$。 ■

定理 64 中最重要的就是如下等式，该等式也称为 n 阶泰勒公式，其中多项式部分称为 n 次泰勒多项式，$R_n(x)$ 称为余项：

$$\overbrace{f(x)=\underbrace{f(x_0)+f'(x_0)(x-x_0)+\frac{f''(x_0)}{2!}(x-x_0)^2+\cdots+\frac{f^{(n)}(x_0)}{n!}(x-x_0)^n}_{n\text{ 次泰勒多项式}}+\underbrace{R_n(x)}_{\text{余项}}}^{n\text{ 阶泰勒公式}}$$

为了方便之后的讲解，这里用 $p_n(x)$ 来表示 n 次泰勒多项式，即令：

$$p_n(x)=f(x_0)+f'(x_0)(x-x_0)+\frac{f''(x_0)}{2!}(x-x_0)^2+\cdots+\frac{f^{(n)}(x_0)}{n!}(x-x_0)^n$$

那么泰勒公式说的就是：

- 函数 $f(x)$ 是 n 次泰勒多项式 $p_n(x)$ 和余项 $R_n(x)$ 之和，即 $\overbrace{f(x)=\underbrace{p_n(x)}_{n\text{ 次泰勒多项式}}+\underbrace{R_n(x)}_{\text{余项}}}^{n\text{ 阶泰勒公式}}$。
- n 次泰勒多项式 $p_n(x)$ 是对函数 $f(x)$ 的多项式逼近，如图 4.43 所示。
- n 次泰勒多项式 $p_n(x)$ 与函数 $f(x)$ 还是存在差异的，该差异就是余项 $R_n(x)$，如图 4.43 所示。

你可能还是没有什么感觉，下面再来看看具体的例子。假设函数为 $f(x)=\mathrm{e}^x$，根据定理 64，可求出其在 $x_0=0$ 点处的一阶泰勒公式：

$$f(x)=f(x_0)+f'(x_0)(x-x_0)+R_1(x)\implies \mathrm{e}^x=\mathrm{e}^0+\mathrm{e}^0(x-0)+o(x)=1+x+o(x)$$

其中的一次泰勒多项式 $y=1+x$ 可近似 $y=\mathrm{e}^x$ 在 $x_0=0$ 点附近的曲线，两者相差 $o(x)$，如图 4.44 所示。和之前学过的切线比对可知，一次泰勒多项式 $y=1+x$ 就是 $y=\mathrm{e}^x$ 在 $x_0=0$ 点处的切线。

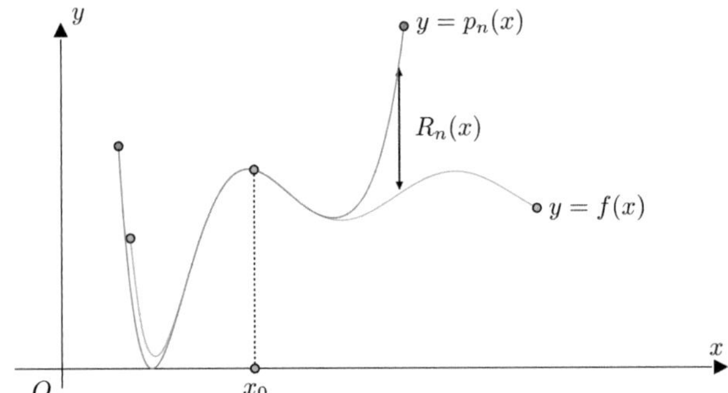

图 4.43 n 次泰勒多项式 $p_n(x)$ 是函数 $f(x)$ 的逼近，两者的差异是余项 $R_n(x)$

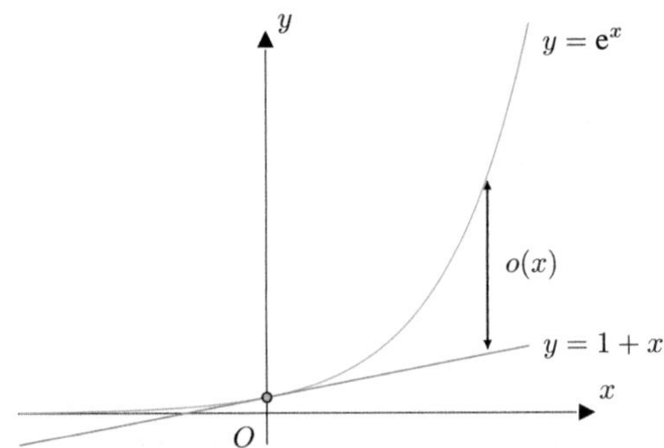

图 4.44 $x_0 = 0$ 点处的一次泰勒多项式 $y = 1 + x$（即切线）与 $y = e^x$ 相差 $o(x)$

同样的道理，$f(x) = e^x$ 在 $x_0 = 0$ 点处的二阶泰勒公式为：

$$f(x) = f(x_0) + f'(x_0)(x - x_0) + \frac{f''(x_0)}{2!}(x - x_0)^2 + R_2(x) \implies e^x = 1 + x + \frac{x^2}{2} + o(x^2)$$

其中的二次泰勒多项式 $y = 1 + x + \dfrac{x^2}{2}$ 可以更好地近似 $y = e^x$ 在 $x_0 = 0$ 点附近的曲线，两者相差 $o(x^2)$，如图 4.45 所示。对比图 4.44，差距显然缩小了。

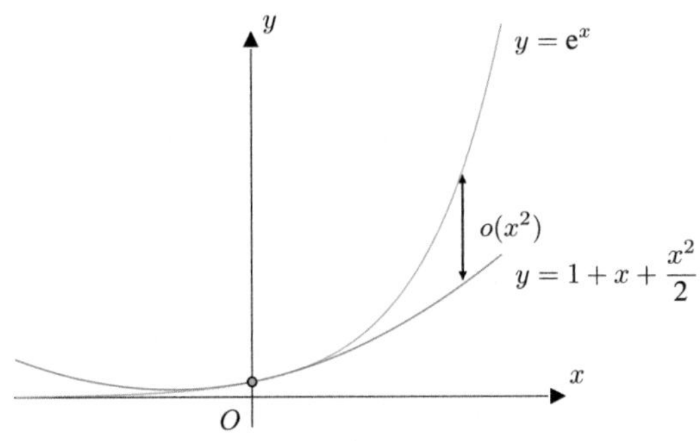

图 4.45 $x_0 = 0$ 点处的二次泰勒多项式 $y = 1 + x + \frac{x^2}{2}$ 与 $y = e^x$ 相差 $o(x^2)$

更一般地，可以求出 $f(x) = e^x$ 在 $x_0 = 0$ 点处的 n 阶泰勒公式为：

$$e^x = 1 + x + \frac{x^2}{2!} + \cdots + \frac{x^n}{n!} + o(x^n)$$

所以 $x_0=0$ 点处的 n 次泰勒多项式 $p_n(x)$ 与余项 $R_n(x)$ 分别为：

$$p_n(x)=1+x+\frac{x^2}{2!}+\cdots+\frac{x^n}{n!},\quad R_n(x)=o(x^n)$$

随着 n 的增大，n 次泰勒多项式 $p_n(x)$ 可以越来越好地近似 $y=\mathrm{e}^x$ 在 $x_0=0$ 点附近的曲线，两者的差距也越来越小，如图 4.46 所示。

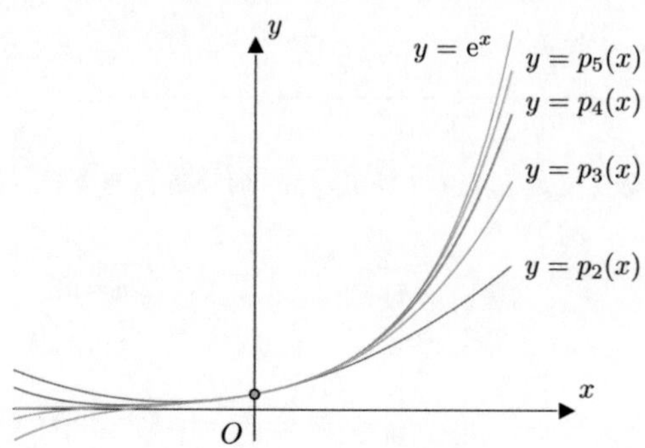

图 4.46 随着 n 的增大，$x_0=0$ 点处的 n 次泰勒多项式 $p_n(x)$ 越来越接近 $y=\mathrm{e}^x$

再来看看 $x_0=1$ 时的情况，函数 $f(x)=\mathrm{e}^x$ 在该点处的一阶泰勒公式为：

$$f(x)=f(x_0)+f'(x_0)(x-x_0)+R_1(x)\implies \mathrm{e}^x=\mathrm{e}+\mathrm{e}(x-1)+o((x-1))$$

其中的一次泰勒多项式 $y=\mathrm{e}+\mathrm{e}(x-1)$ 可近似 $y=\mathrm{e}^x$ 在 $x_0=1$ 点附近的曲线，两者相差 $o(x-1)$[①]，如图 4.47 所示。该一次泰勒多项式 $y=\mathrm{e}+\mathrm{e}(x-1)$ 也是 $y=\mathrm{e}^x$ 在 $x_0=1$ 点处的切线。

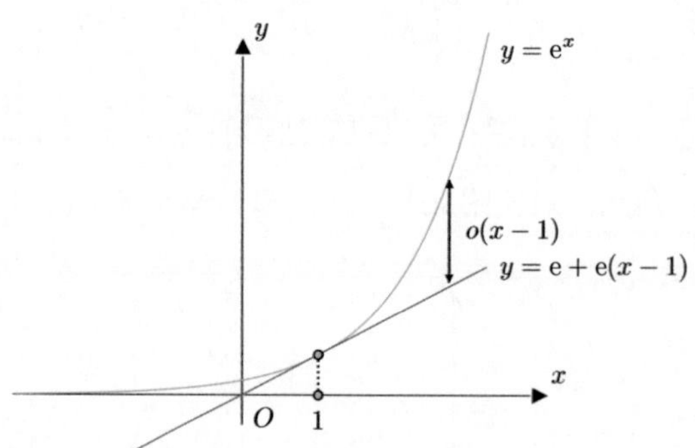

图 4.47 $x_0=1$ 点处的一次泰勒多项式 $y=\mathrm{e}+\mathrm{e}(x-1)$（即切线）与 $y=\mathrm{e}^x$ 相差 $o(x-1)$

更一般地，可以求出 $f(x)=\mathrm{e}^x$ 在 $x_0=1$ 点处的 n 阶泰勒公式为：

$$\mathrm{e}^x=\mathrm{e}+\mathrm{e}(x-1)+\frac{\mathrm{e}(x-1)^2}{2!}+\cdots+\frac{\mathrm{e}(x-1)^n}{n!}+o((x-1)^n)$$

所以 $x_0=1$ 点处的 n 次泰勒多项式 $p_n(x)$ 与余项 $R_n(x)$ 分别为：

$$p_n(x)=\mathrm{e}+\mathrm{e}(x-1)+\frac{\mathrm{e}(x-1)^2}{2!}+\cdots+\frac{\mathrm{e}(x-1)^n}{n!},\quad R_n(x)=o((x-1)^n)$$

① 也就是相差 $o(x-x_0)$，或者说相差 $o(\Delta x)$。

随着 n 的增大，n 次泰勒多项式 $p_n(x)$ 可以越来越好地近似 $y=\mathrm{e}^x$ 在 $x_0=1$ 点附近的曲线，两者的差距也越来越小，如图 4.48 所示。

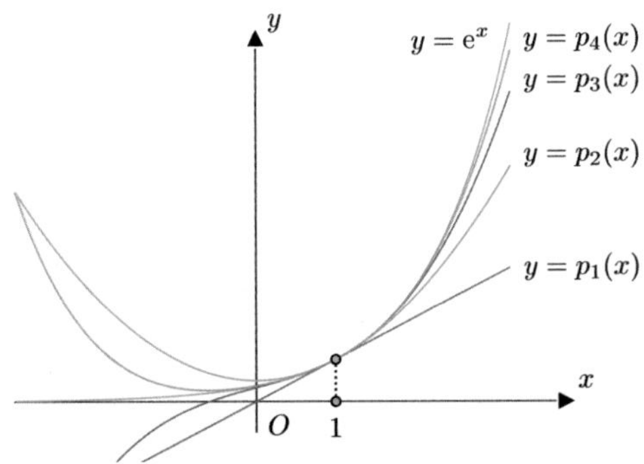

图 4.48 随着 n 的增大，$x_0=1$ 点处的 n 次泰勒多项式 $p_n(x)$ 越来越接近 $y=\mathrm{e}^x$

4.3.2 为什么可以通过多项式来逼近函数 $f(x)$

前面学习的泰勒公式说的是可通过多项式来逼近函数 $f(x)$，下面来回答可以这么做的原因。我们知道，多项式是由幂函数 $x^0,x^1,x^2,x^3,x^4,x^5,\cdots$ 构成的，幂函数可以分为两类：

- 偶函数：也就是偶次幂的幂函数 $x^0,x^2,x^4,\cdots$。
- 奇函数：也就是奇次幂的幂函数 $x^1,x^3,x^5,\cdots$。

为偶函数的幂函数的特点是两侧开口方向相同，比如图 4.49 中的 $y=x^2$。

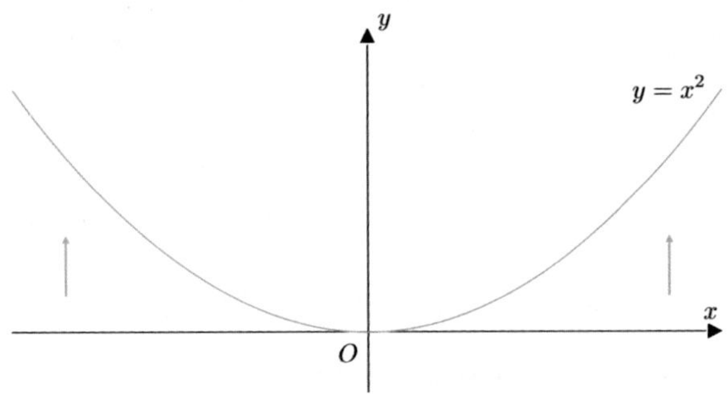

图 4.49 偶函数 x^2 的两侧开口方向相同

而为奇函数的幂函数的特点是两侧开口方向相反，比如图 4.50 中的 $y=x^3$。

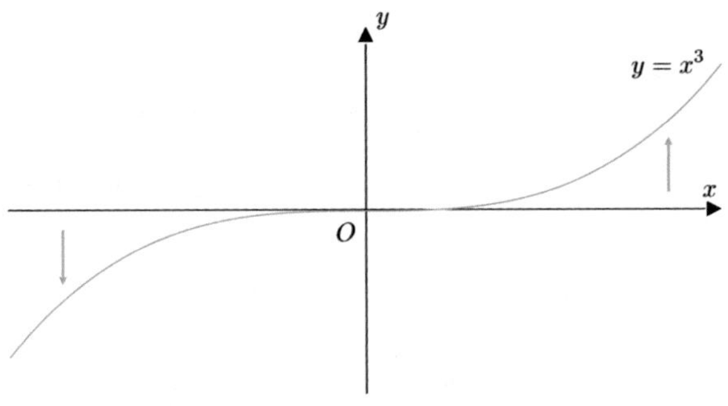

图 4.50 奇函数 x^3 的两侧开口方向相反

对于函数 $\sin x$，我们知道其在 $x_0=0$ 点处的切线 $y=x$ 可以近似其在 $x_0=0$ 点附近的曲线，如图 4.51 所示。如果希望近似效果更好的话，需要将 $y=x$ 的左侧向上提一些，右侧向下拉一些。

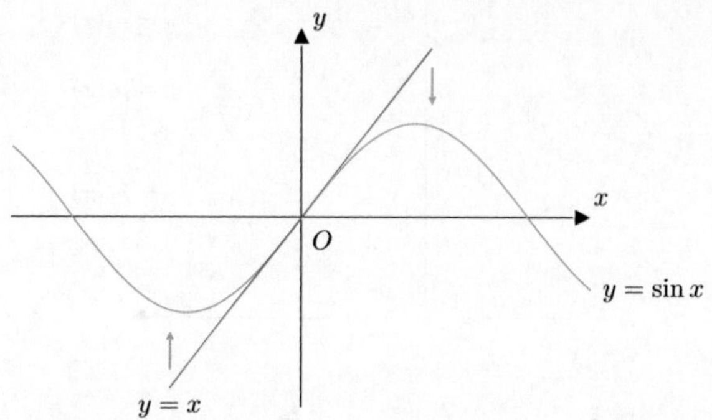

图 4.51 将 $y=x$ 的左侧向上提、右侧向下拉，可以得到更好的近似效果

加一个开口方向相反的幂函数就可达到上述要求，即加一个奇次幂的幂函数。尝试加上 $-x^3$，如图 4.52 所示。

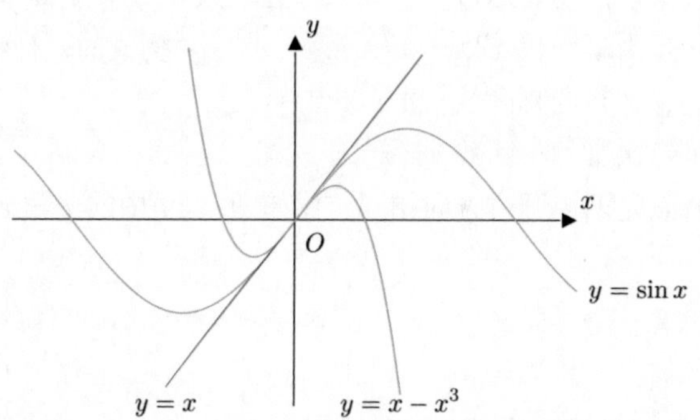

图 4.52 在 $y=x$ 的基础上增加 $-x^3$，得到 $y=x-x^3$

看上去新得到的 $y=x-x^3$ 在 $x_0=0$ 点附近的近似效果变差了，或者说弯过头了；所以改为加上 $-\dfrac{x^3}{3!}$，如图 4.53 所示。可以看到，此时得到的 $y=x-\dfrac{x^3}{3!}$ 在 $x_0=0$ 点附近的近似效果更好了。

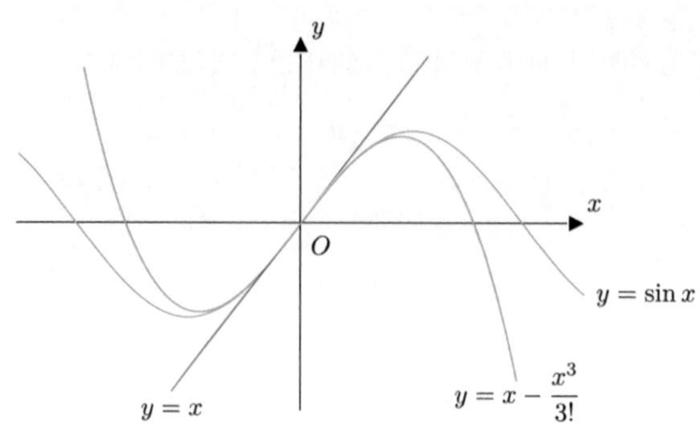

图 4.53 在 $y=x$ 的基础上增加 $-\dfrac{x^3}{3!}$，得到 $y=x-\dfrac{x^3}{3!}$

如果想进一步优化，那么就需要将 $y=x-\dfrac{x^3}{3!}$ 的左侧向下拉一些，右侧向上提一些，如图 4.54 所示。

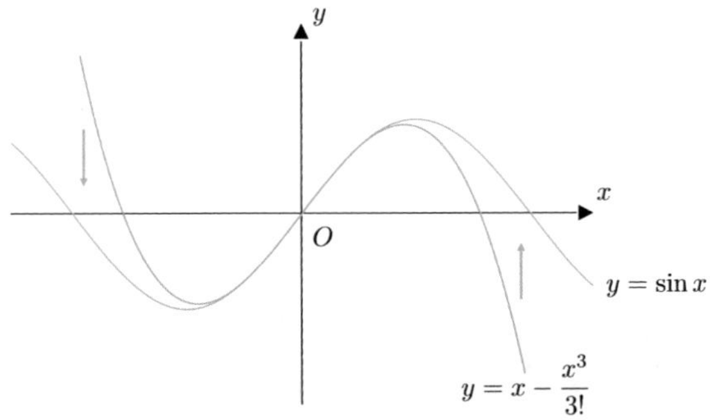

图 4.54 将 $y=x-\dfrac{x^3}{3!}$ 的左侧向下拉、右侧向上提，可以得到更好的近似效果

同样地，只需加一个开口方向相反的幂函数，也就是加一个奇次幂的幂函数。这里我们加上 $\dfrac{x^5}{5!}$，可以看到新得到的 $y=x-\dfrac{x^3}{3!}+\dfrac{x^5}{5!}$ 在 $x_0=0$ 点附近的近似效果更好了，如图 4.55 所示。

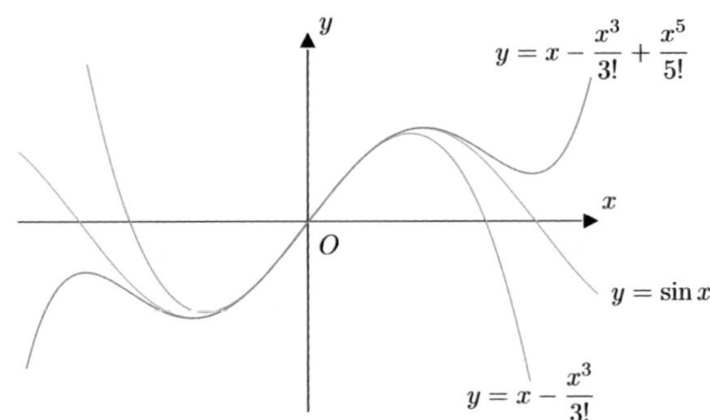

图 4.55 在 $y=x-\dfrac{x^3}{3!}$ 的基础上增加 $\dfrac{x^5}{5!}$，得到 $y=x-\dfrac{x^3}{3!}+\dfrac{x^5}{5!}$

以此类推，我们就可得到 $y=\sin x$ 在 $x_0=0$ 点处的 n 阶泰勒公式：

$$\sin x=x-\frac{x^3}{3!}+\cdots+(-1)^{k-1}\frac{x^{2k-1}}{(2k-1)!}+o(x^{2k}),\quad n=2k$$

4.3.3 泰勒公式的系数和余项

上面解释了泰勒公式为什么能成立，下面来解释其中的系数和余项是怎么来的，即下式中红色的部分：

$$f(x)=f(x_0)+f'(x_0)(x-x_0)+\frac{f''(x_0)}{2!}(x-x_0)^2+\cdots+\frac{f^{(n)}(x_0)}{n!}(x-x_0)^n+R_n(x)$$

从现在开始这些系数和余项就都是未知的了，所以我们用 $a_0,a_1,a_2,\cdots,a_n$ 来表示系数：

$$f(x)=a_0+a_1(x-x_0)+a_2(x-x_0)^2+\cdots+a_n(x-x_0)^n+R_n(x)$$

下面来一一推导。之前学习过，对于函数 $f(x)$ 而言，切线 $y=f(x_0)+f'(x_0)(x-x_0)$ 是该函数在 $x=x_0$ 点处的最佳线性近似，两者相差 $o(x-x_0)$[①]，如图 4.56 所示。

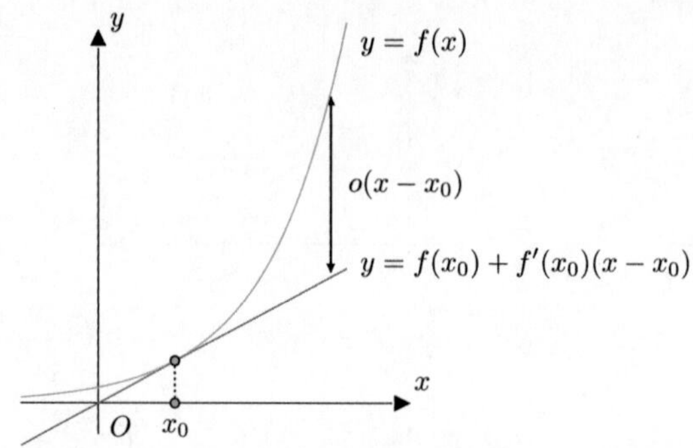

图 4.56 切线 $y=f(x_0)+f'(x_0)(x-x_0)$ 与函数 $f(x)$ 相差 $o(x-x_0)$

用切线逼近曲线其实就是在用一次多项式来逼近曲线，所以一阶泰勒公式为 $f(x)=f(x_0)+f'(x_0)(x-x_0)+o(x-x_0)$。这样就推出了：

$$a_0=f(x_0),\quad a_1=f'(x_0),\quad R_1(x)=o(x-x_0)$$

由上面的结论，并运用洛必达法则可得：

$$\begin{aligned}
&f(x)=f(x_0)+f'(x_0)(x-x_0)+o(x-x_0)\\
&\quad\Longrightarrow o(x-x_0)=f(x)-f(x_0)-f'(x_0)(x-x_0)\\
&\quad\Longrightarrow \lim_{x\to x_0}\frac{o(x-x_0)}{(x-x_0)^2}=\lim_{x\to x_0}\frac{f(x)-f(x_0)-f'(x_0)(x-x_0)}{(x-x_0)^2}\\
&\quad\Longrightarrow \lim_{x\to x_0}\frac{o(x-x_0)}{(x-x_0)^2}=\lim_{x\to x_0}\frac{f'(x)-f'(x_0)}{2!(x-x_0)}=\frac{f''(x_0)}{2!}
\end{aligned}$$

设 α 为某 $x\to x_0$ 时的无穷小，根据定理 9，有：

$$\begin{aligned}
\lim_{x\to x_0}\frac{o(x-x_0)}{(x-x_0)^2}=\frac{f''(x_0)}{2!}&\Longrightarrow \frac{o(x-x_0)}{(x-x_0)^2}=\frac{f''(x_0)}{2!}+\alpha\\
&\Longrightarrow o(x-x_0)=\frac{f''(x_0)}{2!}(x-x_0)^2+\alpha(x-x_0)^2
\end{aligned}$$

其中 $\lim\limits_{x\to x_0}\dfrac{\alpha(x-x_0)^2}{(x-x_0)^2}=0$，所以 $\alpha(x-x_0)^2=o((x-x_0)^2)$，回代上式有 $o(x-x_0)=\dfrac{f''(x_0)}{2!}(x-x_0)^2+o((x-x_0)^2)$，所以：

$$\begin{aligned}
f(x)&=f(x_0)+f'(x_0)(x-x_0)+o(x-x_0)\\
&=f(x_0)+f'(x_0)(x-x_0)+\frac{f''(x_0)}{2!}(x-x_0)^2+o((x-x_0)^2)
\end{aligned}$$

也就是推出了：

$$a_2=\frac{f''(x_0)}{2!},\quad R_2(x)=o((x-x_0)^2)$$

---

① 即相差 $o(\Delta x)$。

顺便说一下，上面推出的式子 $f(x)=f(x_0)+f'(x_0)(x-x_0)+\frac{f''(x_0)}{2!}(x-x_0)^2+o((x-x_0)^2)$，其几何意义是，二次多项式 $y=f(x_0)+f'(x_0)(x-x_0)+a_2(x-x_0)^2$ 与函数 $f(x)$ 的差距为 $o((x-x_0)^2)$，如图 4.57 所示。这实际上就是在用二次多项式来逼近曲线了。

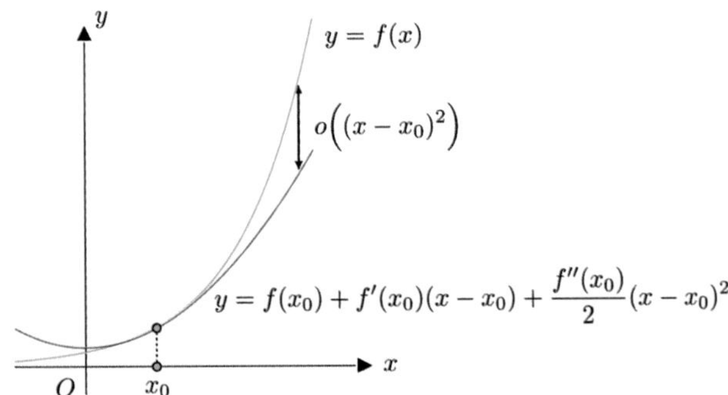

图 4.57　二次多项式 $y=f(x_0)+f'(x_0)(x-x_0)+a_2(x-x_0)^2$ 与函数 $f(x)$ 相差 $o((x-x_0)^2)$

由上面的结论可得：

$$
\begin{aligned}
&f(x)=f(x_0)+f'(x_0)(x-x_0)+\frac{f''(x_0)}{2!}(x-x_0)^2+o((x-x_0)^2)\\
&\implies o((x-x_0)^2)=f(x)-f(x_0)-f'(x_0)(x-x_0)-\frac{f''(x_0)}{2!}(x-x_0)^2
\end{aligned}
$$

仿照上面的方法求解 $\lim\limits_{x\to x_0}\frac{o((x-x_0)^2)}{(x-x_0)^3}$ 可推出：

$$a_3=\frac{f^{(3)}(x_0)}{3!},\quad R_3(x)=o((x-x_0)^3)$$

以此类推就可得到完整的泰勒公式，这里就不再赘述了。

4.3.4 麦克劳林公式

定义 41. 函数 $f(x)$ 在 $x_0=0$ 点处的 n 阶泰勒公式也称为 n 阶麦克劳林公式：

$$f(x)=f(0)+f'(0)x+\frac{f''(0)}{2!}x^2+\cdots+\frac{f^{(n)(0)}}{n!}x^n+R_n(x)$$

其中 $R_n(x)=o(x^n)$。

下面是一些常见的麦克劳林公式，它们在之后的内容中也常会被用到：

- $\mathrm{e}^x=1+x+\frac{x^2}{2!}+\cdots+\frac{x^n}{n!}+o(x^n)$
- $\sin x=x-\frac{x^3}{3!}+\frac{x^5}{5!}+\cdots+(-1)^n\frac{x^{2n+1}}{(2n+1)!}+o(x^{2n+1})$
- $\tan x=x+\frac{1}{3}x^3+\frac{2}{15}x^5+\frac{17}{315}x^7+\cdots+o(x^n)$①
- $\cos x=1-\frac{x^2}{2!}+\frac{x^4}{4!}+\cdots+(-1)^n\frac{x^{2n}}{(2n)!}+o(x^{2n})$

① $\tan x$ 的麦克劳林公式的通项涉及一些非常复杂的函数，这里就省略了。

- $\ln(1+x) = x - \frac{x^2}{2} + \frac{x^3}{3} + \cdots + (-1)^{n-1}\frac{x^n}{n} + o(x^n)$
- $\frac{1}{1-x} = 1 + x + x^2 + \cdots + x^n + o(x^n)$
- $(1+x)^\alpha = 1 + \alpha x + \frac{\alpha(\alpha-1)}{2!}x^2 + \cdots + \frac{\alpha(\alpha-1)\cdots(\alpha-n+1)}{n!}x^n + o(x^n)$

4.3.5 皮亚诺余项和拉格朗日余项

定理 65. 如果函数 $f(x)$ 在 x_0 的某个邻域 $U(x_0)$ 内具有 $n+1$ 阶导数，那么对任一 $x \in U(x_0)$，有：

$$f(x) = f(x_0) + f'(x_0)(x-x_0) + \frac{f''(x_0)}{2!}(x-x_0)^2 + \cdots + \frac{f^{(n)}(x_0)}{n!}(x-x_0)^n + R_n(x)$$

其中 $R_n(x) = \frac{f^{(n+1)}(\xi)}{(n+1)!}(x-x_0)^{n+1}$，这里 ξ 是 x_0 与 x 之间的某个值。

证明. 令 $p_n(x) = f(x_0) + f'(x_0)(x-x_0) + \frac{f''(x_0)}{2!}(x-x_0)^2 + \cdots + \frac{f^{(n)}(x_0)}{n!}(x-x_0)^n$，假设 $R_n(x) = f(x) - p_n(x)$，由条件可知，$R_n(x)$ 在 $U(x_0)$ 内有 $n+1$ 阶导数，且[①]

$$R_n(x_0) = R'_n(x_0) = R''_n(x_0) = \cdots = R_n^{(n)}(x_0) = 0$$

对函数 $y = R_n(x_0)$ 和 $y = (x-x_0)^{n+1}$ 在以 x_0 及 x 为端点的区间上应用柯西中值定理，可得：

$$\frac{R_n(x)}{(x-x_0)^{n+1}} = \frac{R_n(x) - R_n(x_0)}{(x-x_0)^{n+1} - 0} = \frac{R'_n(\xi_1)}{(n+1)(\xi_1 - x_0)^n}, \quad (\xi_1 \text{ 在 } x_0 \text{ 及 } x \text{ 之间})$$

因为 x 是变量，所以 ξ_1 也是变量，所以再对函数 $y = R'_n(\xi_1)$ 及 $y = (n+1)(\xi_1 - x_0)^n$ 在以 x_0 及 ξ_1 为端点的区间上应用柯西中值定理，可得：

$$\frac{R'_n(\xi_1)}{(n+1)(\xi_1 - x_0)^n} = \frac{R''_n(\xi_2)}{(n+1)n(\xi_2 - x_0)^{n-1}}, \quad (\xi_2 \text{ 在 } x_0 \text{ 及 } \xi_1 \text{ 之间})$$

如此反复，经过 $(n+1)$ 次后可得：

$$\frac{R_n(x)}{(x-x_0)^{n+1}} = \frac{R_n^{(n+1)}(\xi)}{(n+1)!}, \quad (\xi \text{ 在 } x_0 \text{ 及 } \xi_n \text{ 之间，因此也在 } x_0 \text{ 及 } x \text{ 之间})$$

注意到 $R_n^{(n+1)}(x) = f^{(n+1)}(x)$（因为 $p_n^{(n+1)}(x) = 0$），所以：

$$R_n(x) = \frac{f^{(n+1)}(\xi)}{(n+1)!}(x-x_0)^{n+1}, \quad (\xi \text{ 在 } x_0 \text{ 及 } x \text{ 之间})$$

■

关于泰勒公式的定理 64 和定理 65，两者大同小异，这里进行一下比较：

	可导	$R_n(x)$
定理 64	在 x_0 处具有 n 阶导数	$R_n(x) = o((x-x_0)^n)$
定理 65	在 $U(x_0)$ 内具有 $n+1$ 阶导数	$R_n(x) = \frac{f^{(n+1)}(\xi)}{(n+1)!}(x-x_0)^{n+1}$

① 因为 $p_n(x_0) = f(x_0) + f'(x_0)(x_0 - x_0) + \cdots + \frac{f^{(n)}(x_0)}{n!}(x_0 - x_0)^n = f(x_0)$，所以 $R_n(x_0) = f(x_0) - p_n(x_0) = 0$。同理可得，$R'_n(x_0) = R''_n(x_0) = \cdots = R_n^{(n)}(x_0) = 0$。

为了区分，$R_n(x)=o\Big((x-x_0)^n\Big)$ 被称作皮亚诺余项；而 $R_n(x)=\dfrac{f^{(n+1)}(\xi)}{(n+1)!}(x-x_0)^{n+1}$ 被称作拉格朗日余项。

4.3.6 泰勒公式的例题

例 114. 请求出 $\lim\limits_{x\to 0}\dfrac{\tan x-\sin x}{x^3}$。

解. 根据常见的麦克劳林公式可知：

$$\begin{aligned}\tan x-\sin x&=\left[x+\frac{1}{3}x^3+o(x^3)\right]-\left[x-\frac{1}{6}x^3+o(x^3)\right]\\&=(x-x)+\left(\frac{1}{3}x^3+\frac{1}{6}x^3\right)+(o(x^3)-o(x^3))=\frac{1}{2}x^3+o(x^3)\end{aligned}$$

因此 $\lim\limits_{x\to 0}\dfrac{\tan x-\sin x}{x^3}=\lim\limits_{x\to 0}\dfrac{\frac{1}{2}x^3+o(x^3)}{x^3}=\dfrac{1}{2}$。

例 115. 请证明当 $x\geqslant 0$ 时，有 $\sin x\geqslant x-\dfrac{1}{6}x^3$。

证明. 令 $f(x)=\sin x-x+\dfrac{1}{6}x^3$，则：

$$f(0)=\sin 0-0+\frac{1}{6}\times 0^3=0,\quad f'(0)=\left[\cos x-1+\frac{1}{2}x^2\right]_{x=0}=0$$

$$f''(0)=[-\sin x-0+x]_{x=0}=0,\quad f^{(3)}(x)=1-\cos x$$

所以，$f(x)$ 的三阶麦克劳林公式为：

$$f(x)=f(0)+f'(0)x+\frac{f''(0)}{2!}x^2+\overbrace{\frac{f^{(3)}(\xi)}{3!}x^3}^{\text{拉格朗日余项}}=\frac{1-\cos\xi}{3!}x^3,\quad (\xi\text{ 在 }0\text{ 及 }x\text{ 之间})$$

所以，当 $x\geqslant 0$ 时有：

$$f(x)=\sin x-x+\frac{1}{6}x^3=\frac{1-\cos\xi}{3!}x^3\geqslant 0,\quad (0<\xi<x)$$

即当 $x\geqslant 0$ 时有 $\sin x\geqslant x-\dfrac{1}{6}x^3$。 ■

例 116. 请估算欧拉数 e 的值。

解. 欧拉数的定义式为 $\mathrm{e}=\lim\limits_{n\to\infty}\left(1+\dfrac{1}{n}\right)^n$，根据该定义式是无法估算的，需要另外想办法。我们知道 $f(x)=\mathrm{e}^x$ 的麦克劳林公式为：

$$\mathrm{e}^x=1+x+\frac{x^2}{2!}+\cdots+\frac{x^n}{n!}+\overbrace{\frac{\mathrm{e}^\xi}{(n+1)!}x^{n+1}}^{\text{拉格朗日余项}},\quad (\xi\text{ 在 }0\text{ 及 }x\text{ 之间})$$

所以：

$$\mathrm{e}=\mathrm{e}^1=1+1+\frac{1}{2!}+\cdots+\frac{1}{n!}+\frac{\mathrm{e}^\xi}{(n+1)!},\quad (0<\xi<1)$$

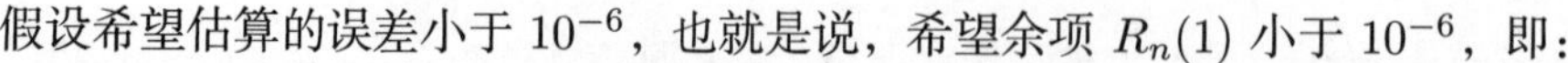

假设希望估算的误差小于 10^{-6}，也就是说，希望余项 $R_n(1)$ 小于 10^{-6}，即：

$$R_n(1)=\frac{\mathrm{e}^{\xi}}{(n+1)!}<10^{-6},\quad (0<\xi<1)$$

因为 e^x 是一个增函数，又知道 e 的大小不会超过 3，所以当 $0<\xi<1$ 时有 $1<\mathrm{e}^{\xi}<3$。因此：

$$\frac{1}{(n+1)!}<R_n(1)=\frac{\mathrm{e}^{\xi}}{(n+1)!}<\frac{3}{(n+1)!}$$

当 $n=9$ 时，误差 $R_n(1)$ 小于 10^{-6}，所以：

$$\mathrm{e}\approx 1+1+\frac{1}{2!}+\cdots+\frac{1}{9!}\approx 2.718282$$

顺便说一句，常用的计算器里一般就是按照上述方法来计算的。

4.4 函数的单调性与凹凸性

下面来学习如何通过微分和导数来判断函数的单调性与凹凸性。

4.4.1 导数与函数的单调性

定理 66. 设函数 $f(x)$ 在 $[a,b]$ 上连续，在 (a,b) 上可导，则：

（1）若在 (a,b) 上 $f'(x)\geqslant 0$，且等号仅在有限多个点处成立，那么函数 $f(x)$ 在 $[a,b]$ 上严格单调递增；

（2）若在 (a,b) 上 $f'(x)\leqslant 0$，且等号仅在有限多个点处成立，那么函数 $f(x)$ 在 $[a,b]$ 上严格单调递减。

对定理 66 不进行严格证明，下面通过图形来直观地解释。若函数 $f(x)$ 在 $[a,b]$ 上各点的微分斜率都为正，如图 4.58 所示。因为微分是曲线的线性近似，所以容易想象，此时函数 $f(x)$ 在 $[a,b]$ 上严格单调递增。

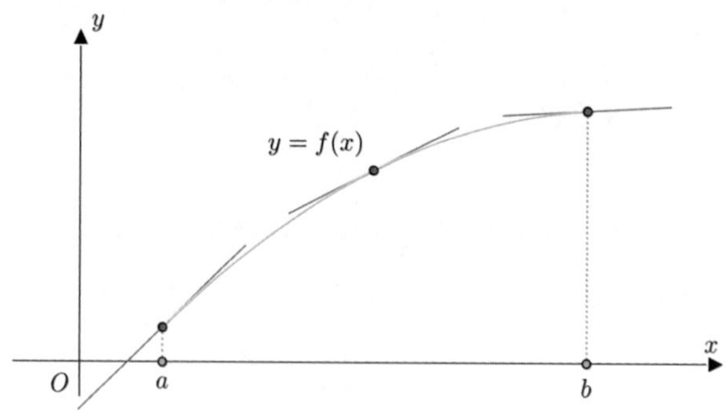

图 4.58 函数 $f(x)$ 在 $[a,b]$ 上各点的微分斜率都为正，其在 $[a,b]$ 上严格单调递增

增加有限的几个 $f'(x)=0$ 的点并不影响函数 $f(x)$ 在 $[a,b]$ 上严格单调递增，如图 4.59 所示。

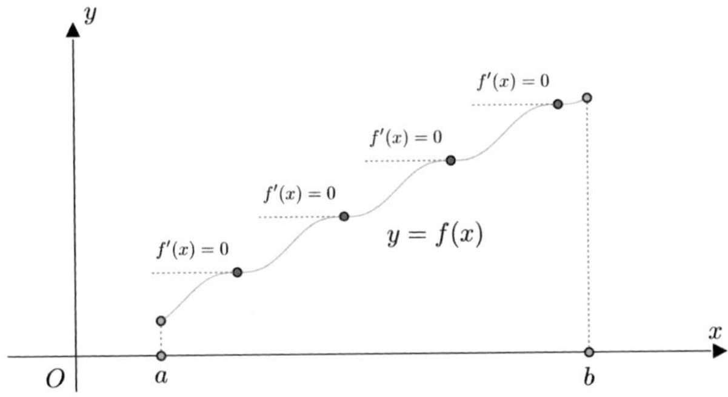

图 4.59 有限的几个 $f'(x)=0$ 的点不影响函数 $f(x)$ 在 $[a,b]$ 上严格单调递增

但像图 4.60 这样，$\forall x\in[c,d]$ 时有 $f'(x)=0$，即有一段满足 $f'(x)=0$，那么函数 $f(x)$ 在 $[a,b]$ 上就变为单调递增，不再严格了。此时有无限多个 $f'(x)=0$ 的点。$f'(x)\leqslant 0$ 的情况以此类推，这里不再赘述。

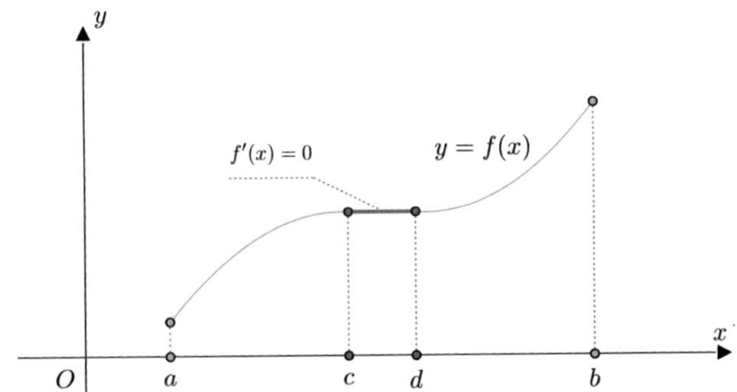

图 4.60 $\forall x\in[c,d]$ 时有 $f'(x)=0$，函数 $f(x)$ 在 $[a,b]$ 上为单调递增

下面来看几道讨论函数单调性的例题，解题时可以按照下面的步骤进行：

- 求出每一个使得 $f'(x)=0$ 或 $f'(x)$ 不存在的点，以这些点对定义域进行划分。
- 判断划分出来的区间内的 $f'(x)$ 的符号，根据定理 66 得出结论。

例 117. 请讨论函数 $f(x)=x-\sin x, x\in[-\pi,\pi]$ 的单调性。

解. 因为所给函数 $f(x)=x-\sin x$ 在 $[-\pi,\pi]$ 上连续，在 $(-\pi,\pi)$ 上有 $f'(x)=1-\cos x\geqslant 0$，等号仅在 $x=0$ 点处取得。根据定理 66，所以 $f(x)=x-\sin x$ 在 $[-\pi,\pi]$ 上严格单调递增，其图像参见图 4.61。

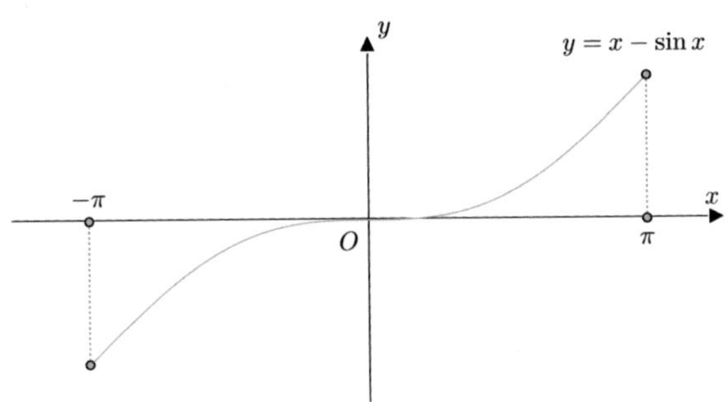

图 4.61 $f(x)=x-\sin x$ 在 $[-\pi,\pi]$ 上的图像

例 118. 请讨论函数 $f(x)=\mathrm{e}^x-x-1$ 的单调性。

解. 因为所给函数 $f(x)=\mathrm{e}^x-x-1$ 在 $(-\infty,+\infty)$ 上连续，求解 $f'(x)=0$ 可得：

$$f'(x)=0 \implies f'(x)=\mathrm{e}^x-1=0 \implies x=0$$

通过 $x=0$ 点对定义域进行划分，可得 $f'(x)=\mathrm{e}^x-1 \implies \begin{cases} f'(x)<0, & x\in(-\infty,0) \\ f'(x)>0, & x\in(0,+\infty) \end{cases}$，根据定理 66，所以 $f(x)=\mathrm{e}^x-x-1$ 在 $(-\infty,0]$ 上严格单调递减，在 $[0,+\infty)$ 上严格单调递增，其图像参见图 4.62。

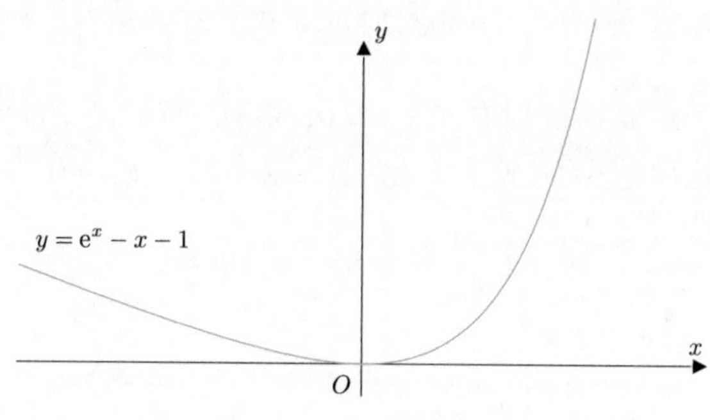

图 4.62　$f(x)=\mathrm{e}^x-x-1$ 的图像

例 119. 请讨论函数 $f(x)=\sqrt[3]{x^2}$ 的单调性。

解. 因为所给函数 $f(x)=\sqrt[3]{x^2}$ 在 $(-\infty,+\infty)$ 上连续，求出 $f'(x)=\dfrac{2}{3\sqrt[3]{x}}$ 后可知其在 $x=0$ 处无定义。通过 $x=0$ 点对定义域进行划分，可得 $f'(x)=\dfrac{2}{3\sqrt[3]{x}} \implies \begin{cases} f'(x)<0, & x\in(-\infty,0) \\ f'(x)>0, & x\in(0,+\infty) \end{cases}$，根据定理 66，所以 $f(x)=\sqrt[3]{x^2}$ 在 $(-\infty,0]$ 上严格单调递减，在 $[0,+\infty)$ 上严格单调递增，其图像参见图 4.63。

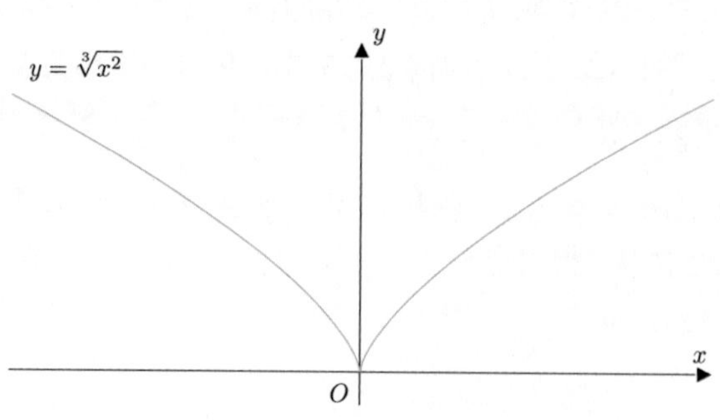

图 4.63　$f(x)=\sqrt[3]{x^2}$ 的图像

例 120. 请讨论函数 $f(x)=2x^3-9x^2+12x-3$ 的单调性。

解. 该函数 $f(x)=2x^3-9x^2+12x-3$ 在 $(-\infty,+\infty)$ 上连续，如下求解 $f'(x)=0$ 可得:

$$f'(x)=0 \implies f'(x)=6x^2-18x+12=6(x-1)(x-2)=0 \implies x_1=1, x_2=2$$

通过 $x_1=1, x_2=2$ 对定义域进行划分，可得：

$$f'(x)=6(x-1)(x-2)\implies\begin{cases}f'(x)>0, & x\in(-\infty,1)\\ f'(x)<0, & x\in(1,2)\\ f'(x)>0, & x\in(2,+\infty)\end{cases}$$

根据定理 66，所以 $f(x)=2x^3-9x^2+12x-3$ 在 $(-\infty,1]$ 上严格单调递增，在 $[1,2]$ 上严格单调递减，在 $[2,+\infty)$ 上严格单调递增，其图像参见图 4.64。

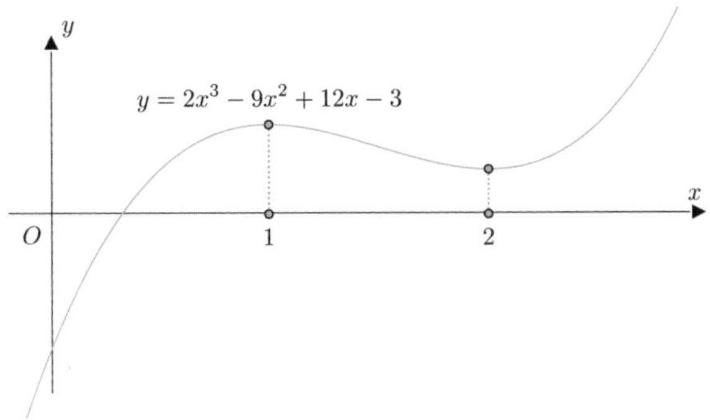

图 4.64 $f(x)=2x^3-9x^2+12x-3$ 的图像

4.4.2 函数的凹凸性

定义 42. 设函数 $f(x)$ 在 $[a,b]$ 上连续，如果 $\forall x_1,x_2\in[a,b]$ 有：

（1）$f\left(\dfrac{x_1+x_2}{2}\right)<\dfrac{f(x_1)+f(x_2)}{2}$，那么称 $f(x)$ 在 $[a,b]$ 上是凹函数的，或简称凹的；

（2）$f\left(\dfrac{x_1+x_2}{2}\right)>\dfrac{f(x_1)+f(x_2)}{2}$，那么称 $f(x)$ 在 $[a,b]$ 上是凸函数的，或简称凸的。

这里举例说明一下定义 42，比如图 4.65 的左、右两图中的函数 $f(x)$ 就分别是凹的和凸的。

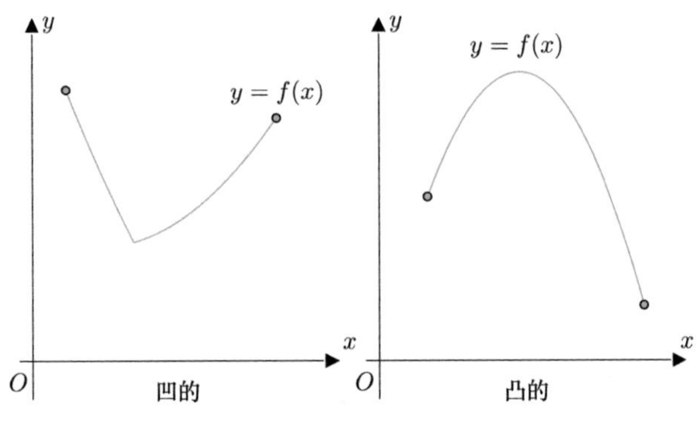

图 4.65 凹函数、凸函数

下面来具体解释一下，以图 4.65 的左图中的凹函数为例。假设该函数为 $f(x)$，任取 $x_1,x_2\in[a,b]$，此两点对应的函数值分别为 $f(x_1)$ 和 $f(x_2)$。那么：

- $\dfrac{x_1+x_2}{2}$ 就是 x_1 和 x_2 的中点。

- $f\left(\dfrac{x_1+x_2}{2}\right)$ 是上述中点对应的函数值。
- $\dfrac{f(x_1)+f(x_2)}{2}$ 是上述中点在 $f(x_1)$、$f(x_2)$ 连线上的值。①

所以 $f\left(\dfrac{x_1+x_2}{2}\right) < \dfrac{f(x_1)+f(x_2)}{2}$ 意味着，中点 $\dfrac{x_1+x_2}{2}$ 对应的函数值在连线值的下方，如图 4.66 所示。

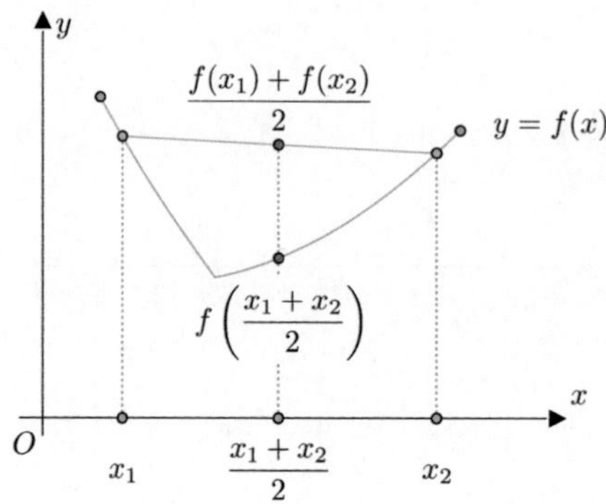

图 4.66　中点对应的函数值在连线值的下方

因为 x_1、x_2 的任意性，所以 $f\left(\dfrac{x_1+x_2}{2}\right) < \dfrac{f(x_1)+f(x_2)}{2}$ 实际上说的是，在 $[a,b]$ 上任取两点，两点之间的函数曲线一定在两点连线的下方，如图 4.67 所示。

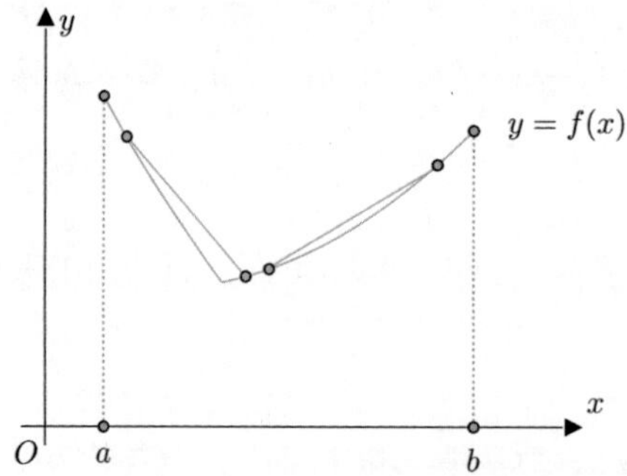

图 4.67　在 $[a,b]$ 上任取两点，两点之间的函数曲线一定在两点连线的下方

凸函数也是一样的，只是 $f\left(\dfrac{x_1+x_2}{2}\right) > \dfrac{f(x_1)+f(x_2)}{2}$ 说明了函数曲线在两点连线的上方，这里不再赘述。

定理 67. 设函数 $f(x)$ 在 $[a,b]$ 上连续，在 (a,b) 内具有一阶和二阶导数，那么：

（1）若在 (a,b) 内 $f''(x)>0$，那么 $f(x)$ 在 $[a,b]$ 上是凹的；

（2）若在 (a,b) 内 $f''(x)<0$，那么 $f(x)$ 在 $[a,b]$ 上是凸的。

证明. 下面先来证明情况（1）。设 x_1 和 x_2 为 $[a,b]$ 内任意两点，且 $x_1<x_2$，记 $x_0=\dfrac{x_1+x_2}{2}$，并记 $h=x_2-x_0=x_0-x_1$，则有 $x_1=x_0-h, x_2=x_0+h$。这里的 x_0,x_1,x_2,h

---

① $f(x_1)$、$f(x_2)$ 连线的函数为 $g(x)=f(x_1)+\dfrac{f(x_2)-f(x_1)}{x_2-x_1}(x-x_1)$，代入中点可得 $g\left(\dfrac{x_1+x_2}{2}\right)=f(x_1)+\dfrac{f(x_2)-f(x_1)}{x_2-x_1}(\dfrac{x_1+x_2}{2}-x_1)=\dfrac{f(x_1)+f(x_2)}{2}$。

四者的关系如图 4.68 所示。

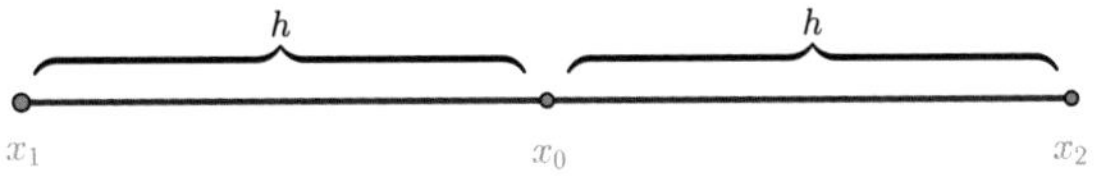

x_1 x_0 x_2 h h

图 4.68 x_0、x_1、x_2 以及 h

由拉格朗日中值定理可得：

$$f(x_0)-f(x_1)=f(x_0)-f(x_0-h)=f'(\xi_1)h,\quad x_1<\xi_1<x_0$$
$$f(x_2)-f(x_0)=f(x_0+h)-f(x_0)=f'(\xi_2)h,\quad x_0<\xi_2<x_2$$

下式减去上式可得 $f(x_0+h)+f(x_0-h)-2f(x_0)=[f'(\xi_2)-f'(\xi_1)]h$，再运用拉格朗日中值定理对该式中标红的部分进行改写：

$$f(x_0+h)+f(x_0-h)-2f(x_0)=[f'(\xi_2)-f'(\xi_1)]h=f''(\xi)(\xi_2-\xi_1)h,\quad \xi_1<\xi<\xi_2$$

因为 $\xi_2-\xi_1>0$、$h>0$，又条件中有 $f''(\xi)>0$，故 $f(x_0+h)+f(x_0-h)-2f(x_0)=f''(\xi)(\xi_2-\xi_1)h>0$，该式整理后可得：

$$\frac{f(x_0+h)+f(x_0-h)}{2}>f(x_0)\implies\frac{f(x_1)+f(x_2)}{2}>f\left(\frac{x_1+x_2}{2}\right)$$

根据定义 42，所以 $f(x)$ 在 $[a,b]$ 上是凹的。类似的方法可证情况（2）。■

上述的代数证明还是有点儿复杂，我们可通过如下的逻辑链条来理解定理 67：

$$f''(x)>0\implies f'(x)\text{ 严格单调递增}\implies f(x)\text{ 是凹的}$$
$$f''(x)<0\implies f'(x)\text{ 严格单调递减}\implies f(x)\text{ 是凸的}$$

对于上述逻辑链条这里举例说明一下。对函数 $f(x)$ 而言，如果其二阶导数满足 $f''(x)>0$，根据定理 66，那么意味着 $f'(x)$ 是严格单调递增的，此时函数 $f(x)$ 的微分的变化就会类似于图 4.69：

- 为金黄色时导数小于 0。
- 为紫色时导数等于 0。
- 为红色时导数大于 0。

当函数 $f(x)$ 是凹的时，就可以满足上述变化。$f''(x)<0$ 的情况也是一样的，这里就不再赘述了。

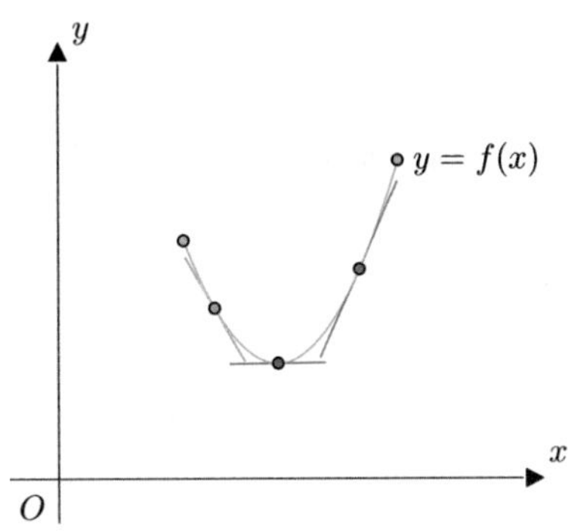

图 4.69 $f'(x)$ 是严格单调递增的

下面来看几道讨论函数凹凸性的例题，解题时可以按照下面的步骤进行：

- 求出每一个使得 $f''(x)=0$ 或 $f''(x)$ 不存在的点，以这些点对定义域进行划分。
- 判断划分出来的区间内的 $f''(x)$ 的符号，根据定理 67 得出结论。

例 121. 请讨论函数 $f(x)=\ln x$ 的凹凸性。

解. 容易算出 $f'(x)=\dfrac{1}{x}$ 以及 $f''(x)=-\dfrac{1}{x^2}$，所以在 $f(x)=\ln x$ 的定义域 $(0,+\infty)$ 中始终有 $f''(x)<0$。根据定理 67，可知 $f(x)=\ln x$ 是凸的，其图像参见图 4.70。在定义域内随便取 x_1,x_2 点，可见 x_1,x_2 的连线在 x_1,x_2 之间曲线的下方，符合凸函数的定义。

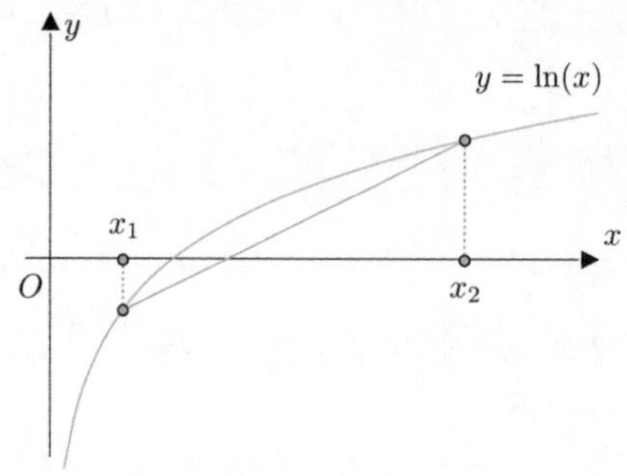

图 4.70 $f(x)=\ln x$ 的函数图像，x_1,x_2 的连线在 x_1,x_2 之间曲线的下方

例 122. 请讨论函数 $f(x)=x^3$ 的凹凸性。

解. 容易算出：

$$f(x)=x^3 \implies f'(x)=3x^2 \implies f''(x)=6x \implies \begin{cases} f''(x)<0, & x<0 \\ f''(x)>0, & x>0 \end{cases}$$

根据定理 67，所以 $f(x)=x^3$ 在 $(-\infty,0]$ 上是凸的，在 $[0,+\infty)$ 上是凹的，如图 4.71 所示。

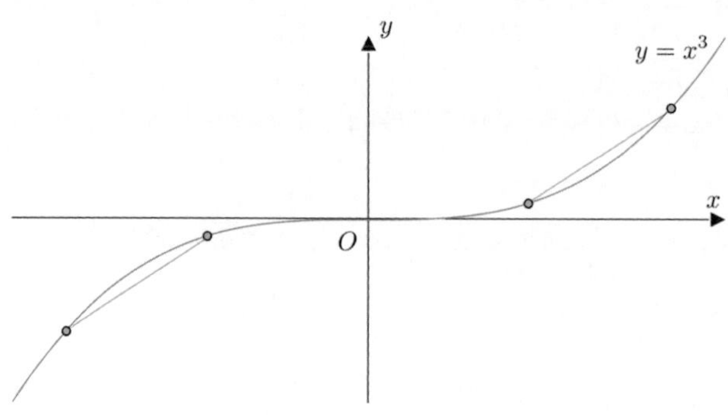

图 4.71 $f(x)=x^3$ 的函数图像，其在 $(-\infty,0]$ 上是凸的，在 $[0,+\infty)$ 上是凹的

4.4.3 拐点

定义 43. 对于函数 $f(x)$，如果在 x_0 点处函数的凹凸性发生了改变，则 x_0 点称为函数 $f(x)$ 的拐点。

这里举例说明一下定义 43，比如图 4.72 的左、右两图中的 x_0 点都是函数 $f(x)$ 的拐点。

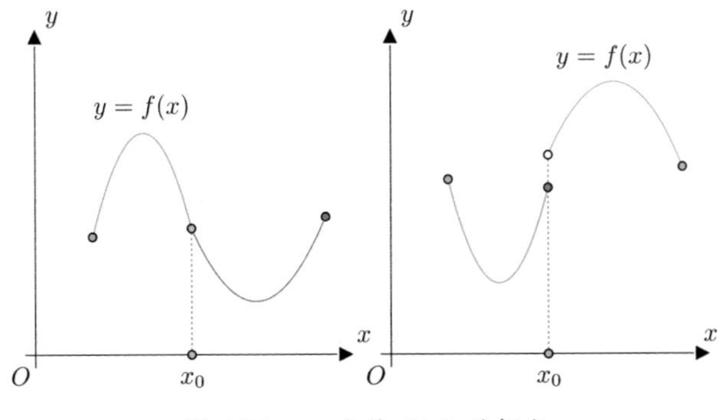

图 4.72 x_0 点是 $f(x)$ 的拐点

下面来看几道讨论拐点的例题，解题时可以按照下面的步骤进行：

- 求出每一个使得 $f''(x)=0$ 或 $f''(x)$ 不存在的点 x_0。
- 根据定理 67，检查 x_0 点两侧去心邻域内 $f''(x)$ 的符号，若符号相反则 x_0 点是函数 $f(x)$ 的拐点。

例 123. 请讨论函数 $f(x)=2x^3+3x^2-12x+14$ 的拐点。

解. 容易算出 $f'(x)=6x^2+6x-12$ 以及 $f''(x)=12x+6$，所以：

$$f''(x)=12x+6=0 \implies x=-\frac{1}{2} \implies \begin{cases} f''(x)<0, & x<-\dfrac{1}{2} \\ f''(x)>0, & x>-\dfrac{1}{2} \end{cases}$$

根据定义 43，所以 $x=-\dfrac{1}{2}$ 是函数 $f(x)=2x^3+3x^2-12x+14$ 的拐点，如图 4.73 所示。

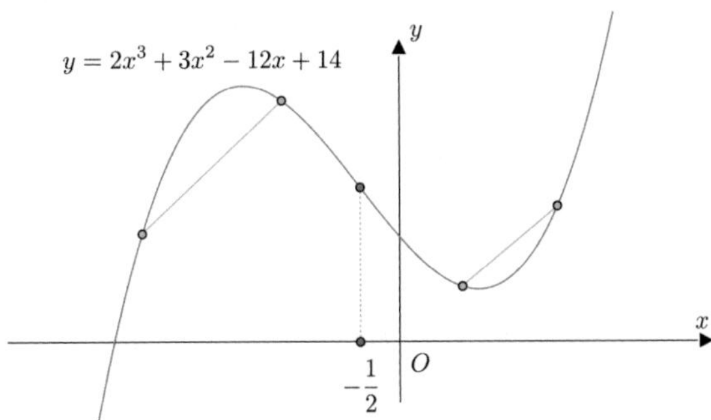

图 4.73 $x=-\dfrac{1}{2}$ 是函数 $f(x)=2x^3+3x^2-12x+14$ 的拐点

例 124. 请讨论函数 $f(x)=3x^4-4x^3+1$ 的拐点。

解. 容易算出 $f'(x)=12x^3-12x^2$ 以及 $f''(x)=36x^2-24x$，所以：

$$f''(x)=36x^2-24x=0 \implies x_1=0, x_2=\frac{2}{3} \implies \begin{cases} f''(x)>0, & x<0 \\ f''(x)<0, & 0<x<\dfrac{2}{3} \\ f''(x)>0, & x>\dfrac{2}{3} \end{cases}$$

根据定义 43，所以 $x_1=0, x_2=\dfrac{2}{3}$ 都是函数 $f(x)=3x^4-4x^3+1$ 的拐点，如图 4.74 所示。

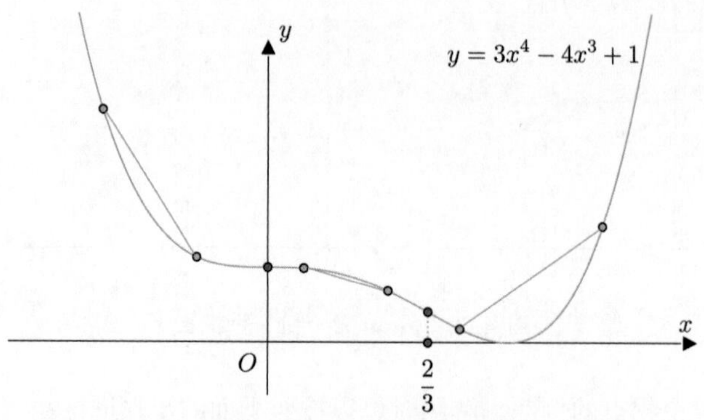

图 4.74 $x_1=0, x_2=\dfrac{2}{3}$ 是函数 $f(x)=3x^4-4x^3+1$ 的拐点

例 125. 请讨论函数 $f(x)=x^4$ 的拐点。

解. 容易算出：

$$f(x)=x^4 \implies f'(x)=4x^3 \implies f''(x)=12x^2 \implies f''(x)\geqslant 0$$

等号在 $x=0$ 点处取得。根据定理 67，函数 $f(x)=x^4$ 在整个定义域都是凹的，没有拐点，如图 4.75 所示。

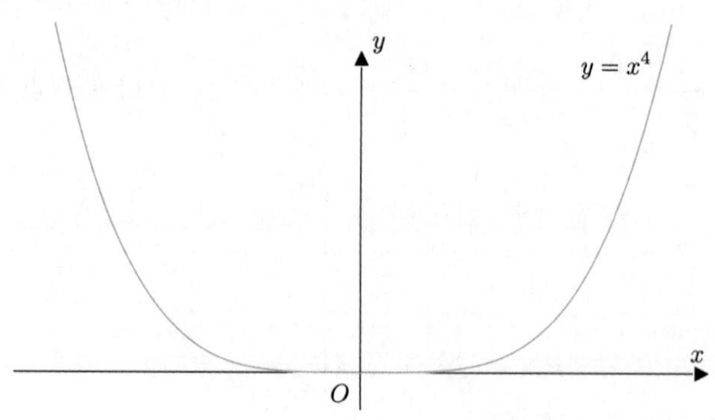

图 4.75 函数 $f(x)=x^4$ 没有拐点

例 126. 请讨论函数 $f(x)=\sqrt[3]{x}$ 的拐点。

解. 容易算出 $f'(x)=\dfrac{1}{3\sqrt[3]{x^2}}$ 以及 $f''(x)=-\dfrac{2}{9x\sqrt[3]{x^2}}$。当 $x=0$ 时 $f''(x)$ 不存在，以此划分定义域可得：

$$f''(x)=-\frac{2}{9x\sqrt[3]{x^2}} \implies \begin{cases} f''(x)>0, & x\in(-\infty,0) \\ f''(x)<0, & x\in(0,+\infty) \end{cases}$$

根据定义 43，所以 $x=0$ 是函数 $f(x)=\sqrt[3]{x}$ 的拐点，如图 4.76 所示。

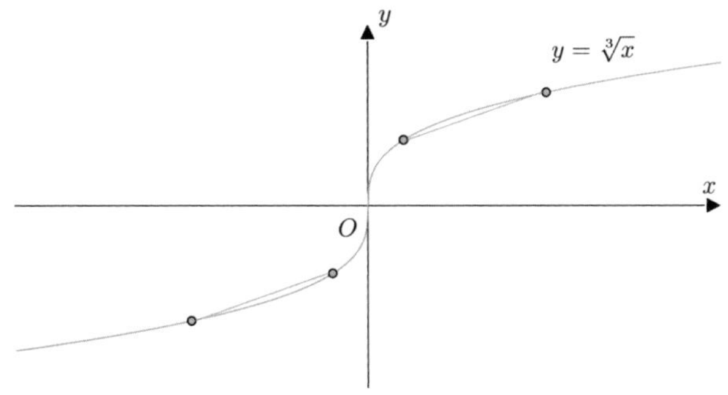

图 4.76 $x = 0$ 是函数 $f(x) = \sqrt[3]{x}$ 的拐点

4.5 函数的极值与最值

之前学习过极值（定义 32）与最值（定义 33），及关于极值（当极值点可导时）的一个必要条件，即费马引理（定理 54）。本节会接着介绍一些求极值的方法，即关于极值的一些充分条件，最后会学习如何求出最值。

4.5.1 极值的充分条件

定理 68 (函数极值的第一充分条件). 设函数 $f(x)$ 在 x_0 点处连续，且在某去心邻域 $\mathring{U}(x_0, \delta)$ 内可导，则：

（1）若 $x \in (x_0 - \delta, x_0)$ 时有 $f'(x) > 0$，而 $x \in (x_0, x_0 + \delta)$ 时有 $f'(x) < 0$，则 $f(x_0)$ 是函数 $f(x)$ 的一个极大值；

（2）若 $x \in (x_0 - \delta, x_0)$ 时有 $f'(x) < 0$，而 $x \in (x_0, x_0 + \delta)$ 时有 $f'(x) > 0$，则 $f(x_0)$ 是函数 $f(x)$ 的一个极小值；

（3）若 $x \in \mathring{U}(x_0, \delta)$ 时，$f'(x)$ 的符号保持不变，则 $f(x)$ 在 x_0 点处没有极值。

证明. 下面就情况（1）予以证明，其余以此类推。根据定理 66，结合（1）中的条件可推出：

- $f(x)$ 在 $(x_0 - \delta, x_0]$ 上连续，在 $(x_0 - \delta, x_0)$ 上 $f'(x) > 0 \implies f(x)$ 在 $(x_0 - \delta, x_0]$ 上严格单调递增。
- $f(x)$ 在 $[x_0, x_0 + \delta)$ 上连续，在 $(x_0, x_0 + \delta)$ 上 $f'(x) < 0 \implies f(x)$ 在 $[x_0, x_0 + \delta)$ 上严格单调递减。

综上可知，$\forall x \in \mathring{U}(x_0, \delta)$ 时有 $f(x) < f(x_0)$，根据定义 33，所以 $f(x_0)$ 是函数 $f(x)$ 的一个极大值。 ■

定理 68 中的三种情况可通过图 4.77 来举例说明。

为了方便理解，这里就图 4.77 中的情况（1）再进行一下说明。如图 4.78 所示，可以看到：

- x_0 点左侧的微分倾斜向上，意味着此时 $f'(x) > 0$。
- x_0 点右侧的微分倾斜向下，意味着此时 $f'(x) < 0$。
- $f(x_0)$ 是函数 $f(x)$ 的一个极大值。

符合定理 68 中情况（1）的结论。

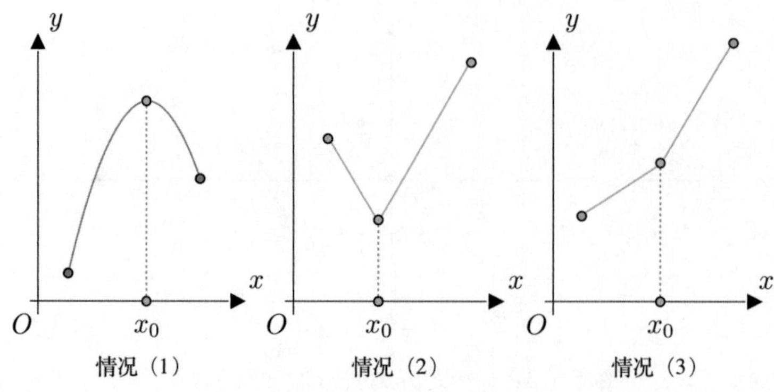

图 4.77 函数极值的第一充分条件中的三种情况

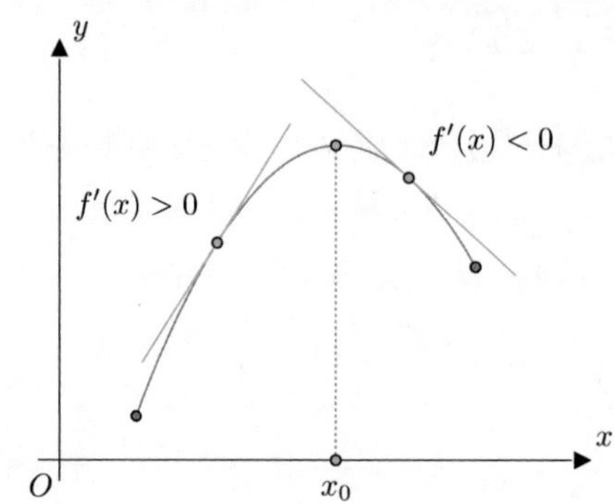

图 4.78 $f(x_0)$ 是函数 $f(x)$ 的一个极大值

如果将定理 68 的条件改为“在 x_0 点处二阶可导”，那么就可以得到如下定理。

定理 69 (函数极值的第二充分条件). 设函数 $f(x)$ 在 x_0 点处二阶可导且 $f'(x_0) = 0$，当：

（1）$f''(x_0) < 0$ 时，$f(x_0)$ 是函数 $f(x)$ 的一个极大值；

（2）$f''(x_0) > 0$ 时，$f(x_0)$ 是函数 $f(x)$ 的一个极小值。

证明. 下面就情况（1）予以证明，其余以此类推。由于（1）中有 $f''(x_0) < 0$，根据二阶导数的定义以及定理 13，可推出 $\exists\delta > 0$，$\forall x \in \mathring{U}(x_0, \delta)$ 时有：

$$f''(x_0) = \lim_{x \to x_0} \frac{f'(x) - f'(x_0)}{x - x_0} < 0 \implies \frac{f'(x) - f'(x_0)}{x - x_0} < 0$$

由于 $f'(x_0) = 0$，所以 $\exists\delta > 0$，$\forall x \in \mathring{U}(x_0, \delta)$ 时有：

$$\frac{f'(x)}{x - x_0} < 0 \implies \begin{cases} f'(x) > 0, & x - x_0 < 0 \\ f'(x) < 0, & x - x_0 > 0 \end{cases} \implies \begin{cases} f'(x) > 0, & x < x_0 \\ f'(x) < 0, & x > x_0 \end{cases}$$

根据定理 68，所以 $f(x_0)$ 是函数 $f(x)$ 的一个极大值。 ■

举例说明一下定理 69。我们知道使得 $f'(x) = 0$ 的 x 点称为驻点，其可能是极大值点、极小值点或非极值点，如图 4.79 所示。函数极值的第二充分条件通过判断 $f''(x_0)$ 的符号，可以分辨出这些情况。①

① 虽然定理 69 没有明确指出非极值点的情况，但剩下的也只能为非极值点了。

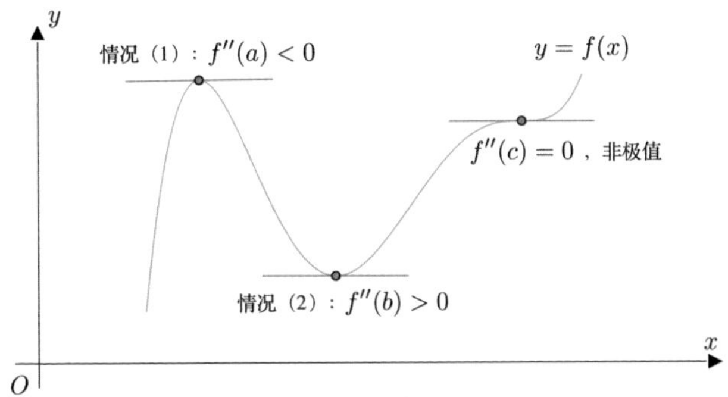

图 4.79 驻点的三种情况与二阶导数的符号

为了便于记忆，可以类比定理 66，虽然并不严谨，这里以情况（1）为例来说明记忆的方法。当 $f''(a)<0$ 时可以（不严格地）认为 a 点附近的 $f'(x)$ 是严格单调递减的，如图 4.80 所示，可以看到：

- 当 $x<a$ 时有 $f'(x)>0$，意味着 a 点左侧的微分倾斜向上。
- 当 $x=a$ 时有 $f'(a)=0$，意味着 a 点的微分是水平的。
- 当 $x>a$ 时有 $f'(x)<0$，意味着 a 点右侧的微分倾斜向下。

所以 $f(a)$ 是函数 $f(x)$ 的一个极大值。

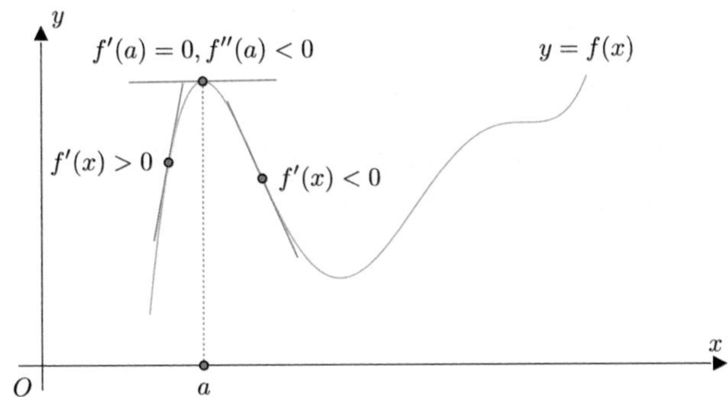

图 4.80 当 $f''(a)<0$ 时可以（不严格地）认为 a 点附近的 $f'(x)$ 是严格单调递减的

注意到函数的极值只会在驻点或不可导点处取得，如图 4.81 所示。

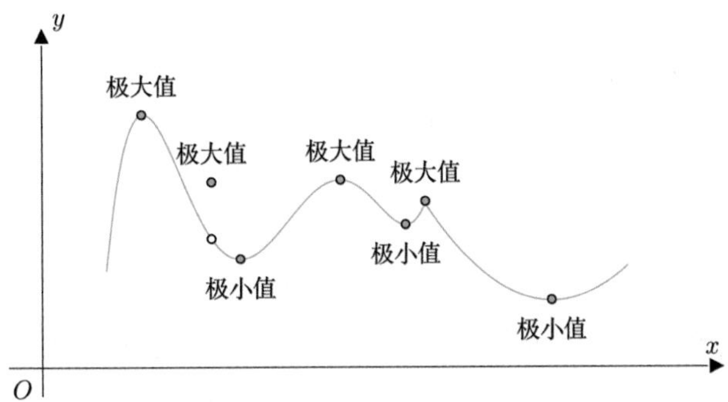

图 4.81 函数的极值只会在驻点或不可导点处取得

所以可制定出求解函数极值的步骤：

- 求出函数 $f(x)$ 所有的驻点以及不可导点。
- 对于驻点可通过定理 68 或者定理 69 来判断。
- 对于不可导点可通过定理 68 来判断。
- 如果都不行，最后还可以通过极值的定义，即定义 33 来判断。

例 127. 请求出函数 $f(x)=(x-4)\sqrt[3]{(x+1)^2}$ 的极值。

解. 计算 $f'(x)$：

$$f'(x)=\left((x-4)\sqrt[3]{(x+1)^2}\right)'=\left((x-4)(x+1)^{\frac{2}{3}}\right)'=(x-4)'(x+1)^{\frac{2}{3}}+(x-4)\left((x+1)^{\frac{2}{3}}\right)'$$
$$=(x+1)^{\frac{2}{3}}+(x-4)\cdot\frac{2}{3}(x+1)^{-\frac{1}{3}}=(x+1)^{-\frac{1}{3}}\left((x+1)+\frac{2}{3}(x-4)\right)=\frac{5(x-1)}{3\sqrt[3]{x+1}}$$

求出所有的驻点以及不可导点：

$$f'(x)=\frac{5(x-1)}{3\sqrt[3]{x+1}}\implies\begin{cases}f'(x)=0\implies \text{驻点：}x=1\\ \text{不可导点：}x=-1\end{cases}$$

用 $x=1$ 以及 $x=-1$ 来划分定义域可得：

$$f'(x)=\frac{5(x-1)}{3\sqrt[3]{x+1}}\implies\begin{cases}f'(x)>0, & -\infty<x<-1\\ f'(x)<0, & -1<x<1\\ f'(x)>0, & 1<x<+\infty\end{cases}$$

根据定理 68，所以 $f(-1)=0$ 为函数 $f(x)=(x-4)\sqrt[3]{(x+1)^2}$ 的一个极大值，$f(1)=-3\sqrt[3]{4}$ 为该函数的一个极小值，如图 4.82 所示。

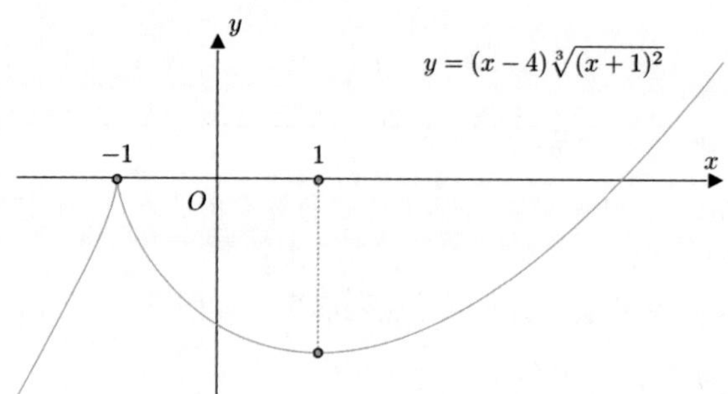

图 4.82 $x=-1$ 以及 $x=1$ 是函数 $f(x)=(x-4)\sqrt[3]{(x+1)^2}$ 的极值点

例 128. 请求出函数 $f(x)=(x^2-1)^3+1$ 的极值。

解. 求出所有驻点，即 $f'(x)=6x(x^2-1)^2=0\implies x_1=-1,x_2=0,x_3=1$，算出这些驻点的二阶导数：

$$f''(x)=6(x^2-1)(5x^2-1)\implies f''(0)=6,f''(-1)=f''(1)=0$$

根据上面的计算结果，可以知道：

- 因为 $f'(0)=0$ 且 $f''(0)=6>0$,根据定理 69,所以 $f(0)=0$ 为函数 $f(x)=(x^2-1)^3+1$ 的一个极小值，如图 4.83 所示。
- 因为 $f''(-1)=f''(1)=0$，无法运用定理 69，需要根据定理 68 来判断。因为 $x\in\mathring{U}(1)$

时有 $f'(x)<0$,即 $f'(x)$ 的符号没有发生改变,所以 $f(-1)$ 不是函数 $f(x)=(x^2-1)^3+1$ 的极值；同理，$f'(1)$ 也不是函数 $f(x)=(x^2-1)^3+1$ 的极值，如图 4.83 所示。

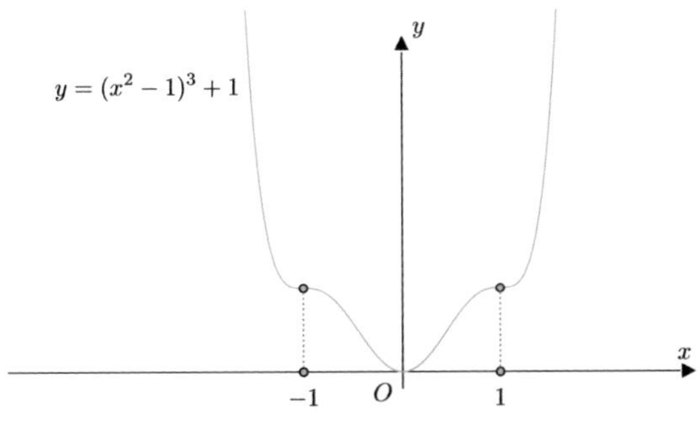

图 4.83　$x=0$ 是函数 $f(x)=(x^2-1)^3+1$ 的极值点

4.5.2 闭区间上函数的最值

根据定理 37，连续函数 $f(x)$ 在闭区间 $[a,b]$ 上必定存在最值。容易知道最值只能在端点、驻点或不可导点（也就是极值点）处取得，如图 4.84 所示。

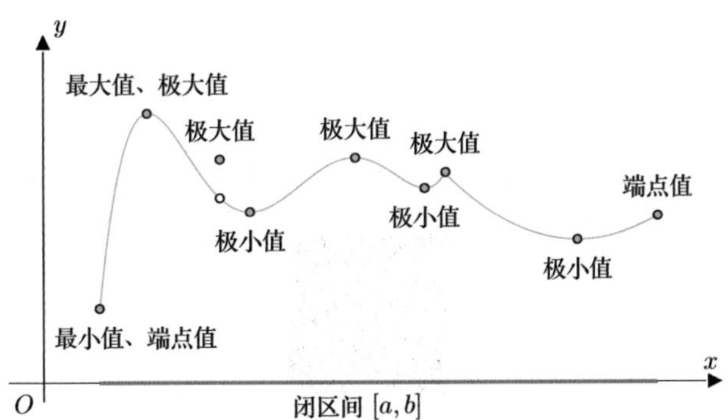

图 4.84　函数的最值只能在端点、驻点或不可导点处取得

所以可按照下面的步骤求出函数 $f(x)$ 在闭区间 $[a,b]$ 上的最值：

- 求出函数 $f(x)$ 所有的驻点以及不可导点。
- 计算 $f(x)$ 在所有的端点、驻点以及不可导点处的函数值。
- 比较上述诸函数值的大小，其中最大的就是最大值，最小的就是最小值。

例 129. 请求出函数 $f(x)=|x^2-3x+2|$ 在闭区间 $[-1,3]$ 上的最值。

解. 将函数 $f(x)=|x^2-3x+2|$ 改写如下：

$$f(x)=\begin{cases}x^2-3x+2, & x\in[-1,1]\cup[2,3]\\ -x^2+3x-2, & x\in(1,2)\end{cases}$$

所以：

$$f'(x)=\begin{cases}2x-3, & x\in(-1,1)\cup(2,3)\\ -2x+3, & x\in(1,2)\end{cases}$$

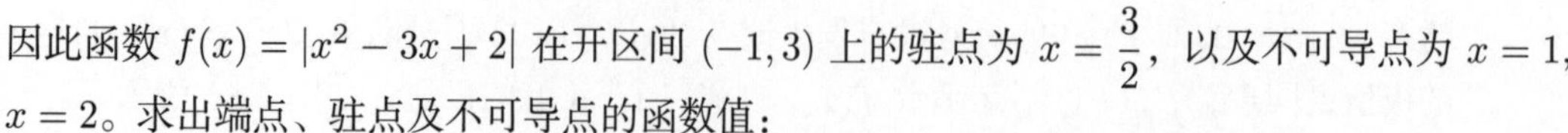

因此函数 $f(x)=|x^2-3x+2|$ 在开区间 $(-1,3)$ 上的驻点为 $x=\dfrac{3}{2}$，以及不可导点为 $x=1$, $x=2$。求出端点、驻点及不可导点的函数值：

$$f(-1)=6,\quad f(1)=0,\quad f\left(\frac{3}{2}\right)=\frac{1}{4},\quad f(2)=0,\quad f(3)=2$$

所以函数 $f(x)$ 在闭区间 $[-1,3]$ 上的最小值为 $f(1)=f(2)=0$，最大值为 $f(-1)=6$，如图 4.85 所示。

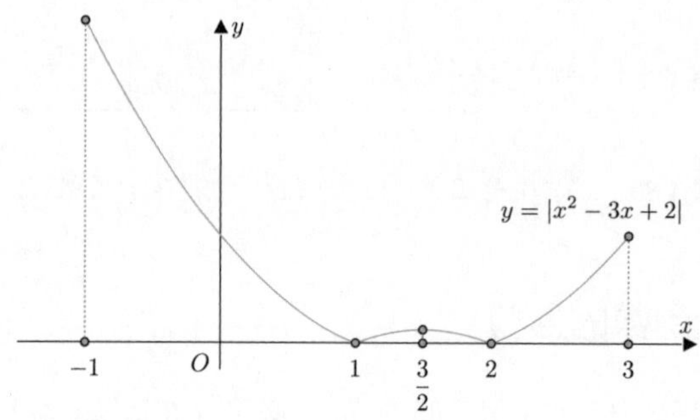

图 4.85 $x=-1$、$x=1$ 以及 $x=2$ 是函数 $f(x)=|x^2-3x+2|$ 的最值点

4.6 曲率

用微信扫图 4.86 所示的二维码可观看本节的视频讲解。

图 4.86 扫码观看本节的视频讲解

之前学习过用微分、用多项式（即泰勒公式）来近似函数 $f(x)$ 在 x_0 点附近的曲线。其实还可以通过圆来近似，如图 4.87 所示，其中的圆看上去确实比较像函数 $f(x)$ 在 x_0 点附近的曲线。

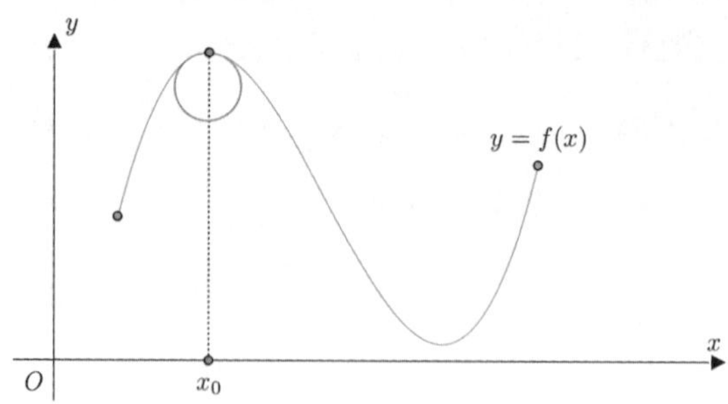

图 4.87 用圆来近似函数 $f(x)$ 在 x_0 点附近的曲线

这就是本节要学习的曲率圆，让我们从圆的曲率说起。

4.6.1 圆的曲率

定义 44. 对于半径为 r 的圆，$K = \frac{1}{r}$ 称为该圆的曲率。

举例说明一下定义 44。看看图 4.88 中所示的几条曲线，它们的弯曲程度是不一样的，我们一般会认为上面的最平，下面的最弯曲。

图 4.88 从最上的直线到最下的曲线，越来越弯曲

其实这些曲线是不同半径的圆的弧（直线可以看作半径为无穷大的圆的弧），如图 4.89 所示。可以看到，半径越小的圆的弧越弯曲。

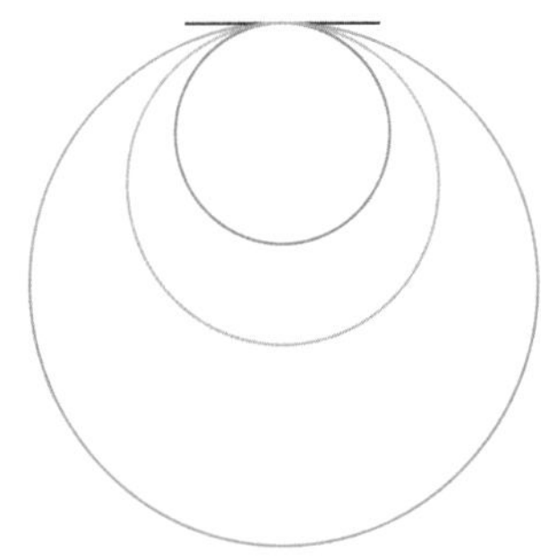

图 4.89 这些曲线是不同半径的圆的弧，半径越小的圆的弧越弯曲

因为曲率被定义为 $K = \frac{1}{r}$，半径越小的圆，曲率越大，所以曲率可用来描述圆的弯曲程度。这也是生活中的常见现象，比如在历史上很多人都觉得地球是平的，就是因为地球半径太大、弯曲程度太小导致的。

4.6.2 曲线的曲率

和圆不太一样，函数 $f(x)$ 对应曲线的弯曲程度要看具体的位置。如图 4.90 所示，可看出函数 $f(x)$ 的曲线在 x_0 点附近较为弯曲，在 x_1 点附近较为平坦。

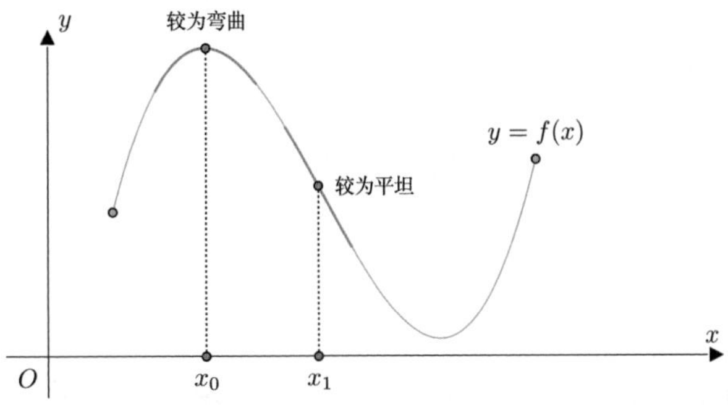

图 4.90 函数 $f(x)$ 的曲线在 x_0 点附近较为弯曲，在 x_1 点附近较为平坦

可以借助圆的曲率来描述曲线上某位置的弯曲程度，具体做法举例说明如下。比如在图 4.91 中的 x_0 点附近再选择两个点，根据高中学习的知识可知，这三个点唯一确定一个圆。

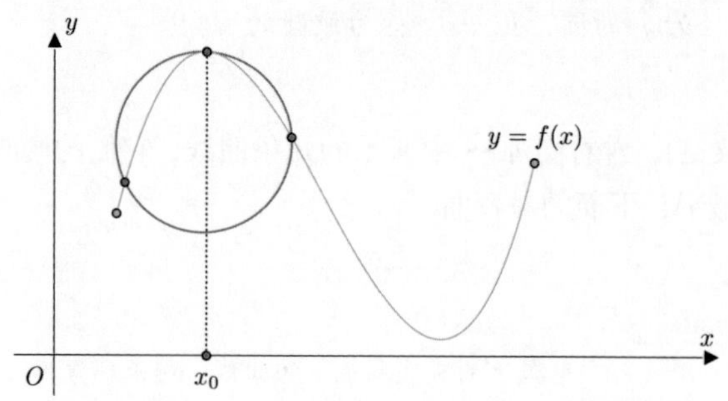

图 4.91 x_0 点及其附近两点，可唯一确定一个圆

将这两个点不断靠近 x_0 点，最终得到的圆的半径较小、曲率较大，它实际上可以反映出函数 $f(x)$ 在 x_0 点较为弯曲，如图 4.92 所示。若不能想象这一过程，可扫描图 4.86 中的二维码观看视频讲解。

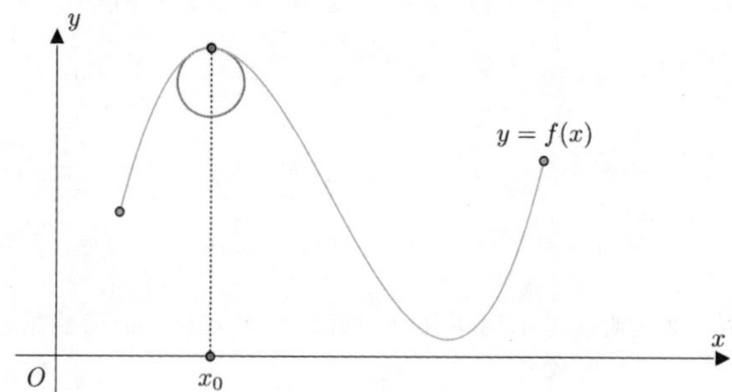

图 4.92 将附近两点不断靠近 x_0 点，最终得到的圆可反映曲线在 x_0 点的弯曲程度

因为该圆可以反映出函数 $f(x)$ 在 x_0 点的弯曲程度，所以也将该圆称为函数 $f(x)$ 在 x_0 点的曲率圆。又因为该圆的构造过程和切线类似，所以又称其为密切圆。

再举例说明一下。如图 4.93 所示，曲线在 x_0、x_2 点附近较为弯曲，这两点的密切圆也较为弯曲；曲线在 x_1 点附近较为平坦，该点的密切圆也较为平坦（近乎直线）。密切圆确实可以反映曲线的弯曲程度。

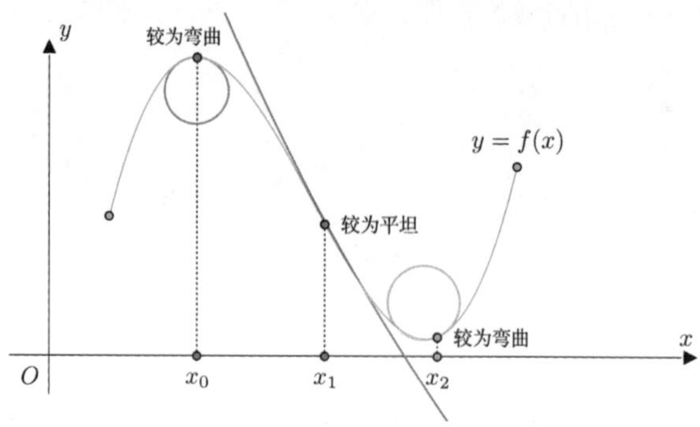

图 4.93 曲线在 x_0、x_2 点附近较为弯曲，在 x_1 点附近较为平坦

下面来看看 x_0 点的密切圆应该怎么求，以及曲线的曲率是如何定义的。过程可能比较复杂，后面会给出另外一种求解方法（参见图 7.11，也是同济大学数学系编著的《高等数学（上册）》中的方法），大家可以参考印证。

定理 70. 已知函数 $f(x)$ 在 x_0 点有二阶导数 $f''(x_0)$，且 $f''(x_0)\neq 0$，则此点有曲率圆，也称为密切圆。若用 (α,β) 表示该曲率圆的圆心，则 α 和 β 的值为：

$$\alpha = x_0 - \frac{f'(x_0)\left[1+\left(f'(x_0)\right)^2\right]}{f''(x_0)},\quad \beta = f(x_0) + \frac{1+\left(f'(x_0)\right)^2}{f''(x_0)}$$

该曲率圆的半径 r 称为曲率半径，其值为 $r=\dfrac{[1+(f'(x_0))^2]^{\frac{3}{2}}}{|f''(x_0)|}$。函数 $f(x)$ 在 x_0 点的曲率K 定义为该曲率圆的曲率，即 $K=\dfrac{1}{r}=\dfrac{|f''(x_0)|}{[1+(f'(x_0))^2]^{\frac{3}{2}}}$。

证明.（1）求出曲率半径 r。已知 x_0 点及其左右两侧的 $x_0-\delta$ 点及 $x_0+\delta$ 点，将它们在函数 $f(x)$ 曲线上的对应点标记为 A 点、B 点和 C 点，它们的坐标可以用向量分别表示为：

$$\boldsymbol{A}=\begin{pmatrix}x_0\\ f(x_0)\end{pmatrix},\quad \boldsymbol{B}=\begin{pmatrix}x_0-\delta\\ f(x_0-\delta)\end{pmatrix},\quad \boldsymbol{C}=\begin{pmatrix}x_0+\delta\\ f(x_0+\delta)\end{pmatrix}$$

上面描述的情况如图 4.94 所示。

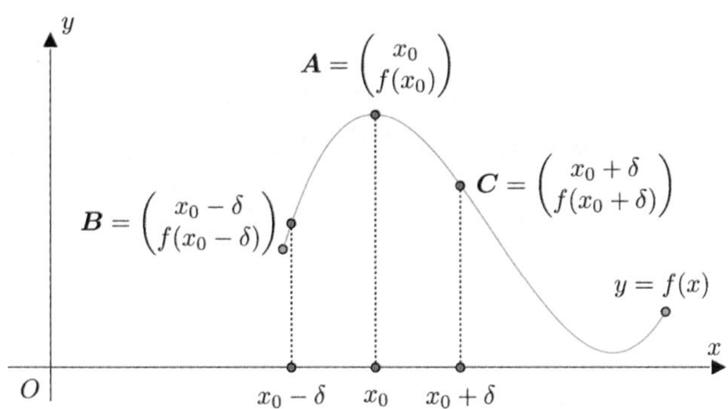

图 4.94 函数 $f(x)$ 以及 A 点、B 点和 C 点

容易知道，A 点、B 点和 C 点唯一确定一个圆，标记其半径为 R。也唯一确定一个三角形 $\triangle ABC$，顶点 A、B、C 的对边分别标记为 a、b、c，如图 4.95 所示。

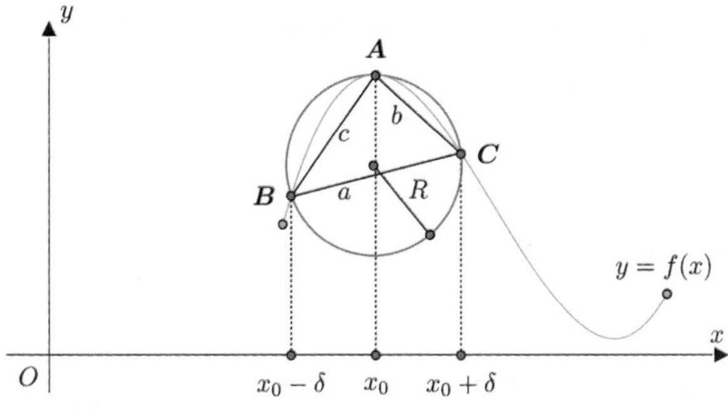

图 4.95 A 点、B 点和 C 点唯一确定一个圆，以及一个三角形

该圆实际上是 $\triangle ABC$ 的外接圆。假设 $\triangle ABC$ 的面积为 S，根据外接圆半径公式可得 $R=\frac{abc}{4S}$，所以只要算出 a、b、c 及 S 就可以求出 R，下面分别来计算。

上述 $\triangle ABC$ 的三边可以用如下向量来表示，这些向量的长度就是要求的 $\triangle ABC$ 的边长：

$$\boldsymbol{a}=\boldsymbol{C}-\boldsymbol{B}=\begin{pmatrix}2\delta\\f(x_0+\delta)-f(x_0-\delta)\end{pmatrix},$$

$$\boldsymbol{b}=\boldsymbol{C}-\boldsymbol{A}=\begin{pmatrix}\delta\\f(x_0+\delta)-f(x_0)\end{pmatrix},$$

$$\boldsymbol{c}=\boldsymbol{A}-\boldsymbol{B}=\begin{pmatrix}\delta\\f(x_0)-f(x_0-\delta)\end{pmatrix}$$

边向量 $\boldsymbol{b}$、$\boldsymbol{c}$ 可以围成如图 4.96 所示的平行四边形 $ABDC$，$\triangle ABC$ 的面积 S 是该平行四边形面积的一半。

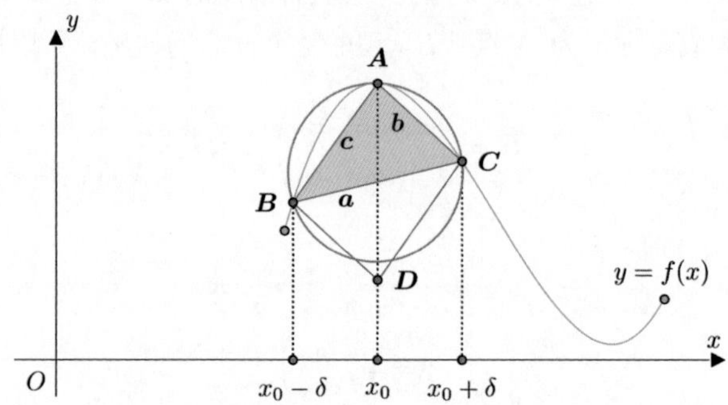

图 4.96 $\triangle ABC$ 的面积 S 是平行四边形 $ABDC$ 面积的一半

平行四边形 $ABDC$ 的有向面积可通过二阶行列式算出，即：

$$\begin{aligned}\begin{vmatrix}\boldsymbol{c} & \boldsymbol{b}\end{vmatrix}&=\begin{vmatrix}\delta & \delta\\f(x_0)-f(x_0-\delta) & f(x_0+\delta)-f(x_0)\end{vmatrix}\\&=\delta\big(f(x_0+\delta)-f(x_0)\big)-\delta\big(f(x_0)-f(x_0-\delta)\big)\\&=\delta f(x_0+\delta)+\delta f(x_0-\delta)-2\delta f(x_0)\end{aligned}$$

注意到有向面积是包含正负号的，所以平行四边形 $ABDC$ 的面积 A 需要加上绝对值：

$$A=\|\boldsymbol{c}\quad\boldsymbol{b}\|=|\delta f(x_0+\delta)+\delta f(x_0-\delta)-2\delta f(x_0)|$$

因为 $\triangle ABC$ 的面积 S 为平行四边形 $ABDC$ 面积的一半，因此：

$$S=\frac{1}{2}A=\frac{1}{2}\,|\delta f(x_0+\delta)+\delta f(x_0-\delta)-2\delta f(x_0)|$$

至此可以得到：

$$\begin{aligned}R&=\frac{abc}{4S}=\frac{\|\boldsymbol{a}\|\cdot\|\boldsymbol{b}\|\cdot\|\boldsymbol{c}\|}{4\cdot\frac{1}{2}A}\\&=\frac{\sqrt{[f(x_0+\delta)-f(x_0-\delta)]^2+4\delta^2}\cdot\sqrt{[f(x_0+\delta)-f(x_0)]^2+\delta^2}\cdot\sqrt{[f(x_0)-f(x_0-\delta)]^2+\delta^2}}{2\,|\delta f(x_0+\delta)+\delta f(x_0-\delta)-2\delta f(x_0)|}\end{aligned}$$

分子和分母同时除以 δ^3 可得：

$$R=\frac{\sqrt{[f(x_0+\delta)-f(x_0-\delta)]^2+4\delta^2}\cdot\sqrt{[f(x_0+\delta)-f(x_0)]^2+\delta^2}\cdot\sqrt{[f(x_0)-f(x_0-\delta)]^2+\delta^2}}{2\left|\delta f(x_0+\delta)+\delta f(x_0-\delta)-2\delta f(x_0)\right|}$$

$$=\frac{\dfrac{\sqrt{[f(x_0+\delta)-f(x_0-\delta)]^2+4\delta^2}}{\delta}\cdot\dfrac{\sqrt{[f(x_0+\delta)-f(x_0)]^2+\delta^2}}{\delta}\cdot\dfrac{\sqrt{[f(x_0)-f(x_0-\delta)]^2+\delta^2}}{\delta}}{2\left|\dfrac{\delta f(x_0+\delta)+\delta f(x_0-\delta)-2\delta f(x_0)}{\delta^3}\right|}$$

$$=\frac{\sqrt{\left[\dfrac{f(x_0+\delta)-f(x_0-\delta)}{\delta}\right]^2+4}\cdot\sqrt{\left[\dfrac{f(x_0+\delta)-f(x_0)}{\delta}\right]^2+1}\cdot\sqrt{\left[\dfrac{f(x_0)-f(x_0-\delta)}{\delta}\right]^2+1}}{2\left|\dfrac{f(x_0+\delta)+f(x_0-\delta)-2f(x_0)}{\delta^2}\right|}$$

之前分析过，将两侧的点不断靠近 x_0 点，最终得到的圆就是曲率圆，如图 4.97 所示。也就是当 $\delta\to 0$ 时，上述圆的半径 R 就会趋于曲率圆的半径 r，即有 $r=\lim\limits_{\delta\to 0}R$。

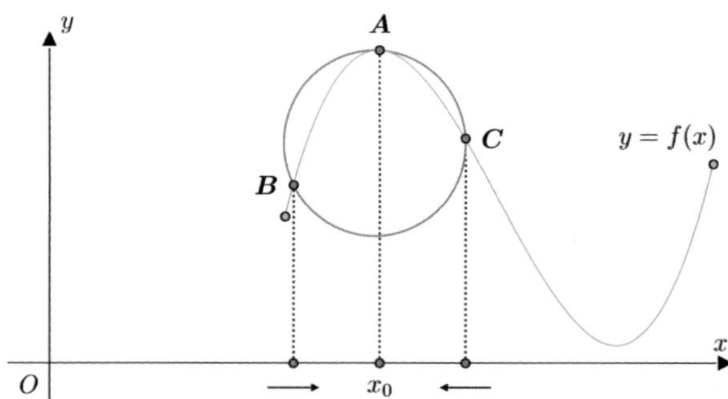

图 4.97 将两侧的点不断靠近 x_0 点，最终得到的圆就是曲率圆

所以下面来计算 $r=\lim\limits_{\delta\to 0}R$，先分别求出各项的极限：

$$\lim_{\delta\to 0}\sqrt{\left[\frac{f(x_0+\delta)-f(x_0-\delta)}{\delta}\right]^2+4}=\sqrt{\left(\lim_{\delta\to 0}\left[\frac{f(x_0+\delta)-f(x_0)}{\delta}+\frac{f(x_0)-f(x_0-\delta)}{\delta}\right]\right)^2+4}$$

$$=\sqrt{[f'(x_0)+f'(x_0)]^2+4}=2\sqrt{1+[f'(x_0)]^2}$$

$$\lim_{\delta\to 0}\sqrt{\left[\frac{f(x_0+\delta)-f(x_0)}{\delta}\right]^2+1}=\sqrt{\left[\lim_{\delta\to 0}\frac{f(x_0+\delta)-f(x_0)}{\delta}\right]^2+1}=\sqrt{1+[f'(x_0)]^2}$$

$$\lim_{\delta\to 0}\sqrt{\left[\frac{f(x_0)-f(x_0-\delta)}{\delta}\right]^2+1}=\sqrt{\left[\lim_{\delta\to 0}\frac{f(x_0)-f(x_0-\delta)}{\delta}\right]^2+1}=\sqrt{1+[f'(x_0)]^2}$$

运用洛必达法则，可得：

$$\lim_{\delta\to 0}\frac{f(x_0+\delta)+f(x_0-\delta)-2f(x_0)}{\delta^2}=\lim_{\delta\to 0}\frac{f'(x_0+\delta)-f'(x_0-\delta)}{2\delta}$$

$$=\frac{1}{2}\lim_{\delta\to 0}\left[\frac{f'(x_0+\delta)-f'(x_0)}{\delta}-\frac{f'(x_0-\delta)-f'(x_0)}{\delta}\right]=f''(x_0)$$

所以可得：

$$r=\lim_{\delta\to 0}R=\frac{2\sqrt{1+[f'(x_0)]^2}\cdot\sqrt{1+[f'(x_0)]^2}\cdot\sqrt{1+[f'(x_0)]^2}}{2|f''(x_0)|}=\frac{(1+(f'(x_0))^2)^{\frac{3}{2}}}{|f''(x_0)|}$$

（2）求出曲率圆的圆心坐标 (α,β)。假设曲率圆的圆心坐标为 (α,β)，半径为 r，则其满足方程 $(x-\alpha)^2+(y-\beta)^2=r^2$。通过隐函数的求导方法可求出该方程的导函数：

$$\frac{\mathrm{d}}{\mathrm{d}x}\left[(x-\alpha)^2+(y-\beta)^2\right]=0\implies\frac{\mathrm{d}y}{\mathrm{d}x}=-\frac{x-\alpha}{y-\beta}$$

又知道曲率圆和曲线 $f(x)$ 在 x_0 点有相同的切线①，如图 4.98 所示。

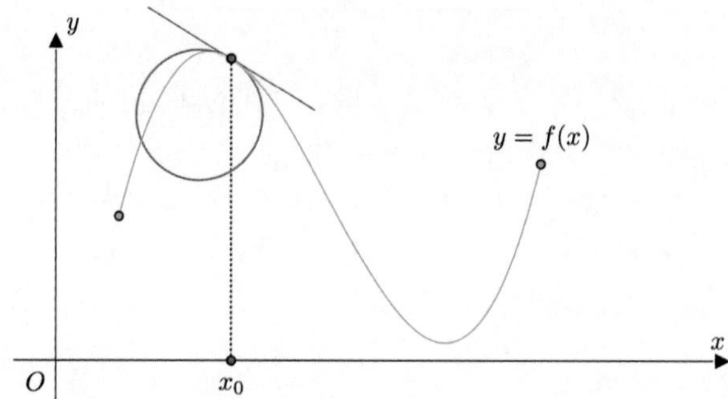

图 4.98　曲率圆和曲线 $f(x)$ 在 x_0 点有相同的切线

根据曲率圆过 $(x_0,f(x_0))$ 点，和曲线 $f(x)$ 在 x_0 点有公共切线，可以联立两个方程：

$$\begin{cases}(x_0-\alpha)^2+(f(x_0)-\beta)^2=r^2\\ f'(x_0)=-\dfrac{x_0-\alpha}{f(x_0)-\beta}\end{cases}$$

消去 $x_0-\alpha$ 后可得：

$$(f(x_0)-\beta)^2=\frac{r^2}{1+(f'(x_0))^2}=\frac{\left[1+(f'(x_0))^2\right]^2}{(f''(x_0))^2}$$

因为曲率圆是曲线的近似，所以容易理解圆心总在曲线凹的一侧。那么当 x_0 点附近的曲线为凸弧时有 $f(x_0)-\beta>0$，且根据定理 67 可知，此时 $f''(x_0)<0$，如图 4.99 所示。

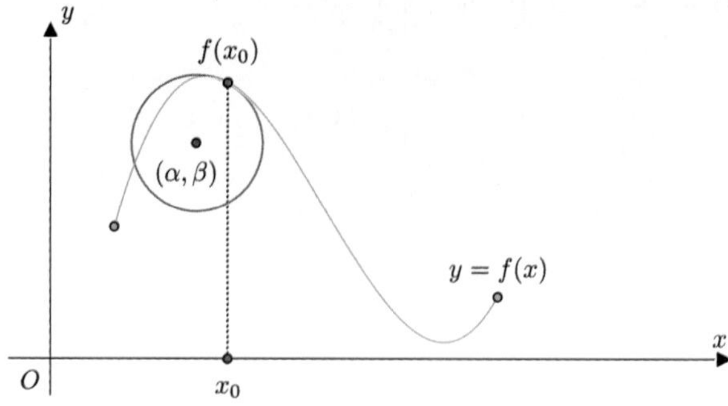

图 4.99　曲线为凸弧时有 $f(x_0)-\beta>0$，以及 $f''(x_0)<0$

① 曲率圆和曲线共切应该不违反直觉，这里不进行证明。

同样，当 x_0 点附近的曲线为凹弧时有 $f(x_0)-\beta<0$，且根据定理 67 可知，此时 $f''(x_0)>0$，如图 4.100 所示。

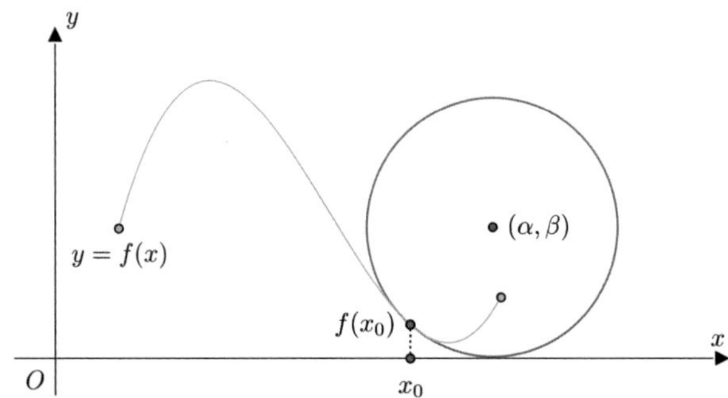

图 4.100　曲线为凹弧时有 $f(x_0)-\beta<0$，以及 $f''(x_0)>0$

总之，$f''(x_0)$ 与 $f(x_0)-\beta$ 异号，因此：

$$(f(x_0)-\beta)^2=\frac{\left(1+(f'(x_0))^2\right)^2}{(f''(x_0))^2}\xrightarrow{\text{取平方根}}f(x_0)-\beta=-\frac{1+(f'(x_0))^2}{f''(x_0)}$$

回代：

$$\left.\begin{aligned}f'(x_0)=-\frac{x_0-\alpha}{f(x_0)-\beta}\\ f(x_0)-\beta=-\frac{1+(f'(x_0))^2}{f''(x_0)}\end{aligned}\right\}\implies x_0-\alpha=\frac{f'(x_0)\left(1+(f'(x_0))^2\right)}{f''(x_0)}$$

所以最终得到密切圆的圆心为：

$$\alpha=x_0-\frac{f'(x_0)\left[1+(f'(x_0))^2\right]}{f''(x_0)},\quad \beta=f(x_0)+\frac{1+(f'(x_0))^2}{f''(x_0)}$$ ■

例 130. 设工件内表面的截线为抛物线 $f(x)=0.4x^2$，如图 4.101 所示。现在要用砂轮打磨其内表面，请问用直径多大的砂轮才比较合适？

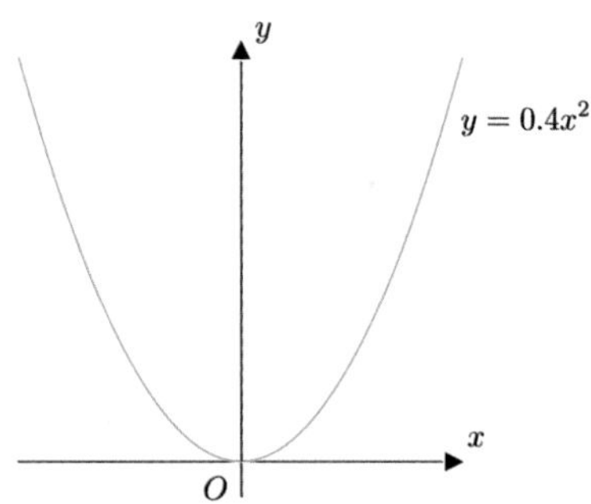

图 4.101　抛物线 $f(x)=0.4x^2$ 的图像

解. 从图 4.101 可知，该工件在底部 $x=0$ 处最为狭窄，所以应该选择与 $x=0$ 处贴合最好的砂轮，这样才不会破坏工件。根据之前的学习可知，$x=0$ 处的曲率圆是与底部贴合最好的圆形，所以下面来计算 $x=0$ 处的曲率圆的半径。先算出 $f'(x)=0.8x$ 及 $f''(x)=0.8$，根据定理 70，所以：

$$r=\frac{\left[1+(f'(0))^2\right]^{\frac{3}{2}}}{|f''(0)|}=\frac{1}{0.8}=1.25$$

所以应选择半径为 1.25，即直径为 2.5 的砂轮，这样就能很好地贴合工件的底部，如图 4.102 所示。

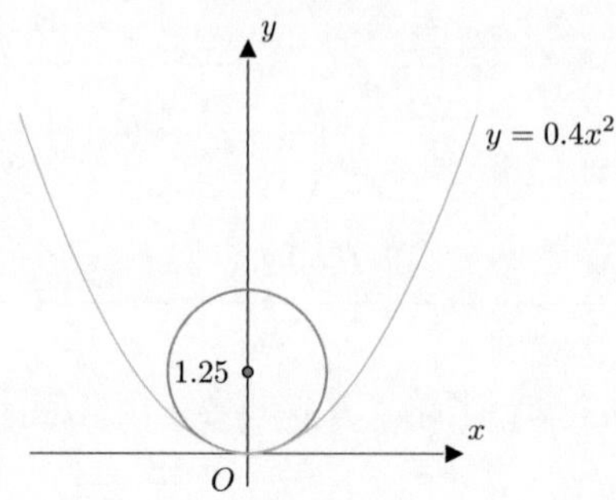

图 4.102 密切圆的半径为 1.25，圆心为 $(0,1.25)$

显然，图 4.102 中砂轮（即曲率圆）的圆心为 $(0,1.25)$，这里可以用定理 70 中的曲率圆的圆心的公式来验算一下：

$$\alpha=0-\frac{f'(0)\left[1+(f'(0))^2\right]}{f''(0)}=0,\quad \beta=f(0)+\frac{1+(f'(0))^2}{f''(0)}=1.25$$

第 5 章　不定积分

前面两章讨论了如何求导函数，本章要讨论它的反问题，也就是如何求不定积分。该反问题也是之后学习求解曲边梯形面积的关键。

5.1　不定积分的概念与性质

5.1.1　原函数

定义 45. 如果在区间 I 上，可导函数 $F(x)$ 的导函数为 $f(x)$，即 $\forall x \in I$ 时有：

$$F'(x) = f(x) \quad \text{或} \quad \mathrm{d}F(x) = f(x)\mathrm{d}x$$

那么函数 $F(x)$ 就称为 $f(x)$（或 $f(x)\mathrm{d}x$）在区间 I 上的一个原函数。

举例说明一下定义 45。比如我们知道 $(\sin x)' = \cos x$，那么 $\sin x$ 就是 $\cos x$ 在区间 $(-\infty, +\infty)$ 上的一个原函数，而 $\cos x$ 是 $\sin x$ 的导函数，即：

$$(\underbrace{\sin x}_{\cos x\text{ 的原函数}})' = \underbrace{\cos x}_{\sin x\text{ 的导函数}}$$

定理 71. 如果函数 $f(x)$ 在区间 I 上连续，那么其在区间 I 上存在原函数 $F(x)$。

定理 71 说的就是"连续函数 $\implies$ 有原函数"。值得注意的是，这并非充要条件，某些不连续的函数，比如：

$$f(x) = \begin{cases} 2x\sin\dfrac{1}{x} - \cos\dfrac{1}{x}, & x \neq 0 \\ 0, & x = 0 \end{cases}$$

虽然上述函数在 $x = 0$ 点处间断（在 $x = 0$ 点附近剧烈震荡），如图 5.1 所示。
但其在区间 $(-\infty, +\infty)$ 上也是有原函数的：

$$F(x) = \begin{cases} x^2\sin\dfrac{1}{x}, & x \neq 0 \\ 0, & x = 0 \end{cases}$$

在本章后面会用到定理 71，其严格证明可参看下一章要学习的微积分第一基本定理（定理 88）。

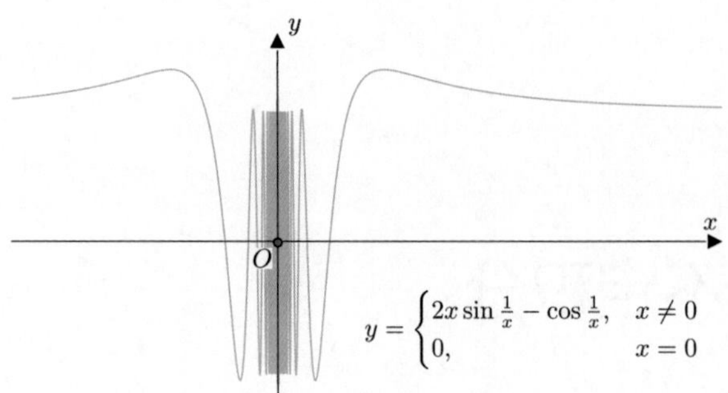

图 5.1 函数 $f(x)$ 在 $x=0$ 点附近剧烈震荡，在 $x=0$ 点处间断

5.1.2 达布定理

定理 71 是原函数存在的一个充分条件，下面介绍一个原函数存在的必要条件。

定理 72 (达布定理). 设函数 $f(x)$ 在开区间 (a,b) 上可导，且存在 $f'_+(a)$ 及 $f'_-(b)$。若 $f'_+(a)\neq f'_-(b)$，则对于 $f'_+(a)$ 与 $f'_-(b)$ 之间的任意一个数 μ，有 $f'(\xi)=\mu$，其中 ξ 在 a 和 b 之间。

证明. 因 $f'_+(a)\neq f'_-(b)$，不妨设 $f'_+(a)<f'_-(b)$，设 $g(x)=f(x)-\mu x$，则有 $g'(x)=f'(x)-\mu$。因为 μ 介于 $f'_+(a)$ 和 $f'_-(b)$ 之间，所以：

$$\begin{cases} g'_+(a)=f'_+(a)-\mu=\lim\limits_{x\to a^+}\dfrac{g(x)-g(a)}{x-a}<0 \\ g'_-(b)=f'_-(b)-\mu=\lim\limits_{x\to b^-}\dfrac{g(x)-g(b)}{x-b}>0 \end{cases}$$

根据极限的局部保号性（定理 13），可得：

- 在 $x=a$ 的右侧某邻域（不含 $x=a$）有 $\dfrac{g(x)-g(a)}{x-a}<0$，从而推出 $g(x)<g(a)$。
- 在 $x=b$ 的左侧某邻域（不含 $x=b$）有 $\dfrac{g(x)-g(b)}{x-b}>0$，从而推出 $g(x)<g(b)$。

故 $g(a)$、$g(b)$ 均不为最小值，但因为 $g(x)$ 是连续函数，根据定理 37，可知 $g(x)$ 在 $[a,b]$ 上必有最小值，不在端点取得，只能在 (a,b) 上取得。即 $\exists\xi\in(a,b)$，使得 $g(\xi)$ 为最小值，也是极小值。根据费马引理，此时有 $g'(\xi)=f'(\xi)-\mu=0\implies f'(\xi)=\mu$。 ■

达布定理（定理 72）说的其实就是，若函数 $f(x)$ 在开区间 (a,b) 上可导，那么其导函数 $f'(x)$ 必定在开区间 (a,b) 上存在介值性[①]：即函数 $f(x)$ 可导 $\implies$ 导函数 $f'(x)$ 存在介值性。也就是说，如果不满足介值性，那么一定不存在原函数，所以这是原函数存在的一个必要条件。比如像图 5.2 中具有这样跳跃间断点的函数 $f(x)$，其中有一段值在函数上无法取得。那么根据达布定理，该函数 $f(x)$ 在对应的区间上不可能有原函数。

但如果满足介值性，那么某些不连续的函数也可以有原函数，比如图 5.1 中的函数 $f(x)$。实际上，在不连续的函数中，只有像图 5.1 中所示的那样具有震荡间断点的才可能有原函数。

---

① 也就是说，导函数 $f'(x)$ 在开区间 (a,b) 上可以取到 $f'_+(a)$ 和 $f'_-(b)$ 之间的所有值，关于这点可以参考介值定理，即定理 39。

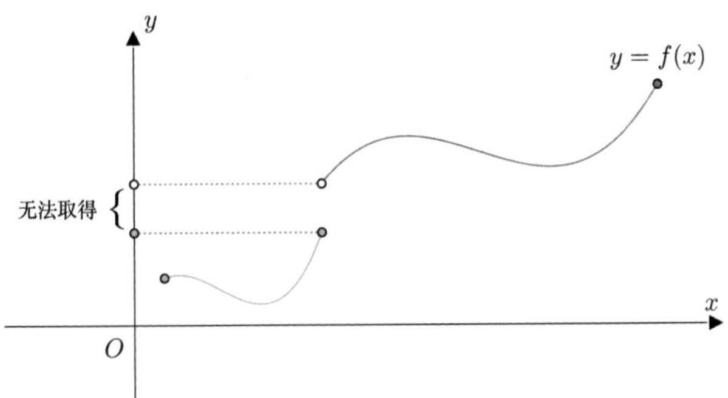

图 5.2 有跳跃间断点的函数 $f(x)$，其中某一段不存在介值性

5.1.3 不定积分的定义

如果继续研究，我们会发现原函数并不唯一，所以引入新的概念——不定积分——来表示所有的原函数。比如除了有 $(\sin x)' = \cos x$，也有 $(\sin x + 2)' = \cos x$，所以 $\sin x$、$\sin x + 2$ 都是 $\cos x$ 在区间 $(-\infty, +\infty)$ 上的一个原函数，即：

$$(\underbrace{\sin x}_{\text{原函数}})' = (\underbrace{\sin x + 2}_{\text{原函数}})' = \underbrace{\cos x}_{\text{导函数}}$$

也可通过图像来理解。函数 $F(x)$ 及函数 $F(x)+C$（C 为任意常数）的图形完全一样，只是纵向平移了，如图 5.3 所示。所以两者在 x_0 点的微分平行，或说两者在 x_0 点的微分的斜率相等，即 $F'(x) = (F(x)+C)'$。

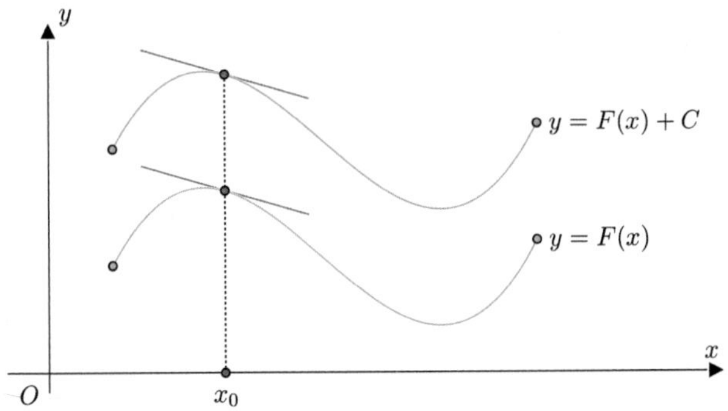

图 5.3 函数 $F(x)$ 及函数 $F(x)+C$ 的图像，两者在 x_0 点的微分平行

根据上面的描述我们知道了，原函数并不唯一且有无数多个，所以有了下面的定义。

定义 46. 如果 $F(x)$ 是 $f(x)$ 在区间 I 上的一个原函数，那么 $F(x)+C$（C 为任意常数）称为 $f(x)$（或 $f(x)\mathrm{d}x$）在区间 I 上的不定积分，记作：

$$\int f(x)\mathrm{d}x = F(x) + C, \quad C \in \mathbb{R}$$

其中记号 $\int$ 称为积分号，$f(x)$ 称为被积函数，$f(x)\mathrm{d}x$ 称为被积表达式，x 称为积分变量。

定义 46 涉及的符号较多，这里用图 5.4 来总结一下。

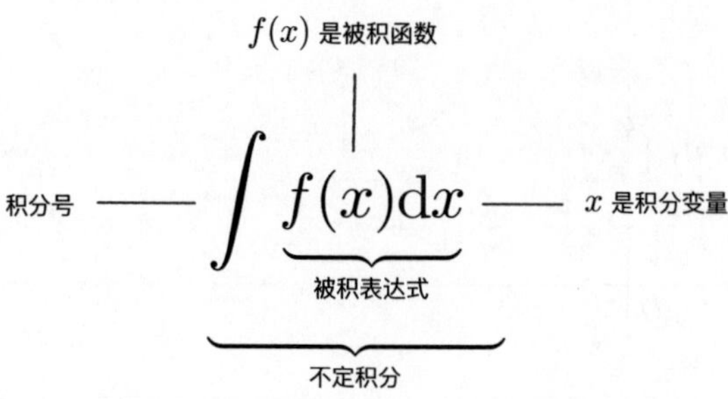

图 5.4 不定积分定义中的各种符号

可以证明，不定积分 $\int f(x)\mathrm{d}x$ 表示了 $f(x)$ 的所有原函数。

证明. 假设 $F(x)$ 是 $f(x)$ 的一个原函数，$G(x)$ 是 $f(x)$ 的另外一个原函数，那么有：

$$(F(x)-G(x))' = F'(x)-G'(x) = f(x)-f(x) = 0$$

定理 57 中证明过导数为 0 的函数必为常数函数，所以：

$$(F(x)-G(x))' = 0 \implies F(x)-G(x) = C \implies G(x) = F(x)+C$$

即不定积分 $\int f(x)\mathrm{d}x = F(x)+C, C\in\mathbb{R}$ 为 $f(x)$ 的所有原函数。 ■

5.1.4 基本积分表

根据定义 46，所以有：

$$\frac{\mathrm{d}}{\mathrm{d}x}\int f(x)\mathrm{d}x = f(x), \quad \int F'(x)\mathrm{d}x = F(x)+C$$

即求不定积分和求导函数是互逆的运算，故可根据基本初等函数的导函数求出一些不定积分，例题如下所示。

例 131. 请求出 $\int \frac{1}{x}\mathrm{d}x$。

解. 根据基本初等函数的导函数，

（1）当 $x>0$ 时有 $(\ln x)' = \frac{1}{x}$，所以 $\ln x$ 是 $\frac{1}{x}$ 在 $(0,+\infty)$ 上的一个原函数。结合上定义 46 可知，当 $x\in(0,+\infty)$ 时有 $\int \frac{1}{x}\mathrm{d}x = \ln x + C$。

（2）当 $x<0$ 时有 $[\ln(-x)]' = (-1)\frac{1}{-x} = \frac{1}{x}$，所以当 $x\in(-\infty,0)$ 时有 $\int \frac{1}{x}\mathrm{d}x = \ln(-x)+C$；综合（1）、（2）可知，当 $x\in(-\infty,0)\cup(0,+\infty)$ 时有 $\int \frac{1}{x}\mathrm{d}x = \ln|x|+C$。

我们计算了一些常用的不定积分，整理成表，该表通常称为基本积分表。其中一些需要后面的方法才能算出，不过为了方便使用，这里一并罗列如下。

$\int k\mathrm{d}x = kx + C$	$\int \cos x\mathrm{d}x = \sin x + C$
$\int x^n\mathrm{d}x = \frac{x^{n+1}}{n+1} + C, (n \neq -1)$	$\int \sin x\mathrm{d}x = -\cos x + C$
$\int \frac{1}{x}\mathrm{d}x = \ln\lvert x\rvert + C$	$\int \sec x\mathrm{d}x = \ln\lvert\sec x + \tan x\rvert + C$
$\int \frac{1}{\sqrt{a^2 - x^2}}\mathrm{d}x = \arcsin\frac{x}{a} + C$	$\int \csc x\mathrm{d}x = \ln\lvert\csc x - \cot x\rvert + C$
$\int \mathrm{e}^x\mathrm{d}x = \mathrm{e}^x + C$	$\int \sec x\tan x\mathrm{d}x = \sec x + C$
$\int a^x\mathrm{d}x = \frac{a^x}{\ln a} + C$	$\int \csc x\cot x\mathrm{d}x = -\csc x + C$
$\int \frac{1}{a^2 + x^2}\mathrm{d}x = \frac{1}{a}\arctan\frac{x}{a} + C$	$\int \tan x\mathrm{d}x = \ln\lvert\sec x\rvert + C$
$\int \frac{1}{x^2 - a^2}\mathrm{d}x = \frac{1}{2a}\ln\left\lvert\frac{x-a}{x+a}\right\rvert + C$	$\int \sec^2 x\mathrm{d}x = \tan x + C$
$\int \frac{\mathrm{d}x}{\sqrt{x^2 + a^2}} = \ln(x + \sqrt{x^2 + a^2}) + C$	$\int \csc^2 x\mathrm{d}x = -\cot x + C$
$\int \frac{\mathrm{d}x}{\sqrt{x^2 - a^2}} = \ln\lvert x + \sqrt{x^2 - a^2}\rvert + C$	

例 132. 请求出 $\int x^2\mathrm{d}x$。

解. 由于 $\left(\frac{x^3}{3}\right)' = x^2$，所以 $\frac{x^3}{3}$ 是 x^2 的一个原函数。结合上定义 46 可知，$\int x^2\mathrm{d}x = \frac{x^3}{3} + C$。当然也可以根据基本积分表中的 $\int x^n\mathrm{d}x = \frac{x^{n+1}}{n+1} + C$ 求出答案。

5.1.5 不定积分的性质

定理 73. 不定积分有如下性质：

- 齐次性：若 $f(x)$ 存在原函数，则 $\int kf(x)\mathrm{d}x = k\int f(x)\mathrm{d}x$，其中 k 为非零常数。
- 可加性：若 $f(x)$ 及 $g(x)$ 存在原函数，则 $\int[f(x) + g(x)]\mathrm{d}x = \int f(x)\mathrm{d}x + \int g(x)\mathrm{d}x$。

证明.（1）证明齐次性。k 为非零常数时，根据定义 46 及定理 49 可知，有：

$$\left[k\int f(x)\mathrm{d}x\right]' = k\left[\int f(x)\mathrm{d}x\right]' = kf(x)$$

上式说明，$k\int f(x)\mathrm{d}x$ 是 $kf(x)$ 的一个原函数，又 $k\int f(x)\mathrm{d}x$ 中包含任意常数 C，所以 $k\int f(x)\mathrm{d}x$ 是 $kf(x)$ 的不定积分，即 $\int kf(x)\mathrm{d}x = k\int f(x)\mathrm{d}x$，其中 k 为非零常数。

（2）证明可加性。根据定义 46 及定理 48 可知，有：

$$\left[\int f(x)\mathrm{d}x + \int g(x)\mathrm{d}x\right]' = \left[\int f(x)\mathrm{d}x\right]' + \left[\int g(x)\mathrm{d}x\right]' = f(x) + g(x)$$

上式说明，$\int f(x)\mathrm{d}x+\int g(x)\mathrm{d}x$ 是 $f(x)+g(x)$ 的一个原函数，又 $\int f(x)\mathrm{d}x+\int g(x)\mathrm{d}x$ 中包含任意常数 C，所以 $\int f(x)\mathrm{d}x+\int g(x)\mathrm{d}x$ 是 $f(x)+g(x)$ 的不定积分，即 $\int[f(x)+g(x)]\mathrm{d}x=\int f(x)\mathrm{d}x+\int g(x)\mathrm{d}x$。 ■

顺便说一下，定理 73 所说的"齐次性""可加性"源自线性函数的定义，这是将不定积分类比为线性函数。

例 133. 请求出 $\int\sqrt{x}(x^2-5)\mathrm{d}x$。

解. 根据基本积分表中的 $\int x^n\mathrm{d}x=\dfrac{x^{n+1}}{n+1}+C$ 和定理 73，有：

$$\begin{aligned}\int\sqrt{x}(x^2-5)\mathrm{d}x&=\int(x^{\frac{5}{2}}-5x^{\frac{1}{2}})\mathrm{d}x=\int x^{\frac{5}{2}}\mathrm{d}x-\int 5x^{\frac{1}{2}}\mathrm{d}x=\int x^{\frac{5}{2}}\mathrm{d}x-5\int x^{\frac{1}{2}}\mathrm{d}x\\&=\frac{2}{7}x^{\frac{7}{2}}-5\cdot\frac{2}{3}x^{\frac{3}{2}}+C=\frac{2}{7}x^{\frac{7}{2}}-\frac{10}{3}x^{\frac{3}{2}}+C\end{aligned}$$

例 134. 请求出 $\int 2^x\mathrm{e}^x\mathrm{d}x$。

解. 根据基本积分表中的 $\int a^x\mathrm{d}x=\dfrac{a^x}{\ln a}+C$，有 $\int 2^x\mathrm{e}^x\mathrm{d}x=\int(2\mathrm{e})^x\mathrm{d}x=\dfrac{(2\mathrm{e})^x}{\ln(2\mathrm{e})}+C=\dfrac{2^x\mathrm{e}^x}{1+\ln 2}+C$。

例 135. 请求出 $\int\tan^2 x\mathrm{d}x$。

解. 根据三角恒等式 $\tan^2 x=\sec^2 x-1$，以及基本积分表中的 $\int\sec^2 x\mathrm{d}x=\tan x+C$ 和 $\int k\mathrm{d}x=kx+C$，还有定理 73，可得 $\int\tan^2 x\mathrm{d}x=\int(\sec^2 x-1)\mathrm{d}x=\int\sec^2 x\mathrm{d}x-\int\mathrm{d}x=\tan x-x+C$。

例 136. 请求出 $\int\dfrac{2x^4+x^2+3}{x^2+1}\mathrm{d}x$。

解. 可以通过多项式除法，以及基本积分表中的 $\int x^n\mathrm{d}x=\dfrac{x^{n+1}}{n+1}+C$ 和 $\int\dfrac{1}{a^2+x^2}\mathrm{d}x=\dfrac{1}{a}\arctan\dfrac{x}{a}+C$，还有定理 73 进行求解：

$$\begin{aligned}\int\frac{2x^4+x^2+3}{x^2+1}\mathrm{d}x&=\int\left(2x^2-1+\frac{4}{x^2+1}\right)\mathrm{d}x=\int 2x^2\mathrm{d}x-\int\mathrm{d}x+4\int\frac{1}{x^2+1}\mathrm{d}x\\&=\frac{2}{3}x^3-x+4\arctan x+C\end{aligned}$$

5.2 不定积分的换元法

之前说过，不定积分是之后学习求解曲边梯形面积的关键。但根据上一节学习的基本积分表和定理 73，能计算的不定积分十分有限，所以本章剩余部分会介绍各种求不定积分的方法，先从换元法开始。

5.2.1 不定积分的第一类换元法

定理 74 (不定积分的第一类换元法). 设 $f(u)$ 具有原函数 $F(u)$，$u=u(x)$ 可导，则有：

$$\int f[\underbrace{u(x)}_{u}]\underbrace{u'(x)\mathrm{d}x}_{\mathrm{d}u}=\int f(u)\mathrm{d}u=F(u)+C$$

证明. 因为 $u=u(x)$ 且可导，所以套用链式法则可得：

$$\frac{\mathrm{d}}{\mathrm{d}x}F(u)=\frac{\mathrm{d}F(u)}{\mathrm{d}u}\frac{\mathrm{d}u}{\mathrm{d}x}=f[u(x)]u'(x)$$

即 $F(u)$ 是 $f[u(x)]u'(x)$ 的原函数，所以根据定义 46，有 $\int f[u(x)]u'(x)\mathrm{d}x=\int f(u)\mathrm{d}u=F(u)+C$。 ■

通过不定积分的第一类换元法（定理 74）的证明可知，该换元法实际上是链式法则的逆向运用：

$$F(u)\underset{\text{第一类换元法}}{\overset{\text{链式法则}}{\rightleftarrows}}f[u(x)]u'(x)$$

例 137. 请求出 $\int 2\cos 2x\mathrm{d}x$。

解. 令 $u=2x$，对原式进行如下变形后，运用不定积分的第一类换元法，可得：

$$\int 2\cos 2x\mathrm{d}x=\int\cos 2x\mathrm{d}(2x)=\int\cos u\mathrm{d}(u)=\sin u+C=\sin 2x+C$$

例 138. 请求出 $\int\cos^2 x\mathrm{d}x$。

解. 利用三角恒等式 $\cos^2 x=\dfrac{1+\cos 2x}{2}$ 及不定积分的第一类换元法，可得：

$$\begin{aligned}\int\cos^2 x\mathrm{d}x&=\int\frac{1+\cos 2x}{2}\mathrm{d}x=\frac{1}{2}\left(\int\mathrm{d}x+\frac{1}{2}\int 2\cos 2x\mathrm{d}x\right)\\&=\frac{1}{2}\int\mathrm{d}x+\frac{1}{4}\int\cos 2x\mathrm{d}(2x)=\frac{x}{2}+\frac{\sin 2x}{4}+C\end{aligned}$$

例 139. 请求出 $\int 2x\mathrm{e}^{x^2}\mathrm{d}x$。

解. 令 $u=x^2$，对原式进行如下变形后，运用不定积分的第一类换元法，可得：

$$\int 2x\mathrm{e}^{x^2}\mathrm{d}x=\int\mathrm{e}^{x^2}\mathrm{d}(x^2)=\int\mathrm{e}^u\mathrm{d}u=\mathrm{e}^u+C=\mathrm{e}^{x^2}+C$$

例 140. 请求出 $\int\frac{1}{x^2-a^2}\mathrm{d}x,(a\neq 0)$。

解. 对原式进行如下变形，多次运用不定积分的第一类换元法，可得：

$$\begin{aligned}\int\frac{1}{x^2-a^2}\mathrm{d}x&=\int\frac{1}{2a}\left(\frac{1}{x-a}-\frac{1}{x+a}\right)\mathrm{d}x=\frac{1}{2a}\left(\int\frac{1}{x-a}\mathrm{d}x-\int\frac{1}{x+a}\mathrm{d}x\right)\\&=\frac{1}{2a}\left[\int\frac{1}{x-a}\mathrm{d}(x-a)-\int\frac{1}{x+a}\mathrm{d}(x+a)\right]\\&=\frac{1}{2a}(\ln|x-a|-\ln|x+a|)+C=\frac{1}{2a}\ln\left|\frac{x-a}{x+a}\right|+C\end{aligned}$$

例 141. 请求出 $\displaystyle\int \frac{e^{3\sqrt{x}}}{\sqrt{x}}dx$。

解. 因为 $d\sqrt{x}=\dfrac{dx}{2\sqrt{x}}$，所以有：

$$\int \frac{e^{3\sqrt{x}}}{\sqrt{x}}dx = 2\int e^{3\sqrt{x}}d\sqrt{x} = \frac{2}{3}\int e^{3\sqrt{x}}d(3\sqrt{x}) = \frac{2}{3}e^{3\sqrt{x}}+C$$

例 142. 请求出 $\displaystyle\int \sin^3 x dx$。

解. 根据三角恒等式 $\sin^2 x+\cos^2 x=1$ 以及不定积分的第一类换元法，可得：

$$\int \sin^3 x dx = \int \sin^2 x \sin x dx = -\int (1-\cos^2 x)d(\cos x) = -\cos x+\frac{1}{3}\cos^3 x+C$$

例 143. 请求出 $\displaystyle\int \tan x dx$。

解. 根据不定积分的第一类换元法，可得：

$$\int \tan x dx = \int \frac{\sin x}{\cos x}dx = -\int \frac{1}{\cos x}d(\cos x) = -\ln|\cos x|+C$$

例 144. 请求出 $\displaystyle\int \csc x dx$。

解. 根据三角恒等式 $\sin x = 2\sin\dfrac{x}{2}\cos\dfrac{x}{2}$、$(\tan x)'=\sec^2 x$ 以及不定积分的第一类换元法，可得：

$$\int \csc x dx = \int \frac{dx}{\sin x} = \int \frac{dx}{2\sin\frac{x}{2}\cos\frac{x}{2}} = \int \frac{d\left(\frac{x}{2}\right)}{\tan\frac{x}{2}\cos^2\frac{x}{2}} = \int \frac{d\left(\tan\frac{x}{2}\right)}{\tan\frac{x}{2}} = \ln\left|\tan\frac{x}{2}\right|+C$$

利用三角恒等式 $\sin x = 2\sin\dfrac{x}{2}\cos\dfrac{x}{2}$、$\sin^2 x+\cos^2 x=1$ 以及 $\cos^2 x=\dfrac{1+\cos 2x}{2}$，有：

$$\begin{aligned}\tan\frac{x}{2} &= \frac{\sin\frac{x}{2}}{\cos\frac{x}{2}} = \frac{\sin\frac{x}{2}}{\sin x\Big/\left(2\sin\frac{x}{2}\right)} = \frac{2\sin^2\frac{x}{2}}{\sin x} = \frac{2\left(1-\cos^2\frac{x}{2}\right)}{\sin x} \\ &= \frac{2\left(1-\frac{1+\cos x}{2}\right)}{\sin x} = \frac{1-\cos x}{\sin x} = \csc x-\cot x\end{aligned}$$

所以上述不定积分可以表示为 $\displaystyle\int \csc x dx = \ln|\csc x-\cot x|+C$。

例 145. 请求出 $\displaystyle\int \sec x dx$。

解. 根据例 144 的结果以及不定积分的第一类换元法，可得：

$$\begin{aligned}\int \sec x dx &= \int \csc\left(x+\frac{\pi}{2}\right)d\left(x+\frac{\pi}{2}\right) \\ &= \ln\left|\csc\left(x+\frac{\pi}{2}\right)-\cot\left(x+\frac{\pi}{2}\right)\right|+C \\ &= \ln|\sec x+\tan x|+C\end{aligned}$$

上面的例 140、例 143、例 144 和例 145 都在基本积分表中。

5.2.2 不定积分的第二类换元法

定理 75 (不定积分的第二类换元法). 设 $x=\psi(t)$ 是严格单调的可导函数，且 $\psi'(t)\neq 0$。又设 $f[\psi(t)]\psi'(t)$ 具有原函数，则有：

$$\int f(x)\mathrm{d}x=\left[\int f[\psi(t)]\psi'(t)\mathrm{d}t\right]_{t=\psi^{-1}(x)}$$

其中 $t=\psi^{-1}(x)$，是 $x=\psi(t)$ 的反函数。

证明. 设 $f[\psi(t)]\psi'(t)$ 的原函数为 $\Phi(t)$，将 $t=\psi^{-1}(x)$ 代入 $\Phi(t)$，可得 $F(x)=\Phi[\psi^{-1}(x)]$。运用链式法则和定理 52，可得：

$$F'(x)=\frac{\mathrm{d}\Phi}{\mathrm{d}t}\cdot\frac{\mathrm{d}t}{\mathrm{d}x}=f[\psi(t)]\psi'(t)\cdot\frac{1}{\psi'(t)}=f[\psi(t)]=f(x)$$

即 $F(x)$ 是 $f(x)$ 的原函数，所以根据定义 46 有 $\int f(x)\mathrm{d}x=F(x)+C=\left[\int f[\psi(t)]\psi'(t)\mathrm{d}t\right]_{t=\psi^{-1}(x)}$。

■

不定积分的第二类换元法（定理 75）说得非常复杂，简化一下就是，先通过 $x=\psi(t)$ 进行换元，计算换元后的不定积分；再将反函数 $t=\psi^{-1}(x)$ 回代，就得到了要求的不定积分：

$$\begin{aligned}\int f(x)\mathrm{d}x &\xrightarrow{\text{换元：}x=\psi(t)}\int f[\psi(t)]\psi'(t)\mathrm{d}t\\ &\xrightarrow{\text{回代：}t=\psi^{-1}(x)}\left[\int f[\psi(t)]\psi'(t)\mathrm{d}t\right]_{t=\psi^{-1}(x)}\end{aligned}$$

和不定积分的第一类换元法相比，不定积分的第二类换元法是链式法则和反函数的求导法则的逆向运用：

$$F(x)\overset{\text{链式法则和反函数求导}}{\underset{\text{第二类换元法}}{\rightleftarrows}}f(x)$$

例 146. 请求出 $\int\sqrt{a^2-x^2}\mathrm{d}x\quad(a>0)$。

解. 此处求解的难度在于根式 $\sqrt{a^2-x^2}$，可利用三角恒等式 $\sin^2 t+\cos^2 t=1$ 来化去根式。设 $x=a\sin t,-\frac{\pi}{2}<t<\frac{\pi}{2}$，此时 $x=a\sin t$ 为严格单调的可导函数，换元后也不会改变函数 $y=\sqrt{a^2-x^2}$ 的定义域。所以要求的不定积分可化为：

$$\int\sqrt{a^2-x^2}\mathrm{d}x=\int\sqrt{a^2-(a\sin t)^2}\mathrm{d}(a\sin t)=\int a\cos t\cdot a\cos t\mathrm{d}t=a^2\int\cos^2 t\mathrm{d}t$$

根据例 138 的结论可得：

$$\int\sqrt{a^2-x^2}\mathrm{d}x=a^2\int\cos^2 t\mathrm{d}t=a^2\left(\frac{t}{2}+\frac{\sin 2t}{4}\right)+C=\frac{a^2}{2}t+\frac{a^2}{2}\sin t\cos t+C$$

由于 $x = a\sin t, -\dfrac{\pi}{2} < t < \dfrac{\pi}{2}$，所以 $t = \arcsin\dfrac{x}{a}$，$\sin t = \dfrac{x}{a}$ 以及 $\cos t = \sqrt{1-\sin^2 t} = \sqrt{1-\left(\dfrac{x}{a}\right)^2} = \dfrac{\sqrt{a^2-x^2}}{a}$，所以：

$$\int\sqrt{a^2-x^2}\mathrm{d}x = \left[\frac{a^2}{2}t+\frac{a^2}{2}\sin t\cos t + C\right]_{t=\arcsin\frac{x}{a}} = \frac{a^2}{2}\arcsin\frac{x}{a}+\frac{x}{2}\sqrt{a^2-x^2}+C$$

例 146 运用的就是不定积分的第二类换元法，具体过程如下：

$$\begin{aligned}\int\sqrt{a^2-x^2}\mathrm{d}x &\xrightarrow{\text{换元：}x=a\sin(t)} a^2\int\cos^2 t\mathrm{d}t\\ &\xrightarrow{\text{回代：}t=\arcsin\frac{x}{a}} \frac{a^2}{2}\arcsin\frac{x}{a}+\frac{x}{2}\sqrt{a^2-x^2}+C\end{aligned}$$

例 147. 请求出 $\displaystyle\int\frac{\mathrm{d}x}{\sqrt{x^2+a^2}}\quad(a>0)$。

解. 和例 146 类似，可利用三角恒等式 $1+\tan^2 t = \sec^2 t$ 来化去根式。

设 $x = a\tan t, -\dfrac{\pi}{2} < t < \dfrac{\pi}{2}$，此时 $x = a\tan t$ 为严格单调的可导函数，换元后也不会改变函数 $y = \dfrac{1}{\sqrt{x^2+a^2}}$ 的定义域。结合上例 145 的结论，所以有：

$$\int\frac{\mathrm{d}x}{\sqrt{x^2+a^2}} = \int\frac{\mathrm{d}(a\tan t)}{\sqrt{(a\tan t)^2+a^2}} = \int\frac{a\sec^2 t}{a\sec t}\mathrm{d}t = \int\sec t\mathrm{d}t = \ln|\sec t+\tan t|+C$$

由于 $x = a\tan t, -\dfrac{\pi}{2} < t < \dfrac{\pi}{2}$，所以 $\tan t = \dfrac{x}{a}$，据此作辅助三角形，如图 5.5 所示。

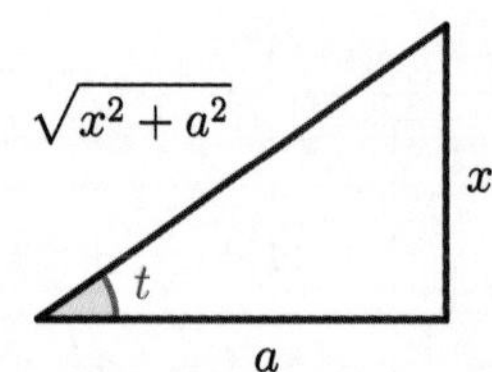

图 5.5 $\tan t = \dfrac{x}{a}$ 的三角形

所以 $\sec t = \dfrac{1}{\cos t} = \dfrac{\sqrt{x^2+a^2}}{a}$ 以及 $\sec t+\tan t = \dfrac{\sqrt{x^2+a^2}}{a}+\dfrac{x}{a} > 0$，因此：

$$\begin{aligned}\int\frac{\mathrm{d}x}{\sqrt{x^2+a^2}} &= \ln|\sec t+\tan t|+C = \ln\left(\frac{\sqrt{x^2+a^2}}{a}+\frac{x}{a}\right)+C\\ &= \ln\left(\sqrt{x^2+a^2}+x\right)+C-\ln a = \ln\left(x+\sqrt{x^2+a^2}\right)+C_1\end{aligned}$$

其中 $C_1 = C-\ln a$。

例 148. 请求出 $\displaystyle\int\frac{\mathrm{d}x}{\sqrt{x^2-a^2}}\ (a>0)$。

解. 和例 146、例 147 类似，可利用三角恒等式 $\sec^2 t-1 = \tan^2 t$ 来化去根式。注意到

$y=\dfrac{1}{\sqrt{x^2-a^2}}$ 的定义域为 $x>a$ 和 $x<-a$ 这两个区间，所以需要分区间讨论。

当 $x>a$ 时，设 $x=a\sec t,\ 0<t<\dfrac{\pi}{2}$，此时 $x=a\sec t$ 为严格单调的可导函数，换元后也不会改变函数 $y=\dfrac{1}{\sqrt{x^2-a^2}}$ 的定义域。注意到 $0<t<\dfrac{\pi}{2}$ 时有 $\sec t+\tan t>0$，结合上例 145 的结论，所以：

$$\int\frac{\mathrm{d}x}{\sqrt{x^2-a^2}}=\int\frac{\mathrm{d}(a\sec t)}{\sqrt{(a\sec t)^2-a^2}}=\int\frac{a\sec t\tan t}{a\tan t}\mathrm{d}t=\int\sec t\mathrm{d}t=\ln(\sec t+\tan t)+C$$

由于 $x=a\sec t, 0<t<\dfrac{\pi}{2}$，所以 $\sec t=\dfrac{x}{a}$，据此作辅助三角形，如图 5.6 所示。

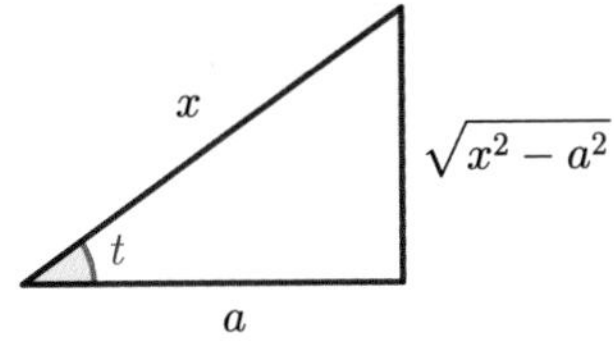

图 5.6 $\sec t=\dfrac{x}{a}$ 的三角形

所以 $\tan t=\dfrac{\sqrt{x^2-a^2}}{a}$，因此：

$$\begin{aligned}\int\frac{\mathrm{d}x}{\sqrt{x^2-a^2}}&=\ln(\sec t+\tan t)+C=\ln\left(\frac{x}{a}+\frac{\sqrt{x^2-a^2}}{a}\right)+C\\&=\ln\left(x+\sqrt{x^2-a^2}\right)+C-\ln a=\ln\left(x+\sqrt{x^2-a^2}\right)+C_1,\quad \text{其中 } C_1=C-\ln a。\end{aligned}$$

当 $x<-a$ 时，令 $x=-u$，那么 $u>a$，根据上段的结果，有：

$$\begin{aligned}\int\frac{\mathrm{d}x}{\sqrt{x^2-a^2}}&=-\int\frac{\mathrm{d}u}{\sqrt{u^2-a^2}}=-\ln\left(u+\sqrt{u^2-a^2}\right)+C=-\ln\left(-x+\sqrt{x^2-a^2}\right)+C\\&=-\ln\frac{(-x+\sqrt{x^2-a^2})(-x-\sqrt{x^2-a^2})}{-x-\sqrt{x^2-a^2}}+C=-\ln\frac{a^2}{-x-\sqrt{x^2-a^2}}+C\\&=\ln\frac{-x-\sqrt{x^2-a^2}}{a^2}+C=\ln(-x-\sqrt{x^2-a^2})+C_2,\quad \text{其中 } C_2=C-2\ln a。\end{aligned}$$

综合 $x>a$ 和 $x<-a$ 的结果可得 $\displaystyle\int\frac{\mathrm{d}x}{\sqrt{x^2-a^2}}=\ln|x+\sqrt{x^2-a^2}|+C$。

5.3 分部积分法和有理函数的积分

5.3.1 分部积分法

定理 76 (分部积分法). 若函数 $u=u(x)$ 及 $v=v(x)$ 都是可导函数，那么有 $\displaystyle\int u\mathrm{d}v=uv-\int v\mathrm{d}u$。

证明. 根据定理 49 有 $(uv)'=u'v+uv' \implies uv'=(uv)'-u'v$，对该等式的两侧求不定积分，可得：

$$\int uv'\mathrm{d}x=\int[(uv)'-u'v]\mathrm{d}x \implies \int uv'\mathrm{d}x=uv-\int u'v\mathrm{d}x \implies \int u\mathrm{d}v=uv-\int v\mathrm{d}u \quad \blacksquare$$

分部积分法（定理 76）的作用是，如果 $\int u\mathrm{d}v$ 难以计算，可以转为求 $\int v\mathrm{d}u$：

$$\int u\mathrm{d}v \xrightarrow{\text{分部积分法}} \int v\mathrm{d}u$$

例 149. 请求出 $\int x\cos x\mathrm{d}x$。

解. 根据分部积分法，有（下面计算过程中标出了 u 和 v）：

$$\begin{aligned}\int x\cos x\mathrm{d}x&=\int \overbrace{x}^{u}\,\mathrm{d}\,\overbrace{(\sin x)}^{v}=\overbrace{x}^{u}\,\overbrace{\sin x}^{v}-\int \overbrace{\sin x}^{v}\,\mathrm{d}\,\overbrace{x}^{u}\\&=x\sin x-\int \sin x\mathrm{d}x=x\sin x+\cos x+C\end{aligned}$$

如果换一种选取 u、v 的方式：

$$\begin{aligned}\int x\cos x\mathrm{d}x&=\int \overbrace{\cos x}^{u}\,\mathrm{d}\,\overbrace{\left(\frac{x^2}{2}\right)}^{v}=\overbrace{\cos x}^{u}\,\overbrace{\left(\frac{x^2}{2}\right)}^{v}-\int \overbrace{\left(\frac{x^2}{2}\right)}^{v}\,\mathrm{d}\,\overbrace{(\cos x)}^{u}\\&=\frac{x^2}{2}\cos x+\int \frac{x^2}{2}\sin x\mathrm{d}x\end{aligned}$$

那就不好求了，所以 u、v 的选取很重要。

例 150. 请求出 $\int \ln x\mathrm{d}x$。

解. 根据分部积分法，有：

$$\begin{aligned}\int \ln x\mathrm{d}x&=\int \overbrace{\ln x}^{u}\,\mathrm{d}\,\overbrace{x}^{v}=x\ln x-\int x\mathrm{d}(\ln x)\\&=x\ln x-\int x\frac{\mathrm{d}x}{x}=x\ln x-\int \mathrm{d}x=x\ln x-x+C\end{aligned}$$

例 151. 请求出 $\int x^2\mathrm{e}^x\mathrm{d}x$。

解. 根据分部积分法，有：

$$\int x^2\mathrm{e}^x\mathrm{d}x=\int \overbrace{x^2}^{u}\,\mathrm{d}\,\overbrace{(\mathrm{e}^x)}^{v}=x^2\mathrm{e}^x-\int \mathrm{e}^x\mathrm{d}\left(x^2\right)=x^2\mathrm{e}^x-2\int x\mathrm{e}^x\mathrm{d}x$$

对其中的 $\int x\mathrm{e}^x\mathrm{d}x$ 再运用分部积分法，可得：

$$\int x\mathrm{e}^x\mathrm{d}x=\int \overbrace{x}^{u}\,\mathrm{d}\,\overbrace{(\mathrm{e}^x)}^{v}=x\mathrm{e}^x-\int \mathrm{e}^x\mathrm{d}x=x\mathrm{e}^x-\mathrm{e}^x+C$$

将 $\int x\mathrm{e}^x\mathrm{d}x$ 的计算结果回代就得到了：

$$\int x^2\mathrm{e}^x\mathrm{d}x = x^2\mathrm{e}^x - 2\int x\mathrm{e}^x\mathrm{d}x = x^2\mathrm{e}^x - 2(x\mathrm{e}^x - \mathrm{e}^x + C) = \mathrm{e}^x(x^2 - 2x + 2) + C_1$$

其中 $C_1 = -2C$。

例 152. 请求出 $\int \arctan x\mathrm{d}x$。

解. 根据分部积分法，有：

$$\int \arctan x\mathrm{d}x = x\arctan x - \int x\mathrm{d}\left(\arctan x\right) = x\arctan x - \int \frac{x}{1+x^2}\mathrm{d}x$$

运用不定积分的第一类换元法可计算 $\int \frac{x}{1+x^2}\mathrm{d}x = \frac{1}{2}\int \frac{1}{1+x^2}\mathrm{d}\left(1+x^2\right) = \frac{1}{2}\ln\left(1+x^2\right) + C$，所以：

$$\int \arctan x\mathrm{d}x = x\arctan x - \int \frac{x}{1+x^2}\mathrm{d}x = x\arctan x - \frac{1}{2}\ln\left(1+x^2\right) + C_1$$

其中 $C_1 = -C$。

5.3.2 有理函数的积分

两个多项式的商 $\frac{P(x)}{Q(x)}$ 称为有理函数，又称为有理分式，这里总假定分子多项式 $P(x)$ 与分母多项式 $Q(x)$ 之间没有公因式。当分子多项式 $P(x)$ 的次数小于分母多项式 $Q(x)$ 的次数时，称该有理函数为真分式，否则称之为假分式。然后：

- 对于假分式，可利用多项式的除法，将之化为一个多项式与一个真分式之和，比如例 136 的：

$$\frac{2x^4 + x^2 + 3}{x^2 + 1} = 2x^2 - 1 + \frac{4}{x^2 + 1}$$

- 对于真分式 $\frac{P(x)}{Q(x)}$，若分母可分解为两个多项式的乘积 $Q(x) = Q_1(x)Q_2(x)$，且 $Q_1(x)$ 与 $Q_2(x)$ 没有公因式，那么该真分式可拆分成两个更简单的真分式之和：

$$\frac{P(x)}{Q(x)} = \frac{P_1(x)}{Q_1(x)} + \frac{P_2(x)}{Q_2(x)}$$

进行上面的一系列拆解后，有理函数的积分就容易求出了，下面来看一些例子。

例 153. 请求出 $\int \frac{x+1}{x^2 - 5x + 6}\mathrm{d}x$。

解. 被积函数的分母可分解为 $(x-3)(x-2)$，故可设：

$$\frac{x+1}{x^2 - 5x + 6} = \frac{x+1}{(x-3)(x-2)} = \frac{A}{x-3} + \frac{B}{x-2}$$

其中 A, B 为待定系数。则：

$$\begin{aligned}\frac{x+1}{(x-3)(x-2)} = \frac{A}{x-3} + \frac{B}{x-2} &\implies x+1 = A(x-2) + B(x-3)\\ &\implies x+1 = (A+B)x - 2A - 3B\end{aligned}$$

$$\Longrightarrow \begin{cases} A+B=1 \\ 2A+3B=-1 \end{cases}$$

解上述线性方程组可得 $A=4$、$B=-3$，所以有：

$$\int \frac{x+1}{x^2-5x+6}\mathrm{d}x = \int \left(\frac{4}{x-3} - \frac{3}{x-2}\right)\mathrm{d}x = 4\ln|x-3| - 3\ln|x-2| + C$$

例 154. 请求出 $\displaystyle\int \frac{x+2}{(2x+1)(x^2+x+1)}\mathrm{d}x$。

解. 设 $\dfrac{x+2}{(2x+1)(x^2+x+1)} = \dfrac{A}{2x+1} + \dfrac{Bx+D}{x^2+x+1}$，其中 A, B, D 为待定系数。则：

$$\begin{aligned} \frac{x+2}{(2x+1)(x^2+x+1)} &= \frac{A}{2x+1} + \frac{Bx+D}{x^2+x+1} \\ &\Longrightarrow x+2 = A(x^2+x+1) + (Bx+D)(2x+1) \\ &\Longrightarrow x+2 = (A+2B)x^2 + (A+B+2D)x + A + D \\ &\Longrightarrow \begin{cases} A+2B=0 \\ A+B+2D=1 \\ A+D=2 \end{cases} \end{aligned}$$

解上述线性方程组可得 $A=2$、$B=-1$ 以及 $D=0$，所以有：

$$\begin{aligned} \int \frac{x+2}{(2x+1)(x^2+x+1)}\mathrm{d}x &= \int \left(\frac{A}{2x+1} + \frac{Bx+D}{x^2+x+1}\right)\mathrm{d}x \\ &= \int \left(\frac{2}{2x+1} + \frac{-x}{x^2+x+1}\right)\mathrm{d}x \\ &= \int \frac{2}{2x+1}\mathrm{d}x - \int \frac{x}{x^2+x+1}\mathrm{d}x \\ &= \ln|2x+1| - \frac{1}{2}\int \frac{2x+1-1}{x^2+x+1}\mathrm{d}x \\ &= \ln|2x+1| - \frac{1}{2}\int \frac{2x+1}{x^2+x+1}\mathrm{d}x + \frac{1}{2}\int \frac{1}{x^2+x+1}\mathrm{d}x \\ &= \ln|2x+1| - \frac{1}{2}\int \frac{\mathrm{d}(x^2+x+1)}{x^2+x+1} + \frac{1}{2}\int \frac{\mathrm{d}\left(x+\frac{1}{2}\right)}{\left(x+\frac{1}{2}\right)^2 + \frac{3}{4}} \\ &= \ln|2x+1| - \frac{1}{2}\ln(x^2+x+1) + \frac{1}{\sqrt{3}}\arctan\frac{2x+1}{\sqrt{3}} + C \end{aligned}$$

例 155. 请求出 $\displaystyle\int \frac{x-3}{(x-1)(x^2-1)}\mathrm{d}x$。

解. 被积函数分母的两个因式 $x-1$ 与 x^2-1 有公因式，故重新分解为 $(x-1)^2(x+1)$，因此有：

$$\frac{x-3}{(x-1)(x^2-1)} = \frac{x-3}{(x-1)^2(x+1)} = \frac{Ax+B}{(x-1)^2} + \frac{D}{x+1}$$

$$\Longrightarrow x-3=(Ax+B)(x+1)+D(x-1)^2$$

$$\Longrightarrow x-3=(A+D)x^2+(A+B-2D)x+B+D$$

$$\Longrightarrow \begin{cases} A+D=0 \\ A+B-2D=1 \\ B+D=-3 \end{cases}$$

解上述线性方程组可得 $A=1$、$B=-2$ 以及 $D=-1$，所以有：

$$\begin{aligned}
\int \frac{x-3}{(x-1)(x^2-1)}\mathrm{d}x &= \int \left(\frac{Ax+B}{(x-1)^2}+\frac{D}{x+1}\right)\mathrm{d}x \\
&= \int \left(\frac{x-2}{(x-1)^2}+\frac{-1}{x+1}\right)\mathrm{d}x \\
&= \int \frac{x-1-1}{(x-1)^2}\mathrm{d}x - \int \frac{1}{x+1}\mathrm{d}x \\
&= \int \frac{x-1}{(x-1)^2}\mathrm{d}x - \int \frac{1}{(x-1)^2}\mathrm{d}x - \ln|x+1| \\
&= \int \frac{1}{x-1}\mathrm{d}x + \frac{1}{x-1} - \ln|x+1| \\
&= \ln|x-1| + \frac{1}{x-1} - \ln|x+1| + C
\end{aligned}$$

第 6 章　定积分

之前提出要寻找曲边梯形面积的通用解法，本章终于可给出解决方案了。下面让我们从一个定义开始。

6.1　定积分与曲边梯形

用微信扫图 6.1 所示的二维码可观看本节的视频讲解。

图 6.1　扫码观看本节的视频讲解

6.1.1　定积分的定义

定义 47. 设函数 $f(x)$ 在 $[a,b]$ 上有界，在 $[a,b]$ 中任意插入若干个分点：

$$a = x_0 < x_1 < \cdots < x_{i-1} < x_i < \cdots < x_{n-1} < x_n = b$$

把 $[a,b]$ 分成 n 个小区间：

$$[x_0, x_1],\ \cdots, [x_{i-1}, x_i],\ \cdots,\ [x_{n-1}, x_n]$$

各个小区间的长度依次为：

$$\Delta x_1 = x_1 - x_0,\ \cdots,\ \Delta x_i = x_i - x_{i-1}, \cdots,\ \Delta x_n = x_n - x_{n-1}$$

在每个小区间 $[x_{i-1}, x_i]$ 上任取一点 $\xi_i(x_{i-1} \leqslant \xi_i \leqslant x_i)$，作函数值 $f(\xi_i)$ 与小区间长度 Δx_i 的乘积 $f(\xi_i)\Delta x_i(i = 1, 2, \cdots, n)$，并求出和：

$$S = \sum_{i=1}^{n} f(\xi_i)\Delta x_i$$

记 $\lambda = \max\{\Delta x_1, \Delta x_2, \cdots, \Delta x_n\}$，当 $\lambda \to 0$ 时，这个和的极限总存在，且与闭区间 $[a,b]$ 的分法及点 ξ_i 的取法无关，则称这个极限 I 为函数 $f(x)$ 在区间 $[a,b]$ 上的定积分，简称积分，记作 $\int_a^b f(x)\mathrm{d}x$，即：

$$\int_a^b f(x)\mathrm{d}x = I = \lim_{\lambda\to 0}\sum_{i=1}^{n} f(\xi_i)\Delta x_i$$

其中 $f(x)$ 叫作被积函数，$f(x)\mathrm{d}x$ 叫作被积表达式，x 叫作积分变量，a 叫作积分下限，b 叫作积分上限，$[a,b]$ 叫作积分区间。

如果函数 $f(x)$ 在区间 $[a,b]$ 上的定积分存在，那么就说函数 $f(x)$ 在区间 $[a,b]$ 上可积。

定义 47 涉及的符号较多，这里用图 6.2 来总结一下。

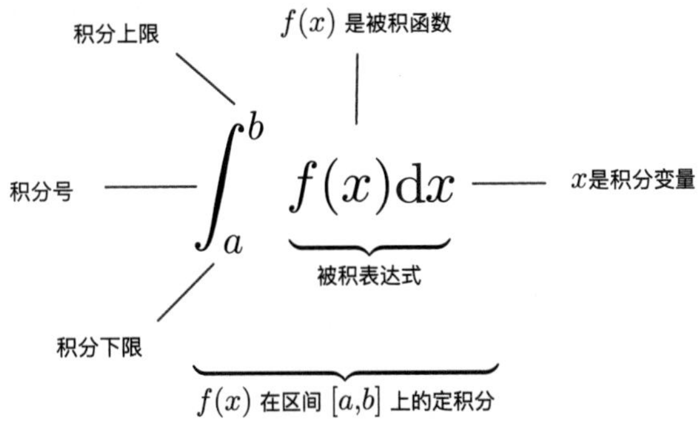

图 6.2 定积分定义中的各种符号

除了符号复杂，定义 47 本身也很复杂，可说是本书中最复杂的定义，让我们通过举例来仔细解释。如图 6.3 所示，函数 $f(x)$ 在 $[a,b]$ 上有界。

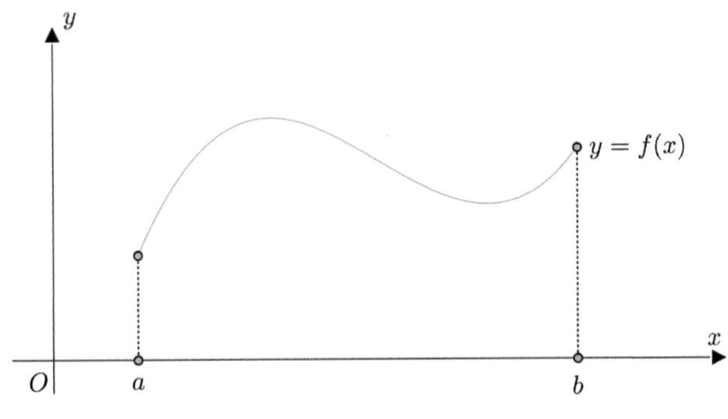

图 6.3 函数 $f(x)$ 在 $[a,b]$ 上有界

在 $[a,b]$ 中任意插入若干个分点：

$$a = x_0 < x_1 < \cdots < x_{i-1} < x_i < \cdots < x_{n-1} < x_n = b$$

这些分点把 $[a,b]$ 分成 n 个小区间，每个小区间的长度为 Δx_i，如图 6.4 所示。①

① 为了展示方便，图 6.4 中的分点是均匀插入的。

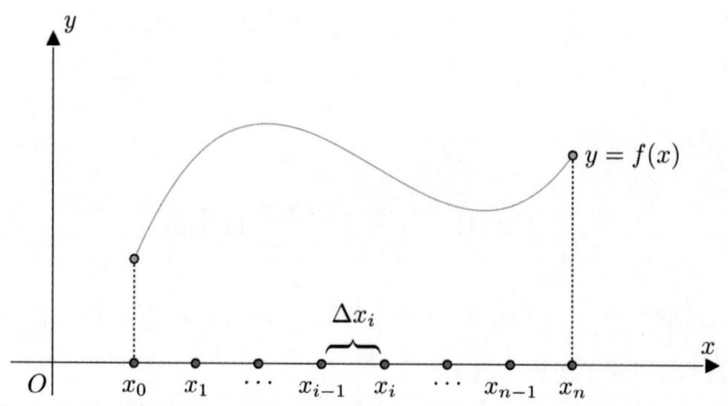

图 6.4 把 $[a, b]$ 分成 n 个小区间，每个小区间的长度为 Δx_i

在每个小区间 $[x_{i-1}, x_i]$ 上任取一点 $\xi_i(x_{i-1} \leqslant \xi_i \leqslant x_i)$，其函数值为 $f(\xi_i)$，如图 6.5 所示。

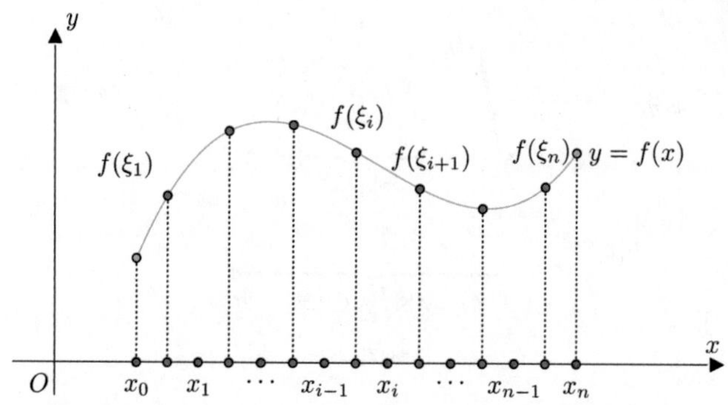

图 6.5 在小区间 $[x_{i-1}, x_i]$ 上任取 ξ_i，其函数值为 $f(\xi_i)$

以各个小区间 $[x_{i-1}, x_i]$ 作底，$f(\xi_i)$ 作高，可以得到 n 个小矩形，如图 6.6 所示。容易知道每个小矩形的面积都是 $f(\xi_i)\Delta x_i$。

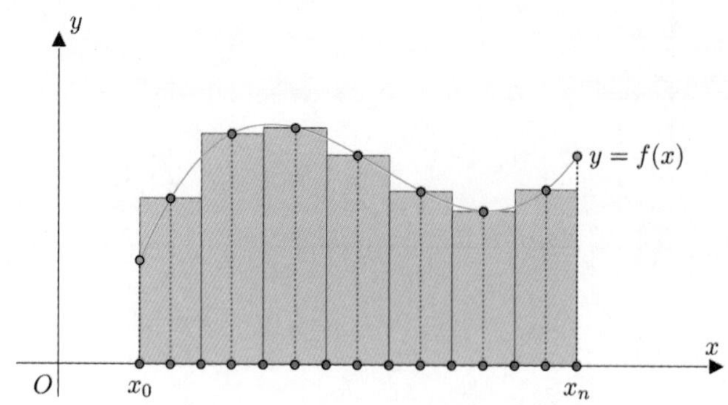

图 6.6 以小区间 $[x_{i-1}, x_i]$ 作底，$f(\xi_i)$ 作高，可得到 n 个小矩形

值得注意的是，上述的小区间 $[x_{i-1}, x_i]$ 是可以任意划分的，ξ_i 点也是在小区间 $[x_{i-1}, x_i]$ 上任意选取的，所以小矩形是会不断变化的，如图 6.7 所示。

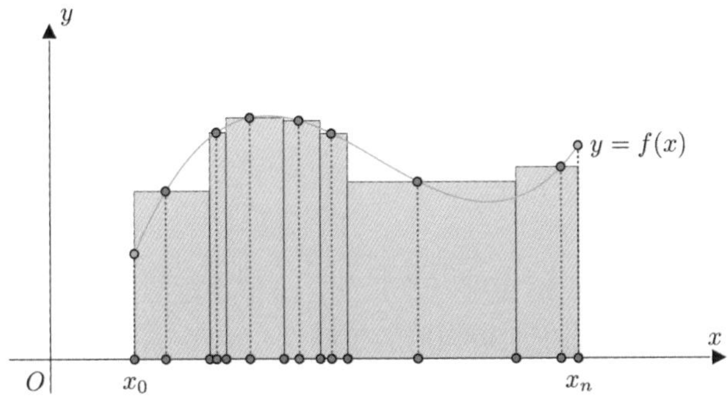

图 6.7 小区间 $[x_{i-1}, x_i]$ 可任意划分，ξ_i 点也是任取的，小矩形会不断变化

将这些可以变化的小矩形的面积加起来，得到的就是定义中提到的和 $S=\sum_{i=1}^{n} f(\xi_i)\Delta x_i$，该和也称为黎曼和，以其发明者德国数学家黎曼命名，如图 6.8 所示。

图 6.8 格奥尔格・弗雷德里希・波恩哈德・黎曼（1826—1866）

若恰当地（而非任意地）在 $[a,b]$ 中插入更多分点，可看到小矩形在不断增多，并逼近以函数 $f(x)$ 为曲边的曲边梯形，如图 6.9 所示。该操作用代数来表示就是，记 $\lambda=\max\{\Delta x_1, \Delta x_2, \cdots, \Delta x_n\}$，不断缩小 λ。

随着 λ 的缩小，如果最终这些小矩形的和存在极限，则该极限就是定积分，即：

$$\int_a^b f(x)\mathrm{d}x = I = \lim_{\lambda\to 0}\sum_{i=1}^{n} f\left(\xi_i\right)\Delta x_i$$

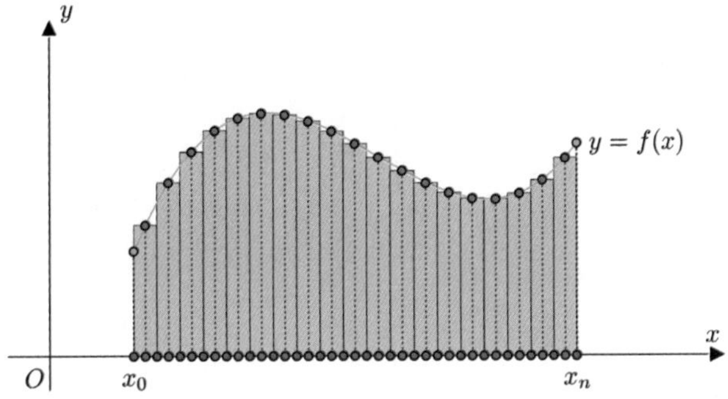

图 6.9 不断缩小 λ 时，小矩形会不断增多，并逼近以函数 $f(x)$ 为曲边的曲边梯形

下面来介绍两个在理解定义 47 时的常见疑惑。

（1）有些人认为增加小矩形的数量，也就是不断增大 n 就可以了，所以认为定积分的定义应该如下：

$$\int_a^b f(x)\mathrm{d}x = I = \lim_{n\to\infty}\sum_{i=1}^{n} f(\xi_i)\,\Delta x_i$$

注意，上述定义是错误的。图 6.10 就是一个反例，虽然小矩形在不断增多，但是右侧的绿色矩形并没有缩小，所以达不到逼近曲边梯形的效果。

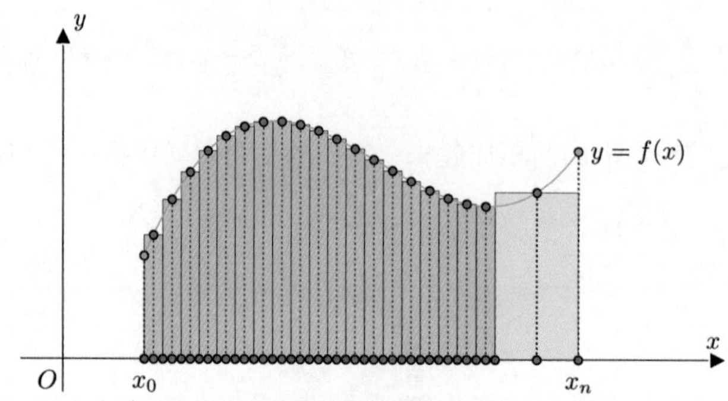

图 6.10 小矩形在不断增多，但右侧绿色矩形没有缩小，达不到逼近曲边梯形的效果

（2）有些人认为平均插入分点，及选择区间 $[x_{i-1},x_i]$ 的左端点作为 ξ_i 点即可。不需要像定义 47 中的“在 $[a,b]$ 中**任意**插入若干个分点”以及“在每个小区间 $[x_{i-1},x_i]$ 上**任**取一点 ξ_i”。

实际上在某些时候，分点的插入方式不同或 ξ_i 点的选取不同，会导致最终的矩形和不一样，这里举一个例子。之前我们介绍过狄利克雷函数，即 $D(x)=\begin{cases}1, & x\ 为有理数\\ 0, & x\ 为无理数\end{cases}$。$D(x)$ 的图像是没有办法画的，非要作图的话，可以参看图 2.184 所示的示意图。很显然，$D(x)$ 是有界函数，满足定义 47 中的前提条件，所以可以尝试求 $D(x)$ 在 $[0,1]$ 内的定积分。先对 $[0,1]$ 进行 4 等分，如图 6.11 所示。

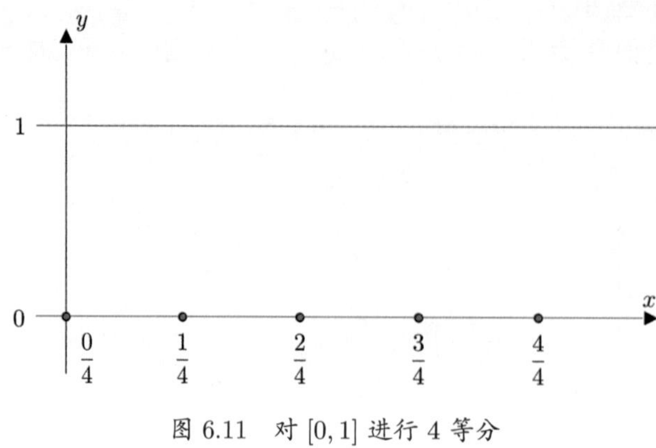

图 6.11 对 $[0,1]$ 进行 4 等分

选择小区间 $[x_{i-1},x_i]$ 的左端点作为 ξ_i，即令 $\xi_i=x_{i-1}$，因为 ξ_i 都是有理数，所以有 $D(\xi_i)=1$，因此作的矩形如图 6.12 所示，容易知道此时的小矩形和 $A_4=\sum\limits_{i=4}^{4}D(\xi_i)\Delta x_i=1$。

同样地，若进行 n 等分和取小区间左端点为 ξ_i 的话，$n\to\infty$ 时对应的小矩形和 A_n 的极限也为 1。

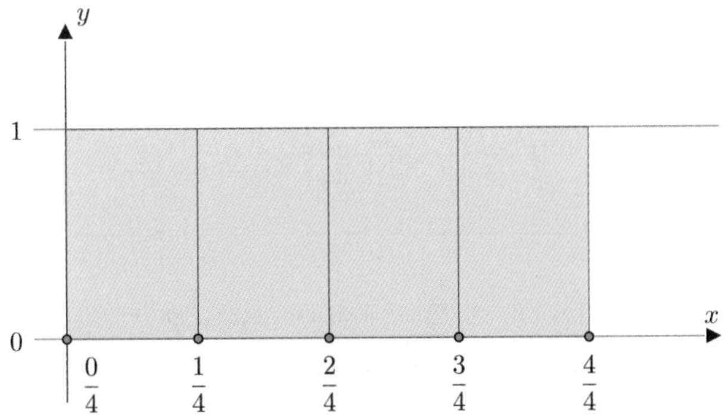

图 6.12 4 等分区间 $[0,1]$，取小区间左端点作为 ξ_i，此时的小矩形和 $A_4=1$

如果换一种划分方式，以邻近的两个无理数作为端点划分区间，还是选择小区间 $[x_{i-1},x_i]$ 的左端点作为 ξ_i，那么有 $D(\xi_i)=0$，所以此时的矩形和 $A_n=0$，其 $n\to\infty$ 时的极限也为 0。那么狄利克雷函数 $D(x)$ 在区间 $[0,1]$ 上的定积分是 1 还是 0 呢？数学家说，此时其定积分是不存在的。

6.1.2 曲边梯形及其面积

定义 48. 设函数 $f(x)$ 在区间 $[a,b]$ 上非负、连续。由直线 $x=a$、$x=b$、$y=0$ 及 $y=f(x)$ 所围成的图形称为曲边梯形，其中曲线弧称为曲边。

比如图 6.13 给出的就是一个曲边梯形。

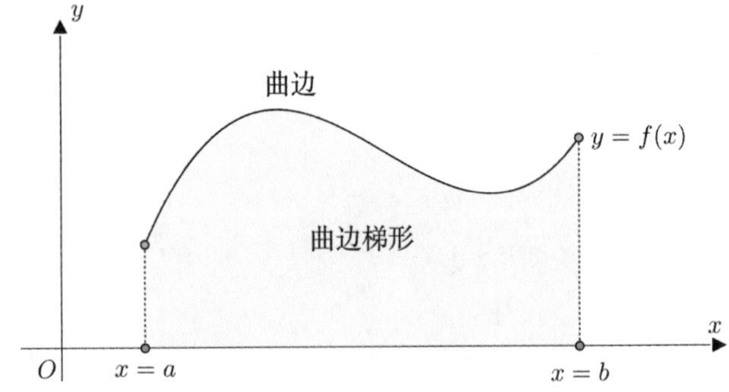

图 6.13 由直线 $x=a$、$x=b$、$y=0$ 及 $y=f(x)$ 所围成的曲边梯形

定义 49. 设函数 $f(x)$ 在区间 $[a,b]$ 上非负、连续，由直线 $x=a$、$x=b$、$y=0$ 及 $y=f(x)$ 所围成的曲边梯形的面积 A 定义为函数 $f(x)$ 在区间 $[a,b]$ 上的定积分，即 $A=\int_a^b f(x)\mathrm{d}x$。

如图 6.9 所示，曲边梯形的面积可以通过黎曼和来逼近，所以定义该面积为定积分，如图 6.14 所示。

值得注意的是，曲边梯形的面积被定义为定积分，但定积分不是曲边梯形的面积，因为定积分可为负数。

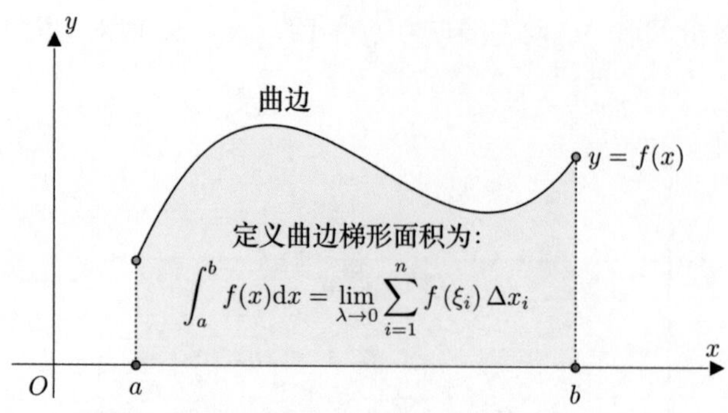

图 6.14 定义曲边梯形的面积为定积分

定理 77. 设 $a<b$，若函数 $f(x)$ 在区间 $[a,b]$ 上可积，则：

（1）如果有 $f(x)\geqslant 0$，那么 $\int_a^b f(x)\mathrm{d}x\geqslant 0$。

（2）如果有 $f(x)\leqslant 0$，那么 $\int_a^b f(x)\mathrm{d}x\leqslant 0$。

证明. 若在区间 $[a,b]$ 上 $f(x)\geqslant 0$，则有 $f(\xi_i)\geqslant 0$。又由于 $\Delta x_i>0$，根据函数 $f(x)$ 在区间 $[a,b]$ 上可积、定义 47 及定理 15，所以有：

$$\sum_{i=1}^{n} f(\xi_i)\Delta x_i\geqslant 0 \implies \int_a^b f(x)\mathrm{d}x=\lim_{\lambda\to 0}\sum_{i=1}^{n} f(\xi_i)\Delta x_i\geqslant 0$$

$f(x)\leqslant 0$ 的情况同理可证。 ■

以图 6.15 为例，根据定理 79，有：

- 在区间 $[a,b]$ 上有 $f(x)\geqslant 0$，那么 $\int_a^b f(x)\mathrm{d}x\geqslant 0$，我们在图 6.15 中用蓝色表示，并标上“+”。
- 在区间 $[b,c]$ 上有 $f(x)\leqslant 0$，那么 $\int_b^c f(x)\mathrm{d}x\leqslant 0$，我们在图 6.15 中用红色表示，并标上“−”。

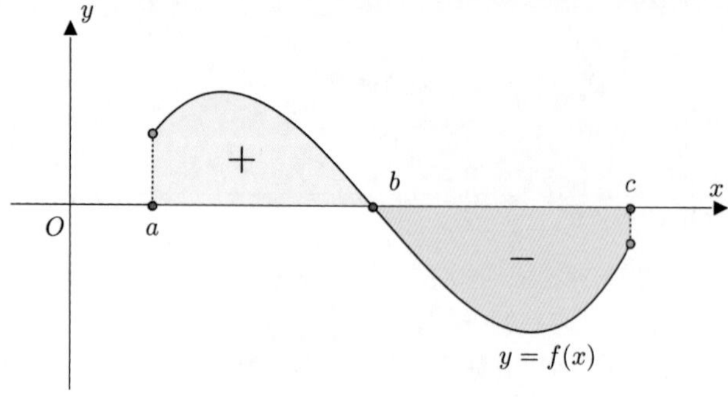

图 6.15 定积分正负示意图

例 156. 请求出由 $x=0$、$x=1$、$y=0$ 及 $y=\sqrt{1-x^2}$ 所围成的曲边梯形面积 A。

解. 对函数 $y=\sqrt{1-x^2}$ 进行变形，可得:

$$y=\sqrt{1-x^2} \implies x^2+y^2=1 \quad (y\geqslant 0)$$

所以 $y=\sqrt{1-x^2}$ 是半径 $r=1$ 的圆的上半部分，因此 $x=0$、$x=1$、$y=0$ 及 $y=\sqrt{1-x^2}$ 围成的曲边梯形就是图 6.16 中的红色部分。

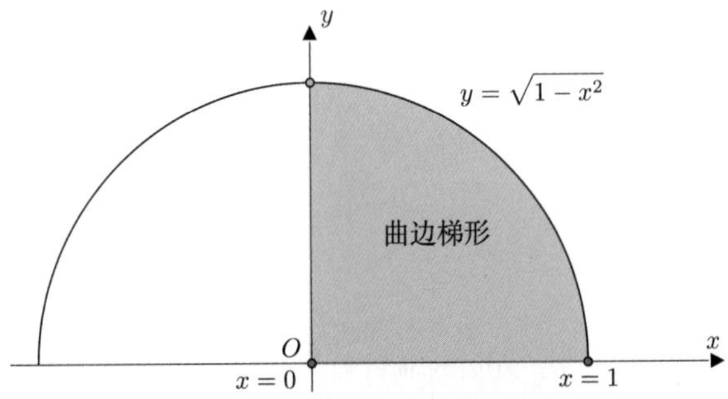

图 6.16　由 $x=0$、$x=1$、$y=0$ 及 $y=\sqrt{1-x^2}$ 所围成的曲边梯形

所以该曲边梯形就是半径 $r=1$ 的圆的 $\dfrac{1}{4}$，所以其面积为 $A=\dfrac{1}{4}\times\pi\times 1^2=\dfrac{\pi}{4}$。

例 157. 请求出 $\displaystyle\int_a^b x\mathrm{d}x, 0<a<b$。

解. $x=a$、$x=b$、$y=0$ 及 $y=x$ 围成的图形如图 6.17 所示，在 $[a,b]$ 上，$y=x$ 非负、连续，所以这是曲边梯形。

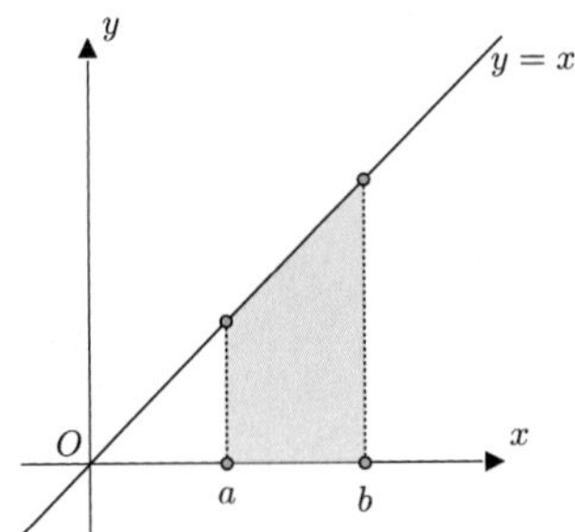

图 6.17　由 $x=a$、$x=b$、$y=0$ 及 $y=x$ 所围成的曲边梯形

根据定义 49 可知，定积分 $\displaystyle\int_a^b x\mathrm{d}x, 0<a<b$ 就是该曲边梯形的面积，也就是上底为 a、下底为 b 以及高为 $b-a$ 的梯形的面积，所以 $\displaystyle\int_a^b x\mathrm{d}x=\frac{(b+a)(b-a)}{2}=\frac{b^2}{2}-\frac{a^2}{2}$。

6.2　定积分的可积条件和性质

6.2.1　可积的充分条件

上一节学习了定义 47，从中可知，要判断某函数 $f(x)$ 在区间 $[a,b]$ 上是否可积非常麻烦，需要对区间进行任意划分以及任意选择 ξ_i 才能完成证明。为了方便使用，下面不经证明地介绍两个判断可积的充分条件。

定理 78. 若函数 $f(x)$ 在区间 $[a,b]$ 上连续，则函数 $f(x)$ 在区间 $[a,b]$ 上可积。

根据上一节的学习我们知道了，从直观上看，可积意味着曲线与坐标轴之间的“面积”[①]是可以求出的。那么定理 78 就好理解了，比如图 6.18 中的函数 $f(x)$ 在区间 $[a,b]$ 上连续，从几何直观上看，由 $x=a$、$x=b$、$y=0$ 及 $y=f(x)$ 围成的曲边梯形是存在面积的，所以函数 $f(x)$ 在区间 $[a,b]$ 上可积。

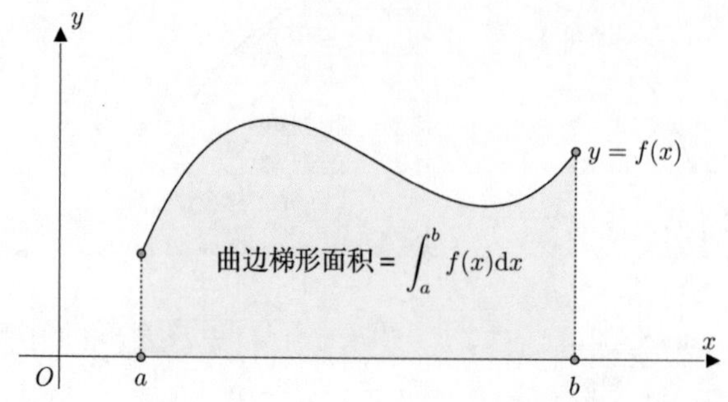

图 6.18 函数 $f(x)$ 在区间 $[a,b]$ 上连续，对应的曲边梯形面积存在，即可积

定理 79. 若函数 $f(x)$ 在区间 $[a,b]$ 上有界，且只有有限个间断点，则函数 $f(x)$ 在区间 $[a,b]$ 上可积。

比如图 6.18 中的函数 $f(x)$，将其中某一个点变为可去间断点，如图 6.19 所示。从几何直观上看，并不会影响曲线下的面积，所以函数 $f(x)$ 在区间 $[a,b]$ 上依然可积。

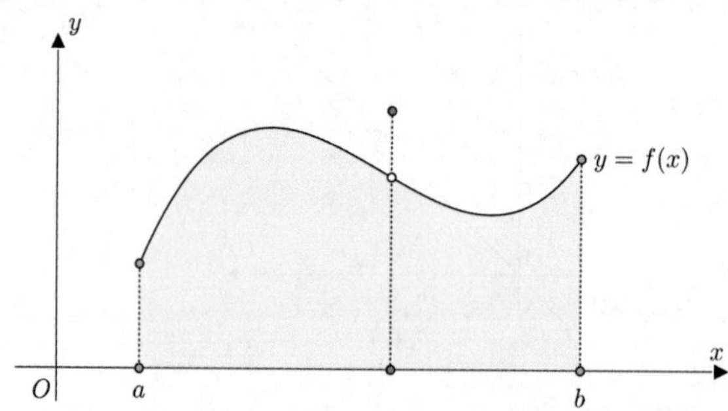

图 6.19 包含一个可去间断点的函数 $f(x)$ 依然可积

或在 $[a,b]$ 上有两个跳跃间断点，如图 6.20 所示。从几何直观上看，此时函数 $f(x)$ 在区间 $[a,b]$ 上还是可积的。

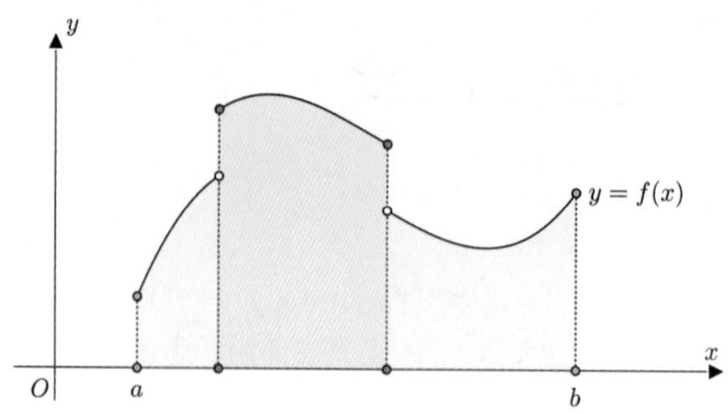

图 6.20 包含两个跳跃间断点的函数 $f(x)$ 依然可积

① 可能为负，参见定理 79。

例 25 中通过计算 $\lim\limits_{n\to\infty} A_n$ 求出了抛物线下的面积，在这里补充说明一下该例题的严格性。其中的函数 $y=x^2$ 在区间 $[0,3]$ 上连续，根据定理 78，所以该函数在区间 $[0,3]$ 上可积。这意味着不论把 $[0,3]$ 如何划分、如何选择 ξ_i，黎曼和的极限总是不变的。所以这里只需要计算其中的一种划分和选择，也就是上述 A_n 的极限即可。

6.2.2 定积分的补充规定

为了以后计算及应用方便，对定积分做以下两点补充规定。

定义 50. $\displaystyle\int_a^b f(x)\mathrm{d}x=-\int_b^a f(x)\mathrm{d}x$。

$\displaystyle\int_a^b f(x)\mathrm{d}x$ 的积分下限为 a，积分上限为 b，为了方便，也常说这是 $f(x)$ 从 a 到 b 的积分，或简称为 $f(x)$ 的 $a\to b$ 的积分。类似地，$\displaystyle\int_b^a f(x)\mathrm{d}x$ 也称为 $f(x)$ 的 $b\to a$ 的积分，如图 6.21 所示。交换积分上下限，或者说改变积分方向，可认为定义 47 中 Δx_i 的符号发生改变，故规定 $\displaystyle\int_a^b f(x)\mathrm{d}x=-\int_b^a f(x)\mathrm{d}x$。

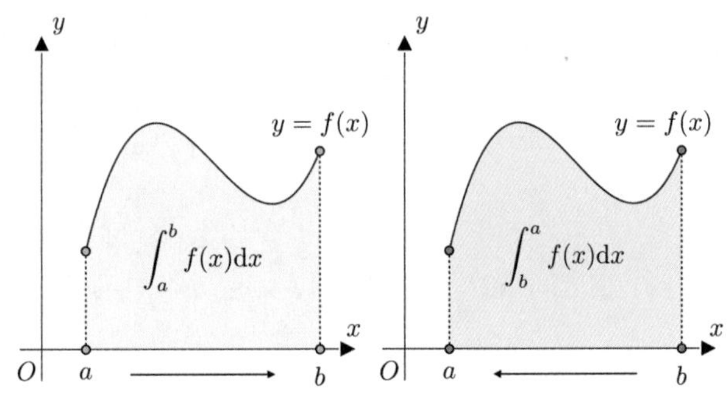

图 6.21 $a\to b$ 的积分，以及 $b\to a$ 的积分

定义 51. $\displaystyle\int_a^a f(x)\mathrm{d}x=0$。

$\displaystyle\int_a^a f(x)\mathrm{d}x=0$ 表示在 $[a,a]$ 上积分，可以看作左右端点重叠了，如图 6.22 所示，所以规定其结果为 0。①

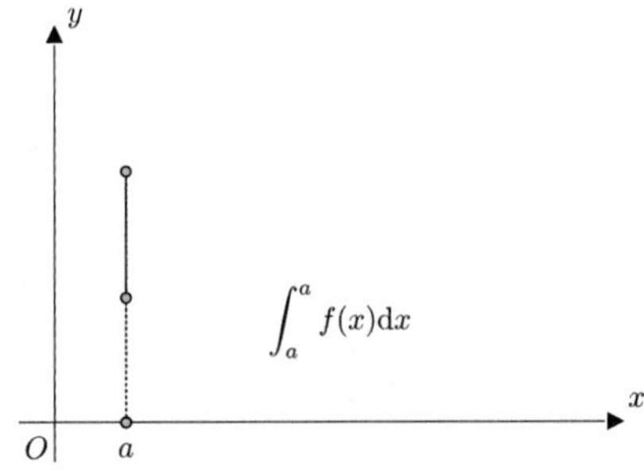

图 6.22 规定函数 $f(x)$ 在 $[a,a]$ 上的定积分为 $\displaystyle\int_a^a f(x)\mathrm{d}x=0$

① 虽然 $[a,a]$ 在数学上不算区间。

6.2.3 定积分的齐次性与可加性

定理 80. 若 $f(x)$ 在区间 $[a,b]$ 上可积，那么有 $\int_a^b \alpha f(x)\mathrm{d}x = \alpha\int_a^b f(x)\mathrm{d}x, \alpha\in\mathbb{R}$。

证明. 根据 $f(x)$ 在区间 $[a,b]$ 上可积，以及定义 47，有：

$$\int_a^b \alpha f(x)\mathrm{d}x = \lim_{\lambda\to 0}\sum_{i=1}^{n}\alpha f(\xi_i)\Delta x_i = \alpha\lim_{\lambda\to 0}\sum_{i=1}^{n} f(\xi_i)\Delta x_i = \alpha\int_a^b f(x)\mathrm{d}x$$ ■

上述证明很容易理解，$\alpha f(x)$ 是 $f(x)$ 的 α 倍，故图 6.23 右图中的小矩形的高是左图中小矩形的高的 α 倍，从而定积分也是 α 倍的关系。

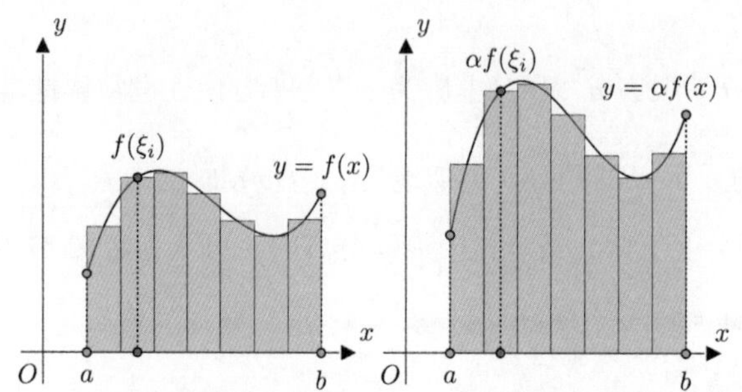

图 6.23 右图中小矩形的高是左图中小矩形的高的 α 倍，从而定积分也是 α 倍的关系

定理 81. 若 $f(x)$、$g(x)$ 在区间 $[a,b]$ 上可积，那么有 $\int_a^b [f(x)\pm g(x)]\mathrm{d}x = \int_a^b f(x)\mathrm{d}x \pm \int_a^b g(x)\mathrm{d}x$。

证明. 根据 $f(x)$、$g(x)$ 在区间 $[a,b]$ 上可积，以及定义 47，有：

$$\begin{aligned}\int_a^b [f(x)\pm g(x)]\mathrm{d}x &= \lim_{\lambda\to 0}\sum_{i=1}^{n}[f(\xi_i)\pm g(\xi_i)]\Delta x_i\\ &= \lim_{\lambda\to 0}\sum_{i=1}^{n} f(\xi_i)\Delta x_i \pm \lim_{\lambda\to 0}\sum_{i=1}^{n} g(\xi_i)\Delta x_i\\ &= \int_a^b f(x)\mathrm{d}x \pm \int_a^b g(x)\mathrm{d}x\end{aligned}$$ ■

定理 81 也可以结合几何直观来理解，如图 6.24 所示。[①]

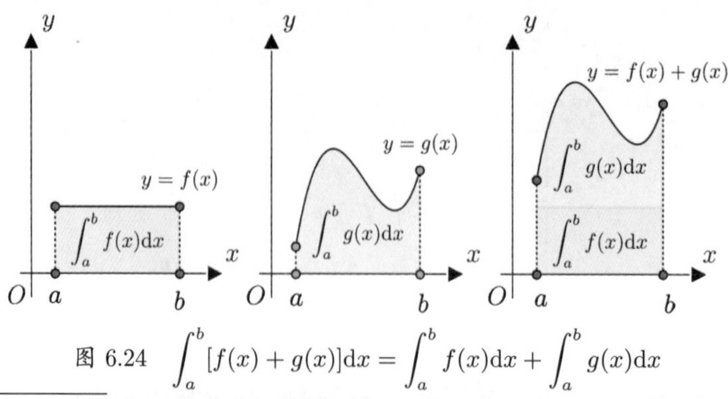

图 6.24 $\int_a^b [f(x)+g(x)]\mathrm{d}x = \int_a^b f(x)\mathrm{d}x + \int_a^b g(x)\mathrm{d}x$

① 为了便于观察，这里选择的函数 $f(x)$ 比较特殊。

上述的齐次性（定理 80）和可加性（定理 81）可用一个式子来表示：

$$\int_a^b[\alpha f(x)\pm\beta g(x)]\mathrm{d}x=\alpha\int_a^b f(x)\mathrm{d}x\pm\beta\int_a^b g(x)\mathrm{d}x,\quad \alpha,\beta\in\mathbb{R}$$

根据之前的学习可知，极限、导数、不定积分也有类似的规律：

$$\begin{aligned}\lim[\alpha f(x)\pm\beta g(x)]&=\alpha\lim f(x)\pm\beta\lim g(x),\quad \alpha,\beta\in\mathbb{R}\\ \frac{\mathrm{d}}{\mathrm{d}x}[\alpha f(x)\pm\beta g(x)]&=\alpha\frac{\mathrm{d}}{\mathrm{d}x}f(x)\pm\beta\frac{\mathrm{d}}{\mathrm{d}x}g(x),\quad \alpha,\beta\in\mathbb{R}\\ \int[\alpha f(x)\pm\beta g(x)]\mathrm{d}x&=\alpha\int f(x)\mathrm{d}x\pm\beta\int g(x)\mathrm{d}x,\quad \alpha,\beta\in\mathbb{R}\end{aligned}$$

之所以如此，是因为这些概念都是基于极限的。

例 158. 已知 $\int_0^1 x\mathrm{d}x=\frac{1}{2}$ 及 $\int_0^1 x^2\mathrm{d}x=\frac{1}{3}$，请求出 $\int_0^1(2x+3x^2)\mathrm{d}x$。

解. 根据定理 80 和定理 81，以及题目中的条件，有：

$$\int_0^1(2x+3x^2)\mathrm{d}x=\int_0^1 2x\mathrm{d}x+\int_0^1 3x^2\mathrm{d}x=2\int_0^1 x\mathrm{d}x+3\int_0^1 x^2\mathrm{d}x=2\cdot\frac{1}{2}+3\cdot\frac{1}{3}=2$$

6.2.4 定积分的性质

定理 82. 设 $a<c<b$，若 $f(x)$ 在区间 $[a,b]$ 上可积，则 $\int_a^b f(x)\mathrm{d}x=\int_a^c f(x)\mathrm{d}x+\int_c^b f(x)\mathrm{d}x$。

证明. 因为 $f(x)$ 在 $[a,b]$ 上可积，所以不论如何划分 $[a,b]$，黎曼和的极限总是不变的。因此，在分区间时可以让 c 永远是一个分点，那么 $[a,b]$ 上的黎曼和就等于 $[a,c]$ 上的黎曼和与 $[c,b]$ 上的黎曼和相加：

$$\sum_{[a,b]}f(\xi_i)\Delta x_i=\sum_{[a,c]}f(\xi_i)\Delta x_i+\sum_{[c,b]}f(\xi_i)\Delta x_i$$

上式两端同时取 $\lambda\to 0$ 的极限，可得 $\int_a^b f(x)\mathrm{d}x=\int_a^c f(x)\mathrm{d}x+\int_c^b f(x)\mathrm{d}x$。 ■

定理 82 也可以通过几何直观来理解，如图 6.25 所示。

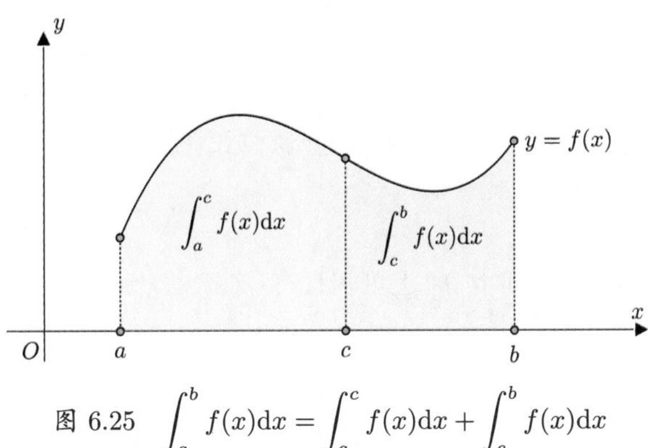

图 6.25 $\int_a^b f(x)\mathrm{d}x=\int_a^c f(x)\mathrm{d}x+\int_c^b f(x)\mathrm{d}x$

在可积的情况下，其实不用规定 $a < c < b$，也始终都有 $\int_a^b f(x)\mathrm{d}x = \int_a^c f(x)\mathrm{d}x + \int_c^b f(x)\mathrm{d}x$。比如设 $a<b<c$，根据定义 50 以及定理 82，有（其余情况大家可以自行尝试）：

$$\begin{aligned}\int_a^c f(x)\mathrm{d}x + \int_c^b f(x)\mathrm{d}x &= \int_a^b f(x)\mathrm{d}x + \int_b^c f(x)\mathrm{d}x + \int_c^b f(x)\mathrm{d}x \\ &= \int_a^b f(x)\mathrm{d}x + \int_b^c f(x)\mathrm{d}x - \int_b^c f(x)\mathrm{d}x = \int_a^b f(x)\mathrm{d}x\end{aligned}$$

例 159. 请求出 $\int_a^b f(x)\mathrm{d}x - \int_a^c f(x)\mathrm{d}x$。

解. 根据定义 50 以及定理 82，有：

$$\begin{aligned}\int_a^b f(x)\mathrm{d}x - \int_a^c f(x)\mathrm{d}x &= -\int_b^a f(x)\mathrm{d}x - \int_a^c f(x)\mathrm{d}x \\ &= -\left(\int_b^a f(x)\mathrm{d}x + \int_a^c f(x)\mathrm{d}x\right) \\ &= -\int_b^c f(x)\mathrm{d}x = \int_c^b f(x)\mathrm{d}x\end{aligned}$$

定理 83. 若在区间 $[a,b]$ 上始终有 $f(x)=1$，那么 $\int_a^b f(x)\mathrm{d}x = \int_a^b \mathrm{d}x = b-a$。

大家可以自行证明，这里在几何直观上理解一下，$\int_a^b \mathrm{d}x$ 也就是图 6.26 中曲边梯形的面积。

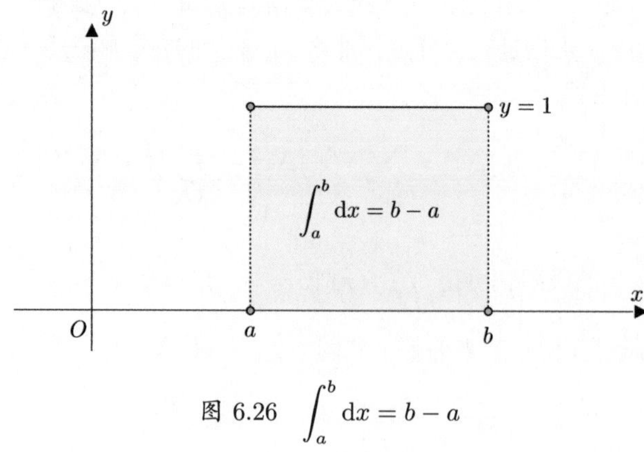

图 6.26 $\int_a^b \mathrm{d}x = b-a$

定理 84. 若 $f(x)$、$g(x)$ 在区间 $[a,b]$ 上可积，且在区间 $[a,b]$ 上 $f(x) \leqslant g(x)$，那么 $\int_a^b f(x)\mathrm{d}x \leqslant \int_a^b g(x)\mathrm{d}x$。

证明. 因 $f(x)$、$g(x)$ 在区间 $[a,b]$ 上可积且有 $f(x) \leqslant g(x)$，根据定理 79 以及定理 81，所以：

$$f(x)-g(x) \leqslant 0 \implies \int_a^b [f(x)-g(x)]\mathrm{d}x \leqslant 0$$

$$\Longrightarrow \int_a^b f(x)\mathrm{d}x - \int_a^b g(x)\mathrm{d}x \leqslant 0$$

$$\Longrightarrow \int_a^b f(x)\mathrm{d}x \leqslant \int_a^b g(x)\mathrm{d}x$$ ■

定理 84 也可以通过几何直观来理解，如图 6.27 所示。

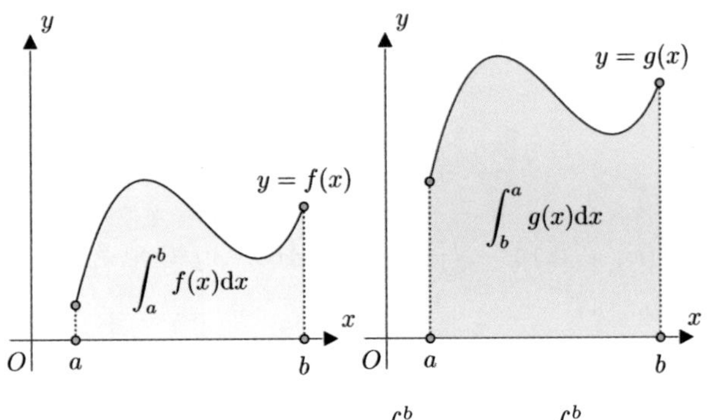

图 6.27 $f(x) \leqslant g(x) \Longrightarrow \int_a^b f(x)\mathrm{d}x \leqslant \int_a^b g(x)\mathrm{d}x$

定理 85. 若 $f(x)$ 在区间 $[a,b]$ 上可积，那么 $\left|\int_a^b f(x)\mathrm{d}x\right| \leqslant \int_a^b |f(x)|\mathrm{d}x$。

证明. $f(x)$ 在区间 $[a,b]$ 上可积，可以推出 $|f(x)|$ 在区间 $[a,b]$ 上也可积，这里不专门证明了。因为 $-|f(x)| \leqslant f(x) \leqslant |f(x)|$，由定理 85 及定理 80，有：

$$-\int_a^b |f(x)|\mathrm{d}x \leqslant \int_a^b f(x)\mathrm{d}x \leqslant \int_a^b |f(x)|\mathrm{d}x$$

根据上式可知：

- 若 $\int_a^b f(x)\mathrm{d}x \geqslant 0$，则 $\int_a^b f(x)\mathrm{d}x = \left|\int_a^b f(x)\mathrm{d}x\right| \leqslant \int_a^b |f(x)|\mathrm{d}x$
- 若 $\int_a^b f(x)\mathrm{d}x < 0$，则：

$$\begin{aligned}\int_a^b f(x)\mathrm{d}x \geqslant -\int_a^b |f(x)|\mathrm{d}x &\Longrightarrow -\int_a^b f(x)\mathrm{d}x \leqslant \int_a^b |f(x)|\mathrm{d}x\\ &\Longrightarrow \left|\int_a^b f(x)\mathrm{d}x\right| \leqslant \int_a^b |f(x)|\mathrm{d}x\end{aligned}$$

综上，所以有 $\left|\int_a^b f(x)\mathrm{d}x\right| \leqslant \int_a^b |f(x)|\mathrm{d}x$。 ■

举例说明定理 85，如图 6.28 中的左图和右图，分别是函数 $f(x)$ 和函数 $|f(x)|$ 的图像以及它们在区间 $[a,c]$ 上的定积分，其中还标出了正负号。容易观察出这里有 $\left|\int_a^c f(x)\mathrm{d}x\right| < \int_a^c |f(x)|\mathrm{d}x$。

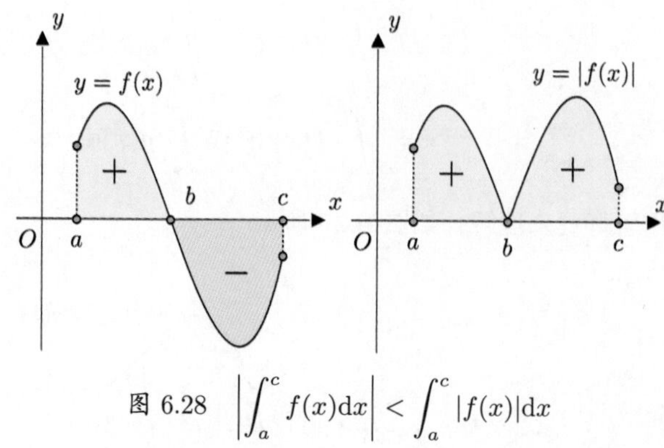

图 6.28 $\left|\int_a^c f(x)\mathrm{d}x\right| < \int_a^c |f(x)|\mathrm{d}x$

定理 86. 若函数 $f(x)$ 在区间 $[a,b]$ 上可积，M 和 m 分别是该函数在区间 $[a,b]$ 上的最大值和最小值，则：

$$m(b-a) \leqslant \int_a^b f(x)\mathrm{d}x \leqslant M(b-a)$$

证明. 因为函数 $f(x)$ 在区间 $[a,b]$ 上可积及 $m \leqslant f(x) \leqslant M$，根据定理 84，所以：

$$\int_a^b m\mathrm{d}x \leqslant \int_a^b f(x)\mathrm{d}x \leqslant \int_a^b M\mathrm{d}x$$

结合上定理 80 及定理 83，所以有 $m(b-a) \leqslant \int_a^b f(x)\mathrm{d}x \leqslant M(b-a)$。 ■

还是举例说明定理 86，如图 6.29 所示，$m(b-a)$ 是左侧绿色矩形的面积，$\int_a^b f(x)\mathrm{d}x$ 是中间红色曲边梯形的面积，而 $M(b-a)$ 是右侧蓝色矩形的面积。很显然，此时有 $m(b-a) \leqslant \int_a^b f(x)\mathrm{d}x \leqslant M(b-a)$。

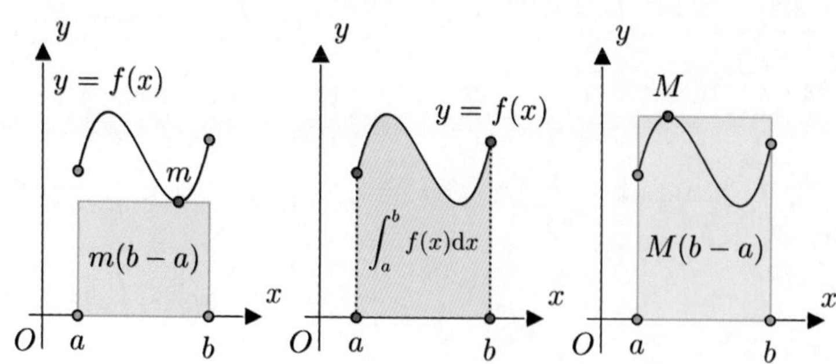

图 6.29 红色曲边梯形的面积介于绿色矩形的面积和蓝色矩形的面积之间

定理 87 (积分中值定理). 若函数 $f(x)$ 在区间 $[a,b]$ 上连续，那么 $\exists\xi \in [a,b]$，使得 $\int_a^b f(x)\mathrm{d}x = f(\xi)(b-a)$。

证明. 因为函数 $f(x)$ 在区间 $[a,b]$ 上连续，根据定理 78，可知函数 $f(x)$ 在区间 $[a,b]$ 上可积。设 M 和 m 分别是函数 $f(x)$ 在区间 $[a,b]$ 上的最大值和最小值，根据定理 86，有：

$$m(b-a) \leqslant \int_a^b f(x)\mathrm{d}x \leqslant M(b-a) \implies m \leqslant \frac{1}{b-a}\int_a^b f(x)\mathrm{d}x \leqslant M$$

即 $\frac{1}{b-a}\int_a^b f(x)\mathrm{d}x$ 介于 m 和 M 之间，又函数 $f(x)$ 在区间 $[a,b]$ 上连续，根据定理 40 可知，$\exists\xi\in[a,b]$，使得：

$$\frac{1}{b-a}\int_a^b f(x)\mathrm{d}x = f(\xi) \implies \int_a^b f(x)\mathrm{d}x = f(\xi)(b-a) \qquad \blacksquare$$

我们来直观理解一下积分中值定理（定理 87）。前面学习了定积分 $\int_a^b f(x)\mathrm{d}x$ 介于高为 m 的矩形（左侧绿色矩形）和高为 M 的矩形（右侧蓝色矩形）之间，如图 6.29 所示。所以总能找到一个高度合适的矩形，也就是积分中值定理中说的高为 $f(\xi)$ 的矩形，其面积与定积分 $\int_a^b f(x)\mathrm{d}x$ 相等，如图 6.30 所示。

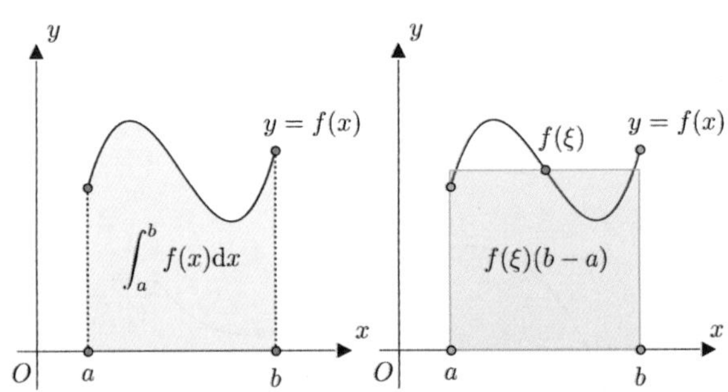

图 6.30 高为 $f(\xi)$ 的矩形的面积与 $\int_a^b f(x)\mathrm{d}x$ 相等

6.3 微积分基本定理

上一节学习的定理 78 和定理 79 降低了定积分的求解难度，可是要求解定积分依然很难，且不通用。本节就来学习一种新的方法，也是最常用的方法，所以也称之为微积分基本公式。让我们从一个定义开始。

6.3.1 积分上限函数

定义 52. 若函数 $f(x)$ 在区间 $[a,b]$ 上可积，那么 $\forall x\in[a,b]$，该函数 $f(x)$ 在区间 $[a,x]$ 上也可积，该定积分可记作 $\int_a^x f(t)\mathrm{d}t$，这里为了明确起见，积分变量用 t 来表示。如果上限 x 在区间 $[a,b]$ 上变动，那么对于每一个给定的 x，定积分 $\int_a^x f(t)\mathrm{d}t$ 都有一个对应值，所以它在 $[a,b]$ 上定义了一个函数，记作：

$$\Phi(x)=\int_a^x f(t)\mathrm{d}t,\quad x\in[a,b]$$

该函数称为积分上限函数。

举例说明一下定义 52。如图 6.31 所示，其中的函数 $f(x)$ 在区间 $[a,b]$ 上可积。

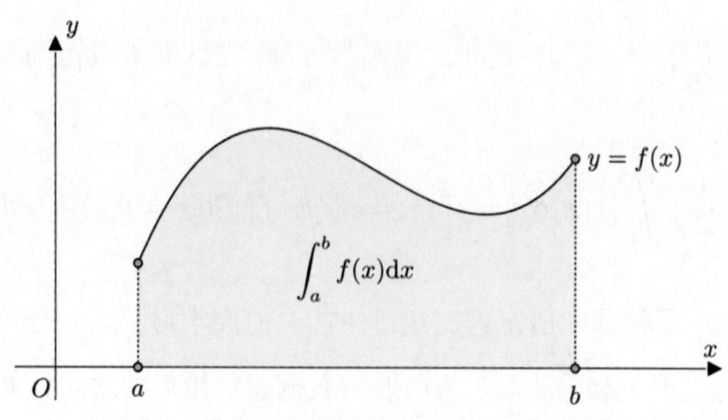

图 6.31 函数 $f(x)$ 在区间 $[a,b]$ 上可积

容易理解，在 $[a,b]$ 上任取一点 x，那么该函数 $f(x)$ 在区间 $[a,x]$ 上也可积，如图 6.32 所示。值得注意的是，为了不和积分区间中的 x 混淆，这里将函数 $f(x)$ 改写为函数 $f(t)$，所以积分变量也用 t 来表示。

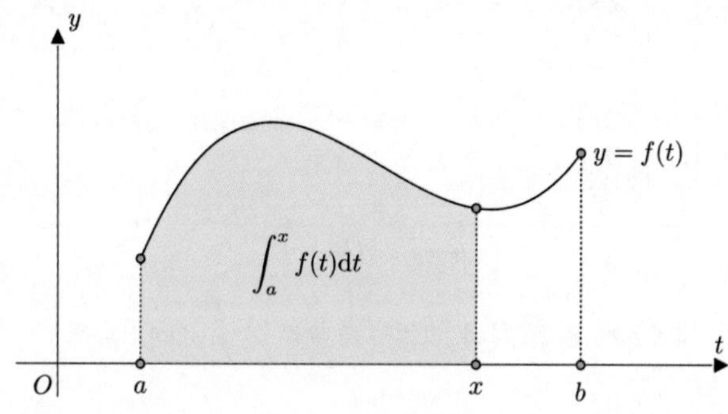

图 6.32 函数 $f(t)$ 在区间 $[a,x]$ 上也可积

每个给定的 x 都对应一个给定的 $\displaystyle\int_a^x f(t)\mathrm{d}t$，将这种对应关系记录下来，就得到了积分上限函数 $\Phi(x)$，如图 6.33 所示，其中 $\Phi(a)=0$ 是因为定义 51 中规定了 $\displaystyle\int_a^a f(t)\mathrm{d}t=0$。

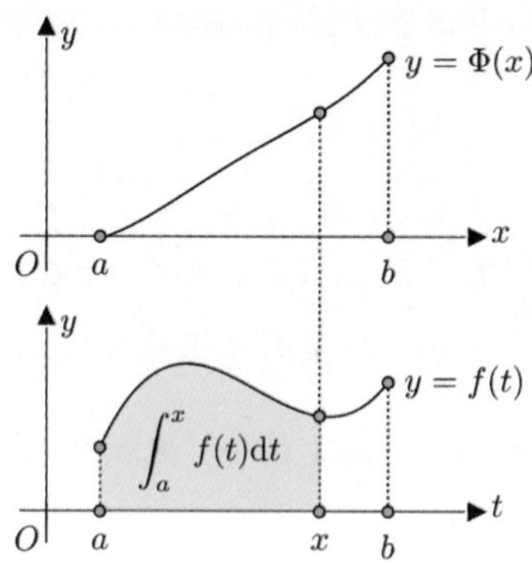

图 6.33 记录下每一个给定的 x 及其对应的 $\displaystyle\int_a^x f(t)\mathrm{d}t$，就得到了积分上限函数 $\Phi(x)$

根据上面的分析，如果能够知道积分上限函数 $\Phi(x)$，那么就很容易求出定积分。比如

$\int_a^c f(x)\mathrm{d}x$ 的值就是 $\Phi(c)$，如图 6.34 所示。所以接下来就需要研究如何找到积分上限函数 $\Phi(x)$。

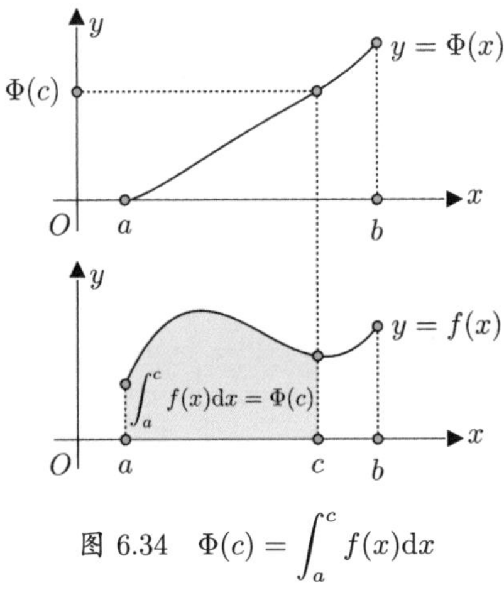

图 6.34 $\Phi(c)=\int_a^c f(x)\mathrm{d}x$

6.3.2 微积分第一基本定理

下面要讲述的定理回答了在满足某些条件时积分上限函数 $\Phi(x)$ 是什么，这为寻找 $\Phi(x)$ 指明了方向，所以这是求解定积分时最重要的一个定理，也称之为微积分第一基本定理。

定理 88 (微积分第一基本定理). 若函数 $f(x)$ 在区间 $[a,b]$ 上连续，那么积分上限函数 $\Phi(x)=\int_a^x f(t)\mathrm{d}t$ 在 $[a,b]$ 上可导，其导函数为：

$$\Phi'(x)=\frac{\mathrm{d}}{\mathrm{d}x}\int_a^x f(t)\mathrm{d}t=f(x),\quad a\leqslant x\leqslant b$$

证明. 若 $x\in(a,b)$，$\exists\Delta x\in\mathbb{R}$ 使得 $x+\Delta x\in(a,b)$，则 $\Phi(x+\Delta x)=\int_a^{x+\Delta x} f(t)\mathrm{d}t$。由此得到函数的增量：

$$\begin{aligned}\Delta\Phi=\Phi(x+\Delta x)-\Phi(x)&=\int_a^{x+\Delta x} f(t)\mathrm{d}t-\int_a^x f(t)\mathrm{d}t\\&=\int_a^x f(t)\mathrm{d}t+\int_x^{x+\Delta x} f(t)\mathrm{d}t-\int_a^x f(t)\mathrm{d}t=\int_x^{x+\Delta x} f(t)\mathrm{d}t\end{aligned}$$

应用积分中值定理，在 x 和 $x+\Delta x$ 之间存在 ξ，使得：

$$\Delta\Phi=f(\xi)(x+\Delta x-x)=f(\xi)\Delta x\implies\frac{\Delta\Phi}{\Delta x}=f(\xi)$$

由于 $f(x)$ 在区间 $[a,b]$ 上连续，而 $\Delta x\to0$ 时有 $\xi\to x$，因此有 $\lim\limits_{\Delta x\to0}f(\xi)=f(x)$。所以根据上式可得：

$$\lim_{\Delta x\to0}\frac{\Delta\Phi}{\Delta x}=\lim_{\Delta x\to0}f(\xi)\implies\Phi'(x)=f(x)$$

若 $x=a$ 时，取 $\Delta x>0$，则同理可证 $\Phi'_+(a)=f(a)$；若 $x=b$ 时，取 $\Delta x<0$，则同理可证

$\Phi'_{-}(b) = f(b)$。 ■

微积分第一基本定理（定理 88）说的就是，当函数 $f(x)$ 在区间 $[a,b]$ 上连续时，其积分上限函数 $\Phi(x) = \int_a^x f(t)\mathrm{d}t$ 是函数 $f(x)$ 的一个原函数，其实也就是之前学习过的定理 71：

$$\int_a^x f(t)\mathrm{d}t \underset{\text{积分}}{\overset{\text{求导}}{\rightleftarrows}} f(x)$$

值得注意的是，当函数 $f(x)$ 在区间 $[a,b]$ 上存在间断点时，积分上限函数 $\Phi(x)$ 可能不是函数 $f(x)$ 的一个原函数。举个例子，如图 6.35 所示，积分上限函数 $\Phi(x)$ 显然不可导，不可能是函数 $f(x)$ 的一个原函数。

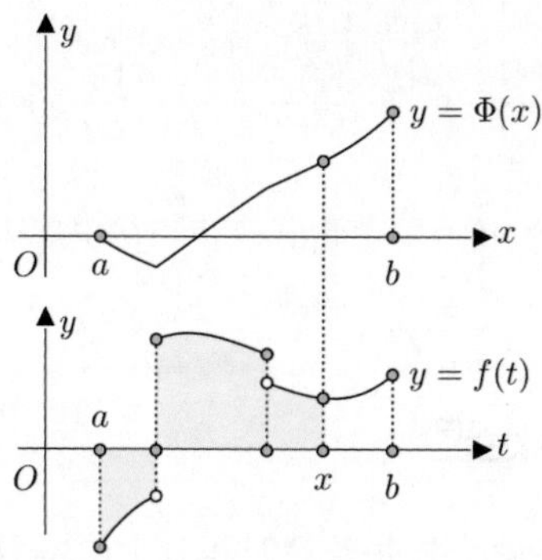

图 6.35 函数 $f(t)$ 在区间 $[a,b]$ 上存在间断点，其积分上限函数 $\Phi(x)$ 不可导

6.3.3 微积分第二基本定理

知道了积分上限函数 $\Phi(x)$ 是函数 $f(x)$ 的一个原函数，求解定积分就很简单了，如定理 89 所示。

定理 89 (微积分第二基本定理). 若函数 $f(x)$ 在区间 $[a,b]$ 上连续，$F(x)$ 是 $f(x)$ 的一个原函数，那么：

$$\int_a^b f(x)\mathrm{d}x = F(b) - F(a)$$

为了方便起见，上述公式也常记作 $\int_a^b f(x)\mathrm{d}x = [F(x)]_a^b = F(x)|_a^b$。

证明. 因为函数 $f(x)$ 在区间 $[a,b]$ 上连续，根据微积分第一基本定理，此时的积分上限函数 $\Phi(x) = \int_a^x f(t)\mathrm{d}t$ 为函数 $f(x)$ 的一个原函数。设 $F(x)$ 为 $f(x)$ 的另外一个原函数，根据不定积分的知识，有：

$$F(x) - \Phi(x) = C, \quad C \in \mathbb{R}$$

将 $x = a$ 代入上式可得 $F(a) - \Phi(a) = C$，再结合上 $\Phi(a) = \int_a^a f(x)\mathrm{d}x = 0$ 可推出 $F(a) = C$。将 $F(a) = C$ 代入上式可得：

$$F(x) - \Phi(x) = C \implies F(x) - \Phi(x) = F(a) \implies \Phi(x) = F(x) - F(a)$$

令 $x=b$ 可得 $\int_a^b f(x)\mathrm{d}x = F(b)-F(a)$。 ■

微积分第二基本定理（定理 89）还是很好理解的，根据之前的学习可知，若知道函数 $f(x)$ 的积分上限函数 $\Phi(x)$，那么函数 $f(x)$ 在 $[a,c]$ 上的定积分就为 $\Phi(c)$，如图 6.36 所示。

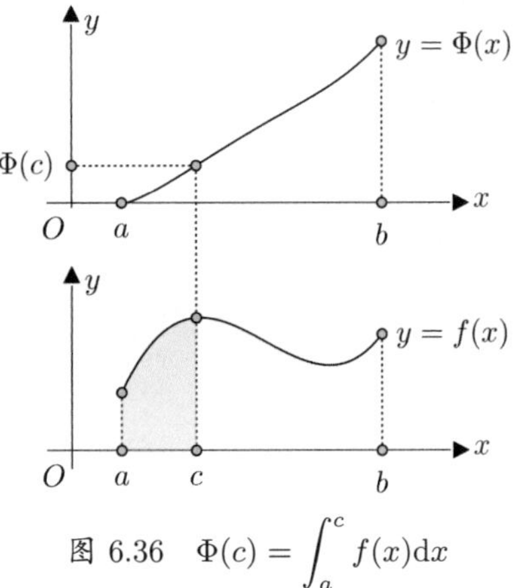

图 6.36 $\Phi(c)=\int_a^c f(x)\mathrm{d}x$

而函数 $f(x)$ 在 $[a,d]$ 上的定积分就为 $\Phi(d)$，如图 6.37 所示。

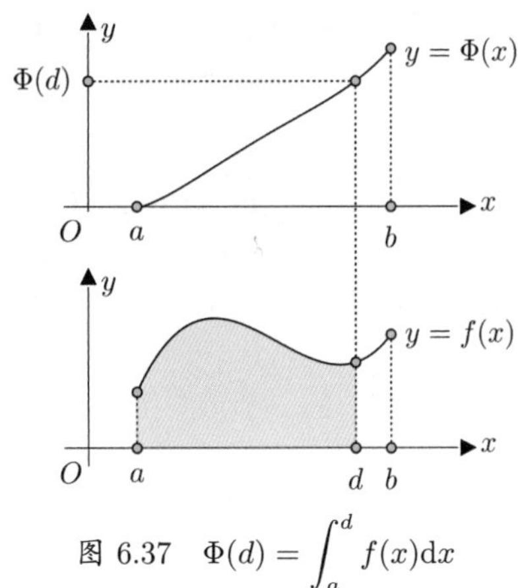

图 6.37 $\Phi(d)=\int_a^d f(x)\mathrm{d}x$

所以函数 $f(x)$ 在 $[c,d]$ 上的定积分自然就为 $\Phi(d)-\Phi(c)$，如图 6.38 所示。

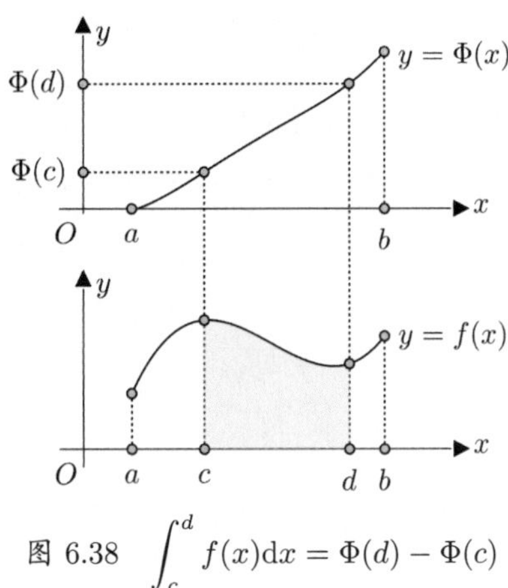

图 6.38 $\int_c^d f(x)\mathrm{d}x = \Phi(d)-\Phi(c)$

如果知道的不是积分上限函数 $\Phi(x)$，而是另外一个原函数 $F(x)$，根据不定积分的知识可以知道，$\Phi(x)$ 与 $F(x)$ 之间相差一个常数，如图 6.39 所示。

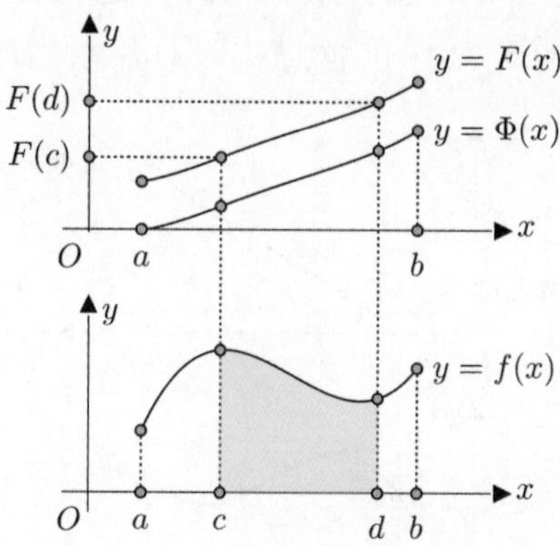

图 6.39 $\Phi(x)$ 与 $F(x)$ 之间相差一个常数

所以最终有 $\int_c^d f(x)\mathrm{d}x = \Phi(d) - \Phi(c) = F(d) - F(c)$，该式也就是微积分第二基本定理的结论。有了微积分第二基本定理后，只需知道原函数就可求出定积分，不再需要关心繁杂的黎曼和，所以该定理是数学中非常重要的一个定理。在数学史上，牛顿和莱布尼茨都声称自己拥有该定理的发明权，然后在数学界引发了一场历时多年、牵涉人员众多的争论，甚至使得英国和欧洲反目成仇，一度停止了两个地域之间的学术交流。最终该定理被冠上了这两位大佬的名字，被称为牛顿-莱布尼茨公式。

通过之前的学习可知，定积分 $\int_a^b f(x)\mathrm{d}x$ 和不定积分 $\int f(x)\mathrm{d}x$ 两者有非常大的区别，而不只是有或没有积分上下限。其中定积分 $\int_a^b f(x)\mathrm{d}x$ 才是微积分中的主要研究对象，不定积分 $\int f(x)\mathrm{d}x$ 只是求解定积分 $\int_a^b f(x)\mathrm{d}x$ 的一个重要工具。

例 160. 请求出 $\int_0^3 x^2\mathrm{d}x$。

解. 根据基本积分表可知 $\int x^2\mathrm{d}x = \frac{x^3}{3} + C$，应用牛顿-莱布尼茨公式，有：

$$\int_0^3 x^2\mathrm{d}x = \left.\frac{x^3}{3}\right|_0^3 = \frac{3^3}{3} - \frac{0^3}{3} = 9$$

该题其实就是例 25，可以看到虽然用了不同的方法，但计算结果是一样的。

例 161. 请求出正弦曲线 $\sin x$ 在 $[0,\pi]$ 上与 x 轴所围成图形的面积。

解. 正弦曲线 $\sin x$ 在 $[0,\pi]$ 上与 x 轴所围成的图形如图 6.40 所示，该曲边梯形的面积 A 为 $\int_0^{\pi} \sin x\mathrm{d}x$。

根据基本积分表可知，$\int \sin x\mathrm{d}x = -\cos x + C$，应用牛顿-莱布尼茨公式，有：

$$A = \int_0^{\pi} \sin x\mathrm{d}x = [-\cos x]_0^{\pi} = (-\cos\pi) - (-\cos 0) = 2$$

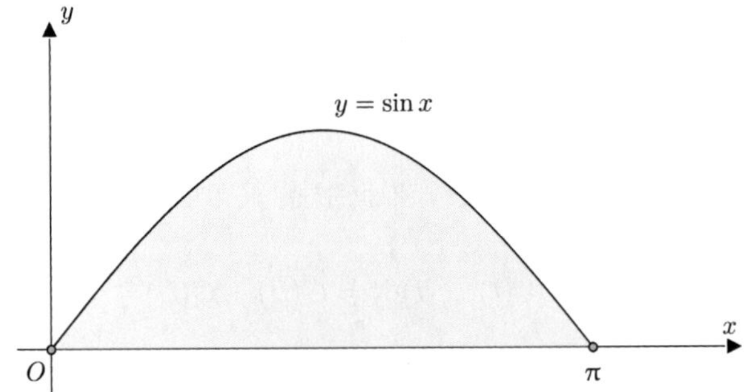

图 6.40 正弦曲线 $\sin x$ 在 $[0,\pi]$ 上与 x 轴所围成的平面图形

例 162. 请求出 $\lim_{x\to 0}\frac{\int_{\cos x}^{1}\mathrm{e}^{-t^2}\mathrm{d}t}{x^2}$。

解. 通过观察可知，这是 $\frac{0}{0}$ 型的未定式，可以考虑用洛必达法则来求解。先来研究一下分子 $\int_{\cos x}^{1}\mathrm{e}^{-t^2}\mathrm{d}t$，通过交换上下限可将之变为积分上限函数 $\int_{\cos x}^{1}\mathrm{e}^{-t^2}\mathrm{d}t=-\int_{1}^{\cos x}\mathrm{e}^{-t^2}\mathrm{d}t$。令 $u=\cos x$，根据链式法则以及微积分第一基本定理，有：

$$\begin{aligned}\frac{\mathrm{d}}{\mathrm{d}x}\int_{\cos x}^{1}\mathrm{e}^{-t^2}\mathrm{d}t&=-\frac{\mathrm{d}}{\mathrm{d}x}\int_{1}^{\cos x}\mathrm{e}^{-t^2}\mathrm{d}t=-\frac{\mathrm{d}}{\mathrm{d}u}\int_{1}^{u}\mathrm{e}^{-t^2}\mathrm{d}t\cdot(\cos x)'\\&=-\mathrm{e}^{-u^2}\cdot(-\sin x)=\mathrm{e}^{-\cos^2 x}\sin x\end{aligned}$$

根据洛必达法则，所以有 $\lim_{x\to 0}\frac{\int_{\cos x}^{1}\mathrm{e}^{-t^2}\mathrm{d}t}{x^2}=\lim_{x\to 0}\frac{\mathrm{e}^{-\cos^2 x}\sin x}{2x}=\frac{1}{2\mathrm{e}}$。

6.4 定积分的换元法和分部积分法

6.4.1 定积分的换元法

定理 90 (定积分的换元法). 若函数 $f(x)$ 在区间 $[a,b]$ 上连续，函数 $x=\psi(t)$ 满足：
（1）$\psi(\alpha)=a,\psi(\beta)=b$；
（2）$\psi(t)$ 在 $[\alpha,\beta]$（或 $[\beta,\alpha]$）上具有连续导数，且其值域 $R_\psi=[a,b]$，则有：

$$\int_{a}^{b}f(x)\mathrm{d}x=\int_{\alpha}^{\beta}f[\psi(t)]\psi'(t)\mathrm{d}t$$

证明. 根据条件，结合定理 78 及定理 71，可知 $f(x)$ 和 $f[\psi(t)]\psi'(t)$ 都连续、可积，且都存在原函数。设 $F(x)$ 是 $f(x)$ 的一个原函数，根据牛顿-莱布尼茨公式，有：

$$\int_{a}^{b}f(x)\mathrm{d}x=F(b)-F(a)$$

设 $G(t)=F[\psi(t)]$，根据链式法则，可得：

$$G'(t)=\frac{\mathrm{d}F}{\mathrm{d}x}\cdot\frac{\mathrm{d}x}{\mathrm{d}t}=f(x)\psi'(t)=f[\psi(t)]\psi'(t)$$

这说明 $G(t)$ 是 $f[\psi(t)]\psi'(t)$ 的一个原函数，根据牛顿-莱布尼茨公式，有：

$$\int_{\alpha}^{\beta}f[\psi(t)]\psi'(t)\mathrm{d}t=G(\beta)-G(\alpha)$$

又由 $G(t)=F(\psi(t))$ 及 $\psi(\alpha)=a,\psi(\beta)=b$，可知：

$$G(\beta)-G(\alpha)=F[\psi(\beta)]-F[\psi(\alpha)]=F(b)-F(a)$$

所以：

$$\int_a^b f(x)dx=F(b)-F(a)=G(\beta)-G(\alpha)=\int_{\alpha}^{\beta}f[\psi(t)]\psi'(t)\mathrm{d}t$$ ■

定积分的换元法（定理 90）和不定积分的第二类换元法（定理 75）有点儿类似，这里进行一下比较：

- 不定积分换元时，只需要替换积分变量；而定积分换元时，还需要替换积分上下限。
- 不定积分换元后还需要将 $t=\psi^{-1}(x)$ 进行回代，以便得到以 x 为自变量的不定积分；而定积分换元法不要求 $x=\psi(t)$ 存在反函数，这是因为换元后运用牛顿-莱布尼茨公式就可得到结果，不需要回代（或直观理解为定积分就是计算面积的，换元法算出面积后，就不用回代了）。

例 163. 请求出 $\int_0^a\sqrt{a^2-x^2}\mathrm{d}x,\quad a>0$。

解. 本题尝试用两种方法来求解，第一种方法运用牛顿-莱布尼茨公式（定理 89）。在例 146 求出了 $\int\sqrt{a^2-x^2}\mathrm{d}x=\frac{a^2}{2}\arcsin\frac{x}{a}+\frac{1}{2}x\sqrt{a^2-x^2}+C$，根据牛顿-莱布尼茨公式，所以：

$$\begin{aligned}\int_0^a\sqrt{a^2-x^2}\mathrm{d}x&=\left[\frac{a^2}{2}\arcsin\frac{x}{a}+\frac{1}{2}x\sqrt{a^2-x^2}\right]_0^a\\&=\frac{a^2}{2}\arcsin 1-0=\frac{a^2}{2}\cdot\frac{\pi}{2}=\frac{\pi a^2}{4}\end{aligned}$$

第二种方法运用定积分的换元法。设 $x=a\sin t$，则 $\mathrm{d}x=a\cos t\mathrm{d}t$，所以：

$$\text{当 } x=0 \text{ 时，取 } t=0\text{ ；当 } x=a \text{ 时，取 } t=\frac{\pi}{2}$$

根据定积分的换元法以及二倍角公式 $\cos(2t)=2\cos^2 t-1$，所以有：

$$\begin{aligned}\int_0^a\sqrt{a^2-x^2}\mathrm{d}x&=\int_0^{\frac{\pi}{2}}\sqrt{a^2-(a\sin t)^2}\cdot a\cos t\mathrm{d}t=\int_0^{\frac{\pi}{2}}a^2\cos^2 t\mathrm{d}t\\&=\frac{a^2}{2}\int_0^{\frac{\pi}{2}}[1+\cos(2t)]\mathrm{d}t=\frac{a^2}{2}\left[t+\frac{1}{2}\sin(2t)\right]_0^{\frac{\pi}{2}}=\frac{\pi a^2}{4}\end{aligned}$$

上面计算中将定积分 $\int_0^a \sqrt{a^2-x^2}\mathrm{d}x$ 变换为了定积分 $\int_0^{\frac{\pi}{2}} a^2\cos^2 t\mathrm{d}t$,这两个定积分如图 6.41 所示。从图像上看不出有什么关联，只能根据定积分的换元法来理解这两者是相等的。

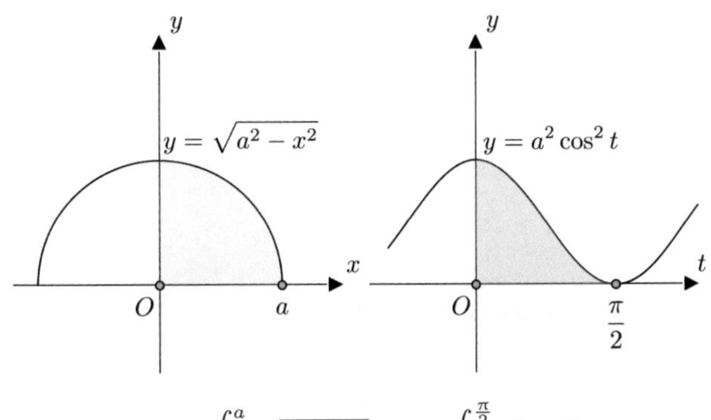

图 6.41 $\int_0^a \sqrt{a^2-x^2}\mathrm{d}x$ 和 $\int_0^{\frac{\pi}{2}} a^2\cos^2 t\mathrm{d}t$

例 164. 请求出 $\int_0^{\frac{\pi}{2}} \cos^5 x\sin x\mathrm{d}x$。

解. 设 $t=\cos x$，则 $\mathrm{d}t=-\sin x\mathrm{d}x$，所以：

$$\text{当 } x=0 \text{ 时，取 } t=1\text{；当 } x=\frac{\pi}{2} \text{ 时，取 } t=0$$

根据定积分的换元法，所以有：

$$\int_0^{\frac{\pi}{2}} \cos^5 x\sin x\mathrm{d}x=-\int_1^0 t^5\mathrm{d}t=\int_0^1 t^5\mathrm{d}t=\left[\frac{t^6}{6}\right]_0^1=\frac{1}{6}$$

也可如下求解，将不定积分的第一类换元法（定理 74）和牛顿-莱布尼茨公式一起运用：

$$\int_0^{\frac{\pi}{2}} \cos^5 x\sin x\mathrm{d}x=-\int_0^{\frac{\pi}{2}} \cos^5 x\mathrm{d}(\cos x)=-\left[\frac{\cos^6 x}{6}\right]_0^{\frac{\pi}{2}}=\frac{1}{6}$$

例 165. 请求出 $\int_0^{\pi} \sqrt{\sin^3 x-\sin^5 x}\mathrm{d}x$。

解. 对被积函数进行化简，可得 $\sqrt{\sin^3 x-\sin^5 x}=\sqrt{\sin^3 x(1-\sin^2 x)}=\sin^{\frac{3}{2}} x\cdot|\cos x|$，因此：

- 在 $\left[0,\frac{\pi}{2}\right]$ 上，$\sqrt{\sin^3 x-\sin^5 x}=\sin^{\frac{3}{2}} x\cdot\cos x$
- 在 $\left[\frac{\pi}{2},\pi\right]$ 上，$\sqrt{\sin^3 x-\sin^5 x}=\sin^{\frac{3}{2}} x\cdot(-\cos x)$

所以有：

$$\begin{aligned}\int_0^{\pi} \sqrt{\sin^3 x-\sin^5 x}\mathrm{d}x&=\int_0^{\frac{\pi}{2}} \sin^{\frac{3}{2}} x\cdot\cos x\mathrm{d}x+\int_{\frac{\pi}{2}}^{\pi} \sin^{\frac{3}{2}} x\cdot(-\cos x)\mathrm{d}x\\&=\int_0^{\frac{\pi}{2}} \sin^{\frac{3}{2}} x\mathrm{d}(\sin x)-\int_{\frac{\pi}{2}}^{\pi} \sin^{\frac{3}{2}} x\mathrm{d}(\sin x)\\&=\left[\frac{2}{5}\sin^{\frac{5}{2}} x\right]_0^{\frac{\pi}{2}}-\left[\frac{2}{5}\sin^{\frac{5}{2}} x\right]_{\frac{\pi}{2}}^{\pi}=\frac{4}{5}\end{aligned}$$

6.4.2 定积分的分部积分法

例 166. 请求出 $\int_0^{\frac{1}{2}} \arcsin x \mathrm{d}x$。

解. 应该先通过分部积分法（定理 76）得出：

$$\int \arcsin x \mathrm{d}x = x\arcsin x - \int x\mathrm{d}(\arcsin x) = x\arcsin x - \int \frac{x}{\sqrt{1-x^2}}\mathrm{d}x$$
$$= x\arcsin x + \int \frac{1}{2}\cdot(1-x^2)^{-\frac{1}{2}}\mathrm{d}(1-x^2) = x\arcsin x + (1-x^2)^{\frac{1}{2}} + C$$

再运用牛顿-莱布尼茨公式（定理 89）求出结果：

$$\int_0^{\frac{1}{2}} \arcsin x \mathrm{d}x = \left[x\arcsin x + (1-x^2)^{\frac{1}{2}}\right]_0^{\frac{1}{2}} = \frac{\pi}{12} + \frac{\sqrt{3}}{2} - 1$$

也可以如下所示，将分部积分法和牛顿-莱布尼茨公式一起运用，结果是一样的：

$$\int_0^{\frac{1}{2}} \arcsin x \mathrm{d}x = [x\arcsin x]_0^{\frac{1}{2}} - \int_0^{\frac{1}{2}} x\mathrm{d}(\arcsin x) = \frac{\pi}{12} + \left[(1-x^2)^{\frac{1}{2}}\right]_0^{\frac{1}{2}} = \frac{\pi}{12} + \frac{\sqrt{3}}{2} - 1$$

上述方法也称为定积分的分部积分法。

例 167. 请求出 $\int_0^1 \mathrm{e}^{\sqrt{x}}\mathrm{d}x$。

解. 设 $\sqrt{x} = t$，则 $x = t^2$，$\mathrm{d}(t^2) = 2t\mathrm{d}t$，所以：

$$\text{当 } x = 0 \text{ 时，取 } t = 0\text{；当 } x = 1 \text{ 时，取 } t = 1$$

根据定积分的换元法以及定积分的分部积分法，所以有：

$$\int_0^1 \mathrm{e}^{\sqrt{x}}\mathrm{d}x = 2\int_0^1 t\mathrm{e}^t\mathrm{d}t = 2\int_0^1 t\mathrm{d}(\mathrm{e}^t) = 2\left(\left[t\mathrm{e}^t\right]_0^1 - \int_0^1 \mathrm{e}^t\mathrm{d}t\right)$$
$$= 2\left(\mathrm{e} - \left[\mathrm{e}^t\right]_0^1\right) = 2[\mathrm{e} - (\mathrm{e}-1)] = 2$$

6.5 反常积分

定积分的应用非常广泛（在下一章中就会看到更多的例子），但是有一些限制条件：

- 要求函数 $f(x)$ 定义在闭区间 $[a,b]$ 上。
- 要求函数 $f(x)$ 有界。

针对上述限制，数学家对定积分进行了两种推广，从而形成了本节将要介绍的反常积分。

6.5.1 无穷限的反常积分

先把定积分推广到无穷区间上，下面来看看这种推广是如何定义的。

定义 53. 以下三种反常积分统称为无穷限的反常积分：

（1）若函数 $f(x)$ 在区间 $[a,+\infty)$ 上连续，任取 $t>a$，则代数式 $\lim\limits_{t\to+\infty}\int_a^t f(x)\mathrm{d}x$ 称为函数 $f(x)$ 在区间 $[a,+\infty)$ 上的反常积分，记作 $\int_a^{+\infty} f(x)\mathrm{d}x$，即：

$$\int_a^{+\infty} f(x)\mathrm{d}x=\lim_{t\to+\infty}\int_a^t f(x)\mathrm{d}x$$

若上述极限存在，则称该反常积分收敛，极限值为该反常积分的值；否则称该反常积分发散。

（2）若函数 $f(x)$ 在区间 $(-\infty,b]$ 上连续，任取 $t<b$，则代数式 $\lim\limits_{t\to-\infty}\int_t^b f(x)\mathrm{d}x$ 称为函数 $f(x)$ 在区间 $(-\infty,b]$ 上的反常积分，记作 $\int_{-\infty}^{b} f(x)\mathrm{d}x$，即：

$$\int_{-\infty}^{b} f(x)\mathrm{d}x=\lim_{t\to-\infty}\int_t^b f(x)\mathrm{d}x$$

若上述极限存在，则称该反常积分收敛，极限值为该反常积分的值；否则称该反常积分发散。

（3）若函数 $f(x)$ 在区间 $(-\infty,+\infty)$ 上连续，则反常积分 $\int_{-\infty}^{0} f(x)\mathrm{d}x$ 与反常积分 $\int_{0}^{+\infty} f(x)\mathrm{d}x$ 之和称为函数 $y=f(x)$ 在区间 $(-\infty,+\infty)$ 上的反常积分，记作 $\int_{-\infty}^{+\infty} f(x)\mathrm{d}x$，即：

$$\int_{-\infty}^{+\infty} f(x)\mathrm{d}x=\int_{-\infty}^{0} f(x)\mathrm{d}x+\int_{0}^{+\infty} f(x)\mathrm{d}x$$

若上述之和存在，则称该反常积分收敛，和值为该反常积分的值；否则称该反常积分发散。

举例说明定义 53 中的（1），如图 6.42 所示，函数 $f(x)$ 在区间 $[a,+\infty)$ 上连续，$\int_a^t f(x)\mathrm{d}x$ 是积分上限函数。

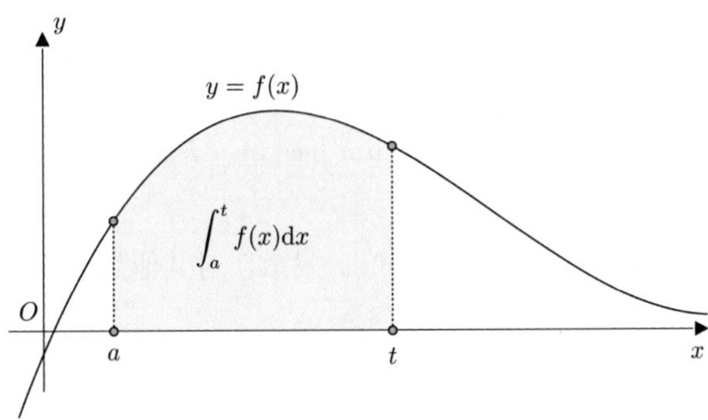

图 6.42 在区间 $[a,+\infty)$ 上连续的函数 $f(x)$，及积分上限函数 $\int_a^t f(x)\mathrm{d}x$

随着上限 $t\to+\infty$，就得到了在区间 $[a,+\infty)$ 上的反常积分，如图 6.43 所示，其中绿色曲边梯形的右侧边界在正无穷远处。若该极限存在，那么就说该反常积分收敛，否则发散。

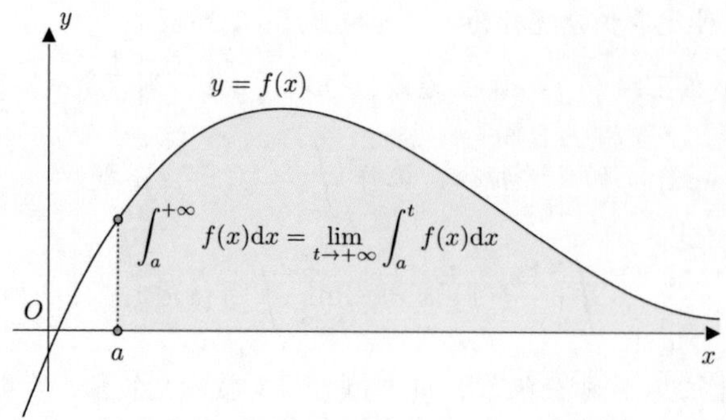

图 6.43 $t \to +\infty$ 时，就得到了在区间 $[a, +\infty)$ 上的反常积分 $\int_a^{+\infty} f(x)\mathrm{d}x$

定义 53 中的（2）是 $t \to -\infty$ 时的情况，如图 6.44 的左图所示，其中蓝色曲边梯形的左侧边界在负无穷远处；定义 53 中的定义（3）是 $t \to \pm\infty$ 时的情况，如图 6.44 的右图所示，其中红色曲边梯形的两侧边界在无穷远处。

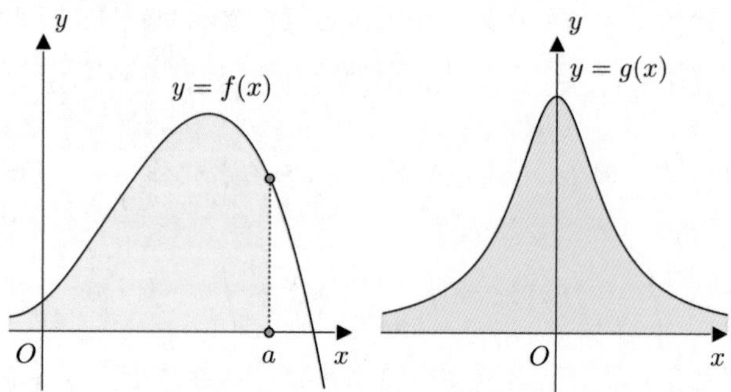

图 6.44 区间 $(-\infty, a]$ 上的反常积分 $\int_{-\infty}^a f(x)\mathrm{d}x$，以及区间 $(-\infty, +\infty)$ 上的反常积分 $\int_{-\infty}^{+\infty} f(x)\mathrm{d}x$

根据定义 53 以及牛顿-莱布尼茨公式，假设 $F(x)$ 为 $f(x)$ 的一个原函数，若 $\lim\limits_{x\to+\infty} F(x)$ 存在，则可推出：

$$\int_a^{+\infty} f(x)\mathrm{d}x = \lim_{x\to+\infty}\int_a^x f(t)\mathrm{d}t = \lim_{x\to+\infty}[F(x) - F(a)] = \lim_{x\to+\infty} F(x) - F(a)$$

若 $\lim\limits_{x\to\infty} F(x)$ 不存在，则反常积分 $\displaystyle\int_a^{+\infty} f(x)\mathrm{d}x$ 发散。对其他类型的无穷限反常积分可以举一反三。

例 168. 请求出 $\displaystyle\int_{-\infty}^{+\infty} \frac{1}{1+x^2}\mathrm{d}x$。

解. 根据定义 53 以及牛顿-莱布尼茨公式，可得：

$$\begin{aligned}\int_{-\infty}^{+\infty} \frac{1}{1+x^2}\mathrm{d}x &= \int_{-\infty}^{0} \frac{1}{1+x^2}\mathrm{d}x + \int_{0}^{+\infty} \frac{1}{1+x^2}\mathrm{d}x\\ &= \lim_{x\to-\infty}\int_x^0 \frac{1}{1+t^2}\mathrm{d}t + \lim_{x\to+\infty}\int_0^x \frac{1}{1+t^2}\mathrm{d}t\\ &= \lim_{x\to-\infty} \arctan t\Big|_x^0 + \lim_{x\to+\infty} \arctan t\Big|_0^x\end{aligned}$$

$$
\begin{aligned}
&= \lim_{x\to-\infty}(\arctan 0 - \arctan x) + \lim_{x\to+\infty}(\arctan x - \arctan 0)\\
&= -\left(-\frac{\pi}{2}\right) + \frac{\pi}{2} = \pi
\end{aligned}
$$

即函数 $y = \dfrac{1}{1+x^2}$ 与 x 轴之间的面积为 π，如图 6.45 所示。可见虽然底边的长度无限，但其面积有限。

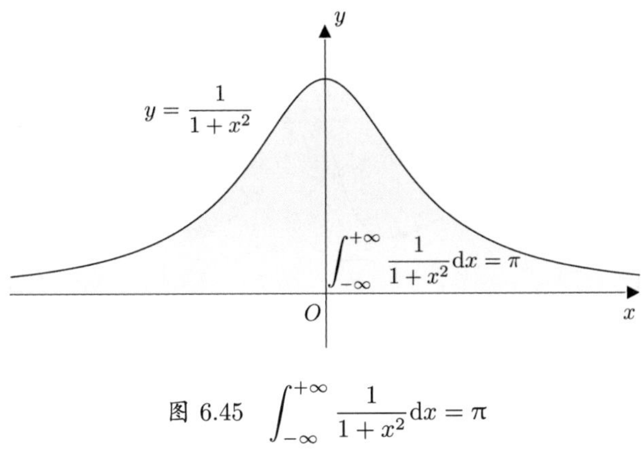

图 6.45 $\displaystyle\int_{-\infty}^{+\infty} \frac{1}{1+x^2}\mathrm{d}x = \pi$

例 169. 请求出 $\displaystyle\int_0^{+\infty} x\mathrm{e}^{-px}\mathrm{d}x,\quad p > 0$。

解. 像例 168 那样书写比较麻烦，这里在符号上进行一些简化。下面的计算过程中主要运用了分部积分法：

$$
\begin{aligned}
\int_0^{+\infty} x\mathrm{e}^{-px}\mathrm{d}x &= \left[\int x\mathrm{e}^{-px}\mathrm{d}x\right]_0^{+\infty} = \left[-\frac{1}{p}\int x\mathrm{d}(\mathrm{e}^{-px})\right]_0^{+\infty}\\
&= \left[-\frac{x}{p}\mathrm{e}^{-px} + \frac{1}{p}\int \mathrm{e}^{-px}\mathrm{d}x\right]_0^{+\infty}\\
&= \left[-\frac{x}{p}\mathrm{e}^{-px}\right]_0^{+\infty} + \left[-\frac{1}{p^2}\int \mathrm{e}^{-px}\mathrm{d}(-px)\right]_0^{+\infty}\\
&= \lim_{x\to+\infty}\left[-\frac{x}{p}\mathrm{e}^{-px}\right]_0^{x} - \left[\frac{1}{p^2}\mathrm{e}^{-px}\right]_0^{+\infty}\\
&= \lim_{x\to+\infty}\left[-\frac{x}{p}\mathrm{e}^{-px} - 0\right] - \lim_{x\to+\infty}\left[\frac{1}{p^2}\mathrm{e}^{-px}\right]_0^{x}\\
&= -\frac{1}{p}\lim_{x\to+\infty}\left[x\mathrm{e}^{-px}\right] - \frac{1}{p^2}\lim_{x\to+\infty}\left[\mathrm{e}^{-px} - 1\right]\\
&= 0 - \frac{1}{p^2}(0-1) = \frac{1}{p^2}
\end{aligned}
$$

其中 $\displaystyle\lim_{x\to+\infty}\left[x\mathrm{e}^{-px}\right]$ 是通过洛必达法则求出的：

$$
\lim_{x\to+\infty}\left[x\mathrm{e}^{-px}\right] = \lim_{x\to+\infty}\frac{x}{\mathrm{e}^{px}} = \lim_{x\to+\infty}\frac{x'}{(\mathrm{e}^{px})'} = \lim_{x\to+\infty}\frac{1}{p\mathrm{e}^{px}} = 0
$$

例 170. 请求出 $\displaystyle\int_{-\infty}^{+\infty} \frac{x}{1+x^2}\mathrm{d}x$。

解. 函数 $\dfrac{x}{1+x^2}$ 是奇函数，从图像上看，似乎 $\displaystyle\int_{-\infty}^{0} \frac{x}{1+x^2}\mathrm{d}x = -\int_{0}^{+\infty} \frac{x}{1+x^2}\mathrm{d}x$，如图 6.46 所示。

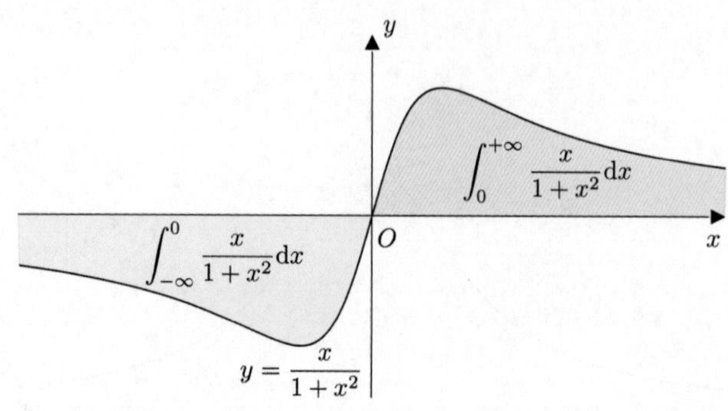

图 6.46 似乎 $\displaystyle\int_{-\infty}^{0} \frac{x}{1+x^2}\mathrm{d}x = -\int_{0}^{+\infty} \frac{x}{1+x^2}\mathrm{d}x$

所以似乎应该有：

$$\int_{-\infty}^{+\infty} \frac{x}{1+x^2}\mathrm{d}x = \int_{-\infty}^{0} \frac{x}{1+x^2}\mathrm{d}x + \int_{0}^{+\infty} \frac{x}{1+x^2}\mathrm{d}x = 0$$

但这是错误的，应该按照定义 53 来计算：

$$\begin{aligned}
\int_{-\infty}^{+\infty} \frac{x}{1+x^2}\mathrm{d}x &= \int_{-\infty}^{0} \frac{x}{1+x^2}\mathrm{d}x + \int_{0}^{+\infty} \frac{x}{1+x^2}\mathrm{d}x \\
&= \int_{-\infty}^{0} \frac{1}{2}\cdot\frac{1}{1+x^2}\mathrm{d}(1+x^2) + \int_{0}^{+\infty} \frac{1}{2}\cdot\frac{1}{1+x^2}\mathrm{d}(1+x^2) \\
&= \left[\frac{1}{2}\ln(1+x^2)\right]_{-\infty}^{0} + \left[\frac{1}{2}\ln(1+x^2)\right]_{0}^{+\infty} = (-\infty) + (+\infty)
\end{aligned}$$

还是根据定义 53，两侧反常积分都发散，所以要求的反常积分发散。

例 171. 请求出 $\displaystyle\int_{a}^{+\infty} \frac{1}{x^p}\mathrm{d}x,\quad a>0$。

解. 分情况讨论：

- 当 $p \neq 1$ 时，$\displaystyle\int_{a}^{+\infty} \frac{1}{x^p}\mathrm{d}x = \int_{a}^{+\infty} x^{-p}\mathrm{d}x = \left[\frac{x^{1-p}}{1-p}\right]_{a}^{+\infty} = \begin{cases} \dfrac{a^{1-p}}{p-1}, & p>1 \\ +\infty, & p<1 \end{cases}$

- 当 $p = 1$ 时，$\displaystyle\int_{a}^{+\infty} \frac{1}{x^p}\mathrm{d}x = [\ln x]_{a}^{+\infty} = +\infty$

综上 $\displaystyle\int_{a}^{+\infty} \frac{1}{x^p}\mathrm{d}x = \begin{cases} \dfrac{a^{1-p}}{p-1}, & p>1 \\ +\infty, & p\leqslant 1 \end{cases}$。

6.5.2 无界函数的反常积分

现在我们把定积分推广到函数 $f(x)$ 无界时的情况，下面是推广的细节。

定义 54. 若函数 $f(x)$ 在 a 点的任一邻域内都无界，那么 a 点称为函数 $f(x)$ 的瑕点，或称为无界间断点。

比如函数 $y=\dfrac{1}{x}$ 在 $x=0$ 点的任一邻域内都无界，所以 $x=0$ 点是该函数的一个瑕点，如图 6.47 所示。

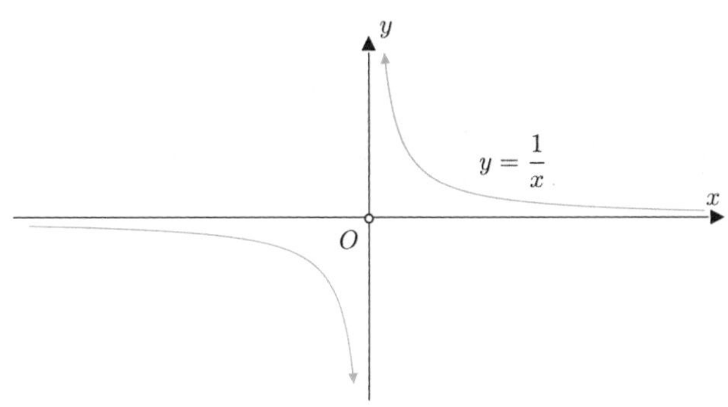

图 6.47 $x=0$ 点是函数 $y=\dfrac{1}{x}$ 的一个瑕点

定义 55. 以下三种反常积分统称为无界函数的反常积分，因都包含瑕点，故也称为瑕积分：

（1）若函数 $f(x)$ 在区间 $(a,b]$ 上连续，a 点为函数 $f(x)$ 的瑕点，任取 $t>a$，代数式 $\lim\limits_{t\to a^+}\int_t^b f(x)\mathrm{d}x$ 称为函数 $f(x)$ 在区间 $(a,b]$ 上的反常积分，记作 $\int_a^b f(x)\mathrm{d}x$，即：

$$\int_a^b f(x)\mathrm{d}x=\lim_{t\to a^+}\int_t^b f(x)\mathrm{d}x$$

若上述极限存在，则称该反常积分收敛，极限值为该反常积分的值；否则称该反常积分发散。

（2）若函数 $f(x)$ 在区间 $[a,b)$ 上连续，b 点为函数 $f(x)$ 的瑕点，任取 $t<b$，代数式 $\lim\limits_{t\to b^-}\int_a^t f(x)\mathrm{d}x$ 称为函数 $f(x)$ 在区间 $[a,b)$ 上的反常积分，记作 $\int_a^b f(x)\mathrm{d}x$，即：

$$\int_a^b f(x)\mathrm{d}x=\lim_{t\to b^-}\int_a^t f(x)\mathrm{d}x$$

若上述极限存在，则称该反常积分收敛，极限值为该反常积分的值；否则称该反常积分发散。

（3）若函数 $f(x)$ 在区间 $[a,c)$ 上及区间 $(c,b]$ 上连续，c 点为函数 $f(x)$ 的瑕点，则反常积分 $\int_a^c f(x)\mathrm{d}x$ 与反常积分 $\int_c^b f(x)\mathrm{d}x$ 之和称为函数 $f(x)$ 在区间 $[a,b]$ 上的反常积分，记作 $\int_a^b f(x)\mathrm{d}x$，即：

$$\int_a^b f(x)\mathrm{d}x=\int_a^c f(x)\mathrm{d}x+\int_c^b f(x)\mathrm{d}x$$

若上述之和存在，则称该反常积分收敛，和值为该反常积分的值；否则称该反常积分发散。

举例说明定义 55 中的（1），如图 6.48 所示，函数 $f(x)$ 在区间 $(a,b]$ 上连续，a 点为函数 $f(x)$ 的瑕点，$\int_t^b f(x)\mathrm{d}x$ 是积分下限函数（就是积分上限函数交换积分上下限）。

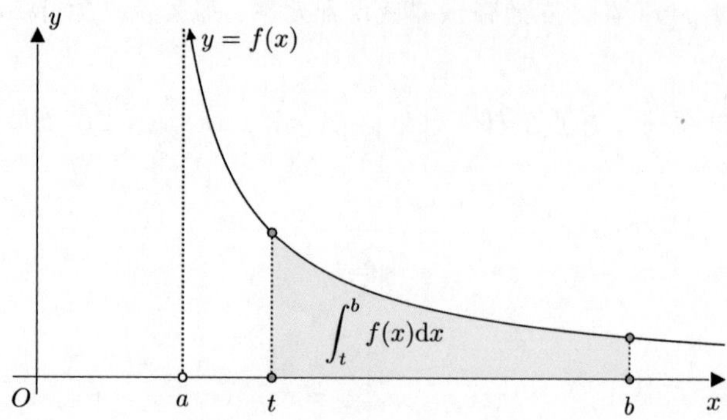

图 6.48 在区间 $(a,b]$ 上连续的函数 $f(x)$，及积分下限函数 $\int_t^b f(x)\mathrm{d}x$

随着下限 $t \to a^+$，就得到了在区间 $(a,b]$ 上的反常积分，如图 6.49 所示。若该极限存在，那么就说该反常积分收敛，否则发散。

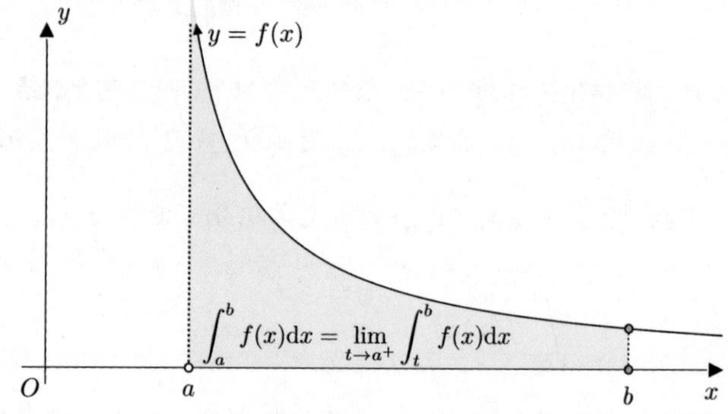

图 6.49 $t \to a^+$ 时，就得到了在区间 $(a,b]$ 上的反常积分 $\int_a^b f(x)\mathrm{d}x$

定义 55 中的（2）是 $t \to b^-$ 的情况，如图 6.50 的左图所示；定义 55 中的（3）是 $t \to c$ 的情况，如图 6.50 的右图所示。

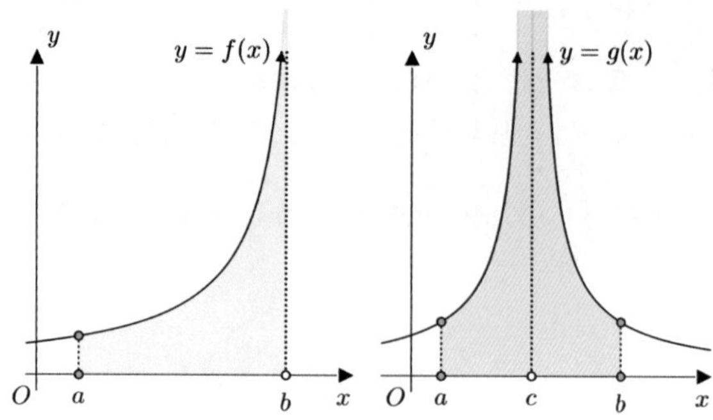

图 6.50 区间 $[a,b)$ 上的反常积分 $\int_a^b f(x)\mathrm{d}x$，以及区间 $[a,b]$ 上的反常积分 $\int_a^b f(x)\mathrm{d}x$

根据定义 55 以及牛顿-莱布尼茨公式，若 a 点为 $f(x)$ 的瑕点，$F(x)$ 为 $f(x)$ 在 $(a,b]$ 上的一个原函数，若 $\lim\limits_{x\to a^+}F(x)$ 存在，则可推出：

$$\int_a^b f(x)\mathrm{d}x=\lim_{x\to a^+}\int_x^b f(t)\mathrm{d}t=\lim_{x\to a^+}[F(b)-F(x)]=F(b)-\lim_{x\to a^+}F(x)$$

若 $\lim\limits_{x\to a^+}F(x)$ 不存在，则反常积分 $\int_a^b f(x)\mathrm{d}x$ 发散。对其他类型的无界函数的反常积分可以举一反三。

例 172. 请求出 $\int_0^a \frac{\mathrm{d}x}{\sqrt{a^2-x^2}}$，$a>0$。

解. 因为 $\lim\limits_{x\to a^-}\frac{1}{\sqrt{a^2-x^2}}=+\infty$，故 a 点为函数 $y=\frac{1}{\sqrt{a^2-x^2}}=+\infty$ 的一个瑕点。根据定义 55，可得：

$$\begin{aligned}\int_0^a \frac{\mathrm{d}x}{\sqrt{a^2-x^2}}&=\lim_{x\to a^-}\int_0^x\frac{\mathrm{d}t}{\sqrt{a^2-t^2}}=\lim_{x\to a^-}\arcsin\frac{t}{a}\bigg|_0^x\\&=\lim_{x\to a^-}\left[\arcsin\frac{x}{a}-0\right]=\lim_{x\to a^-}\arcsin\frac{x}{a}=\frac{\pi}{2}\end{aligned}$$

即 $y=\frac{1}{\sqrt{a^2-x^2}}$ 之下、$y=0$ 之上、$x=0$ 与 $x=a$ 之间的图形面积为 $\frac{\pi}{2}$，如图 6.51 所示。

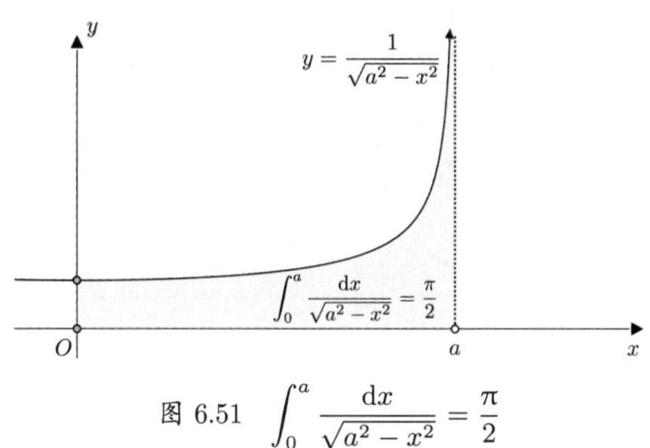

图 6.51 $\int_0^a \frac{\mathrm{d}x}{\sqrt{a^2-x^2}}=\frac{\pi}{2}$

例 173. 请求出 $\int_{-1}^1\frac{\mathrm{d}x}{x^2}$。

解. 因为有 $\lim\limits_{x\to 0}\frac{1}{x^2}=+\infty$，所以 0 点为函数 $y=\frac{1}{x^2}$ 的一个瑕点，如图 6.52 所示。

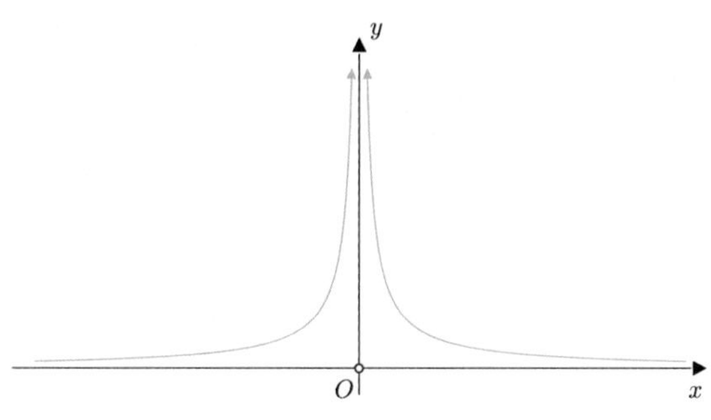

图 6.52 0 点为函数 $y=\frac{1}{x^2}$ 的一个瑕点

根据定义 55，可以算出要求的反常积分发散：

$$\int_{-1}^{1}\frac{\mathrm{d}x}{x^2}=\int_{-1}^{0}\frac{\mathrm{d}x}{x^2}+\int_{0}^{1}\frac{\mathrm{d}x}{x^2}=\left[-\frac{1}{x}\right]_{-1}^{0}+\left[-\frac{1}{x}\right]_{0}^{1}$$
$$=\left[\lim_{x\to0^-}\left(-\frac{1}{x}\right)-1\right]+\left[-1-\lim_{x\to0^+}\left(-\frac{1}{x}\right)\right]=(+\infty)+(+\infty)$$

这里值得注意的是，如果不考虑 0 点为瑕点，那么就会产生错误：$\int_{-1}^{1}\frac{\mathrm{d}x}{x^2}=\left[-\frac{1}{x}\right]_{-1}^{1}=-1-1=-2$。

例 174. 请求出 $\int_a^b\frac{\mathrm{d}x}{(x-a)^q}$，$q>0$。

解. 分情况讨论：

- 当 $q=1$ 时，$\int_a^b\frac{\mathrm{d}x}{(x-a)^q}=\int_a^b\frac{\mathrm{d}x}{x-a}=[\ln(x-a)]_a^b=\ln(b-a)-\lim\limits_{x\to a^+}\ln(x-a)=+\infty$
- 当 $q\neq1$ 时，$\int_a^b\frac{\mathrm{d}x}{(x-a)^q}=\left[\frac{(x-a)^{1-q}}{1-q}\right]_a^b=\begin{cases}\frac{(b-a)^{1-q}}{1-q}, & 0<q<1\\ +\infty, & q>1\end{cases}$

综上 $\int_a^b\frac{\mathrm{d}x}{(x-a)^q}=\begin{cases}\frac{(b-a)^{1-q}}{1-q}, & 0<q<1\\ +\infty\ , & q\geqslant1\end{cases}$。

例 175. 请求出 $\int_0^{+\infty}\frac{\mathrm{d}x}{\sqrt{x(x+1)^3}}$。

解. 这里积分上限为 $+\infty$，积分下限 0 为瑕点。所以考虑运用定积分的换元法去掉瑕点。令 $t=\sqrt{x}$，则 $x=t^2$，则 $\mathrm{d}x=2t\mathrm{d}t$，所以：

$$\text{当 } x\to0^+ \text{ 时，} t\to0\text{；当 } x\to+\infty \text{ 时，} t\to+\infty$$

根据定积分的换元法，可以像下面这样去掉瑕点：

$$\int_0^{+\infty}\frac{\mathrm{d}x}{\sqrt{x(x+1)^3}}=\int_0^{+\infty}\frac{2t\mathrm{d}t}{t(t^2+1)^{\frac{3}{2}}}=2\int_0^{+\infty}\frac{\mathrm{d}t}{(t^2+1)^{\frac{3}{2}}}$$

再令 $t=\tan u$，则 $\mathrm{d}t=\sec^2u\mathrm{d}u$，$u=\arctan t$，所以：

$$\text{当 } t\to0 \text{ 时，} u\to0\text{；当 } t\to+\infty \text{ 时，} u\to\frac{\pi}{2}$$

再根据定积分的换元法，所以有：

$$\int_0^{+\infty}\frac{\mathrm{d}x}{\sqrt{x(x+1)^3}}=2\int_0^{+\infty}\frac{\mathrm{d}t}{(t^2+1)^{\frac{3}{2}}}=2\int_0^{\frac{\pi}{2}}\frac{\sec^2u\mathrm{d}u}{\sec^3u}=2\int_0^{\frac{\pi}{2}}\cos u\mathrm{d}u=2$$

第 7 章　定积分的应用

前面几章学习了定积分及它的求解，并通过定积分定义了曲边梯形的面积。其实定积分还有很多定义和应用，本章就来学习其中的一些。

7.1　定积分与曲线长度

7.1.1　光滑曲线及其长度

在现实中，要测量一根弯弯曲曲的绳子的长度，如图 7.1 所示，都是先将绳子捋直了再测量。

图 7.1　弯曲的绳子

在数学中，要计算一段曲线的长度，捋直是不可能的。不过可以考虑将该曲线分成多段，然后每一段曲线都可以用一根线段来近似，如图 7.2 所示。

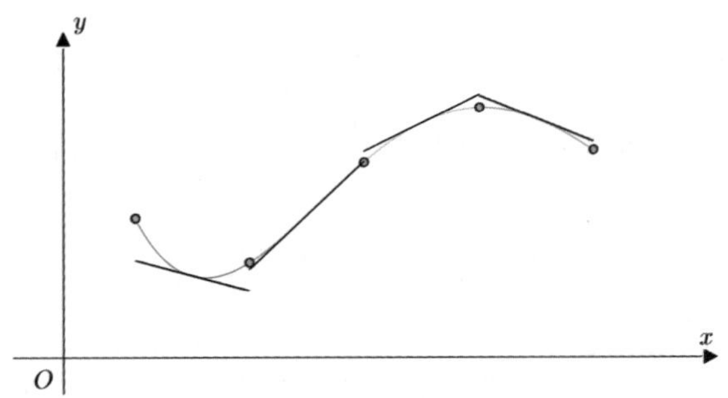

图 7.2　将曲线分成多段，每一段曲线都可以用一根线段来近似

很显然，将上述曲线分成的段数越多，线段的近似效果越好。最终将这些小线段的长度加起来，就得到了曲线的长度，这就是数学中定义曲线长度的思路，下面来看看具体的细节。

定义 56. 若函数 $f(x)$ 在区间 $[a,b]$ 上有连续的导函数，那么称该函数在 $[a,b]$ 上是光滑的。

举例说明一下。若函数 $f(x)$ 符合定义 56，则其有连续的导函数，这意味着其微分的斜率是连续变化的。从几何上观察的话，如图 7.3 所示，随着切点的移动，该点的微分在顺滑地“转动”。该函数的曲线看上去也符合我们对“光滑”的直觉。

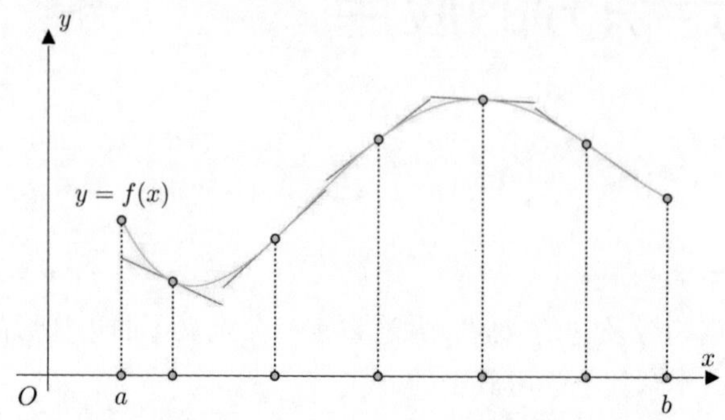

图 7.3 随着切点的移动，光滑曲线在切点的微分在顺滑地“转动”

来看一个反例，比如函数 $f(x)=\begin{cases} x^2\sin\dfrac{1}{x}, & x\neq 0\\ 0, & x=0\end{cases}$ 的曲线在 $x=0$ 点附近剧烈地震荡，看上去并不光滑，如图 7.4 所示。该函数的导函数为 $f'(x)=\begin{cases} 2x\sin\dfrac{1}{x}-\cos\dfrac{1}{x}, & x\neq 0\\ 0, & x=0\end{cases}$，其在 $x=0$ 点间断。

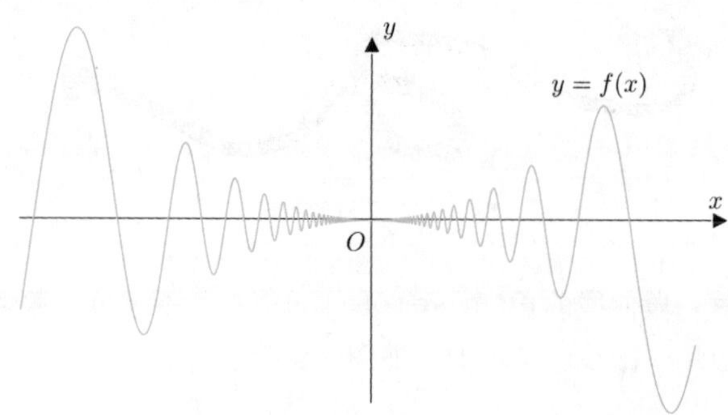

图 7.4 函数 $f(x)$ 的曲线在 $x=0$ 点附近剧烈地震荡，看上去并不光滑

定义 57. 若函数 $f(x)$ 在区间 $[a,b]$ 上是光滑的，那么定义该函数在 $[a,b]$ 上的长度为：

$$\widehat{ab}=\int_a^b\sqrt{1+(f'(x))^2}\mathrm{d}x$$

若定义弧微分为 $\mathrm{d}s=\sqrt{1+(f'(x))^2}\mathrm{d}x$，那么上式可以简写为 $\widehat{ab}=\int_a^b\mathrm{d}s$。

定义 57 给出的就是光滑曲线的长度的定义[①]，大意就是各个线段长度之和就是光滑曲线的长度，和之前的分析是一样的。下面是进一步的解释，其中的细节和介绍定积分定义时类

① 不是所有的曲线都可以求长度的，不过光滑曲线是一定可以求长度的，这里不作进一步的解释。

似，有疑惑的话可以回看一下。

在 $[a,b]$ 中任意插入若干个分点 $a = x_0 < \cdots < x_{i-1} < x_i < \cdots < x_n = b$, 将 $[a,b]$ 分成 n 个小区间, 如图 7.5 所示。仔细观察函数 $f(x)$ 在小区间 $[x_{i-1}, x_i]$ 上的曲线, 该曲线的长度可记作弧长 $\overset{\frown}{P_{i-1}P_i}$。

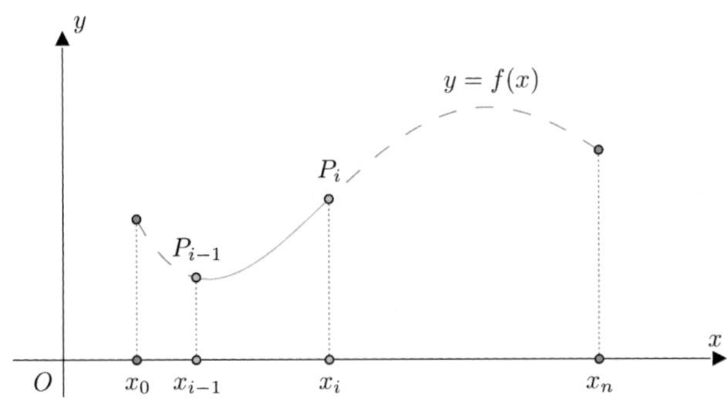

图 7.5 某子区间 $[x_{i-1}, x_i]$ 的弧长 $\overset{\frown}{P_{i-1}P_i}$

在区间 $[x_{i-1}, x_i]$ 上随便挑选一点 ξ_i，作函数 $f(x)$ 在该点的切线，如图 7.6 所示。

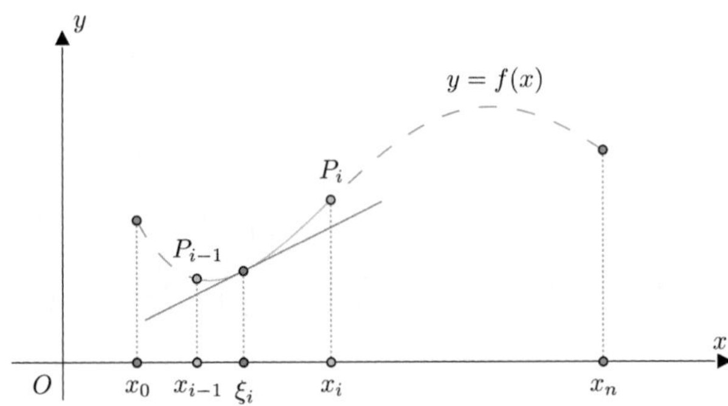

图 7.6 作函数 $f(x)$ 在 ξ_i 点的切线

按照下述规则作直角三角形，其图像如图 7.7 所示。

- 斜边为该切线在区间 $[x_{i-1}, x_i]$ 上的一段，记作 Δs_i。
- 底边记作 Δx_i，其值为 $\Delta x_i = x_i - x_{i-1}$。
- 高记作 Δy_i，因为切线的斜率为 $f'(\xi_i)$，所以有 $\Delta y_i = f'(\xi_i)\Delta x_i$。

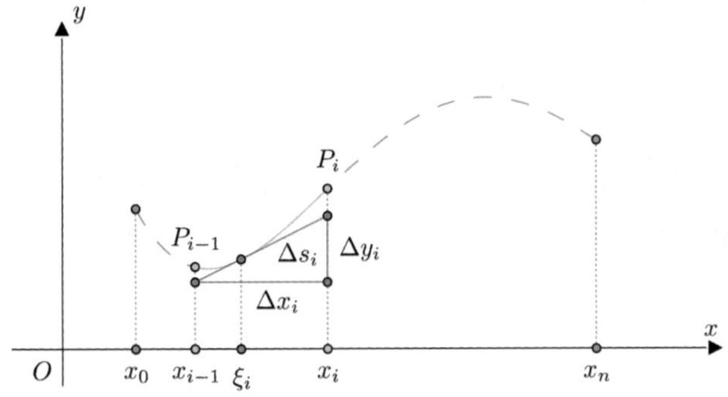

图 7.7 以 ξ_i 点的切线为斜边，作直角三角形

所以可算出斜边的长度，也就是切线段的长度：

$$\Delta s_i=\sqrt{\Delta x_i^2+\Delta y_i^2}=\sqrt{\Delta x_i^2+(f'(\xi_i)\Delta x_i)^2}=\sqrt{1+(f'(\xi_i))^2}\Delta x_i$$

根据微积分"以直代曲"的思想，可认为弧长 $\overset{\frown}{P_{i-1}P_i}$ 近似等于切线段长度 Δs_i，即：

$$\overset{\frown}{P_{i-1}P_i}\approx\Delta s_i=\sqrt{1+(f'(\xi_i))^2}\Delta x_i$$

那么 $[a,b]$ 之间的弧长 $\overset{\frown}{ab}$ 可以近似为如下黎曼和：

$$\overset{\frown}{ab}=\sum_{i=1}^{n}\overset{\frown}{P_{i-1}P_i}\approx\sum_{i=1}^{n}\Delta s_i=\sum_{i=1}^{n}\sqrt{1+(f'(\xi_i))^2}\Delta x_i$$

令 $\lambda=\max\{\Delta x_1,\Delta x_2,\cdots,\Delta x_n\}$，因为函数 $f(x)$ 在区间 $[a,b]$ 上光滑，即导函数 $f'(\xi_i)$ 在区间 $[a,b]$ 上连续，根据定理 78，所以 $\lambda\to 0$ 时上述黎曼和的极限存在，也就是可积。所以定义：

$$\overset{\frown}{ab}=\lim_{\lambda\to 0}\sum_{i=1}^{n}\sqrt{1+(f'(\xi_i))^2}\Delta x_i=\int_a^b\sqrt{1+(f'(x))^2}\mathrm{d}x$$

其中用于近似弧线段的切线段称为该弧线段的微分，简称弧微分，记作 $\mathrm{d}s$。所以弧长公式可以理解为弧微分之（积分）和：

$$\overset{\frown}{ab}=\int_a^b\underbrace{\sqrt{1+(f'(x))^2}\mathrm{d}x}_{\text{弧微分 }\mathrm{d}s\text{：近似弧线段的切线段}}=\underbrace{\int_a^b}_{\text{弧微分之（积分）和}}\mathrm{d}s$$

定义 57 中给出的函数 $f(x)$ 的弧长公式 $\overset{\frown}{ab}=\int_a^b\sqrt{1+(f'(x))^2}\mathrm{d}x$ 还可以推广到参数方程和极坐标中去。

定理 91. 已知参数方程 $\begin{cases}x=x(t)\\y=y(t)\end{cases}$，若 $x'(t)$、$y'(t)$ 在区间 $[\alpha,\beta]$ 上存在且连续，$x=x(t)$ 存在严格单调且连续的反函数，以及 $x'(t)\neq 0$，那么该参数方程在区间 $[\alpha,\beta]$ 上的弧长为：

$$\overset{\frown}{\alpha\beta}=\int_\alpha^\beta\sqrt{(x'(t))^2+(y'(t))^2}\mathrm{d}t$$

证明. 根据定理 53，可算出上述参数方程的弧微分：

$$\mathrm{d}s=\sqrt{1+(f'(x))^2}\mathrm{d}x=\sqrt{1+\left(\frac{y'(t)}{x'(t)}\right)^2}x'(t)\mathrm{d}t=\sqrt{(x'(t))^2+(y'(t))^2}\mathrm{d}t$$

所以该参数方程在区间 $[\alpha,\beta]$ 上的弧长 $\overset{\frown}{\alpha\beta}=\int_\alpha^\beta\mathrm{d}s=\int_\alpha^\beta\sqrt{(x'(t))^2+(y'(t))^2}\mathrm{d}t$。 ■

定理 92. 已知极坐标方程 $\rho=\rho(\theta)$，若 $\rho'(\theta)$ 在 $[\alpha,\beta]$ 上存在且连续，则该极坐标方程在区间 $[\alpha,\beta]$ 上的弧长为：

$$\overset{\frown}{\alpha\beta}=\int_\alpha^\beta\sqrt{\rho^2(\theta)+\rho'^2(\theta)}\mathrm{d}\theta$$

证明. 由直角坐标与极坐标的关系可得，以 θ 为参数的参数方程 $\begin{cases} x = x(\theta) = \rho(\theta)\cos\theta \\ y = y(\theta) = \rho(\theta)\sin\theta \end{cases}$，若该参数方程满足定理 91 中的条件，则弧微分为：

$$
\begin{aligned}
\mathrm{d}s &= \sqrt{(x'(\theta))^2 + (y'(\theta))^2}\mathrm{d}\theta = \sqrt{(\rho(\theta)\cos\theta)'^2 + (\rho(\theta)\sin\theta)'^2}\mathrm{d}\theta \\
&= \sqrt{(\rho'(\theta)\cos\theta - \rho(\theta)\sin\theta)^2 + (\rho'(\theta)\sin\theta + \rho(\theta)\cos\theta)^2}\mathrm{d}\theta \\
&= \sqrt{\rho^2(\theta) + \rho'^2(\theta)}\mathrm{d}\theta
\end{aligned}
$$

所以该极坐标方程在区间 $[\alpha, \beta]$ 上的弧长 $\widehat{\alpha\beta} = \int_\alpha^\beta \mathrm{d}s = \int_\alpha^\beta \sqrt{\rho^2(\theta) + \rho'^2(\theta)}\mathrm{d}\theta$。 ■

7.1.2 圆的曲率

定义 44 中给出了圆的曲率 K 为圆半径 r 的倒数，即 $K = \dfrac{1}{r}$。下面通过弧长公式来重新推导一下。图 7.8 中有两个半径不同的圆，将各自切线都转动 $\Delta\alpha$，可看到半径小的圆走过的弧长短，即有 $\Delta s_1 < \Delta s_2$。

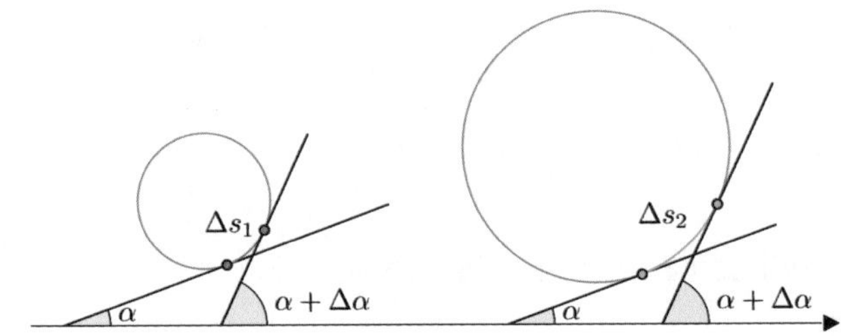

图 7.8 切线转动 $\Delta\alpha$，半径小的圆走过的弧长短，即 $\Delta s_1 < \Delta s_2$

转过同样的角度，走过的弧长越短说明弯曲程度越大，否则弯曲程度越小（见图 7.9）。就好像在地球上行走，就算只是想要转动 0.01 弧度，但因为需要走过的弧长实在太远，再加上周围高山、森林阻碍视线，人们很难发现自己是在球体上，所以人们一度认为地球是平的。

图 7.9 棒球、篮球和地球

因此可将圆的曲率定义为 $K = \dfrac{\Delta\alpha}{\Delta s}$，$K$ 值越大说明圆的弯曲程度越大。比如在上面的例子中就有：

$$
K_1 = \frac{\Delta\alpha}{\Delta s_1} > K_2 = \frac{\Delta\alpha}{\Delta s_2}
$$

按照上述定义，下面来化简一下圆的曲率。设某圆的半径为 r，其圆心在原点 O，则其参数方程为：

$$\begin{cases} x = r\cos t \\ y = r\sin t \end{cases}, \quad 0 \leqslant t \leqslant 2\pi$$

若切线从圆上的 A 点出发，转过 $\Delta\alpha$ 后到达 B 点，走过的弧长为 Δs。根据简单的几何知识，可以证明 Δs 对应的圆心角为 $\Delta\alpha$，如图 7.10 所示。

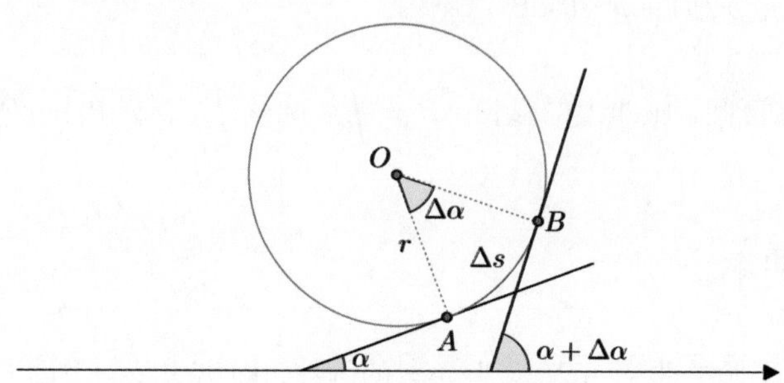

图 7.10 半径为 r 的某圆，其切线从圆上 A 点出发，转过 $\Delta\alpha$ 后到达 B 点

设 A 点坐标为 $(r\cos\beta, r\sin\beta)$，则 B 点坐标为 $\Big(r\cos(\beta+\Delta\alpha), r\sin(\beta+\Delta\alpha)\Big)$，所以 Δs 就是圆的参数方程在区间 $[\beta, \beta+\Delta\alpha]$ 上的弧长。根据定理 91，有：

$$\Delta s = \int_{\beta}^{\beta+\Delta\alpha} \sqrt{(x'(t))^2 + (y'(t))^2}\mathrm{d}t = \int_{\beta}^{\beta+\Delta\alpha} \sqrt{r^2\sin^2 t + r^2\cos^2 t}\mathrm{d}t = [rt]_{\beta}^{\beta+\Delta\alpha} = r\Delta\alpha$$

所以 $K = \dfrac{\Delta\alpha}{\Delta s} = \dfrac{1}{r}$，和定义 44 中给出的圆的曲率是一样的。

7.1.3 曲线的曲率

沿用上面推导圆的曲率的思路，下面来推导一下曲线的曲率。设某曲线对应的函数为 $f(x)$，点 A 的横坐标为 x_0，点 B 的横坐标为 $x_0+\Delta x$，A 点和 B 点之间的弧长为 Δs，如图 7.11 所示。

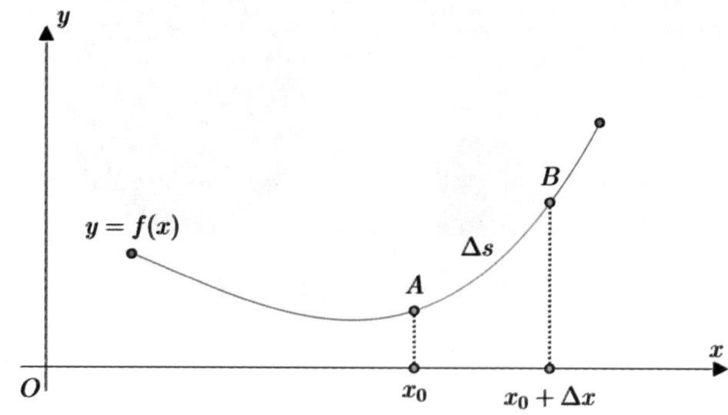

图 7.11 函数 $f(x)$ 上 A 点与 B 点之间的弧长为 Δs

切线从 A 点出发，转过 $\Delta\alpha$ 后到达 B 点，如图 7.12 所示。

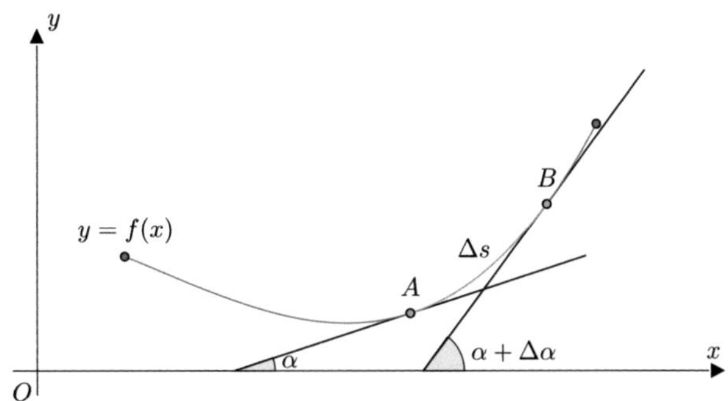

图 7.12 切线从 A 点出发，转过 $\Delta\alpha$ 后到达 B 点

Δs 和 $\Delta\alpha$ 都可看作 Δx 的函数，仿照上面求圆的曲率的思路，结合上之前求导数的思路，可以定义 A 点的曲率 K 为（因为不希望有负的曲率，所以加上绝对值符号）：

$$K = \lim_{\Delta x \to 0} \left| \frac{\Delta\alpha}{\Delta s} \right|$$

在 $\displaystyle\lim_{\Delta x \to 0} \frac{\Delta\alpha}{\Delta s} = \frac{\mathrm{d}\alpha}{\mathrm{d}s}$ 存在的条件下，可以将 A 点的曲率 K 改写为：

$$K = \lim_{\Delta x \to 0} \left| \frac{\Delta\alpha}{\Delta s} \right| = \left| \frac{\mathrm{d}\alpha}{\mathrm{d}s} \right|$$

下面来尝试对 K 进行求解，因为有 $f'(x) = \tan\alpha$，所以：

$$\begin{aligned} \frac{\mathrm{d}}{\mathrm{d}x} f'(x) = \frac{\mathrm{d}}{\mathrm{d}x} \tan\alpha \implies f''(x) &= \frac{\mathrm{d}\tan\alpha}{\mathrm{d}\alpha} \cdot \frac{\mathrm{d}\alpha}{\mathrm{d}x} = \sec^2\alpha \frac{\mathrm{d}\alpha}{\mathrm{d}x} \\ \implies \mathrm{d}\alpha &= \frac{f''(x)}{\sec^2\alpha} \mathrm{d}x = \frac{f''(x)}{1 + \tan^2\alpha} \mathrm{d}x \end{aligned}$$

代入 $f'(x) = \tan\alpha$ 可得 $\mathrm{d}\alpha = \dfrac{f''(x)}{1 + (f'(x))^2}\mathrm{d}x$。而弧微分公式为 $\mathrm{d}s = \sqrt{1 + (f'(x))^2}\mathrm{d}x$，所以最后可得 $K = \left| \dfrac{\mathrm{d}\alpha}{\mathrm{d}s} \right| = \dfrac{|f''(x_0)|}{\left[1 + (f'(x_0))^2\right]^{\frac{3}{2}}}$，和定理 70 中给出的曲线的曲率是一样的。

7.2 定积分与面积

7.2.1 曲线之间的面积

定义 58. 若函数 $f(x)$ 和函数 $g(x)$ 在区间 $[a, b]$ 上连续，则定义由 $y = f(x)$、$y = g(x)$、$x = a$ 以及 $x = b$ 所围成图形的面积 A 为：

$$A = \lim_{\lambda \to 0} \sum_{i=1}^{n} |f(\xi_i) - g(\xi_i)| \Delta x_i = \int_a^b |f(x) - g(x)| \mathrm{d}x$$

举例解释一下定义 58，假设由 $y = f(x)$、$y = g(x)$、$x = a$ 以及 $x = b$ 所围成图形的面积 A 如图 7.13 所示。

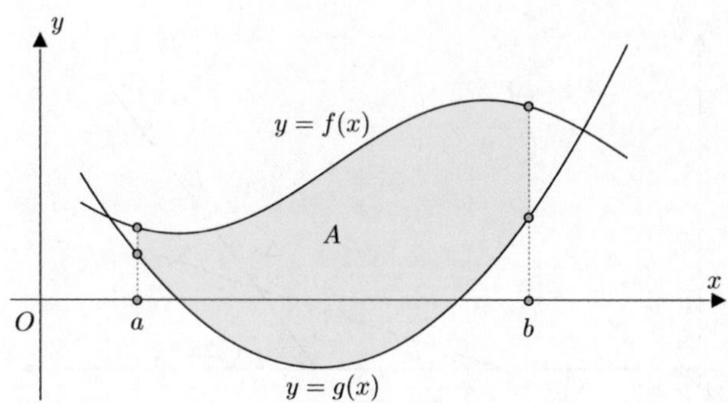

图 7.13 由 $y = f(x)$、$y = g(x)$、$x = a$ 以及 $x = b$ 所围成的图形的面积 A

与曲边梯形的面积类似，还是通过矩形的面积和来计算曲线之间的面积，如图 7.14 所示。

让我们观察一下其中的小矩形。把区间 $[a, b]$ 任意分为 n 份，以某子区间 $[x_{i-1}, x_i]$ 作底，过 $\xi_i \in [x_{i-1}, x_i]$ 点作高为 $|f(\xi_i) - g(\xi_i)|$ 的小矩形，如图 7.15 所示。

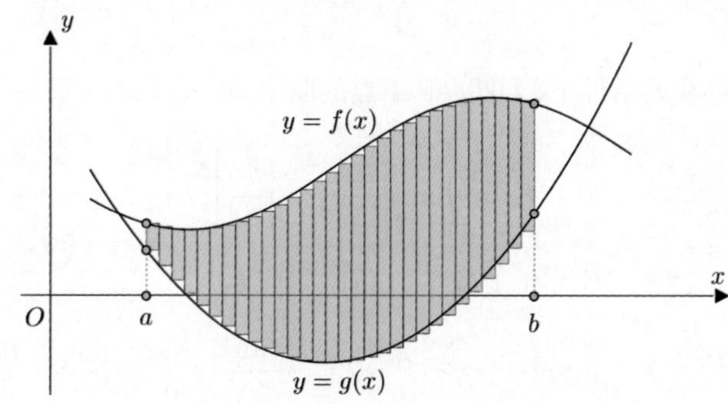

图 7.14 通过矩形的面积和来逼近曲线之间的面积

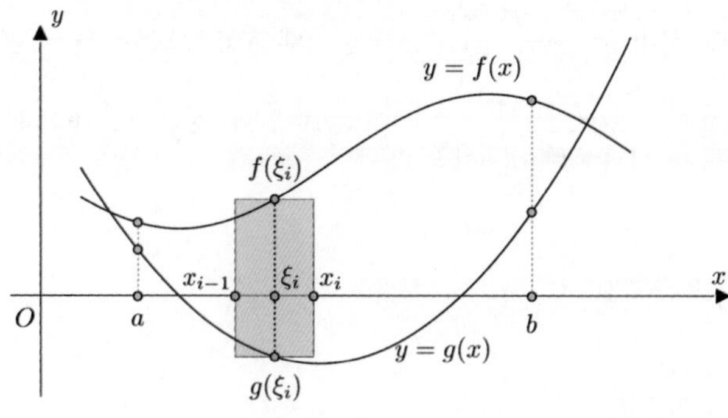

图 7.15 以 $[x_{i-1}, x_i]$ 作底，过 $\xi_i \in [x_{i-1}, x_i]$ 点作高为 $|f(\xi_i) - g(\xi_i)|$ 的小矩形

根据图 7.15 可知，在区间 $[x_{i-1}, x_i]$ 上：

- 小矩形的高为 $|f(\xi_i) - g(\xi_i)|$，加上绝对值可以保证高为非负数。
- 小矩形的底为 $x_i - x_{i-1}$。

令 $\Delta x_i = x_i - x_{i-1}$，所以小矩形的面积为：

$$|f(\xi_i) - g(\xi_i)| \cdot (x_i - x_{i-1}) = |f(\xi_i) - g(\xi_i)| \Delta x_i$$

所以在区间 $[a,b]$ 上 n 个小矩形的面积和为如下黎曼和：

$$\sum_{i=1}^{n}|f(\xi_i)-g(\xi_i)|\Delta x_i$$

令 $\lambda=\max\{\Delta x_1,\Delta x_2,\cdots,\Delta x_n\}$，因为函数 $f(x)$ 和函数 $g(x)$ 在区间 $[a,b]$ 上连续，根据定理 78，所以 $\lambda\to 0$ 时上述黎曼和的极限存在，也就是可积。所以定义由 $y=f(x)$、$y=g(x)$、$x=a$ 以及 $x=b$ 所围成图形的面积 A 为：

$$A=\lim_{\lambda\to 0}\sum_{i=1}^{n}|f(\xi_i)-g(\xi_i)|\Delta x_i=\int_a^b|f(x)-g(x)|\mathrm{d}x$$

例 176. 请求出由 $y=x^2$ 及 $y^2=x$ 所围成图形的面积。

解. 先求解下列方程组：

$$\begin{cases}y=x^2\\y^2=x\end{cases}\implies x=0,y=0\text{ 以及 }x=1,y=1$$

即这两条抛物线的交点为 $(0,0)$ 及 $(1,1)$，所以其所围成的图形如图 7.16 所示。

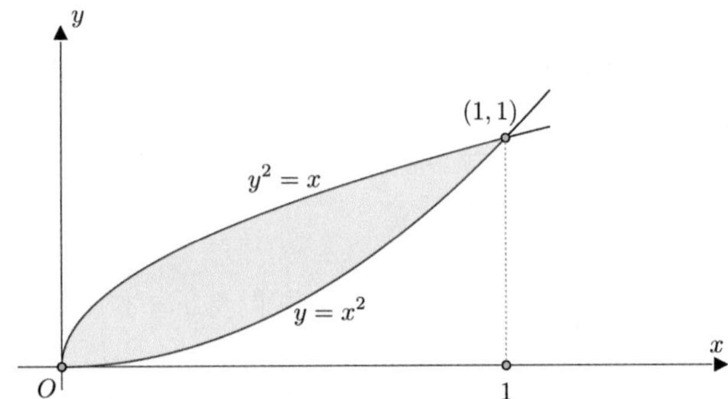

图 7.16 由 $y=x^2$ 及 $y^2=x$ 所围成的图形，交点为 $(0,0)$ 及 $(1,1)$

由图 7.16 可知，在区间 $[0,1]$ 上，$y^2=x$ 可改写为函数 $y=\sqrt{x}$，所以由 $y=x^2$ 及 $y^2=x$ 所围成的图形可视作由 $y=\sqrt{x}$、$y=x^2$、$x=0$ 及 $x=1$ 所围成，如图 7.17 所示。可知在区间 $[0,1]$ 上有 $\sqrt{x}\geqslant x^2$。

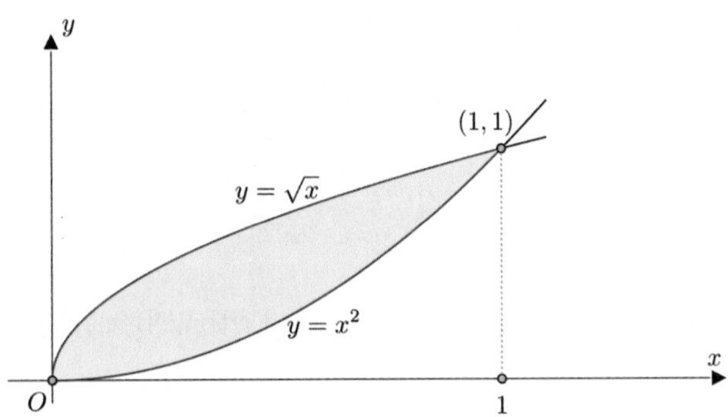

图 7.17 由 $y=\sqrt{x}$、$y=x^2$、$x=0$ 及 $x=1$ 所围成的图形

根据定义 58，所以由 $y=x^2$、$y^2=x$、$x=0$ 及 $x=1$ 所围成图形的面积 A 为：

$$A=\int_0^1|\sqrt{x}-x^2|\mathrm{d}x=\int_0^1(\sqrt{x}-x^2)\mathrm{d}x=\left[\frac{2}{3}x^{\frac{3}{2}}-\frac{x^3}{3}\right]_0^1=\frac{1}{3}$$

例 177. 请求出由 $y=\mathrm{e}^x$、$y=-\mathrm{e}^x$、$x=0$ 及 $x=1$ 所围成图形的面积。

解. 题目中的图形如图 7.18 所示，可知在区间 $[0,1]$ 上有 $\mathrm{e}^x\geqslant-\mathrm{e}^x$。

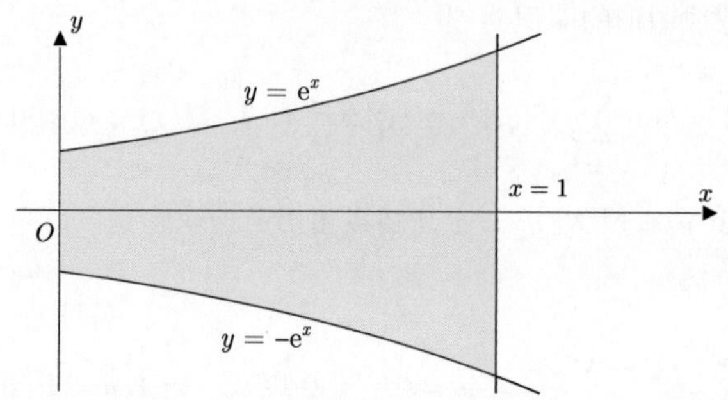

图 7.18 由 $y=\mathrm{e}^x$、$y=-\mathrm{e}^x$、$x=0$ 及 $x=1$ 所围成的图形

根据定义 58，所以由 $y=\mathrm{e}^x$、$y=-\mathrm{e}^x$、$x=0$ 及 $x=1$ 所围成图形的面积 A 为：

$$A=\int_0^1|\mathrm{e}^x-(-\mathrm{e}^x)|\mathrm{d}x=\int_0^1[\mathrm{e}^x-(-\mathrm{e}^x)]\mathrm{d}x=2\int_0^1\mathrm{e}^x\mathrm{d}x=2\left.\mathrm{e}^x\right|_0^1=2\mathrm{e}-2$$

例 178. 请求出由 $y=-x^2$ 及 $y=-2x+x^2$ 所围成图形的面积。

解. 先解下列方程组：

$$\begin{cases}y=-x^2\\y=-2x+x^2\end{cases}\implies x=0,y=0\text{ 以及 }x=1,y=-1$$

即这两条曲线的交点为 $(0,0)$ 以及 $(1,-1)$，所以其所围成的图形如图 7.19 所示，可知在区间 $[0,1]$ 上有 $-x^2\geqslant-2x+x^2$。

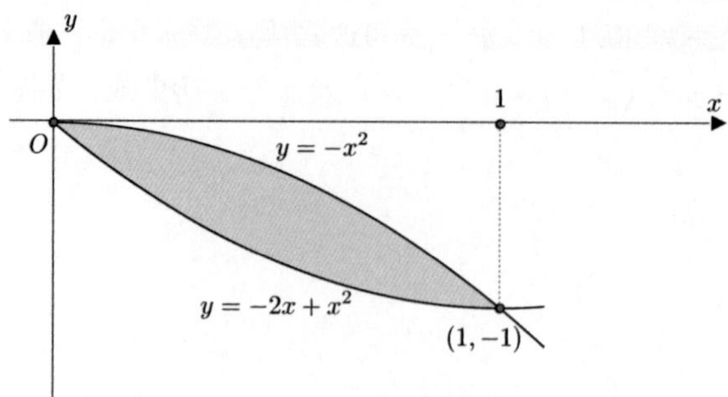

图 7.19 由 $y=-x^2$ 及 $y=-2x+x^2$ 所围成的图形

根据定义 58，所以由 $y=-x^2$ 及 $y=-2x+x^2$ 所围成图形的面积 A 为：

$$\begin{aligned}A&=\int_0^1|(-x^2)-(-2x+x^2)|\mathrm{d}x=\int_0^1[(-x^2)-(-2x+x^2)]\mathrm{d}x\\&=\int_0^1(2x-2x^2)\mathrm{d}x=\left[x^2-\frac{2}{3}x^3\right]_0^1=\frac{1}{3}\end{aligned}$$

例 179. 请求出由 $y=\sin x$、$y=\cos x$、$x=0$ 及 $x=\dfrac{\pi}{2}$ 所围成图形的面积。

解. 题目中的图形如图 7.20 所示，可知在区间 $\left[0,\dfrac{\pi}{4}\right]$ 上有 $\cos x\geqslant\sin x$，在区间 $\left[\dfrac{\pi}{4},\dfrac{\pi}{2}\right]$ 上有 $\sin x\geqslant\cos x$。

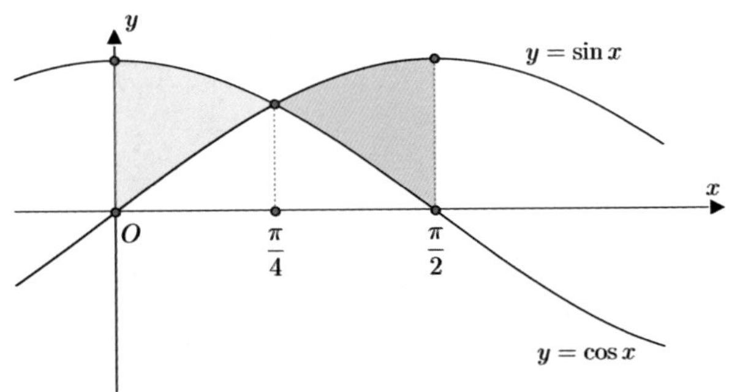

图 7.20 由 $y=\sin x$、$y=\cos x$、$x=0$ 及 $x=\dfrac{\pi}{2}$ 所围成的图形

根据定义 58，所以由 $y=\sin x$、$y=\cos x$、$x=0$ 及 $x=\dfrac{\pi}{2}$ 所围成图形的面积 A 为：

$$
\begin{aligned}
A&=\int_0^{\frac{\pi}{2}}|\cos x-\sin x|\mathrm{d}x=\int_0^{\frac{\pi}{4}}(\cos x-\sin x)\mathrm{d}x+\int_{\frac{\pi}{4}}^{\frac{\pi}{2}}(\sin x-\cos x)\mathrm{d}x\\
&=[\sin x+\cos x]_0^{\frac{\pi}{4}}+[-\cos x-\sin x]_{\frac{\pi}{4}}^{\frac{\pi}{2}}\\
&=\left(\frac{\sqrt{2}}{2}+\frac{\sqrt{2}}{2}-0-1\right)+\left(-0-1+\frac{\sqrt{2}}{2}+\frac{\sqrt{2}}{2}\right)=2\sqrt{2}-2
\end{aligned}
$$

例 180. 请求出由直线 $y=x-4$ 及抛物线 $y^2=2x$ 所围成图形的面积。

解. 有多种方法可以求出本题中要求的面积，下面来介绍其中的两种。

（1）解下列方程组：

$$
\begin{cases}y=x-4\\y^2=2x\end{cases}\implies x=2,y=-2\text{ 以及 }x=8,y=4
$$

即这两者的交点为 $(2,-2)$ 以及 $(8,4)$，据此可将所求面积拆为 A_1、A_2 及 A_3 三个部分，如图 7.21 所示。

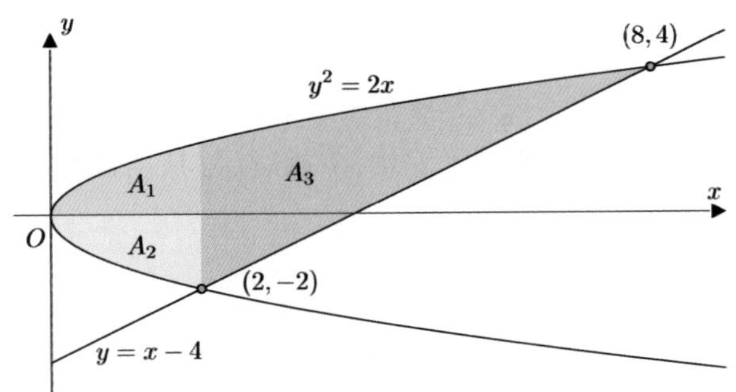

图 7.21 将直线 $y=x-4$ 及抛物线 $y^2=2x$ 所围成图形拆为 A_1、A_2、A_3 三部分

这三个部分的面积分别为：

- A_1 是函数 $y=\sqrt{2x}$ 在区间 $[0,2]$ 上的曲边梯形面积。
- 由于对称，有 $A_1=A_2$。
- A_3 是由 $y=\sqrt{2x}$、$y=x-4$、$x=2$ 以及 $x=8$ 所围成图形的面积，在区间 $[2,8]$ 上有 $\sqrt{2x}\geqslant x-4$。

所以由直线 $y=x-4$ 及抛物线 $y^2=2x$ 所围成图形的面积 A 为：

$$\begin{aligned}A&=A_1+A_2+A_3=2A_1+A_3=2\int_0^2\sqrt{2x}\mathrm{d}x+\int_2^8|\sqrt{2x}-(x-4)|\mathrm{d}x\\&=2\int_0^2\sqrt{2x}\mathrm{d}x+\int_2^8[\sqrt{2x}-(x-4)]\mathrm{d}x=2\left[\frac{1}{3}(2x)^{\frac{3}{2}}\right]_0^2+\left[\frac{1}{3}(2x)^{\frac{3}{2}}-\frac{x^2}{2}+4x\right]_2^8\\&=2\cdot\frac{8}{3}+\frac{38}{3}=18\end{aligned}$$

（2）或将所求面积视作由 $x=y+4$、$x=\dfrac{y^2}{2}$、$y=-2$ 及 $y=4$ 所围成图形的面积，如图 7.22 所示。

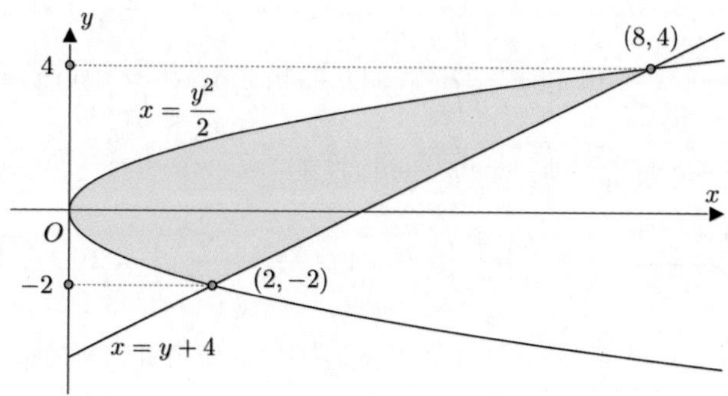

图 7.22 由 $x=y+4$、$x=\dfrac{y^2}{2}$、$y=-2$ 及 $y=4$ 所围成的图形

由图 7.22 可知，当 $-2\leqslant y\leqslant 4$ 时有 $y+4\geqslant\dfrac{y^2}{2}$。根据定义 58，所以要求的由 $x=y+4$、$x=\dfrac{y^2}{2}$、$y=-2$ 及 $y=4$ 所围成图形的面积 A 为：

$$A=\int_{-2}^4\left|(y+4)-\frac{y^2}{2}\right|\mathrm{d}y=\int_{-2}^4\left[(y+4)-\frac{y^2}{2}\right]\mathrm{d}y=\left[\frac{y^2}{2}+4y-\frac{y^3}{6}\right]_{-2}^4=18$$

例 181. 请求出椭圆 $\dfrac{x^2}{a^2}+\dfrac{y^2}{b^2}=1$ 的面积。

解. 如图 7.23 所示，该椭圆图形关于 x 轴、y 轴对称，所以其面积为 $A=4A_1$，其中 A_1 为该椭圆在第一象限的部分。

根据图 7.23 可知，在第一象限中，y 和 x 是隐函数，所以 $A_1=\displaystyle\int_0^a y\mathrm{d}x$。接下来运用定积分换元法求出 A_1，因为该椭圆的参数方程为

$$\begin{cases}x=a\cos t\\y=b\sin t\end{cases},\quad 0\leqslant t\leqslant 2\pi$$

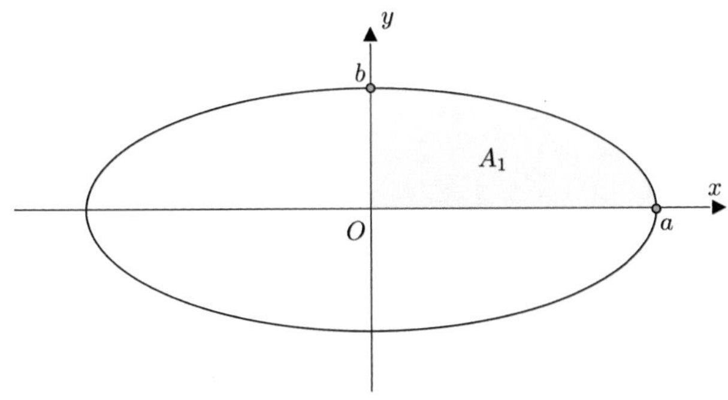

图 7.23 椭圆 $\frac{x^2}{a^2}+\frac{y^2}{b^2}=1$ 的图形

所以令 $x=a\cos t$，则 $y=b\sin t$，$\mathrm{d}x=-a\sin(t)\mathrm{d}t$，可推出：

$$当\ x=0\ 时，取\ t=\frac{\pi}{2}\ ；当\ x=a\ 时，取\ t=0$$

所以：

$$\begin{aligned}A=4A_1=4\int_0^a y\mathrm{d}x=4\int_{\frac{\pi}{2}}^0 b\sin t(-a\sin t)\mathrm{d}t=-4ab\int_{\frac{\pi}{2}}^0\sin^2 t\mathrm{d}t=4ab\int_0^{\frac{\pi}{2}}\sin^2 t\mathrm{d}t\\=4ab\int_0^{\frac{\pi}{2}}\frac{1-\cos(2t)}{2}\mathrm{d}t=ab\int_0^{\frac{\pi}{2}}1-\cos(2t)\mathrm{d}(2t)=ab\left[2t-\sin(2t)\right]_0^{\frac{\pi}{2}}=\pi ab\end{aligned}$$

在我们的《马同学图解线性代数》一书中，介绍了“如何通过行列式来推导椭圆面积”，其结果和上面一致，大家可以参考以及相互印证。

7.2.2 极坐标系下的面积

本节来学习极坐标系下的面积是如何定义的。

定义 59. 由 $\rho=\rho(\theta)$ 及两条射线 $\theta=\alpha$、$\theta=\beta$ 所围成的图形称为曲边扇形。

图 7.24 所示的就是某曲边扇形。

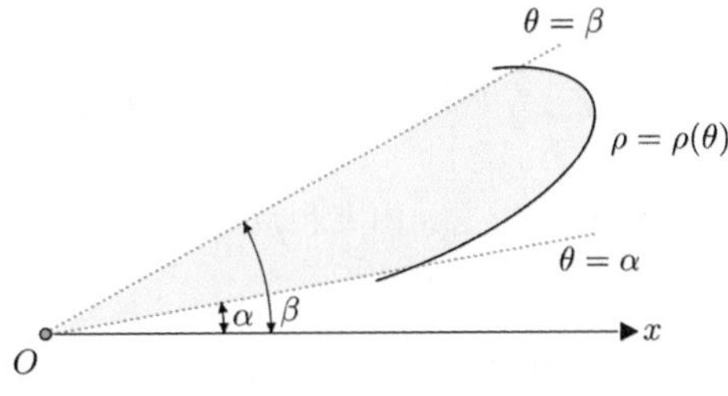

图 7.24 某曲边扇形

定义 60. 若极坐标函数 $\rho=\rho(\theta)$ 在区间 $[\alpha,\beta]$ 上连续，且有 $\rho(\theta)\geqslant 0$ 及 $0<\beta-\alpha\leqslant 2\pi$，则定义由 $\rho=\rho(\theta)$ 及两条射线 $\theta=\alpha$、$\theta=\beta$ 所围成的曲边扇形的面积 A 为：

$$A=\lim_{\lambda\to 0}\sum_{i=1}^n\frac{1}{2}[\rho(\xi_i)]^2\Delta\theta_i=\int_\alpha^\beta\frac{1}{2}\left[\rho(\theta)\right]^2\mathrm{d}\theta$$

举例说明定义 60。和曲边梯形类似，我们可通过小扇形的面积和来计算曲边扇形的面积，如图 7.25 所示。

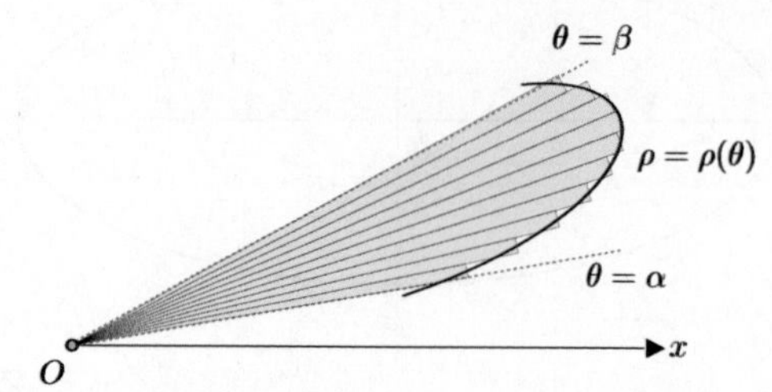

图 7.25　通过小扇形的面积和来逼近曲边扇形的面积

让我们观察一下其中的小扇形。把区间 $[\alpha,\beta]$ 任意分为 n 份，其中某子区间 $[\theta_{i-1},\theta_i]$ 的角度差为 $\Delta\theta_i=\theta_i-\theta_{i-1}$，作半径为 $\rho(\xi_i)$（$\xi_i\in[\theta_{i-1},\theta_i]$）、圆心角为 $\Delta\theta_i$ 的小扇形，如图 7.26 所示。

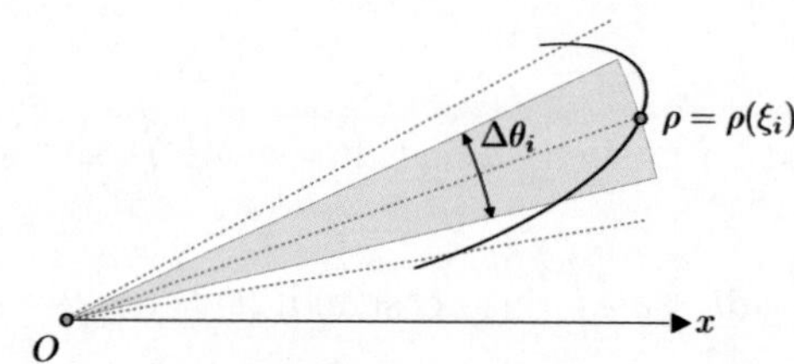

图 7.26　半径为 $\rho(\xi_i)$（$\xi_i\in[\theta_{i-1},\theta_i]$）、圆心角为 $\Delta\theta_i$ 的小扇形

该小扇形的面积为 $\frac{1}{2}[\rho(\xi_i)]^2\Delta\theta_i$①，所以在区间 $[\alpha,\beta]$ 上 n 个小扇形的面积和为如下黎曼和：

$$\sum_{i=1}^{n}\frac{1}{2}[\rho(\xi_i)]^2\Delta\theta_i$$

令 $\lambda=\max\{\Delta\theta_1,\Delta\theta_2,\cdots,\Delta\theta_n\}$，因 $\rho=\rho(\theta)$ 在区间 $[\alpha,\beta]$ 上连续，根据定理 78，所以 $\lambda\to0$ 时上述黎曼和的极限存在，即可积。所以定义由 $\rho=\rho(\theta)$ 及两条射线 $\theta=\alpha$、$\theta=\beta$ 所围成的曲边扇形的面积 A 为：

$$A=\lim_{\lambda\to0}\sum_{i=1}^{n}\frac{1}{2}[\rho(\xi_i)]^2\Delta\theta_i=\int_{\alpha}^{\beta}\frac{1}{2}[\rho(\theta)]^2\mathrm{d}\theta$$

例 182. 阿基米德螺线 $\rho=a\theta$，在 $a>0$ 上相应于 θ 从 0 到 2π 的一段弧与极轴所围成的图形如图 7.27 所示，请求出该图形的面积。

解. 所求面积可看作由 $\rho=a\theta$ 及 $\theta=0$、$\theta=2\pi$ 围成的曲边扇形的面积，根据定义 60，可知该面积 A 为：

$$A=\int_{\alpha}^{\beta}\frac{1}{2}[\rho(\theta)]^2\mathrm{d}\theta=\int_{0}^{2\pi}\frac{a^2}{2}\theta^2\mathrm{d}\theta=\frac{a^2}{2}\left[\frac{\theta^3}{3}\right]_0^{2\pi}=\frac{4}{3}\pi^3a^2$$

① 半径为 $\rho(\xi_i)$ 的圆的面积为 $\pi[\rho(\xi_i)]^2$，圆心角为 $\Delta\theta_i$ 的扇形面积为圆的面积的 $\frac{\Delta\theta_i}{2\pi}$，所以该扇形面积为 $\frac{1}{2}[\rho(\xi_i)]^2\Delta\theta_i$。

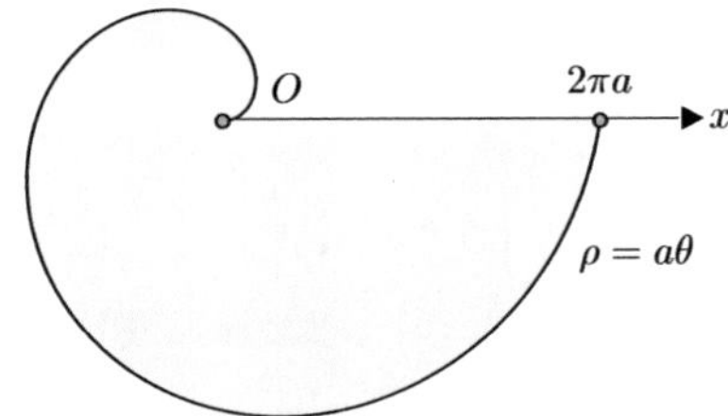

图 7.27 阿基米德螺线上相应于 θ 从 0 到 2π 的一段弧与极轴所围成的图形

例 183. 心形曲线 $\rho = a(1+\cos\theta), a > 0$ 围成的图形如图 7.28 所示，请求出该图形的面积。

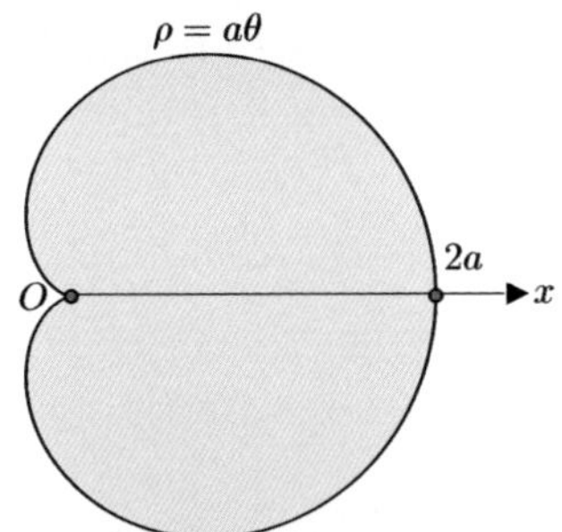

图 7.28 心形曲线围成的图形

解. 要求的面积可看作由 $\rho = a(1+\cos\theta), a > 0$ 及 $\theta = 0$、$\theta = 2\pi$ 围成的曲边扇形的面积，根据定义 60，可知该面积 A 为：

$$\begin{aligned}
A &= \int_{\alpha}^{\beta} \frac{1}{2}[\rho(\theta)]^2 \mathrm{d}\theta = \int_0^{2\pi} \frac{1}{2}a^2(1+\cos\theta)^2 \mathrm{d}\theta = \frac{a^2}{2}\int_0^{2\pi}(1+2\cos\theta+\cos^2\theta)\mathrm{d}\theta \\
&= \frac{a^2}{2}\int_0^{2\pi}\left[1+2\cos\theta+\frac{1+\cos(2\theta)}{2}\right]\mathrm{d}\theta = \frac{a^2}{2}\int_0^{2\pi}\left[\frac{3}{2}+2\cos\theta+\frac{\cos(2\theta)}{2}\right]\mathrm{d}\theta \\
&= \frac{a^2}{2}\left[\frac{3}{2}\theta+2\sin\theta+\frac{\sin(2\theta)}{4}\right]_0^{2\pi} = \frac{3}{2}\pi a^2
\end{aligned}$$

7.3 表面积与体积

除了平面图形的面积之外，还可通过定积分来定义一些空间曲面的表面积、体积，本节就来学习一下。

7.3.1 圆锥面的表面积

如图 7.29 所示，左图中的线段的头部在 x 轴上，其尾部与 x 轴的距离为 r，其长为 l。将该线段绕 x 轴旋转一周，得到的就是右图中的圆锥面（和圆锥体不一样，圆锥面没有底面），其底部半径为 r，母线长为 l。

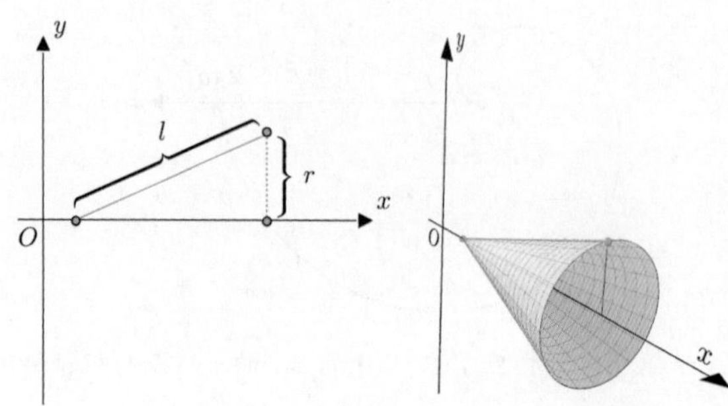

图 7.29 左图中的线段绕 x 轴旋转一周，得到的就是右图中的圆锥面

如图 7.30 所示，如果将该圆锥面从红色虚线处剪开，摊平后就得到右图中的扇形。很显然，该扇形的半径为 l，弧长为 $2\pi r$，其圆心角用 θ 来表示。

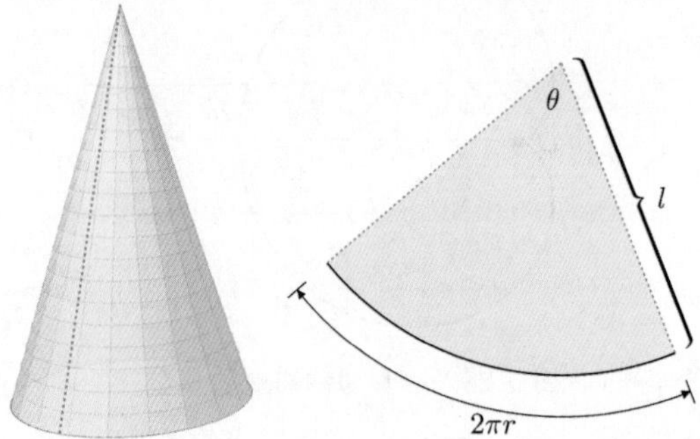

图 7.30 将左图中的圆锥面从红色虚线处剪开，摊平后就得到右图中的扇形

根据圆心角的定义 $\theta=\frac{\text{弧长}}{\text{半径}}=\frac{2\pi r}{l}$，结合上扇形面积公式，可计算出该扇形的面积 A 为：

$$A=\frac{1}{2}\times\text{半径的平方}\times\text{圆心角}=\frac{1}{2}l^2\theta=\frac{1}{2}l^2\left(\frac{2\pi r}{l}\right)=\pi rl$$

该扇形面积也称为上述圆锥面的展开面积，或者称为圆锥面的表面积。

7.3.2 圆台面的表面积

如图 7.31 所示，左图中的线段的头部与 x 轴的距离为 r_1，其尾部与 x 轴的距离为 r_2，其长为 l。将该线段绕 x 轴旋转一周，得到的就是右图中的圆台面（没有上下底面）。

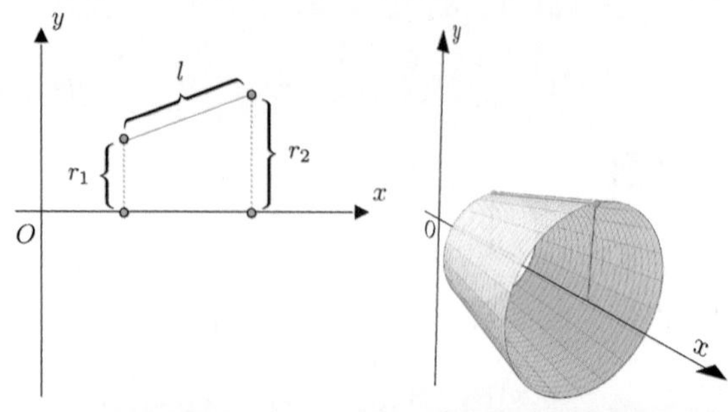

图 7.31 左图中的线段绕 x 轴旋转一周，得到的就是右图中的圆台面

如图 7.32 所示：

- 左图中的圆台面，可看作是在某圆锥面中去掉一个小圆锥面构成的。
- 右图是从该圆台面的红色虚线处剪开、摊平后得到的图形，可看作是在某扇形中去掉一个小扇形构成的，也称为扇环。该扇环的内弧长为 $2\pi r_1$，外弧长为 $2\pi r_2$，侧边长为 l。其圆心角用 θ 来表示，去掉的小扇形的母线长用 l_1 表示。

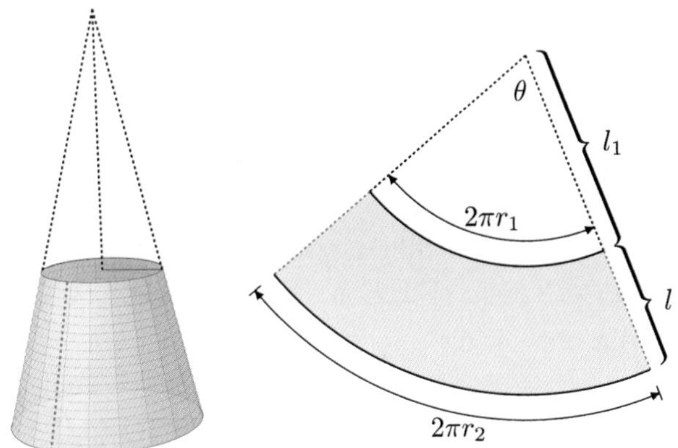

图 7.32 将左图中的圆台面从红色虚线处剪开，摊平后就得到右图中的扇环

根据圆心角的定义，可推出：

$$\theta = \frac{2\pi r_1}{l_1} = \frac{2\pi r_2}{l + l_1} \implies l_1 = \frac{r_1}{r_2 - r_1} l$$

又根据前面学习的扇形面积可知，小扇形的面积 $A_1 = \pi r_1 l_1$，大扇形的面积为 $A_2 = \pi r_2(l+l_1)$。结合上 $l_1 = \dfrac{r_1}{r_2 - r_1} l$，因此扇环的面积 A 为：

$$A = \text{大扇形面积} - \text{小扇形面积} = \pi r_2(l + l_1) - \pi r_1 l_1 = \pi(r_1 + r_2)l$$

该扇环面积也称为上述圆台面的展开面积，或者称为圆台面的表面积。

7.3.3 旋转面的表面积

用微信扫图 7.33 所示的二维码可观看本节的视频讲解。

图 7.33 扫码观看本节的视频讲解

如图 7.34 所示，左图是某函数 $f(x)$ 在区间 $[a, b]$ 上的曲线，右图所示的是将该函数绕 x 轴旋转一周得到的旋转面。

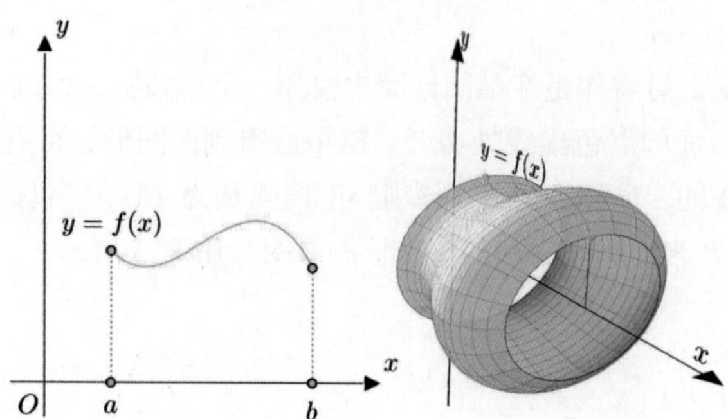

图 7.34 左图是某函数 $f(x)$ 在区间 $[a,b]$ 上的曲线，其绕 x 轴旋转一周得到右图所示的旋转面

满足一定条件时，该旋转面的表面积可定义如下。

定义 61. *若函数 $f(x)$ 在区间 $[a,b]$ 上光滑，则定义该函数在区间 $[a,b]$ 上的曲线绕 x 轴旋转一周所得的旋转面的表面积 A 为：*

$$A=\lim_{\lambda\to 0}\sum_{i=1}^{n}2\pi|f(\xi_i)|\sqrt{1+(f'(\xi_i))^2}\Delta x_i=\int_a^b 2\pi|f(x)|\underbrace{\sqrt{1+(f'(x))^2}\mathrm{d}x}_{\text{弧微分}\mathrm{d}s}$$

结合上弧微分，上式可简写为 $A=\int_a^b 2\pi|f(x)|\mathrm{d}s$。

举例解释一下定义 61。根据之前的学习可知，函数 $f(x)$ 在区间 $[a,b]$ 上的曲线可通过多个切线段来近似，这些切线段绕 x 轴旋转一周后可近似函数 $f(x)$ 的旋转面，如图 7.35 所示。

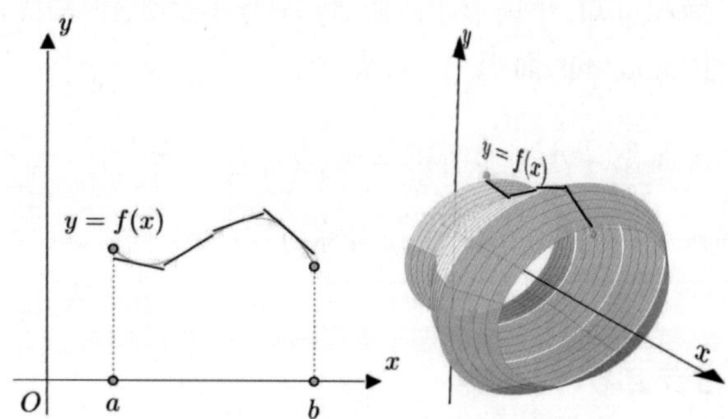

图 7.35 左图是函数 $f(x)$ 在区间 $[a,b]$ 上的多条切线段，其绕 x 轴旋转一周得到右图所示的旋转面

让我们观察一下其中的小切线段。把区间 $[a,b]$ 任意分为 n 个小区间，$[x_{i-1},x_i]$ 是其中的一个小区间：

- 图 7.36 的左图所示的是在某子区间 $[x_{i-1},x_i]$ 上、切点为 $\xi_i\in[x_{i-1},x_i]$ 点的小切线段。之前解释定义 57 的时候计算过，如果令 $\Delta x_i=x_i-x_{i-1}$，其长度 $\Delta s_i=\sqrt{1+(f'(\xi_i))^2}\Delta x_i$。
- 图 7.36 的右图所示的是该小切线段绕 x 轴旋转一周得到的小圆台面。
- 该圆台面的上底半径 r_1 为切线段左端点到 x 轴的距离，因为切线是曲线的最佳线性近似，所以可认为有 $r_1\approx|f(x_{i-1})|$。
- 该圆台面的下底半径 r_2 为切线段右端点到 x 轴的距离，同样的道理，可认为有 $r_2\approx|f(x_i)|$。

- 该圆台面的侧边长为 Δs_i。

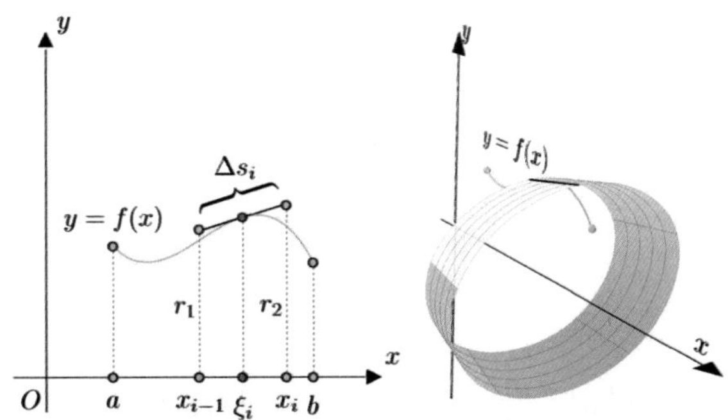

图 7.36 左图中的某小切线段绕 x 轴旋转一周，得到的就是右图中的圆台面

根据前面学习的圆台面的表面积公式，该小圆台面的表面积 A_i 为：

$$A_i = \pi(r_1 + r_2)l \approx \pi(|f(x_{i-1})| + |f(x_i)|)\Delta s_i$$

因为函数 $f(x)$ 在区间 $[a,b]$ 上是光滑的，因此函数 $f(x)$ 在区间 $[a,b]$ 上是连续的，所以在 Δx_i 足够小时，有 $f(x_{i-1}) \approx f(x_i) \approx f(\xi_i)$，所以上式可改写为：

$$A_i \approx \pi(|f(x_{i-1})| + |f(x_i)|)\Delta s_i \approx 2\pi|f(\xi_i)|\Delta s_i = 2\pi|f(\xi_i)|\sqrt{1 + (f'(\xi_i))^2}\Delta x_i$$

所以在区间 $[a,b]$ 上 n 个小圆台的表面积和为如下黎曼和：

$$\sum_{i=1}^{n} A_i \approx \sum_{i=1}^{n} 2\pi|f(\xi_i)|\sqrt{1 + (f'(\xi_i))^2}\Delta x_i$$

令 $\lambda = \max\{\Delta x_1, \Delta x_2, \cdots, \Delta x_n\}$，因为函数 $f(x)$ 在区间 $[a,b]$ 上是光滑的，根据定理 78，所以 $\lambda \to 0$ 时上述黎曼和的极限存在，也就是可积。所以定义该函数在区间 $[a,b]$ 上的曲线绕 x 轴旋转一周所得旋转面的表面积 A 为：

$$A = \lim_{\lambda \to 0} \sum_{i=1}^{n} 2\pi|f(\xi_i)|\sqrt{1 + (f'(\xi_i))^2}\Delta x_i = \int_a^b 2\pi|f(x)|\sqrt{1 + (f'(x))^2}\mathrm{d}x = \int_a^b 2\pi|f(x)|\mathrm{d}s$$

这里将圆台面的表面积及旋转面的表面积一起罗列如下：

$$\underbrace{A = \pi(r_1 + r_2)l,}_{\text{圆台面的表面积}} \quad \underbrace{A = \int_a^b 2\pi|f(x)|\mathrm{d}s}_{\text{旋转面的表面积}}$$

这两个公式其实大同小异：

- 在圆台面的表面积公式中有 $r_1 + r_2$，在旋转面的表面积公式中对应的是 $2|f(x)|$。这是因为函数 $f(x)$ 是光滑的，所以，上、下底半径近似相等，所以合二为一。
- 在圆台面的表面积公式中有 l，在旋转面的表面积公式中对应的是 $\mathrm{d}s$，两者表示的都是侧边长。

例 184. 如图 7.37 所示，左图是圆心在 $(R,0)$ 点、半径为 $r(r < R)$ 的圆，右图是将该圆绕 y 轴旋转一周后得到的旋转体，请求出该旋转体的表面积。

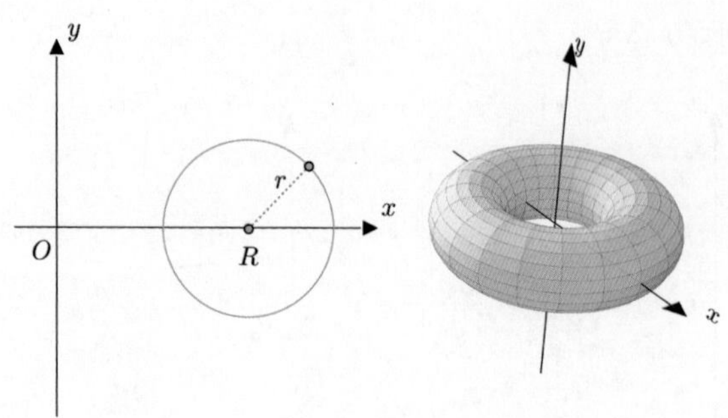

图 7.37 左图中的圆绕 y 轴旋转一周，得到的就是右图中的旋转体

解. 定义 61 给出的是函数 $f(x)$ 绕 x 轴旋转所得旋转面的表面积，而本题问的是圆（非函数）绕 y 轴旋转，因此在具体的细节上需要进行相应的修改。

（1）思路。作直线 $x = R$ 将圆分为左半圆和右半圆，其中左半圆用函数 $x = g(y)$ 来表示，右半圆用函数 $x = h(y)$ 来表示。左半圆旋转之后会得到如图 7.38 右图所示的旋转面，根据定义 61，其表面积 $A_1 = \int_{-r}^{r} 2\pi|g(y)|\mathrm{d}s$。

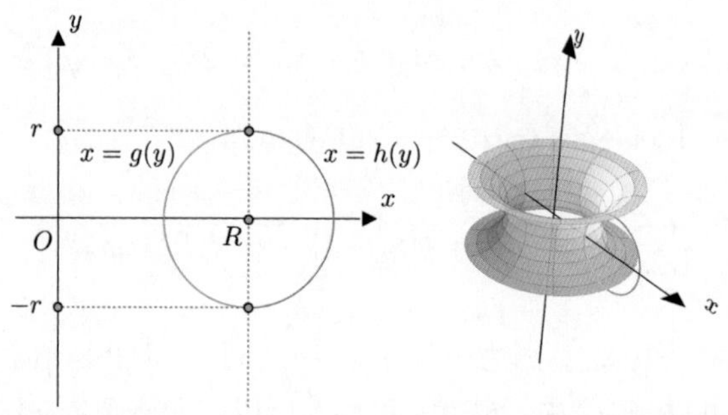

图 7.38 左图中的左半圆 $x = g(y)$ 绕 y 轴旋转一周，得到的就是右图中的旋转体

右半圆旋转之后会得到如图 7.39 右图所示的旋转面，根据定义 61，其表面积 $A_2 = \int_{-r}^{r} 2\pi|h(y)|\mathrm{d}s$。

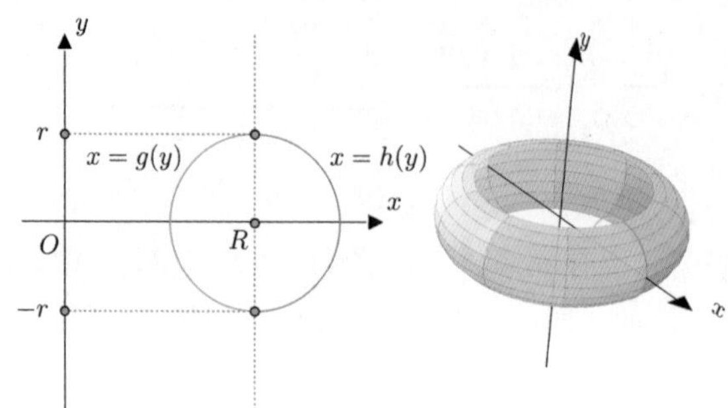

图 7.39 左图中的右半圆 $x = h(y)$ 绕 y 轴旋转一周，得到的就是右侧的旋转体

所以，对于题目中要求的旋转体的表面积 A，有 $A = A_1 + A_2$，下面是具体的计算。

（2）计算左半圆对应旋转面的表面积 A_1。因为左半圆的函数 $x=g(y)>0$，结合定义 61，以及弧微分 $\mathrm{d}s=\sqrt{1+(g'(y))^2}\mathrm{d}y$，所以有：

$$A_1=\int_{-r}^{r}2\pi|g(y)|\mathrm{d}s=\int_{-r}^{r}2\pi g(y)\sqrt{1+(g'(y))^2}\mathrm{d}y$$

其中 $g(y)=R-\sqrt{r^2-y^2}$ 以及 $g'(y)=\dfrac{y}{\sqrt{r^2-y^2}}$。根据牛顿-莱布尼茨公式，因此：

$$A_1=\int_{-r}^{r}2\pi g(y)\sqrt{1+(g'(y))^2}\mathrm{d}y=\int_{-r}^{r}2\pi(R-\sqrt{r^2-y^2})\sqrt{1+\left(\frac{y}{\sqrt{r^2-y^2}}\right)^2}\mathrm{d}y$$

$$=\int_{-r}^{r}2\pi(R-\sqrt{r^2-y^2})\frac{r}{\sqrt{r^2-y^2}}\mathrm{d}y=\int_{-r}^{r}\left(\frac{2\pi Rr}{\sqrt{r^2-y^2}}-2\pi r\right)\mathrm{d}y$$

$$=2\pi Rr\int_{-r}^{r}\frac{1}{\sqrt{r^2-y^2}}\mathrm{d}y-2\pi r\int_{-r}^{r}\mathrm{d}y=2\pi Rr\Big[\arcsin\frac{y}{r}\Big]_{-r}^{r}-2\pi r\Big[y\Big]_{-r}^{r}=2\pi^2Rr-4\pi r^2$$

（3）和（2）的方法类似，可算出右半圆对应旋转面的表面积 $A_2=2\pi^2Rr+4\pi r^2$。

（4）所以，题目中要求的旋转体的表面积 $A=A_1+A_2=4\pi^2Rr$。

7.3.4 旋转体的体积

还可通过定积分来定义体积。如图 7.40 所示，左图是由直线 $x=a$、$x=b$、$y=0$ 及 $y=f(x)$ 所围成的曲边梯形，右图是将该曲边梯形绕 x 轴旋转一周得到的旋转体。和旋转面相比，旋转体是实心的。

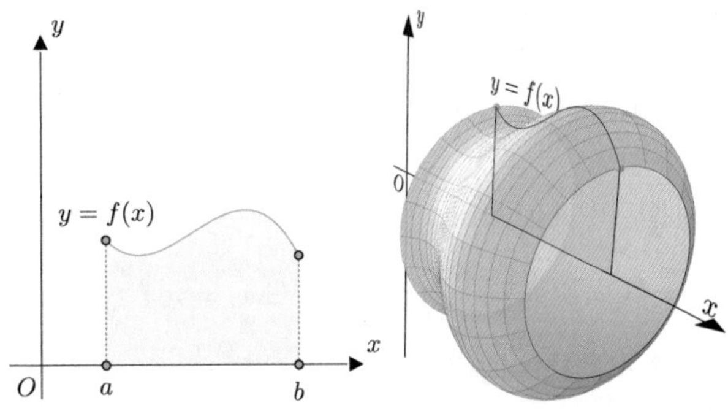

图 7.40 左图中的曲边梯形绕 x 轴旋转一周，得到的就是右图中的旋转体

满足一定条件时，该旋转体的体积可定义如下。

定义 62. 若函数 $f(x)$ 在区间 $[a,b]$ 上连续，则定义由直线 $x=a$、$x=b$、$y=0$ 及 $y=f(x)$ 所围成的曲边梯形绕 x 轴旋转一周而成的旋转体的体积 V 为：

$$V=\lim_{\lambda\to 0}\sum_{i=1}^{n}\pi[f(\xi_i)]^2\Delta x_i=\int_a^b\pi\,[f(x)]^2\,\mathrm{d}x$$

举例解释一下定义 62。根据之前的学习可知，曲边梯形可通过一系列小矩形来近似，这

些小矩形绕 x 轴旋转一周后可近似函数 $f(x)$ 的旋转体，如图 7.41 所示。

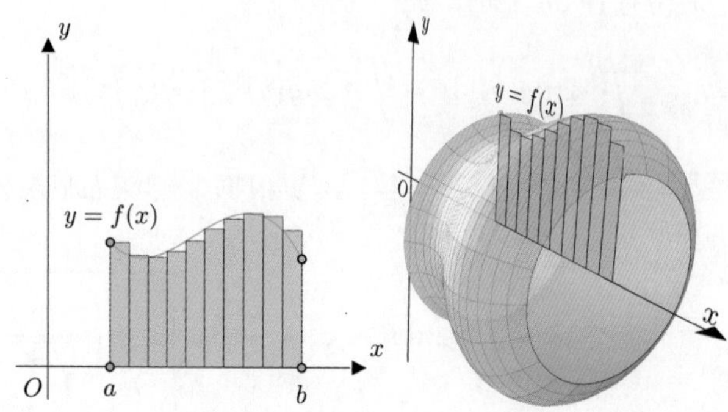

图 7.41 左图中的小矩形绕 x 轴旋转一周，得到的就是右图中的旋转体

让我们观察一下其中的小矩形。把区间 $[a,b]$ 任意分为 n 份，作以某子区间 $[x_{i-1},x_i]$ 为底、以 $\xi_i\in[x_{i-1},x_i]$ 为高的小矩形，将该小矩形绕 x 轴旋转一周会得到一个小圆柱，如图 7.42 所示。

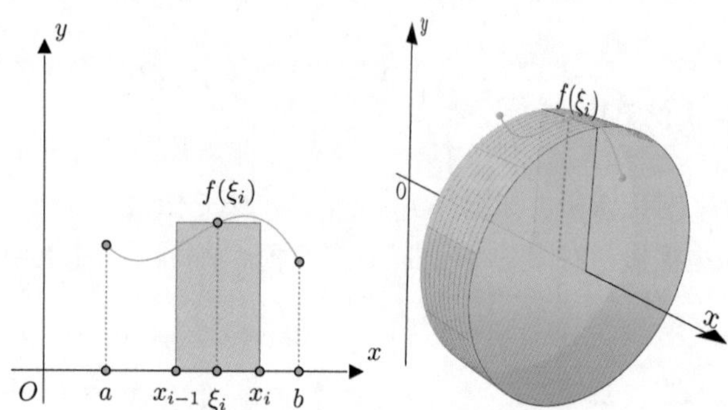

图 7.42 左图中的某小矩形绕 x 轴旋转一周，得到的就是右图中的小圆柱

令 $\Delta x_i=x_i-x_{i-1}$，根据高中几何知识，可知该小圆柱的体积 V_i 为：

$$V_i=\text{底面积}\times\text{高}=\pi[f(\xi_i)]^2\times\Delta x_i=\pi[f(\xi_i)]^2\Delta x_i$$

所以在区间 $[a,b]$ 上，n 个小圆柱的体积和为如下黎曼和：

$$\sum_{i=1}^{n}V_i=\sum_{i=1}^{n}\pi[f(\xi_i)]^2\Delta x_i$$

令 $\lambda=\max\{\Delta x_1,\Delta x_2,\cdots,\Delta x_n\}$，因为函数 $f(x)$ 在区间 $[a,b]$ 上连续，根据定理 78，所以 $\lambda\to 0$ 时上述黎曼和的极限存在，也就是可积。所以定义由直线 $x=a$、$x=b$、$y=0$ 及 $y=f(x)$ 所围成的曲边梯形绕 x 轴旋转一周而成的旋转体的体积 V 为：

$$V=\lim_{\lambda\to 0}\sum_{i=1}^{n}\pi[f(\xi_i)]^2\Delta x_i=\int_a^b\pi\,[f(x)]^2\,\mathrm{d}x$$

7.3.5 截面积已知的立体图形的体积

假设某立体图形的截面积为函数 $A(x)$，如图 7.43 所示。

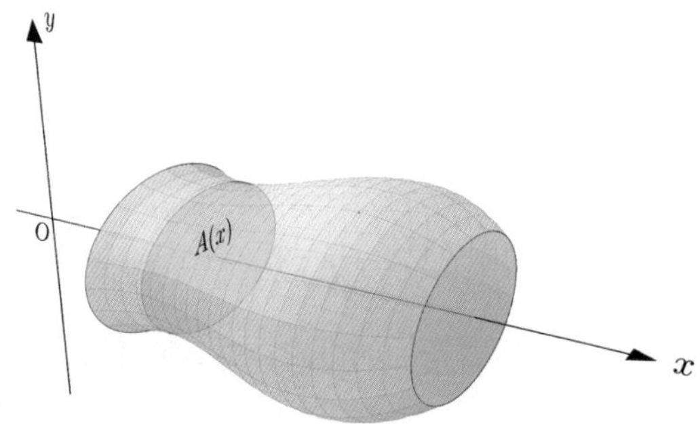

图 7.43 某立体图形的截面积为函数 $y = A(x)$

满足一定条件时，该立体图形的体积可定义如下。

定义 63. *若某立体图形在区间 $[a,b]$ 上的截面积为连续函数 $A(x)$，则定义该立体图形在区间 $[a,b]$ 上的体积 V 为：*

$$V = \lim_{\lambda \to 0} \sum_{i=1}^{n} A(x_i)\Delta x_i = \int_a^b A(x)\mathrm{d}x$$

举例解释一下定义 63。把区间 $[a,b]$ 任意分为 n 份，因为截面积函数 $A(x)$ 在区间 $[a,b]$ 上连续，所以该立体在足够小的子区间 $[x_{i-1},x_i]$ 上的截面积非常接近，所以这部分体积可近似于底面积为 $A(x_i)$、高为 $\Delta x_i = x_i - x_{i-1}$ 的小扁柱体。该小扁柱体在图 7.44 中用绿色标出。

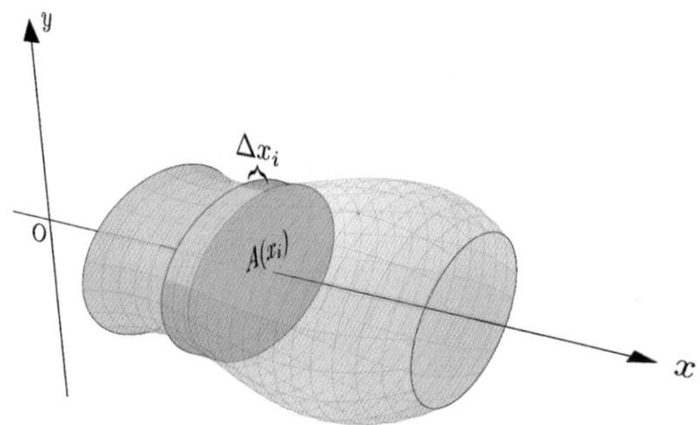

图 7.44 底面积为 $A(x_i)$、高为 $\Delta x_i = x_i - x_{i-1}$ 的小扁柱体

该小扁柱体的体积 $V_i = A(x_i)\Delta x_i$，所以在区间 $[a,b]$ 上 n 个小扁柱体的体积和为如下黎曼和：

$$\sum_{i=1}^{n} V_i = \sum_{i=1}^{n} A(x_i)\Delta x_i$$

令 $\lambda = \max\{\Delta x_1, \Delta x_2, \cdots, \Delta x_n\}$，因为截面积函数 $A(x)$ 在区间 $[a,b]$ 上连续，根据定理 78，所以 $\lambda \to 0$ 时上述黎曼和的极限存在，也就是可积。所以定义上述几何体在区间 $[a,b]$ 上的

体积 V 为：

$$V=\lim_{\lambda\to 0}\sum_{i=1}^{n}A(x_i)\Delta x_i=\int_a^b A(x)\mathrm{d}x$$

7.4 定积分在物理中的应用

本章前面学习了如何计算弧长、面积、表面积、体积等，这里可以总结如下：

- 明确要研究的对象，寻找某黎曼和 $\sum_{i=1}^{n}f(\xi_i)\Delta x_i$ 来近似该对象。
- 若 $f(x)$ 连续，则 $\lambda\to 0$ 时上述黎曼和的极限存在，要研究的对象可定义为该极限，即如下定积分：

$$\int_a^b f(x)\mathrm{d}x=\lim_{\lambda\to 0}\sum_{i=1}^{n}f(\xi_i)\Delta x_i$$

上述方法可以运用到各个领域，比如本节将要学习的物理领域。

7.4.1 变力沿直线做功

如图 7.45 所示，用平行于 x 轴的恒力 F 推动蓝色方块，使其发生位移 s。

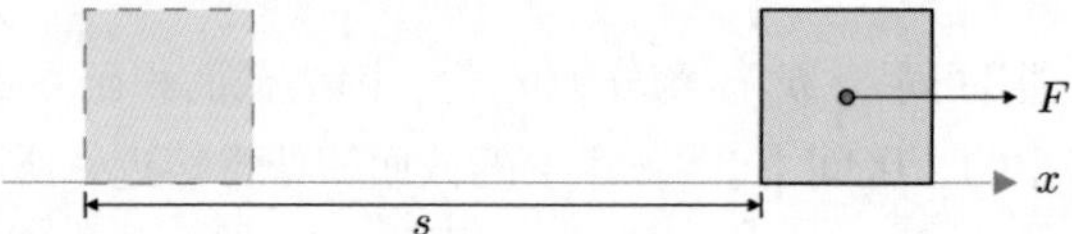

图 7.45 用平行于 x 轴的恒力 F 推动蓝色方块，使其发生位移 s

根据高中物理知识，此时恒力 F 对物体所做的功 $W=F\cdot s$。若引入 xy 坐标系，其中 x 轴表示的是方块所在的位置，y 轴表示的是对应位置施加在方块上的水平力的大小，那么 $W=F\cdot s$ 的几何意义就是图 7.46 中矩形的面积。

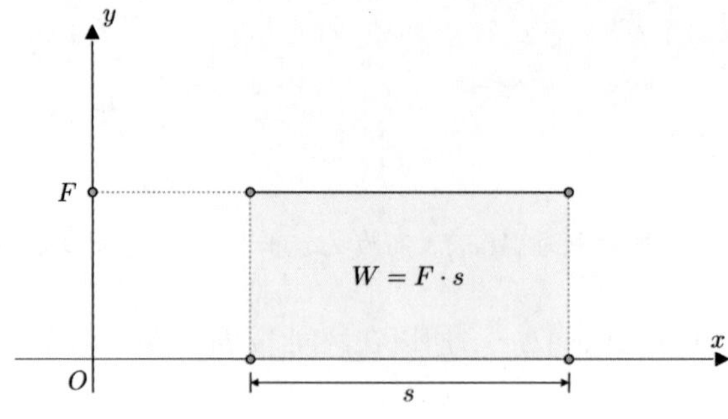

图 7.46 恒力 F 对物体所做的功 $W=F\cdot s$

恒力做功处理起来很容易，下面重点说一下变力做功。在图 7.47 中有一个由弹簧拉着的蓝色矩形块，由于弹簧的存在，所以用平行于 x 轴的变力 F 推动该蓝色矩形块，使其发生位移 s。

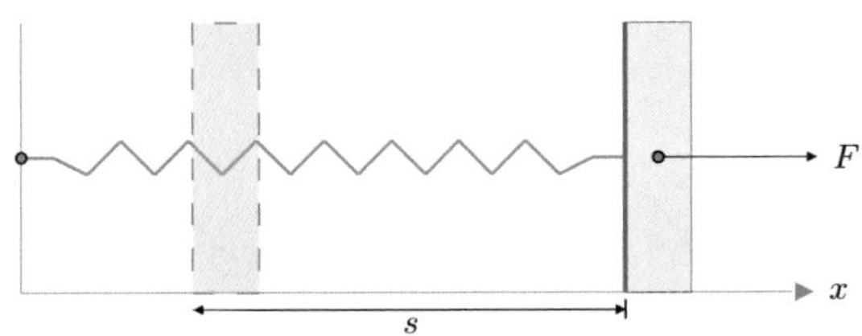

图 7.47 用平行于 x 轴的变力 F 推动蓝色矩形块，使其发生位移 s

下面来计算一下上述过程中所做的功。设初始位置为 $x=a$ 点，终止位置为 $x=b$ 点，满足 $b-a=s$；变力用函数 $F(x)$ 来表示，如图 7.48 所示（为了方便观察将弹簧去掉）。

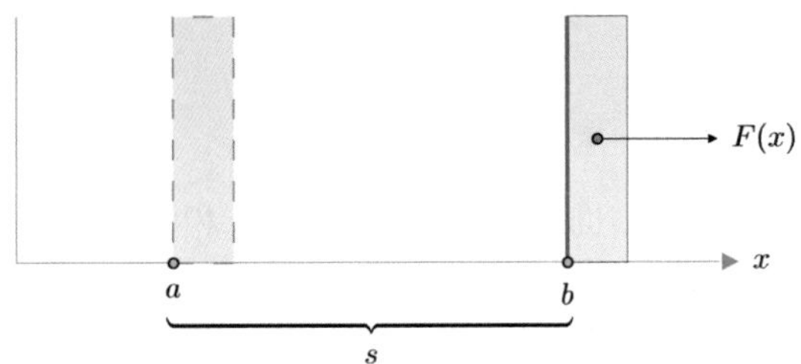

图 7.48 在变力 $F(x)$ 的作用下，蓝色矩形块始于 $x=a$ 点、止于 $x=b$ 点

把区间 $[a,b]$ 任意分为 n 份，若函数 $F(x)$ 在区间 $[a,b]$ 上连续，那么可认为在较小的某子区间 $[x_{i-1},x_i]$ 上，蓝色矩形块所受的力为恒力 $F(\xi_i)$（$\xi_i\in[x_{i-1},x_i]$），如图 7.49 所示。

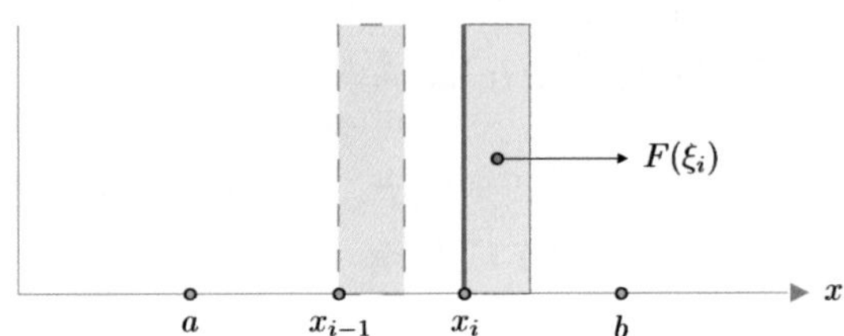

图 7.49 在子区间 $[x_{i-1},x_i]$ 上，作用在蓝色矩形块上的力近似为恒力 $F(\xi_i)$

令 $\Delta x_i=x_i-x_{i-1}$，则在该子区间 $[x_{i-1},x_i]$ 上所做的功 W_i 为：

$$W_i\approx F(\xi_i)\cdot(x_i-x_{i-1})=F(\xi_i)\Delta x_i$$

将 n 个子区间所做的功相加，得到在区间 $[a,b]$ 上所做的功 W 为如下黎曼和：

$$W=\sum_{i=1}^{n}W_i\approx\sum_{i=1}^{n}F(\xi_i)\Delta x_i$$

令 $\lambda=\max\{\Delta x_1,\Delta x_2,\cdots,\Delta x_n\}$，因为函数 $F(x)$ 在区间 $[a,b]$ 上连续，根据定理 78，所以 $\lambda\to 0$ 时上述黎曼和的极限存在，也就是可积，所以：

$$W=\lim_{\lambda\to 0}\sum_{i=1}^{n}F(\xi_i)\Delta x_i=\int_a^b F(x)\mathrm{d}x$$

如果用 xy 坐标系来表示的话，那么 $W=\int_a^b F(x)\mathrm{d}x$ 的几何意义就是图 7.50 中的曲边梯形面积。

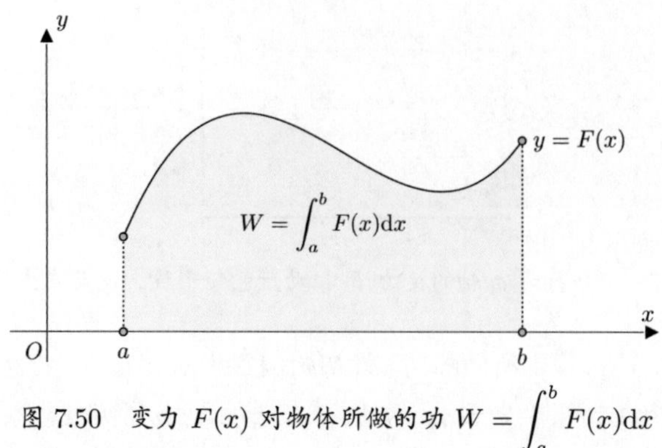

图 7.50 变力 $F(x)$ 对物体所做的功 $W=\int_a^b F(x)\mathrm{d}x$

7.4.2 水压力

之前的分析比较烦琐，下面借助例子介绍一种本质上相同但简化一些的方法。

例 185. 若液体密度为 ρ，则在液深 h 处，某点的压强 $p=\rho gh$，其中 g 为重力加速度，如图 7.51 所示。

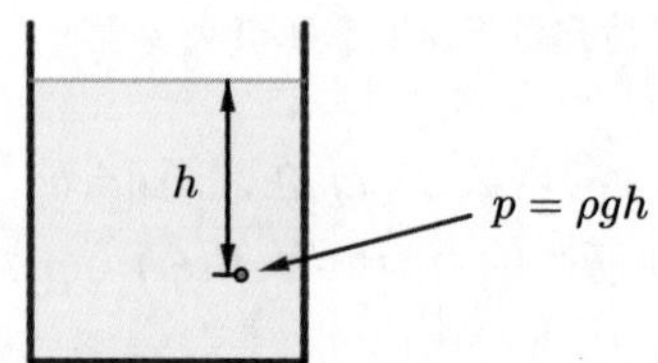

图 7.51 在液深 h 处，某点的压强 $p=\rho gh$

若液深 h 处水平漂浮着一块面积为 A 的板子，该板子处处受到的压强皆为 $p=\rho gh$，所以其受到的压力 $P=pA=\rho ghA$，如图 7.52 所示。

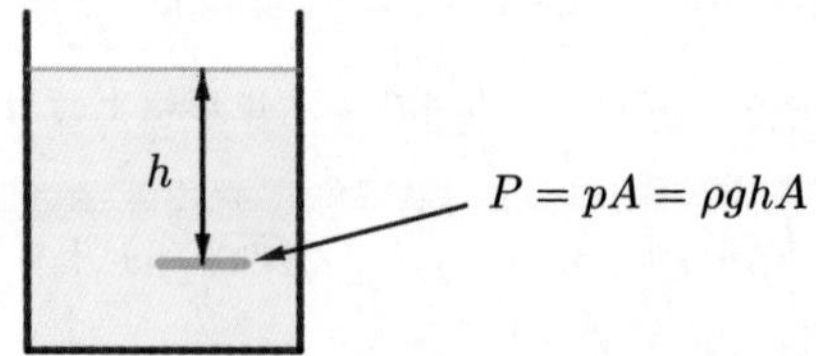

图 7.52 在液深 h 处、面积为 A 的板子，其受到的压力 $P=pA=\rho ghA$

请问，如图 7.53 所示，垂直淹没在该液体中的等腰三角形板受到的压力为多少？

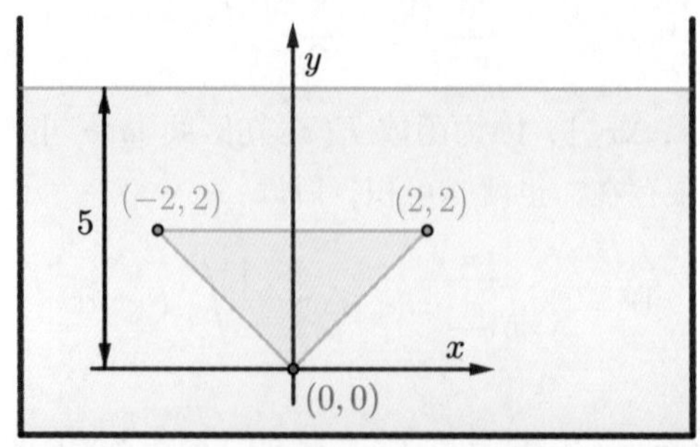

图 7.53 垂直淹没在液体中的等腰三角形板

解. 作 y 轴上某点 $(0, y)$ 附近的矩形窄条，如图 7.54 所示。

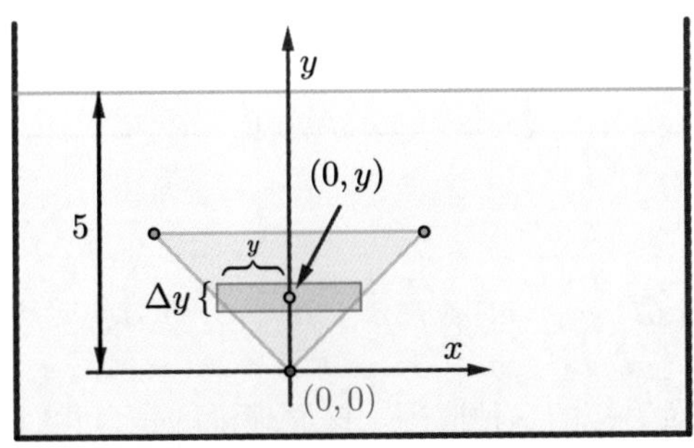

图 7.54 y 轴上某点 $(0, y)$ 附近的矩形窄条

根据图 7.54 的标注可知，该矩形窄条长为 $2y$，宽为 Δy，可近似认为此窄条上的压强恒定为 $\rho g(5-y)$，所以其受到的压力 ΔP 为：

$$\Delta P \approx \underbrace{\rho g(5-y)}_{\text{压强}} \times \underbrace{(2y)}_{\text{长}} \times \underbrace{\Delta y}_{\text{宽}}$$

所以整块三角形板受到的压力 P 可通过定积分计算如下：

$$\begin{aligned} P &= \int_0^2 [\rho g(5-y) \times (2y)]\mathrm{d}y = \int_0^2 (10\rho g y - 2\rho g y^2)\mathrm{d}y = \left[5\rho g y^2 - \frac{2}{3}\rho g y^3\right]_0^2 \\ &= 20\rho g - \frac{16}{3}\rho g = \frac{44}{3}\rho g \end{aligned}$$

7.4.3 力矩与质心

图 7.55 中的玩具可以保持动态平衡，原因是玩具小人的腿是整个玩具的质心。

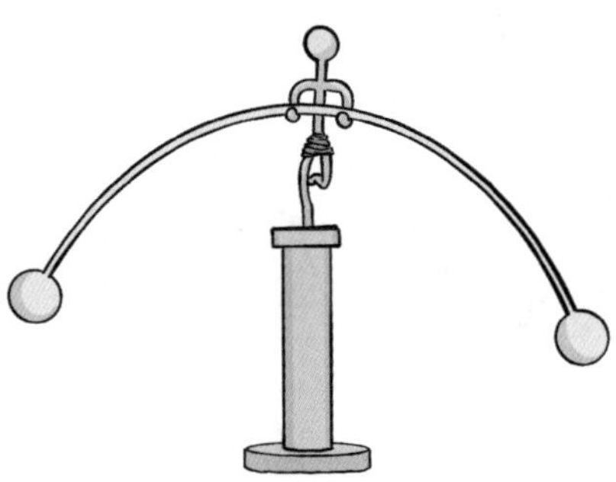

图 7.55 可以保持平衡的玩具小人

下面就来介绍什么是质心，让我们从力矩说起。假设有质量为 m_1、m_2 的两个物体被安放在一根刚性的 x 轴上，支点架设在原点处，如图 7.56 所示。

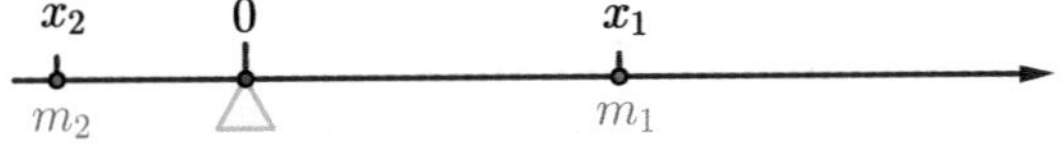

图 7.56 安放在刚性的 x 轴上的物体 m_1、m_2

此时物体 m_1、m_2 受到重力加速度 g 的影响，会分别产生 m_1x_1g、m_2x_2g 的力矩，如图 7.57 所示。

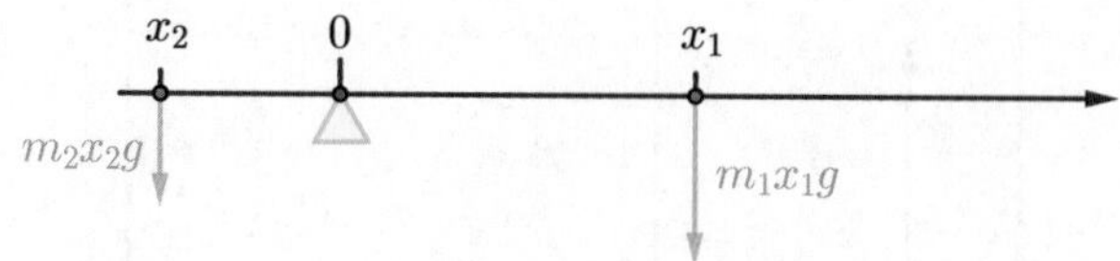

图 7.57　m_1、m_2 分别产生 m_1x_1g、m_2x_2g 的力矩

著名的杠杆原理就是对力矩的一种应用。该原理说的是，我们可通过调整支点使杆子达到平衡。比如像图 7.58 一样，将支点调整到 $\overline{x}$ 点时杆子可达到平衡，该平衡点也称为质心。

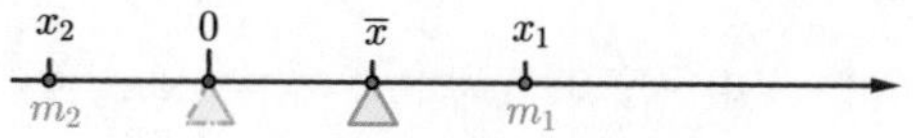

x_2　0　$\overline{x}$　x_1

m_2　　　　m_1

图 7.58　平衡点 $\overline{x}$ 也称为质心

此时 $\overline{x}$ 点两侧的力矩相互抵消，由此可推出质心 $\overline{x}$ 点的值：

$$m_1(x_1 - \overline{x})g + m_2(x_2 - \overline{x})g = 0 \implies \overline{x} = \frac{m_1x_1 + m_2x_2}{m_1 + m_2}$$

更一般地，如果杆子上有质量为 $m_1, m_2, \cdots, m_i, \cdots$ 的点，所在位置分别是 $x_1, x_2, \cdots, x_i, \cdots$，那么质心 $\overline{x}$ 点的计算公式如下：

$$\overline{x} = \frac{\sum m_ix_i}{\sum m_i}$$

顺便说一下，杠杆原理是阿基米德提出的。根据该原理，阿基米德说出了图 7.59 的图题所示的惊世骇俗的名言。

图 7.59　给我一个支点和一根足够长的杆子，我就可以撬动整个地球

上面的质心计算是基于杆子上放置的是一个个离散的质点的，如果要计算前面提到的动态平衡玩具的质心，需要把刚才的概念从离散推广到连续。下面通过一道例题来讲解。

例 186. 假设沿 x 轴在区间 $[a, b]$ 上放置着一根细长的金属条，如图 7.60 所示。其线密度函数 $\mu(x)$ 在区间 $[a, b]$ 上连续，请求出该金属条的质心 $\overline{x}$。

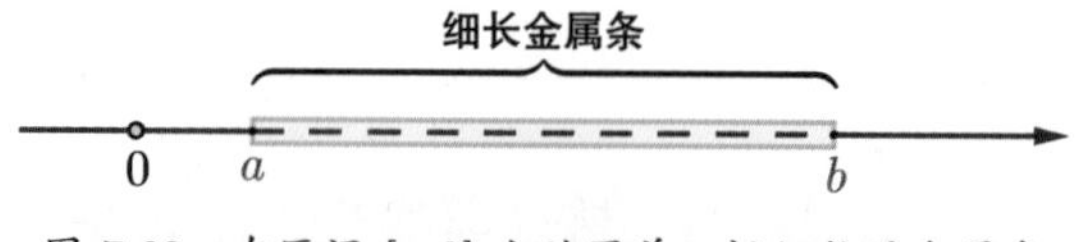

图 7.60　在区间 $[a, b]$ 上放置着一根细长的金属条

解. 以 x 点为中心作长度为 Δx 的红色细长条，其中 $x\in[a,b]$，如图 7.61 所示。

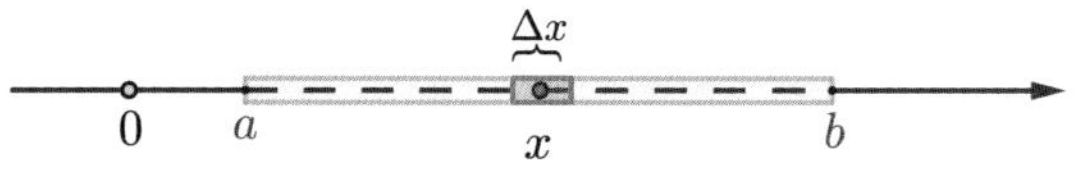

图 7.61 以 x 点为中心作长度为 Δx 的红色细长条

因为金属条的线密度函数 $\mu(x)$ 在区间 $[a,b]$ 上连续，所以该红色细长条的质量 $\Delta m\approx\mu(x)\Delta x$。又因为该红色细长条可近似为在 x 点的质点，该质点与质心 $\overline{x}$ 相距 $x-\overline{x}$，故该红色细长条的关于质心 $\overline{x}$ 的力矩 $\Delta\tau$ 为：

$$\Delta\tau\approx g(x-\overline{x})\Delta m\approx g(x-\overline{x})\mu(x)\Delta x$$

根据定积分的思想，比对离散时的质心公式，很容易把质心概念从离散推广到连续：

$$\overline{x}=\frac{\displaystyle\int_a^b x\mu(x)\mathrm{d}x}{\displaystyle\int_a^b \mu(x)\mathrm{d}x}$$

在质心 $\overline{x}$ 处架设支点，如图 7.62 所示，该金属条可以保持平衡。

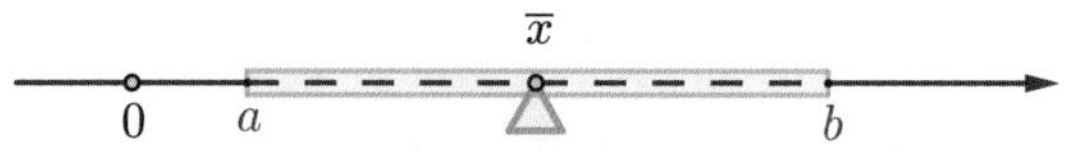

图 7.62 在质心 $\overline{x}$ 处架设支点，该金属条可以保持平衡

7.4.4 万有引力

万有引力说的是，质量为 m_1、m_2 的两物体之间会有一个大小相等、方向相反的吸引力，如图 7.63 所示。

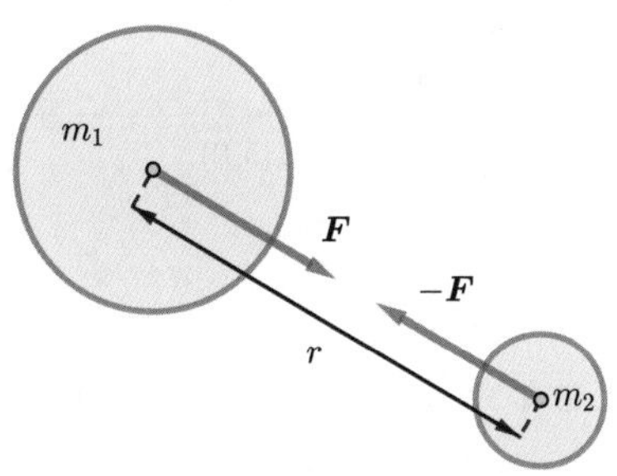

图 7.63 质量为 m_1 和 m_2 的物体之间会有一个大小相等、方向相反的吸引力

若将上述两物体看作质点，则两者之间的引力大小为 $F=G\dfrac{m_1m_2}{r^2}$，其中 G 是引力系数。下面来看一道与引力相关的例题。

例 187. 如图 7.64 所示，某线密度为 μ 的均匀细直棒沿 y 轴放置在 $[-a,a]$ 区间上。① 又在 $(b,0)$ 点处有一质量为 m 的质点 M，请求出该细直棒对质点 M 的引力。

① 这里为了展示方便画上了宽度，实际上是没有的。

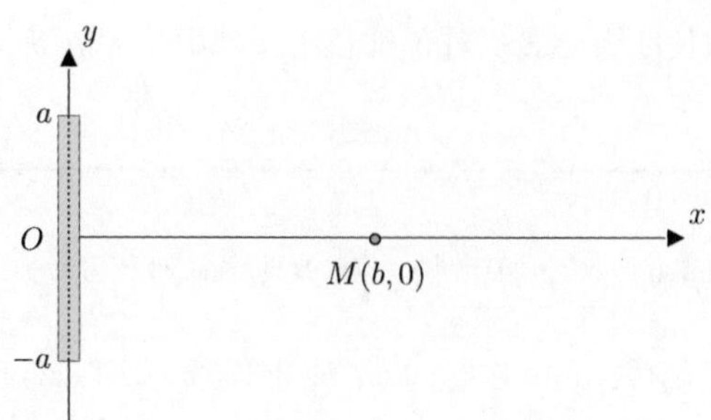

图 7.64 某均匀细直棒沿 y 轴放置在 $[-a,a]$ 区间上，质点 M 在 $(b,0)$ 点处

解. 以 $(0,y)$ 点为中心作长度为 Δy 的红色小矩形，其中 $y\in[a,b]$，如图 7.65 所示。结合上细直棒的线密度为 μ，可以算出该红色小矩形的质量 $\Delta m=\mu\Delta y$。

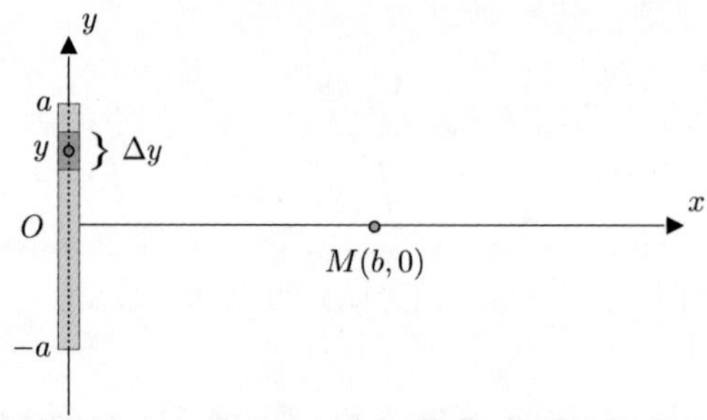

图 7.65 以 $(0,y)$ 点为中心作长度为 Δy 的红色小矩形

若将红色小矩形看作位置在 $(0,y)$ 的质点 N，那么可计算出质点 N 与质点 M 的距离为 $r=\sqrt{b^2+y^2}$；质点 N 对质点 M 的引力可用向量 $\boldsymbol{F}$ 表示，其在质点 N 与质点 M 的连线上，如图 7.66 所示。

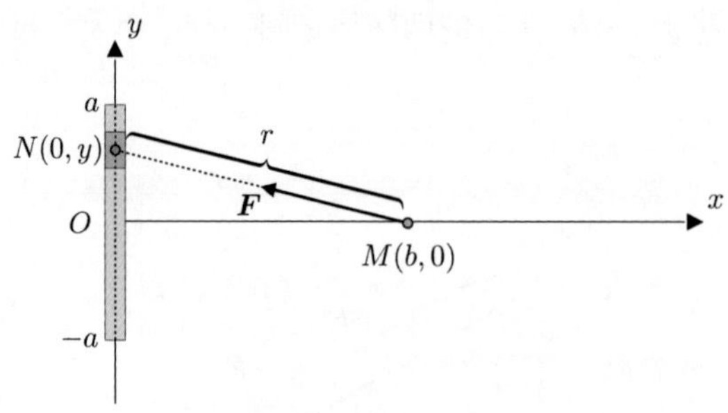

图 7.66 将红色小矩形看作位置在 $(0,y)$ 的质点 N，质点 N 与质点 M 之间的万有引力为 $\boldsymbol{F}$

因此红色小矩形对质点 M 的引力可近似看作质点 N 对质点 M 的引力，根据上面介绍的万有引力公式，其大小 $\Delta F\approx G\dfrac{m\Delta m}{r^2}=G\dfrac{m\mu\Delta y}{b^2+y^2}$，所以红色小矩形对质点 M 的引力在 x 轴方向的分力 ΔF_x 为：

$$\Delta F_x=\Delta F\cdot(-\frac{b}{r})\approx -G\frac{m\mu\Delta y}{b^2+y^2}\cdot\frac{b}{\sqrt{b^2+y^2}}=-\frac{Gbm\mu\Delta y}{(b^2+y^2)^{\frac{3}{2}}}$$

所以细直棒对质点 M 的引力在 x 轴方向的分力 $F_x=-\displaystyle\int_{-a}^{a}\frac{Gbm\mu}{(b^2+y^2)^{\frac{3}{2}}}\mathrm{d}y$，这里通过不定积

分的第二类换元法计算其中的不定积分，令 $y=b\tan t,-\frac{\pi}{2}<t<\frac{\pi}{2}$，有：

$$
\begin{aligned}
-\int \frac{Gbm\mu}{(b^2+y^2)^{\frac{3}{2}}}\mathrm{d}y &= -\int \frac{Gbm\mu}{(b^2+(b\tan t)^2)^{\frac{3}{2}}}\mathrm{d}(b\tan t) = -\int \frac{Gbm\mu}{b^3\sec^3 t}\cdot b\sec^2 t\mathrm{d}t \\
&= -\int \frac{Gm\mu}{b\sec t}\mathrm{d}t = -\frac{Gm\mu}{b}\int \cos t\mathrm{d}t = -\frac{Gm\mu}{b}\cdot\sin t + C
\end{aligned}
$$

由于 $y=b\tan t,-\frac{\pi}{2}<t<\frac{\pi}{2}$，所以 $\tan t=\frac{y}{b}$，据此作辅助三角形，如图 7.67 所示。

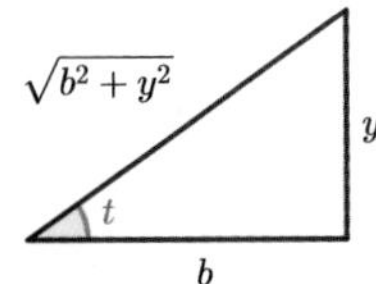

图 7.67 $\tan t=\frac{y}{b}$ 的三角形

由于 $\sin t = \frac{y}{\sqrt{b^2+y^2}}$，所以 $-\int \frac{Gbm\mu}{(b^2+y^2)^{\frac{3}{2}}}\mathrm{d}y = -\frac{Gm\mu}{b}\cdot\sin t + C = -\frac{Gm\mu}{b}\cdot \frac{y}{\sqrt{b^2+y^2}}+C$，因此根据牛顿-莱布尼茨公式，有：

$$
\begin{aligned}
F_x &= -\int_{-a}^{a}\frac{Gbm\mu}{(b^2+y^2)^{\frac{3}{2}}}\mathrm{d}y = -\frac{Gm\mu}{b}\cdot\left[\frac{y}{\sqrt{b^2+y^2}}\right]_{-a}^{a} \\
&= -\frac{Gm\mu}{b}\cdot\left(\frac{a}{\sqrt{b^2+a^2}}-\frac{-a}{\sqrt{b^2+a^2}}\right) = -\frac{2aGm\mu}{b\sqrt{b^2+a^2}}
\end{aligned}
$$

由于细直棒关于 x 轴对称，所以 $(0,y)$ 点和 $(0,-y)$ 点对质点 M 在 y 轴方向上的分力会互相抵消，所以细直棒对质点 M 的引力在 y 轴方向的分力 $F_y=0$。

第 8 章　微分方程

之前的章节学习了根据函数 $f(x)$ 求出其导函数 $f'(x)$，或者反过来，如图 8.1 所示。

$$f(x) \underset{\text{求原函数}}{\overset{\text{求导}}{\rightleftarrows}} f'(x)$$

图 8.1　函数 $f(x)$ 与导函数 $f'(x)$

这两者组合起来可构成数学中的一大分支，也就是本章要学习的微分方程。先来看看它的定义。

8.1　微分方程的基本概念

用微信扫图 8.2 所示的二维码可观看本节的视频讲解。

图 8.2　扫码观看本节的视频讲解

8.1.1　微分方程的定义

定义 64. n 阶微分方程的形式是：

$$F(x, y, y', \cdots, y^{(n)}) = 0$$

在上述方程中，$y^{(n)}$ 是必须出现的，而 $x, y, y', \cdots, y^{(n-1)}$ 等变量则可以不出现。

比如下面分别是三阶、四阶微分方程：

$$x^3y^{(3)}x^2y'' - 4y = 3x^2, \quad y^{(4)} - 10y'' + 5y + 11x - 12 = \sin x$$

微分方程在各个学科中都很常见，下面来看两道物理学中的例题。

例 188. 如图 8.3 所示，质量 $m = 1\text{kg}$ 的蓝色方块静止于水平面上。从 $t = 0$ 时刻开始，该方块受到水平方向的力 F，该力的大小为 $|F| = 2t$。忽略地面的摩擦力，请求出该蓝色方块在 t 时刻的瞬时速度 v。

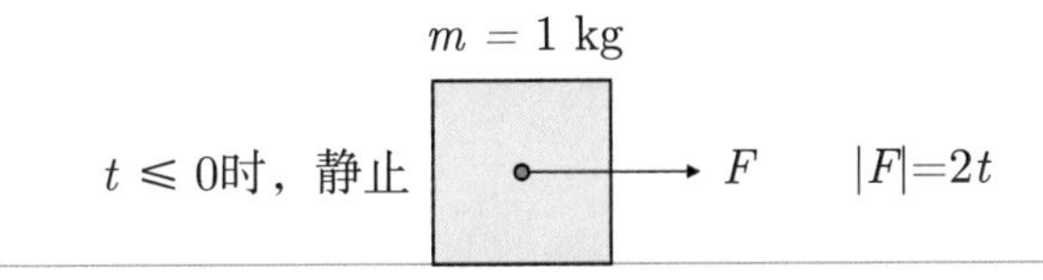

图 8.3 受到水平力 F 的蓝色方块

解.（1）中学就学习过牛顿第二定理 $F = ma$，公式中的 a 为加速度，其为速度 v 的导函数，即有 $a = v'$，所以根据题目中的条件可得如下微分方程：

$$|F| = ma \implies 2t = 1 \cdot v' \implies v' = 2t$$

根据基本积分表中的 $\int x^n \mathrm{d}x = \frac{x^{n+1}}{n+1} + C$，即可求出：

$$v' = 2t \implies v = \int 2t\mathrm{d}t \implies v = t^2 + C$$

因为 $t = 0$ 时刻 $v = 0$，所以有：

$$v|_{t=0} = 0 \implies \left[t^2 + C\right]_{t=0} = 0 \implies 0^2 + C = 0 \implies C = 0$$

所以最终可得 $v = t^2$。

（2）下面再从几何角度解读一下上述求解过程。（1）中得到的微分方程 $v' = 2t$ 其实就是导函数，这是最简单的一种微分方程。（1）中求出的 $v = t^2 + C$ 是 $v' = 2t$ 的不定积分，这些曲线的图形完全一样，只是纵向平移了，如图 8.4 所示。

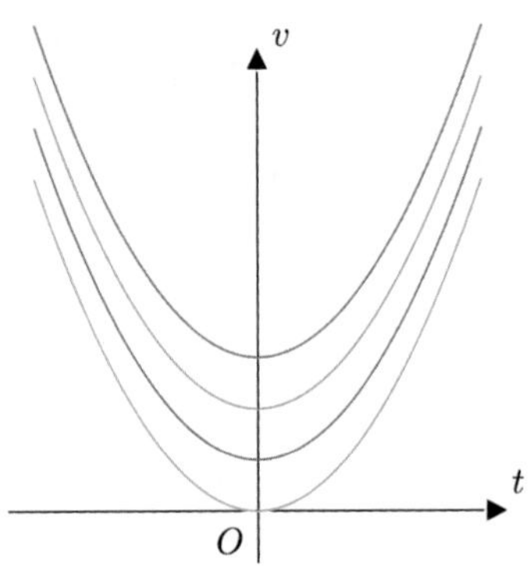

图 8.4 $v = t^2 + C$ 的图像

题干还给出了 $t = 0$ 时有 $v = 0$，所以必须是过 $(0,0)$ 点的曲线，因此 $v = t^2$ 是本题的解，如图 8.5 所示。

（3）作为图解课程，这里再给出一种可视化的理解方法。根据（1）中得到的微分方程 $v' = 2t$，可算出 tv 坐标系中各点对应的 v' 值，比如：

- 对于 $(1,1)$ 点有 $t = 1$，所以在该点有 $v' = 2 \cdot 1 = 2$。
- 对于 $(1,2)$ 点有 $t = 1$，所以在该点有 $v' = 2 \cdot 1 = 2$。
- 对于 $(-1,1)$ 点有 $t = -1$，所以在该点有 $v' = 2 \cdot (-1) = -2$。
- 对于 $(-2,2)$ 点有 $t = -2$，所以在该点有 $v' = 2 \cdot (-2) = -4$。

以上面的点为起点，以该点的 v' 值为斜率，作短的斜线，如图 8.6 所示。

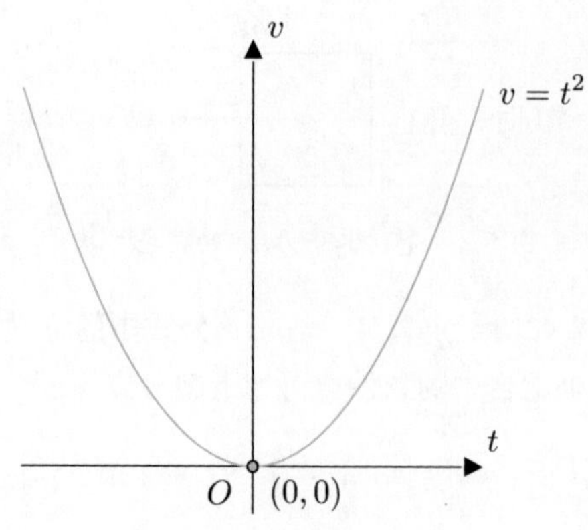

图 8.5 $v=t^2$ 过 $(0,0)$ 点

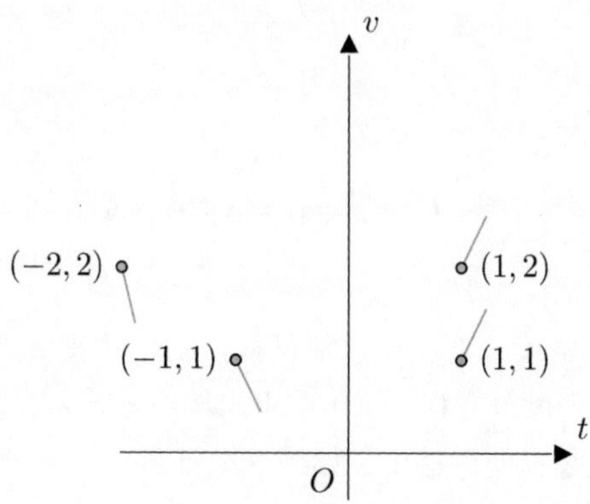

图 8.6 四个点及四条短斜线

按照同样的方法，取更多的点就可以画出图 8.7。这里为了方便观察，将短斜线的起点去除。这样的图也称为 $v'=2t$ 的线素场，或斜率场。

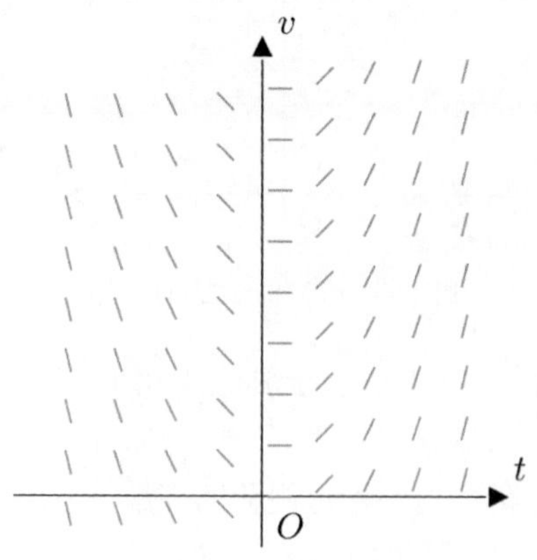

图 8.7 $v'=2t$ 的线素场

$v=t^2+C$ 对应的每条曲线，在途经的每个点都会和线素场中的短斜线相切，如图 8.8 所示。其中过 $(0,0)$ 点的曲线，也就是 $v=t^2$，是本题的解。

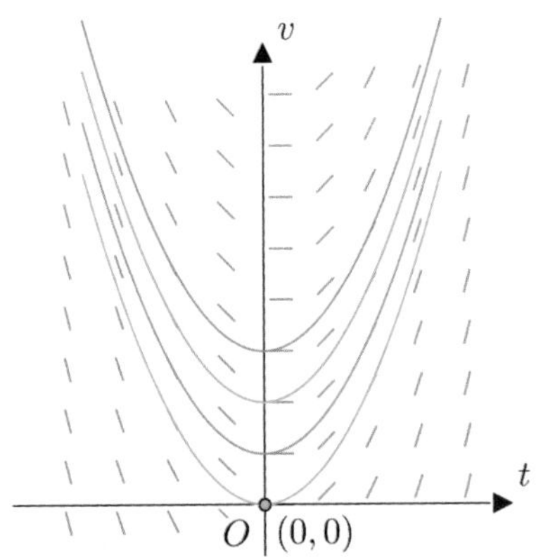

图 8.8 $v=t^2+C$ 与线素场相切

这里对线素场进行了简单介绍,它可以用来刻画磁场等物理对象,本书不再对其进行赘述。

例 189. 列车在平直路线上以 20 m/s 的速度行驶，之后在某时刻，列车以 $-0.4\ \mathrm{m/s^2}$ 的加速度进行制动。请问制动开始后多长时间列车可以停住，以及列车在这段时间行驶了多少路程?

解. (1) 读题。设列车开始制动后 t s 时行驶了 s m,两者构成了时间-位移函数 $s=s(t)$。根据高中物理学知识可知，制动后的速度 v 是 $s=s(t)$ 的一阶导数，制动后的加速度是 $s=s(t)$ 的二阶导数，即:

$$v=\frac{\mathrm{d}s}{\mathrm{d}t},\quad a=\frac{\mathrm{d}}{\mathrm{d}t}\left(\frac{\mathrm{d}s}{\mathrm{d}t}\right)=\frac{\mathrm{d}v}{\mathrm{d}t}=\frac{\mathrm{d}^2s}{\mathrm{d}t^2}$$

根据题目条件可知，列车开始制动时行驶了 0 m，速度为 20 m/s，即 $t=0$ 时有 $s=0$ 和 $v=20$。列车以 $-0.4\ \mathrm{m/s^2}$ 的加速度进行制动，也就是说，在整个制动过程中加速度 a 为 $-0.4\ \mathrm{m/s^2}$，即 $a=\dfrac{\mathrm{d}v}{\mathrm{d}t}=-0.4$。

(2) 解题。在 $a=\dfrac{\mathrm{d}v}{\mathrm{d}t}=-0.4$ 的两侧同时求不定积分，可算出速度 v 为:

$$\int\frac{\mathrm{d}v}{\mathrm{d}t}\mathrm{d}t=v=\int(-0.4)\mathrm{d}t \implies v=-0.4t+C_1$$

再对上式求不定积分，可算出位移 s 为:

$$\int v\mathrm{d}t=\int\frac{\mathrm{d}s}{\mathrm{d}t}\mathrm{d}t=s=\int(-0.4t+C_1)\mathrm{d}t \implies s=-0.2t^2+C_1t+C_2$$

因为 $t=0$ 时有 $v=20$，所以:

$$v|_{t=0}=20 \implies [-0.4t+C_1]_{t=0}=20 \implies C_1=20$$

以及 $t=0$ 时有 $s=0$，所以:

$$s|_{t=0}=0 \implies \left[-0.2t^2+C_1t+C_2\right]_{t=0}=\left[-0.2t^2+20t+C_2\right]_{t=0}=0 \implies C_2=0$$

将 C_1、C_2 代入 s 和 v 的表达式可得:

$$v=-0.4t+20,\quad s=-0.2t^2+20t$$

所以当列车停下来时，也就是速度为 0 时，有：

$$v=-0.4t+20=0 \implies t=50(\mathrm{s})$$

停下来时总共行驶的路程，也就是 $t=50$ s 时行驶的路程，所以：

$$s=-0.2\times 50^2+20\times 50=500(\mathrm{m})$$

8.1.2 解、通解、特解和初值条件

借助前面讲解的两道例题，下面来介绍一些微分方程的基本概念。

（1）微分方程的解。如果某函数 $f(x)$ 可以满足 n 阶微分方程，即有：

$$F\Big(x,f(x),f'(x),\cdots,f^{(n)}(x)\Big)=0$$

那么函数 $f(x)$ 就是微分方程的解。比如在例 188 中，$v=t^2$ 就是 $v'=2t$ 的一个解。

（2）微分方程的通解。如果微分方程的解中包含有任意常数，且任意常数的个数与微分方程的阶数相同，这样的解称为微分方程的通解。比如：

- 在例 188 中，$v=t^2+C$ 包含有一个常数，其为一阶微分方程 $v'=2t$ 的通解。
- 在例 189 中，$s=-0.2t^2+C_1t+C_2$ 包含两个常数，其为二阶微分方程 $\frac{\mathrm{d}^2s}{\mathrm{d}t^2}=-0.4$ 的通解。
- 注意，任意常数不能通过合并使其减少，比如像下面这样改写的话，不能认为有两个任意常数：

$$v=t^2+C=t^2+C_1+C_2,\quad C=C_1+C_2$$

这里说明一下，通解不是所有的解，比如一阶微分方程 $y=xy'-\dfrac{1}{4}y'^2$ 的通解是 $y=Cx-\dfrac{1}{4}C^2$，但 $y=x^2$ 也是该方程的解，后者并不包含在通解中。所以不要看着“通解”就望文生义，认为这是所有的解。

（3）初值条件和特解。在例 188 中，通过条件 $t=0$ 时有 $v=0$，确定了通解 $v=t^2+C$ 中的 $C=0$，该条件称为初值条件，由此得到的解 $v=t^2$ 称为特解。而例 189 中的初值条件是 $t=0$ 时有 $s=0$ 及 $v=20$，由此得到的特解为 $s=-0.2t^2+20t$。根据初值条件求出特解，这样的问题称为初值问题。例 188 就是一个初值问题，可以记作 $\begin{cases}v'=2t\\ v|_{t=0}=0\end{cases}$，例 189 也是一个初值问题，可以记作 $\begin{cases}\dfrac{\mathrm{d}^2s}{\mathrm{d}t^2}=-0.4\\ s|_{t=0}=0,v|_{t=0}=20\end{cases}$。

8.2 可分离变量的微分方程

接下来会介绍一些求解一阶微分方程的方法，让我们从可分离变量的微分方程开始。

8.2.1 可分离变量的微分方程的定义

定义 65. 若某一阶微分方程能写成：

$$g(y)\mathrm{d}y = f(x)\mathrm{d}x$$

那么该一阶微分方程就称为可分离变量的微分方程。

比如 $\dfrac{\mathrm{d}y}{\mathrm{d}x} = x^2$ 就是可分离变量的微分方程，因为两侧同乘 $\mathrm{d}x$ 后有：

$$\frac{\mathrm{d}y}{\mathrm{d}x} = x^2 \implies \frac{\mathrm{d}y}{\mathrm{d}x} \cdot \mathrm{d}x = x^2\mathrm{d}x \implies \mathrm{d}y = x^2\mathrm{d}x$$

8.2.2 可分离变量的微分方程的求解方法

假设某可分离变量微分方程的解为 $y = \varphi(x)$，根据定义 65，即有：

$$g(y)\mathrm{d}y = f(x)\mathrm{d}x \implies g(\varphi(x))\mathrm{d}(\varphi(x)) = f(x)\mathrm{d}x \implies g(\varphi(x))\varphi'(x)\mathrm{d}x = f(x)\mathrm{d}x$$

两侧同时求不定积分（如果存在的话），结合上 $y = \varphi(x)$ 及不定积分的第一类换元法，可得：

$$\int g(\varphi(x))\varphi'(x)\mathrm{d}x = \int f(x)\mathrm{d}x \implies \int g(y)\mathrm{d}y = \int f(x)\mathrm{d}x$$

设 $G(y)$ 为 $g(y)$ 的原函数，$F(x)$ 为 $f(x)$ 的原函数，则有：

$$G(y) = F(x) + C$$

上面关于求解方法的讲述比较抽象，下面来看两道例题。

例 190. 请求出微分方程 $\dfrac{\mathrm{d}y}{\mathrm{d}x} = 2xy$ 的通解。

解. 当 $y \neq 0$ 时，两侧同乘 $\dfrac{\mathrm{d}x}{y}$ 后可看出该一阶微分方程是可分离变量的微分方程：

$$\frac{\mathrm{d}y}{\mathrm{d}x} = 2xy \implies \frac{\mathrm{d}y}{\mathrm{d}x} \cdot \frac{\mathrm{d}x}{y} = 2xy \cdot \frac{\mathrm{d}x}{y} \implies \frac{1}{y}\mathrm{d}y = 2x\mathrm{d}x$$

所以可根据上面介绍的方法求出如下通解：

$$\frac{1}{y}\mathrm{d}y = 2x\mathrm{d}x \implies \int \frac{1}{y}\mathrm{d}y = \int 2x\mathrm{d}x \implies \ln|y| = x^2 + C_1 \implies y = \pm\mathrm{e}^{x^2+C_1} = \pm\mathrm{e}^{C_1}\mathrm{e}^{x^2}$$

通过观察可发现，$y = 0$ 也是该微分方程的解，所以 $y = C\mathrm{e}^{x^2}$ 也是该一阶微分方程的通解。

例 191. 请求出微分方程 $\dfrac{\mathrm{d}y}{\mathrm{d}x} = 2xy^2$ 的通解。

解. 当 $y \neq 0$ 时，两侧同乘 $\dfrac{\mathrm{d}x}{y^2}$ 后可看出该一阶微分方程是可分离变量的微分方程，可如下求出通解：

$$\frac{\mathrm{d}y}{\mathrm{d}x} = 2xy^2 \implies \frac{1}{y^2}\mathrm{d}y = 2x\mathrm{d}x \implies \int \frac{1}{y^2}\mathrm{d}y = \int 2x\mathrm{d}x$$
$$\implies -\frac{1}{y} = x^2 + C \implies y = -\frac{1}{x^2 + C}$$

通过观察可发现，$y=0$ 也是该微分方程的解，但无法融入通解。这里要求的是通解，可不用给出此解。

这里需要说明一下：

- 上面分离变量时都用到了 $y \neq 0$ 的假设，后面也会进行类似的假设，不再单独说明。
- $y=0$ 这个解太平常了，所以一般也不太关心它，后面也不补充了。

例 192. 放射性元素镭由于不断地有原子放射出微粒子而变成其他元素，镭的含量会不断减小，这种现象叫作衰变。图 8.9 所示的是 α 粒子被放射出去，这称为 α 衰变。

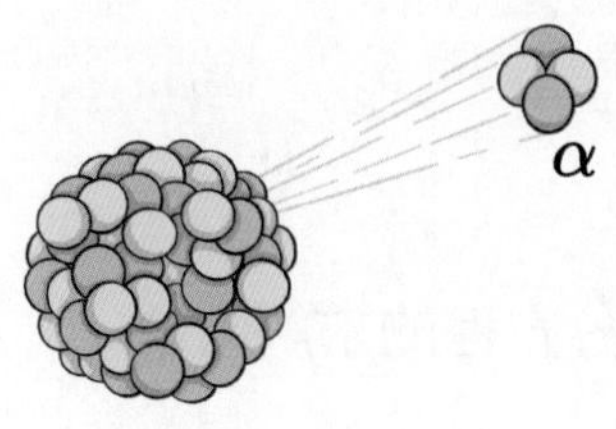

图 8.9 α 衰变

由原子物理学可知：

- 镭的衰变速度与当时未衰变的镭原子的含量 M 成正比。
- 若开始时镭的含量为 M_0，则 1600 年后只剩下原来的一半。

请求出在衰变过程中镭含量 $M(t)$ 随时间 t 变化的规律。

解.（1）整理得到初值问题。镭的衰变速度就是镭含量 $M(t)$ 对时间 t 的变化率 $\dfrac{\mathrm{d}M}{\mathrm{d}t}$，根据题意可知，镭的衰变速度与其含量成正比，故得 $\dfrac{\mathrm{d}M}{\mathrm{d}t}=kM$。结合上题目的条件，所以要求的就是一个初值问题：

$$\begin{cases}\dfrac{\mathrm{d}M}{\mathrm{d}t}=kM\\ M|_{t=0}=M(0)-M_0\\ M|_{t=1600}=M(1600)=\dfrac{M_0}{2}\end{cases}$$

（2）求解。变化为可分离变量的微分方程，并且注意到 $M>0$，所以有：

$$\frac{\mathrm{d}M}{\mathrm{d}t}=kM \implies \frac{\mathrm{d}M}{M}=k\mathrm{d}t \implies \int\frac{\mathrm{d}M}{M}=\int k\mathrm{d}t \implies \ln M=kt+\ln C \implies M(t)=C\mathrm{e}^{kt}$$

代入初值条件 $M(0)=M_0$，可得：

$$M(0)=M_0=C\mathrm{e}^0 \implies C=M_0$$

代入初值条件 $M(1600)=\dfrac{M_0}{2}$，可得：

$$M(1600)=\frac{M_0}{2}=M_0\mathrm{e}^{1600k} \implies \frac{1}{2}=\mathrm{e}^{1600k} \implies k=-\frac{\ln 2}{1600}$$

所以得到特解 $M(t)=M_0\mathrm{e}^{-\frac{\ln 2}{1600}t}$。

之前提到过，涉及自然界中的增长、衰减时，指数函数 e^x 就会出现，这也是欧拉数 e 被称为自然底数的原因之一。例 192 又一次佐证了这个现象。

8.3 齐次方程

本节会介绍另外一种一阶微分方程的解法，也就是齐次方程的解法。

定义 66. 若某一阶微分方程能写成 $\dfrac{\mathrm{d}y}{\mathrm{d}x}=\varphi\left(\dfrac{y}{x}\right)$，那么该一阶微分方程就称为齐次方程。

比如 $(xy-y^2)\mathrm{d}x-(x^2-2xy)\mathrm{d}y=0$ 就是齐次方程，因为：

$$(xy-y^2)\mathrm{d}x-(x^2-2xy)\mathrm{d}y=0 \implies \frac{\mathrm{d}y}{\mathrm{d}x}=\frac{xy-y^2}{x^2-2xy} \implies \frac{\mathrm{d}y}{\mathrm{d}x}=\frac{\dfrac{y}{x}-\left(\dfrac{y}{x}\right)^2}{1-2\left(\dfrac{y}{x}\right)}$$

齐次方程可以化为可分离变量的微分方程，具体做法是引入函数 $u=\dfrac{y}{x}$，则有：

$$y=ux,\quad \frac{\mathrm{d}y}{\mathrm{d}x}=u+x\frac{\mathrm{d}u}{\mathrm{d}x}$$

代入齐次方程 $\dfrac{\mathrm{d}y}{\mathrm{d}x}=\varphi\left(\dfrac{y}{x}\right)$，则有：

$$u+x\frac{\mathrm{d}u}{\mathrm{d}x}=\varphi(u) \implies x\frac{\mathrm{d}u}{\mathrm{d}x}=\varphi(u)-u \implies \frac{\mathrm{d}u}{\varphi(u)-u}=\frac{\mathrm{d}x}{x} \implies \int\frac{\mathrm{d}u}{\varphi(u)-u}=\int\frac{\mathrm{d}x}{x}$$

求出两侧的不定积分后回代 $u=\dfrac{y}{x}$ 即可得出齐次方程的通解，下面来看一道例题。

例 193. 请求出 $y^2+x^2\dfrac{\mathrm{d}y}{\mathrm{d}x}=xy\dfrac{\mathrm{d}y}{\mathrm{d}x}$ 的通解。

解. 该一阶微分方程可以变形为齐次方程：

$$y^2+x^2\frac{\mathrm{d}y}{\mathrm{d}x}=xy\frac{\mathrm{d}y}{\mathrm{d}x} \implies \frac{\mathrm{d}y}{\mathrm{d}x}=\frac{y^2}{xy-x^2}=\frac{\left(\dfrac{y}{x}\right)^2}{\dfrac{y}{x}-1}$$

令 $u=\dfrac{y}{x}$，有 $y=xu$ 及 $\dfrac{\mathrm{d}y}{\mathrm{d}x}=u+x\dfrac{\mathrm{d}u}{\mathrm{d}x}$，将之代入上述齐次方程，有：

$$\begin{aligned}\frac{\mathrm{d}y}{\mathrm{d}x}=\frac{\left(\dfrac{y}{x}\right)^2}{\dfrac{y}{x}-1} &\implies u+x\frac{\mathrm{d}u}{\mathrm{d}x}=\frac{u^2}{u-1} \implies x\frac{\mathrm{d}u}{\mathrm{d}x}=\frac{u}{u-1}\\ &\implies \left(1-\frac{1}{u}\right)\mathrm{d}u=\frac{\mathrm{d}x}{x} \implies \int\left(1-\frac{1}{u}\right)\mathrm{d}u=\int\frac{\mathrm{d}x}{x}\\ &\implies u-\ln|u|+C_1=\ln|x| \implies \ln|xu|=u+C_1\end{aligned}$$

将 $u=\dfrac{y}{x}$ 回代可得如下通解：

$$\ln|y|=\frac{y}{x}+C_1 \implies y=\pm\mathrm{e}^{C_1}\mathrm{e}^{\frac{y}{x}}$$

通过观察可以发现，$y=0$ 也是该一阶微分方程的解，所以 $y=C\mathrm{e}^{\frac{y}{x}}$ 也是该一阶微分方程的通解。

8.4 一阶线性微分方程

本节继续学习一阶微分方程的解法，也就是一阶线性微分方程的解法。

定义 67. 若某一阶微分方程能写成：

$$\frac{\mathrm{d}y}{\mathrm{d}x}+P(x)y=Q(x)$$

那么该一阶微分方程就称为一阶线性微分方程。若 $Q(x)=0$ 则该方程是齐次的，否则就是非齐次的。

之所以称之为一阶线性微分方程，是因为如果将上述微分方程等号的左侧看作关于 y 的函数，即：

$$f(y)=\frac{\mathrm{d}y}{\mathrm{d}x}+P(x)y$$

那么该函数符合线性函数的定义，也就是满足（大家可以自行验算一下）：

- 齐次性——$f(cy)=cf(y), c\in\mathbb{R}$。
- 可加性——$f(y_1+y_2)=f(y_1)+f(y_2)$。

“齐次”与“非齐次”则和线性方程组中的齐次与非齐次类似，后面会看到一阶线性微分方程和线性方程组确实有很多相似之处。

8.4.1 一阶线性微分方程的求解方法

一阶齐次线性微分方程是可分离变量的微分方程，可以如下求得其通解：

$$\begin{aligned}\frac{\mathrm{d}y}{\mathrm{d}x}+P(x)y=0 \implies \frac{\mathrm{d}y}{y}=-P(x)\mathrm{d}x \implies \int\frac{\mathrm{d}y}{y}=-\int P(x)\mathrm{d}x\\ \implies \ln|y|=-\int P(x)\mathrm{d}x+C_1\\ \implies y=\pm\mathrm{e}^{-\int P(x)\mathrm{d}x+C_1}=C\mathrm{e}^{-\int P(x)\mathrm{d}x},\quad \text{其中 } C=\pm\mathrm{e}^{C_1}\end{aligned}$$

而对于一阶非齐次线性微分方程可以用所谓的常数变易法，该方法说的是，如果将一阶齐次线性微分方程的通解中的常数 C 替换为未知函数 $u(x)$，那么就得到了一阶非齐次线性微分方程的通解，即：

$$\underbrace{y=C\mathrm{e}^{-\int P(x)\mathrm{d}x}}_{\text{齐次的通解}}\longrightarrow\underbrace{y=u\mathrm{e}^{-\int P(x)\mathrm{d}x}}_{\text{非齐次的通解}}$$

根据上述结论，下面将 $u(x)$ 求出。运用定理 49 可以求出一阶非齐次线性微分方程的通解的导函数为：

$$\frac{\mathrm{d}y}{\mathrm{d}x}=\frac{\mathrm{d}}{\mathrm{d}x}\left(u\mathrm{e}^{-\int P(x)\mathrm{d}x}\right)=u'\mathrm{e}^{-\int P(x)\mathrm{d}x}-uP(x)\mathrm{e}^{-\int P(x)\mathrm{d}x}$$

将 y 和 $\frac{\mathrm{d}y}{\mathrm{d}x}$ 代入一阶非齐次线性微分方程 $\frac{\mathrm{d}y}{\mathrm{d}x}+P(x)y=Q(x)$ 可得：

$$\begin{aligned}u'\mathrm{e}^{-\int P(x)\mathrm{d}x}-uP(x)\mathrm{e}^{-\int P(x)\mathrm{d}x}+P(x)u\mathrm{e}^{-\int P(x)\mathrm{d}x}=Q(x)\implies u'\mathrm{e}^{-\int P(x)\mathrm{d}x}=Q(x)\\ \implies u'=Q(x)\mathrm{e}^{\int P(x)\mathrm{d}x}\implies u=\int Q(x)\mathrm{e}^{\int P(x)\mathrm{d}x}\mathrm{d}x+C\end{aligned}$$

所以一阶非齐次线性微分方程的通解为：

$$y = u\mathrm{e}^{-\int P(x)\mathrm{d}x} = \left[\int Q(x)\mathrm{e}^{\int P(x)\mathrm{d}x}\mathrm{d}x + C\right]\mathrm{e}^{-\int P(x)\mathrm{d}x}$$

可以将上述通解改写为如下的两项之和，其第一项为一阶齐次线性微分方程的通解，其第二项为一阶非齐次线性微分方程的特解（大家可以自行验算一下）：

$$\underbrace{y}_{\text{非齐次的通解}} = \underbrace{C\mathrm{e}^{-\int P(x)\mathrm{d}x}}_{\text{齐次的通解}} + \underbrace{\mathrm{e}^{-\int P(x)\mathrm{d}x}\int Q(x)\mathrm{e}^{\int P(x)\mathrm{d}x}\mathrm{d}x}_{\text{非齐次的特解}}$$

熟悉线性代数知识的同学会发现，上述结构和非齐次线性方程组解的结构是一样的，后面还会讨论这个问题。常数变易法是怎么得到的呢？这里解释一下。据说常数变易法是法国数学家拉格朗日给出的，如图 8.10 所示。

图 8.10 约瑟夫·拉格朗日伯爵（1736—1813）

我们不知拉格朗日是怎么思考的，这里给出一种可能的思路，对一阶非齐次线性微分方程进行如下求解：

$$\begin{aligned}\frac{\mathrm{d}y}{\mathrm{d}x} + P(x)y = Q(x) \implies \frac{\mathrm{d}y}{\mathrm{d}x} = Q(x) - P(x)y \implies \frac{\mathrm{d}y}{\mathrm{d}x} = y\left(\frac{Q(x)}{y} - P(x)\right)\\ \implies \frac{\mathrm{d}y}{y} = \left(\frac{Q(x)}{y} - P(x)\right)\mathrm{d}x \implies \ln|y| = \int\left(\frac{Q(x)}{y} - P(x)\right)\mathrm{d}x + C_1\\ \implies y = C\mathrm{e}^{\int\left(\frac{Q(x)}{y} - P(x)\right)\mathrm{d}x} = C\mathrm{e}^{-\int P(x)\mathrm{d}x}\mathrm{e}^{\int\frac{Q(x)}{y}\mathrm{d}x}\end{aligned}$$

上面没有完全求出解来，因为等式右侧还包含 y。不过可以观察出解的情况，令 $u(x) = C\mathrm{e}^{\int\frac{Q(x)}{y}\mathrm{d}x}$，所以上述解可以改写为：

$$y = C\mathrm{e}^{-\int P(x)\mathrm{d}x}\mathrm{e}^{\int\frac{Q(x)}{y}\mathrm{d}x} = C\mathrm{e}^{\int\frac{Q(x)}{y}\mathrm{d}x}\cdot\mathrm{e}^{-\int P(x)\mathrm{d}x} = u\mathrm{e}^{-\int P(x)\mathrm{d}x}$$

这就是常数变易法一开始就笃定 $y = u\mathrm{e}^{-\int P(x)\mathrm{d}x}$ 是非齐次的通解的原因。下面来看两道例题。

例 194. 请求出微分方程 $\dfrac{\mathrm{d}y}{\mathrm{d}x} - \dfrac{2y}{x+1} = (x+1)^{\frac{5}{2}}$ 的通解。

解. 这是一阶非齐次线性微分方程，先求齐次的通解：

$$\frac{\mathrm{d}y}{\mathrm{d}x}-\frac{2y}{x+1}=0 \Longrightarrow \frac{\mathrm{d}y}{y}=\frac{2\mathrm{d}x}{x+1} \Longrightarrow \ln|y|=2\ln|x+1|+C_1 \Longrightarrow y=C(x+1)^2,\quad C=\pm\mathrm{e}^{C_1}$$

运用常数变易法，将常数 C 替换为 $u(x)$，即令 $y=u(x+1)^2$，因此有 $\frac{\mathrm{d}y}{\mathrm{d}x}=u'(x+1)^2+2u(x+1)$，代入非齐次方程，得：

$$u'(x+1)^2+2u(x+1)-\frac{2u(x+1)^2}{x+1}=(x+1)^{\frac{5}{2}} \Longrightarrow u'=(x+1)^{\frac{1}{2}} \Longrightarrow u=\frac{2}{3}(x+1)^{\frac{3}{2}}+C$$

所以非齐次方程的通解为 $y=u(x+1)^2=\left[\frac{2}{3}(x+1)^{\frac{3}{2}}+C\right](x+1)^2$。

例 195. 请求出微分方程 $\frac{\mathrm{d}y}{\mathrm{d}x}=\frac{1}{x+y}$ 的通解。

解. 进行变形后可以得到一阶非齐次线性微分方程：

$$\frac{\mathrm{d}y}{\mathrm{d}x}=\frac{1}{x+y} \Longrightarrow \frac{\mathrm{d}x}{\mathrm{d}y}=x+y \Longrightarrow \frac{\mathrm{d}x}{\mathrm{d}y}-x=y$$

先求齐次的通解：

$$\frac{\mathrm{d}x}{\mathrm{d}y}-x=0 \Longrightarrow \frac{\mathrm{d}x}{x}=\mathrm{d}y \Longrightarrow \ln|x|=y+C_1 \Longrightarrow x=C_2\mathrm{e}^y,\quad C_2=\pm\mathrm{e}^{C_1}$$

运用常数变易法，将常数 C_2 替换为 $u(y)$，即令 $x=u\mathrm{e}^y$，因此有 $\frac{\mathrm{d}x}{\mathrm{d}y}=u'\mathrm{e}^y+u\mathrm{e}^y$，代入非齐次方程，运用分部积分法（定理 76）可得：

$$\begin{aligned}
u'\mathrm{e}^y+u\mathrm{e}^y-u\mathrm{e}^y=y \Longrightarrow u'=\frac{y}{\mathrm{e}^y} \Longrightarrow \mathrm{d}u=\frac{y}{\mathrm{e}^y}\mathrm{d}y \\
\Longrightarrow u=\int\frac{y}{\mathrm{e}^y}\mathrm{d}y=\int y\mathrm{e}^{-y}\mathrm{d}y=\int y\mathrm{d}(-\mathrm{e}^{-y}) \\
\Longrightarrow u=-y\mathrm{e}^{-y}-\int(-\mathrm{e}^{-y})\mathrm{d}y=-y\mathrm{e}^{-y}-\mathrm{e}^{-y}+C
\end{aligned}$$

所以非齐次方程的通解为 $x=u\mathrm{e}^y=(-y\mathrm{e}^{-y}-\mathrm{e}^{-y}+C)\mathrm{e}^y=-y-1+C\mathrm{e}^y$。

8.4.2 伯努利微分方程

下面介绍一种可以改写为一阶线性微分方程的微分方程。

定义 68. 若某一阶微分方程能写成：

$$\frac{\mathrm{d}y}{\mathrm{d}x}+P(x)y=Q(x)y^n,\quad (n\neq 0,1)$$

那么该一阶微分方程就称为伯努利微分方程。

该方程是雅各布 · 伯努利提出的，他是之前介绍过的洛必达的老师约翰 · 伯努利的哥哥，如图 8.11 所示。

图 8.11 雅各布 · 伯努利（1654—1705）

当 $n=0$ 或 1 时，该方程是一阶线性微分方程；当 $n\neq 0$ 或 1 时，可通过变量代换将方程化为一阶非齐次线性微分方程。具体做法是，用 y^n 除以伯努利微分方程的两端：

$$\frac{\mathrm{d}y}{\mathrm{d}x}+P(x)y=Q(x)y^n \implies y^{-n}\frac{\mathrm{d}y}{\mathrm{d}x}+y^{1-n}P(x)=Q(x)$$

会发现，上式左侧的第一项 $y^{-n}\dfrac{\mathrm{d}y}{\mathrm{d}x}$ 与 $\dfrac{\mathrm{d}}{\mathrm{d}x}\left(y^{1-n}\right)$ 只差一个因子 $(1-n)$，所以引入 $z=y^{1-n}$，则 $\dfrac{\mathrm{d}z}{\mathrm{d}x}=(1-n)y^{-n}\dfrac{\mathrm{d}y}{\mathrm{d}x}$。然后用 z 和 $\dfrac{\mathrm{d}z}{\mathrm{d}x}$ 对上式进行变量替换，就变成了一阶非齐次线性微分方程：

$$y^{-n}\frac{\mathrm{d}y}{\mathrm{d}x}+y^{1-n}P(x)=Q(x) \implies \frac{\mathrm{d}z}{\mathrm{d}x}+(1-n)P(x)z=(1-n)Q(x)$$

伯努利微分方程在物理学中会经常用到。比如根据常识可知，物体在水中运动会遇到阻力，如图 8.12 所示。

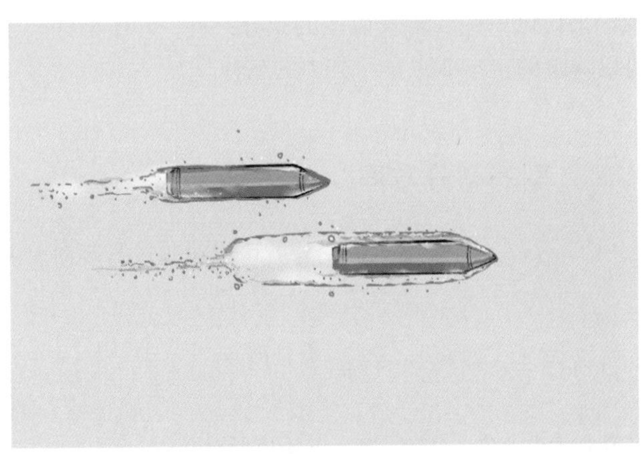

图 8.12 水中射出的子弹

阻力作用在物体上会产生阻力加速度。根据斯托克斯阻力定律，假设物体速度为 $v(t)$，则其在液体中受到的阻力加速度 $\dfrac{\mathrm{d}v}{\mathrm{d}t}$ 大致为（可看出速度越快受到的阻力越大，想象游泳时越快需要克服的阻力就越大）：

$$\frac{\mathrm{d}v}{\mathrm{d}t}\approx -P(t)v-Q(t)v^n$$

其中 $P(t)$、$Q(t)$ 与具体的液体有关，比如清水阻力小，而油脂阻力大。上式其实就是伯努利微分方程。

例 196. 请求出微分方程 $\dfrac{\mathrm{d}y}{\mathrm{d}x}+\dfrac{y}{x}=a(\ln x)y^2$ 的通解。

解. 这是伯努利微分方程，所以令 $z=y^{1-2}=y^{-1}$，则 $\dfrac{\mathrm{d}z}{\mathrm{d}x}=-y^{-2}\dfrac{\mathrm{d}y}{\mathrm{d}x}$，然后进行变形和变量替换得到一阶非齐次线性微分方程：

$$\frac{\mathrm{d}y}{\mathrm{d}x}+\frac{y}{x}=a(\ln x)y^2 \implies y^{-2}\frac{\mathrm{d}y}{\mathrm{d}x}+y^{-1}\frac{1}{x}=a\ln x \implies \frac{\mathrm{d}z}{\mathrm{d}x}-\frac{1}{x}z=-a\ln x$$

套用一阶非齐次线性微分方程的求解公式，有（原方程中有 $\ln x$，这说明 $x>0$，所以下面计算中的 $\int\frac{1}{x}\mathrm{d}x=\ln x+C$，不需要加绝对值）：

$$\begin{aligned}
z&=\left[\int Q(x)\mathrm{e}^{\int P(x)\mathrm{d}x}\mathrm{d}x+C\right]\mathrm{e}^{-\int P(x)\mathrm{d}x}=\left[\int(-a\ln x)\mathrm{e}^{-\int\frac{1}{x}}\mathrm{d}x+C\right]\mathrm{e}^{\int\frac{1}{x}\mathrm{d}x}\\
&=\left(-\int a\ln x\frac{1}{\mathrm{e}^{\int\frac{1}{x}}}\mathrm{d}x+C\right)\mathrm{e}^{\ln x}=\left(-\int a\ln x\frac{1}{x}\mathrm{d}x+C\right)x\\
&=\left[-\int a\ln x\mathrm{d}(\ln x)+C\right]x=\left[C-\frac{a}{2}(\ln x)^2\right]x
\end{aligned}$$

将 $z=y^{-1}$ 代入，得所求方程的通解为 $y=\dfrac{1}{\left[C-\frac{a}{2}(\ln x)^2\right]x}$。

8.5 可降阶的高阶微分方程

从本节开始，我们来讨论一些二阶及以上的微分方程，即所谓的高阶微分方程。其中一些高阶微分方程是可以降阶的，本节来学习其中的三种。

8.5.1 $y^{(n)}=f(x)$ 型的微分方程

对于微分方程 $y^{(n)}=f(x)$，两侧求不定积分就可以对其进行降阶，并不断重复就可得到答案：

$$y^{(n-1)}=\int f(x)\mathrm{d}x+C_1,\quad y^{(n-2)}=\int\left[\int f(x)\mathrm{d}x+C_1\right]\mathrm{d}x+C_2,\quad \cdots\cdots$$

例 197. 请求出微分方程 $y'''=\mathrm{e}^{2x}-\cos x$ 的通解。

解. 求三次不定积分可以得到通解：

$$\begin{aligned}
y'''=\mathrm{e}^{2x}-\cos x &\implies y''=\frac{1}{2}\mathrm{e}^{2x}-\sin x+C_1 \implies y'=\frac{1}{4}\mathrm{e}^{2x}+\cos x+C_1x+C_2\\
&\implies y=\frac{1}{8}\mathrm{e}^{2x}+\sin x+\frac{C_1}{2}x^2+C_2x+C_3
\end{aligned}$$

8.5.2 $y''=f(x,y')$ 型的微分方程

对于微分方程 $y''=f(x,y')$，可设 $y'=p$，那么有 $y''=p'$，进行如下替换可完成降阶：

$$y''=f(x,y')\implies p'=f(x,p)$$

例 198. 请求解初值问题 $\begin{cases}(1+x^2)y''=2xy'\\ y|_{x=0}=1,\ y'|_{x=0}=3\end{cases}$。

解. 设 $y'=p$，那么有 $y''=p'$，代入后得到可分离变量的微分方程：

$$(1+x^2)y''=2xy'\implies(1+x^2)p'=2xp\implies(1+x^2)\frac{\mathrm{d}p}{\mathrm{d}x}=2xp\implies\frac{\mathrm{d}p}{p}=\frac{2x}{1+x^2}\mathrm{d}x$$

所以：

$$\frac{\mathrm{d}p}{p}=\frac{2x}{1+x^2}\mathrm{d}x\implies\ln|p|=\ln(1+x^2)+C_1\implies p=y'=\pm\mathrm{e}^{C_1}(1+x^2)=C_2(1+x^2)$$

结合上初值条件 $y'|_{x=0}=3$ 可得出 $C_2=3$，所以 $y'=3(1+x^2)$。再两侧求不定积分可得：

$$y'=3(1+x^2)\implies y=3x+x^3+C_3$$

结合上初值条件 $y|_{x=0}=1$ 可得出 $C_3=1$，因此所求特解为 $y=x^3+3x+1$。

8.5.3 $y''=f(y,y')$ 型的微分方程

对于微分方程 $y''=f(y,y')$，可设 $y'=p$，那么有 $y''=\frac{\mathrm{d}p}{\mathrm{d}x}=\frac{\mathrm{d}p}{\mathrm{d}y}\cdot\frac{\mathrm{d}y}{\mathrm{d}x}=p\frac{\mathrm{d}p}{\mathrm{d}y}$。进行如下替换可完成降阶：

$$y''=f(y,y')\implies p\frac{\mathrm{d}p}{\mathrm{d}y}=f(y,p)$$

例 199. 请求出微分方程 $yy''-y'^2=0$ 的通解。

解. 设 $y'=p$，那么有 $y''=p\frac{\mathrm{d}p}{\mathrm{d}y}$，代入后得到可分离变量的微分方程：

$$\begin{aligned}yy''-y'^2=0&\implies yp\frac{\mathrm{d}p}{\mathrm{d}y}-p^2=0\implies\frac{\mathrm{d}p}{p}=\frac{\mathrm{d}y}{y}\\&\implies\ln|p|=\ln|y|+C_1\implies p=y'=C_2y,\quad\text{其中 }C_2=\pm\mathrm{e}^{C_1}\text{。}\end{aligned}$$

继续计算可得通解：

$$\begin{aligned}y'=C_2y&\implies\frac{\mathrm{d}y}{\mathrm{d}x}=C_2y\implies\frac{\mathrm{d}y}{y}=C_2\mathrm{d}x\\&\implies\ln|y|=C_2x+C_3\implies y=C_4\mathrm{e}^{C_2x},\quad\text{其中 }C_4=\pm\mathrm{e}^{C_3}\text{。}\end{aligned}$$

8.6 高阶线性微分方程

从本节开始到本章结束，让我们来学习高阶微分方程中很重要的、也很常见的高阶线性微分方程，之前学习过的一阶线性微分方程是其中的一种特殊情况。

8.6.1 高阶线性微分方程的定义

定义 69. *若某微分方程能写成：*

$$y^{(n)}+a_1(x)y^{(n-1)}+\cdots+a_{n-1}(x)y'+a_n(x)y=f(x)$$

那么该微分方程就称为n 阶线性微分方程。若 $f(x)=0$ 则该方程是齐次的，否则就是非齐次的。

之所以称其为 n 阶线性微分方程，是因为如果将上述微分方程等号的左侧看作关于 y 的函数，即：

$$g(y)=y^{(n)}+a_1(x)y^{(n-1)}+\cdots+a_{n-1}(x)y'+a_n(x)y$$

那么该函数符合线性函数的定义，也就是满足（大家可以自行验算一下）：

- 齐次性——$g(cy)=cg(y),c\in\mathbb{R}$。
- 可加性——$g(y_1+y_2)=g(y_1)+g(y_2)$。

“齐次”与“非齐次”则和线性方程组中的齐次与非齐次类似，马上就会解释线性微分方程和线性方程组之间的关联。

8.6.2 线性方程组解的结构

下面讲的很多内容都需要线性代数的知识，其中的细节不做过多解释。上面说了 n 阶线性微分方程等号的左侧是线性函数：

$$\underbrace{y^{(n)}+a_1(x)y^{(n-1)}+\cdots+a_{n-1}(x)y'+a_n(x)y}_{\text{线性函数}}=f(x)$$

而线性方程组可通过矩阵乘法进行改写。比如有两个未知数的线性方程组，可根据矩阵乘法的定义进行如下改写，其左侧是矩阵函数 $\boldsymbol{y}=\boldsymbol{Ax}$，这是线性函数的一种：

$$\begin{cases}a_{11}x_1+a_{12}x_2=b_1\\a_{21}x_1+a_{22}x_2=b_2\\a_{31}x_1+a_{32}x_2=b_3\end{cases}\iff\underbrace{\begin{pmatrix}a_{11}&a_{12}\\a_{21}&a_{22}\\a_{31}&a_{32}\end{pmatrix}}_{\boldsymbol{A}}\underbrace{\begin{pmatrix}x_1\\x_2\end{pmatrix}}_{\boldsymbol{x}}=\underbrace{\begin{pmatrix}b_1\\b_2\\b_3\end{pmatrix}}_{\boldsymbol{b}}\iff\underbrace{\boldsymbol{Ax}}_{\text{线性函数}}=\boldsymbol{b}$$

上述两者等号左侧都是线性函数，故两者在求解上非常类似，下面举例来说明线性方程组解的情况。对于齐次线性方程组，比如 $\boldsymbol{Ax}=\begin{pmatrix}1&1&1\\2&2&2\\3&3&3\end{pmatrix}\begin{pmatrix}x_1\\x_2\\x_3\end{pmatrix}=\begin{pmatrix}0\\0\\0\end{pmatrix}=\boldsymbol{0}$，可以算出向量 $\begin{pmatrix}-1\\1\\0\end{pmatrix}$ 和 $\begin{pmatrix}-1\\0\\1\end{pmatrix}$ 是该齐次线性方程组的解，两者的线性组合，或者说张成空间是该齐次线性方程组的所有解：

$$
\boldsymbol{x}=k_1\begin{pmatrix}-1\\1\\0\end{pmatrix}+k_2\begin{pmatrix}-1\\0\\1\end{pmatrix},\quad k_1,k_2\in\mathbb{R}
$$

从几何上看，如图 8.13 所示，左侧的红色平面就是该齐次线性方程组的所有解。

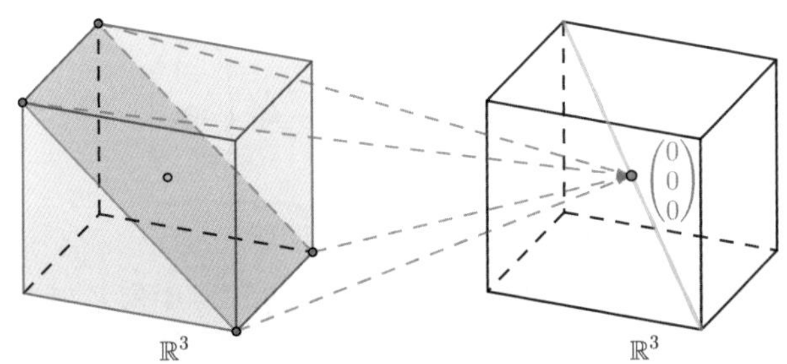

图 8.13 左侧的红色平面是齐次线性方程组 $\boldsymbol{Ax}=\boldsymbol{0}$ 的所有解

对于非齐次线性方程组，比如 $\boldsymbol{Ax}=\begin{pmatrix}1&1&1\\2&2&2\\3&3&3\end{pmatrix}\begin{pmatrix}x_1\\x_2\\x_3\end{pmatrix}=\begin{pmatrix}3\\6\\9\end{pmatrix}=\boldsymbol{b}$，它和上面的齐次线性方程组几乎是一样的，只是等于右侧不同。它的所有解由该非齐次的特解和齐次的所有解构成：

$$
\underbrace{\boldsymbol{x}}_{\text{非齐次的所有解}}=\underbrace{\begin{pmatrix}3\\0\\0\end{pmatrix}}_{\text{非齐次的特解}}+\underbrace{k_1\begin{pmatrix}-1\\1\\0\end{pmatrix}+k_2\begin{pmatrix}-1\\0\\1\end{pmatrix}}_{\text{齐次的所有解}},\quad k_1,k_2\in\mathbb{R}
$$

从几何上看，如图 8.14 所示，左侧过 $\begin{pmatrix}3\\0\\0\end{pmatrix}$ 点的红色平面就是该非齐次线性方程组的所有解，其平行于橙色平面（齐次线性方程组的所有解）。

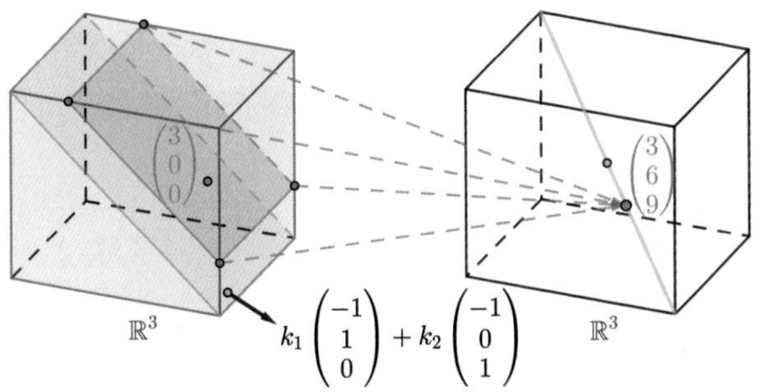

图 8.14 左侧的红色平面是非齐次线性方程组 $\boldsymbol{Ax}=\boldsymbol{b}$ 的所有解

8.6.3 线性微分方程解的结构

前面解释了线性方程组解的结构，即齐次线性方程组 $A\boldsymbol{x}=\boldsymbol{0}$ 的所有解是某张成空间，比如上面提到的：

$$x = k_1\begin{pmatrix}-1\\1\\0\end{pmatrix} + k_2\begin{pmatrix}-1\\0\\1\end{pmatrix}, \quad k_1, k_2 \in \mathbb{R}$$

而非齐次线性方程组 $A\boldsymbol{x} = \boldsymbol{b}$ 的所有解由该非齐次的特解和齐次的所有解构成，比如上面提到的：

$$\underbrace{\boldsymbol{x}}_{\text{非齐次的所有解}} = \underbrace{\begin{pmatrix}3\\0\\0\end{pmatrix}}_{\text{非齐次的特解}} + \underbrace{k_1\begin{pmatrix}-1\\1\\0\end{pmatrix} + k_2\begin{pmatrix}-1\\0\\1\end{pmatrix}}_{\text{齐次的所有解}}, \quad k_1, k_2 \in \mathbb{R}$$

n 阶线性微分方程解的结构也是类似的，下面来学习一下。其中涉及很多概念和定理，也会一并介绍。

定义 70. 设 $y_1(x), y_2(x), \cdots, y_n(x)$ 为定义在区间 I 上的 n 个函数，如果存在不全为零的实数 $k_1, k_2, \cdots, k_n$，使得当 $x \in I$ 时恒有：

$$k_1y_1(x) + k_2y_2(x) + \cdots + k_ny_n(x) = 0$$

那么称 $y_1(x), y_2(x), \cdots, y_n(x)$ 在区间 I 上是线性相关的，否则称为线性无关的。

这和线性代数中的线性相关与线性无关几乎完全一样，可进行类比理解。这里特殊的是，将 $y_1(x), y_2(x), \cdots, y_n(x)$ 这 n 个函数看作了 n 个向量，这属于数学其他分支（比如抽象代数、高等代数、泛函等）中的内容，感兴趣的人可以自行学习，本书就不展开了。

定理 93. 如果 $y_1(x), y_2(x), \cdots, y_n(x)$ 是 n 阶齐次线性微分方程

$$y^{(n)} + a_1(x)y^{(n-1)} + \cdots + a_{n-1}(x)y' + a_n(x)y = 0$$

的 n 个线性无关的解，那么此方程的通解为：

$$y = C_1y_1(x) + C_2y_2(x) + \cdots + C_ny_n(x)$$

这和上面提到的齐次线性方程组的解非常类似，也可进行类比理解。举一个例子，比如 $y''+y=0$ 是二阶齐次线性方程，容易验证 $y_1 = \sin x$ 和 $y_2 = \cos x$ 是所给方程的两个解。若这两个解线性相关，根据定义 69，也就是说存在不全为零的实数 k_1, k_2 使得当 $x \in I$ 时恒有 $k_1y_1 + k_2y_2 = 0$，那么会推出：

$$k_1y_1 + k_2y_2 = 0 \implies \frac{k_1}{k_2} = -\frac{y_2}{y_1} \text{ 是常数}$$

但 $-\dfrac{y_2}{y_1} = \dfrac{\cos x}{\sin x} = \cot x$ 不是常数，所以这是两个线性无关的解，因此所给方程的通解为：

$$y = C_1\sin x + C_2\cos x$$

也容易验证 $y_3 = 0$ 是所给方程的解，但 y_1 和 y_3 不是线性无关的两个解，所以没法构造通解，或者说构造出来也不符合通解的定义：

$$y = C_1\sin x + C_2 \cdot 0 = C_1\sin x$$

定理 94. 如果 $y^*(x)$ 是 n 阶非齐次线性微分方程

$$y^{(n)}+a_1(x)y^{(n-1)}+\cdots+a_{n-1}(x)y'+a_n(x)y=f(x)$$

的一个特解，$Y^*(x)$ 是对应的 n 阶齐次线性微分方程

$$y^{(n)}+a_1(x)y^{(n-1)}+\cdots+a_{n-1}(x)y'+a_n(x)y=0$$

的通解，那么此非齐次线性微分方程的通解为：

$$y=y^*(x)+Y^*(x)$$

这和上面提到的非齐次线性方程组的解非常类似，也可进行类比理解。之前介绍一阶线性微分方程的时候，也提到过该结论：

$$\underbrace{y}_{\text{非齐次的通解}}=\underbrace{C\mathrm{e}^{-\int P(x)\mathrm{d}x}}_{\text{齐次的通解}}+\underbrace{\mathrm{e}^{-\int P(x)\mathrm{d}x}\int Q(x)\mathrm{e}^{\int P(x)\mathrm{d}x}\mathrm{d}x}_{\text{非齐次的特解}}$$

这里再举一个例子，比如 $y''+y=x^2$ 是二阶非齐次线性方程，上面解释了 $y''+y=0$ 的通解为 $Y^*=C_1\sin x+C_2\cos x$。又容易验证 $y^*=x^2-2$ 是所给方程的特解，因此所给方程的通解为：

$$y=y^*(x)+Y^*(x)=x^2-2+C_1\sin x+C_2\cos x$$

8.6.4 常数变易法

之前介绍过可通过常数变易法来求解一阶非齐次线性微分方程，该方法也适用于 n 阶非齐次线性微分方程，下面来学习一下。

这里进行举例说明，假设二阶非齐次线性微分方程的特解为 $y^*(x)$，对应二阶齐次线性微分方程的通解为 $Y^*(x)=C_1y_1(x)+C_2y_2(x)$。根据定理 94，所以二阶非齐次线性微分方程的通解为 $y=y^*(x)+Y^*(x)$，对其进行变形：

$$\begin{aligned}
y&=y^*(x)+Y^*(x)=y^*(x)+C_1y_1(x)+C_2y_2(x)\\
&=C_1y_1(x)+\frac{1}{2}y^*(x)+C_2y_2(x)+\frac{1}{2}y^*(x) \qquad \text{可任意划分}y^*(x)\\
&=\underbrace{\left(C_1+\frac{y^*(x)}{2y_1(x)}\right)}_{u_1(x)}y_1(x)+\underbrace{\left(C_2+\frac{y^*(x)}{2y_2(x)}\right)}_{u_2(x)}y_2(x)\\
&=u_1(x)y_1(x)+u_2(x)y_2(x)
\end{aligned}$$

所以说在形式上，齐次方程与非齐次方程的通解的区别就是将常数系数变为函数系数，这就是常数变易法：

	通解
二阶齐次	$Y^*=C_1y_1(x)+C_2y_2(x)$
二阶非齐次	$y=u_1(x)y_1(x)+u_2(x)y_2(x)$

上述结论推广到 n 阶也是成立的：

	通解
n 阶齐次	$Y^* = C_1y_1(x) + C_2y_2(x) + \cdots + C_ny_n(x)$
n 阶非齐次	$y = u_1(x)y_1(x) + u_2(x)y_2(x) + \cdots + u_n(x)y_n(x)$

例 200. 已知 $y'' + a_1(x)y' + a_2(x)y = 0$ 的通解为 $Y^* = C_1y_1(x) + C_2y_2(x)$，请求出 $y'' + a_1(x)y' + a_2(x)y = f(x)$ 的通解。

解. 根据上述的常数变易法，可知二阶非齐次线性微分方程 $y'' + a_1(x)y' + a_2(x)y = f(x)$ 的通解形如：

$$y = u_1(x)y_1(x) + u_2(x)y_2(x)$$

下面的任务就是要求出 $u_1(x)$、$u_2(x)$。先求出一阶导：

$$y' = u_1'y_1 + u_2'y_2 + u_1y_1' + u_2y_2'$$

为简化运算，设 $u_1'y_1 + u_2'y_2 = 0$[①]，可得：

$$y' = u_1'y_1 + u_2'y_2 + u_1y_1' + u_2y_2' \xrightarrow{\text{令 } u_1'y_1+u_2'y_2=0} y' = u_1y_1' + u_2y_2'$$

在简化的基础上继续求出二阶导：

$$y'' = u_1'y_1' + u_2'y_2' + u_1y_1'' + u_2y_2''$$

将 y、y' 和 y'' 回代到 $y'' + a_1(x)y' + a_2(x)y = f(x)$ 可得：

$$(u_1'y_1' + u_2'y_2' + u_1y_1'' + u_2y_2'') + a_1(u_1y_1' + u_2y_2') + a_2(u_1y_1 + u_2y_2) = f$$

整理后可得：

$$u_1'y_1' + u_2'y_2' + (y_1'' + a_1y_1' + a_2y_1)u_1 + (y_2'' + a_1y_2' + a_2y_2)u_2 = f$$

y_1、y_2 是齐次解，从而 $y_1'' + a_1y_1' + a_2y_1 = 0$、$y_2'' + a_1y_2' + a_2y_2 = 0$，所以上式可化简为：

$$u_1'y_1' + u_2'y_2' = f$$

结合之前的假设，我们可以得到如下方程组，其中 u_1'、u_2' 是未知数：

$$\begin{cases} u_1'y_1 + u_2'y_2 = 0 \\ u_1'y_1' + u_2'y_2' = f \end{cases}$$

上述方程组可在矩阵乘法的帮助下改写为：

$$\begin{pmatrix} y_1 & y_2 \\ y_1' & y_2' \end{pmatrix} \begin{pmatrix} u_1' \\ u_2' \end{pmatrix} = \begin{pmatrix} 0 \\ f \end{pmatrix}$$

若系数矩阵的行列式：

$$W = \begin{vmatrix} y_1 & y_2 \\ y_1' & y_2' \end{vmatrix} = y_1y_2' - y_1'y_2 \neq 0$$

① 这样在之后的计算中就不会出现 u_1'' 和 u_2'' 了，若进行此假设后算不出来，可考虑其他方法。

根据线性代数中的克拉默法则，那么有唯一解：

$$u_1' = \frac{\begin{vmatrix} 0 & y_2 \\ f & y_2' \end{vmatrix}}{W} = -\frac{y_2 f}{W}, \quad u_2' = \frac{\begin{vmatrix} y_1 & 0 \\ y_1' & f \end{vmatrix}}{W} = \frac{y_1 f}{W}$$

存在不定积分的话，有：

$$u_1 = C_1 - \int \frac{y_2 f}{W} \mathrm{d}x, \quad u_2 = C_2 + \int \frac{y_1 f}{W} \mathrm{d}x$$

所以 $y'' + a_1(x)y' + a_2(x)y = f(x)$ 的通解为：

$$y = u_1 y_1 + u_2 y_2 = C_1 y_1 + C_2 y_2 - y_1 \int \frac{y_2 f}{W} \mathrm{d}x + y_2 \int \frac{y_1 f}{W} \mathrm{d}x$$

例 201. *已知* $(x-1)y''-xy'+y=0$ *的通解* $Y^* = C_1 x + C_2 \mathrm{e}^x$*，请求出* $(x-1)y''-xy'+y=(x-1)^2$ *的通解。*

解. 将所求方程改写为线性微分方程的标准形式，即：

$$(x-1)y'' - xy' + y = (x-1)^2 \implies y'' - \frac{xy'}{x-1} + \frac{y}{x-1} = x - 1$$

根据常数变易法，设 $y'' - \dfrac{xy'}{x-1} + \dfrac{y}{x-1} = x - 1$ 的通解为 $y = u_1 x + u_2 \mathrm{e}^x$，根据例 200 可得方程组：

$$\begin{cases} u_1' y_1 + u_2' y_2 = 0 \\ u_1' y_1' + u_2' y_2' = f \end{cases} \implies \begin{cases} x u_1' + \mathrm{e}^x u_2' = 0 \\ u_1' + \mathrm{e}^x u_2' = x - 1 \end{cases}$$

系数矩阵的行列式在 $x \neq 1$ 时：

$$W = \begin{vmatrix} x & \mathrm{e}^x \\ 1 & \mathrm{e}^x \end{vmatrix} = x\mathrm{e}^x - \mathrm{e}^x = (x-1)\mathrm{e}^x \neq 0$$

根据克拉默法则，那么有唯一解：

$$u_1' = \frac{\begin{vmatrix} 0 & \mathrm{e}^x \\ x-1 & \mathrm{e}^x \end{vmatrix}}{W} = -\frac{(x-1)\mathrm{e}^x}{(x-1)\mathrm{e}^x} = -1, \quad u_2' = \frac{\begin{vmatrix} x & 0 \\ 1 & x-1 \end{vmatrix}}{W} = \frac{x(x-1)}{(x-1)\mathrm{e}^x} = x\mathrm{e}^{-x}$$

所以 $u_1 = C_1 - x$ 及 $u_2 = C_2 - (x+1)\mathrm{e}^{-x}$，所以 $(x-1)y'' - xy' + y = (x-1)^2$ 的通解为：

$$y = u_1 x + u_2 \mathrm{e}^x = C_1 x + C_2 \mathrm{e}^x - (x^2 + x + 1)$$

8.7 常系数线性微分方程

前面学习了线性微分方程，接下来学习其中的一种特殊情况，也是较为简单的一种情况。

定义 71. *若某微分方程能写成：*

$$y^{(n)} + a_1 y^{(n-1)} + \cdots + a_{n-1} y' + a_n y = f(x)$$

那么该微分方程就称为常系数线性微分方程。若 $f(x)=0$ 则该方程是齐次的，否则就是非齐次的。

常系数线性微分方程是线性微分方程的一种特殊情况，其系数都为常数：

$$\underbrace{y^{(n)}+a_1(x)y^{(n-1)}+\cdots+a_n(x)y=f(x)}_{\text{线性微分方程}},\quad \underbrace{y^{(n)}+a_1y^{(n-1)}+\cdots+a_ny=f(x)}_{\text{常系数线性微分方程}}$$

比如 $y''-2y'-3y=0$ 是常系数齐次线性微分方程，而 $y''-5y'+6y=xe^{2x}$ 是常系数非齐次线性微分方程。

8.7.1 二阶常系数齐次线性微分方程的解

下面来学习一下应该如何求解常系数齐次线性微分方程，先从二阶常系数齐次线性微分方程开始。比如对于 $y''+a_1y'+a_2y=0$ 而言，其通解取决于特征方程 $r^2+a_1r+a_2=0$ 的两个根 r_1、r_2 的情况：

特征方程 $r^2+a_1r+a_2=0$ 的两个根 r_1、r_2	微分方程 $y''+a_1y'+a_2y=0$ 的通解
r_1、r_2 是不相等实根	$y=C_1\mathrm{e}^{r_1x}+C_2\mathrm{e}^{r_2x}$
r_1、r_2 是相等实根	$y=(C_1+C_2x)\mathrm{e}^{r_1x}$
r_1、r_2 是共轭复根	$y=\mathrm{e}^{\alpha x}(C_1\cos\beta x+C_2\sin\beta x)$ 其中 $\alpha=-\dfrac{a_1}{2},\beta=\dfrac{\sqrt{4a_2-a_1^2}}{2}$

据说上述结论是瑞士数学家欧拉给出的，下面来分析一下该结论是如何得出的。虽然不知道欧拉是怎么思考的，但积累了一定解题经验后会发现，在一定条件下，e^{rx} 是 $y''+a_1y'+a_2y=0$ 的解。具体来说就是将 $y=\mathrm{e}^{rx}$ 代入 $y''+a_1y'+a_2y=0$ 可得：

$$y''+a_1y'+a_2y=0 \implies r^2\mathrm{e}^{rx}+a_1r\mathrm{e}^{rx}+a_2\mathrm{e}^{rx}=0 \implies (r^2+a_1r+a_2)\mathrm{e}^{rx}=0$$

因为 $\mathrm{e}^{rx}>0$，所以若 r 满足 $r^2+a_1r+a_2=0$，则 e^{rx} 就是 $y''+a_1y'+a_2y=0$ 的解。所以 $r^2+a_1r+a_2=0$ 也称为此微分方程的特征方程。特征方程 $r^2+a_1r+a_2=0$ 其实就是一元二次方程，该方程的两个根 r_1、r_2 可利用如下求根公式得出：

$$r_{1,2}=\frac{-a_1\pm\sqrt{a_1^2-4a_2}}{2}$$

由于判别式 $a_1^2-4a_2$ 取值的不同，两个根 r_1、r_2 存在以下三种情况：

	r_1、r_2 的情况
$a_1^2-4a_2>0$	$r_1=\dfrac{-a_1+\sqrt{a_1^2-4a_2}}{2},r_2=\dfrac{-a_1-\sqrt{a_1^2-4a_2}}{2}$
$a_1^2-4a_2=0$	$r_1=r_2=-\dfrac{a_1}{2}$
$a_1^2-4a_2<0$	$r_1=\alpha+\beta i,r_2=\alpha-\beta i$ 其中 $\alpha=-\dfrac{a_1}{2},\beta=\dfrac{\sqrt{4a_2-a_1^2}}{2}$

相应地，微分方程的通解也分为三种情况。

（1）当 $a_1^2-4a_2>0$ 时，r_1、r_2 是两个不相等的实根，此时：

- 根据上面的讨论可知，$y_1=\mathrm{e}^{r_1x}$、$y_2=\mathrm{e}^{r_2x}$ 都是 $y''+a_1y'+a_2y=0$ 的解。
- $\dfrac{y_2}{y_1}=\dfrac{\mathrm{e}^{r_2x}}{\mathrm{e}^{r_1x}}=\mathrm{e}^{(r_2-r_1)x}$ 不是常数，因此 y_1 和 y_2 线性无关。

由定理 93 可知，此时 $y''+a_1y'+a_2y=0$ 的通解为：

$$y=C_1\mathrm{e}^{r_1x}+C_2\mathrm{e}^{r_2x}$$

（2）当 $a_1^2-4a_2=0$ 时，r_1、r_2 是两个相等的实根，此时只得到了一个解 $y_1=\mathrm{e}^{r_1x}$。因为要保证 $\dfrac{y_2}{y_1}$ 不是常数，所以可假设 $\dfrac{y_2}{y_1}=u(x)$，从而有：

$$y_2=y_1u(x)=\mathrm{e}^{r_1x}u,\quad y_2'=\mathrm{e}^{r_1x}(r_1u+u'),\quad y_2''=\mathrm{e}^{r_1x}(u''+2r_1u'+r_1^2u)$$

代入 $y''+a_1y'+a_2y=0$ 有：

$$\mathrm{e}^{r_1x}\left[\left(u''+2r_1u'+r_1^2u\right)+a_1\left(u'+r_1u\right)+a_2u\right]=0\implies u''+(2r_1+a_1)u'+(r_1^2+a_1r_1+a_2)u=0$$

由于 r_1 为特征方程的根，所以 $r_1^2+a_1r_1+a_2=0$；又 $r_1=-\dfrac{a_1}{2}$，所以 $2r_1+a_1=0$。所以根据上式有 $u''=0$，随便选择一个满足此条件的函数，注意不能是常数函数，比如选 $u(x)=x$，此时 $y_2=x\mathrm{e}^{r_1x}$。所以 $y''+a_1y'+a_2y=0$ 的通解为：

$$y=(C_1+C_2x)\mathrm{e}^{r_1x}$$

（3）当 $a_1^2-4a_2<0$ 时，r_1、r_2 是一对共轭复根，此时 $y_1=\mathrm{e}^{(\alpha+\beta i)x}$、$y_2=\mathrm{e}^{(\alpha-\beta i)x}$ 都是微分方程的解。根据欧拉公式：

$$y_1=\mathrm{e}^{(\alpha+\beta i)x}=\mathrm{e}^{\alpha x}\mathrm{e}^{\beta xi}=\mathrm{e}^{\alpha x}\left(\cos\beta x+i\sin\beta x\right),$$
$$y_2=\mathrm{e}^{(\alpha-\beta i)x}=\mathrm{e}^{\alpha x}\mathrm{e}^{-\beta xi}=\mathrm{e}^{\alpha x}\left(\cos\beta x-i\sin\beta x\right)$$

y_1、y_2 的线性组合依然是微分方程的解：

$$\overline{y_1}=\frac{1}{2}\left(y_1+y_2\right)=\mathrm{e}^{\alpha x}\cos\beta x,\quad \overline{y_2}=\frac{1}{2i}\left(y_1-y_2\right)=\mathrm{e}^{\alpha x}\sin\beta x$$

只是此时 $\overline{y_1}$、$\overline{y_2}$ 都是实值函数了，且 $\dfrac{\overline{y_1}}{\overline{y_2}}=\dfrac{\mathrm{e}^{\alpha x}\cos\beta x}{\mathrm{e}^{\alpha x}\sin\beta x}=\cot\beta x$ 并非常数，即 y_1 和 y_2 线性无关，所以此时 $y''+a_1y'+a_2y=0$ 的通解为：

$$y=\mathrm{e}^{\alpha x}\left(C_1\cos\beta x+C_2\sin\beta x\right)$$

综上，二阶常系数齐次线性微分方程的通解为：

特征方程 $r^2+a_1r+a_2=0$ 的两个根 r_1、r_2	微分方程 $y''+a_1y'+a_2y=0$ 的通解
$a_1^2-4a_2>0$ 时，r_1、r_2 是不相等实根	$y=C_1\mathrm{e}^{r_1x}+C_2\mathrm{e}^{r_2x}$
$a_1^2-4a_2=0$ 时，r_1、r_2 是相等实根	$y=(C_1+C_2x)\mathrm{e}^{r_1x}$
$a_1^2-4a_2<0$ 时，r_1、r_2 是共轭复根	$y=\mathrm{e}^{\alpha x}\left(C_1\cos\beta x+C_2\sin\beta x\right)$

n 阶常系数齐次线性微分方程的通解与之类似，在后面的例题中会进行展示，这里就不

再赘述了。

例 202. 请求出常系数齐次线性微分方程 $y''-2y'-3y=0$ 的通解。

解. 解其特征方程 $r^2-2r-3=0$ 可得 $r_1=-1, r_2=3$，所以其通解为 $y=C_1\mathrm{e}^{-x}+C_2\mathrm{e}^{3x}$。

例 203. 请求出常系数齐次线性微分方程 $\dfrac{\mathrm{d}^2s}{\mathrm{d}t^2}+2\dfrac{\mathrm{d}s}{\mathrm{d}t}+s=0$ 的通解。

解. 解其特征方程 $r^2+2r+1=0$ 可得 $r_1=r_2=-1$，所以其通解为 $s=(C_1+C_2t)\mathrm{e}^{-t}$。

例 204. 请求出常系数齐次线性微分方程 $y''-2y'+5y=0$ 的通解。

解. 解其特征方程 $r^2-2r+5=0$ 可得 $r_1=1+2i, r_2=1-2i$，所以其通解为：

$$y=\mathrm{e}^x(C_1\cos 2x+C_2\sin 2x)$$

例 205. 请求出常系数齐次线性微分方程 $y^{(4)}-2y'''+5y''=0$ 的通解。

解. 解其特征方程 $r^4-2r^3+5r^2=r^2(r^2-2r+5)=0$ 可得 $r_1=r_2=0, r_{3,4}=1\pm 2i$。根据上面的分析，可知线性无关的解为：

$$y_1=\mathrm{e}^{0x}=1,\quad y_2=x\mathrm{e}^{0x}=x,\quad y_3=\mathrm{e}^x\cos 2x,\quad y_4=\mathrm{e}^x\sin 2x$$

所以通解为 $y=C_1+C_2x+\mathrm{e}^x(C_3\cos 2x+C_4\sin 2x)$。

8.7.2 $f(x)=\mathrm{e}^{\lambda x}P_m(x)$ 时的常系数非齐次线性微分方程

对于一般的常系数非齐次线性微分方程 $y^{(n)}+a_1y^{(n-1)}+\cdots+a_{n-1}y'+a_ny=f(x)$，在常系数齐次线性微分方程的基础上，可通过之前介绍的常数变易法进行求解，不过其中需要求不定积分，这有可能很难得到答案。这里来讨论当 $f(x)=\mathrm{e}^{\lambda x}P_m(x)$ 时的情况，它可通过待定系数法来求解，这样就不需要求不定积分了，下面来学习一下。

定理 95. 若 λ 为常数，$P_m(x)$ 是 x 的 m 次多项式，对于常系数非齐次线性微分方程

$$y^{(n)}+a_1y^{(n-1)}+\cdots+a_{n-1}y'+a_ny=\mathrm{e}^{\lambda x}P_m(x)$$

其特解 y^* 形如：

$$y^*=x^kR_m(x)\mathrm{e}^{\lambda x}$$

其中 k 是 λ 在特征方程中的重根数（若 λ 不是特征方程的根，则 $k=0$，若 λ 是特征方程的 s 重根，则 $k=s$），$R_m(x)$ 是 x 的 m 次多项式。

以 $y''+a_1y'+a_2y=\mathrm{e}^{\lambda x}P_m(x)$ 为例来说明一下定理 95。可假设其特解 $y^*=\mathrm{e}^{\lambda x}R(x)$（其中 $R(x)$ 为某多项式），根据假设有：

$$y^*=\mathrm{e}^{\lambda x}R(x),\quad y^{*\prime}=\mathrm{e}^{\lambda x}[\lambda R(x)+R'(x)],\quad y^{*\prime\prime}=\mathrm{e}^{\lambda x}[\lambda^2R(x)+2\lambda R'(x)+R''(x)]$$

代入 $y''+a_1y'+a_2y$，由下面的计算可知，假设特解 $y^*=\mathrm{e}^{\lambda x}R(x)$ 确实是合理的：

$$\begin{aligned}y''+a_1y'+a_2y&=\mathrm{e}^{\lambda x}[\lambda^2R(x)+2\lambda R'(x)+R''(x)]+a_1\mathrm{e}^{\lambda x}[\lambda R(x)+R'(x)]+a_2\mathrm{e}^{\lambda x}R(x)\\&=\mathrm{e}^{\lambda x}\underbrace{[R''(x)+(2\lambda+a_1)R'(x)+(\lambda^2+a_1\lambda+a_2)R(x)]}_{\text{设为 }P_m(x)}=\mathrm{e}^{\lambda x}P_m(x)\end{aligned}$$

现在有：

$$P_m(x) = R''(x) + (2\lambda + a_1)R'(x) + (\lambda^2 + a_1\lambda + a_2)R(x) \tag{1}$$

下面可以分情况来讨论。

（1）λ 不是特征方程 $r^2 + a_1 r + a_2 = 0$ 的根，那么有 $\lambda^2 + a_1\lambda + a_2 \neq 0$，所以要使得式（1）成立，$R(x)$ 必须为 m 次多项式，即：

$$R(x) = R_m(x) = b_0 x^m + b_1 x^{m-1} + \cdots + b_{m-1}x + b_m$$

（2）λ 是特征方程 $r^2 + a_1 r + a_2 = 0$ 的一重根，也就是该特征方程的根为 r_1 及 r_2，且 $r_1 \neq r_2$，λ 为其中之一。此时有 $\lambda^2 + a_1\lambda + a_2 = 0$ 但 $2\lambda + a_1 \neq 0$，所以由式（1）可推出：

$$P_m(x) = R''(x) + (2\lambda + a_1)R'(x)$$

所以 $R'(x)$ 必须为 m 次多项式，所以 $R(x)$ 必须为 $m+1$ 次多项式，此时可令：

$$R(x) = R_{m+1}(x) = xR_m(x)$$

（3）λ 是特征方程 $r^2 + a_1 r + a_2 = 0$ 的二重根，也就是该特征方程的根为 r_1 及 r_2，且 $r_1 = r_2$，$\lambda = r_1 = r_2$。此时有 $\lambda^2 + a_1\lambda + a_2 = 0$ 且 $2\lambda + a_1 = 0$，所以由式（1）可推出：

$$P_m(x) = R''(x)$$

所以 $R''(x)$ 必须为 m 次多项式，所以 $R(x)$ 必须为 $m+2$ 次多项式，此时可令：

$$R(x) = R_{m+2}(x) = x^2 R_m(x)$$

综上就可以得到特解 $y^* = x^k R_m(x)\mathrm{e}^{\lambda x}$。

例 206. 请求出常系数非齐次线性微分方程 $y'' - 2y' - 3y = 3x + 1$ 的通解。

解. 这是常系数非齐次线性微分方程，其等号右侧为 $f(x) = \mathrm{e}^{\lambda x}P_m(x)$，其中 $\lambda = 0$，$P_m = 3x + 1$。解 $y'' - 2y' - 3y = 0$ 的特征方程，可得：

$$r^2 - 2r - 3 = 0 \implies r_1 = -1, r_2 = 3$$

所以 $\lambda = 0$ 不是该特征方程的根，根据上面的分析，所以 $y'' - 2y' - 3y = 3x + 1$ 的特解 y^* 可假设为：

$$y^* = x^0 R_1(x)\mathrm{e}^{0x} = R_1(x) = b_0 x + b_1$$

可推出 $y^{*\prime} = b_0$ 以及 $y^{*\prime\prime} = 0$，代入 $y'' - 2y' - 3y = 3x + 1$ 有：

$$\begin{aligned} y'' - 2y' - 3y = 3x + 1 &\implies -2b_0 - 3(b_0 x + b_1) = 3x + 1 \\ &\implies \begin{cases} -3b_0 = 3 \\ -2b_0 - 3b_1 = 1 \end{cases} \implies b_0 = -1, b_1 = \frac{1}{3} \end{aligned}$$

所以 $y^* = -x + \dfrac{1}{3}$，根据定理 94，所以 $y'' - 2y' - 3y = 3x + 1$ 的通解为：

$$y = C_1\mathrm{e}^{-x} + C_2\mathrm{e}^{3x} - x + \frac{1}{3}$$

例 207. 请求出常系数非齐次线性微分方程 $y''-5y'+6y=xe^{2x}$ 的通解。

解. 这是常系数非齐次线性微分方程，其等号右侧为 $f(x)=e^{\lambda x}P_m(x)$，其中 $\lambda=2$，$P_m=x$。解 $y''-5y'+6y=0$ 的特征方程，可得：

$$r^2-5r+6=0 \implies r_1=2,r_2=3$$

所以 $\lambda=2$ 是该特征方程的一重根，根据上面的分析，所以 $y''-5y'+6y=xe^{2x}$ 的特解 y^* 可假设为：

$$y^*=x^1R_1(x)e^{2x}=x(b_0x+b_1)e^{2x}=(b_0x^2+b_1x)e^{2x}$$

可推出：

$$y^{*\prime}=[2b_0x^2+2b_0x+2b_1x+b_1]e^{2x},\quad y^{*\prime\prime}=[4b_0x^2+8b_0x+4b_1x+2b_0+4b_1]e^{2x}$$

代入 $y''-5y'+6y=xe^{2x}$ 有：

$$\begin{aligned} y''-5y'+6y=xe^{2x} &\implies -2b_0x+2b_0-b_1=x \\ &\implies \begin{cases} -2b_0=1 \\ 2b_0-b_1=0 \end{cases} \implies b_0=-\frac{1}{2},b_1=-1 \end{aligned}$$

所以 $y^*=\left(-\dfrac{1}{2}x^2-x\right)e^{2x}$，根据定理 94，所以 $y''-5y'+6y=xe^{2x}$ 的通解为：

$$y=C_1e^{2x}+C_2e^{3x}-\left(\frac{1}{2}x^2+x\right)e^{2x}$$